环保公益性行业科研专项经费项目系列丛书

环境影响后评价理论、技术与实践

陈凯麒　王东胜　麦方代　沈　毅　编著

U0340726

中国环境出版社·北京

图书在版编目（CIP）数据

环境影响后评价理论、技术与实践/陈凯麒等编著.
—北京：中国环境出版社，2014.6
（环保公益性行业科研专项经费项目系列丛书）
ISBN 978-7-5111-1739-7

Ⅰ．①环… Ⅱ．①陈… Ⅲ．①环境影响—后评价
Ⅳ．①X820.3

中国版本图书馆 CIP 数据核字（2014）第 029088 号

出 版 人　王新程
责任编辑　李兰兰
责任校对　唐丽虹
封面设计　玄石至上

出版发行　**中国环境出版社**
　　　　　（100062　北京市东城区广渠门内大街 16 号）
　　　　　网　　址：http://www.cesp.com.cn
　　　　　电子邮箱：bjgl@cesp.com.cn
　　　　　联系电话：010-67112765（编辑管理部）
　　　　　　　　　　010-67112735（环评与监察图书出版中心）
　　　　　发行热线：010-67125803，010-67113405（传真）
印　　刷　北京中科印刷有限公司
经　　销　各地新华书店
版　　次　2014 年 6 月第 1 版
印　　次　2014 年 6 月第 1 次印刷
开　　本　787×1092　1/16
印　　张　30
字　　数　830 千字
定　　价　180.00 元

环保公益性行业科研专项经费项目系列丛书
编著委员会

顾　问　吴晓青

组　长　赵英民

副组长　刘志全

成　员　禹　军　陈　胜　刘海波

本书编著委员会

主　编　陈凯麒　王东胜　麦方代　沈　毅

副主编　苏　艺　杜蕴慧　梁　鹏　隋　欣　崔　艳　邵社刚

编　委

[环境保护部环境工程评估中心]

梁学功　郑韶青　李　敏　梁　刚　于　珍　李　洋　王庆改
苏劲松

[中国水利水电科学研究院]

葛怀凤　吴赛男　陈　昂　刘晓志　陶　洁

[中煤国际工程集团北京华宇工程有限公司]

王岁权　秦红正　寇　许　刘文荣　刘江江　宋颖霞　袁训珂
张　伟

[交通运输部公路科学研究所]

杨艳刚　秦晓春　王彦琴　倪　栋　张　东　董博昶　魏显威

环保公益性行业科研专项经费项目系列丛书

序　言

我国作为一个发展中的人口大国，资源环境问题是长期制约经济社会可持续发展的重大问题。党中央、国务院高度重视环境保护工作，提出了建设生态文明、建设资源节约型与环境友好型社会、推进环境保护历史性转变、让江河湖泊休养生息、节能减排是转方式调结构的重要抓手、环境保护是重大民生问题、探索中国环保新道路等一系列新理念新举措。在科学发展观的指导下，"十一五"环境保护工作成效显著，在经济增长超过预期的情况下，主要污染物减排任务超额完成，环境质量持续改善。

随着当前经济的高速增长，资源环境约束进一步强化，环境保护正处于负重爬坡的艰难阶段。治污减排的压力有增无减，环境质量改善的压力不断加大，防范环境风险的压力持续增加，确保核与辐射安全的压力继续加大，应对全球环境问题的压力急剧加大。要破解发展经济与保护环境的难点，解决影响可持续发展和群众健康的突出环境问题，确保环保工作不断上台阶出亮点，必须充分依靠科技创新和科技进步，构建强大坚实的科技支撑体系。

2006年，我国发布了《国家中长期科学和技术发展规划纲要（2006—2020年）》（以下简称《规划纲要》），提出了建设创新型国家战略，科技事业进入了发展的快车道，环保科技也迎来了蓬勃发展的春天。为适应环境保护历史性转变和创新型国家建设的要求，原国家环境保护总局于2006年召开了第一次全国环保科技大会，出台了《关于增强环境科技创新能力的若干意见》，确立了科技兴环保战略，建设了环境科技创新体系、环境标准体系、环境技术管理体系三大工程。五年来，在广大环境科技工作者的努力下，水体污染控制与治理科技重大专项启动实施，科技投入持续增加，科技创新能力显著增强；发布了502项新标准，现行国家标准达1 263项，环境标准体系建设实现了跨越式发展；完成了100余项环保技术文件的编制修订工作，初步建成以重点行业污染防治技术政策、技术指南和工程技术规范为主要内容的国家环境技术管理体系。环境科技为全面完成"十一五"环保规划的各项任务起到了重要的引领和支撑作用。

为优化中央财政科技投入结构，支持市场机制不能有效配置资源的社会公益研究活动，"十一五"期间国家设立了公益性行业科研专项经费。根据财政部、科技部的总体部署，环保公益性行业科研专项紧密围绕《规划纲要》和《国家环境保护"十一五"科技发展规划》确定的重点领域和优先主题，立足环境管理中的科技需求，积极开展应急性、培育性、基础性科学研究。"十一五"期间，环境保护部组织实施了公益性行业科研专项项目234项，涉及大气、水、生态、土壤、固废、核与辐射等领域，共有包括中央级科研院所、高等院校、地方环保科研单位和企业等几百家单位参与，逐步形成了优势互补、团结协作、良性竞争、共同发展的环保科技"统一战线"。目前，专项取得了重要研究成果，提出了一系列控制污染和改善环境质量技术方案，形成一批环境监测预警和监督管理技术体系，研发出一批与生态环境保护、国际履约、核与辐射安全相关的关键技术，提出了一系列环境标准、指南和技术规范建议，为解决我国环境保护和环境管理中急需的成套技术和政策制定提供了重要的科技支撑。

为广泛共享"十一五"期间环保公益性行业科研专项项目研究成果，及时总结项目组织管理经验，环境保护部科技标准司组织出版"十一五"环保公益性行业科研专项经费系列丛书。该丛书汇集了一批专项研究的代表性成果，具有较强的学术性和实用性，可以说是环境领域不可多得的资料文献。丛书的组织出版，在科技管理上也是一次很好的尝试，我们希望通过这一尝试，能够进一步活跃环保科技的学术氛围，促进科技成果的转化与应用，为探索中国环保新道路提供有力的科技支撑。

中华人民共和国环境保护部副部长

吴晓青

2011 年 10 月

序

改革开放三十多年来，我国经济持续高速增长，极大地改善了人民物质生活条件，但生存环境却在不断并已经开始恶化。全国范围内雾霾天的普遍化和常态化、河流的缺水断流和水体土壤的污染退化、生态系统的破碎和不稳定性等，将环境问题摆到政府和全国人民的面前。环境问题导致的诸多矛盾与隐患，已成为制约我国经济社会可持续发展的瓶颈，环境与经济社会的协调可持续发展是我国当前需要解决的首要问题。

党的十八届三中全会首次将生态文明建设摆在五位一体的高度来论述，提出加快生态文明制度建设，健全国土空间开发、资源节约利用、生态环境保护的体制机制。生态文明紧密结合了我国当前资源约束趋紧、环境污染严重、生态系统退化的客观形势，是促进我国经济转型升级的重要抓手，是解决环境问题的必然选择。建立健全环境影响后评价制度，进一步完善我国的环境管理理论与方法，充分发挥环境影响后评价在环境管理中的作用，正是落实生态文明建设的重要举措。

我国的环境影响评价制度于 1979 年正式建立，经过 30 年的发展，特别是《环境影响评价法》颁布后的近十年，日趋成熟与完善。环境影响评价是对规划和建设项目实施后可能造成的环境影响进行分析、预测和评估，提出预防或者减轻不良环境影响的对策和措施，进行跟踪监测的方法与制度。环境影响评价在推动节能减排，保护生态环境，调整产业结构和布局，优化经济增长，促进决策的科学化和民主化等方面发挥了重要作用，并逐步积累了诸如"分类管理"、"分级审批"、"三同时"验收、持证上岗等符合我国国情的环境影响评价管理方式。然而，由于部分建设项目因其影响具有累积性、滞后性、不确定性等，竣工期内难以准确全面评估（如小浪底、南水北调等大型工程）；部分建设项目对环保措施缺乏有效的监管；以及环境影响评价制度本身的不完善等导致环境影响评价的有效性有待提高。因此，建立健全建设项目全过程管理体系，完善"规划环评—建设项目环评—环境监理—竣工环保验收—环境影响后评价"为一体的环评管理体制十分必要。建设环境影响后评价制度作为检验建设项目环境影响评价预测方法和结论的准确性，采取的预防和减缓措施的有效性，以及建设项目累积性影响的重要政策措施显得十分重要，对满足现阶段经济社会发展需要和适应环境保护新形势具有重要意义。

当前建设项目环境影响后评价并没有得到应有的重视，法规制度建设、技术支持严重滞后，后评价的工作内容、技术方法都没有明确的界定和要求。虽然水利水电、煤炭等部分行业陆续开展了一些尝试性工作，但总体上环境影响后评价工作内容、方法未成体系，没有形成规范化和制度化的后评价工作程序，不能满足国家对于建设项目环境影响后评价的总体要求，不能系统性地从理论和实践的角度指导环境影响后评价工作的开展。因此，现阶段亟待从技术规范和政策体系上对环境影响后评价进行深化研究，推动环境影响后评价的规范化、制度化，进一步完善我国的环境管理制度，满足国家长期科学和技术发展的要求。

《环境影响后评价理论、技术与实践》一书立足我国建设项目环境影响后评价的实际情况，深入浅出、系统全面地从技术方法、实践应用、管理体系三方面介绍了我国的环境影响后评价体系，全方位地向读者展现了环境影响后评价的工作。特别是提出的建设项目环境影响后评价管理办法（初稿）及技术导则框架（初稿）填补了行业空缺，为编制行业管理办法、技术规范，颁布行业规范奠定了基础。本书集理论、实践与政策为一体，融科学、经验与实用为一炉，立意高远又切入实际，是一本专业性较强的著作。希望通过本书的出版，能够为我国的生态文明体制建设有所贡献。

中国工程院院士　刘鸿亮

2013 年 12 月

前　言

　　环境影响后评价是指对建设项目实施后的环境影响以及防范措施的有效性进行跟踪监测和验证性评价，并提出补救方案或措施，以实现项目建设与环境相协调的方法与制度。环境影响后评价的实施，可检验项目环境影响评价的预测方法和结论的准确性以及采取的预防、减缓措施的有效性，摸清已建成投运项目的生态影响，实现对项目环境影响的全过程评估和管理，并可为未来建设项目的环境决策提供重要的技术支持。它符合十八届三中全会强调的加快推进生态文明制度建设的要求，有助于深化生态环境保护管理体制的改革，进一步实现生态文明建设对环境影响评价工作的新要求，为走向环境保护的新道路、建设美丽中国奠定基础。《环境影响后评价理论、技术与实践》一书基于环保公益性行业科研专项"环境影响后评价支持技术与制度建设"（201009060）研究成果撰写，主要针对生态影响类项目，系统地论述了环境影响后评价的技术方法体系、阐释了环境影响后评价管理的实践经验及探索方向。鉴于环境影响后评价规章制度尚不完善、技术方法体系尚不统一的现状，本书为环境影响后评价机制的完善提供了重要的技术支撑，具有重要的现实意义。

　　本书针对我国建设项目环境影响后评价的实际需求，从建立我国环境影响后评价的技术方法、实践应用、管理体系等方面开展研究。一是构建了我国环境影响后评价的理论技术方法体系，涵盖共性的后评价理论和基本评价技术、生态损益评估、环保措施有效性评估及适宜性管理三方面的评价技术；二是按"点-线-面"生态影响特点，形成了水库工程、公路工程、煤炭开采工程典型行业的环境影响后评价技术方法体系；三是以黄河小浪底水利枢纽工程、潘三矿井、G4湘潭至耒阳高速公路等代表性工程为案例，开展环境影响后评价技术体系的应用实践研究；四是总结分析了环境影响后评价的实践经验，从中探寻完善后评价管理制度的关键要点，提出了初步的建设项目环境影响后评价管理办法及技术导则框架。本书共包括十章内容。由研究课题主办单位环境保护部环境工程评估中心及中国水利水电科学研究院、中煤国际工程集团北京华宇工程有限公司、交通运输部公路科学研究所协作单位共同编写。

　　第1章至第5章为环境影响后评价理论，是本书的技术核心。其中，第1章主要介绍了环境影响后评价的研究背景、意义、发展历程及研究现状；第2章阐述了环境影响后评价的内涵、理论基础、评价内容、指标体系及主要评价技术方法；第3章至第5章，分别介绍了水库工程、煤炭开采工程和公路工程的环境影响后评价技术方法体系。

　　第6章至第8章为建设项目环境影响后评价实践应用。其中，第6章从库区、下游河流廊道两方面开展小浪底水利枢纽工程环境影响后评价研究，并评估了其生态损益和环保措施有效性；第 7 章介绍了生态影响（沉陷影响、累积影响）和地下水的环境影响后评价应用，开展了井工煤矿的生态损益、环保措施有效性评估实践研究；第 8 章从陆生生态、声、水等要素以及综合影响方面介绍了公路环境影响后评价的应用，开展了公路的生态损益、环保措施有效性评估实践研究。

第 9 章为环境影响后评价管理实践总结与思考。本章主要就环境影响后评价的行业及管理实践进行归纳，总结后评价现阶段所具有的规律性及经验并针对管理经验与教训提出完善后评价体制的关键问题。

第 10 章为结论与展望，全面总结了理论研究、实践应用及制度建设三部分的成果，并就关键问题提出建议与展望。

《环境影响后评价理论、技术与实践》是一本针对建设项目环境影响问题，从理论、实践、管理多视角出发系统性论述环境影响后评价的著作，部分研究成果已成功应用于相关领域的多项具体实践中。本书力图向读者展现一个较为完善的环境影响后评价技术理论体系和具体的实践应用过程；力图为环评单位开展环评工作提供支撑；力图为国家编制行业管理办法、技术规范和颁布行业规范提供服务。本书具有很好的现实意义和较强的实践指导性，适用于从事环境影响后评价工作的科研单位和研究人员、高校相关专业的老师和学生等。

本书的研究工作得到了环保公益性行业科研专项（201009060）的资助以及其他横向研究课题的支持。在此，向支持和关心本书研究工作的所有单位和个人表示衷心的感谢！感谢环境保护部环境影响评价司、科技司在课题研究和本书撰写成文过程中给予的高屋建瓴的指导意见和大力支持！感谢课题组环境保护部环境工程评估中心、中国水利水电科学研究院、中煤国际工程集团北京华宇工程有限公司和交通运输部公路科学研究所的所有成员三年来付出的辛勤劳作！感谢课题组所有成员的家人在本书研究期间，生活上无微不至的关怀，工作中给予的大力支持，你们的关怀与支持是我们安心工作的重要基础！课题还得到了贵州省环境工程评估中心、重庆市环境工程评估中心、水利部小浪底水利枢纽建设管理局、小浪底建管局郑州水利枢纽调度中心、黄河流域水资源保护局、黄河水利委员会黄河水利科学研究院、安徽省淮南矿业（集团）有限责任公司、中煤平朔集团有限公司、中国地质大学（北京）、中国矿业大学、江西省交通运输厅永修至武宁高速公路项目建设办公室、中国轻工业清洁生产中心等单位相关专家的大力支持和悉心指导，在此表示衷心的感谢！书中部分内容参考或引用了有关单位或个人的研究成果，均已在参考文献中列出，在此一并致谢！感谢中国环境出版社同仁的辛勤付出！

环境影响后评价工作涉及范围广，工作任务重，研究工作仍有待不断地深化，于实践中检验再应用于实践。加之时间与编者水平的限制，文中难免会存在片面、遗漏甚至错误的地方，特望在批评、讨论与争鸣的氛围下层层提升、完善。

编著者

2014 年 5 月

目　录

第 1 章   绪论

1.1   研究背景及意义

1.1.1   研究背景

国内环境影响评价的理论与实践经历了 30 年的发展历程，2003 年《中华人民共和国环境影响评价法》（以下简称《环评法》）的颁布实施，促使环境影响评价制度体系得到进一步的完善与强化。同时，随着环境影响评价相关技术导则及规范的细化与深化，规划层面和建设项目层面环境影响评价的全面覆盖，环境影响评价的理论、技术、方法的丰富与发展，我国已形成了规划阶段、项目可行性研究阶段、项目验收阶段的环境影响评价技术方法体系。环境影响评价工作在预防环境污染和生态破坏方面起到了重要作用，在制定落实环境保护措施削减生态影响、促进建设与环境保护的协调发展方面也具有重要意义。但是，建设项目运行后如何跟踪项目的环境影响，特别是如何对长期、累积性生态影响进行跟踪与评估目前尚未展开系统性的研究与管理工作，既不利于实现对项目环境影响的全过程评估和管理，也难以满足经济建设与生态保护协调发展的需求。因此，现阶段亟待从管理制度与支持技术方面开展环境影响后评价研究。

1.1.1.1   环境全过程管理的实践需求

鉴于经济社会进程的加快，经济发展与生态环境保护之间的矛盾日益突出，建设过程中会出现不符合经审批的环境影响评价文件的情形，进而导致实际影响与预测影响不符的项目；环境影响相对比较复杂、不确定因素较多、建成后实际环境影响与原环评预测可能存在出入的建设项目；以及开发程度较高的流域或区域，或建设周期较长、累积环境影响逐步显露的项目。而《环评法》中仅对后评价的法律适用情形和责任主体作了一般原则性表述，尚未形成系统全面、可操作的规章制度。

由此看来，环境影响后评价的管理制度体系尚未完善，实践积累远远不够，亟待通过对典型行业典型项目的环境影响后评价研究总结经验教训，探寻构建环境影响后评价机制，形成规范性管理框架，充分发挥环境影响后评价的关键作用，促使实现工程项目"规划—建设—竣工—运行"不同阶段的全过程管理。

1.1.1.2   支持技术深化研究的理论需求

20 世纪 90 年代以来，我国逐步开展了系列建设项目的环境影响回顾性评价、环境影响后评价、验证性评价等相关工作，但在评价内容、技术、方法等方面均没有明确规定，陆续开展的后评价尝试性工作并不能满足国家对建设项目环境影响后评价的总体要求。因此，现阶段亟须构建完善的环境影响后评价支持技术体系，尤其是针对工程运行后的生态环境演变、生态环境效益评估、环境保护措施有效性、可持续评价等方面，应以实际运行监测数据为基础，体现后评价的特性，形成一套科学的、可操作的、完善的后评价技术方法体系，从而更好地适应项目后评价的需求，指导与推动生态环境影响大的项目全面开展环境影响后评价工作。

1.1.2 研究意义

传统建设项目环境管理由环境影响评价、"三同时"和竣工环境保护验收管理制度构成。环境影响评价是对建设项目实施后可能造成的环境影响进行预测、分析和评估，提出预防或者减轻不良影响的对策和措施，属事前评价；而"三同时"和环保验收则是建设项目有效落实环评提出的污染防治和生态保护措施的管理手段和法律保障。《环评法》的颁布实施，进一步丰富了建设项目环境管理的内涵，其中环境影响后评价的提出是对现行环境影响评价的弥补和延伸，具有重要的意义，主要表现在：

（1）督促建设与管理机构保持长效监测机制

环境监测数据是环境质量现状最直接的反映，也是分析评价环境变化趋势的基础数据，监测数据的完整和准确与否，是后评价成果是否合理正确的关键（郑艳红等，2009；刘华，2006）。

（2）评价环境保护措施有效性，提高环境影响预测技术水平

环境影响评价和设计成果是在工程建设前，通过历史和现状数据的调查研究和分析预测而得到的结论，其必然存在预测方法的合理性、参数选取的正确性、结果的准确性问题，需要在项目的实践过程中进行检验、修正与改进，为改进环境影响评价的理论和方法奠定基础，促使预测技术水平的提升。

（3）科学分析潜在影响，调整或制定减缓措施

项目工程在建设、运行与废弃过程中，所引发的负面影响可能是逐步凸显出来的，而环境影响后评价恰恰可以根据建设项目前后的环境变化情况，分析环境的变化趋势，找出项目潜在的正面与负面影响及其影响要素，从而制定相应的管理措施，为项目的环境管理提供决策基础。

（4）促进完善风险性管理

环境影响评价就是一种风险预测与规避的技术手段（孟凤鸣，2010；王欢欢，2007），对于存在有毒、有害、易燃、易爆物质的项目尤其重要。但由于环境影响评价及科学技术本身的局限性，环境风险评价具有一定的不准确性，因此，可通过环境影响后评价及时反馈信息，调整与制定减缓措施，降低环境风险概率与程度。

（5）改进与完善环境管理，提高环境管理的有效性

应完善规划、建设单位及其环境保护主管部门的管理机制，提高职能效率，促进减缓措施的切实实施，加快生态环境保护的步伐，创新环境保护工作模式（吴照浩，2003）。

综合来看，后评价作为事后评价，分析了项目建设、运行造成的实际环境影响，检验和评价了环境保护对策措施的有效性，同时针对新问题可提出补救和改进措施。因此，开

展环境影响后评价，是实现工程开发目标与生态、环境保护目标协调发展的有效控制手段。

1.2　发展历程

1.2.1　国外的发展历程

国外项目后评价的概念最初起源于 20 世纪 30 年代美国的"新政时代"，至今已有 70 多年的历史（袁富琼，2012；沈毅，2005）。国外后评价的发展历经以财务为主的项目后评价、以经济评价为主的项目后评价和以环境影响为主的后评价三个过程，具体如下（梁鹏等，2013；袁富琼，2012；魏勇，2011）：

20 世纪 60 年代以前，项目后评价重点以财务分析为主，核心内容是检查分析环境影响评价中提出的目标和指标在项目实施后是否达到预期效果。其间，美、英等西方发达国家为了总结投资和外援项目的实施效果，由国家财政和审计机构及外援单位组织开展了此类项目的后评价工作，总结公共投资和援外项目的经验教训，提高投资效益和决策、管理水平。如瑞典在 20 世纪 30 年代就对国家投资项目进行了效果检查，并将结果向社会公开。

20 世纪 60 年代后，发达国家和世界银行等国际金融组织主要开展能源、交通、通信等基础设施以及社会福利项目的后评价，并以经济评价为主。

20 世纪 70 年代后，世界经济发展带来的严重污染问题引起人们的广泛关注，环境评价成为核心和主流。例如，荷兰 20 世纪 80 年代在环评法中纳入后评价；澳大利亚在 1982 年的发展规划中提出了对环境影响评价全过程的监督；1988 年，欧盟针对 11 个案例进行环境影响后评价检验环境影响评价方法，确定环境影响后评价的分类以及实施程序等，全面反映了环境影响后评价的概念和体系（梁鹏等，2013）。

1.2.2　国内的发展历程

我国环境影响后评价开始于 20 世纪 80 年代后期开展的投资项目后评价。后评价概念的提出源于环境影响评价制度的执行和实施过程中存在一些问题，影响了环境影响评价制度的深入贯彻以及环境影响评价的实际效果和作用，开展后评价可对原评价进行验证和补充。

1.2.2.1　项目后评价

（1）概念的提出及发展

1988 年 2 月，《中国基本建设》杂志第一次开设了"后评价"专栏，发表了《武钢一米七轧机工程后评价报告》，这是国内公开发表的第一份项目后评价报告（王宝林，2009；郑燕，2006）。1988 年 6 月，《中国基本建设》杂志发表了王五英的《建立项目后评价制度的思考》一文，对我国项目后评价的内容、方法、组织等问题进行了探讨，这是国内最早发表的系统探讨建立后评价制度的文章（郑燕，2006）。1988 年 11 月，国家计划委员会下发了《关于委托进行利用国外贷款项目后评价工作的通知》，要求选择重点项目进行后评价，形成后评价制度，并提出后评价的重要内容和具体做法，这是我国政府下达的关于推行后评价工作的第一个文件（郑燕，2006）。1988 年和 1989 年国家计划委员会先后下发文件，正式委托中国国际工程咨询公司开展了第一批国家重点建设项目（涉及农业、交通、能源等许多行业）的后评价，标志着项目后评价在我国正式开始（张飘石，2009；辛侨，2007；马明芳，2007）。

项目后评价是指对已经完成的项目或规划的目的、执行过程、效益、作用和影响进行系统的、客观的分析，通过项目活动实践的检查总结，确定项目预期目标是否达到，项目或规划是否有效，项目的主要效益指标是否实现；通过分析评价找出成败的原因，总结经验教训；并通过及时有效的信息反馈，为未来新项目的决策和提高完善投资决策管理水平提出建议，同时也为后评价项目实施运营中出现的问题提出改进建议，从而达到提高投资效益的目的（辛侨，2007）。我国的项目后评价是在利用外资尤其是世界银行贷款项目的管理过程中学习、借鉴国外先进经验的基础上发展起来的（马明芳，2007）。经过二十余年的发展，中国投资项目后评价事业取得了长足的进步，初步形成了自己的后评价体系。目前项目后评价作为一种科学的方法制度已得到广泛认同，成为许多国际机构和国家项目管理体系中不可或缺的环节。

国家发改委于1990年下发了《关于开展1990年国家重点建设项目后评价工作的通知》（54号文），同时为了将54号文实施的经验系统化，1991年又提出了《国家重点建设项目后评价暂行办法》（讨论稿）。这两个文件是我国中央政府部门最早制定的有关后评价的政策法规，对各行业部门和地方政府进行项目后评价起到很大的帮助作用，是各行业主管部门制定行业后评价规章制度的依据（张飘石，2009；辛侨，2007）。财政部除由国家国有资产管理局负责进行国有资产经营的评价工作之外，还分别于1993年和1998年成立了基本建设财务司和重点项目稽察办公室，以加强基本建设项目的后评价工作（辛侨，2007）。

此外，交通部、建设部、中国国际工程咨询公司、商务部、水利部、中国石油天然气总公司、中国银行等机构都出台了项目后评价的有关政策法规以开展项目后评价工作（如《公路建设项目后评价报告编制办法》《建设项目经济评价方法与参数》《投资项目社会评价方法》《工业企业技术改造项目经济评价方法》《水利建设项目后评价管理办法（试行）》《石油工业行业重点建设项目后评价实施方法》《授信风险管理后评价试行办法》等），这丰富了我国后评价理论，有力地促进了我国项目后评价的发展（张飘石；2009；辛侨，2007）。

2008年，国家发改委正式颁布了《中央政府投资项目后评价管理办法（试行）》，确立了项目后评价的法律地位，对各行业项目后评价的开展具有指导意义。

（2）分类

到目前为止，我国已对200多个重点项目进行后评价，评价项目主要分为五部分（张三力，1998）。

①国家重点建设项目：这类项目主要由国家发改委委托中国国际工程咨询公司完成。

②国际金融组织贷款项目：这类项目主要根据国外投资者的要求，由这些组织进行后评价，中方有关单位只参与部分工作（如工作准备、收集资料等）。

③国家银行项目：这类项目主要由中国建设银行和国家开发银行负责实施后评价。

④国家审计项目：这类项目由审计署负责对国家投资和利用外资的大中型项目进行审计。目前，审计署正积极开拓绩效审计等与项目后评价相关的业务工作。

⑤ 行业部门和地方项目：这类项目是由行业部门和地方政府安排投资的建设项目，由部门和地方组织项目后评价。

1.2.2.2 环境影响后评价

我国环境影响后评价侧重建设项目的环境影响后评价。建设项目环境影响后评价是建设项目后评价的一个重要组成部分，也是建设项目事后环境管理方面一个新发展。其始于20世纪后期，最早是在一些世界银行贷款建设项目环境影响评价中，世行环保专家根据世行的有关要求，提出了开展建设项目环境影响后评价的重要性和必要性（马明芳，2007）。其内容详见 1.3.2 节。

1.3 研究进展

1.3.1 国外研究进展

1.3.1.1 概念

环境影响后评价在英文中的提法有 Post-Project Evaluation（Olsson N O E et al.，2010；Pilavachi P A et al.，2008）、Post-Project Review（Choudhary A K et al.，2009；Anbari F T et al.，2008）、Post Project Appraisal（van den Broek R et al.，1997）、Post Project Environmental Impact Assessment Audit、Post Auditing、Environmental Impact Assessment Review、EIA Follow-up（O'Faircheallaigh C，2007a，2007b）和 Post Project Analysis（Tetteh I et al.，2006）。

环境影响后评价，即指"在项目实施阶段，针对环境影响报告书中提出的减缓措施的有效性，以及改善和提高环境管理质量开展研究"（Tetteh et al.，2006）。

1.3.1.2 分类、内容和方法

20世纪80年代，社会影响评价与环境影响评价成为项目后评价的重要内容。1988年，联合国欧洲经济委员会（United Nations Economic Commission for Europe，UN/ECE）通过对 11 个案例研究的比较分析，确定了那些已成功进行了环境影响后评价的项目所使用的评价方法，同时还提出了环境影响后评价的用途以及环境影响后评价与环境影响评价的关系，根据目的不同可以将环境影响后评价分为四类（见表 1-1）。

表 1-1 环境影响后评价的具体分类

环境影响后评价的分类	分类依据
项目管理环境影响后评价	目的是管理活动的环境影响
过程开发环境影响后评价	从活动中总结今后应该吸取的经验和教训
科学和技术环境影响后评价	处理影响预测的科学准确性和缓解措施的技术适宜性
程序和管理环境影响后评价	处理环境影响评价过程的有效性

国外环境影响后评价工作内容已经从环境影响评价的一个弥补性措施发展成为环境评价体系的一个组成部分。一般包括两项工作：环境影响回顾（EIA Follow-up）和项目后评价（Post Project Analysis），其中，环境影响回顾是环境影响评价过程的最后步骤。环境

影响回顾又分为微观层次监测与评价项目的环境影响、中观层次评价环境影响评价过程的质量、宏观层次评价环境影响评价系统（Becker et al.，2003）。

国外环境影响后评价方法主要包括统计预测法、对比分析法、逻辑框架法、定量和定性相结合的效益分析法等（罗时朋等，2008）。

1.3.1.3 制度政策

以政策制度、法律法规和行业规范的形式推动实施是国外开展环境影响后评价管理的主要特征。表 1-2 和表 1-3 列出了各国和一些国际组织针对解决水库工程的环境问题建立的法律法规体系、导则。

（1）美国

20 世纪 70 年代末，为了响应环境立法——对污染者实行重罚，美国率先采用了环境审计。1989 年国际商会的专题报告中提出了环境审计的概念，并得到了普遍认可（沈毅等，2005）。美国交通环保工作委员会要求高速公路建设项目在投入运营后，必须对公路建设项目的环境影响进行后评价；所有的工程项目在投入运营后的一定时期内，就应对项目可行性研究报告中提出的环境保护措施的落实情况进行一次全面而有效的评价（袁富琼，2012）。

表 1-2　西方发达国家水库工程环境影响后评价的法律、法规体系及导则

国家	年份	法律法规	国家	年份	法律法规
美国	1920	《联邦水电法》	英国	1848	《公共健康法》
	1948	《联邦水污染控制法》		1960	《河流清洁法》
	1969	《国家环境政策法案》		1961	《土地排水法》《河流防止污染法》
	1972	《联邦水污染控制法修正案》		1963	《水资源法》
	1977	《清洁水法》		1973	《水法》
	1995	国家环境技术战略报告		1980	《苏格兰水法》
	2004	《水资源保护法》		1991	《水工业法》
欧盟	1975	《欧洲水法》		1992	发展规划的环境评估实践指南
	1985	《环境影响评价指令》		2002	《英格兰水工业法》
	1990	战略环境影响评价初始预案		2006	《北爱尔兰水务法令》
	1993	《马斯特里赫特条约》	加拿大	1973	规定了第一个环境影响评价程序
	2000	《欧盟水框架指令》		1980	《环境评价法》
	2001	第六个欧共体环境行动计划		1988	《加拿大环境保护法》
澳大利亚	1976	《大坝安全管理导则》		1990	加拿大绿色计划
	1998	《大坝地震设计导则》		1993	《加拿大环境影响法》
	2000	《大坝可接受防洪能力选择导则》《大坝溃坝后果评价导则》		1999	新的《加拿大环境保护法》
	2001	《大坝环境管理导则》		2006	《清洁水法案》
	2003	《风险评价导则》			

表 1-3 亚洲国家和国际组织水库工程环境影响后评价的法律、法规体系及导则

国家	年份	法律法规	组织	年份	战略指南
印度	1974	《水法》	世界银行	1989	有关环境评价的工作指南
	1986	《环境保护法》		1991	环境评价工作指南
	1987	《国家水政策》		1992	环境与发展报告
日本	1961	《水资源开发促进法》		2001	做出可持续承诺——世行环境战略
	1964	《河川法》		2003	水行业战略
	1993	21 世纪议程行动计划		2009	新水电政策
	1994	《基本环境法》	经济合作与发展组织（OECD）	1971	成立了环境委员会和经合组织环境局
	2001	《循环型社会形成推进基本法》		1972	污染者付费原则 使用者付费原则
韩国	2004	《大坝建设和对周边地区的支持保护行动法案》		1983	环境影响评价与开发援助特别团体
	2005	《地下水行动法案》		2001	经合组织环境展望 经合组织二十一世纪头二十年环境战略

针对水利工程的环境问题，1920 年美国实行了大坝注册管理制度，要求每座大坝都应按程序申请大坝许可证，其有效期一般为 30～50 年，到期后要经过严格的评审（包括环境影响评价），然后再重新申请注册。20 世纪 90 年代，许多早期建设的大坝进入了新一轮的许可证申请程序；进入 21 世纪后，更多大坝面临重新注册问题。此外，美国还重点对环境负效应较大的水利工程进行了环境影响后评价，并采取了相应措施。如 1999—2003 年，通过全面的评价工作对 168 座小型水坝实施的拆除，2001 年威斯康星州 Baraboo 河上一系列水坝的拆除，使 115 km 的河流状态得以恢复；又如开展的河道整治工程，为减小水利工程环境负效应采取了相应的措施（陈若缇，2006）。

针对水库工程的立法方面，美国水资源立法已经有一百多年的历史，最早可追溯到 1899 年的《河流和港口法案》；现代联邦政府的立法开始于 1948 年的《联邦水污染控制法》；此外，美国各州也发布了与水资源及水库工程相关的法典。

（2）日本

日本 1997 年对《河川法》进行修改，把河流环境整治和保护列入河流管理的工作内容，河流的管理目标趋于多样化。在河流生态环境管理方面制定了相应的标准，为水利工程开发中遇到的环境问题的解决提供了依据（陈若缇，2006）。并规定了国家进行河道整治的规则，制定了相应的全国性统一规划。采用上述步骤制定的河道整治规划要经过严格的评价，其中最后一条是工程竣工验收后再进行"工程后评价"（李蓉，2005）。

1997 年，日本还颁布了新的环境影响评价法，规定要对大坝建设后的环境影响进行评价，并制定相应的对策（陈若缇，2006）。1998 年，日本制定了《国土交通省的公共工程选择评价指南》，该指南适用于所有新建工程，该文件规定，在工程竣工一段时间（原则上为 5 年）后，就应进行工程后评价，并公布工程评价监督委员会的评价意见（李蓉，2005）。

（3）其他国家及组织

荷兰是世界上最早开展环境影响后评价研究的国家之一，1986 年，荷兰在环境立法中

将环境影响分析评价纳入项目后评价工作之中，成为项目后评价的一部分。这些工作促进并保证了环境影响预测评价所提出的环境保护建议和措施的落实，改进并增强了环境影响评价的效能，全面地改进了项目的环境管理工作（袁富琼，2012）。

德国和法国要求水利工程项目注重管理各阶段评估的有机统一，在整个项目周期中除了要对前期和实施阶段进行监测评估外，还要在竣工后 3～5 年内对项目进行后评价（过程评价、效益评价、影响评价和持续性评价），项目对生态环境的影响被列为后评价的重点内容之一。此后，每隔几年，还要再进行后评价工作，保证了水利工程运行阶段出现的问题能够被及时发现、研究、解决，同时积累了大量的资料和丰富的经验（陈若缇，2006）。

澳大利亚在 1982 年的发展规划中提出对环境影响评价进行全过程监督（梁鹏等，2013）。澳大利亚《大坝环境管理导则》等法规的制定，英国麦卡内等提出的减轻大坝环境影响的泄洪调度方法，修复泰晤士河采用的近自然施工法等技术，以及部分国家进行的河道修复工程都为水库工程的环境影响后评价研究作出了贡献（Hardiman N et al.，2010；Oblinger J A et al.，2010）。

亚洲的印度、韩国等国家主要以水法、环境保护法和有关政策推动水库工程的后评价工作。

世界银行等国际组织已经形成了相对完善的评价导则和技术方法。

1.3.1.4　评价机构

大部分西方发达国家的后评价机构，均隶属于其立法机构，审计部门是这些评价机构的一个重要组成部分，在对政府公共投资项目进行审计监督的同时，也担负着一些对项目的环境影响进行评价的任务。目前国外的项目后评价已经形成了较为完善的体系，尽管评价机构仍设置在审计部门，但评价内容由单一的财务评价，向包括财务评价、经济评价、环境影响评价、社会评价等在内的多种评价演变。

美国的评价机构为美国审计总署（General Accountability Office，GAO），直接在美国国会领导下进行评价工作；加拿大设有总监办公室，总审计长办公室后评价处；澳大利亚由财政部门负责后评价工作；英国成立了后评价协会，各部门独立进行后评价；韩国在政府的经济计划委员会下设有业绩评价局；印度设有规划评价组织，直接受计委领导与指导。

多数国际组织和机构都建立了后评价的专门机构，如世界银行的业务评价局，亚洲开发银行的业务评价局，联合国开发计划署的后评价中心等。早在 1970 年世界银行就建立了相对独立的业务评价组织，评价工作受执行理事联合审计委员会监督。1973 年成立了业务评价局，与其他业务部门完全独立，独立地对项目执行情况做出评价，只对执行董事和行长负责，将信息直接反馈至世行最高决策机构。

1.3.1.5　相关学术研究

国外对环境影响后评价的研究主要集中于项目的环境影响后评价方面。例如，日本宇都宫大学农学院的 Nakayama M 在对印度尼西亚的撒古灵大坝环境影响后评价的研究中认为，通过环境影响后评价能够发现环境影响评价或是项目实施中不合理的方面。加纳的 Isaac Kow Tetteh 等对加纳库马西的 Barekese 大坝建成使用 30 年后对周边 3 个沿岸社区的影响进行了环境影响后评价，在对影响的识别和分析中使用了包含数学模型的网络图，以定量加权的影响得分表示的预期环境影响表明大坝对社区的环境质量产生了明显的不利影响。Tullos 和 Desiree 在对三峡工程的研究中认为，环境影响评价过程中存在一些限制因素，包括与影响预测的不确定性和显著性相关的因素，直接关系到技术和政策的结果。

对环境影响后评价的作用方面也有相关研究，如 Frank T Anbaria 等认为，环境影响后评价是有效的，但是很多情况下并没有统一的体系和制度来管理，因此把后评价作为有效的环境管理系统中的一部分是非常必要的；英国拉夫堡大学的 A K Chondhary 等对后评价文本对于组织处理问题、加强管理等方面的作用进行了研究（王丽，2011）。综上所述，国外环境影响后评价的主要目的通常包括：保证项目批准的费用和条件的实施；核实环境可行性与时效性；应付未预期的变化和条件；调整缓解措施和管理计划；通过改进环境影响评价程序和项目规划发展，学习并传播经验。

1.3.2　国内研究进展

1.3.2.1　概念

国内环境影响后评价的提法有环境影响后评价、回顾性评价、跟踪评价、有效性评价和验证性评价等（吴丽娜等，2004；吴照浩，2003）。《环境影响评价法》出台之后，对环境影响后评价做出了明确的要求，环境影响后评价是指对建设项目实施后的环境影响以及防范措施的有效性进行跟踪监测和验证性评价，并提出补救方案或措施，以实现项目建设与环境相协调的方法与制度。尽管目前各国对环境影响后评价还没有形成统一的概念，但其共同的内涵不外乎两个方面：一是对环境影响报告进行事后验证，检验环保措施的有效性；二是信息反馈，为项目管理和环境管理服务。

1.3.2.2　分类及评价内容

我国环境影响后评价侧重于建设项目的环境影响后评价，根据《环境影响评价法》第27 条，建设项目环境影响后评价分为两类：一是建设单位由于项目建设、运行过程中产生不符合经审批的环境影响评价文件的情形而主动进行的后评价；二是由原环境影响评价文件审批部门责成的后评价。

在环境影响后评价的评价内容方面，《海洋石油开发工程环境影响后评价管理暂行规定》指出海洋石油开发工程环境影响后评价的工作内容主要包括（邱戈冰，2006）：① 开发区海洋环境质量状况；② 清洁生产工艺效果；③ 各类污染物的处理方式及排放数量；④ 污染防治措施的落实情况及效果；⑤ 海洋石油开发生产对海洋环境的影响程度；⑥ 环境影响报告书的结论与工程开发的实际情况；⑦ 存在问题；⑧ 整改的时间、措施及建议。

环境影响后评价的内容要根据建设项目的特点、环境热点和原环评报告的内容确定。总结我国众多学者的相关研究成果（蔡文祥等，2007；刘华，2006；沈毅，2005；白鸿莉，2004；张飞涟，2004），评价内容一般按照以下几方面开展：

① 按照评价程序开展：大致分为监测调查和资料收集（包括项目实际内容、污染源实际源强、实际污染防治对策及设施情况、环境质量现状、项目实际环境影响调查、公众意见调查等）、相符性评估（针对重点的有针对的评价要素进行验证和评估，包括项目内容符合性分析、项目环境影响的可接受性评价、环保措施与对策有效性评价、环境目标可持续性综合评价）、管理与对策建议（包括原因分析、改进建议与补救措施等）。

有些还在上述内容前增加建设项目委托、评价大纲编制等内容；在之后增加报告编制及审查、报告备案等内容。

② 按照评价内容开展：大致分为环保执行情况评价（包括项目环境保护制度、环境保护措施的执行或落实情况）、环境效益评价（包括环境保护的投资、取得的环境效果）、环境影响的后评价（包括对项目建设期和营运至目前已发生的环境影响进行回顾评价、对未来可能发生的影响进行预测评价）和环境目标持续性的综合评价。这与"按照评价程序"中"相符性评估"相似，是其具体内容的展开。

③ 按照项目建设过程开展：大致分为前期决策过程后评价、设计过程后评价、施工过程后评价和运营过程后评价。

④ 按照评价对象开展：大致分为对环境影响报告书的评价（环境影响评价的有效性）和对建设项目环境保护执行情况的评价。

⑤ 按照保护目标开展：分为项目的污染控制、地区环境质量、自然资源利用和保护、区域生态环境和环境管理等。

1.3.2.3　法律法规要求

2002 年颁布的《环境影响评价法》第 27 条对建设项目环境影响后评价进行了明确规定，确立了环境影响后评价的法律地位，即规定："在项目建设、运行过程中产生不符合经审批的环境影响评价文件的情形的，建设单位应当组织环境影响的后评价，采取改进措施，并报原环境影响评价文件审批部门和建设项目审批部门备案；原环境影响评价文件审批部门也可以责成建设单位进行环境影响的后评价，采取改进措施。"2005—2007 年 3 次"环评风暴"之后，在项目的建设中开始重视对《环境影响评价法》的贯彻落实，包括"三同时"、环境影响后评价等相关制度也得到了进一步的关注。

随着国家对生态环境的重视、公众环保意识的不断提高，法律规章制度在不断完善，环境影响后评价也得到了国家层面的高度关注。特别是 2008 年十一届全国人大一次会议决定组建环境保护部，国务院《关于印发环境保护部主要职责、内设机构和人员编制规定的通知》（国办发[2008]73 号）明确强化环境保护部相关职责后，新成立的环境保护部相关管理部门继规划环评之后，把推进环境影响后评价摆到了重要位置。2008 年 4 月，环境保护部在批复南海石油化工项目及码头、海底管输工程的验收申请时，明确要求中海壳牌石化化工有限公司"做好排污口附近海域海水水质及海洋生态跟踪监测和调查，并开展环境影响后评估"。

1.3.2.4　实践

据统计，2008 年至今，环境保护部已明文要求 17 个建设项目开展环境影响后评价工作，同时另外 10 个建设项目也主动开展了环境影响后评价工作，并提交了环境影响后评价报告书。从行业来看，煤矿、水利水电、管道工程等生态类行业环境影响后评价工作开展得比较好。例如，煤矿行业陕西彬长矿区大佛寺矿井一期、安徽淮南矿业潘三矿井及选煤厂的环境影响后评价报告分别于 2008 年 3 月和 2009 年 3 月得到了环境保护部的审查意见。在非生态类行业，四川永丰纸业 10 万 t/a 漂白竹浆技改工程、松原吉安生化年产 21 万 t 冰醋酸及 5 万 t 乙酸乙酯工程等 4 个建设项目开展了环境影响后评价工作。这些工作积极推动了建设项目环境影响后评价的实施进程。

1.4　环境影响后评价与环境影响评价的比较

环境影响后评价与环境影响评价有较大差别（见表 1-4）：① 两者所处的阶段不同，环境影响评价属于项目前期工作的决策阶段，而环境影响后评价是在项目投入运营生产的使用阶段，环境影响评价的结果应通过项目建设和运行过程中的现场监测和后评价来检验；② 环境影响评价直接作用于项目的可行性决策，而环境影响后评价则是间接作用于项目的决策，是项目决策的信息反馈；③ 环境影响评价主要是对拟建项目可能的环境影响以及环境、经济、社会效益的协调统一性进行评价，而环境影响后评价是对项目的决策和项目实施的环境效果等进行评价。此外，在评价的标准和组织实施等方面，环境影响后评价与环境影响评价也有所不同。

表 1-4　环境影响后评价与环境影响评价和竣工环境保护验收内容对比

项目	环境影响评价	竣工环境保护验收	环境影响后评价
评价对象	按照《环境影响评价法》，所有可能产生环境影响的建设项目，都需开展环境影响评价	竣工环境保护验收是所有建设项目必须履行的一个法定程序	不是每个建设项目都需进行环境影响后评价，只有符合《环境影响评价法》第 27 条，或在项目建设或运营中存在一些特殊情况情形的，才需开展环境影响后评价
评价目的	对项目实施后的环境影响进行预测与分析，判断环境影响程度，提出环保措施，为项目前期工作的决策阶段服务，直接作用于项目的可行性决策	对项目在建设和运营中落实环评批复要求的情况进行检查，对污染物排放的达标情况进行分析，提出补救措施	对项目建设的环境影响，尤其是累积性、持久性的影响进行回顾性评价与分析，提出补救措施。为项目投入运营生产后的运营阶段服务，间接作用于项目的决策，为同类型项目决策提供信息反馈
工作开展阶段	在项目立项阶段进行	在项目投入试运营 1 年内进行	在项目建成运营后一定时期，环境影响充分显现后实施
评价时段	项目建设期及运营期	项目建成及运营后	项目运营一段时间后
采用的手段和资料	资料收集、符合导则要求的环境监测等手段	资料收集与符合规范要求的环境监测相结合	利用大量的有规律的数据收集与分析，并辅以必要的监测，应充分利用高新技术手段，如无人机、遥感影像等
评价内容	采用预测模型对项目建设及运营后的环境影响进行预测，提出环保措施	通过对数据进行分析，对项目运营后的污染物排放达标情况进行分析，找出存在的不足及问题，提出补救措施	通过对数据进行分析、对比，对项目运营一段时期后，所显现出的实际环境影响进行回顾与分析，并与环评结论进行对照，查找项目存在的环境问题，提出补救措施，并为环评管理提供技术反馈
管理要求	经主管部门审批	经主管部门审批	不需主管部门审批，报主管部门备案即可

1.5　小结

本章阐述了开展环境影响后评价的研究背景及意义，总结了环境影响后评价的国内外发展历程，介绍了环境影响后评价的国内外研究进展，包括概念、评价内容、法规依据、管理及实践情况等，并从评价对象、目的、阶段、内容、采取手段及管理要求等方面对环境影响后评价与环境影响评价和竣工环保验收进行比较。

第 2 章 环境影响后评价理论与技术方法体系

2.1 概念及内涵

结合国际环境影响后评价的概念及国内现状，本书提出的环境影响后评价是指：对建设、运行过程中产生不符合经审批的环境影响评价文件的情形的，项目实施后对环境产生持久性、累积性和无法准确预测的环境影响的建设项目进行环境影响调查与评价，提出补救方案或措施，为完善环境管理技术手段和项目审批决策提供科学依据的方法与制度。

环境影响后评价具有五方面的内涵：① 反映建设项目对环境的实际影响；② 对环境影响报告进行事后验证，检验预防恢复措施的有效性，验证项目实施前一系列预测和决策的准确性和合理性；③ 评价目标可持续性，提出预测和补救措施；④ 不同时点对项目进行的新的评价；⑤ 信息反馈，为项目管理和环境管理服务。

2.2 理论基础

2.2.1 系统论

"系统"概念最初由美籍奥地利生物学者冯·贝塔朗菲于 1937 年提出，他将"系统"定义为"相互作用的诸要素的综合体"，并于 1945 年发表《关于一般系统论》，针对系统论的基本概念与一般原理进行了详细论述，使对系统问题的研究真正走上科学发展的轨道（潘永祥，2002）。20 世纪 60 年代后随着系统论、信息论和控制论的进一步发展，以耗散结构论、协同论等为主要内容的复杂系统理论逐渐发展起来，系统论进入新的发展阶段。

系统是将研究对象看成由相互作用和相互依赖的若干组成部分组合起来的具有某种特定功能的有机整体，而且它本身又是它所从属的一个更大系统的组成部分。系统论认为，系统具有以下特征（陈一壮，2007）：

（1）整体性

系统整体的功能一般并不等于组成该系统的各子系统功能的简单相加。各子系统的最佳运转状态、最优发展之和并不等于系统整体的最佳运转状态和最优发展。整体可以大于也可以小于部分之和。相对于子系统的功能来说，系统整体可以具有"全新"的功能。

（2）关联性

系统的要素、环境都是相互联系、相互作用、相互依存、相互制约的，这种特征称为"相关性"或"关联性"。系统之所以运动，并具有整体功能，就在于系统与要素、要素与要素、系统与环境之间存在着相互联系、相互作用关系。

（3）开放性、发展性

任何区域系统本质上是一个开放系统，区域系统的开放过程就是不断提高其有序程度的过程。实现这一过程的必要条件是系统与环境之间物质、能量和信息的交换。一个系统，一旦停止与外界的一切交换就成为封闭系统，此时系统内部的不可逆过程将导致系统有序程度不断降低，系统将失去活力。

（4）协同性

系统内各子系统之间的协同是系统稳定有序结构的体现，这是系统整体具备预期功能的内在依据。所谓"协调开发"指的就是要求系统内各子系统之间在发展过程中保持协调、匹配。

2.2.2　可持续发展理论

1987 年，世界环境与发展委员会（WCED）向联合国大会提交了《我们共同的未来》，正式提出可持续发展的模式，并首次对可持续发展的概念作了界定，"可持续发展是既满足当代人的需要，又不对后代满足需要的能力构成危害的发展"（WCED，1987）。其内涵包括生态可持续性、经济可持续性与社会可持续性。

可持续发展的生态观、社会观、经济观、技术观为国外主要几种具有代表性的可持续发展观，这几种可持续发展观的核心都是正确处理人与人、人与自然之间的关系。

WCED 对可持续发展的定义体现了以下 3 个原则：① 公平性原则，包括代内公平、代际公平和公平分配有限资源；② 持续性原则，即人类的经济和社会发展不能超越资源和环境的承载能力；③ 共同性原则，指由于地球的整体性和相互依存性，某个国家不可能独立实现其本国的可持续发展，可持续发展是全球发展的总目标。

可持续发展思想内涵丰富，从不同角度看可以发现不同的内涵。从系统论看，人类与其赖以生存和发展的地球系统共同构成复杂的"社会-经济-自然复合系统"，各子系统相互联系、相互制约，可持续发展思想就是从整体上把握和解决资源、环境与发展的问题。从环境经济学角度看，可持续发展思想就是要处理自然资源利用与废弃物排放之间的关系，通过强化环境的价值观念、促进资源的有效利用、减少环境污染的发生，实现经济效益、社会效益与环境效益的统一。从生态学角度看，可持续发展思想就是追求建立在保护地球自然生态系统上的持续经济发展，使经济发展与生态保护相统一，实现资源的永续利用和生态性循环。从环境伦理角度看，可持续发展思想主张代内公平和代际公平，既满足当前发展的需要，又不损害未来长远发展的需要；既满足当代人的利益，又不损害后代人的利益。从人与自然关系的角度看，可持续发展思想的实质是人类如何与大自然和谐共处的问题。从地球的同一性角度看，可持续发展不是一个国家或一个地区的事情，而是全人类的共同目标，要实现可持续发展，必须建立稳固的国际秩序和国际合作关系（陈新强，2002）。

2.2.3 风险社会理论

"风险"概念最早作为早期资本主义时期的商贸航行术语，20 世纪 70 年代后期，社会科学家开始利用"风险"术语表示由于技术与社会发展带来的灾难性后果（诸如化工厂和核能等外泄事件），直到 20 世纪 80 年代，"风险"从单纯的技术-经济范畴扩展到社会理论范畴（刘小枫，1998）。随着人类日益成为风险的主要生产者，风险的结构与特征发生了根本性的变化，产生了现代意义上的风险并出现了现代意义上的风险社会的雏形。

风险社会产生的原因，一是人类日益增进的知识以及有关知识的决策、工业和技术的进步。风险使社会具有了人为的不确定性。"人为的不确定性意味着面临的最麻烦的新风险之源是知识的扩展。科学越成功，越反射出自身在确定性方面的局限。"二是风险的无责任主体性。鉴于现行的社会体制及对技术产生的后果的难以预测、难以判断的特点，致使不必对技术产生的风险承担责任。如同贝克所认为的："在风险时代，社会变成了试验室，没有人对实验的结果负责"；"没有人是主体，同时每个人又都是主体"（乌尔里希·贝克，2005）。

如何建立起防范风险的公共预警及协调机制是风险社会的核心议题。风险社会理论揭示了当代体制的思想过程、决策规则和行政实践中的危机发生方式，对于正确理解和应对环境问题的发生和科学发展的负面影响发挥了重要作用。而环境影响后评价就是现代社会中发展出的一种风险规避与预测的重要技术手段，其理论前提就是，无论是规划等战略行为还是建设项目等具体开发行为，都可能对环境造成危害，后评价的目的是更好地确定可能的风险，分析现用减缓措施的有效性，是应对风险的高效政策与管理工具。

2.2.4 累积影响评价理论

累积影响评价（Cumulative Impact Assessment）是从全新的角度出发分析与解决环境问题，其最先是在 1969 年由美国提出（陈庆伟等，2003），1970 年美国加利福尼亚州《环境质量法案》（付雅琴等，2007）中做出最初的具体阐释："单一工程项目的影响可能有限，但多项工程的建设与运行的累积影响可能带来重大的生态环境负面影响。"累计影响是在高度复杂且具有不确定性的区域/流域生态系统中，加之高强度人类活动的影响，在加和累积或者协同累积影响下破坏生态环境（Environmental Protection Agency，1999）。

国内已经普遍意识到累积影响评价在环境影响评价中的重要性，1997 年国家环境保护局颁布的《环境影响评价技术导则—非污染生态影响》（HJ/T 19—1997）中，明确将累积影响纳入建设项目和区域开发项目的环境影响评价中；2011 年环境保护部新修订的《环境影响评价技术导则—总纲》中增加累积影响的概念，规定进行生态影响分析的同时明确累积性影响和非累积性影响。

环境影响后评价是针对环境影响评价的缺陷进行的活动，克服环境影响评价的局限性、减缓环境影响，对项目的建设与运行管理发挥重要的作用。因此，环境影响后评价可视为环境影响评价的补充与完善，累积影响评价作为后评价的基础，也是关键的组成部分，为科学后评价提供关键的技术手段。

2.2.5　生态系统经济学理论

2.2.5.1　生态经济学的创建、定义

（1）国内外生态经济学的创建

生态经济学研究最早可追溯到 18 世纪末马尔萨斯的《人口原理》。马尔萨斯被西方称为最早的生态经济学家，但是他并没有提出"生态经济学"概念。生态经济学的研究真正开始于 20 世纪 60 年代，具体学科发展见表 2-1。

表 2-1　国内外生态经济学的创建

	创建标志	学会创建	重要论著	重要期刊
国外	20 世纪 60 年代中期，肯尼斯·鲍尔丁（美）《一门科学——生态经济学》	20 世纪 80 年代末，50 多位科学家组织在一起成立了国际生态经济学会（ISEE）	哥尔德·史密斯（英）《生存的蓝图》1972	1989 年，国际生态经济学会（ISEE）出版 *Ecological Economics*
			罗马俱乐部《增长的极限》1972	
			巴巴拉·沃得（瑞士）《只有一个地球》1972	
			坂本藤良（日）《生态经济学》1976	
			加博（法）《跨越浪费的时代》	
			埃里克·爱克霍姆（美）《回到现实——环境与人类需要》	
			奥雷利奥·佩西（意）《未来的 100 页》	
			卡恩（美）《目前和未来的经济——令人兴奋的 1978—2000 年》《即将到来的繁荣》	
			朱利安·西蒙（美）《最后的资源》	
			美国外交关系委员会《60 亿人——人口困境和世界对策》	
			莱斯特·布朗（美）《生态经济：有利于地球的经济构想》2002	
国内	1980 年 9 月，我国召开了首次生态经济问题座谈会	1984 年 2 月，中国生态经济学会在北京宣布成立，这是世界上第一个生态经济学术团体	中国社会科学院经济研究所《生态经济问题研究》1985	1983 年 10 月，中国社会科学院经济研究所出版《生态经济研究》
			中国生态经济学会《中国生态经济问题研究》1985	
			许涤新《生态经济学》1987	1987 年，中国生态经济学会、云南生态经济学会出版《生态经济》
			马传栋《城市生态经济学》1989	
			丁举贵、何乃维《农业生态经济学》1990	
			王松霈《走向 21 世纪的生态经济管理》1997	2003 年，中国生态经济学会出版《生态经济学报》
			刘思华《可持续发展经济学》1997	

（2）生态经济学的定义

生态经济学是一门跨社会科学（经济学）与自然科学（生态学）的边缘学科。生态经济学家从不同的角度提出了各自对生态经济学的定义的看法。"生态经济学是研究那些与自然进行物质变换并组成社会的人类同环境系统的关系的科学"（许涤新，1987）；"生态经济学是研究生态系统和经济系统相互作用、相互制约的运动规律的科学"；"生态经济学是研究生态规律和经济规律相互交织作用的新兴科学"（曲仲湘等，1985）；"生态经济学是一门从经济学角度来研究由经济系统和生态系统复合而成的经济生态系统的结构及其

运动规律的科学"（马传栋，1989）；"生态经济学是从生态学和经济学的结合上，着重研究人类社会经济活动的需求与自然生态环境系统的供给之间的矛盾运动过程中发生的经济问题和所体现的经济关系发展规律及其机理的科学"（刘思华，1997）。

生态经济学是一门从经济学角度来研究由社会经济系统和自然生态系统复合而成的生态-经济-社会系统运动规律的科学，它研究自然生态和人类社会经济活动的相互作用，从中探索生态经济社会复合系统的协调和可持续发展的规律性。

2.2.5.2 生态经济学研究发展概况及趋势

（1）国外的发展概况及趋势

国外的生态经济学研究主要集中在以下几方面：

① 生态系统对人类的制约。强调可更新资源生产方面的同时指出资源保护也是资源群体在一定时间内的最优利用问题（Clark，1973），并将自然系统的初级生产能力和承载能力结合起来进行分析（Vitousek，1986）。

② 可持续发展定量衡量。针对自然资产和人造资产处理的不同，将发展分为强可持续性和弱可持续性两大类（Pearcet，1991）。并发现了很多持续发展的测量指标，其中反映弱可持续性的指标有绿色国内生产总值、可持续经济福利指标（Cataned B E，1999）、真实发展过程（Cobb，1995）等；反映强可持续性的指标有生态足迹（Wackernagel，1992）等。

③ 生态经济模型。20 世纪 80 年代，国外生态经济研究人员开始注意整合生态和经济系统模型的研究。90 年代，国外研究者对生态经济系统需要整合的理论研究上升到一个更深的层次，但由于生态系统和经济系统的区域性都很强，目前并没有开发出一个较通用的理论模型。

当前国际上关于生态经济研究的前沿问题主要有：a. 环境和经济整合账户的建立；b. 可持续发展的衡量；c. 自然资产的估价；d. 资源的可持续利用和环境政策的建立和管理。

（2）国内的发展概况及趋势

我国近年来生态经济学的发展，大致可以分为三个阶段：

① 1980—1984 年，在生态环境预警研究的基础上，进行生态经济研究，创建了以维护生态平衡为核心的生态经济学。这个时期生态经济学的研究核心是发展经济必须遵循经济规律和生态规律。

② 1984—1992 年，自然与社会科学的许多学科的学者，在实践中总结和发展了生态经济协调发展理论，提出了社会经济与自然生态协调发展的新原理。

③ 1992—2000 年，确立与实施生态环境与社会经济可持续发展战略的新阶段。20 世纪 90 年代中期以来，我国生态经济协调发展理论与实践向深度与广度扩展的最重要、最显著的特点就是向可持续发展领域渗透与融合，逐步形成了一种将引起现代经济社会巨大变革的可持续发展经济理论。这一时期也开始了很多生态经济的实证分析，如李金昌（1991）主持的"资源核算研究"及金鉴明主持的"中国典型生态区生态破坏经济损失及其计算方法研究"（过孝民等，2004），在研究方法上也开始跟上国际潮流，如陈仲新、张新时采用当前国际上流行的方法，衡量中国生态系统的价值为 77 834.48 亿元/a；徐中民等采用绿色国内生产净值的概念衡量了 1995 年张掖地区与水有关的生态环境损失。

2.2.6　恢复生态学理论

恢复生态学是在自然生态环境受人类干扰而逆向演替为各种退化生态系统的背景下产生的，旨在研究生态系统退化的原因、退化生态系统恢复与重建的技术、方法、过程与机理（彭少麟，2004；李洪远，2004）。

恢复生态学的科学术语由 Aber 和 Jordan 两位英国学者于 1985 年提出，其后不同学者先后对其进行定义，美国恢复生态学会将生态恢复定义为帮助生物多样性、生态过程和结构、区域和历史的环境以及可持续的耕作实践等的邻近变异范围等共同组成的生态整体进行恢复和管理的过程（彭少麟，2000）。

恢复生态学最早的研究从群落方面进行，随着恢复生态学的发展，其研究对象逐步扩展到种群、群落、生态系统、景观四个层面。种群层面重点研究某些建群种对生态恢复的重要作用，演替过程中的适应性、变异性，以及种群间相互关系对种群的定居、聚集、生长和群落发育的影响；群落层面重点研究生物多样性在生态演替过程中的变化以及群落功能的恢复，通过总结并逐步掌握人类操控下的生态演替规律，加速其他退化生态系统的演替；生态系统层面重点研究物流和能量在生态系统演替中的变化及对生态系统演替的作用、生态系统对物种多样性的敏感性以及初级生态系统在食物链结构和物种多样性的影响；景观层面重点是通过寻找恢复生态学与景观生态学的结合点，探讨尺度转换的机制、探索未来景观生态学理论成果如何改善恢复生态系统以及恢复生态学的研究成果对景观生态学研究进程的推动作用（李明辉，2003）。

2.2.7　生态系统生态学理论

生态系统生态学概念的根源可追溯到 1935 年，当时 Tansley 首先使用了"生态系统"一词，此后生态系统的概念逐渐被人们所接受并出现了多种定义方法。但直到 20 世纪 60 年代以后才有人尝试将生态系统作为系统研究的方法。综合多年来人们对生态系统概念的探讨可以得出，生态系统通常是指一个最大空间尺度上能自我维持的实体。1987 年，Kimmins 为生态系统定义了 6 个主要属性（沃科特等，2002）：结构、功能、复杂性、相互作用及相互依赖、无固定的空间尺度范围、随时间推移而变化；这一观点阐明了生态系统具有反馈作用和无固定尺度的特性。

2.2.7.1　生态系统抵抗力、恢复力与稳定性

生态系统在外部环境胁迫或干扰的驱动下会发生演替或进化、偏离原来的稳定状态，对于生态系统这种偏离稳定状态的程度可以用缓和或消除内外扰动的能力（抵抗力）、受干扰后恢复原状的速率（恢复力）和维持特定状态的时间长短（持续性）等来描述。恢复力是 Holling 于 1973 年提出的概念，主要是指系统在一定状态范围内的变化，然后又恢复到原来状态的能力。如果系统变化超出这个范围，就会跃迁到其他状态。一个具有恢复力的生态系统通常只会发生轻微的波动，而且能够马上恢复其初始状态。生态系统抵抗力和恢复力的特征表现得非常明显，即任何生态系统对胁迫都具有很强的抗性，但经受干扰后也不可能很快地恢复到原来的状态。在生态系统维持正常功能的范围内可以表现出很多种不同的系统状态。当受到外来干扰时，生态系统也许会转变到其演替过程的初始阶段。当一个破坏性的干扰强加到这个生态系统时，其恢复结果既有对干扰具有很强抗性的初始状

态，也有抗性相对较弱但是具有尽量减小扰动影响特征的其他状态。

2.2.7.2 生态系统健康与生态完整性

环境管理者开始将保护生态系统健康或生态完整性作为环境管理的目标之一（Xu et al.，2001），因此在讨论生态系统管理目标尤其是大尺度对象时，"生态系统健康"和"生态完整性"已成为生态系统管理的同义词。

生态系统健康和生态完整性是生态系统的综合特性，反映生态系统内部秩序和组织的整体状况（蔡晓明，2000；袁兴中等，2000）。生态系统内部各单元特定状态的最佳组合秩序构成了生态系统整体的最优化，在这种整体最优化状态下，生态系统才会表现出最佳的功能状态，即生态系统健康或生态完整性。一个健康生态系统所应具备的特征包括：系统动态平衡、没有病害、生物与生境的多样性、内稳定性、继续发展的空间和可能以及内部组分间的平衡（Xu et al.，2001；Rapport，1995）。

生态系统健康可用来监测或评估生态系统和景观的状况和质量，而生态系统健康评价的目的是揭示胁迫生态系统可能出现的发展趋势（Mageau et al.，1998）。生态系统健康和生态完整性的度量问题尚未解决，因为它们不属于生态系统中可测定的特性。与生态系统健康或生态完整性相比，应用生态系统抵抗力和恢复力等其他术语，可为生态系统状态的测定提供更容易的渠道（沃科特等，2002）。目前公认的生态系统健康是有结构（组织）、有功能（活力）、有适应力（弹性）的，即健康包括由复杂系统所表现的组织、活力和弹性三项测量标准（刘建军等，2002；李瑾等，2001；马克明等，2001；蔡晓明，2000；任海等，2000），并由此提出了生态系统健康指数的初步形式：

$$HI = V \times O \times R \tag{2-1}$$

式中，HI 为生态系统健康指数，也是生态整体性和可持续性的一个度量；V 为生态系统活力，是系统活力、新陈代谢和初级生产力主要标准；O 为系统组织指数，是系统组织的相对程度 0～1 间的指数，包括其多样性和相关性；R 为系统弹性指数，是系统弹性的相对程度 0～1 间的指数。

项目的生态环境影响最终表现为对生态系统健康或生态完整性的影响，因而对其生态环境影响的评价必然要从生态系统健康或生态完整性变化的角度考虑。对生态系统健康和生态完整性度量问题的探讨为建设项目环境影响后评价提供了借鉴，即可以从生态系统结构、功能以及适应力的方面开展环境影响后评价工作。

2.2.7.3 生态适宜性原理和生态位理论

（1）生态适宜性原理

经过长期的与环境的协同进化，生物对生态环境产生了生态上的依赖，其生长发育对环境产生了要求，如果生态环境发生变化，生物就不能较好地生长，因此，产生了对光、热、温、水、土等方面的依赖性（杨少俊等，2009）。

（2）生态位理论

生态位是生态学中一个重要概念（张录强，2005），主要指在自然生态系统中一个种群在时间、空间上的位置及其与相关种群之间的功能关系。生态位可表述为：生物完成其正常生命周期所表现的对特定生态因子的综合位置。即用某一生物的每一个生态因子为一维（X_i），以生物对生态因子的综合适应性（Y）为指标构成的超几何空间。

2.2.7.4　生物群落演替理论

在自然条件下，如果群落遭到干扰和破坏，它还是能够恢复的，尽管恢复的时间有长短。首先是被称为先锋植物的种类侵入遭到破坏的地方并定居和繁殖。先锋植物改善了被破坏地的生态环境，使更适宜的其他物种生存并被其取代。如此渐进直到群落恢复到其原来的外貌和物种成分为止。在遭到破坏的群落地点所发生的这一系列变化就是演替。

演替可以在地球上几乎所有类型的生态系统中发生。由于近期活跃的自然地理过程，如冰川退缩，侵蚀发生的地区的演替称为原生演替。次生演替指发生在起因于火灾、污染、耕耘等而使原先存在的植被遭到破坏的地区的演替。无论原生演替还是次生演替，都可以通过人为手段加以调控，从而改变演替速度或演替方向（李洪远，2004）。

2.2.7.5　生态系统结构和功能特征

生态系统作为一个特定的地理空间单元，具有特定的结构和功能，也就是说，生态系统是结构和功能的统一体。生态系统结构是指系统内各组成因素在时空连续空间上的排列组合方式、相互作用形式以及相互联系规则，是生态系统构成要素的组织形式和秩序（于贵瑞，2001）。生态系统功能主要是指与能量流动和物质迁移相关的整个生态系统的动力学（沃科特等，2002），是系统在相互作用中所呈现出来的属性，表现了系统的功效和作用。生态系统所具有的功能是支持系统存在的原因，它体现了生态系统的目的性，一旦其功能丧失，该生态系统也就失去了存在的意义。生态系统的结构与功能息息相关，功能的变化会引起系统内结构组分的相应变化；同样结构的变化也会导致系统功能某些方面的相应变化。在生态学中，常用净初级生产力、植被覆盖度、生物多样性指标来表征生态系统功能。

2.2.8　生物多样性理论

生物多样性作为自然多样性的重要组成部分是生物与环境形成的生态复合体以及与此相关的各种生态过程的总和，它包括自然界中所有动物、植物、微生物和它们所拥有的基因及其与环境形成的复杂的生态系统。生态环境不断恶化、人口迅速膨胀、粮食压力日趋严重、能源供应日益紧张等全球性重大问题威胁着人类社会的可持续发展，并成为生物多样性锐减的直接影响因素。水库工程修建阻断了物种的交流，下泄流量变化对物种生境造成了一定的破坏，对生物遗传多样性、物种多样性与生态系统多样性都产生了很大的影响，因此从生物圈整体系统的角度，着手于非生命形态多样性与生命形态多样性的互补和整合才能实现生物多样性保护（叶平，2010）。

2.2.9　生命周期理论

任何事物都有一个产生、发展、成熟乃至衰退的演变过程，国内外许多专家学者运用生命周期理论来解释这一演变过程。生命周期理论最早是从产品研究开始的，马歇尔最早发现组织存在生命周期现象并有所论述，在《经济学原理》中，他把企业比喻为树木，认为企业是有生命和成长阶段的。1972 年，Larry E Greiner 第一次提出企业生命周期的概念（杨宝宏等，2006）。Ticky G（1998）借鉴产品生命周期理论，从时间维度考察了产业集群的演进，将集群生命周期划分为诞生阶段、成长阶段、成熟阶段和衰退阶段（Ticky G Clusters，1998）。

建设项目也遵循生命周期理论。首先，作为一种物质实体，各类材料会不断磨损和老化，需要不断地更新和维护，并最终达到相应使用寿命而终止服务。其次，建设项目作为一种社会经济现象和产品，其发展演变还受区域社会经济环境的影响，遵循进入、成长、成熟和衰退的生命演变过程。

2.3 理论体系

2.3.1 特征

环境影响后评价与可行性研究阶段的环境影响评价在理论基础和评价方法等方面有很多相似之处。然而，由于在评价时段、目的、内容范畴等方面的差异，环境影响后评价具有五大特点：

（1）独立性

独立性是环境影响后评价公正性的保证，环境影响后评价应从项目环境管理者和项目环境影响评价以及环境保护设计者以外的第三者角度出发，独立进行。

（2）复杂性

生态环境的地域性、系统性和建设项目对区域经济发展、城镇生产力布局、土地利用等方面的带动性作用，导致环境影响后评价中的生态环境影响具有复杂性的特点。

（3）反馈性

环境影响后评价最主要的特点是后评价的反馈功能，其主要目的是为环境决策和管理部门提供反馈信息，作为完善该项目环保措施以及调整新项目建设规划的依据。

（4）跟踪性

通过全面跟踪和评估运行期建设项目的长期性及累积性生态影响，环境影响后评价可检验项目环境影响评价的预测方法和结论的准确性以及采取的环境保护措施的有效性，为进一步消除工程项目带来的环境影响提出及时有效的解决方案。

（5）现实性

环境影响评价的数据来源是根据经验和各种模型方法预测的结果，而环境影响后评价的数据来源于项目运行期的调查和监测数据，具有很强的现实性。

2.3.2 评价原则

（1）可持续发展与生态环境保护原则

自然资源是人类赖以生存和发展的物质基础，陆生和水生生物资源、土地资源及其水资源等生态环境推行长远利益和整体利益基础上的保护，是实现可持续发展和生态环境保护的基本条件。

（2）客观、公正、科学性原则

采用系统性方法，以客观、公正、科学的原则，不受各阶段文件资料的束缚，真实地反映和评价分析项目的环境保护执行情况和环境影响（包括已经发生的影响和未来可能发生的影响），应避免在发现问题、分析原因和做出结论时避重就轻，做出不客观的评价。

（3）高效性原则

一方面，是基于环境影响后评价的结果，针对评价有效的现行减缓措施仍需维持实施，而针对评价结果修订/提出的新型减缓措施需立即实施。另一方面，后评价需要为环境决策和管理部门提供反馈信息，作为新项目立项和环境评估的基础和调整项目建设规划和政策的依据，为今后项目的环境管理提供借鉴。

（4）系统性原则

采用"全方位-多视角"方法，将水资源、生态环境资源和国民经济发展全面联系起来，用系统的原则进行环境影响后评价。

（5）可操作性原则

要求在完整性、系统性原则和条件下，尽可能选择具有代表性、敏感性和综合性指标；其次是尽量选用数据易于获取和表述的可度量指标。

2.3.3　评价范围

2.3.3.1　评价尺度

通常"尺度"一词是指观察或研究对象的空间分辨度和时间单位，它标志着对所研究对象细节了解的水平。在生态学中，尺度是指所研究生态系统的面积大小（空间尺度）或其动态变化的时间间隔（时间尺度）。不同时空尺度的生态学要素演变见图 2-1。

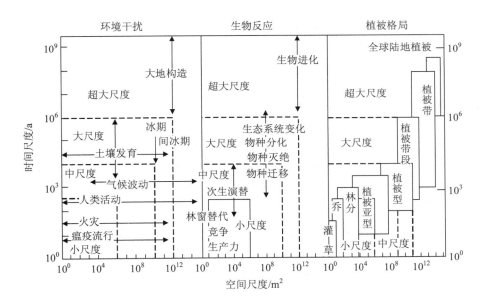

图 2-1　不同时空尺度的生态学要素演变

大型建设项目作为典型的人类活动对生态环境的干扰，其所导致的生物反应大致包括生产力改变、加剧竞争、次生演替、物种迁移甚至物种灭绝；而植被格局的变化则与建设项目占地、所处地理位置以及区域原有自然社会条件密切相关，不同工程对植被格局产生的影响可能差别很大。因此，从对图 2-1 的分析来看，对大型建设项目进行环境影响后评价研究，时间尺度分为小尺度、中尺度、大尺度与超大尺度，不同尺度间的年际比较，依据后评价项目特性选择合适的时间尺度；而空间上则应在景观尺度开展，依据具体情况界定评价范围，通常要求环境影响后评价的空间范围包括建设项目直接影响区域、工程建设的全部扰动范围、建设项目影响范围内的生态敏感点和脆弱点。

2.3.3.2   水库工程

（1）时间尺度

环境影响后评价应在水库工程的生态环境影响显著、稳定后开展，这一时点是不确定的，确切地说是一个时间段而非一个时点。水库工程对生态系统的结构、功能及整体性产生影响，而生态系统的不同组成要素对水库工程干扰产生响应且趋于稳定所需的时间是不一致的。从理论上讲，为了更为全面、准确地说明水库工程的生态影响，应在水库工程进入运行期后，对生态系统的变化进行持续监测，而在对干扰反应最迟缓要素产生稳定而显著的响应后进行评价。这样可以全面说明生态系统在受到干扰之后的连续变化过程。而在目前的实际工作中，水库工程建成蓄水前后各进行一次全面的生态环境调查和监测尚不能保证，还很难做到对运行期生态系统变化的持续监测。依据现有对水库工程生态环境影响的研究成果，生态环境对水库工程干扰产生稳定而显著的响应大致需要5～10年的时间，因而，年际间比较，水库工程环境影响后评价的时间尺度一般为水库工程建成运行 5～10 年。

（2）空间尺度

环境影响后评价的空间范围通常较大，其原因是环境影响后评价的着眼点是水库工程对生态系统的干扰，仅局限于工程扰动的有限面积而很难说明真实影响。环境影响后评价的空间尺度，包括水库邻近的生态环境敏感点，并在淹没区及直接扰动区的基础上将评价范围向外扩展。评价范围沿河流走向分别向上下游延伸，通常水库工程对下游流域的影响更为显著，因而向下游延伸的距离较远。由于生态环境具有较强的地域性特点，因此环境影响后评价很难确定统一的空间尺度，需要针对水库工程所在区域的地形地貌特征、生态系统特征以及水库工程环境影响评价中指出的水库工程生态环境影响特征，划定评价范围。空间上水库工程环境影响后评价应从全球尺度（温室气体减排）、景观尺度、河流廊道尺度三个层面开展。评价空间范围的界定，通常包括水库淹没范围、工程建设的全部扰动范围、河流上下游及库周敏感点。

2.3.3.3   煤炭开采工程

矿区生态环境后评价的目的是进行跟踪监测与持续管理，假如以矿业周期为评价周期，首先需明确矿业周期的概念及划分，以及在此周期变化过程中，其矿区空间尺度的范围及变化趋势。卞正富将矿业周期划分为勘探阶段、基本建设、达产至投产、生产阶段与衰退阶段，在不采取措施的情况下，土地破坏伴随矿业生产始终，破坏逐渐累加（卞正富，2001）。从投资学的角度分析，矿企投资期的土地破坏面积较小，主要为土地占用等地面建（构）筑物的建设占用土地，而随着达产期的到来，土地破坏面积逐步扩大，破坏程度逐步加重。可见，矿区生态环境影响范围在不同时段各不相同。若以最终阶段的最大影响范围作为各阶段的后评价范围，将导致前期评价阶段由于评价范围超出实际影响范围而降低其影响程度；若以各阶段的实际影响范围作为评价范围，将导致回顾性分析中各阶段之间的影响演替趋势分析中可比性降低。所以，要求在评价过程中结合具体实际进行分析，尽量采用与评价范围相关性较低的评价指标或指标体系。

2.3.3.4　公路工程

（1）时间尺度

公路建设环境影响后评价的主要任务是说明和评价公路营运稳定后工程所在区域生态系统健康的时间变异状况，因而时间尺度对于环境影响后评价具有重要意义。

公路建设项目环境影响后评价体系分为运营稳定后环境影响调查和环境影响后评价两个步骤。其中运营稳定后环境影响调查开展的时点较为明确，即工程竣工验收环境影响调查后的某段时间开始，这个起始点根据后评价工作开展的需要来确定，一般在达到设计流量之后。结合环境监理资料和竣工验收环境影响调查数据，针对建设过程和运营一段时间的环境影响可开展现场调查，从而可全面系统地总结工程建设过程中的环境影响，说明各项生态和环境保护措施的执行情况及效果，为调整和补充运营期的缓解措施提供依据。

而环境影响后评价应在所建公路生态环境影响显著、稳定后进行，这一时间点是不确定的，确切地说是一个时间段而非一个时间点。公路建设对生态系统的结构、功能及整体性产生影响，而生态系统的不同组成要素对公路的干扰产生响应且趋于稳定所需的时间是不一致的。从理论上讲，为了更为全面、准确地说明公路建设后的生态影响，应在公路工程进入运行期后，对生态系统的变化进行持续监测，而在对干扰反应最迟缓要素产生稳定而显著的响应后进行评价。需要指出的是，由于生态效应的滞后性和累积性特征，公路建设项目环境影响后评价是一个持续性的动态跟进过程，可先后在公路达到设计规模之后、稳定运行若干年之后以及公路大规模翻修之前对其造成的环境影响分阶段进行多次后评价，由此可以全面说明生态系统在受到干扰之后的连续变化过程。而在目前的实际工作中，所有的公路建设项目建成前后各进行一次全面的生态环境调查和监测尚不能保证，难以做到在运行期保持持续监测，遥感与地理信息系统这一先进手段的出现，可以针对项目区提供多期遥感影像数据，为连续变化检测与分析提供了可能，因此，在遥感与地理信息技术的支持下，公路建设时间尺度的确定成为可能。

（2）空间尺度

公路建设项目竣工验收环境影响调查的空间范围和环境影响后评价的空间范围有所不同。由于竣工验收环境影响调查关注于工程建设过程对环境的干扰和缓解措施的效果，因而其调查的空间范围相对确定，为公路的建设区域和直接扰动区，具体讲包括路面占压区域、工程建设所占用施工场地、渣场、料场、施工人员住地、服务区、管理处、移民安置点等。

而环境影响后评价的空间范围通常较竣工验收环境影响调查大，其原因是环境影响后评价的着眼点是公路建设对生态系统的干扰，仅考察工程扰动的有限面积很难说明真实影响。环境影响后评价的空间尺度应在竣工验收环境影响调查空间范围的基础上有所扩大，包括公路沿线邻近的生态环境敏感目标，并在占地区及直接扰动区的基础上，综合考虑建设公路等级、公路建设项目所在区域的地形地貌特征、生态完整性以及公路沿线的行政区划。例如，跨越河流或湖泊的公路，应扩大到上下游一定范围；影响野生动物迁徙的公路，应扩大到考虑动物的迁出和迁入栖息地；公路连接或穿越城区城镇的，应扩大到城区周边一定范围和邻近城镇与村镇。综合来看，生态环境具有较强的地域性特点，因此生态影响后评价很难确定统一的空间尺度，需根据项目区域生态系统特性及项目的生态环境影响特征等多项要素综合划定科学合理的评价范围，其中评价范围至少应涵盖公路建设扰动区域、公路沿线所有敏感点以及延伸范围内的敏感点，以便得到真实、可靠的后评价结论。

2.3.4 评价内容

2.3.4.1 数据资料收集

开展生产建设项目环境影响后评价工作过程中，需要对照建设项目环境影响评价文件及批复文件的要求，根据建设项目实际产生的环境影响，全面收集、调查有关资料和数据，按照相关环境影响评价技术规范开展环境影响后评价工作，在此基础上编制环境影响后评价文件。如果建设项目仅对某一环境要素产生重大影响，可有针对性地进行环境影响专题后评价。

2.3.4.2 评价文件内容

① 项目环境影响评价文件、竣工环境保护验收调查/监测文件及批复文件回顾。

② 工程变化及运营情况分析，环境影响因子和要素的变化分析。

③ 环境状况、区域污染源及评价区域环境质量变化的分析。

④ 根据项目环境影响复杂程度、存在不确定因素等进行环境影响变化情况分析，特别关注长期性、累积性环境影响，流域、区域的环境影响，以及对资源、环境和生物多样性的影响。

⑤ 对环境影响报告书主要预测结果的验证性评价。

⑥ 对环境保护措施、环境管理与监测计划的有效性进行评价，总结环境保护的成功经验，查找存在的主要环境问题及环保措施的不足，并提出环境保护改进措施及完成时限要求。

⑦ 环境影响后评价结论及建议。

2.3.4.3 关键评价内容

① 工程变化及运营情况以及在此过程中的环评文件、竣工环境保护验收、监测及批复文件回顾。其实质是通过分析工程变化，从而查找工程变化中的相关技术资料与文件，分析工程构成及污染源的变化，为环境影响变化分析奠定基础，也为工程变化与环境影响的相关性分析奠定基础。

② 环境影响因子和要素的变化及分析。其实质是环境影响因子与环境要素的回顾性分析，该分析多为环境质量监测指标的直观反映。

③ 评价区区域污染源变化、环境质量状况与整体环境质量的分析。评价区环境质量变化实质上包括两方面的内容，一方面为项目建设产生的环境质量变化，另一方面为与项目不相关的环境质量变化。这就要求在环境影响因子与环境要素的相关性分析基础上进行评价，从而制定项目相关的环境质量评价体系，分析环境质量整体变化趋势。

④ 环保措施、环境管理与监测计划的有效性评价。一方面是对历次环评文件以及环保规划等确定的环保措施、环境管理制度与监测计划的落实情况的分析，另一方面是对其实行的环保措施、环境管理制度与监测计划在环境污染防治、环境质量改善等方面的有效性进行评价。后者需与关键评价内容的②与③有机结合，提出未来的环境污染防治、保护与环境管理的建议与意见。

2.4　基本技术方法体系

2.4.1　工程分析

2.4.1.1　工程调查

工程调查内容包括：① 工程基本情况。包括建设项目的地理位置，工程规模，占地范围，工程的设计标准和建筑物等级，工程构成及特性参数，工程施工布置及弃渣场和料场的位置、规模等，工程设计变更等。② 工程施工情况。包括施工布置，施工工艺，主体工程量，主要影响源及源强，后期迹地恢复情况等。③ 工程运行方式及运行情况。包括工程运用调度过程、运行特点及实际运行资料，工程设计效益与运行效益等。④ 对于改扩建项目，应调查项目建设前的工程概况，设计中规定的改建（或拆除）、扩建内容。⑤ 工程总投资和环境保护投资等。

2.4.1.2　工程分析内容

工程分析内容应包括：项目所处的地理位置、工程的规划依据和规划环评依据、工程类型、项目组成、占地规模、总平面及现场布置、施工方式、施工时序、运行方式、替代方案、工程总投资与环保投资、设计方案中的生态保护措施等。工程分析时段应涵盖勘查期、施工期、运营期和退役期，以运营期为工程调查分析的重点时段。

根据评价项目自身特点、区域的生态特点以及评价项目与影响区域生态系统的相互关系，确定工程分析的重点，分析生态影响的源及其强度。主要内容包括：

a. 运行期间可能产生重大生态影响的工程行为；

b. 与特殊生态敏感区和重要生态敏感区有关的工程行为；

c. 运行期间可能产生间接、累积生态影响的工程行为；

d. 运行期间可能造成重大资源占用和配置的工程行为。

2.4.2　要素数据调查、监测与收集

2.4.2.1　基本要求

① 调查与监测方法应符合国家有关规范要求，充分利用先进的技术手段和方法。

② 环境影响后评价的基础是数据的长期积累，要充分利用已有资料，并与现场勘查、现场调研、现状监测相结合。

③ 侧重于工程运行期调查，根据项目特征，突出重点、兼顾一般。

④ 现状调查与监测范围原则上与环境影响评价文件的评价范围一致；当工程实际建设内容发生变更或环境影响评价文件未能全面反映出项目建设的实际生态影响或其他环境影响时，应根据工程实际变更和实际环境影响情况，结合现场踏勘对调查范围进行适当调整。

⑤ 生态现状调查是生态现状评价、影响预测的基础和依据，调查的内容和指标应能反映评价工作范围内的生态背景特征和现存的主要生态问题。在有敏感生态保护目标（包括特殊生态敏感区和重要生态敏感区）或其他特别保护要求对象时，应做专题调查。生态现状调查应在收集资料基础上开展现场工作，生态现状调查的范围不应小于评价工作的范围。

2.4.2.2　调查重点

① 环境敏感目标的基本情况及变更情况。

② 工程实际运行方案变更情况及其造成的环境影响变化情况。

③ 环境影响评价文件、环境影响评价审批文件、竣工环境保护验收文件、竣工环境保护验收审批文件中提出的主要环境影响，特别是长期的、持久的、累积的生态环境影响。

④ 实际突出或严重的环境影响，工程运行以来发生的环境风险事故以及应急措施，公众强烈反映的环境问题。

⑤ 环境保护设计文件、环境影响评价文件、环境影响评价审批文件、竣工环境保护验收文件、竣工环境保护验收审批文件中提出的环境保护措施落实情况及其效果、污染物排放总量控制要求落实情况、环境风险防范与应急措施落实情况及有效性。

2.4.2.3　关键要素

（1）陆生生态

根据生态影响的空间和时间尺度特点，调查影响区域内涉及的生态系统类型、结构、功能和过程，以及相关的非生物因子特征（如气候、土壤类型、地形地貌、环境地质等）。

生态保护目标调查过程中重点调查自然保护区、风景名胜区、重要湿地等的分布状况，调查应包括项目实施前已有的生态保护目标和项目实施后新确定的生态保护目标。应明确保护目标的保护区级别、保护物种及保护范围及其与工程影响范围的相对位置关系，收集比例适宜的保护目标与工程的相对位置关系图、保护区边界和功能分区图、重点保护物种的分布图等。

生态敏感目标调查过程中重点调查受保护的陆生珍稀濒危物种、关键种、土著种、建群种和特有种，天然的重要经济物种等。如涉及国家级和省级保护物种、珍稀濒危物种和地方特有物种时，应逐个或逐类说明其类型、分布、保护级别、保护状况等。

同时，需调查影响区域内已经存在的制约本区域可持续发展的主要生态问题，如水土流失、沙漠化、石漠化、盐渍化、自然灾害、生物入侵和污染危害等，指出其类型、成因、空间分布、发生特点等。

（2）水生生态

1）水生生态系统监测指标体系

加拿大魁北克水电公司（Hydro-Québec）立足魁北克省北部詹姆斯湾近 24 年（1977—2000 年）的环境监测资料，分析了长序列峡谷型和湖泊型水库水生生态环境的变化情况，并梳理提炼了水库库区及下游河流廊道水生生态监测指标（Hayeur，2001）。由于该研究区域无特殊的地域特征，监测历时长，监测内容全面且针对性强，因此对我国水生生态调查和监测指标的选取具有很好的借鉴作用。

总体上，魁北克北部詹姆斯湾水生生态监测包括水质、浮游植物、浮游动物、底栖生物和鱼类五类。其中，水质、浮游植物在蓄水 10～15 年后逐步趋于自然水平；浮游动物与浮游植物相比，存在 1 年的滞后期；不直接监测底栖生物指标，而是选取鱼类监测参数的变化反映底栖生物情况；峡谷型和湖泊型水库蓄水后渔业产量变化趋势不同（见表 2-2）。表 2-2 可作为环境影响后评价水生生态调查及监测指标选取的参考。图 2-2 给出了水生生态监测系统示例。

表 2-2　加拿大魁北克北部詹姆斯湾水生生态监测参数及其趋势

分类	参数	变化趋势	选取原因
水质	氧饱和度	蓄水初期迅速降低，5～7 年后逐步提升	易于监测且能够表征生物生产力
	pH 值	蓄水初期迅速降低，2 年后先增加后下降，并逐步稳定增长	
	总无机碳	蓄水初期下降，此后迅速提升，6 年左右趋于稳定	
	总磷	蓄水初期迅速增长，增长幅度是叶绿素 a 的 3 倍，10～15 年后趋于稳定	
	叶绿素 a	蓄水初期迅速增长，然后下降，10～15 年后趋于稳定	
	硅	蓄水初期呈下降趋势，约 6 年后逐步提升	
浮游植物	叶绿素 a	与水质参数变化趋势相同	叶绿素 a 负责水体中植物光合作用，可反映浮游植物种群变化
浮游动物	水体富集度	与浮游植物变化趋势相同，但是时间上滞后 1 年。由于滞留时间的影响，湖泊型水库浮游生物量达到最大值的速度是峡谷型水库的 2 倍	—
	沉水植物分解度		反映有机物质量
	水滞留时间		滞留时间的长短影响生物生命周期的完成与否
底栖生物	水库构造	施工期水生生物多样性略有下降	反映水库物理变化
	鱼类胃含物		底栖生物多样性高且数量充足，可保证鱼类的高增长率，因此通过监测鱼类变化可反映底栖生物状况
	鱼类种群		
鱼类	渔业产量	大部分水库蓄水后第 1 年渔业产量明显下降，最初几年内持续呈下降趋势，需要 15 年左右时间鱼类产量可恢复到自然水平；部分水库初期蓄水较长和水温较低，第 1 年没有明显下降，但之后的几年鱼类产量逐步增加	渔业产量来源于 27 个永久实验捕鱼站点的月监测数据
	渔业收益率		

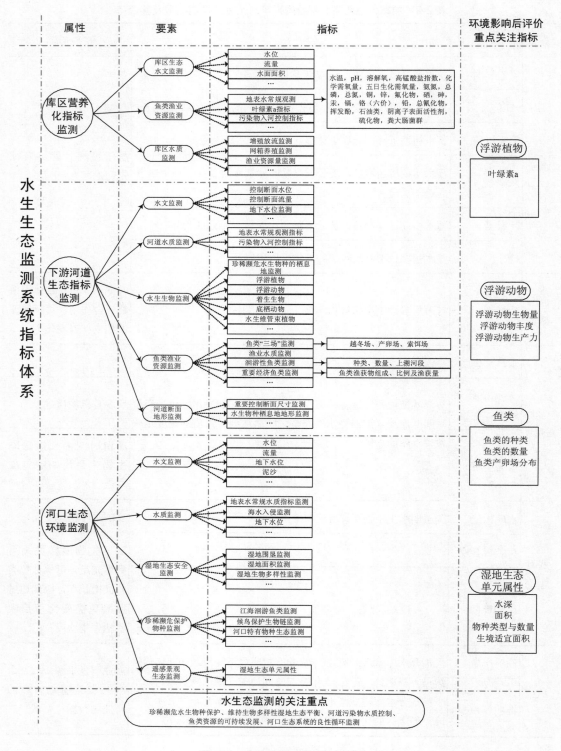

图 2-2　水生生态监测系统示例

2）水生生物调查

调查内容包括：水生生物的种类、保护级别、生活习性、分布状况及生境，应重点调查对珍稀保护鱼类、洄游性鱼类的影响；渔业资源的变化；鱼类产卵场、索饵场和越冬场"三场"分布的变化。

可根据建设项目对水生生态的影响范围和程度及水生生物保护的重要性，确定调查项目及调查的详细程度。对于工程影响范围内有国家级和省级鱼类保护区、鱼类"三场"分布，或有洄游性鱼类和保护性鱼类的项目，应进行现场调查。一般情况可采取资料收集和分析。

调查工程采取的水生生态保护措施及其效果。对于坝、闸工程，重点调查过鱼设施或措施、鱼类增殖放流设施或措施等。

3）生境影响因素调查

对于水利水电工程而言，生境影响调查需调查工程影响范围内河流水系控制性水文站的特征水文资料，以及工程运行后的水文数据。重点保护生物重要栖息地水文资料缺失的建设项目，应补充必要的现场调查和观测，同时注意收集该类物种栖息地与水文关系的相关研究成果。

调查水利水电工程对水位、流量、泥沙调控的设计资料和运行方案。涉及梯级开发的水利水电工程，应调查相关的水利水电工程联合调度资料。对造成下游河道减（脱）水的建设项目，应重点调查下泄生态基流的保障措施执行情况。

调查工程建设前后水文、泥沙情势的变化特征，调查相应保护措施的落实和减缓效果。

（3）大气环境

1）污染源调查

① 调查范围。项目区域大气污染源调查范围与评价范围一致。

② 调查对象。污染源调查对象仅针对评价范围内的新增或变更的大气污染源进行调查，包括自上次环评时段以来，评价范围内与项目排放污染物有关的其他新增在建项目、已批复环境影响评价文件的拟建项目污染源等。

③ 调查内容。污染源调查内容应分评价级别调查不同的污染源类型，具体可参照《环境影响评价技术导则—大气环境》（HJ 2.2—2008）执行。

2）区域大气环境质量调查及监测

区域大气环境质量调查方法主要为资料收集法和实测法。在满足项目区域大气环境质量评价对数据要求的前提下，首选资料收集法。资料来源包括评级范围及邻近范围的各例行空气质量监测点建设项目运行至今与项目有关的历史监测资料。大气环境质量监测数据应满足数据统计的有效性、监测分析方法的合理性、监测数据的时效性三点基本要求。若收集的资料不满足现状评价要求，应进行区域大气环境质量布点实测。

项目大气污染源与上次环评阶段一致的前提下，监测因子、监测制度和监测点位原则上与上次环评一致，有利于分析环境空气质量的变化趋势。

若项目大气污染源发生了变化，应根据其变化内容调整评价等级和评价范围，并根据评价等级要求，进一步调整监测因子、监测制度和监测点位的布设，但应保留原监测点位以对比分析污染源变化对环境空气质量的影响程度。

监测因子、监测制度和监测布点的具体方法应参照 HJ 2.2—2008 执行。

（4）水环境

1）污染源调查

① 调查范围。项目区域水污染源调查范围与评价河段一致。

② 调查对象。污染源调查对象仅针对评价河段内的新增或变更的水污染源进行调查，包括自上次环评时段以来，评价范围内与项目排放污染物有关的其他新增在建项目、已批复环境影响评价文件的拟建项目污染源等。

③ 调查对象。污染源调查内容应分评价级别调查不同的污染源类型，具体可参照《环境影响评价技术导则—地表水环境》（HJ/T 2.3—1993）执行。

2）水环境调查

调查建设项目所在区域的河流、水库的水环境保护目标及分布，重点调查流域内饮用水水源保护区和取水口的位置、性质、取用水量和取水要求。与建设项目相关水体的水环境功能区划，与该项目相关的水资源保护规划等。

调查建设项目各种设施的用水情况。调查工程的水污染源、排放量、排放去向、主要污染物、采取的处理工艺及处理效果。必要时可调查影响该项目水环境的其他污染源。并明确污染源与该水域环境功能和纳污能力的关系。

调查影响范围内地表水和地下水的分布、功能、水质状况、水资源利用情况及与该工程的关系。对于水库工程应重点调查库区水质及有关水体富营养化指标。调查水库库底清理情况及验收结论。

3）水环境质量监测

水环境质量调查方法应在充分收集资料的基础上补充现场监测。一般环境监测站会在主要河段设立监测断面，定期甚至实时对河流水质进行监控，首先应获取项目运行至今与项目有关的监测断面的例行监测资料。在获取有效的监测资料满足后评价监测断面需求的条件下，可不再补充现场监测。但一般情况下，往往断面不够或者位置不满足现状监测要求，因此往往需要补充现场监测。

监测内容：一般仅进行排放口达标监测，但石油和天然气开采、矿山采选等行业的建设项目必要时需进行废水处理设施的效率监测和地下水监测。水利水电、港口（航道）项目应考虑水环境质量和底泥（质）监测，必要时可根据项目情况进行地下水质量、底泥、水温、富营养化、气体过饱和等方面的专项监测。

地表水环境质量监测范围应包括工程主要影响区。根据《地表水和污水监测技术规范》（HJ/T 91—2002）和工程的水环境影响特征，确定地表水水质监测项目、采样布点、监测频率、采样要求。

（5）声环境

区域声环境质量调查方法主要为资料收集法、现场调查法和现场测量法。

公路、铁路、城市道路和轨道交通等工程的声环境监测应综合考虑不同路段车流量差别、敏感目标与工程的相对位置关系、环境影响评价文件和竣工环境保护验收文件中监测点的结果，选择有代表性的典型点位进行声环境质量监测，包括敏感目标监测、衰减断面监测、昼夜连续监测，并对已采取噪声防治措施的敏感目标进行降噪效果监测。具有明显边界（厂界）的建设项目，应按有关标准要求设置边界（厂界）噪声监测点位。

声环境基本监测内容遵循《环境影响评价技术导则—声环境》（HJ/T 2.4—2009）的相

关规定。

（6）固体废物

1）调查

核查工程运行期产生的固体废物的种类、性质、主要来源及排放量，调查影响区域环境敏感目标的分布、规模、与工程相对位置关系。调查固体废物的处置方式，危险废物处置措施和淤泥填埋区防渗措施应作为重点。调查固体废物影响防治措施及其效果。

2）监测

根据工程环境影响特点和环境敏感目标要求，选择性地进行固体废物监测，危险废物监测应委托有资质的单位。

重点监测固体废弃物的处置和填埋区，主要为土壤的污染监测，必要时可进行地下水水质监测。明确监测点位置、监测因子、监测频次、采样要求。

统计监测结果。分析环境保护目标的达标情况。根据调查监测结果，对环境影响评价文件中预测超标的区域，重点分析其超达标情况。

2.4.2.4　基本方法

（1）资料收集法

收集现有的能反映生态现状或生态背景的资料，从表现形式上分为文字资料和图形资料，从时间上可分为历史资料和现状资料，从收集行业类别上可分为农、林、牧、渔和环境保护部门，从资料性质上可分为环境影响报告书、有关污染源调查、生态保护规划、规定、生态功能区划、生态敏感目标的基本情况以及其他生态调查材料等。使用资料收集法时，应保证资料的现时性，引用资料必须建立在现场校验的基础上。

（2）现场勘查法

现场勘查应遵循整体与重点相结合的原则，在综合考虑主导生态因子结构与功能的完整性的同时，突出重点区域和关键时段的调查，并通过对影响区域的实际踏勘，核实收集资料的准确性，以获取实际资料和数据。

（3）专家和公众咨询法

专家和公众咨询法是对现场勘查的有益补充。通过咨询有关专家，收集评价工作范围内的公众、社会团体和相关管理部门对项目影响的意见，发现现场踏勘中遗漏的生态问题。专家和公众咨询应与资料收集和现场勘查同步开展。

（4）遥感调查法

当涉及区域范围较大或主导生态因子的空间等级尺度较大，通过人力踏勘较为困难或难以完成评价时，可采用遥感调查法。遥感调查过程中必须辅助必要的现场勘查工作。

（5）生态监测法

当资料收集、现场勘查、专家和公众咨询提供的数据无法满足评价的定量需要，或项目可能产生潜在的或长期累积效应时，可考虑选用生态监测法。生态监测应根据监测因子的生态学特点和干扰活动的特点确定监测位置和频次，有代表性地布点。生态监测方法与技术要求须符合国家现行的有关生态监测规范和监测标准分析方法；对于生态系统生产力的调查，必要时需现场采样、实验室测定。

（6）大气环境调查及监测方法

大气污染源调查方法主要包括现场实测法、物料衡算法、排污系数法、类比法等，区域大气环境质量调查及监测方法可参照《环境影响评价技术导则—大气环境》（HJ 2.2—2008）中的方法执行。

（7）水环境调查及监测方法

水污染源按照其排放方式可分为点源和面源。点源调查以收集现有资料为主，只有在十分必要时才补充现场调查和现场测试。面源调查以资料收集法为主，一般不进行实测。村庄农业生产和生活将会对地表水体造成影响，这部分影响往往通过资料收集、类比并结合水文地质参数进行估算为主。

水环境质量监测方法参见《环境影响评价技术导则—地面水环境》（HJ/T 2.3—1993）。

（8）声环境调查及监测方法

声环境调查的基本方法包括收集资料法、现场调查法、现场测量法，可参照《环境影响评价技术导则—声环境》（HJ 2.4—2009）中的方法执行。

（9）海洋生态调查方法

海洋生态调查方法参见《海洋调查规范第 9 部分—海洋生态调查指南》（GB/T 12763.9—2007）。

（10）水库渔业资源调查方法

水库渔业资源调查方法参见《水库渔业资源调查规范》（SL 167—96）。

2.4.2.5　新技术方法

（1）遥感技术

1）基本原理

遥感技术是通过放在不同遥感平台上的传感器获得实时的、准确的资源与环境等信息。根据高度的不同，遥感平台可以分为航天、航空与地面 3 种。目前可应用于环境影响后评价的遥感影像主要有 Landsat TM ALOS、SPOT、IKONOS、Quick Bird 与 World View 卫星数据以及国内的环境一号卫星、气象卫星、资源一号 02C 卫星等。从环境影响后评价研究对遥感数据源的高时空分辨率需求出发，应用无人机是现阶段获取相关信息的相对较理想的方式。

通过获取遥感图像数据后，将主要通过目视解译、遥感图像分类与遥感定量反演进行环境相关要素的遥感信息提取与反演。

① 目视解译，其作为遥感成像的逆过程是遥感图像解译的一种，又称目视判读或目视判译，专业人员通过直接观察或借助辅助判读仪器在遥感图像上获取特定的目标地物信息。

② 遥感图像分类，其总目标是将图像中所有的像元自动地进行地物类型的分类，涵盖非监督与监督两种分类方法。非监督分类：在没有先验类别作为样本的条件下，根据像元间相似度大小进行计算机自动判别归类，无需人为干预，分类后需确定地面类别。监督分类：首先需要从研究区域选取有代表性的训练场地作为样本；然后根据已知训练区提供的样本，通过选择特征参数（如像素亮度均值、方差等），建立判别函数；最后据此对样本像元进行分类，同时依据样本类别的特征来识别非样本像元的归属类别。

③ 遥感定量反演，其主要指从对地观测电磁波信号中定量提取地表参数的技术和方法研究，区别于仅依靠经验判读的定性识别地物的方法。具有两重含义：一是遥感信息在电磁波的不同波段内给出的地表物质的定量的物理量和准确的空间位置；二是依据定量的遥感信息，通过实验的或物理的模型将遥感信息与地学参量联系起来，定量地反演或推算某

些地学或生物学信息。

2）无人机遥感监测

无人驾驶飞机简称无人机（Unmanned Aerial Vehicle，UAV），是一种有动力、可控制、能携带多种任务设备、执行多种任务并能重复使用的无人驾驶航空器。与传统遥感技术相比，无人机的优势主要体现在：a．可在云下低空飞行，弥补卫星遥感和普通航空摄影在有云覆盖地区上空不能有效采集数据的缺陷；b．采用无人机作为飞行平台，数据成本比航空航天遥感平台低；c．采用数码相机作为传感器采集数据，采集速度快，影像质量好，地面分辨率高（可达 10 cm 以内）；d．飞行高度低，能够获取大比例尺高精度影像，在局部获取信息方面有巨大优势；e．无人机遥感平台机动性强，适应性高，在较小的场地就可以实施起降作业，对天气要求较低。在"5·12"汶川大地震、青海玉树地震、舟曲县特大山洪泥石流灾害、盈江地震的救灾过程中，无人机系统凭借其多项优势第一时间获取了灾区的高分辨率数据，分辨率可达到 0.1 m，为移民安置、城乡规划、基础设施建设等各方面提供了有力的信息支持。以 N-I 型无人机为例，其性能参数见表 2-3。

表 2-3　N-I 型无人机性能参数

项目	参数	项目	参数
气动外形	前拉后推串列式	燃油消耗率	4.5 L/h
机长	2.6 m	发动机巡航转速	6 000～6 500 r/min
翼展	3 m	发动机最高转速	7 200 r/min
机翼面积	1.1 m^2	巡航空速	110 km/h
机高	0.48 m	最大过载	5G
载荷仓容积	15 L	航时	2～3 h
空重	8 kg	标准作业航程	360 km
最大燃油储量	8.4 L	巡航抗风能力	17 m/s
最大起飞重量	38 kg	起降抗风能力	5 级
最大任务载荷	12 kg	控制半径	200 km
最大空速	135 km/h	最短起飞距离（满载）	70 m
最大飞行高度	海拔 5 000 m	最短降落距离	150 m
最大海平面爬升速率	满载时 5.5 m/s	搭载相机	EOS 450D 或 EOS 5D
航程	400 km	成图精度	1：500/1：1 000/1：2 000

安全性极强；双引擎，均可做到单发起降；每个舵机均备份，紧急时自动切换；可选配云台；可选配弹射架；适合于大范围复杂地区测绘。

3）高分辨率遥感影像空间信息获取技术

高分辨率遥感影像空间信息提取技术以高分辨率遥感影像为数据源，应用遥感解译的方法提取地物信息。在此简要介绍 ALOS 地球观测卫星、Quick Bird 地球观测卫星、World View 地球观测卫星。

① ALOS 地球观测卫星，是 JERS-1 与 ADEOS 的后继星，2006 年 1 月 24 日发射，分辨率可达 2.5 m。主要应用目标为测绘、环境观测、灾害监测、资源调查等领域。

② Quick Bird 地球观测卫星，Quick Bird 卫星于 2001 年 10 月 18 日发射，卫星影像分辨率为 0.61 m。

③ World View 地球观测卫星，其由两颗（World View-Ⅰ和 World View-Ⅱ）卫星组成，World View-Ⅱ卫星能够提供 0.5 m 全色图像和 1.8 m 分辨率的多光谱图像，图像周转时效高仅为几个小时。

需要注意的是，采用高分辨率遥感影像信息获取技术时，需要一定的地面工作配合，构建解译标志，进行影像正射及配准。

（2）地理信息系统技术

地理信息系统是在计算机软硬件支持下，对整个或者部分地球表层空间中的有关地理分布数据进行采集、存储、管理、运算、分析、显示与描述的技术系统。而在环境影响后评价中主要是采用地理信息系统的空间分析，主要集中于矢量数据、栅格数据的空间分析等。

① 矢量数据的空间分析，可进行缓冲区分析与叠加分析等。

缓冲区分析：对一组或一类地图要素（点、线或面）按设定的距离条件，围绕其形成具有一定范围的多边形实体，从而实现数据在二维空间扩展的信息分析方法。

叠加分析：将两个或多个数据层进行叠加生成一个新的数据层的过程，综合两个或多个数据层要素所具有的属性。基于不同的操作形式，叠加分析可分为裁剪分析、合并分析、擦除分析、求交分析和同一分析等。

② 栅格数据的空间分析，可进行重分类与插值分析等。

重分类：基于已有的栅格数据，按照一定的标准或等级对已有的栅格数据进行重新赋值的过程。重分类可通过多种方法将栅格数据的像元值进行重分类或更改为替代值。一次对一个值或成组的值进行。重分类方法：使用替代字段；基于某条件，如指定的间隔（如按照 10 个间隔将值分组）；按区域重分类（如将值分成 10 个所含像元数量保持不变的组）。

插值分析：使用有限的空间样本数据来预测未知位置数据的分析方法。插值分析依据的是地理学中的第一定律：事物的相关性与事物之间的距离是相关的，距离越近，相似性越大，距离越远，相异性越大。常用的插值方法有：反距离加权插值法、克里格插值法等。

（3）大尺度地形重绘技术

1）三维激光扫描

三维激光扫描仪的工作过程，实际上就是一个不断重复的数据采集和处理过程，它通过具有一定分辨率的空间点[坐标（x, y, z），其坐标系是一个与扫描仪设置位置和扫描姿态有关的仪器坐标系]所组成的点云图来表达系统对目标物体表面的采样结果。国家"863"计划先后支持了激光扫描技术的研究，"308"主题项目研究内容主要集中在机载激光影像制图系统的设计、制造和数据处理。其信息获取子系统"机载激光测距—扫描成像制图系统"集光机扫描成像技术、激光测距技术、GPS 导航定位技术、姿态测量技术等于一体，通过硬件实现扫描图像与 DEM 的同步与严格匹配。

三维激光扫描具有非接触性、观测速度快、节约成本、时间短、布设灵活不需要固定测点等优点。但该方法不能直接获得拐点偏移距和水平移动系数，水平移动系数需要另设测点或特征地物获取。

2）差分干涉合成孔径雷达技术

适用于三维激光扫描对同一地块两个时点的数据处理，从而测量地表微量形变。差分干涉合成孔径雷达技术操作步骤为：对单视复影像的配准→对单视复影像预滤波→生成干涉图→基线估计→去平地效应→干涉图滤波→质量图生成→相位解缠→相位分差→地理编码。

2.4.3 环境影响后评价基本方法

2.4.3.1 列表清单法

列表清单法是 Little 等于 1971 年提出的一种定性分析方法。该方法的特点是简单明了，针对性强。

列表清单法的基本做法是，将拟实施的开发建设活动的影响因素与可能受影响的环境因子分别列在同一张表格的行与列内。逐点进行分析，并逐条阐明影响的性质、强度等。由此分析开发建设活动的生态影响。

这种方法常用于环境现状调查。以环境保护措施效果评估为例，将所调查的环境保护措施依照其分类列出，如表 2-4 的表格清单。依据调查的结果，对照工程环境保护设计中各项措施的执行要求，确定各项环保措施是否实施，执行的效果如何，并给出定性的评价，分为好、较好、一般、较差和差 5 个等级，以此说明各项环保措施的实施情况。

表 2-4　环境保护措施效果评估

分类	设计环保措施	是否实施	效果				
			好	较好	一般	较差	差
类型 1	措施 1						
	……						
	措施 n						
……	措施 1						
	……						
	措施 n						
类型 n	措施 1						
	……						
	措施 n						

2.4.3.2 图形叠置法

基于 GIS 的图形叠置法是把两个以上的生态信息叠合到一张图上，构成复合图，用以表示生态变化的方向和程度。该方法的特点是直观、形象，简单明了。图形叠置法有两种基本制作手段：指标法和 3S 叠图法。

（1）指标法

① 确定评价区域范围；

② 进行生态调查，收集评价工作范围与周边地区自然环境、动植物等的信息，同时收集社会经济和环境污染及环境质量信息；

③ 进行影响识别并筛选拟评价因子，其中包括识别和分析主要生态问题；

④ 研究拟评价生态系统或生态因子的地域分异特点与规律，对拟评价的生态系统、生态因子或生态问题建立表征其特性的指标体系，并通过定性分析或定量方法对指标赋值或分级，再依据指标值进行区域划分；

⑤ 将上述区划信息绘制在生态图上。

（2）3S 叠图法

具体操作步骤为：

① 选用地形图，或正式出版的地理地图，或经过精校正的遥感影像作为工作底图，底图范围应略大于评价工作范围；

② 将建设项目影响区根据不同的区域类型划分为若干地理单元，以生态、噪声、大气等相关环境资料建立数据库；

③ 在底图上描绘主要生态因子信息，如植被覆盖、动物分布、河流水系、土地利用和特别保护目标等，为每个生态因子做一个图层；

④ 进行影响识别与筛选评价因子；

⑤ 运用 3S 技术，为每个评价因子设置各自的评价权重，通过 GIS 系统的栅格计算器和叠置分析功能将各单因素环境图与底图叠加得到复合图，用不同的色彩和不同的色度深浅表示评价因子的不同影响性质、类型和程度；

⑥ 将影响因子图和底图叠加，得到生态影响评价图。

叠图法主要用于区域生态质量评价和影响评价；用于具有区域性影响的特大型建设项目评价中，如大型水利枢纽工程、新能源基地建设、矿业开发项目等；也可用于土地利用开发和农业开发项目环境影响后评价中。

2.4.3.3 生态机理分析法

生态机理分析法是根据建设项目的特点和受其影响的动植物的生物学特征，依照生态学原理分析、预测工程生态影响的方法。生态机理分析法的工作步骤如下：

① 调查环境背景现状和搜集工程组成和建设等有关资料；

② 调查植物和动物分布，动物栖息地和迁徙路线；

③ 根据调查结果分别对植物或动物种群、群落和生态系统进行分析，描述其分布特点、结构特征和演化等级；

④ 识别有无珍稀濒危物种及重要经济、历史、景观和科研价值的物种；

⑤ 监测项目建成后该地区动植物生长环境的变化；

⑥ 根据项目建成后的环境（水、气、土和生命组分）变化，对照无开发项目条件下动物、植物或生态系统演替趋势，预测项目对动物和植物个体、种群和群落的影响，并预测生态系统演替方向。

评价过程中有时要根据实际情况进行相应的生物模拟试验，如环境条件及生物习性模拟试验、生物毒理学试验、实地种植或放养试验等；或进行数学模拟，如种群增长模型的应用。

生态机理分析法需与生物学、地理学、水文学、数学及其他多学科合作评价，以分析得出较为客观的结果。

2.4.3.4 景观生态学法

景观生态学法是通过研究某一区域、一定时段内的生态系统类群的格局、特点、综合资源状况等自然规律，以及人为干预下的演替趋势，揭示人类活动在改变生物与环境方面的作用的方法。景观生态学对生态质量状况的评判是通过两个方面进行的，一是空间结构分析，二是功能与稳定性分析。景观生态学认为，景观的结构与功能是相当匹配的，且增加景观异质性和共生性也是生态学和社会学整体论的基本原则。

空间结构分析的景观是高于生态系统的自然系统，是一个清晰的和可度量的单位。景观由斑块、基质和廊道组成，其中基质是景观的背景地块，是景观中一种可以控制环境质量的组分。因此，基质的判定是空间结构分析的重要内容。判定基质有 3 个标准，即相对面积大、连通程度高、有动态控制功能。基质的判定多借用传统生态学中计算植被重要值的方法。决定某一斑块类型在景观中的优势，也称优势度值（Do）。优势度值由密度（Rd）、频率（Rf）和景观比例（Lp）3 个参数计算得出。其数学表达式如下：

$$Rd =（斑块~i~的数目/斑块总数）\times 100\% \tag{2-2}$$
$$Rf =（斑块~i~出现的样方数/总样方数）\times 100\% \tag{2-3}$$
$$Lp =（斑块~i~的面积/样地总面积）\times 100\% \tag{2-4}$$
$$Do = 0.5 \times [0.5 \times（Rd + Rf）+ Lp] \times 100\% \tag{2-5}$$

上述分析同时反映了自然组分在区域生态系统中的数量和分布，因此，能较准确地表示生态系统的整体性。

景观的功能和稳定性分析包括以下四方面内容：

① 生物恢复力分析：分析景观基本元素的再生能力或高亚稳定性元素能否占主导地位。

② 异质性分析：基质为绿地时，由于异质化程度高的基质很容易维护其基质地位，从而达到增强景观稳定性的作用。

③ 种群源的持久性和可达性分析：分析动植物物种能否持久保持能量流、养分流，分析物种流可否顺利地从一种景观元素迁移到另一种元素，从而增强共生性。

④ 景观组织的开放性分析：分析景观组织与周边生境的交流渠道是否畅通。开放性强的景观组织可以增强抵抗力和恢复力。景观生态学方法既可以用于生态现状评价，也可以用于生境变化预测，目前是国内外生态影响评价学术领域中较先进的方法。

2.4.3.5　指数法与综合指数法

指数法是利用同度量因素的相对值来表明因素变化状况的方法，是建设项目环境影响评价和生态影响评价中规定的评价方法，指数法同样可将其拓展而用于环境影响后评价中。指数法简明扼要，且符合人们所熟悉的环境污染影响评价思路，但难点在于需明确建立表征生态质量的标准体系，且难以赋权和准确定量。综合指数法是从确定同度量因素出发，把不能直接对比的事物变成能够同度量的方法。

（1）单因子指数法

选定合适的评价标准，采集拟评价项目区的现状资料。可进行生态因子现状评价：如以同类型立地条件的森林植被覆盖率为标准，可评价项目建设区的植被覆盖现状情况；也可进行生态因子的预测评价：如以评价区现状植被盖度为评价标准，可评价建设项目建成后植被盖度的变化率。

（2）综合指数法

① 分析研究评价的生态因子的性质及变化规律；

② 建立表征各生态因子特性的指标体系；

③ 确定评价标准；

④ 建立评价函数曲线，将评价的环境因子的现状值（开发建设活动前）与预测值（开

发建设活动后）转换为统一的无量纲的环境质量指标。用 1～0 表示优劣（"1" 表示最佳的、顶极的、原始或人类干预甚少的生态状况，"0" 表示最差的、极度破坏的、几乎无生物性的生态状况），由此计算出开发建设活动前后环境因子质量的变化值；

⑤ 根据各评价因子的相对重要性赋予权重；

⑥ 将各因子的变化值综合，提出综合影响评价值。

$$\Delta E = \sum (E_{hi} - E_{qi}) \times W_i \tag{2-6}$$

式中：ΔE —— 开发建设活动前后生态质量变化值；

E_{hi} —— 开发建设活动后 i 因子的质量指标；

E_{qi} —— 开发建设活动前 i 因子的质量指标；

W_i —— i 因子的权值。

1）指数法应用

a. 可用于生态因子单因子质量评价；

b. 可用于生态多因子综合质量评价；

c. 可用于生态系统功能评价。

2）说明

建立评价函数曲线须根据标准规定的指标值确定曲线的上下限。对于空气和水这些已有明确质量标准的因子，可直接用不同级别的标准值作为上下限；对于无明确标准的生态因子，需根据评价目的、评价要求和环境特点选择相应的环境质量标准值，再确定上下限。

2.4.3.6　类比分析法

类比分析法是一种比较常用的定性和半定量评价方法，一般有生态整体类比、生态因子类比和生态问题类比等。

根据已有的开发建设活动（项目、工程）对生态系统产生的影响来分析或预测拟进行的开发建设活动（项目、工程）可能产生的影响。选择好类比对象（类比项目）是进行类比分析或预测评价的基础，也是该法成败的关键。

类比对象的选择条件是：工程性质、工艺和规模与拟建项目基本相当，生态因子（地理、地质、气候、生物因素等）相似，项目建成已有一定时间，所产生的影响已基本全部显现。

类比对象确定后，则需选择和确定类比因子及指标，并对类比对象开展调查与评价，再分析拟建项目与类比对象的差异。根据类比对象与拟建项目的比较，做出类比分析结论。

2.4.3.7　系统分析法

系统分析法是指把要解决的问题作为一个系统，对系统要素进行综合分析，找出解决问题的可行方案的方法。具体步骤包括：限定问题、确定目标、调查研究、收集数据、提出备选方案和评价标准、备选方案评估和提出最可行方案。

系统分析法因其能妥善地解决一些多目标动态性问题，目前已广泛应用于各行业，尤其在进行区域开发或解决优化方案选择问题时，系统分析法显示出其他方法所不能达到的效果。

在生态系统质量评价中使用系统分析的具体方法有专家咨询法、层次分析法、模糊综合评判法、综合排序法、系统动力学、灰色关联等方法，这些方法原则上都适用于生态影响评价。

2.4.3.8　陆生生态系统生产力评价方法

植被是陆生生态环境中最重要、最敏感的自然要素，对生态系统变化及稳定起着决定性作用。植被净生产力是生态环境现状评价的重要参数，它是指绿色植物在单位面积、单位时间内所累积的有机物数量，是由光合作用所产生的有机质总量中扣除自养呼吸后的剩余部分，它直接反映植物群落在自然环境条件下的生产能力。生态系统生产力评价的数据来源于实地调查和收集资料，并利用自然生态系统生产力的研究成果进行分析评价。

生态系统生产力常指生态系统中的植物第一生产力，其自然生产力现状评价通常采用 Miami 生物生产力模型计算自然植被的净第一性生产力 NPP（Net Primary Productivity）（周广胜等，1996；方精云等，1996）。

$$NPP_t = 3\,000 \,/\, (1 + e^{1.315 - 0.119t}) \tag{2-7}$$

$$NPP_R = 3\,000(1 - e^{-0.000\,664R}) \tag{2-8}$$

式中，NPP_t 为根据年均温 t（℃）求得的自然植被净第一性生产力，$g/(m^2 \cdot a)$；NPP_R 为根据年降水 R（mm）求得的自然植被的净第一性生产力，$g/(m^2 \cdot a)$；t 为年平均气温，℃；R 为年降水量，mm。

评价区内不同生态系统单位面积的平均净生产力指标可以根据收集到的森林资源调查成果和不同生态系统年平均净生产力统计资料获得。根据公式，估算出评价区域内不同生态系统的年实际生产量来进行评价。

2.4.3.9　生物多样性评价方法

生物多样性评价是指通过实地调查，分析生态系统和生物种的历史变迁、现状和存在主要问题的方法，评价目的是有效保护生物多样性。生物多样性通常用香农-威纳指数（Shannon-Wiener index）表征：

$$H = -\sum_{i=1}^{s} P_i \ln（P_i） \tag{2-9}$$

式中：H—— 样品的信息含量＝群落的多样性指数；

　　　S—— 种数；

　　　P_i—— 样品中属于第 i 种的个体比例，如样品总个体数为 N，第 i 种个体数为 n_i，则

$$P_i = n_i \,/\, N \tag{2-10}$$

2.4.3.10　海洋及水生生物资源影响评价方法

海洋生物资源影响评价技术方法参见《建设项目对海洋生物资源影响评价技术规程》（SC/T 9110—2007），以及其他推荐的生态影响评价和预测适用方法；水生生物资源影响评价技术方法，可参照该技术规程及其他推荐的适用方法。

2.4.3.11　对比法

对比法是后评价的主要方法，包括前后对比、预测和实际发生值对比、有无项目的对比等比较法。对比的目的是要找出变化和差距，为提出问题和分析原因找到重点。

　　前后对比法是指将建设项目建设之前与建设项目完成之后的情况加以对比，将项目可行性研究阶段所制定环保措施的预期效果和实际结果相比较，以确定建设项目运行期的环境影响和工程环境保护措施效果的一种方法，其概念模型见图 2-3。其基本步骤为：确定对比分析的对象和指标；收集工程建设之前和建设之后各项指标的数据；比较实施前后指标，评价项目产生的影响；寻找其他影响因素并估算其作用。前后对比法的优点是简单易行，缺点是可信度低，因为难以确定环境影响是由该建设项目引起的，还是与其他建设项目叠加造成的。

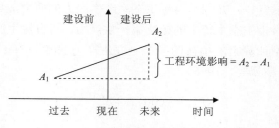

图 2-3　前后对比法示意

　　有无对比法是指将修建后实际的生态环境状况与若无工程可能的生态环境状况进行对比，以度量工程的真实的生态影响，其概念模型见图 2-4。对比的重点是要分清工程的干扰与工程项目以外的其他波动和干扰。由于生态系统的复杂性，在进行生态影响物质量评价时使用这一方法相对困难，更适合用于工程的效益评价。

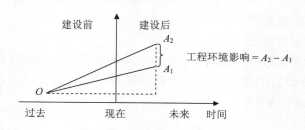

图 2-4　有无对比法示意

2.5　生态损益评估技术方法

2.5.1　生态系统服务功能

2.5.1.1　概念的界定

　　自从 Tansley（1935）提出生态系统概念后，以生态系统为基础的生态学研究已经形成了科学的体系，并且从注重生态系统结构研究逐渐向关注生态系统功能的研究方向发展。国内外不同学者在生态系统服务功能的探索研究工作中提出了不同的见解，而生态系统服务功能的界定关键点在于如何阐释"自然组分—生态过程—生态功能—生态服务—获得利益"之间的关系。其中，以 1997 年 Daily 出版的著作《生态系统服务：人类社会对自然生态系统的依赖性》、Costanza 等在 *Nature* 上发表的《全球生态系统服务与自然资本的价值估算》中所阐释的生态系统服务功能最具有代表性：

Daily 提出：生态系统服务，是生态系统与生态过程所形成及所维持的人类赖以生存的自然环境与效用。它是通过生态系统的功能直接或间接得到的产品和服务，这种由自然资本的能流、物流、信息流构成的生态系统服务和非自然资本结合在一起所产生的人类福利。

Costanza 等认为：生态系统服务功能就是生态系统提供的商品和服务，生态系统产品（如食物）和服务（如废弃物处理）是指人类直接或者间接从生态系统功能中获得的收益，即生态系统服务是指人类从生态系统功能中获得的收益。主要包括两部分：一类是生态环境产品，如食品、原材料、能源等；另一类是对人类生存及生活质量有贡献的生态环境服务功能，如调节气候及大气中气体组成、涵养水源及水土保持、支持生命的自然环境条件等。

《联合国千年生态系统评估报告》（2005）中认为生态系统服务功能是人类从生态系统中获得的各种效益，基本上采用了 Costanza 的观点。在本书中，基于国内外相关研究成果且结合国内实际，采用 Costanza 等对生态系统服务功能的诠释，认为生态系统代表人类从生态系统和生态过程中获取的利益，既包括生态系统的调节支持功能等无形的功能，也包括提供产品的有形的功能，因此，本书中对生态系统服务功能价值的评价等同于对生态系统价值的评价。

2.5.1.2　功能的分类

生态系统服务功能的主要内容包括有机质的合成与生产、生物多样性的产生与维持、调节气候、营养物质贮存与循环、土壤肥力的更新与维持、环境净化与有害有毒物质的降解、植物花粉的传播与种子的扩散、有害生物的控制以及减轻自然灾害等方面。生态系统提供的服务功能多种多样，相互之间又存在着错综复杂的关系，根据不同的定义和标准，不同学者和组织机构对生态系统服务功能的分类提出了自己的观点（见表 2-5）。Costanza 等（1997）从功能的角度，根据生态系统的生产、基本功能、环境效益以及娱乐价值 4 个层面，将全球生态系统服务功能划分为 17 类，包括：气体调节、气候调节、干扰调节、水调节、水供应、控制侵蚀和保肥保土、土壤形成、养分循环、废物处理、传粉、生物防治、避难所、食物生产、原材料、基因资源、休闲娱乐、文化，还划分出了 16 种生态系统类型。此后，Norberg（2002）从生态学角度以及生态系统的同属性考虑将生态系统服务功能分为维持种群密度、处理和转化外部干扰物和组织生物学单元 3 大类。Groot（2005）则根据生态过程的特点以及生态系统之间存在的逻辑关系，将生态系统服务功能划分为调节功能、提供栖息地功能、生产功能及信息传递功能等 4 类。联合国千年生态系统评估工作组（Millennium Ecosystem Assessment，MA）于 2002 年提出的分类方法。可将生态系统服务功能分为供给功能、调节功能、文化功能和支持功能 4 大类。

我国许多学者也对生态系统服务功能的分类进行了大量研究。谢高地（2001）将生态系统服务功能划分为 3 大类，第 1 类是生态系统通过生产功能为人类提供生活所需的产品，如食物、燃料等；第 2 类是维持人类生存环境的生态功能，如气体组成、气象气候调节、生物多样性、传粉播种等；第 3 类是为人类提供娱乐休闲的功能，如打猎、钓鱼、漂流、滑雪等。而张彪等（2010）以人类需求的角度，考虑是否同属于一个生态功能，将生态系统服务功能分为物质产品、生态安全维护功能和景观文化承载功能 3 大类。

表 2-5　国内外生态系统服务功能主要的分类方法

代表人物/机构	类型	优缺点
Costanza	气体调节、气候调节、养分循环等 17 类	比较全面的分类；存在重复计算的问题
Norberg	维持种群密度、处理和转化外部干扰物和组织生物学单元	划分了生态等级；某些服务功能难以定义
Groot	调节功能、提供栖息地功能、生产功能及信息传递功能	强调了服务功能的逻辑关系
千年生态系统评估报告	供给功能、调节功能、文化功能和支持功能	可操作性强；对某些服务功能的定义过于宽泛
谢高地	生产生活所需的产品、维持生态功能、娱乐休闲	有利于价值评估；难以区分某些服务功能的直接和间接价值
张彪	物质产品、生态安全维护功能和景观文化承载功能	简单易懂

2.5.2　生态系统服务功能价值

2.5.2.1　价值分类

生态系统服务功能的多价值性源于其多功能性。国内外不同学者从不同角度出发对生态系统服务功能价值进行了不同的分类，见表 2-6。

表 2-6　国内外生态系统服务功能价值的分类方法

代表人物/机构	类　型
徐嵩龄	商品形式的功能、非商品形式但与之有相似性或能影响市场的功能、非商品形式又不影响市场的功能 3 类
欧阳志云等	直接利用价值、间接利用价值、选择价值、存在价值 4 类
McNeely J 等	消耗性使用价值、生产性使用价值、非消耗性使用价值、选择价值和存在价值 5 类
UNEP	具显著实物形式的直接价值、无显著实物形式的直接价值、间接价值、选择价值和消极价值 5 类
D Pearce	使用价值（包括直接使用价值、间接使用价值和选择价值）和非使用价值（包括遗产价值和存在价值）
OECD	直接使用价值、间接使用价值、选择价值、遗传价值、存在价值 5 类

我国学者徐嵩龄（1997）从生态系统服务功能与市场联系的角度，将生态系统服务功能的价值分为 3 类：① 能够以商品形式出现于市场的功能；② 虽不能以商品形式出现于市场，但有着与某些商品相似的性能或能对市场行为（商品数量、价格等）有明显影响的功能，如调节功能；③ 既不能形成商品，又不能明显地影响市场行为的功能，只能通过特殊途径加以计量，如信息功能。

欧阳志云等（1999）将生态系统服务功能的价值总结为 4 类：① 直接利用价值，主要指生态系统产品所产生的直接价值。② 间接利用价值，主要指无法商品化的生态系统服务功能。比如，维持生命物质的生物地球化学循环与水文循环，维持生物物种与遗传多样性，保护土壤肥力，净化环境，维持大气化学的平衡与稳定等支撑与维持地球生命支持系统的功能。③ 选择价值，主要是出于人们为了将来能直接利用与间接利用某种生态系统服务功能的支付意愿；选择价值又可分为 3 类：自己将来利用；子孙后代利用，又称之为遗产价值；别人将来利用，也称之为替代消费。④ 存在价值，它是人们为确保生态系统服务功能继续存在的支付意愿，是生态系统本身具有的价值。

McNeely J 等（1990）根据产品是否具有实物性将生物资源价值分为直接价值和间接价值，然后又根据其产品是否经过市场贸易和是否被消耗的性质将这两类价值进一步划分为消耗性使用价值、生产性使用价值、非消耗性使用价值、选择价值和存在价值。

联合国环境规划署（UNEP）于 1993 年编写的《生物多样性国情研究指南》中将生物多样性价值划分为 5 种类型，即具显著实物形式的直接价值、无显著实物形式的直接价值、间接价值、选择价值和消极价值。

英国著名经济学家 D Pearce 在 1994 年的著作中将环境资源的价值分为两部分，即使用价值和非使用价值，前者包括直接使用价值、间接使用价值和选择价值；后者包括遗产价值和存在价值。

在 1995 年 OECD 环境项目的经济评价中，认为自然资本的总价值由直接使用价值（可直接消费的产品，如食物、生物质、娱乐、健康等）、间接使用价值（功能效益，如生态功能、防洪等）、选择价值（将来的直接或间接使用价值，如生物多样性）、遗传价值（为后代保留使用价值和准使用价值，如生境）和存在价值（认识到继续存在的价值，如生境、濒危物种等）构成。

本书基于学者的不同见解，结合环境影响后评价过程的特性，采用欧阳志云的分类方法，将生态系统服务功能的价值分为直接利用价值、间接利用价值、选择价值与存在价值。

2.5.2.2 价值核算方法

（1）演变历程

国外生态系统服务功能价值的评估研究可以追溯到 1925 年比利时学者 Drumarx，首次以对野生生物游憩的费用支出作为野生生物的经济价值。1941 年，美国学者 Dafdon 首次用费用支出法核算出森林和野生生物的经济价值。1947 年，美国学者 Flotting 提出可根据旅行费用计算出其消费者剩余，并以消费者剩余作为游憩区的游憩价值；1959 年，美国学者 Clawson 修改旅行费用评估法；1964 年，J L Knetch 再次修改并完善了旅行费用评估法。1964 年，美国学者 Davis 在研究缅因州森林的游憩价值时，首次提出并运用了条件价值法的报价技术。1973 年，Nordhaus 和 Tobin 提出用"经济福利准则"修改国民生产总值，由此引发了对环境资源进行估算的国际关注，许多学者先后提出多种方案来估算环境资源的价值。1991 年，国际科学联合会环境委员会召开了讨论如何开展生物多样性的定量研究的会议，促进了生物多样性的研究及其价值评估方法的发展。1993 年，联合国有关机构正式出版了《综合环境与经济核算手册》临时版本（简称 SEEA），对此前各国环境与经济综合核算的研究成果进行了较全面的总结，并提供了环境与经济核算的总体思路与框架以及一些生态价值的核算方法（何敦煌，2001）。Costanza 和 Odum 提出了基于能值的分析研究，可以说是早期较有影响的研究案例，*Ecological Economics* 1995 年出专辑对此予以讨论。1997 年，Costanza 及 Daily 等人对生态系统服务功能研究更是得到广泛的关注。20 世纪 80 年代末以来，在借鉴发达国家评价方法的基础上，根据生态经济学、环境经济学和资源经济学的研究成果，生态系统服务功能的经济价值评估方法分为两类（UNEP，1991）：一是替代市场技术，它以"影子价格"和消费者剩余来表达生态服务功能的经济价值；二是模拟市场技术（又称假设市场技术），以支付意愿和净支付意愿来表达。

1990 年以后，我国学者对生态系统服务功能价值评估方法也做了较深入的探讨，生态价值评估领域的研究取得了很大进展，对生态破坏经济损失的计量在理论和基础研究方面起到了重要的推动作用。其中，具有代表性的研究有：李金昌和孔繁文以森林和水资源为案例对自然资源核算进行了开拓性的研究；特别是侯元兆等的"中国森林资源价值核算研究"和 ITTO 的"中国热带森林环境价值核算项目"，使森林资源核算研究在核算内涵和方法上得到了进一步的发展。2000 年，陈仲新、张新时参考 Costanza 等的分类方法与经济参数对中国生态系统功能和效益进行了估算；2001 年，张颖核算了中国的森林资源生物多样性的价值；2001 年，谢高地等核算了中国草地生态资源的生态系统服务价值；国家环保总局组织编写了《中国生物多样性国情研究报告》；2004 年，王宗明等估算出适用于我国的单位面积生态系统服务功能价值。近十年我国主要的生态价值评估案例研究见表 2-7。

表 2-7　近十年我国主要的生态价值评估案例研究

研究者 （发表年）	评估对象	所用评估方法
靳乐山 （1999）	北京圆明园的环境服务价值	旅行费用法
欧阳志云等 （1999）	中国陆地生态系统服务功能及价值	市场价值法、替代市场法、机会成本法等
薛达元 （1999）	长白山自然保护区的生物多样性价值	条件价值法、费用支出法、旅行费用法
陈仲新等 （2000）	中国生态系统效益的价值	成果参照
韩维栋等 （2000）	中国红树林生态系统生态价值评估	市场价值法、影子工程法、机会成本法等
薛达元等 （2000）	长白山自然保护区旅游价值	旅行费用法、条件价值法
谢高地等 （2001）	中国自然草地生态系统服务价值	成果参照
陈伟琪等 （2001）	厦门岛东部海岸旅游娱乐价值的评估	旅行费用法
徐中民等 （2002）	额济纳旗生态系统恢复的总经济价值	条件价值法
张志强 （2002）	黑河流域张掖地区生态系统服务恢复的条件价值评估	条件价值法
吴玲玲等 （2003）	长江口湿地生态系统服务功能价值	市场价值法、机会成本法、影子价格法、替代工程法

研究者 （发表年）	评估对象	所用评估方法
肖玉等 （2003）	莽猎湖流域生态系统服务价值变化	市场价值法、成果参照、专家咨询
谢高地等 （2003）	青藏高原生态系统的价值评估	成果参照、专家咨询
赵同谦等 （2003）	中国陆地地表水生态系统服务功能及价值	市场价值法、机会成本法、替代工程法
崔丽娟等 （2004）	鄱阳湖湿地生态系统服务价值	市场价值法
闵庆文等 （2004）	青海草地生态系统服务价值	替代工程法
欧阳志云等 （2004）	水生态服务功能分析及其间接价值评价	市场价值法、成果参照、机会成本法、替代工程法
田刚等 （2004）	北京地区人工景观生态服务价值	市场价值法
赵同谦等 （2004）	中国草地生态系统服务功能间接经济价值	市场价值法、影子价格法、替代工程法
赵同谦等 （2006）	水电开发的生态环境影响经济损益分析	市场价值法、替代工程法、机会成本法
肖建红等 （2007）	水坝对河流生态系统服务功能影响评价	成果参照、市场价值法、替代工程法
赵小杰等 （2009）	雅砻江下游梯级水电开发生态环境影响的经济损益评价	市场价值法、影子价格法、机会成本法、替代工程法

从研究内容上看，我国在涉及自然资源价值领域的研究，主要集中在森林资源和水资源两大领域；从评估方法方面来看，没有构建统一的方法，同一种资源价值或者污染损失价值采用不同的估算方法但结果差别大，然而在方法的实质是保持一致的，统一于两个标准：一是由直接或间接的货币化方法获取消费者的支付意愿；二是真实的支付意愿或是假设的并没有实际发生的支付意愿。

（2）核算方法

在对各单项生态系统服务功能价值进行核算时，常用的核算方法包括：① 直接市场评价法，包括生产率变动法、疾病成本法和人力资本法、机会成本法等（毛显强，2004；熊萍等，2004）；② 揭示偏好法，包括旅行费用法、恢复费用法、影子工程法、享乐价值法等；③ 陈述偏好法，包括专家评估法、条件价值法和投标博弈法等（陆彦，2003）。

除直接市场评价法、揭示偏好法和陈述偏好法这三类方法外，还有一种方法称为成果参照法或效益转移法，就是通过采用上述三大基本方法进行研究而获得的相关评估成果来进行价值估算的方法。在受到数据、经费和时间限制时，成果参照法不失为一种比较可行的方法。上述方法的比较分析详见表 2-8。

表 2-8　生态价值常用核算方法的比较

类型	适用前提	评价模式	优点	局限性
直接市场评价法	适合于可直接获得相关市场信息，有市场价格的环境资源的价值评估	市场价值法或生产率变动法、人力资本法或疾病成本法、机会成本法	比较客观和直观，建立在充分的信息和明确的因果关系上，易于计算和调整，争议较少	a. 行为与产出、成本或损害之间的物理关系难以估测；b. 在确定对受者的影响时，很难把环境因子从诸多因素中分离出来；c. 存在价格问题，需要足够的实物量数据，足够的市场价格或影子价格；d. 以市场价格代替支付意愿，不能充分衡量环境质量的价值
揭示偏好法	没有直接的市场交易和市场价格，但具有这些环境资源的替代品的市场价格，适合于存在私人物品可以替代某种生态服务功能的情况	享乐价格法、防护支出法与重置成本法、旅行费用法、恢复费用法、影子工程法、防护费用法	替代商品的市场信息比较容易获得，可选择性大，能够利用直接市场法所无法利用的可靠信息，具有一定的客观性	a. 需要大量的数据调查，市场信息获取与分辨比较困难；b. 替代商品的信息与所反映的环境影响存在偏差；c. 环境因素只是涉及的信息之一，其他方面的因素会对数据产生干扰；d. 与直接市场评价法相比，可信度低；e. 不能充分衡量环境质量的价值
陈述偏好法	适用于缺乏公共物品市场，没有市场交易和市场价格的情况	专家评估法、比较博弈法、投标博弈法、无费用选择、优先评价法和德尔菲法、条件价值法	所得结果理论上最接近环境质量的货币价值；可以解决别的方法无法解决的问题	a. 依赖于人们的说辞而非行动，存在多种偏差；b. 支付意愿与接受赔偿意愿之间存在不一致性；c. 问题的设计和调查的方式都需要很强的专业性；d. 和被调查者的水平相关；e. 需要大量样本、时间和费用来获得可靠的数据；f. 抽样结果的汇总存在技术问题
成果参照法	适用于资料不足，并且时间和经费相对有限的情况	成果参照法	简单、快捷、成本低	a. 准确性较低；b. 要求研究对象与已评估对象的情况相似

基于选定的生态系统服务功能分类，选定合适的核算方法，主要表现在：

① 直接利用价值：可用产品的市场价格来估计。

② 间接利用价值：采用的评估方法需要根据生态系统功能的类型加以确定，包括防护费用法、恢复费用法、替代市场法等。

③ 选择价值：可采用林业科学、生态学方法、统计学方法来估计。

④ 存在价值：存在价值是介于经济价值与生态价值之间的一种过渡性价值，可采用专家评估法等。

2.5.3　生态损益评估技术

2.5.3.1　评估技术

生态损益评估是对生态影响的经济评价，生态效益与生态成本都需纳入项目的总体经济分析中，从而判断生态影响对项目可行性的影响。生态损益评估就是以生态经济学、环境经济学理论为基础，用货币形式表示项目对环境的正面影响和负面影响，在统一量纲下，实现工程对生态影响的综合评价（杜蕴慧等，2012）。生态效应是指人类活动引发的生态系统的变化和响应，按照性质可以分为正效应和负效应。因此，生态损益评估是对正负生态效应的价值评估。

以上述分析为基础，本书将建设项目生态损益评估分为生态系统服务功能分析、开发活动影响下生态系统服务功能价值评价、建设项目生态损益评价 3 个阶段：① 生态系统服务功能评价阶段，首先对生态系统服务功能进行分类，然后根据生态系统服务功能可能受到开发活动影响的现实情况和影响特征，利用生态学、环境科学、林业科学、生物学等专业学科方法，分析生态服务功能受开发活动影响的变化情况；② 在开发活动影响下生态系统服务功能价值评价阶段，以生态经济学、环境经济学和资源经济学方法为基础，选择多种生态系统服务功能价值核算的方法和参数，计算开发活动影响下生态效益及生态成本的经济价值变化量；③ 建设项目生态损益评价阶段，对生态效益及生态成本的各单项指标进行加和汇总，最终得到生态系统受开发项目影响的总变化量净值。建设项目生态损益评估各阶段的评估指标和技术方法见图 2-5。

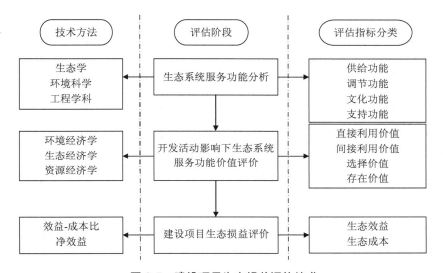

图 2-5　建设项目生态损益评估技术

2.5.3.2　评估方法模型

参考环境影响经济损益分析方法，建设项目生态损益分析采用效益-成本比方法进行计算：

$$K = \frac{\mathrm{EB}}{\mathrm{EC}} = \frac{\sum\limits_{i=1}^{n}\mathrm{EB}_i}{\sum\limits_{j=1}^{m}\mathrm{EC}_j} \tag{2-11}$$

式中：K——效益-成本比；当 $K>1$ 时，工程的生态效益值大于生态成本值，且 K 值越大越好；当 $K\leqslant1$ 时，工程的生态效益值小于等于生态成本值；

　　　EB——建设项目总生态效益；

　　　EB_i——第 i 项生态系统服务功能产生的生态效益；

　　　EC——建设项目总生态成本；

　　　EC_j——第 j 项生态系统服务功能产生的生态成本。

用建设项目产生的总生态效益减去总生态成本，即为工程的生态损益净值：

$$EPL = EB - EC \qquad\qquad （2\text{-}12）$$

式中：EPL——建设项目生态损益净值；

EB——建设项目总生态效益；

EC——建设项目总生态成本。

2.6　环境保护措施有效性评估技术方法

2.6.1　环境保护措施概念及分类

环境保护措施是为预防、降低、减缓建设项目对生态破坏和环境污染而采取的环境保护设施、措施和管理制度。环境保护措施分为两类：

① 生态影响的环境保护措施，主要是针对生态敏感目标（水生、陆生）的保护措施，包括动植物的保护与恢复措施，水环境保护措施，水土流失防治措施，自然保护区、风景名胜区、生态功能保护区等生态敏感目标的保护措施，生态监测措施等。

② 污染影响的环境保护措施，主要是针对水、气、声、固体废物、电磁、振动等各类污染源所采取的保护措施。

2.6.2　环境保护措施及落实情况调查

2.6.2.1　调查原则及重点

（1）基本原则

① 环境保护措施调查方法应符合国家有关规范要求，并充分利用先进的技术手段和方法。

② 充分利用已有资料，并与环境现状调查与监测相结合。

③ 侧重于工程运行期环境保护措施及效果调查，根据项目特征实现突出重点、兼顾一般。

（2）调查重点

环境保护设计文件、环境影响评价文件及环境影响评价审批文件、竣工环境保护验收文件、竣工环境保护验收审批文件中提出的运行期环境保护措施落实情况及其效果。

2.6.2.2　调查内容及方法

（1）调查内容

① 概括描述工程在设计、施工、运行阶段针对生态影响和污染影响所采取的环境保护措施，给出建设项目运行期环境保护设施的操作规程和相应的规章制度，并对环境影响评价文件及环境影响评价审批文件、竣工环境保护验收文件、竣工环境保护验收审批文件中所提各项运行期环境保护措施的落实情况一一予以核实、说明。

② 给出竣工环境保护验收、环境影响评价、设计和运行期实际采取的生态保护和污染防治措施对照、变化情况，并对变化情况予以必要的说明。

（2）调查方法

调查过程中，采用资料调研与前期环境现场调查及监测工作相结合的方法。

2.6.3　有效性评估内容

2.6.3.1　陆生生态

① 从自然生态影响、生态敏感目标影响、农业生态影响、水土流失影响等方面分析采取的生态保护措施的有效性。分析指标包括生物量、特殊生境条件、特有物种的增减量、景观效果、水土流失率等；评述生态保护措施对生态结构与功能的保护（保护性质与程度）、生态功能补偿的可达性、预期的可恢复程度等。

② 根据上述分析结果，对存在的问题分析原因，并从保护、恢复、补偿、建设等方面提出具有操作性的补救措施和建议。

③ 对短期内难以显现的预期生态影响，应提出跟踪监测要求及回顾性评价建议，并制定监测计划。

2.6.3.2　水生生态

① 水生生态保护措施制定原则评估，包括：a. 水生生态环境保护措施是否贯彻国家发展战略、政策；执行法律法规规定；符合水域规划和功能区要求。b. 是否遵循生态科学基本原理，按河流、湖泊、海洋和湿地等不同生态系统类型及各自的特点和影响的特殊性，提出针对性保护措施。c. 是否实施项目全过程保护措施。对于长期累积性影响，是否进行影响的跟踪监测与评价。d. 是否突出生境保护优先原则。

② 水生生态系统完整性保护评估：重点保护水系完整性、水域状态的自然性和水生生物多样性。

③ 水生生态敏感区保护措施评估：鱼类产卵场、索饵地、越冬场、洄游通道以及海洋和河湖水域的自然保护区，有珍稀水生生物生存和活动的水域，珊瑚礁、红树林、海湾和河口湿地等区域，是否采取预防为主的保护措施。是否保持较大面积比例的自然湿地、自然滩涂、自然岸带等水生生物生存必需的环境；评估措施的科学性和有效性。

④ 污染防治措施评估：采取措施保障水环境质量达到其规划功能的水质要求；海洋污染影响控制措施能否达到有关国际海洋公约的要求。

⑤ 水生生态保护管理措施评估：是否建立水环境和水生生物保护管理机构，是否建立管理制度；编制水环境监测（包括底泥）和水生生态监测方案，对确定监测的水生生物对象、监测点、监测频率、监测方法等具体实施内容是否进行跟踪监测；是否对生态风险影响进行跟踪监测，能否满足实际要求。

⑥ 补偿措施评估：应对水生生态补偿措施进行可行性评估，如鱼类增殖放流等；是否在科学试验的基础上进行，是否进行跟踪监测和评价。

⑦ 综合分析措施的有效性及存在的问题和原因，提出整改、补救措施与建议。

2.6.3.3　大气环境

① 根据调查结果及达标情况，分析运行期生产废气处理工艺是否符合行业污染防治技术政策，是否实现稳定达标排放，主要污染物排放量、可利用废气利用水平是否符合该行业清洁生产水平要求和相关政策要求，产生的二次污染防治措施是否可行，综合分析现有大气环境保护措施的有效性及废气处理设施工艺的有效性和先进性、存在的问题及原因。

② 核查环境保护措施满足当地污染物总量控制要求的有效性与可靠性。

③ 分析项目废气处理设施发生事故排放的可能性，评估事故排放应急措施的有效性、

可靠性。

④针对存在的问题提出具有可操作性的整改、补救措施。

2.6.3.4 水环境

①根据调查结果及达标情况，分析建设项目运行期生产废水处理工艺是否符合行业污染防治技术政策；废水排放量、水的重复利用率和循环利用水平是否符合相关行业的清洁生产水平和节约用水的管理政策要求。生活污水的收集、处理工艺是否有效可行，是否按照排污控制要求稳定达标排放；对可能导致二次污染的情况，应分析防治二次污染对策措施的技术经济可行性与处理效果的有效性、可靠性。

②对废水排入已建污水处理厂或园区、城市污水处理厂的项目，应评估相关污水处理厂的截污管网、处理规模、处理工艺对于接纳建设项目废水水质和水量的可行性与有效性。

③核查水环境保护措施满足区域总量控制要求的有效性和可靠性。

④分析污水处理设施发生事故排放的可能性，评估事故排放应急措施的有效性、可靠性。

⑤对存在下泄低温水的项目，应有分层取水或水温恢复措施；对下游河道存在减（脱）水的项目，应根据下泄流量值与下泄流量过程的要求，明确相应的工程保障设施和管理措施；水利灌溉项目关注退水、回水的污染防治措施；防洪项目应关注对区域水力联系（包括地表水与地下水的水力联系）、土地浸没的影响，以及对区域排污、排涝的影响。

⑥在项目的运行期和服务期满不同阶段，综合考虑产污地点、排污渠道、影响途径、影响特征等内容，对地下水环境保护措施的可行性和可操作性进行评估。

⑦针对存在的问题提出具有可操作性的整改、补救措施。

2.6.3.5 声环境

①评估项目拟采取的声环境保护措施的针对性和可操作性，根据环境保护措施落实情况调查和前期声环境现状监测结果，明确给出声环境保护措施的降噪效果。应以厂（场）界噪声控制和环境保护目标声环境达标为主，要求防治措施技术可行、经济合理，噪声控制距离合理可行。

②分析声环境保护措施落实后的降噪效果是否满足环境敏感目标的声环境要求。

③分析、评估措施是否达到设计要求，声环境敏感目标是否达到相应标准要求。

④综合分析措施的有效性及存在的问题和原因，提出整改、补救措施与建议。

2.6.3.6 固体废物

（1）一般工业固体废物

项目产生的固体废物加工利用是否符合国家行业污染防治技术政策，并达到作为加工原材料的质量要求，加工利用过程的污染防治措施（包括厂外加工利用）是否可行并符合实际。固体废物临时（中转）堆场选址是否合理，需要采取的防渗、防冲刷、防扬尘措施是否到位；固体废物贮存场的选址、关闭与封场是否符合相关的政策、规定和要求。

（2）危险废物

项目产生的危险废物贮存、加工利用、转移是否符合国家相关政策、规定和要求，再利用过程的污染防治措施（包括厂外加工利用）是否可行；危险废物焚烧炉的技术指标、焚烧炉排气筒的高度、危险废物的贮存、焚烧炉大气污染物排放限值是否符合 GB 18484 的相关要求；危险废物的堆放、贮存设施的关闭是否符合 GB 18597 的相关要求；危险废物填埋场污染控制、封场是否符合 GB 18598 的相关要求。

（3）针对存在的问题提出具有操作性的整改、补救措施和建议

2.6.4　有效性评估方法

（1）基于基线数据及标准的对比评估法

将环境保护措施实施后调查数据与原有生态数据或相关标准对比，明确环境变化情况，对比分析环境保护措施的效果。可采用列表说明方法，必要时采用图片进行说明。

（2）基于环境敏感目标和生态敏感目标的有效性评估方法

环境敏感目标指需要关注的建设项目影响区域内的环境保护对象。生态敏感目标包括环境影响评价文件和竣工环境保护验收文件中规定的保护目标，环境影响评价审批文件和竣工环境保护验收审批文件中要求的保护目标，及建设项目实际工程情况发生变更或环境影响评价文件未能全面反映出的建设项目实际影响或新增的生态敏感对象。环境敏感目标及生态敏感目标具体参见相关导则 HJ/T 394—2007。

根据环境保护措施及效果调查结果，分析工程运营期对环境敏感目标和生态敏感目标的影响程度。有效性评估可采用列表说明方法，必要时采用图片说明。

2.7　适应性管理

2.7.1　管理的必要性

环境影响后评价主要针对生态环境影响较大的规划与建设项目，面对的是复杂且具有不确定性的社会、经济与生态环境系统，同时重要生态环境要素的预测技术与方法也存在一定的不准确性，因此需要在实践管理过程中调整、改进与完善。而适应性管理的特点一是可以面对复杂的不确定的系统，二是承认人类认知的局限性。因此引入适应性管理是非常必要的，在实践过程中应不断积累数据与经验解决高度复杂且不确定性系统所带来的生态环境负面影响，改进管理技术，完善管理方式，提高管理效率。适应性管理具有双层含义（陈凯麒等，2012）：

（1）环境影响后评价是适应性管理的基础

适应性管理旨在提高科学性降低不确定性，不确定性可能源于自然变化、系统的随机行为和资料数据不全情况下的解释，同时也可能源于社会和经济的变化会影响到自然资源系统。因此以科学的影响评价为基础，确定关键的生态环境问题为实施适应性管理提供了科学基础。

（2）适应性管理是管理的重要支持技术

适应性管理的突出思想是长效跟踪监测，积累基础数据以实际监测数据为基础评价分析，首先，用以判定评价中提出的减缓措施的有效性，是否可以减缓生态环境影响；其次，项目建设运行过程中可能会出现现评价中未预测到的影响，通过监测分析可以提出有效的低影响保护措施；最后，通过实际的调整管理可以推动影响评价技术方法的完善。

环境影响后评价与适应性管理相辅相成，互相影响促进。因此适应性管理研究能够更好地促进规划与建设项目的低影响建设运行，是实现绿色发展的有效技术手段，具有重要的现实意义。

2.7.2 管理理念及内涵

适应性管理一词源于"适应性环境评价与管理",主要是为了克服静态环境评价及管理中存在的局限性,致力于某些问题的认识与改进,主要针对文化、策略和社会系统如何相互交织、如何从局部或全球尺度影响生态系统(孙东亚等,2007;Michael C Healey et al.,2004;Gunderson L H et al.,1995)。适应性管理理念是加拿大学者 Holling 在 1978 年提出,随后 Walters 和 Gunderson 等学者不断深入研究与实践应用,逐渐将其发展为成熟的管理理论和方法(荣玫,2009)。适应性管理是在对管理系统认知"充分"的前提下制定实施相应的管理方案(Lee K N,1999),确切地说,是在面临科学知识有限、生态系统复杂或者是管理存在问题时发挥重要的作用(Holling C S,1978)。适应性管理通过科学识别管理降低不确定性,不确定性体现在以下方面(J Brian Nyberg,1998):

① 自然环境的变化(如气候、火灾、地震、雪崩、火山、径流量、物种的遗传组成、动物迁移);

② 人类活动对环境的影响,全球气候变化、新技术和日益增长的人口数量对环境的影响;

③ 对生态系统缺乏全面认知;

④ 社会和政治目标的变化,体现在预算变化、政策导向变化、日用品和服务功能需求变化、美学价值观变化。

本书在总结相关研究成果的基础上,提出针对受高强度人类活动影响下的适应性管理概念:针对生态环境影响复杂且高度不确定性的工程建设项目,同时受到人类认知的局限性,秉持可持续性、适应性、反馈性、科学性、与可操控性原则,遵循自然环境与经济社会协调发展规律,以利益相关方共同参与协商与交流为前提,以生态环境与经济社会良性发展为目标,以持续性监测、定量科学评估、调整反馈机制为手段,形成维持区域生态系统可持续健康发展的最适应管理模式。

2.7.3 管理程序及内容

适应性管理理念揭示该管理模式是在实践中不断学习和提高对重点关注问题的认识,从而科学地揭示生态、文化、经济、社会系统和管理策略之间的相互关系和作用,识别影响机理且及时调整管理机制。适应性管理程序详见图 2-6。

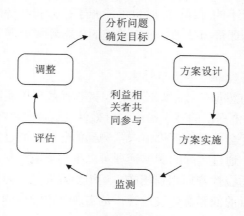

图 2-6 适应性管理程序

从图 2-6 中可以看到适应性管理中包括制定目标、方案设计与实施、监测、评估与调整相关环节，具体阐述如下：

① 管理目标（不断地认识与修订）。Lee（1999）提到"激烈的冲突可以损毁社会结构，阻碍学习进程"。管理利益相关者必须就关键性问题达成一致才能进一步寻求适应性方法，关键性问题、调查途径和项目目标需不断进行反复审查。随着管理进程的推行，一方面能够促进利益相关者对管理对象的深入认识，另一方面也会促进社会与经济系统的发展。

② 管理系统决策模型。系统决策模型可以模拟管理措施后的管理要素的响应，提供比较方案，初步确定效果，减少管理措施实施后的风险。但同时需要认识到管理决策模型所提供的模拟结果可能会与实际情况有所差别。

③ 管理选择。在管理目标达成一致的情况下，管理方案能否实现目标仍然是不确定的，难以利用当前的数据信息直接确定最佳管理方针。因此需要针对管理决策的决策项，结合管理实现的可能性，依据既定目标和管理系统决策模型确定管理选择范围。

④ 监测和结果评价。适应性管理的突出特色是构建长效监测评估机制用以确定管理决策的实施效果。监测侧重于管理目标提高的显著性，也有助于区分自然干扰和人为干扰，为更好地确定目标或者制定决策奠定基础。

⑤ 学习与制定决策相结合的机制。管理目标就是通过积极主动的学习过程更好地实现管理决策，体现在方案中制订的管理目标、采用的模型、因子设置的考虑及管理结果的评估，同时需要反馈调整机制将所获取到信息反馈到管理过程中。

⑥ 利益相关者参与管理与学习的合作结构。实现具有深远意义的利益相关者参与制具有极大的挑战性，其中包括交换意见、积极主动交流学习（与科学家们合作）和参与者间不同级别的协议。这就意味着适应性管理的责任体不仅仅是管理者、决策者和科学家，还包括各利益团体甚至是公众。

2.8　小结

本章节基于生态学、管理学、经济学等相关理论，形成了环境影响后评价的理论方法体系，一是确定了环境影响后评价理论体系；二是构建了建设项目环境影响后评价技术方法体系；三是提出了环境影响后评价的三方面的评价方法体系，即生态损益评估技术方法、环境保护措施有效性评估技术方法和适应性管理。

第 3 章　水库工程环境影响后评价技术方法体系

3.1　水库生态系统环境影响后评价理论及技术方法

3.1.1　水库生态系统环境影响后评价基本理论

水利水电工程的环境影响得到普遍关注，为解决工农业用水、防洪、发电、航运等问题，水库的建设导致了淹没、阻隔、径流调节变化对河流生态系统的长期、持续性影响是学科热点。水库工程环境影响后评价在协调河流生态保护与开发方面将起到作用。大坝建设将河流分为坝上水库系统和坝下河流系统。

3.1.1.1　水库水生生态系统影响概念模型

加拿大自然与工程研究院提出了水库与坝下河流生态系统概念模型（见图 3-1 和图 3-2）。通过概念模型可定性识别开发活动影响下，水文情势、水质、水生生态系统生产力、敏感生物栖息地、水生生物、水生生态敏感目标之间的相互作用。

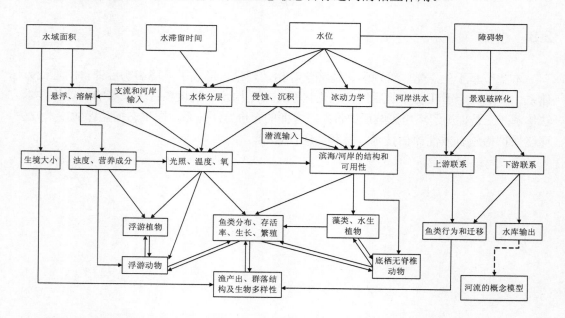

图 3-1　湖泊水库生态系统环境影响概念模型（来自加拿大 NSERC HydroNet Network）

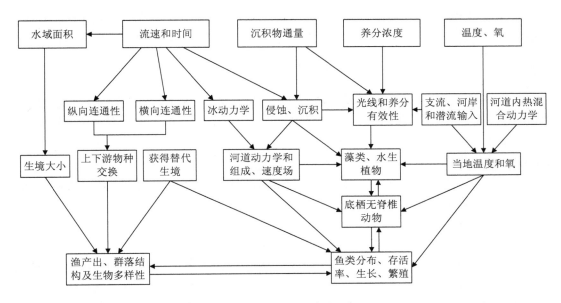

图 3-2　下游河流环境影响概念模型（来自加拿大 NSERC HydroNet Network）

3.1.1.2　水库生态系统概念

从生态系统生态学的角度出发，构建水库生态环境与水库生态影响的对应关系。生态系统的普遍定义为：在一定的时间和空间范围内，生物（一个或多个生物群落）和非生物环境通过物质循环和能量流动所形成的一个相互作用、相互依存并具有自动调节机制的自然整体（王敬，2007）。

水库一般的定义为因水利工程建筑物拦洪蓄水和调节水流而形成的一种半人工半自然水体（徐庆伟等，2007；刘顺会等，2001）。兴建水库是人类调节自然水资源在时间和空间上分布的主要手段，水库生态环境兼具河流与湖泊的特征，同时由于人类调节作用明显，具有独特的生态学特征。水库生态系统的概念为："由水库内生物群落和生态环境的相互作用，形成的自动调节与人工调节机制相结合的整体，是由陆地河岸环境、水生态环境等组合而成的复合系统。"

3.1.1.3　水库生态系统结构

水库生态系统的结构包括时间尺度和空间尺度两个层面，水库生态系统的时空分区见表 3-1。

表 3-1　水库生态系统的时空分区

空间尺度 \ 时间尺度		发育阶段			湖沼化阶段
		蓄水期	发育期	成熟期	
水生生态环境	河流区	√	√	√	√
	过渡区		√	√	√
	湖泊区			√	√
消落带生态环境				√	
陆生生态环境		√	√	√	√

　　水库生态系统的结构特征可用纵向、横向、垂向等来描述，对于大型水库来说在横向上通常可以划分为 3 个区域，即水生生态环境、消落带生态环境和陆生生态环境，水生生态环境在纵向上可以划分为河流区、过渡区和湖泊区 3 个区域，在垂向上可以划分为表层、中层、底层和基底。

　　水库特有的形态结构导致水库在物理、化学和生物学上存在一个梯度特征，表现为由激流生境到静水生境的过渡，水库生态系统各个子系统之间不断地进行着物质、能量等交换，构成了完整的水库生态系统。

3.1.1.4　水库生态系统演替阶段

　　水库生态系统的时间特征表现在水库生态系统的长期演替与随年内调度运行而表现出的季节性短期演替两个方面。

　　（1）长期演替

　　水库长期演变一般具有两个阶段，一是水库发育阶段，二是水库的湖沼化阶段。

　　水库发育阶段从开始蓄水至生态环境基本稳定一般为 4～10 年，不同地区、不同类型的水库持续时间不同。发育阶段的生境变化受蓄水期间的物理、化学和生物过程的影响，该阶段又可以进一步划分为蓄水期、发育期、成熟期，各时期水生态指标变化趋势具有一定规律（饶清华等，2011）。

　　水库的湖沼化是水库发育与演替的第二个阶段，湖沼化是指水库水体富营养化达到较高水平且出现大量底泥淤积，死库容消失，从而导致水库调蓄功能及供水功能的丧失。湖沼化阶段是水库发育成熟后的生态环境稳定变化时期，生境变化以受人类活动的影响为主，与湖泊的演替特征类似。

　　（2）短期演替

　　水库生态系统的年内调度分为 4 个时期：泄水变动期、低水位运行期、蓄水变动期、高水位运行期。

　　蓄水后径流枯水期、平水期和丰水期的季节性变动与人为的调度结合形成新的水文过程，枯水期水位增高、丰水期水位降低，呈反季节变化；泄水变动期和低水位运行期的水动力条件较好，下泄量大于等于来水量；蓄水变动期、高水位运行期的水动力条件较差（饶清华等，2011）。水库调节改变了水动力条件和水环境，调度运行期的水动力条件较差，易于发生水华灾害，正常蓄水位与低水位之间的涨落形成的消落带呈夏季出露、冬季淹没的特征，替代了湖泊湖滨带、河流河岸带的景观格局，是水库管理需要关注的敏感区域。

3.1.1.5　水库生态系统演替特征

　　（1）时间特征

　　水库建成初期保留着原来河流的特征，拦河筑坝后，水库的水文水动力、水质与生物类群发生变化。首先表现为水体结构形态和循环过程等物理变化，包括水位升高、流速降低、河流连通性破坏等；其次是物质循环和能量流动等化学过程的变化，包括溶解沉淀、吸附解析、氧化还原等作用；继而表现为生物过程的变化，包括浮游生物从水文、水质到水生态的一系列响应，导致水库生态系统的快速发育与演替，水库生态系统的年际演替特征见表 3-2。

表 3-2　水库生态系统的年际演替特征

时间尺度		演替特征
发育阶段	蓄水期	随着水库开始蓄水，水库与原来的河流在生态系统结构与动力学过程上发生分离。蓄水期水位的增加导致水库水量的增加，入库水流速度下降，原有的河道生物群落发生变化。河道两岸的高等植物消失，大量底栖动物、植物、微生物很快成为次优势类群，在湖泊区生存的浮游植物、动物与鱼类成为主导生物类群，生物类群开始向优势类群发展（韩博平，2010；Yi Y et al.，2010a，2010b）
	发育期	发育期库容趋于稳定，营养水平的下降持续几年至数十年。形成较为稳定的生产力、生物群落和生态关系，以浮游动物为食的鱼类数量减少，大型浮游动植物的丰度很高，水库生物净生产量开始降低。由于人类对水库水量的利用导致水库环境条件的快速波动，形成了对生物群落结构的选择压力
	成熟期	在成熟期水动力过程变动期间，水库中的生物常缺乏足够的时间完成个体的生长和繁殖，以维持和扩充种群数量。因此，水库中物种迁入—灭绝过程快，生物多样性相对较低，选择型生物在水库生物群落中占主导地位，浮游生物成为水库生物群落中的基本与优势类群，浮游生物是水库生态系统中起关键作用的结构要素（韩博平，2010；Zeng H et al.，2006）
湖沼化阶段		浮游植物的群落结构以蓝藻为主要优势种类； 内源污染是水体中营养物质的重要来源，过渡区和湖泊区的底泥成为厌氧区

（2）空间特征

　　水库的水流强度、形态结构等在水平方向和垂直方向上具有显著的空间变化特征，表现为水库生态系统的水环境差异、水化学、生物学特征的差异等方面，水库生态系统的空间尺度特征见表 3-3。

表 3-3　水库生态系统空间尺度特征

空间尺度		特征
纵向	河流区	溶解氧和溶解物质分布比较均匀，水底淤泥不多，已接近河流的特点； 入库水流从流域上带来了大量的营养盐、无机和有机颗粒物，造成河流区营养物含量最高，透明度最低； 浮游植物的生长受光抑制，营养盐靠平流输送，浮游植物生物量及生长率均相对较低； 开始沉淀的悬浮物主要是粒径大的泥沙，而淤泥和黏土吸附着大量的营养盐被水流输送到过渡区，底部沉积物主要是外源性，营养盐含量少
	过渡区	粒径小的淤泥、黏土和细颗粒有机物大量沉积，是悬浮物沉积的主要区域； 悬浮物的大量沉积，使过渡区透明度升高，浮游植物生长受光的限制得到改善； 营养盐的含量仍相对比较高，浮游植物的生物量及生长率是水库中最高的区域； 沉积的淤泥和黏土对营养盐有较强的吸附能力，水中营养盐的浓度进一步降低，底部沉积物营养盐的含量比河流区和湖泊区高
	湖泊区	夏季的水温分层现象十分明显，底层水一年中大部分时间含氧不足； 表层水的营养盐含量比河流区和过渡区低，营养盐靠水体内部营养盐循环补充的比例有所增加，但水体仍相对处于营养缺乏状态； 浮游植物生长主要受营养盐限制，底部内源性有机沉积物比例比河流区和过渡区高

空间尺度		特征
横向	水生生态环境	水生态环境是指常年淹没的库区水体，是水库周边水生生物发育的物种来源基地
	消落带生态环境	消落带生态环境是指水库季节性水位涨落使库区被淹没土地周期性露出水面的消落带区域。由于库区水位在一定范围内波动，在最高水位和最低水位之间的地带周期性地被水淹没，是介于水生和陆生生态环境之间的水陆交错带
	陆生生态环境	陆生生态环境是指接近水体而不被水体淹没的地带。它位于最高水位之上，人类活动十分频繁，对水库影响较大，是消落带陆生生物的自然发育基地，同时也是泥沙和污染物的直接来源
垂向	表层	由于河水流动，与大气接触面大，水气交换良好，河水含有较丰富的氧气，有利于好氧生物的生存和微生物的分解作用，光照充足有利于植物进行光合作用
	中下层	在中下层，随着氧气、阳光等的减弱，浮游生物等随之减少，而鱼类等有在营表层生活的、有在营底层生活的，还有大量生活在水体中下层的（Zhai S et al.，2010；Becker V et al.，2010）

3.1.1.6 水库生态系统生物群落结构特征

水库蓄水淹没了大量土地使得生产力水平大幅度降低，水库运行使库区生态系统生产力和流域生态系统等初级生产力发生较大变化（Ashraf M et al.，2007）。水库是一个由上下游、左右岸构成的相对完整的连续体，其时空结构的四维特征在流速、泥沙、悬浮物、水交换、水位等方面表现明显，使生物群落结构向着适应于水库生态系统的方向变化（Pérez-Díaz J I et al.，2010；Zhang J et al.，2009；He T et al.，2008）。

由于库区水温结构及溶解氧的特点，库区生物种群及区系分布受到一定影响。蓄水后库区水环境条件波动很大，生物缺乏足够的时间进行生长和繁殖，物种的迁入—灭绝过程比较快，种群难以扩充，因此水库的生物多样性相对较低（Xiaoyan L et al.，2010；Tullos D，2009；林秋奇等，2001），水库生态系统不同生物群落的发育特征见表3-4。

水库在蓄水期淹没了大量的植被，生物的净生产量比较高，稳定期的净生产量降低（Zeng H et al.，2006b），从河流区到湖泊区藻类的生长率呈降低趋势（邬红娟等，2001），浮游动物主要以浮游植物和颗粒状有机物作为主要的食物来源，鱼类种群组成和生物量与同维度的湖泊相差不大（Scheifhacken N et al.，2010）。

表3-4　水库生态系统不同生物群落的发育特征

生物群落	发育特征
藻类	河流中繁殖较盛的藻类主要是硅藻类，而水库中富含有机物质及其分解产物氮、磷等，为蓝藻等创造了大量发展条件
高等植物	在水位较稳定的水库，高等植物极为发达，但水库中高等植物的强烈发展常导致沼泽化。在有丛生高等植物的水库，浮游生物和底栖生物都比较丰富，并且这些植物还是许多鱼类的产卵场所。在高等植物不发达的水库中，鱼类的种类和数量都比较少
浮游动物	典型流水性动物和高等甲壳类、浮游幼虫等，到了水库以后数量大大减少，在水库的过渡区和湖泊区几乎绝迹，仅在河流区仍可见到。在河流中一般数量不多的浮游甲壳类，在水库中广泛地发展
底栖生物	静水性的动物区系，如摇蚊幼虫、水蚯蚓，某些软体动物在水库获得有利的生活条件，大量繁殖起来。这些底栖生物主要分布在水库的湖泊区和过渡区
鱼类	在急流中生活和繁殖的种类，数量急剧减少，大都离开水库而上溯到河流中去。在静水和微流水生活和繁殖的鱼类，则迅速发展起来

3.1.2　水库生态系统环境影响后评价技术方法

3.1.2.1　环境影响概念模型

水库工程影响下河流生态系统各物理、化学及生物因子间都将发生一系列相关联的变化，水文情势、水质、水生生态系统生产力、敏感生物栖息地、水生生物、水生生态敏感目标之间相互作用。由于水库水动力学的特殊性，水库生态系统在空间与时间上所表现出的异质性与河流、湖泊生态系统有着根本的区别。水库生态系统基本理论和水库生态系统影响概念模型，可为构建水库生态系统环境影响后评价指标体系提供依据和指导。

3.1.2.2　指标筛选原则

（1）综合性

水库工程蓄水对生态系统的影响是多方面的，因此所建立的指标体系应尽可能全面地反映库区的特征和受影响状况，建立多指标体系。

（2）可操作性

选取的指标应具有可测性、可比性和可获得性，易于量化。在评价水库工程生态影响中，通常会用到"前后对比法"或"有无对比法"，同一指标应具有完全一致的计算方法，并保持相同的量纲，以便对比说明生态系统状况的变化。所选取的指标信息应是容易获得的，或是在常规数据基础上计算可得的，使指标的计算具有可操作性。

（3）代表性

对于水库生态系统的结构和功能都有多个指标可以表征，评价指标应力求简洁，选取其中最具代表性、综合性，且对水库工程建库蓄水敏感的指标，并利用权重赋值来突出主导因子。

3.1.2.3　评价指标集

（1）水生生态

根据水库生态系统不同发育时期的实际情况，选取其中的特征评价因子建立相应的水生生态环境评价指标体系，见表 3-5。

表 3-5　水生生态环境评价指标

评估类别	内容	指标	量化的指标
物理化学评估	水质状况	水质	水质达标率
			主要污染物浓度
		水库自净能力	富营养化指数
			溶解氧含量
水文评估	水文条件	水沙搭配	水沙搭配指数
		月平均流量	最小月平均流量满足率
			月平均流量变化率
		年流量	年流量极值
			持续变化时间
	泥沙状况	水库淤积状况	库区泥沙颗粒组成
			水库冲淤变化率
	输沙能力	水流输沙能力	月平均输沙量
			水流输沙能力变化率

评估类别	内容	指标	量化的指标
生物评估	水生生物完整性	鱼类生物完整性	鱼类生物完整性指数
		浮游动物丰度	浮游动物丰度指数
		浮游植物多样性	浮游植物多样性指数
		大型底栖生物多样性	大型底栖动物多样性指数
	珍稀生物指标	珍稀生物存活状况	珍稀生物变化率
栖息地评估	栖息地状况	栖息地状况	栖息地保留率

① 水质达标率。水质是影响生态平衡的重要参数，水质达标是指水环境质量符合相应水功能区域的水质标准，水质达标率反映水库各区域水质情况。

② 水沙搭配指数。来沙系数是用来表示河流来水来沙条件的参数，反映的是输沙量的变化。水沙搭配指数是来沙系数的函数。

③ 水流输沙能力变化率。水流输沙能力反映的是水库排沙能力，具体为水流输沙能力与天然河流的水流输沙能力的比率。

④ 珍稀生物变化率。珍稀生物存活状况反映的是自然条件和人类活动对珍稀水生动物的影响，通过定性判断水生动物数量的增减来描述变化率。

⑤ 栖息地保留率。栖息地保留率反映的是水库对鱼类栖息、迁徙、繁殖等行为的影响，用鱼类栖息繁殖场所的数量表示。

（2）消落带生态

消落带的水文条件复杂，不利于形成稳定的生态系统，消落带生态环境评价指标包括消落带内部特征和生态系统状态，见表3-6。

表3-6　消落带生态环境评价指标

评估内容	量化的指标
地质灾害状况	消落带出露面积
坡度	消落带坡度
消落带联通性	消落带宽度
天然植被覆盖度	植被类型
	植被面积
	植被带宽度
水量	湿地水文周期
	淹水历时特征
侵蚀控制	水土流失面积
	水土流失比例
生物栖息地	栖息地面积

① 水量：由于消落带包含水生生物和陆生生物两大类生物，以淹没时间的长短和淹没区的深浅表示。

② 坡度：指土地坡度的大小。水位变化与坡度及生态系统影响程度成正比关系，陡坡环境下的植被恢复困难，对生态系统的影响更大。

③ 地质灾害状况：包括地质灾害的强度和频率。地质灾害极大地破坏了生态系统完整

性，地质灾害状况可以用于表征生境的稳定性。

④ 生物多样性：以最小单位面积的生物个体数量表示，生物多样性可以通过消落带形成后的景观丰富度指数和景观均匀度指数进行定量计算。

⑤ 侵蚀控制：以土壤被侵蚀量表示。植被覆盖度越低，消落带区域内的土壤被侵蚀的潜在可能性就越强，受到的影响就越大。

⑥ 生物栖息地：以栖息地与消落带总面积的比率表示。

（3）陆生生态

河岸带是能量、物质以及生物通过景观的重要通道并且也是陆地区域与水生区域之间的生境和廊道。河岸带退化会造成植被破坏，生物多样性下降，小气候恶化，河床及河岸遭受侵蚀，洪涝灾害频繁，严重影响水库生态系统的安全。水库生态系统陆生生态环境评价体系可以从河岸带的地貌特征、植物特征和动物特征三个方面建立，见表 3-7。

表 3-7　陆生生态环境评价指标

评估类别	内容	量化的指标
地貌特征	景观格局	景观多样性指数
		最大多样性指数
		景观破碎度指数
		景观优势度指数
		景观均匀度指数
		生态弹性指数
	生态系统功能	归一化植被指数
		植被净初级生产力
植物特征	植被覆盖度	天然植被覆盖度变化
	珍稀濒危保护植物	主要植被淹没类型、面积
	结构的完整性	物种多样性指数
		物种均匀度指数
		物种优势度指数
		河岸植被带的宽度
		河岸植被的纵向连续性
动物特征	区系组成	陆生动物种类
		珍稀濒危保护动物种群及数量

3.1.2.4　指标量化方法

（1）水质

水库建设对水环境的影响较为持久，在进行水库的环境影响后评价时，通常需要对水体水质变化情况进行评价分析，以说明水库建设对河流水质的影响。为了使监测得到的各种水质参数数据能综合反映水体的水质，可以根据水体水质数据的统计特点选用多项水质参数综合评价指数。

1）幂指数法

$$I_j = \prod_{i=1}^{m} I_{ij}^{w_i}, \quad 0 < I_{ij} \leq 1, \quad \sum_{i=1}^{m} w_i = 1 \tag{3-1}$$

2）加权平均法

$$I_j = \sum_{i=1}^{m} w_i I_{ij}, \quad \sum_{i=1}^{m} w_i = 1 \tag{3-2}$$

3）向量模法

$$I_j = \left[\frac{1}{m} \sum_{i=1}^{m} I_{ij}^2 \right]^{1/2} \tag{3-3}$$

4）算术平均法

$$I_j = \frac{1}{m} \sum_{i=1}^{m} I_{ij} \tag{3-4}$$

其中，I_j 为 j 点的综合评价指数，w_i 为水质参数 i 的权值，m 为水质参数的个数，I_{ij} 为水质参数 i 在 j 点的水质指数。

以上几种方法中，幂指数法适用于各水质参数标准指数单元相差较大的情况；加权平均法一般适用于水质参数标准指数单元相差不大的情况；向量模法适用于突出污染最重的水质参数影响的情况。评价标准采用评价时现行的国家地表水环境质量标准，部分地表水环境质量标准限值见表 3-8。

表 3-8　部分地表水环境质量标准　　　　　　单位：mg/L（pH 除外）

序号	指标	I 类	II 类	III 类	IV 类	V 类
1	pH 值（无量纲）	6～9				
2	溶解氧≥	饱和率 90%（或 7.5）	6	5	3	2
3	高锰酸盐指数≤	2	4	6	10	15
4	化学需氧量（COD）≤	15	15	20	30	40
5	五日生化需氧量（BOD₅）≤	3	3	4	6	10
6	氨氮（NH₃-N）≤	0.15	0.5	1.0	1.5	2.0
7	挥发酚≤	0.002	0.002	0.005	0.01	0.1

注：在此标准中，依据地表水水域环境功能和保护目标，按功能高低依次划分为五类：

I 类主要适用于源头水、国家自然保护区；

II 类主要适用于集中式生活饮用水地表水源地一级保护区、珍稀水生生物栖息地、鱼虾类产卵场、仔稚幼鱼的索饵场等；

III 类主要适用于集中式生活饮用水地表水源地二级保护区、鱼虾类越冬场、洄游通道、水产养殖区等渔业水域及游泳区；

IV 类主要适用于一般工业用水区及人体非直接接触的娱乐用水区；

V 类主要适用于农业用水区及一般景观要求水域。

（2）水文情势

水库建设显著影响河流水文过程，为说明水库建成蓄水前后河流上下游水文特征的变化情况，需要借助于水文变量的分布参数。水文现象的统计参数能反映其基本的统计规律，而且用这些简明的数字来概括水文现象的基本特征，既具体又明确，便于对水文统计特性进行地区或时段综合。

1）平均数

设离散型随机变量有以 p_1，p_2，$\cdots$，p_n 为概率的可能值 x_1，x_2，$\cdots$，x_n。用下式计算所得

的数值称为随机变量的平均数，并记为 $\bar{x}$ ：

$$\bar{x} = \frac{x_1 p_1 + x_2 p_2 + \cdots + x_n p_n}{p_1 + p_2 + \cdots + p_n} = \frac{\sum_{i=1}^{n} x_i p_i}{\sum_{i=1}^{n} p_i} \tag{3-5}$$

由于 $\sum_{i=1}^{n} p_i = 1$ ，所以 $\bar{x} = \sum_{i=1}^{n} x_i p_i$ 。

p_i 可以看作是 x_i 的权重，这种加权平均数也称为数学期望值，记为 $E(X)$ 。这里的 E 可作为一个运算符号，表示对随机变量 X 求期望值。引进数学期望的符号后可写成：

$$E(X) = \sum_{i=1}^{n} x_i p_i \tag{3-6}$$

2）标准差

可以使用相对于分布中心的离差来计算标准差，即

$$\sigma = \sqrt{E(X - \bar{x})^2} \tag{3-7}$$

式中， $E(X - \bar{x})^2$ 为 $(X - \bar{x})^2$ 的数学期望，即 $(X - \bar{x})^2$ 的平均数。

标准差的单位与 X 相同。显然，分布越分散，标准差越大；分布越集中，标准差越小。

3）变差系数

标准差表示随机变量的离散程度，如果两个不同随机变量的平均数不同，则不适用用标准差来描述其离散程度，变差系数表征随机变量分布的相对离散程度：

$$C_v = \frac{\sigma}{E(X)} = \frac{\sigma}{X} \tag{3-8}$$

C_v 称为变差系数，为标准差与数学期望值之比。

4）偏态系数

变差系数不足以表征对分布中心的对称，所以引入一个参数来反映分布的对称特征，记为 C_s ：

$$C_s = \frac{E(X - \bar{x})^3}{\sigma^3} \tag{3-9}$$

当曲线对 $\bar{x}$ 对称， $C_s = 0$ ，当正偏差占优势时， $C_s > 0$ ，当负偏差占优势时， $C_s < 0$ 。

5）距平累积值

水文情势的变化具有明显的阶段性特征，通过"距平累积法"可以直观地显示水文要素的年际变化特征（何毅，2011）。首先计算每年的水文要素距平值，然后逐年累加得到多年的距平累积值，即

$$\mathrm{LP}_i = \sum_{1}^{i} (X_i - \overline{X}) \tag{3-10}$$

式中， LP_i 为第 i 年的水文要素的距平累积值； X_i 为第 i 年的水文要素值； $\overline{X}$ 为水文要素的多年平均值。

（3）局地气候

在评估蓄水前后的局地气候变化时采用距平百分率对比法，计算公式如下：

$$净影响百分率 = \frac{X_2 - X_1}{X_1} \times 100\% \qquad （3-11）$$

式中，X_1 为蓄水前的要素平均值；X_2 为蓄水后的要素平均值。

（4）土地利用及景观格局

土地利用变化可从工程占地和淹没等对土地利用方式和景观格局的变化等方面的影响来评价，图形叠置法是研究土地利用变化的主要方法，该方法是把两个或者更多的环境特征、生态信息重叠表示在同一张图上，构成一份复合图，表示生态环境变化的程度（秦伟，2004）。研究土地利用变化时通过卫片解译或现场调查、收集资料等方法获得施工区的土地利用现状图，然后将施工布置图叠加于现状图上，得出土地利用变化图，评价图中对应数据信息的变化情况（王英，2007）。有关景观生态学的评价方法见其他章节。

（5）生态系统功能

植被是陆地生物圈的主体，作为陆地生态系统中的重要组分与核心环节（孙睿等，2000），它不仅在全球物质与能量循环中起着重要作用，而且在调节全球碳平衡、减缓大气中 CO_2 等温室气体浓度上升以及维护全球气候稳定等方面具有不可替代的作用。

归一化植被指数（Normalized Difference Vegetation Index，NDVI）反映植被所吸收的光合有效辐射比例，是最常见的植被指数之一（邬建国，2002），利用遥感陆地卫星近红外和红光两个波段所测值计算得到，计算公式为：

$$NDVI = (\rho_{nir} - \rho_{red})/(\rho_{nir} + \rho_{red}) \qquad （3-12）$$

NDVI 能够精确地反映植被绿度、光合作用强度、植被代谢强度及其季节和年际变化（徐茜等，2012；毛德华等，2011），因此，NDVI 是反映植被覆盖状况和生态环境变化的有效指标（孙晓鹏等，2012；吴昌广等，2012）。

3.2 水库下游河流廊道环境影响后评价技术方法

3.2.1 影响机制分析

水库工程的修建与运行对下游的影响可以归结为两方面：一方面对河流非生物要素引发的影响；另一方面是对生物要素的影响。其中非生物要素是指流域水文情势、输沙、水质、河道形态、冲淤演变、气候等特征要素；生物要素重点指水生生物。非生物要素与生物要素相互关系与作用，其中径流拦截与水库调蓄所带来的水沙条件的变化是引发其他要素发生变化的根本动力，坝下河道冲深到河口三角洲退缩，从河道平面形态改变到河道洲滩栖息地稳定，是水沙变化随时间、空间迁移而表现出的直接后果，决定着变化的方向、性质和程度，也就是影响到所在流域的地形地貌、气候及其初级生产力，随着时间的推移及其影响要素的不断变化会导致更高的营养级发生变化（陆域生态及高级水生生物）。水库工程运行对下游生态与非生物要素的影响机制见图 3-1。

3.2.2　水文情势影响

天然河道的河道径流量和水位是随着自然季节的变化而变化的，而在河流上修建水库工程改变了自然水循环模式，形成了"自然-社会"二元水循环模式，对径流产生了显著的调节作用，从而导致下游水温、含沙量等要素的变化。水库工程对下游水文情势的影响与水库的库容大小、泄洪道的特性以及水库的运用方式等因素有关。水库的不同运用方式对下游水文情势产生不同的影响：① 防洪：水库拦蓄洪水，可实现不同程度的削减洪峰流量尤其是针对季节性暴雨；② 发电：发电会导致水库下泄流量更加均匀化；③ 灌溉与引水：为了满足灌溉和引水需要，需要水库在汛期大量拦蓄水流从而保证枯水期的用水量，使下游枯水期流量增加，年内径流趋于均化；④ 调水：全球淡水资源时空分布不均，跨流域调水会解决"受水区"水资源短缺和"供水水源区下游"易遭遇洪水威胁的灾害问题，改变供水水源水库下游水文情势。综合来说，无论是单一功能性水库还是多功能性水库，对下游水文情势所产生的影响表现为：

➢ 洪峰减小，中水流量过程持续时间增加，枯水流量加大，年内和年际间的流量变幅减小，以及接近恒定流状态的流量持续时间增长；

➢ 高坝大库低温水下泄造成河道水温的变化，水库修建运行在改变河道径流的年内分配和年际分配的同时，相应地改变了水体的年内热量分配，引起水温在流域沿程和纵向深度上的变化；

➢ 地表水与地下水具有密切的水力联系，拦河筑坝也减少了水坝下游地区地下水的补给来源致使地下水位下降；

➢ 水库修建与运行后库区水流变缓、河流挟沙能力迅速降低，导致大部分泥沙淤积在水库中下游含沙量减少，改变下游河势。

3.2.3　河道内生物及生境影响

3.2.3.1　河道输沙

水库工程修建同样会影响泥沙的输移，特别是对于多泥沙河流会导致水沙情势发生显著的改变。从上述水文特征中分析的下游河流挟沙力迅速降低，所携带的泥沙会大量淤积在库区，大部分时段下游河段会遭受到水冲刷。国内外学者也针对水库修建运行对下游的输沙能力开展了深入的研究，学者 Williams 与 Wolman 研究发现大型水库工程的泥沙拦截率一般大于 99%（Cairns J Jr，1991），建库后下游河道的输沙能力大大降低。通过研究发现科罗拉多河格伦峡谷大坝修建前，坝下 Lees Ferry 站年均输沙量超过 57×10^6 t，而建库后仅为 0.24×10^6 t（Lauterbach D，Leder A，1969）。而在中国大江大河的水电开发中，近年来政府投入了大量人力物力，对建坝后下游河道的变化与响应进行了深入研究特别是对于多沙河流黄河，2002 年以来每年都在黄河上进行着耗资巨大的调水调沙试验，尝试通过改变水库调节方式增加下游输沙量（刘金梅，2002）。

水库下游的泥沙输移变化与河道冲淤过程紧密联系，受下泄水沙过程、床沙组成、河型及其变化、河道工程等因素的影响，各因素之间存在着相互干扰，归结对泥沙输移能力的影响，主要表现在以下方面：① 水流能量的影响，包括流量过程、河床阻力、比降等因素的变化；② 泥沙特征的影响。

3.2.3.2　河道形态及冲淤

水库工程的修建运行，会改变原有河流的水力特性，使河流流态的时空分布发生改变，使坝下河水剥蚀河床和河岸，形成新的灌流形态和地貌；同时水库工程的大坝将拦截上游的沉积物，间接影响河流入海的三角洲、滨海地区，改变河口地区的海岸线。

据学者对 Mccully P Silenced River 河流的研究发现（Mccully P，1996）：

① 河流形态的变化：坝库下泄的河水剥蚀下游河床与河岸，使靠近坝址下游的河道萎缩、变深变窄，也使由沙洲、河滩和多重河流交织在一起的蜿蜒河流变成相对笔直的单一河流；被冲刷物质在更下游的地方沉积，使该段河道的河床逐渐升高。

② 三角洲及海岸线的变化：三角洲是由成百上千年的河流沉积物积累，并在沉积物压实与海洋侵蚀的相互作用下形成的，大坝对沉积物的拦截作用深深地影响着三角洲和滨海地区。沉积物的减少会使滨海地区受到严重侵蚀，而这种影响将从河口沿海岸线延伸到很远的地方。

3.2.3.3　河流水质

水坝开发所带来的生态系统水质变化不容忽视，有加剧水质恶化的趋势。主要表现为：水体自净能力降低、重金属污染物累积量增加和废污水累积量增加等。水库调节径流使坝下河水的流速趋于平稳或减小，减弱了水体的扩散能力，影响了河流的自净功能；大坝的阻隔使库区内的水位提高，水流变缓，导致水体携带泥沙量降低，泥沙吸附金属污染物的量减小，导致金属污染物的堆积；水库蓄水虽不能直接产生污染物，但由于水库一方面承纳流域汇流带来的污染物，另一方面水体在库内滞留，加上水环境边界条件的改变，都会对库区水质产生影响。

3.2.3.4　水生生物

水库工程的修建运行使流域由河道型变为湖库型，同时水生生物的区系组成也会发生一定的变化。对鱼类的影响较大，主要有：① 迫迁，即水库蓄水和泄水淹没和冲毁鱼类原有的产卵场地，改变产卵的水文条件；② 对洄游鱼类的阻隔，大坝切断了天然河道或江河与湖泊之间的通道，使鱼类觅食洄游和生殖洄游受阻；③ 对鱼的伤害，鱼类经过溢洪道、水轮机等，因高压高速水流的冲击而受伤和死亡。

同时水库蓄水也会对其他水生生物带来影响，生物数量与种类都会发生一定的变化。水库在形成初期，对浮游植物区系组成、生物量、初级生产力等都会产生影响，常因藻类的大量繁殖而加重水库的富营养化；随着时间的推移，微型无脊椎动物的分布特征和数量（通常是种类减少）显著改变；同时大坝减少了洪水淹没和基层冲蚀，增加了富营养化细沙泥的沉积，使大型水生植物能够生长繁殖；大量鹅卵石和砂石被大坝拦截后，使水库下游河床底部的无脊椎动物如昆虫、软体动物和贝壳类动物等失去了生存环境。

3.2.4　湿地生态系统影响

漫滩湿地生态系统生物多样性正是通过洪水和河道横向摆动造成的周期扰动创造的丰富时空异质性来维持的。湿地水位是联系湿地和接近水体系统的重要状态变量，湿地对水位的变化极为敏感，对于和周边水体相互连通的湿地来说其依赖性更大。水库工程修建后对湿地造成的影响主要表现在以下方面：

① 湿地数量减少。工程修建后径流的调节导致洪水流量和发生频率减小，相应漫滩水

流出现的概率降低，同时径流量的衰减影响地下水的补给，致使地下水位降低，并引起的下游河流水位和流量降低，减弱了河流和地下水之间的水力联系，湿地生态环境功能退化，湿地数量减少。

②湿地及其所在区域生态环境功能退化。洪泛区、河口湿地生态环境系统结构和功能的维系与加强，主要受制于洪泛区、河口湿地相对变化性和不稳定性的水文水动力条件，洪水漫滩机会的减少以及河道活动能力的减弱意味着栖息地的自然演替减缓和更新速率减小，导致区域生态环境的退化（祁继英，2005）。

③湿地生物多样性减损。生物栖息地质量的下降导致植被、鸟类和哺乳动物的数量发生变化，适应于周期性洪水的水生植物、两栖动物及微生物逐渐消亡，从而逐步被陆生动植物所取代。随着植物群落与生境的变化，陆生动物的生长环境也受到影响，生物种类与数量发生变化。同时越来越多的生物物种因其生存和生活空间的丧失而面临濒危或灭绝，种群数量和质量在不断地减少和退化。

3.2.5 评价方法

3.2.5.1 生态-水文过程影响评价方法

（1）生态-水文过程分析方法

水文过程的变化是生态要素变化的根本驱动力，因此剖析水文过程的变化、探寻水文过程与生态过程间的关系可为河流生态保护提供技术支持。水文过程的变化会受到降雨量、融雪、气温、下垫面、人类活动等多因素的影响，年度内呈现出不同的变化特征（如极端低流量、低流量、高流量、小洪水、大洪水等），见图 3-3，这些过程与生物的迁移与空间分布存在一定的关系，也是生态水文研究的重要内容。

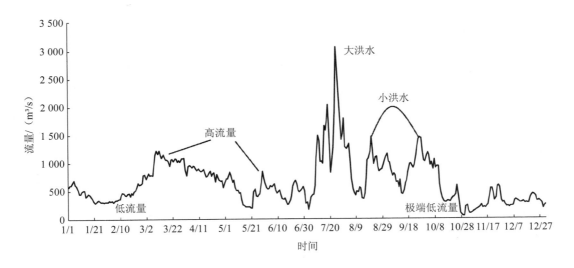

图 3-3 水文过程生态流组分

不同的生态流组分产生不同的生态效应，同时每种流量组分具有流量、出现时间、频率、持续时间及变化速率 5 种特征（Shiau J T et al.，2006；Magilligana F J，2005），水文节律对生态系统的影响见图 3-4，不同的水文节律特征是维护生态系统健康与完整的驱动要素，自然水文情势下的水文节律在保持河道内水生态系统健康与完整性方面发挥了至关重要的作用。同时不同的生态流组分具有不同的生态学意义，以 Richter 研究提出的 IHA 指标可以全面表征水文要素变化对生态系统产生的影响且已经在国内外得到了广泛的应用（张爱静等，2009；Nichols S et al.，2006；Richter B D et al.，1996），本书将水文变化指标与生态流指标进行有效结合并提出 7 大类 62 个生态-水文指标。低流量是维持河流生态系统最基本生态功能的需求；高流量组分会大大改善生物的生境条件，对于鱼类产卵、改善水环境、维持河口盐度具有积极意义；洪水流量组分对于洪泛区发挥着重要作用，能够增强河道与湿地、支流的连通性，改善生物栖息地质量。

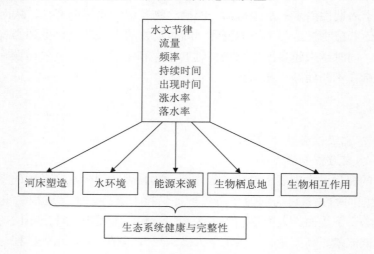

图 3-4　水文节律对生态系统的影响

（2）生态-水文指标评价方法

应用生态-水文指标采用变化范围法（Range of Variability Approach，RVA）评价水库修建与运行所引发的改变程度的大小。RVA 法（Richter 等，1996）是第一个广泛应用于水文过程改变评估的方法。变化范围法是以人类干扰状态前作为参考，用以统计上述生态-水文指标的特征，以每个指标均值以上、以下标准差的范围或者 25%～75% 的范围作为流量管理的目标。本书采用 RVA 法综合评价生态流组分指标进而综合评价水文情势的改变程度。改变度的计算公式为：

$$\sigma = \frac{N_m - N_t}{N_t} \tag{3-13}$$

式中，N_m 表示干扰后水文系列统计的水文参数值落在流量管理目标范围内的频率；N_t 表示自然水文系列统计的水文参数值落在目标范围内的频率乘以干扰后水文系列的长度与自然水文系列长度的比值。

当 $|\sigma| \in [0.25, 0.5)$ 时，认为水文参数的改变中等；当 $|\sigma| \in [0, 0.25)$ 时，认为水文参数的改变小；当 $|\sigma| \in [0.5, +\infty)$ 时，认为水文参数的改变大。在实际评估过程中，衡量河流水文情势的 62 个生态-水文指标通常具有不同的水文改变度。为对受扰动后水文情势的整体变化程度进行合理判断，可以从不同类别或者整体进行评估，研究中采用整体水文改变度作为评判依据之一，结合相关研究（金鑫，2012），定义整体水文改变度为：

$$D = \sqrt{\left(\frac{1}{n}\sum_{i=1}^{n}\sigma_i^2\right)} \qquad (3\text{-}14)$$

3.2.5.2　河道内生物及生境影响评价方法

（1）河道内生态-水文要素响应关系

从河道内纵向结构来看，河道干流水生生态系统是最为重要的组成部分。河道内水体生境是生物的主要栖息环境，生物组成成分与河流理化条件相适应。河道内生境变化主要通过河道断面、河道水质、水生生物及重要种质资源保护区来表征，结合河道内生境的生态保护目标，以生物采样实验数据为基础分析生态要素的变化，构建生态要素与水文之间的响应关系，如图 3-5 所示。

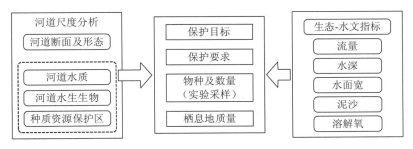

图 3-5　河道尺度生态-水文要素关系

（2）水动力学模拟方法

河流水动力学模型要求用一个断面积分型数学方程正确反映各种条件下河道水流的主要特征。河流水动力学模型按时间稳定性，可分为稳态模型和非稳态模型；按系空间分布特征，可分为零维、一维、二维和三维模型；按照研究方法，可以分为宏观与微观两类。宏观角度的模型，假设流体连续分布于整个流场，控制方程一般采用简化后的圣维南（N-S）方程；微观角度的模型,假设流体由大量遵守力学定律的微观粒子组成,控制方程采用 Boltzmann 方程。目前广泛应用的水动力模拟模型有 HEC-RAS、MIKE、Delft3D、EFDC、River2D、SMS、CE-QUAL、ECOM、POM 等。

3.2.5.3　湿地生态系统影响评价方法

（1）湿地生态系统生态-水文要素复合关系

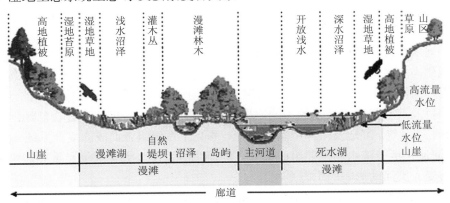

图 3-6　河流廊道横断面示意

从河流横向剖面结构来看，河道内一侧或者两侧会形成漫滩，形成河流附属湿地生态系统。

河流/河口湿地生态系统生态-水文复合关系图示见图 3-7，基于生物物种及数量调查结果，研究分析物种种类及数量的演变趋势，一方面从景观驱动力角度出发研究影响鸟类栖息的生境变化的演变机制，以景观生态学理论与方法为指导，利用统计与空间分析功能，研究计算景观在不同空间尺度的格局特征及不同时间尺度的动态演变特性；另一方面从生态-水文驱动力角度出发，采用水动力模型工具研究生物物种、栖息地改善与水文要素（如水位、流量等）之间的动态联系，确定改善生境的可能方式。

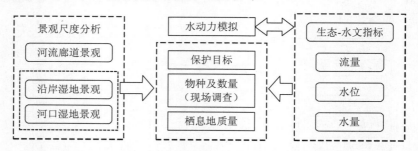

图 3-7　河流/河口湿地系统生态-水文要素复合关系

（2）景观类型动态度方法

景观类型动态度是常用的测量研究区内一定时间范围内某一景观类型动态变化速率的重要指标，动态度计算公式如下：

$$LC = \frac{1}{T} \times \frac{U_b - U_a}{U_a} \times 100\% \tag{3-15}$$

式中，LC 为研究时段内某一景观类型动态度；U_a、U_b 为研究时段内初期与末期某一种景观类型的面积；T 为研究时段长度，其中 LC 所表示的研究区内某种景观类型的动态度由 T 所代表的时间尺度大小决定。

3.3　生态损益评估技术方法

3.3.1　河流生态系统服务功能

3.3.1.1　河流生态系统服务功能的内涵

河流生态系统是在河流内生物群落和河流环境相互作用的统一体（栾建国等，2004），包括河源、河源至大海之间的河道、河岸地区、河道、河岸和洪泛区中有关的地下水、湿地、河口以及其他依赖于淡水流入的近岸环境（肖建红等，2006），是由陆地河岸生态系统、水生生态系统、湿地及沼泽生态系统等一系列子系统组合而成的复合系统（鲁春霞等，2001）。河流是地表淡水的重要组成部分。河流生态系统为人类提供了重要的服务功能，也是最易受人类活动影响的生态系统之一。

河流生态系统服务功能是指河流生态系统与河流生态过程所形成及所维持的人类赖以生存的自然环境条件与效用（欧阳志云等，1999；Costanza，1997），包括供应人类生活生产的生态系统产品和维持人类赖以生存与发展的自然条件的生态系统功能（Carins，1997）。近年来，许多学者从不同角度对河流生态系统服务进行了研究（杨凯等，2005；Amigues et al.，2002；Loomis et al.，2000；Hanley et al.，1997），但是研究成果较多地集中在美学和娱乐功能的评价上（鲁春霞等，2007；Wilson et al.，1999；Ward et al.，1996）。

3.3.1.2　河流生态系统服务功能的内容及分类

合理的分类是进行生态系统服务功能评价的基础。目前，最新且得到国际社会广泛认可的生态系统服务功能分类是 MA 于 2002 年提出的分类方法。在千年生态系统评估中，MA 将生态系统服务功能归纳为供给功能、调节功能、文化功能和支持功能 4 个功能组。

根据生态系统服务功能的分类及河流提供生态服务的机制、类型和效用，河流生态系统服务功能的具体内容包括以下几方面内容（莫创荣等，2006；欧阳志云等，2004；鲁春霞等，2001）：

① 提供产品：指河流生态系统直接提供的生产活动，以及为人类带来直接利益的产品或服务，包括食品、渔业产品、加工原料等，以及人类生活及生产用水、水力发电、灌溉、航运等。

② 调节功能：指人类从河流生态系统过程的调节作用中获取的服务功能和利益，如水文调节、河流输送、侵蚀控制、水质净化、气候调节等。

③ 文化娱乐：指河流生态系统对人类精神生活的作用，带给人类文化、美学、休闲、教育等功效和利益，包括美学价值、文化遗产价值、休闲旅游、教育科研、文化多样性等。

④ 支持功能：指河流生态系统具有维护生物多样性、维持自然生态过程与生态环境条件的功能，如维持生物多样性、保持土壤和提供生境等。

3.3.1.3　河流生态系统服务功能评价指标体系

根据河流生态系统提供服务的类型和效用，本书将河流生态系统服务功能划分为产品提供功能、文化娱乐功能、支持功能和调节功能 4 个方面。垂向分为 3 个层次，共 16 个指标（见图 3-8）。

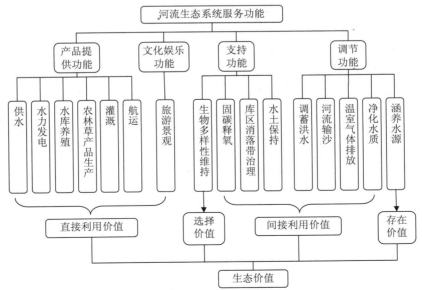

图 3-8　河流生态系统服务功能及生态价值分类对照

3.3.2 河流生态系统服务功能价值评估技术方法

本书构建了水电工程对河流生态系统服务功能价值核算方法集，见表 3-9。在进行影响评价时，采用有无水电工程（正常运行）进行对比。在对水电工程的正面影响，如水库养殖、改善川江航道、发电、调蓄洪水和减少有害气体排放等进行核算时，采用水电工程建成正常运行后，它们各自能提供的（或保护的，或减少的）物质量乘以各自的单价（或用间接方法进行核算时的单位价值）；在对水电工程的正面影响旅游进行核算时，采用的是水电工程旅游线的年收入。在对水电工程的负面影响，如泥沙淤积、大坝对河流生态系统的占据、水库淹没等进行核算时，采用水库年均泥沙淤积量、大坝占据面积、水库淹没面积等，用通过间接方法折算的物质量乘以它们用间接方法进行核算时的单位价值；在对水电工程库区水污染、水电工程对生物的影响等负面影响进行核算时，是用防治库区水污染年增加费用和维护生物自然保护区年费用来替代的。

表 3-9　河流生态系统服务功能价值评估

功能分类	评价内容	评价指标	所属子系统	服务功能评价方法	价值核算方法	生态损益分析		
						水库	水电站	拦河坝
产品提供功能	供水	年均供水量	水域	统计学方法	市场价值法	++		+
	水力发电	年均发电量	水域	统计学方法	市场价值法	+	++	+
	水库养殖	水产养殖量	水域	水利水电工程学及统计学方法	市场价值法、期望效用法	+		−
	农林草产品生产	淹没农作物产量和林草生物量	河岸带	农业科学及统计学方法	市场价值法、影子工程法	−		−
	灌溉	灌溉面积	水域	农业科学及统计学方法	市场价值法	++		
	航运	货运、客运增加量	水域	统计学方法	市场价值法			++
文化娱乐功能	旅游景观	库区旅游收入	水域	统计学方法	费用支出法	+		
支持功能	固碳释氧	淹没林草地净初级生产力	河岸带	林业科学及生态学方法	功能成本法	−		
	生物多样性维持	影响生物栖息地面积和特有鱼类种数	水域、河岸带	水生生物学方法	市场价值法、防护费用法	−		
	库区消落带治理	消落带生态系统价值	河岸带	林业科学及生态学方法	防护费用法、定性分析法	−		
	水土保持	土地侵蚀失控量	河岸带	林业科学及生态学方法	机会成本法、防护费用法	−		
调节功能	调蓄洪水	保护城镇和农业耕地的面积	水域、河岸带	水利水电工程学方法	机会成本法、频率曲线法	++		+
	河流输沙	水库泥沙淤积量	水域	水利水电工程学方法	恢复费用法、机会成本法	−		
	温室气体排放	水电 CO_2 减排量和水库 CO_2 排放量	水域	生命周期分析法	生命周期分析法	−	++	−
	涵养水源	淹没林草地涵养水源的价值	河岸带	林业科学及生态学方法	影子工程法	−		−
	净化水质	水环境容量	水域	环境科学及水利水电工程学方法	影子工程法	−		−−

注：水利水电工程一般包括水库、水电站、拦河坝的建设。表中+表示可能有生态效益，−表示可能有生态成本；正、负号个数越多表示可能的生态影响程度越大，空白表示基本无该项生态影响。

3.3.3　生态损益分析方法

水电工程生态损益评估要求以货币的形式表达水电工程兴建前后对河流生态系统服务功能价值（生态价值）的变化（Yanmaz A M et al.，2003；Veltrop J A，1998），通过生态效益和生态成本在通用量纲下的核算，可以更直观地表现工程对生态环境的影响，更利于对工程的决策。

水电工程生态损益分析的阶段性及水库工程生态损益分析采用的效益-成本比方法，可参考第 2 章生态损益评估技术相关内容。

3.4　环境保护措施有效性评估技术方法

3.4.1　运行期水库工程环境保护措施分类

水库工程运行期环境保护措施包括 3 类：

① 生态保护措施：植被保护与恢复措施；泄放生态流量的落实措施；低温水影响减缓工程措施；过鱼措施、增殖放流等鱼类保护措施；为生态保护采取的迁地保护和生态补偿措施；水土流失防治措施；土壤质量保护和占地恢复措施；自然保护区、风景名胜区等生态保护目标的保护措施。

② 水文情势影响减缓措施：针对挡水建筑物导致上下游水文情势变化所采取的减缓措施，特别是对脱水和减水河段的保护措施，以及生态用水泄水建筑物及运行方案；针对调水工程改变水资源格局所采取的减缓措施和补偿措施等。

③ 污染影响的防治措施：针对水、气、声及固体废物等各类污染源所采取的防治措施和污染物处理设施。

3.4.2　国际水库工程重要环境保护措施经验

2010 年 6 月，为了加快开发对环境友好的水力发电生产，消除和减缓水电开发对环境的影响，美国 Oak Ridge National Laboratory 和 the National Hydropower Association 及 the Hydropower Research Foundation 在美国华盛顿联合举行了水电站环境减缓技术研讨会（Environmental Mitigation Technology for Hydropower）。来自经济发展、环境工程咨询、能源规划部门、科研学者等不同行业背景的研究人员参加了会议，共同讨论水电开发过程中的环境影响、环境保护措施的现状和未来发展、环境保护措施的有效性和降低环境保护措施成本的方法。

研讨会对美国现有水电开发项目环境保护措施进行了全面梳理，将这些环境保护措施分为鱼类阻隔、生态需水、水温、水质、娱乐影响 5 类（见表 3-10），并通过有效性分析，推荐水轮机改进、鱼梯优化设计、充气水轮增加水体溶解氧作为首选的水电开发项目环境保护措施。总体上，研讨会成果体现了美国最新水电开发项目环境保护措施的先进经验，对我国水库工程环境保护措施的选择及有效性评估均具有很好的借鉴作用。

表 3-10　美国水电开发项目环境保护措施及有效性

分类	环境保护措施	优化改进措施	效果评估和建议
鱼类过坝措施	水轮机过鱼	优化改进水轮机	水轮机过鱼部分伤害率在 5%左右，另外一些水轮机过鱼，可能达到 30%或更多。会议推荐测试开发一些新的先进的水轮机，可以使水轮机过鱼的死亡率降为 2%或更少，这些先进的水轮机将会在将来进行现场测试和验证
	旁路鱼道	鱼梯在北美地区广泛使用，尤其针对溯河产卵的鲑鱼	根据美国能源部（DOE）1994 年的调查结果，联邦能源监管委员会颁发许可的水电工程项目中有 9.5%的工程实施了鱼类阻隔减缓保护措施，其中 62%为鱼梯，其他还包括载鱼箱机、仿生鱼道等
	溢洪道过鱼	优化工程设计	通过在大坝溢洪道过坝的鱼类，可能因水流速度改变，与坝面或下游水面碰撞而受到伤害
生态环境保护措施	下游生态流量保证	生态流量评估方法理解和验证	建议生态流量计算过程中要充分考虑保护生物目标的需水要求，建议编制出台行业规范，指导生态流量的计算
	水质减缓措施	增加水体中溶解氧浓度，包括前池曝气、利用充气式水轮机转轮	充气水轮机已应用于密苏里州的水电项目，监测结果显示具有明显的溶解氧增强效果
	水温影响	在历史的基础上全面审视文献，考虑生物的具体需求，进行优化处理	
	娱乐环境影响	整合休闲（钓鱼，激流运动等）娱乐影响，保证环境流量	

3.4.3　环境保护措施落实情况调查

　　① 以环境影响评价文件、环境影响评价审批文件、环境保护设计文件、竣工环境保护验收文件及竣工环境保护验收审批文件为依据，调查要全面、深入、实事求是，并注意调查新增的环境保护措施。

　　② 调查工程在运行阶段针对生态影响、水文情势影响和污染影响所采取的环境保护措施；环境影响评价文件、环境影响评价审批文件、工程设计文件、竣工环境保护验收文件及竣工环境保护验收审批文件所提出的各项环境保护措施的落实情况；涉及取水及退水的审批文件所提出的水环境保护措施的落实情况；为解决环境问题提出的调整方案的落实情况。

3.4.4　环境保护措施有效性评估

3.4.4.1　评估重点

① 重要生态保护区和环境敏感目标。

② 环境保护设计文件、环境影响评价文件及环境影响评价审批文件、竣工环境保护验收文件及竣工环境保护验收审批文件中提出的运行期环境保护措施落实情况及其效果等。主要有：水库下游减水、脱水段生态影响及下泄生态流量的保障措施；水温分层型水库的下泄低温水的减缓措施；基于下游环境敏感目标和生态敏感目标的大中型水库运行期调度方式及运用调度目标效果等。

③ 配套环境保护设施的运行情况及治理效果。

3.4.4.2　评估范围

评估的范围按区域划分可包括库区库周、下游河口、施工区、移民安置区；按措施类型可分为施工期环境污染防治措施、水库移民环境影响减缓措施、人群健康防治措施、水库蓄水后环境影响减缓措施以及环境管理及监理的管理措施。

3.4.4.3　评估内容

有效性评估的主要任务是以维护水库工程建设后生态系统良性循环为基本出发点，着重关注工程运行期间存在的问题，综合分析水库工程建设运行中敏感生态目标的保护、水文生态影响的减缓及建设运行期的污染防治等主要生态问题，有针对性地提出保障环境保护措施实施有效的总体技术框架和对策措施。

有效性评估的主要内容有以下几点：

① 水库工程建设运行期的关键生态问题识别。在调查、资料收集分析的基础上，根据区域的敏感目标的习性特点及工程建设的主要环境影响，归纳总结工程的减缓环境保护措施；根据运行期的监测结果，综合分析工程建设中需要注意的关键生态问题。

② 开展环境保护的有效性评估工作。结合区域的环境保护目标，通过分析建设后的长系列监测数据，重点着力于关键生态问题解决，评估环境措施的有效性，总结措施设置及相应指标阈值设置的经验得失，明确关键生态问题解决的具体措施，从流域和区域生态环境良性循环的全局出发，提出具有共性特点的、能够保障环保措施实施有效的约束性条文和指标体系。

③ 对评估水库工程的环保措施改善提出相应建议和对策。根据措施有效性的评估工作，结合当前成功的措施案例和现有基础，提出改善水库工程措施效果的意见。对于有待进一步观测认识的影响机制不明问题，提出相应的对策。

措施有效性评估过程示意见图 3-9。

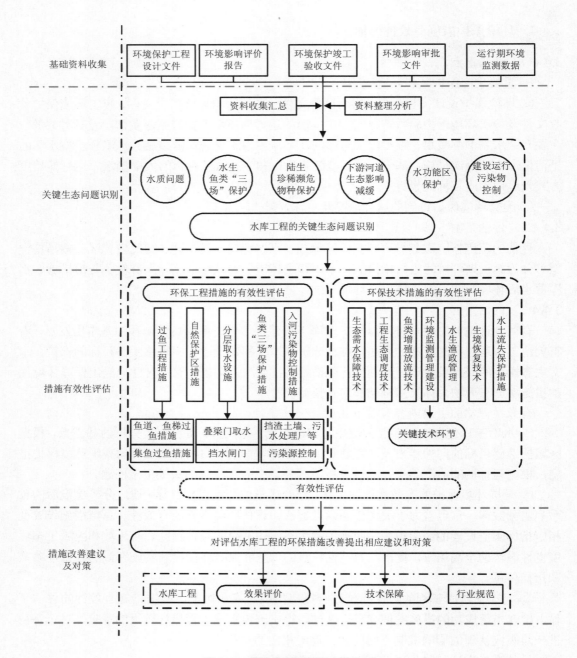

图 3-9　措施有效性评估过程示意

3.4.4.4　评估方法

　　基于环境敏感目标和生态敏感目标，综合分析环境保护措施的效果，并提出后续实施、改进的建议。可采用列表清单法（见表 3-11）和基于环境敏感目标及生态敏感目标的措施效果对比分析法。

表 3-11　水库工程环境保护措施有效性评估表单法

措施类型	具体措施	满分	措施效果评分	评分依据
水文情势	下泄生态基流保证、生态调度等			
水质	水质监测计划			
水温	分层取水、前置挡墙、设置晒水池等			
水生生态	鱼道、鱼类增殖站、"三场"保护、珍稀濒危鱼类替代生境保护、水生栖息地保护、渔政管理等			
陆生生态	自然保护区保护、陆生环境及生态敏感目标、陆生栖息地保护、生境恢复、水土流失防治措施等			

3.5　生态适应性管理理论及技术方法

3.5.1　管理基本理论框架

3.5.1.1　内涵

水库工程生态适应性管理是应对生态系统复杂性、高度不确定性及其人类认知局限性的创新型管理模式。生态适应性管理包括水库生态系统、河流生态系统、湿地生态系统与近海岸域 4 种类型生态系统，研究生态系统类型的复杂性具体表现在：一是 4 种类型生态系统的复杂性与不确定性，生态系统的发展及其与其密切相关的社会经济系统的发展都不是静态的，人类对社会经济系统的干扰会对生态系统发展的稳定性、恢复力产生影响，因此对生态系统与社会经济系统的时间与空间的预测一定程度上都会具有一定的不准确性。二是认识到人类认知的局限性，随着科学技术与学科理论知识的不断积累，人类认识问题的广度与深度也会发生变化，因此对于最初制定的管理目标与管理决策方案也会存在一定的不准确性。而适应性管理的重点恰恰突出在"学习"与"适应"，通过构建关键问题识别、管理方案决策机制、决策实施体系、监测评估体系、调整反馈机制闭合循环，改变了传统的经验性管理模式而以实际数据信息作为支撑，不断地认识生态系统，提高相关知识理论水平，在管理实施过程中不断发现问题、改进管理方式、提高管理水平。

生态适应性管理本质上是实现水电开发与生态环境的协调发展，充分利用有限的水资源量提高利用效率与效益，真正改善生态环境质量，保证水库生态系统、河流生态系统、湿地生态系统与近海岸域的健康可持续发展。生态适应性管理包含以下五层含义：

① 以利益相关方共同参与为前提，相关政府管理机构、利益团体及其相关专家共同协商参与，确保适应性管理的开展。② 以水库所在河流的水资源条件为基础分析生态环境的最大可利用量，其中水资源基础条件包括来水量、降水量、调水量及出境水量。③ 以保持水库生态系统、河流生态系统、湿地生态系统与近海岸域生态环境良性发展为约束，构建生物要素与非生物要素间的定量关系。④ 以长效监测评估为支撑，研究中依据关键生态环境要素以实用性、可操作性构建监测评估体系，有效跟踪监测管理效果，通过信息反馈调整策略减少管理不确定性。⑤ 满足水利水电开发与生态环境持续向好发展的要求，不能单纯为改善和保护生态环境而放弃人类最基本的生存需求，必须采取可行的经济技术手段和管理措施实现可持续发展。

3.5.1.2 特征

河流生态系统自身具有复杂性，加之高强度人类活动大型水利枢纽工程的修建使得不确定因素更加繁杂，因此实行生态适应性管理是有效的解决途径，是可持续管理的重要前提。生态适应性管理以整体性、关联性与动态性思维来实现最佳管理模式，其中具体表现在：① 整体性思维。协同学的创始人、德国著名科学家 H·哈肯提到："当科学在研究不断变得更为复杂的过程和系统时，我们才认识到纯粹分析方法的局限性。"以分析哲学和还原论为思维基础的传统管理理论，忽视了生态系统发展的整体性问题，特别是对生态系统本身与人类社会间的互动关系缺乏整体论意义上的认识。② 关联性思维。传统管理思维注重对组织某一实体性要素的考察。实际上，生态系统单元及其内在组成要素并不是孤立的实体，这种实际境况要求管理者在一般情况下，必须用一种关联性的思维方式来观察、分析管理过程中遇到的实际问题，即不仅要把组织看成是一个内部诸要素有机联系的整体，而且要把它视为环境（自然环境和社会环境）的有机组成部分。③ 动态性思维。生态系统的发展历程首先符合矛盾运动规律，具有一定的生命周期；其次生态系统要素处于不停地变化当中，由内在与外在两方面原因导致，因此要以动态性思维方式来认识与处理水库工程生态系统中的管理问题。

在生态适应性管理过程中，将理念、系统监测、模型科学整合与集成，是水库工程及其下游河道甚至河口生态系统整体管理体系的一套方法。水库工程生态适应性管理使所有利益相关方共同参与协商，保证管理措施的实施，依据实施情况进行调整，追求实现最大实效。水库工程生态适应性管理的特征主要表现在以下方面：

1）生态适应性管理是利益相关方共同参与的管理

适应性管理是要求所有利益相关方共同参与，公众—管理者—研究学者意见的融合，理论与实践的有机结合，在考虑多方利益的前提下保证切实实施适应性管理措施，实现经济社会发展与生态环境保护的平衡发展。鉴于涉及多方行业，适应性管理需要经济学、社会学、管理学、生态学与环境学等多学科的交叉。同时适应性管理需要大量数据的融合，管理当中的问题分析库、管理措施方案库、监测数据库、信息评价库等需要形成基于计算机技术的数据管理系统，从而构建科学的适应性管理分析平台，是利益相关方研究、协调的关键技术工具。

2）生态适应性管理是动态、弹性管理

水库工程及其所影响的下游河流廊道属于复杂的、不确定性的生态系统，人类对生态水文变量等要素之间的关系认识尚不充分，而适应性管理恰恰是在面对不确定性的基础上进行科学化管理，积极主动地调整人类活动方式。适应是人类调控与管理区域生态恢复力的综合能力，相应的适应性管理是动态、弹性化管理，在探寻生态系统外部驱动因子与内在过程恢复力基本特征的综合响应基础上实施科学性管理举措，依据水库工程及其下游廊道生态要素的监测评价结果修订调整管理目标与管理方案，有别于传统的静态管理方式（制定固定的管理目标）。

3）生态适应性管理是精准化管理

适应性管理是"确定目标—方案设计—实施—监测—评价调整"的回环模式，目标与管理措施的调整需要以持续性的监测数据为基础，科学合理的评价为依据。水库工程修建长时间运行过程中会受到自然与人为两方面的共同作用，可能是积极影响也可能具有破坏性，适应性管理根据变化情况，适时调整有效措施，实现全过程控制，减小由变化、不确定要素所产生的负面影响，从另一方面来讲，不断精准的管理过程促进了知识创新，实现了实践与理论知识的互相促进。

适应性管理是通过数字化、动态化的手段实现管理精准化的一种模式，在管理的变化过程中通过计算机网络等信息技术工具形成数据库科学分析，精确制定调整措施以不断改进为循环实现管理目标与措施的修订，作为有效的科学管理方法将是可持续发展与管理的最有效体系。

3.5.1.3　基本原则

生态适应性管理秉持科学的原则，集中于水利水电开发与河流生态环境保护的协调发展。

（1）可持续性原则

可持续性原则主要包括三方面内容：一是维持水库工程的可持续发展，实现社会经济与生态环境保护最大化效益；二是水库工程下游生态环境系统的可持续性维持，如必须以保障河道生态流量为约束；三是重点自然保护区、湿地的可持续性保护，包括敏感生态区域的生态用水保障、生物物种的多样性维持。

（2）适应性原则

适应性含义是因地制宜、因时制宜，以不断变化的管理方法与措施去能动地适应不断变化着的环境与情景，实现动态适应。变化表现在三方面：一是保护对象发生的动态变化；二是外部影响要素的变化（如降雨量的变化、气温的变化）；三是人类认知提高带来的管理理念与模式的革新。

（3）反馈性原则

反馈性也就是充分发挥数据信息的作用，以反馈结果为基础，结合管理区域的实际情况，灵敏、正确、及时、有效地进行调整修订管理目标与措施，保证最终实现水库工程的良性生态管理。

（4）科学性原则

管理目标与措施的修订调整必须依据科学准确的评价结果，充分考虑水库工程下游河流生态环境影响的复杂机制，包括三方面内容：一是评价数据信息的准确性与可靠性；二是评价方法的适用性、准确性；三是评价工作者的专业合理性等。

（5）可操控性原则

可操控性原则表现在三方面：一是制定与管理目标相对应的管理举措，保证措施的可实施性；二是形成完善的水文、水环境与水生态要素监测体系，保证监测的可持续性；三是形成完整的、可操作的管理效果评价体系。

3.5.2　管理基本技术方法框架

3.5.2.1　管理程序

水库工程生态适应性管理是针对生态环境问题确定管理目标，试图探寻生态变量与水文变量间的定量关系，在保证多元健康发展的基础上制定管理措施，重点是通过调整水库工程的运行方式与下游生态敏感区域的保护措施，改进社会对生态环境的影响方式，依据可持续性监测评估调整目标与管理措施实现生态环境的可持续发展。以上述总结分析为基础，结合水库工程的实际情况得到生态适应性管理的过程，见图 3-10。

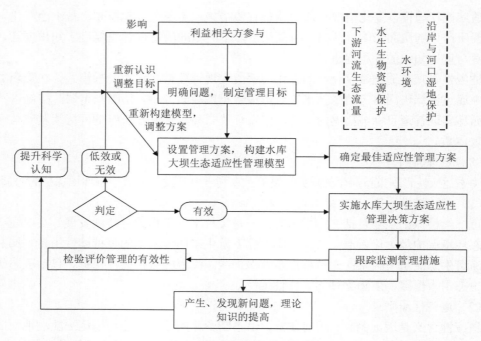

图 3-10   生态适应性管理框架

从图 3-10 中可以看出，生态适应性管理的管理程序包括以下方面：

① 水库工程及下游河流生态系统复杂性与管理的不确定性分析。不确定性分析作为适应性管理实施的前提条件，提供最基础的数据信息。水库系统及其下游河流生态系统的复杂性是产生不确定性的主要原因，包括主观、客观两方面：客观复杂性指水库系统及其下游河流生态系统自身的复杂性，包括多维性、动态性、非线性等；主观复杂性主要指客观复杂性所导致的管理复杂性。不确定性分析主要针对水库系统及其下游河流生态系统复杂性展开分析，研究不确定性类型及其量化问题。

② 界定与分析关键问题，制定管理目标。生态适应性管理主要是针对上述水库所引发的生态环境问题，提出主要围绕以下方面进行管理与调控：水库下游生态流量、水生生物资源保护、水环境（指狭义水环境，主要是水质）防治、河流沿岸湿地与河口湿地良性维持。

③ 制定生态适应性管理方案。在确定受影响因子及其受威胁程度后，制定针对性的管理措施：

a. 满足水库下游生态流量需求，以水库下游河流生态系统与湿地生态系统现状为基础，结合水库工程所在区域的水文变化及其研究区域生态系统的生态功能，确定合理的生态需水量。

b. 水库工程修建阻碍了河流上下游的物质交流、能量与信息交流，在确定是否对鱼类洄游、鱼类栖息地、浮游动植物与底栖动物产生负面影响的基础上，依据生物的生活习性确定管理措施，比如某些鱼类在产卵过程中需要满足一定的流量与流速条件。

c. 水库工程的运行减小了河道下泄流量，然而随着沿河流域内城市化进程的加快，排污量激增，对于水环境污染严重的河流更是加剧了恶化程度。因此需要针对实际情况制定相应措施：一是针对水库工程修建运行后水环境良好、未出现污染现象的河流，保持现状持续健康发展。二是针对水环境污染严重的河流，除对库区和上游加强废污水排放控制和水资源保护的水污染防治措施外，从水库生态管理的角度，为减轻突发河流污染事故、防止水库局部缓流区域水体的富营养化和水华的发生，需要通过改变水库的运行方式来缓解改善水质恶化现象，如：在一定时段内通过交替抬高水库水位和降低水库水位，增加水库水体的波动；在一定时段内降低坝前蓄水位，加大水库下泄量，带动库区内水体的流动，缓和对于库岔、库湾水位顶托的压力；增加枯水期水库泄放量，提高下游河道环境容量，改善水质，从而破坏水体富营养化的条件，控制蓝藻和"水华"的暴发。

d. 水库工程修建运行一般情况下会导致沿岸与河口湿地的补水量相对减少，影响湿地的出露时间，对湿地结构和生态工程产生很大影响。因此，同样需要根据实际情况对出现萎缩或者生态环境恶化的湿地生态系统制定管理举措，如通过调整水库的下泄量和生态补水调度来增加湿地的面积，改善湿地生物物种的栖息地条件。

④ 构建生态适应性管理方法，选定与实施最佳管理措施。

⑤ 建立生态监测体系，对所实施的措施进行跟踪监测。

⑥ 检验评价管理实施效果，通过信息反馈结果，适度调整问题、目标、管理措施，减少管理过程的不确定性，提高管理实效。

3.5.2.2 概念模型

生态适应性管理需要通过系统内研究单元的交互才能获得求解，实现管理目标，在多维向量中不断优化决策，最大限度地实现研究区域的健康发展与维持，表现在生物多样性的维护、重点敏感生态区域的保护与修复、重点珍稀物种的保护、水资源量的充分利用。水库工程生态适应性管理需涉及水库系统本身、河流廊道、滩涂与河口湿地、近海口岸等子系统，必然存在决策管理的分散化问题，同时子系统的管理又会涉及子系统内的属性因子（包括水资源量、生物多样性与水环境），系统、子系统与子系统因子又均会与自然要素（气候变化等）、人类活动等发生交互作用而产生影响，因此水库工程生态适应性管理可以称做是三层的不断优化决策问题，见图 3-11（赵庆建，2009）。

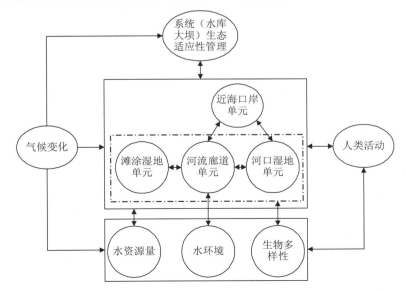

图 3-11 适应性管理概念模型框架

从图 3-11 中可以看出，生态适应性管理系统隶属于分层性管理，问题管理中的多个子系统因子水资源量、水环境、生物多样性处于一定的层次结构中；管理单元与系统管理上下层的决策是有逻辑顺序的，即系统生态适应性管理（上层）做出决策，然后下层在遵从上层政策的前提下选择自己的策略来决策子系统与子系统因子的目标；管理单元间具有各自不同的控制变量、约束、目标和策略集合，河流廊道单元包括水资源量、水环境与生物多样性因子，滩涂湿地与河口湿地单元包括水资源量与生物多样性因子，近海口岸单元重点放在水资源量即入海水量因子，因此需要在上层决策允许范围内计算分析各个单元间的因子，单元内因子的决策不但决定自身目标的达成，而且也影响上层决策者目标的达成；整个系统、子系统与子系统因子的策略集合是不可分离的，形成一个相关联的整体，共同形成水库工程的生态适应性管理。

3.5.2.3　生态适应性管理目标确定及方案决策

（1）管理目标及方案确定

生态适应性管理的目的是实现水利水电开发与生态环境保护的协调发展，在可持续发展水电的同时，保证生态环境功能区的良性发展，主要以水库水量合理分配调度为主线，积极改变人类行为方式，其核心内容可以概括为：① 宏观稀缺水资源条件下，水库工程下游生态系统主要生态环境指标所能达到的程度；② 水库运行模式问题，主要是以水库合理下泄为纽带的经济社会发展和生态保护之间的协调方式。基于库区及下游环境影响后评价结果，确定水库工程生态适应性关键管理要素及目标，管理目标及方案设置见表 3-12。其中对管理方案生成有较大影响的调控措施可以大致归为 4 类：一是水库工程可调节水量、运行模式的挖掘；二是敏感生态区域不同保护目标下的生态用水需求；三是水功能区的水质要求；四是关键生物物种的生长、繁殖及生境要求。方案生成的过程就是在此多维向量空间中通过管理决策模型的模拟与计算不断寻优的过程。

表 3-12　生态适应性管理方案设置影响因子

方案因子	方案设置说明
水库下泄流量	设置不同来水条件下的水库下泄流量与生态调度方案
河道内生态用水	考虑不同的生态需要，设定不同的生态用水方案，包括河道最小、中等与适宜生态用水量
滩涂与河口湿地	考虑不同的生态需要，设定不同的生态用水方案，包括湿地最小、中等与适宜生态用水量
鱼类	生活史过程的水文需求
水质	达到水功能区近期、远期标准
入海水量控制	满足入海水量控制要求，保护河口生态
浮游动植物与底栖动物	以水库修建前人类干扰活动影响较低程度下物种种类与数量为基础，最大限度地保证生物物种多样性

（2）管理方案模拟计算决策模型

构建生态适应性管理方案模拟平台，采用数值模拟方法，更能有效地解决实际问题并对实际生产发挥作用，概括为：① 数值模型能够在时间和空间上模拟水流、污染物的输移、扩散和降解过程，对于水库下游河道径流量和水质变化的分析是必需的；同时以水动力学模型与生境模型的耦合可以实现模拟敏感生态区域的生境面积变化,分析生态效应。② 数值模拟模型能够更好地反映水库生态系统、河流生态系统与湿地生态系统中各种因素变化的物理成因机制,更有利于掌握生态环境内部因子的变化规律,针对不同的状况采取相应的措施。③ 数值模拟模型代表了生态环境系统模拟的发展趋势,更好地反映水库生态系统、河流生态系统与湿地生态系统的特征规律,同时节约物理试验的成本。

依据方案制定所涉及的因子,一方面需综合动力学模型、水质模型、生境模型,以构建河流廊道的水量水质联合模拟,支撑水库的下泄流量控制、河道内生态用水保证、点源和非点源水污染控制、关键敏感生态区域的生态保护的情景模拟;另一方面针对水生生物特别是鱼类,综合水动力学模型与生境模型模拟生物成长、繁殖与生存的动力学条件,从而为方案优选提供科学的数据支撑。耦合结构图示见图 3-12,其中所涉及模型的作用分别如下:

水动力学模型:是具有较强的物理机制,模拟大型河流中河道内断面任何时刻的水位、流量等要素时具有较大优势,特别是在变化的气候条件与人类活动影响下。水动力学模型包括一维、二维与三维水动力学模型,主要具有两类参数:① 数值参数,主要是方程组迭代求解时的有关参数,如迭代次数及迭代计算精度;② 物理参数,主要是河网的阻力系数。

水质模型:研究发展在不断地深入,从单一变量向多变量综合发展,污染源从点源向全方位源汇(点源、面源、内源、大气沉降等)的考虑。水质模型的空间维数已发展到三维,可以模拟水温、细菌、氮化合物、磷化合物等多项水质要素。

栖息地模型:栖息地选择是指导个体对栖息地的非随机利用,进而影响个体生存力和适合度等一系列行为反应(Block W M et al.,1993;Hutto R L,1985)。栖息地模型包括单变量和多变量栖息地模型,主要通过对生物行为与水量、水环境要素间的相关关系来模拟不同情境下的栖息地变化,为制定水量控制、水质与生物保护上的决策提供支撑。

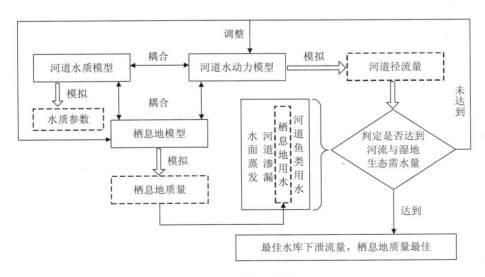

图 3-12　管理决策模型

(3)管理方案筛选

可采用多目标、群决策模型方法对各个方案的评价指标进行量纲的归一化操作,见公式 3-16，并对各个量化指标采取求最大化处理方法得到修正后的指标归一化值，见公式 3-17，最后求所有指标的加权和，见公式 3-18，得到各方案的综合评价得分，最后结合决策者的偏好，采用专家经验法对较优方案进行评价筛选。采用专家经验法进行方案评价时，首先考虑本次规划的目标要求和决策者的偏好，将水库生态系统、河道生态系统、湿地生态系统与近海岸域四大单元内的各项指标分为强约束指标与权衡指标两大类，其中强约束指标是方案优选时必须要满足的指标，权衡指标则需要根据指标重要程度对其排优先序，然后依据"优中选优，劣中选优"的方法对方案进行评价筛选。

$$V_{i,j} = \frac{X_{i,j}}{\sqrt{\sum_{j=1}^{n} X_{i,j}^2}} \tag{3-16}$$

$$\begin{cases} SC_{i,j} = V_{i,j} & \text{if } V_{i,j} \text{求最大} \\ SC_{i,j} = M - V_{i,j} & \text{if } V_{i,j} \text{求最小} \end{cases} \tag{3-17}$$

式中，$V_{i,j}$ 为 i 指标 j 方案指标归一化的值；$X_{i,j}$ 为 i 指标 j 方案的值；$SC_{i,j}$ 为修正后的指标归一化值；M 为一比较大的数值。

$$GSC_j = \sum_{i=1}^{m} \alpha_i \times SC_{i,j} \tag{3-18}$$

式中，GSC_j 为 j 方案综合得分；α_i 为 i 指标的权重。

基于情景模拟结果，计算每一个方案对应的五大系统单元的各项指标并对方案进行科学评价。

3.5.2.4 管理方案效果评价指标及标准

管理效果评价作为一种技术性的科学分析，不仅通过评价积累解决管理决策问题的科学知识，而且为利益相关者、决策者提供更加充分的决策信息，制定优良的管理目标与管理措施。管理效果评价是整个生态适应性管理过程中的重要一环。一是提供准确信息，提升管理质量，针对管理效果进行评估，指出管理举措所达到目标的范围与程度，以及生态环境的具体响应。二是检验管理目标与管理决策制定与执行中的问题，如果评价结果显示管理目标的设定不符合实际情况，则必须进行相应的调整，重新拟定管理目标；如果是管理目标的设置不存在问题，而是管理措施的制定出现缺失，则需要检视管理决策方案，及时加以修正。三是作为管理实施建议与稀缺水资源管理的依据，管理评价所提供的相关信息是决定管理是否应该延续、调整或者终止，只有通过科学评价，才能明确哪些管理目标与管理措施是合理有效的。

总而言之，生态适应性管理效果评价是管理目标与管理措施的变化、改进，或是制定管理新目标与措施与否的前提，促使管理向可持续方向发展。所谓的管理效果评价是有目的地对项目成果、有效性、效率和妥当性做出理智的判断，提高管理的有效性。在衡量水库工程生态适应性管理是否有效的过程中，要综合判定结果与管理过程，结果的一致性不作为唯一标准。利用"适应度"评估作为水库工程生态适应性管理适应能力的关键指标，可以描述管理目标、管理决策和实践之间的接合关系，客观评估管理效果的偏离程度，更好地指导管理的修改和完善。

"适应度"充分考虑到所研究生态系统的动态变化环境，以及不确定性因素，通过分类与估值，得到相对传统评估方法更加客观、科学的量化评估结果。生态适应性管理评估准则是指以现实的生态环境状况及变化过程为对象，在科学理论指导下，采用一系列的技术方法、指标体系及评价模型，对生态环境要素发展变化过程进行现状分析，将保护区管理问题进行分类，以便管理者及时采取有的放矢的管理手段和优化措施使保护区推到一个新的、可持续发展的结构状态。

适应度评价作为一种定量的评估方法，对管理的适应性调整具有明确的指导方向。通过适应性评估，一方面确定是否可以实现管理目标，确定目标的合理性；另一方面确定管理决策措施的有效性，受胁迫因子是否得到缓解，保护对象及其状况是否稳定或得到改善，通过实施监测数据分析发现不确定性因素和变化因子，提供早期预警。"适应度"评价指标体系见表 3-13。

表 3-13　生态适应性管理"适应度"评价指标体系

评价因子	评价指标	评价标准	评价因子	评价指标	评价标准
水文	河道径流量	最低生态需水量	水质	石油类	所属河段的水功能区水质要求
		中等生态需水量		类大肠菌群	
		适宜生态需水量		悬浮物	
水质	DO	所属河段的水功能区水质要求	浮游植物	叶绿素 a	前后对比，分析变化趋势
	pH 值		浮游动物	生物量	
	透明度		鱼类	种类	
	总氮			数量	
	总磷			产卵场的分布	
	氨氮		底栖动物	生物量	
	COD			种群类型	
	挥发酚		湿地	水深	
	砷			面积	
	汞			生物物种数量	
	铅		近海岸域	入海水量	最小入海水量
	镉				中等入海水量
	硫化物				适宜入海水量
	氟化物				

在单项评价指标评价的基础上，需要进行综合评价，确定水库工程生态适应性管理的管理成效，其中成效越好，适应度越高，评估方法包括：

（1）层次分析法

20 世纪 70 年代美国著名运筹学家、匹兹堡大学教授 T L Saaty 提出了一种以定性与定量相结合，系统化、层次化分析问题的方法，成为层次分析法。层次分析法在确定指标权重、确定综合环境影响系数等方面具有明显的可量化的优势。

（2）加权比较法

加权比较法是对每项评价指标进行打分，比如分值在 1～5 分，分值越高表明管理决策中的生态环境因子越理想；同时由于不同类型的环境影响产生不同程度的后果，而且对于人类社会经济环境系统的意义或重要性也不同，因此需要根据各类生态环境因子的相对重要程度予以加权。分值与权重的乘积即为管理决策对于该评价指标的实际得分，所有评价指标的实际得分累计加和是管理决策整体的最终得分。

（3）专家打分法

专家打分法是发挥专家的判断能力，通过匿名方式征询水利、生态、环境行业专家的意见，对专家意见进行统计、处理、分析和归纳，属于主观赋权法，需要经过多轮意见征询、反馈和调整。专家评分法的程序一般可归纳为：① 选择专家；② 确定评价指标体系，设计权重估值与指标打分意见表；③ 向专家提供生态适应性管理资料，以匿名方式征询专家意见；④ 对专家意见进行分析汇总，将统计结果反馈给专家；⑤ 专家根据反馈结果修正自己的意见；⑥ 经过多轮匿名征询和意见反馈，形成最终分析结论。

通过评估方法的计算，如果最后计算得分等于总分，说明管理是最成功和最有效的；如果低于总分的一半，则管理或监测评估与调整规划失效，需要针对性地调整管理目标或管理决策。

3.5.2.5 适应性管理方案调控

生态系统的发展路径见图 3-13，相对应的生态系统发展路径矩阵见表 3-14。可将生态系统结构与生态系统功能均划分为三个等级，其中生态系统结构分为初级、中等与成熟，生态系统功能划分为优良、中、差。在生态系统的实际发展过程中，不仅存在生态系统结构不断成熟、生态系统功能不断优良的情况，同时也可能存在生态系统的退化，也就是如图 3-13 中所示的生态系统从适宜程度退化到可接受程度，或者是从可接受程度退化到不可接受的程度，致使生态系统遭到极大的破坏。

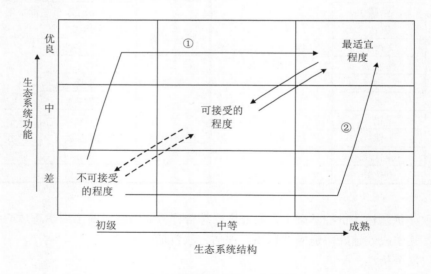

图 3-13　生态系统发展路径矩阵

然而，在生态适应性管理的发展过程中，水库生态系统、河道生态系统、湿地生态系统与近海岸域都会遵循相同的发展路径，以现状为基础向健康、可持续方向发展，也就是生态系统功能与结构都要趋于不断完善的方向，是以左下角逐渐向右上角方向发展，同时考虑到管理中的实际情况可能会存在可接受程度与最适宜程度间的转换。其中，图 3-13

中路径①与路径②的发展过程有所不同，但是发展的目标是相同的，路径①是生态结构初级阶段时功能不断趋于优良状态，而后稳步发展到生态系统结构成熟阶段；路径②是在生态系统结构由初级不断发展到成熟阶段，而后形成优良的生态系统功能。

表 3-14　生态系统发展路径矩阵

功能状态	结构状态		
	初级	中等	成熟
优良	功能与结构无关联	中期发展阶段	功能与结构属于成熟发展阶段
	隶属初期发展阶段	功能最佳	生态系统稳定
	功能最佳	—	生态系统自我维持
	属于特例	—	生态系统具有复原性
中	初期发展阶段	中期发展阶段	结构发展成熟
	功能中等	功能中等	功能中等
	中度干扰	中度干扰	功能与结构的关联性为中等
	—	—	中度干扰
差	初期发展阶段	中期发展阶段	结构发展成熟
	结构脆弱	功能差	功能差
	高度干扰	中度干扰	植物群落不适应
	—	植物群落不适宜	属于特例

然而，生态适应性管理的生态系统极为复杂，不确定因素较多，在管理过程中会出现管理不合理或管理效果不佳的情况，也就是系统发展的趋势不是从生态系统发展路径矩阵中的左下角向右上角方向发展，存在异常行进情况，需要立即反馈，采取调整措施予以修正。

3.6　小结

① 概括了水库生态系统的物理、化学、生物指标，分析了建库前后河流生态系统与水库生态系统结构与功能的变化，形成了水库生态系统的概念，即"由于水库内生物群落和生态环境的相互作用，形成的自动调节与人工调节机制相结合的整体，是由陆地河岸环境、水生态环境等组合而成的复合系统"。论述了水库生态系统的结构和演替阶段，即水库发育阶段和湖沼化阶段，发育阶段又可分为蓄水期、发育期和成熟期，在横向上可分为水生生态环境、消落带生态环境和陆生生态环境；纵向上分为河流区、过渡区和湖泊区 3 个区域，垂向上分为表层、中层和底层。水库生态系统的演替特征表现为各演替阶段的物理环境以及相应的水化学、生物学特征差异，主要表现为对局地气候、水文情势、水温结构特征、重要生物资源、生物多样性水平、生态系统生产力和生态系统平衡等的影响。本书提出了水库生态系统后评价程序，并从横向（水生生态、消落带、陆生生态）和纵向（河流区、过渡区和湖泊区）两个尺度提出水库生态系统环境影响后评价技术方法。

② 通过开展工程运行对下游河流廊道生物要素和非生物要素的影响机制分析，从生态-水文过程、景观尺度、河流尺度出发研究水文、河流形态、河流输沙、河流水质、水生

生物、珍稀鸟类及重要栖息地，以生态水文学理论为指导，探讨建坝前后下游河道不同时间水文情势的演变规律，以及生态要素与水文要素之间的响应关系，为基于敏感性环境目标的有效性评估提供支持。

③ 以景观生态学理论及方法为指导，提出了河流景观格局演化规律分析方法。横向空间上，以河流廊道为对象，包括水库建设前后河流附属湿地、漫滩、河道演化趋势分析方法。

④ 给出了水电工程生态损益评估技术方法体系，将水电工程生态损益评估分为河流生态系统服务功能评价、生态价值核算、生态损益分析 3 个阶段。其中，河流生态系统服务功能评价阶段，侧重于应用水利水电工程学、生态学、环境科学、林业科学、生物学等专业学科方法，分析河流生态服务功能受水电开发影响的变化情况；生态价值核算阶段，侧重于以生态经济学和环境经济学方法，计算受影响的生态系统服务功能的经济价值变化量；生态损益分析阶段将对生态效益及生态影响各单项指标的货币值进行加和汇总，最终得到总变化量净值。

⑤ 提出了运行期水库工程环境保护措施有效性的评估技术方法，包括运行期水库工程环境保护措施分类、有效性评估内容及重点以及有效性评估方法。总结了美国最新水电开发项目环境保护措施效果评估经验及成果，为我国梳理提炼运行期水库工程环境保护措施提供指导。

⑥ 以重要生物栖息地及保护生物为对象，提出了工程运行对生物栖息地的影响研究方法。针对鱼类，提出了水库调度对栖息地要素不同时间尺度（月尺度、日尺度）变化特征的分析方法。针对鸟类，提出了鸟类数量和种类变化的景观驱动力分析和生态水文过程驱动力分析方法。重点探讨了河口三角洲湿地变化与水文过程间的响应关系分析思路及方法。

⑦ 借鉴国际经验，根据生态水文过程分析和重要生态保护目标需求，提出适合我国国情的生态适应性管理概念，即针对水库工程运行管理中的高度变化与不确定性及其人类认知的局限性，按照可持续性、适应性、反馈性、科学性、与可操控性原则，遵循自然环境与经济社会协调发展规律，以利益相关方共同参与协商与交流为前提，以水库工程影响范围内生态环境与经济社会良性发展为目标，以持续性监测、定量科学评估、调整反馈机制为手段，形成维持水库生态系统可持续发展、下游河流生态系统、湿地生态系统与近海岸域健康发展的最适应管理模式。提出生态适应性管理程序，包括：界定与分析关键问题，制定管理目标；制定生态适应性管理方案；选定与实施最佳管理措施；建立生态监测体系，对所实施的措施进行跟踪监测；检验评价管理实施效果；通过信息反馈结果适度调整问题、目标、管理措施 6 个步骤。建立了生态适应性管理的监测指标体系和评价管理效果的"适应度"评价指标体系。该管理模式打破了以往的经验管理模式，通过监测数据与理论分析相结合，生成生态适应性最佳管理方案，可与实践管理工作无缝连接，为管理者提供重要的技术支撑和决策支持。

第4章　煤炭开采工程环境影响后评价技术方法体系

4.1　环境影响后评价技术方法

煤炭开采环境影响后评价是指对煤炭开采过程中大气环境、水环境、声环境、生态环境影响的系统评价。本章针对主要的累积性环境影响（生态影响、地下水环境影响、污染类环境影响）开展开采环境影响后评价技术方法研究。

4.1.1　生态影响后评价

4.1.1.1　生态影响后评价内涵及机理分析

（1）生态影响后评价内涵

1）"生态影响后评价"的"生态环境"实质

所谓生态环境，从广义上讲是以生物为主体的外部世界，即自然-经济-社会复合生态系统；从狭义的角度讲，主要是指自然生态系统，即一个相互进行物质和能量交换的生物和非生物部分构成的相对稳定的系统，它是人类社会和环境的"联结点"，土壤、水、植被是构成生态系统的支柱。

根据《环境影响评价技术导则—生态影响》（HJ 19—2011），"生态影响"是指"经济社会活动对生态系统及其生物因子、非生物因子所产生的任何有害的或有益的作用，影响可划分为有利影响和不利影响，直接影响、间接影响和累积影响，可逆影响和不可逆影响"。

综上分析，生态环境影响评价的内容包括以下两个层次：从宏观层次上，主要为生态系统的结构与功能变化、生态系统面临的压力和存在的问题、生态系统的总体变化趋势；从微观层次上，包括生态系统构成要素的变化情况，如土壤、植被等。

2）"生态环境影响后评价"的"生态环境时空尺度"

矿区生态环境影响后评价的目的是进行跟踪监测与持续管理。假若以矿业周期为评价周期，则首先需明确矿业周期的概念及划分，以及在此周期变化过程中，其矿区空间尺度的范围及变化趋势。矿业周期可划分为勘探阶段、基本建设阶段、达产至投产阶段、生产阶段与衰退阶段，在不采取措施的情况下，土地破坏伴随矿业生产始终，破坏逐渐累加。从投资学的角度分析，矿企投资期的土地破坏面积较小，主要为土地占用等地面建筑物、构筑物的建设占用土地，而随着达产期的到来，土地破坏面积逐步扩大，破坏程度逐步加重。可见，矿区生态环境影响范围在不同时段各不相同。若以最终阶段的最大影响范围作为各阶段的后评价范围，将导致前期评价阶段由于评价范围超出实际影响范围而降低其影响程度；若以各阶段的实际影响范围作为评价范围，将导致回顾性分析中阶段之间的影响演替趋势分析中可比性有所降低。所以，要求在评价过程中结合具体实际进行分析，尽量采用与评价范围相关性较低的评价指标或指标体系。

从煤炭开采项目生命周期角度，目前环境管理的主要环节为贯彻"三同时"制度的煤炭项目准入阶段，包括项目立项、可研阶段的环境影响评价审查以及环保竣工验收。前者是对煤炭开采可能产生环境影响的识别预测，并提出预防或减缓不良环境影响的对策和措施；后者重点针对前者提出的环保措施落实情况进行调查监测。因此，在一定程度上煤炭项目开采过程中的环境影响，尤其是在项目竣工验收阶段未充分暴露的生态环境、地下水资源的影响以及居民搬迁安置等问题的监管监控亟须完善。为完善煤炭矿业生命周期"环境全程监管"，后评价方法的研究就显得非常必要。

（2）井工煤矿开采生态影响机理分析

井工煤矿开采生态影响主要诱发因素为地表沉陷。地表沉陷的渐进性，导致生态环境影响的累积性。井工煤矿开采主要生态环境影响表现如下：

1）对地形地貌的影响

原地貌为丘陵地貌区的，自然地貌起伏较大、沟壑纵横，因而开采沉陷影响后宏观地貌较开采前无显著差异，只在局部地段表现为坡度变陡或变缓、田面平整度降低、地面破

图片 4-1　陕西大佛寺矿井地表沉陷裂缝

碎度提高。对于某些潜水位较高的地段，还可能表现为由于潜水出露或地表分水岭改变而使地表水系重新分布。

原地貌较平坦的东部或中部平原区，地表沉陷后从宏观上多表现为下沉式盆地，盆地大小、形态、走向与井下工作面走向、形态表现为较强的一致性。微观上表现为地表裂缝或塌陷式台阶，且台阶多发生于采区或工作面边缘地带。

2）对土地利用结构的影响

西部矿区土地多以耕地、林地、草地等农用地居多，在井工煤矿开采完毕后，农用地经过自然或人为整治多可克服由于沉陷导致的土地利用限制性因素，从而恢复原土地利用类型，土地利用结构整体无较大变化。

而东部矿区作为我国国土功能区划的优化开发区，生态环境现状基本特征为水热条件好、地势平坦、耕地分布集中连片，村庄较多且人口密集，地下水潜水位较高。该区井工煤矿开采生态环境主要表现为地表沉陷及潜水出露形成大面积永久性或季节性积水区，从而造成大量农田转变为水域，从宏观上改变原有景观格局。

3）对土壤与地表植被的影响

井工煤矿开采对土壤的影响主要表现为土壤侵蚀加剧、土壤结构改变或肥力降低。土壤侵蚀加剧多发生在丘陵沟壑区，由于地面坡度、地面破碎化程度以及裂缝、陷穴等土壤侵蚀诱因改变，加之地表植被覆盖度一定程度的降低，从而导致土壤侵蚀加剧。

地表沉陷对土壤肥力产生影响的地区主要分布于耕地区。由于地表裂缝、陷穴的存在，土壤保水保肥性降低；且在复垦的初期，由于人为扰动尤其是表土扰动作用，土壤结构发生改变，土壤肥力在一定程度上降低。

东部矿区在较好的水热条件下导致其地表植被自我恢复能力或人为诱导下的恢复能力较强，地表植被受地表沉陷影响较敏感的区域主

图片 4-2　朝脑梁矿井塌陷坑

要为西部丘陵沟壑区以及中西部干旱半干旱荒漠草原区。西部丘陵区由于地表沉陷以及裂缝、陷穴等存在，出现植物根系裸露、拉伤或植株倒伏等。对于中西部干旱半干旱荒漠草原区，原地势平坦，植被覆盖度低，且生态环境脆弱的主要制约因素为水分，井工开采造成潜水漏失、水位降低，进而影响地表陆生生态系统生态需水，从而造成地表植被进一步退化或次生荒漠化。

（3）露天煤矿开采生态影响机理分析

1）露天煤矿生态影响特征

露天煤矿开采过程中，地表物质剥离，彻底破坏了原生态环境，为缩短地表裸露时间，

及时重建破坏生态系统，多采取边开采边复垦的方式。因此，露天煤矿生态系统演变的一般规律为自然生态系统—退化生态系统—恢复生态系统。露天矿煤矿开采的生态影响表现为以下特征：

① 土地扰动强度大。露天开采过程中，对含煤地层及以上的地层进行彻底剥离，剥离物采取采坑外或采坑内排放，最终采掘场与排土场将形成平台与边坡相间的梯田地貌，一般情况下还将形成一定面积的采坑。

② 土地利用结构变化剧烈。在

图片 4-3　山西平朔安太堡露天煤矿采掘场

——对土地的剧烈扰动

地表物质剥离过程中，原土地功能彻底丧失，重塑土地利用功能较原土地功能将发生质的变化或量的巨变，除草原区外绝大多数露天矿开采将使土地利用结构发生巨大变化，该特征是有别于井工开采生态影响的显著特征，从而在一定程度上使露天开采土地生态系统监测更易实现。

③重建生态系统动态平衡期较长。根据目前我国已有露天矿分布情况以及大型矿区规划，露天煤矿主要分布于晋、陕、蒙接壤区的黄土高原地区以及草原地区。由于其自然条件导致的原生态系统本底较脆弱，在损毁生态系统的重建过程中，土壤、植被恢复过程的漫长性使生态系统重新达到动态稳定平衡的时间延长。

2）露天煤矿生态系统演替

生态系统的变化是系统内组分、结构、功能演替下的生态系统正向或逆向演替，白中科在 1998 年提出并验证了我国生态脆弱矿区生态系统的 4 种演替模式（白中科，2000）（见图 4-1）。演替的起点为原脆弱生态系统，因该系统特征正是我国目前多数露天矿区的生态系统特征。原脆弱生态系统在不受采矿影响的情况下，可能有两种发展趋势，一是原脆弱生态系统转变为低稳定生态系统；二是原脆弱生态系统转变为不稳定生态系统。在矿产资源开采后，原脆弱生态系统迅速转变为极度退化生态系统，由于改变了系统的结构、功能，系统演替模式发生变化。在矿山经济带动下，若采取合理的土地复垦与生态重建措施，生态系统将逐步演替为高稳定的生态系统；若不采取复垦措施，该极度退化生态系统将进一步演替为极不稳定生态系统。

时空尺度上，露天煤矿生态系统可能表现为同一地理范围内自然生态系统、退化生态系统、恢复生态系统在时间上的动态变化，以及同一时间内自然生态系统、退化生态系统、恢复生态系统的空间耦合。其演替规律如图 4-2 所示。

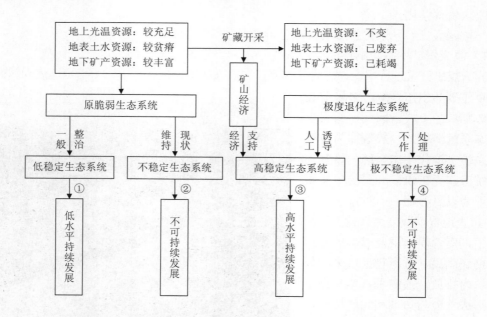

图 4-1　露天煤矿生态系统演替的 4 种模式（白中科，2000）

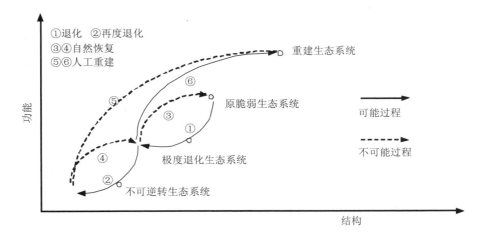

图 4-2　生态脆弱地区生态系统的退化、恢复和重建演替规律（白中科，2000）

4.1.1.2　生态影响后评价主要内容及重点

生态系统根据构成可划分为生物群落与非生物环境。非生物环境即生境，又称栖息地，主要指生物的个体、种群或群落生活地域的非生物环境。生物群落包括植物、动物、微生物等，是生态环境质量的直接指征。煤炭开采环境影响实质即是井工或露天开采对生境的直接破坏以及对生物群落的直接或间接影响。因此，煤炭开采生态环境影响后评价的实质是对生境以及对群落的评价。其中，生境评价主要包括对地形地貌、土壤的评价；对生物群落（又以植物群落为重点）的影响评价。

因此，生态影响后评价从生态系统构成要素角度应以地形地貌、土壤及植物为基本评价对象与评价重点；从生态系统整体性角度考虑应以土地利用、景观格局、生物系统可持续发展为评价对象与重点。

4.1.1.3　基于生态要素的生态环境影响后评价

（1）地形地貌测量

方法一：定点观测与调查

1）适用条件

定点观测与调查多用于井工煤矿地表移动变形监测，常采用设置地表岩移观测站的方法进行长期观测。

2）方法说明

煤矿企业为保证矿井安全有序开采，一般设有专门的部门，如地质测量科，其职责之一为通过地表移动变形观测，保证地面建筑物、构筑物的安全以及为损毁建构物、农用地等的补偿提供基础资料。地表移动变形观测资料是井工开采对地表影响的第一手资料，因此利用岩移观测站观测数据的分析处理，既可以进行地表移动变形，包括充分与非充分采动条件下下沉、倾斜、水平变形等特征分析以及塌陷盆地的发展趋势分析，也可以根据典型工作面的岩移观测数据反演地表沉陷预测需要的参数，为本矿井其他工作面或类似矿井地表移动变形预测提供基础数据。

3）方法缺陷

观测线与观测点的规范性不能保证：一般用来观测地表移动变形规律的观测线与观测点布置于煤层开采工作面的走向主断面与倾向主断面上。但实际操作过程中，可能存在观测线不能布置在主断面上或不与主断面平行的情形。

观测线与观测点的不易代表性：由于地表移动观测站的设立主要位于代表性的典型工作面或首采工作面，所以在利用典型工作面观测数据推演整个采区乃至井田开采范围地表移动变形规律与特征的时候，必须首先分析典型工作面在开采深度、埋藏厚度、开采煤层数、地表覆岩等方面的代表性。

测点的不易保护性：由于地表移动变形观测点多位于地势较平坦地区，从而更易受到自然或人为因素干扰，导致测点破坏或在测点上无法施测，造成观测站资料的不完整或观测资料利用价值降低。

方法二：实地调查与测量

1）适用条件

适用于无岩移观测资料，井田面积较小，具备实地调查的井工矿地表沉陷以及露天矿采掘场、排土场地形地貌调查。该方法常与 GPS 技术相结合，作为遥感监测的辅助方法。

2）方法说明

对于井工矿，该方法主要适用于交通条件通达、自然条件允许情况下，现场调查与测量的对象主要为显化的塌陷坑的宽度、深度以及裂缝的宽度、深度、长度、单位面积上的条数等。在此基础上，对比井上下对照图分析地表沉陷与已开采工作面分布以及推进方向的关系。同时，对于耕地区或居民点等，可通过走访调查直接受开采沉陷影响的人群，尤其是当地村民等，收集定性的地表移动与地形地貌变化情况资料。对于露天矿，该方法主要适用于排土场地面平整度、坡度、坡向以及排土初期的非均匀沉降调查。对于某些露井联采煤矿，也多采用该方法获取后评价的基础资料。

3）方法缺点

对于大范围的沉陷盆地总体情况难以掌握，调查范围的代表性需详细分析。

方法三：无人机遥感监测与地形重新测绘

1）适用条件

该方式主要适用于面积较大且自然、交通条件恶劣的井工开采沉陷区，尤其是积水沉陷区，以及露天矿采掘场、排土场的推进情况调查。

2）方法说明

无人机（UAV），是一种有动力、可控制、能携带多种任务设备、执行多种任务，并能重复使用的无人驾驶航空器。无人机与遥感技术的结合即无人机遥感，是利用先进的无人驾驶飞行器技术、遥感传感器技术、遥测遥控技术、通信技术、GPS 差分定位技术和遥感应用技术，具有自动化、智能化、专题化快速获取的空间遥感信息，完成遥感数据处理、建模和应用分析能力的应用技术。在煤矿开采地表变形与地形地貌监测中，通过它可快速获得地形以及地表相关地物数据。

3）方法优点

无人机遥感具有低成本、低损耗、可重复使用且风险小等诸多优势，且它的高时效、高分辨率等性能，也是传统卫星遥感无法比拟的。

4）方法应用实例

山东省地质测绘局联合山东科技大学、中国测绘科学研究院等高校及科研院所，历经7 年研制出的无人飞艇低空遥感技术于 2012 年年底进入技术应用产品化阶段。该技术集合了宽角航测相机、视频和无人飞艇设备，在三河口矿区、郓城矿区沉陷区大比例尺地形图测绘中得到了较好的应用。

方法四：三维激光扫描

1）适用条件

适用于井工矿沉陷地形监测以及露天矿重塑地形地貌监测。

2）方法说明

三维激光扫描仪的工作过程，实际上就是一个不断重复的数据采集和处理过程，它通过具有一定分辨率的空间点 [坐标（x, y, z），其坐标系是一个与扫描仪设置位置和扫描姿态有关的仪器坐标系] 所组成的点云图来表达系统对目标物体表面的采样结果。国家"863"计划先后支持了激光扫描技术的研究，"308"主题项目研究内容主要集中在机载激光影像制图系统的设计、制造和数据处理。其信息获取子系统"机载激光测距-扫描成像制图系统"集光机扫描成像技术、激光测距技术、GPS 导航定位技术、姿态测量技术等于一体，通过硬件实现扫描图像与 DEM 的同步与严格匹配。在未来井工煤矿开采地表变形监测与露天煤矿开采 DEM 数据获取方面具有较好的前景。

3）方法优点与缺点

三维激光扫描具有非接触性、观测速度快、节约成本、时间短、布设灵活不需要固定测点等优点，但该方法不能直接获得拐点偏移距和水平移动系数。水平移动系数需要另设测点或特征地物获取。

4）方法应用实例

中国矿业大学吴侃等（2000）等对三维激光扫描在地表沉陷监测中的应用进行了系统研究，在兖矿矿区及峰峰矿区羊渠河、大淑村和万年矿进行了实际应用，均取得了良好的效果。

在后评价过程中，对于地表变形不需要从工作面开始开采一直到开采结束稳定全过程进行观测，只要用 1～2 个月的时间选择部分沉陷区域监测 3～4 次，经过数据处理和参数反演就获得沉陷参数；利用该沉陷预测参数可大范围预测出后评价中地表变形与地形地貌变化的基础数据。需要注意的是，由于三维激光扫描不布设固定测点，而开采影响的地表处于实时动态变化中，所以首先须确定测站及标靶的实时点位，即在三维激光扫描的同时，实时通过控制测量获取测点的实际三维坐标。吴侃等的研究表明，实时动态测量技术（RKT）技术能较好地获取实时坐标，具体操作步骤如下：

① 设置基准站和流动站。基准站最好建在高处或开阔处，便于信号发射。

② 使用 RKT 获取观测站点及后视点坐标。

③ 采用激光扫描仪进行扫描。

④ 采用电云数据处理软件处理三维激光扫描采集数据。

方法五：差分干涉合成孔径雷达技术（D-inSAR）

1）适用条件

适用于井工煤矿地表微变形监测。

2）方法说明

用于三维激光扫描对同一地块两个时点的数据处理，进而测量地表微量形变。① 对单视复影像的配准；② 对单视复影像预滤波；③ 生成干涉图；④ 基线估计；⑤ 去平地效应；⑥ 干涉图滤波；⑦ 质量图生成；⑧ 相位解缠；⑨ 相位分差；⑩ 地理编码。

3）方法应用实例

该方法在淮南矿区、线营孜矿区均得到较好的应用。

（2）土壤环境质量调查

1）土壤环境质量是后评价内容的理论依据

自然界中，植物的生长繁育必须以土壤为基础，土壤在植物生长繁育中有以下不可取代的特殊作用：① 营养库的作用；② 养分转化和循环作用；③ 雨水涵养作用；④ 生物的支撑作用；⑤ 稳定和缓冲环境变化的作用。

对于露天矿，重塑土壤是生态重建的第一步，也是植物群落建设的基本条件。从土壤分类学角度讲，露天矿重构土壤实质为"矿山工程扰动土"。"矿山工程土"是指以采矿业等产生的固体废弃物为母质，经人工整理、改良，促进其风化、熟化而成的一类土壤（李俊杰，2005）。采矿排出的固体废弃物，在露天矿是矿层上剥离物，这些剥离物包括岩石和地表的土壤，有时没有土壤。这些固体废弃物在露天矿内、外排土场大量堆积，经过长期的风化作用，慢慢地可成为土壤，有时也能种植绿色植物，但这种过程是非常缓慢的。如人类有目的、有计划地去堆置即土地复垦中的造地工程，堆造成平整、大片的土地，再在地面上覆盖一层土壤，没有土壤时只能盖一层细碎的石砾。这就建造了一种新的土壤——矿山工程扰动土。这类矿山工程扰动土表层可能是土状堆积物，也可能是石砾、石碴、石屑。

图片 4-4　安太堡露天煤矿排土场重塑土壤

对于井工矿，土壤调查与评价的重点为耕地区以及排矸场，沉陷区由于地表裂缝、陷穴等形成，间接导致土壤漏水漏肥，改变了土壤理化性状。排矸场等固体废弃物堆放场地的土壤质量受表层覆土类型、覆土厚度、植被重建情况等因素影响表现为较强的差异性，土壤质量调查的重点应为土壤结构、土壤物理性状（重点是酸碱性）等土壤障碍层次的调查以及土壤污染调查。

2）土壤环境质量调查方法

方法一：资料收集法

适用条件：主要适用于已有土壤质量监测数据的井工开采沉陷耕地区或露天矿排土场，以及土壤背景值数据的获取。

方法说明：土壤背景值数据可来源于当地农业部门土壤肥力普查或测土培肥项目的监

测数据，需要注意数据测试样点与评价区域土壤质量的可比性；井工开采沉陷区及露天矿排土场土壤数据可来源于矿方委托监测数据以及有关科研项目监测数据。

方法二：实测法

适用条件：具有广泛的实用性。

方法说明：该方法的关键在于土壤监测样地与样点布置的代表性。对于露天矿排土场在同一时间点内存在不同复垦演替阶段的土壤，在样地布置中采用时空替代法，分别选择不同复垦时间、不同复垦模式的典型样地布置监测样点。井工矿则选取不同破坏程度的样地进行调查，分析不同破坏程度下土壤环境质量变化。

3）土壤环境质量评价方法

方法一：多变量指标克立格法（MVIT）

该方法最早由 Smith 于 1993 年应用，可将无数量限制的单个土壤质量综合成一个总体的土壤质量指数，主要是通过特定的标准将测定值转换为土壤质量指数。各个指标的标准代表土壤质量的最优的范围或阈值。该方法的优点是可以把管理措施、经济和环境限制因子引入分析过程。评价范围可从农场到地区水平，评价的空间尺度弹性大。

方法二：土壤质量动力学法

该方法最早由 Larson 于 1994 年应用，它从数量和动力学特征上对土壤质量进行定量。某一土壤的质量可看做是它相对于标准（最优）状态的当前状态，土壤质量（Q）可由土壤性质 qi 的函数来表示：$Q = f(qi\cdots n)$。

土壤性质 qi，是根据土壤性质测定的难易程度、重要性高低及对土壤质量关键变量的反映程度选择的最小数据集来描述的。例如，土壤生产力指数（PI）是由土壤 pH、体积质量、有效水容量对根系生长的满足度计算的，用来估计土壤侵蚀对土壤生产力质量及其变化的影响。该法适用于描述土壤系统的动态性，特别适合于土壤可持续管理。

方法三：土壤质量综合评分法

该方法将土壤质量评价细分为对 6 个特定的土壤质量元素（作物产量、抗侵蚀能力、地下水质量、地表水质量、大气质量和食物质量）的评价。根据不同地区的特定农田系统、地理位置和气候条件，建立数学表达式，说明土壤功能与土壤性质的关系，通过对土壤性质的最小数据集评价土壤质量。

方法四：土壤相对质量法

通过引入相对土壤质量指数来评价土壤质量的变化，这种方法首先是假设研究区有一种理想土壤，其各项评价指标均能完全满足植物生长的需要，以这种土壤的质量指数为标准，其他土壤的质量指数与之相比，得出土壤的相对质量指数（RSQI），从而定量地表示所评价土壤的质量与理想土壤质量之间的差距。该方法方便、合理，可以根据研究区域的不同土壤选定不同的理想土壤，针对性强，评价结果较符合实际。

（3）植物群落调查及影响评价指标

1）适用条件分析

井工煤矿非积水区植物群落变化主要表现在植被覆盖度，而群落构成以及群落多样性变化较小；露天煤矿排土场植被表现为人工再造植被，该植被生态系统在其演替过程中存在动态平衡过程、外来物种入侵过程等，同时受土壤种子库影响，与原植被群落构成存在质的变化。因此，植被覆盖度调查是井工煤矿群落调查与评价的重点对象，植物群落构成及多样性调查与评价是露天矿生态要素调查与评价的重点对象。

2）调查方法

调查方法主要为生态样方调查，布点基本原则为典型性与代表性，调查时间可根据植物生活特性选择，样方大小根据草本、灌木与乔木分别不小于 1 m²、10 m²、100 m²。对于在环境影响现状评价中做过生态样方调查的项目，在后评价的生态样方选择中最好选择现状调查的样方进行监测，采用前后对比法进行后评价。对于无开采前生态样方调查背景的项目，可选择井田（矿田）内或周边生态现状可比区域进行背景调查。

3）评价指标

井工煤矿开采植被调查评价指标主要包括覆盖度、密度、频度等。露天煤矿排土场植被调查评价指标除覆盖度、密度、频度等外，还包括生物多样性指标。

图片 4-5　活鸡兔井工煤矿恢复植被调查
（生态样方）

图片 4-6　安太堡露天矿生态调查
（乔木样方）

4.1.1.4　基于生态系统可持续发展的生态环境影响后评价

（1）土地利用覆被变化分析

1）土地利用覆被变化是后评价内容的理论依据

土地利用与生态环境的关联性是基于土地利用覆被变化进行生态系统评价的基础。土地利用与生态环境之间的规律性表现在土地利用对生态环境的影响以及生态环境对土地利用的响应。井工煤矿开采沉陷影响范围以及露天矿采掘场与排土场土地生态系统的退化源于矿业开发过程中人类对土地超强度的开发，导致物质、能量过度输出，而其恢复在于人类通过物质、能量输入型的土地利用方式实现退化生态系统向恢复生态系统的转化（崔艳，2009）。退化与恢复的本质区别是土地利用方式与强度转变下的物质、能量、信息流输入输出的区别，表现为土地生态系统生物组分、结构与功能的变化。在采取复垦措施的情况下，主导生态过程为生态恢复过程中生态系统向多样性、稳定性的发展。土地利用与生态环境的关系，表现为不同复垦技术、不同复垦模式、不同复垦阶段下，生态系统的植物、动物、微生物等生态因子以及土壤、水分、大气等环境因子的变化，以及生态因子与环境因子相互作用之下的总体环境与生态的改善。

2）可行性阐述

露天煤矿土地利用过程是一个典型的将半自然生态系统转变为人工生态系统的过程，在此过程中由于地表挖损、压占和占用原农田、荒地、灌丛、林地转变为工矿用地，经过

土地复垦和生态重建后形成新的农用
地、草地、混合林、水体等。

露天煤矿以土地利用覆被变化作
为生态环境评价内容的可行性表现为
两方面，一方面为土地利用数据的可
获得性，另一方面为土地利用变化的
显著性。即随着露天开采以及复垦过
程的，土地影响范围、影响方式、土
地利用方式等均会发生显著变化，从
而使通过遥感方式获得土地覆被数据
具有可行性。

图片 4-7　潘三矿井沉陷积水区

东部高潜水位区井工矿由于地表
沉陷导致的地表积水具有难以复垦为原耕地的特性，从而导致井工开采沉陷区内水域面积
增加、农用地面积减少，同时在人为复垦措施作用下，土地利用的景观格局将发生较大变
化，以土地利用覆被变化评价该区域生态影响具有较强的可行性。

3）土地利用覆被变化分析技术方法

土地利用覆被变化分析主要采用"3S"技术与实地调查相结合的方法。"3S"技术（RS
遥感、GIS 地理信息系统、GPS 全球定位系统）是生态学研究中的重要工具，通过遥感影
像，可回溯煤矿不同时间的遥感历史数据，对于开发前（基期）、评价时段等多期（多时
相）动态累积生态影响评价具有较强的实用性。由于土地利用覆被变化分析常常是在较大
尺度上开展的，通过野外调查获取数据往往耗时多、费用高，而"3S"技术则以其快速、
准确、大存贮量等特点被广泛接受。在土地利用覆被变化分析中的主要用途包括：分析景
观空间格局及其变化；确定不同环境和生物学特征在空间上的相关性；确定斑块大小、形
状、毗邻性和连接度；分析景观中能量、物质和生物流的方向和能量；景观变量的图像输
出以及与模拟模型结合在一起的使用。

（2）生态承载力分析

1）生态承载力作为后评价内容的理论依据

① 生态承载力概念及内涵。

生态承载力是指生态系统的自我维持、自我调节能力，资源和环境子系统的供容能力
及其可维育的社会经济活动强度和具有一定生活水平的人口数量（高吉喜，2001）。生态
承载力可反映生态系统的自我稳定性，同时还能体现其外在功能性。

一般而言，纳污能力是指依据环境的功能区划，在充分利用其环境容量的基础上能够
承纳污染物的能力。自净能力是指一定范围的环境纳污之后，因其物理、化学、生物的各
种特性，污染物能被迁移、扩散出去，或者在本区域内迁移转换，使该区域的环境得到部
分甚至完全恢复的能力（何少苓等，2002）。环境容量是指满足环境质量标准要求的最大
允许污染负荷量或纳污能力，而在最新出版的《环境科学大百科全书》中对环境容量的定
义为：在人体健康、人类生存和生态系统不致受损害的前提下，一定地域环境中能容纳环
境有害物质的最大负荷量。环境承载力是在维持环境系统功能与结构不发生变化的前提
下，整个地球生物圈或某一区域所能承受的人类作用在规模、强度和速度上的限值（胡乔

木，2002）。生态承载力正是资源承载力与环境承载力的有机结合。

生态承载力包括两层基本含义，一是指生态系统的自我维持与自我调节能力，以及资源与环境子系统的供容能力，为生态承载力支撑部分；二是指生态系统内社会经济子系统的发展能力，为生态承载力的压力部分，由于其发展过程中需消耗资源或污染环境，将给生态环境带来一定的负面影响。其支撑能力在受到压力的作用下，具有一定的弹性力。生态系统的弹性力大小取决于自我维持与自我调节能力，资源和环境的承载能力大小则取决于资源与环境子系统的供容能力。

②生态承载力的特性。

存在人类经济活动的生态系统是一个开放性系统，它必然与外界存在物质流、能量流、信息流、货币流以及其他生物流（如人口流）。余丹林根据许多研究者对生态承载力的理解，总结出了生态承载力的特征：

a．资源性。生态系统是由物质组成的，而且对经济活动的承载能力也是通过物质的作用而发生的。因而从物质的特性而言，生态承载力就是表征生态系统的资源属性。

b．客观性。生态系统通过与外界交换物质、能量、信息，保持着结构和功能的相对稳定，即在一定时期内系统在结构和功能上不会发生质的变化，而生态承载力是系统结构特征的反映，所以，在系统结构不发生本质变化的前提下，其质和量的方面是客观的和可以把握的。

c．变异性。主要是由生态系统功能发生变化引起的。系统功能的变化一方面是自身的运动演变引起的，另一方面与人类的开发目的有关。系统在功能上的变化，反映到承载力上就是在质和量上的变异，这种变异通过承载力指标体系与量值变化来反映。表明人类可通过正确认识生态承载力的客观功能本质，正确适度使用生态承载力，建立可持续发展的社会。

d．可控性。生态承载力具有变动性，这种变动性在很大程度上可以由人类活动加以控制。人类根据生产和生活的需要，可以对系统进行有目的的改造，从而使生态承载力在质和量上朝人类需要的方向变化，但人类施加的作用必须有一定的限度，因此承载力的可控性是有限度的可控性。

2）生态承载力作为后评价内容的现实依据

综合我国煤矿的分布，近 90%的煤炭资源分布在大陆干旱、半干旱气候带地区，这些地区水土流失和土地荒漠化十分严重，泥石流、滑坡等地质灾害频发，植被覆盖率低，生态环境十分脆弱；但却集中了全国 60%的煤炭生产能力，生态环境的制约十分突出（《环境影响评价技术导则—煤炭工业矿区总体规划》）。为实现煤炭矿区社会、经济可持续发展，生态承载具有极其重要的作用。

露天煤矿多具有开采范围广、影响周期长的特点。煤矿生态承载力主要强调的是系统的承载功能，而突出的是对矿业开发活动的承载能力，生态系统的承载力要素应该包含资源要素、环境要素及社会要素。

煤矿开采过程中，若不采取土地复垦与生态整治措施，会导致生态系统的资源供给能力降低，同时由于开采过程必将引起大气、水体等环境变化，使生态系统的环境自净容量逐渐降低；若采取土地复垦与生态重建措施，因生态系统的可控性与变异性，生态系统承载力可能随生态系统自我维持与调节能力的提高而有所提高。

综上，生态承载力作为井工开采沉陷区与露天煤矿生态环境质量的综合指标，能够反映采矿情况下生态系统的演变趋势，可作为后评价的评价指标。

3）生态承载力评价技术方法

适用条件：适用于露天煤矿、东部高潜水位积水区、西部生态脆弱区。

方法一：生态足迹法

生态足迹法是由加拿大生态学家 William Rees 和其学生 Wachernagel 在 1992 年提出的。由于任何人都要消费自然提供的产品和服务，撇开一切具体物质形态的产品及各种具体的服务，把生产一定区域内的人口所消耗的所有资源和能源及吸收这些人口所生产的所有废弃物的量都相应地转化为一定的生物生产土地面积和水域面积。也即，任何已知人口（某个个人、地区或国家）的生态足迹即是指能够持续地生产这些人口所消费的所有资源、能源及吸收这些人口所生产的所有废弃物，本身具有生物生产力的生物土地面积和水域面积。生态足迹对判断人类社会是否生存于生态系统的承载力范围之内给出了一种简单但实用的计算方法。徐中民等（2003）应用该方法对中国和部分省（区市）的生态足迹进行了计算与发展能力分析，结果表明大部分省（区市）的生态足迹超过了当地的生态承载力。李金平等（2003）也应用该方法对澳门 2001 年的生态足迹进行了计算和分析，表明澳门生态系统承受着较大的压力。

方法二：自然植被净第一性生产力法（NPP）

自然植被净第一性生产力（NPP）是植物自身生物学特性与外界环境因子相互作用的结果，它是评价生态系统结构与功能特征和生物圈的人口承载力的重要指标，反映了某一自然体系的恢复能力。自然植被净第一性生产力作为表征植物活动的关键变量，是陆地生态系统中物质与能量运转研究的重要环节，其研究将为合理开发、利用自然资源及对全球变化所产生的影响采取相应的策略和途径提供科学依据。它的研究在国外已有很久的历史，1975 年，Lieth 等首先开始对植被净第一性生产力的模型进行研究，此外，Ulittaker 和 Uchijima 等也对植被净第一性生产力进行了研究，形成了一些模型。根据模型的难易程度，对各种调控因子的侧重及对净第一性生产力调控机理解释的不同，模型可分为 3 类：气候统计模型、过程模型和光能利用率模型。我国的净第一性生产力研究起步较晚，研究过程中一般采用气候统计模型。国内应用较多的模型是采用周广胜、张新时根据水热平衡联系方程及植物的生理生态特点建立的自然植被的净第一性生产力模型。

虽然生态承载力受众多因素和不同时空条件制约，但是特定生态区域内第一性生产者的生产能力是在一个中心位置上下波动的，而这个生产能力是可以测定的。同时与背景数据进行比较，偏离中心位置的某一数值可视为生态承载力的阈值，这种偏离一般是由于内外干扰使某一自然体系变化为另一等级自然体系，如由绿洲衰退为荒漠，由荒漠改造为绿洲。因此，通过对自然植被净第一性生产力的估测，确定该区域生态承载力的指示值，通过判定现状生态环境质量偏离本底数据的程度作为自然体系生态承载力的指示值。王家骥等（2000）以黑河流域为例，认为利用自然植被的净第一性生产力数据可以反映自然体系的生产能力和受内外干扰后的恢复能力，是自然体系生态完整性维护的指示。李金海（2001）分析了大陆典型生态系统净第一性生产力的背景值，研究了确定自然系统最优生态承载力的依据，并提出了提高区域生态承载力、实现区域可持续发展的基本对策。并据此计算了河北丰宁县的生态承载力。

方法三：供需平衡法

王中根等（1999）根据环境承载力的有关理论和概念，对生态环境承载力的度量方法进行了简化，提出了一种基于供需关系的度量方法。使生态环境承载力的分析计算工作大为简化，可操作性增强。王中根等认为区域生态环境承载力体现了一定时期、一定区间的生态环境系统，对区域社会经济发展和人类各种需求（生存需求、发展需求和享乐需求）在量（各种资源量）与质（生态环境质量）方面的满足程度。因此，衡量区域生态环境承载力应从该地区现有的各种资源量 P_i 与当前发展模式下社会经济对各种资源的需求量 Q_i 之间的差量关系如（$P_i - Q_i$）/Q_i，以及该地区现有的生态环境质量 $CBQI_i$ 与当前人们所需求的生态环境质量 $CBQI_i'$ 之间的差量关系如（$CBQI_i - CBQI_i'$）/$CBQI_i'$ 入手。这种分析方法简单可行，能够对区域生态环境承载力进行有效的分析和预测，尝试性地提出了一种探索生态环境承载力的新思路。

方法四：状态空间法

状态空间法是欧氏几何空间用于定量描述系统状态的一种有效方法。通常由表示系统各要素状态向量的三维状态空间轴组成。利用状态空间法中的承载状态点，可表示一定时间尺度内区域的不同承载状况。利用状态空间中的原点同系统状态点所构成的矢量模数表示区域承载力的大小，并由此得出其数学表达式为：

$$RCC = |M| = \sqrt{\sum_{i=1}^{n} x_{ir}^2} \tag{4-1}$$

式中，RCC 为区域承载力的大小；$|M|$ 为代表区域承载力的有向矢量的模数，x_{ir} 为区域人类活动与资源处于理想状态时在状态空间中的坐标值（$i = 1, 2, \cdots, n$）。考虑到人类活动与资源环境各要素对区域承载力所起的作用不同，状态轴的权重也不一样，当考虑到状态轴的权重时，承载力的数学表达式为：

$$RCC = |M| = \sqrt{\sum_{i=1}^{n} w_i x_{ir}^2} \tag{4-2}$$

式中，w_i 为 x_{ir} 轴的权重。

方法五：高吉喜法

高吉喜（2001）在其著作《可持续发展理论探索——生态承载力理论、方法与应用》中较为全面系统地探讨了生态可持续承载的条件与机理，提出把生态系统的弹性力、资源与环境子系统的供容能力以及具有一定生活水平的人口数作为判定生态承载力的三个层面，并从理论和方法上进行了系统剖析，建立了生态承载力综合判定模式与评价方法。高吉喜将生态承载力指标分为三个级别的评价指标体系，即一级评价指标体系，以生态系统弹性度作为评价指标，主要衡量不同区域生态系统的自然潜在承载能力；二级评价指标体系，以资源和环境单要素承载能力为基准，以资源-环境承载能力为目标，用于比较不同区域的承载力差异；三级评价指标体系，以承载压力度为目的，主要反映生态承载力的客观承载能力的大小与承载对象之间的关系。并运用该理论与方法对黑河流域的生态承载力与可持续发展进行了实例研究。

4.1.2　地下水环境影响后评价

地下水环境影响后评价是在项目建设、运营活动正式实施后，以地下水环境影响评价工作为基础，以建设项目投入使用等开发活动完成后的实际情况为依据，通过评估项目开发建设、运营前后地下水污染物排放和周围环境质量变化，以及由地下水环境改变引起的次生环境水文地质问题，全面反映建设项目对地下水环境的实际影响和环境补偿措施的有效性，分析项目实施前一系列预测和措施的准确性和合理性，找出出现问题和误差的原因。针对已有问题提出有针对性的保护措施，对项目实施前的预测进行补充和修正，在预测的基础上提出更有针对性的地下水环境保护补救措施和地下水环境管理工作的改进建议，实现项目地下水环境保护目标的可持续性。

因此，地下水环境影响后评价以项目建设和运行后获得的地下水相关基础数据为基础，通过项目建设、运行前后的数据对比分析，来分析项目对地下水水质、水位、水量动态变化的影响及由此产生的主要环境水文地质问题。

4.1.2.1　煤炭开采对地下水的影响分析

煤炭开采对地下水资源的破坏是在资源开发过程中一个比较突出的环境问题。它涉及面广、影响范围大，对地下水资源破坏严重，其主要表现为以下五方面：

（1）对区域地下水位及流场的影响

为了维持采矿的正常进行，采煤工作面的横向和纵向发展，必须大量开采地下水或将工作面周围的水或潜在的水排出。这将导致矿井排水量逐年加大，地下水位急剧下降，相应地所形成的地下水降落漏斗范围和幅度也越来越大。与此同时，地下水流场也将发生明显变化，区内地下水流场多以垂直渗流为主。

（2）对含水层结构的影响

由于煤系地层受到开采，煤层以上的含水层遭到破坏，发育水力联系导水带，尤其在煤层浅埋藏区，采空区星罗棋布，导水裂缝带发育地表，加上采空区诱发地表裂缝，甚至地表沉陷，造成含水层结构改变，地下水由水平流改为垂直下渗，使得浅层含水层变为透水层，造成地表及浅层水大量渗漏、河流断流、居民用水枯竭。

（3）对矿区外围水源的影响

随着煤炭开采深度的不断增大，其排水量也在不断增加。从而疏干区形成相对低压带，破坏了原有的地下水系统循环和存储条件，在一定的水文地质条件下，地下水有可能穿透原有的相对隔水层而发生突水灾害。资料表明，西山地区岩溶水在构造裂隙的综合作用下，形成了统一水动力系统，具有相一致的补给径流和排泄条件，一旦发生突水势必要影响整个系统的补给、径流和排泄条件，从而导致原有的排泄点流量减少，矿区外水源受到严重的危险。根据晋祠水源保护办公室调查结果，风峪沟内乡镇小煤窑采煤排水不同程度地影响着晋泉出水量。

（4）对水环境的污染

煤炭开采对水环境的影响主要由采矿排渣造成。对煤矿来说，煤矸石是煤矿采掘和洗选加工过程中排出的主要废渣。煤矸石是由灰分高、发热量低的炭质煤岩和夹带的少量煤组成，其主要成分为碳、氢、氧、硫、铁、铝、硅、钙等常量元素和镉、铬、砷、铅、汞、铜、锰、氟等痕量有毒元素。目前，采掘和洗煤过程中排出的煤矸石都未经过处理，直接排放在水沟、山坡和平川。其排放量与煤的埋藏条件、开采方式等因素有关。

（5）诱发次生环境问题

煤矿区大量排水破坏了原有的水文循环、地下水水位下降，使得名泉断流，由地下水补给的地表径流衰减，干旱、半干旱地区生态退化严重，因黏性土压密释水导致地下水水质发生变化；岩溶地区易在地表形成大量塌陷洼坑和漏斗。

4.1.2.2 地下水环境影响后评价方法

地下水环境影响后评价主要为回顾性、验证性评价，为充分发挥后评价的指导作用，往往伴随预测评价。同时，根据其地下水资源与环境影响，又可划分为地下水水位、水量的后评价和地下水水质的后评价两方面。

现状评价主要以对比分析评价法为主，水量预测评价的方法主要有均衡法、水文地质比拟法、数值法、回归分析、趋势外推、时序分析等；水质预测评价方法主要有解析法和数值法。

（1）地下水水位、水量影响后评价

方法一：对比分析法

1）基本原理：根据收集到的各种相关数据，分析各种因素的相关关系，重点说明水量、水位在一定条件下的动态变化，比较各阶段数值的变幅，分析其发生变幅的主要原因。

2）适用条件：数据较全面的情况，适用于现状评价。

3）评价步骤：

① 资料收集。首先，收集煤矿项目的各种地质报告。根据不同的勘探阶段以及不同的勘探目的，地质报告可分为资源储量勘探报告、补充勘探报告和工程勘探报告等，以上勘探报告均可在企业收集到。

其次，收集以往环评及相应的水资源论证、水专项评价、专项勘探报告或补充勘探报告，以及以往的矿区规划环评报告及相应的水资源论证报告、水专项评价报告，环评验收报告。若评价范围内涉及水源地或供水水文地质条件较好，也可以在水利部门收集水源地水文地质勘探报告或当地的水文地质手册。以往环评或其他涉及地下水环境的专项评价中往往会对井田范围内的水源井做抽样调查或完整调查，其中包含的水位信息也能反映某个阶段部分含水层的流场及水位标高或埋深。如果涉及特殊的与地下水有关的敏感保护目标，如自然保护区、湿地等，其主管部门往往有其水文地质条件的相关资料，必须收集并有效利用。综上，对评价区所处水文地质单元的水文地质条件的准确认知是地下水后评价的基础，应充分重视有关水文地质条件资料的收集工作。

最后，收集长期动态资料。煤矿开采影响的含水层若为强含水层，则企业往往考虑到安全生产，会针对强含水层建立水文观测网，而区域强含水层大部分情况下是具有开发利用价值的含水层，因此，后评价阶段应充分利用煤矿已经获取的水文观测网的信息，包括各含水层长观孔水位观测数据、各阶段流场图、富水性分区图等。另外，若存在突水风险，煤矿企业一般会制定防治水规划、防治水专项勘探、水文地质分区报告等，相对来讲更具有针对性，有利于对区域强含水层有深入的了解，也能更清楚地了解强含水层流场和水位变化情况。

一般情况下，煤矿在首采工作面上方及四周会有规律地布设水位观测孔或以居民水井作为观测井来观测煤炭开采对浅部含水层的影响。目前，大部分煤矿项目环评也要求煤矿企业对居民水井做长期观测。这些数据是后评价最重要的动态观测资料，可以有效反映开采对浅部含水层或居民水井水位的影响情况。

②划分时间节点。根据收集资料及矿井开采特点，一般可划分矿井开采前和矿井开采至今两个阶段。针对个别开采历史久远的或者变更频繁的矿井，可根据需要进一步细化各阶段，以便对比不同阶段地下水的影响范围和程度。

③现状调查。重点调查开采区域及周边地下水水位，即水位降落漏斗包含的范围，同时为了说明水文地质单元整体的水位和流场，应适当补充水文地质单元内其他区域的水位和流场信息。此外，若评价范围周边存在重要的敏感保护目标，如水源地等，则应将其作为评价范围的一部分。

④数据资料对比分析。整理各阶段的数据资料，采用适当的数学方法对矿井建设前和矿井生产至今的水位水量情况进行对比。具体包括：a. 实际生产过程中矿井涌水量实测值与环境影响评价中预测矿井涌水量的对比；b. 地下水水位的前后对比，包括长观孔长期动态曲线的分析和前后地下水流场变化分析。

⑤原因分析。根据以上分析，首先总结水位、水量变化的主要原因，分析煤炭开采的贡献值；其次分析煤炭开采与水位、水量变化的相关关系，总结相关系数，为下一步预测奠定基础。

4）优点：简单、直观、经济且有说服力。

5）缺点：获取数据有一定困难，数据整理工作量大。

6）方法应用实例

以山西省赵庄矿为例，该矿 2007 年正式投运生产，2012 年进行变更环评，其回顾性评价即为后评价的主要内容。收集矿井近 5 年的相关资料，重点收集了近几年矿井涌水量观测台账和浅层地下水资源开采量台账，采区外且未受采矿影响的第四系观测孔的年内水位动态观测资料（见图 4-3），从曲线可以看出，6—8 月水井水位明显上升，8 月过后，水井水位开始下降，12 月至次年 3 月水位基本维持不变，说明水井水位与大气降水关系密切。另外收集了采区附近民井近三年的水位资料（见图 4-4），水井水位自煤炭开采以来下降明显，根据其水位下降现象，通过对当地气象、附近大型水源井取水情况及煤炭开采导水裂缝带发育高度计算，分析得出水源井大量取水是该民井水位快速下降的主要原因。

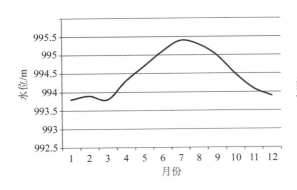

图 4-3　一个水文年第四系水位变化曲线

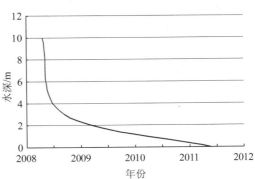

图 4-4　张店村水井开采以来水位变化曲线

方法二：水均衡法

1）基本原理：根据水量平衡原理，利用均衡方程计算水量，其在均衡计算期内水量均衡方程见式（4-3）：

$$\sum Q_{补} - \sum Q_{排} - \sum Q_{开} = \Delta Q \qquad (4\text{-}3)$$

式中：$\sum Q_{开}$ —— 地下水开采总量，m^3/d；

$\sum Q_{补}$ —— 地下水各种补给量之和，m^3/d；

$\sum Q_{排}$ —— 地下水各种排泄量之和，m^3/d；

ΔQ —— 均衡域内地下水储存量的变化量。对于承压含水层，$\Delta Q = \mu^* F \cdot \Delta H$，对于潜水含水层，$\Delta Q = \mu F \cdot \Delta H$。其中，$F$ 为均衡域面积，m^2；μ^* 为承压含水层释水系数，量纲为一；μ 为潜水含水层给水度，量纲为一；ΔH 为均衡期内均衡域地下水水位变幅，m。

均衡期的选择一般选用 5 年、10 年或 20 年。各均衡要素的选取应根据评价区域内水文地质条件确定。各均衡要素的计算，参见《供水水文地质手册》中的计算方法。

2）适用条件：理论上可适用于任何地下水系统的水资源评价。水均衡法属于集中参数方法，适用于区域或流域地下水资源评价，水文地质条件较复杂地区。

3）评价步骤：

① 资料收集：同"对比分析法"中的资料收集；

② 确定均衡区和均衡期，建立均衡方程；

③ 确定补给项和排泄项，并计算各项的水量值，计算均衡差；

④ 计算煤炭开采排水量占地下水排泄项中的贡献值，确定其影响程度。

4）优点：方法简单、适用性强，是一种定量分析方法。

5）缺点：某些均衡要素和求取均衡要素的水文地质参数难以确定或不准确，造成计算误差较大；难以精确给出地下水各要素随空间的变化。

6）方法应用实例

以司家营矿区水量回顾性评价为例，收集矿区内相关潜水含水层资料，分析矿区开采对地下水水量的影响。

均衡区：研究区位于滦河冲洪积扇顶部、上部，矿山开采排水"牵一发而动全身"，因此，地下水资源评价的均衡区应包括整个滦河冲洪积扇，均衡区范围如下：北起雷庄—岩山—上庄沿京—山线到饮马河，东北方向沿饮马河在赤洋口与咸淡水分界线相交，西起晒甲坨至栢各庄，南部东南部至咸淡水分界线，面积 2 320.1 km^2，见图 4-5。

均衡期：根据滦县气象站 1953—2011 年气象资料分析，历年平均降水量为 659.5 mm，均衡期内多年平均年降雨量为 623.5 mm，降水频率为 53.37%，因此，均衡期选择为 1985 年 9 月 16 日—2003 年 9 月 16 日，共 18 个水文年，均衡期内地下水资源量可代表区内多年平均地下水资源量。

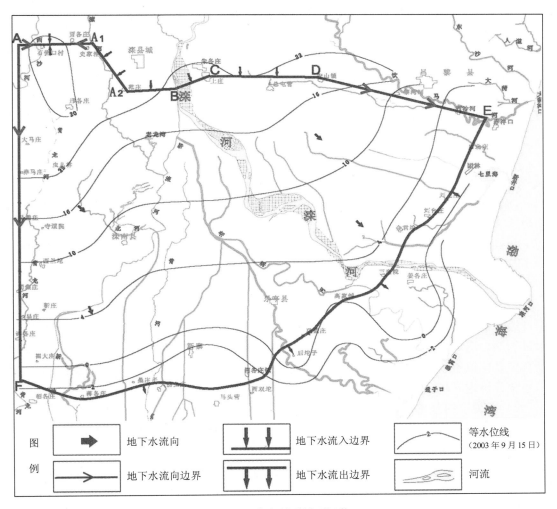

图 4-5　水文地质模型概化

均衡方程的建立：本区地下水运动以垂直交替运动为主，侧向径流为辅，各含水组之间有一定的水力联系，不考虑系统内部各含水组之间的水量转化关系，依据水均衡原理，建立均衡方程如下：

$$Q_补 - Q_排 = Q_储变 \tag{4-4}$$

$$Q_补 = Q_降 + Q_井归 + Q_渠渗 + Q_渠归 + Q_河入 + Q_侧入 \tag{4-5}$$

$$Q_排 = Q_工业 + Q_农业 + Q_生活 + Q_侧出 + Q_蒸 + Q_河出 \tag{4-6}$$

式中：$Q_补$ —— 地下水总补给量，$10^4\ \mathrm{m^3/a}$；

$\qquad Q_排$ —— 地下水总排泄量，$10^4\ \mathrm{m^3/a}$；

$\qquad Q_储变$ —— 地下水储变量，$10^4\ \mathrm{m^3/a}$；

$\qquad Q_降$ —— 大气降雨入渗补给量，$10^4\ \mathrm{m^3/a}$；

$\qquad Q_井归$ —— 农田井灌回归量，$10^4\ \mathrm{m^3/a}$；

$\qquad Q_渠渗$ —— 渠道渗漏补给量，$10^4\ \mathrm{m^3/a}$；

$Q_{渠归}$ —— 农田地表水灌溉回归量，$10^4 \, m^3/a$；

$Q_{河入}$ —— 河流入渗补给量，$10^4 \, m^3/a$；

$Q_{侧入}$ —— 地下水侧向径流补给量，$10^4 \, m^3/a$；

$Q_{工业}$ —— 工业用水开采量，$10^4 \, m^3/a$；

$Q_{农业}$ —— 农业用水开采量，$10^4 \, m^3/a$；

$Q_{生活}$ —— 生活用水开采量，$10^4 \, m^3/a$；

$Q_{侧出}$ —— 地下水侧向径流排泄量，$10^4 \, m^3/a$；

$Q_{蒸}$ —— 地下水潜水蒸发量，$10^4 \, m^3/a$；

$Q_{河出}$ —— 地下水的河流排泄量，$10^4 \, m^3/a$。

均衡区均衡期地下水总补给量为 $65\,833.70 \times 10^4 \, m^3/a$，总排泄量为 $70\,285.72 \times 10^4 \, m^3/a$，均衡差为 $4\,452.02 \times 10^4 \, m^3/a$，地下水储存变化量为 $-4\,340.11 \times 10^4 \, m^3/a$。矿区内矿山排水量为 $-3\,640.87 \times 10^4 \, m^3/a$，占总排泄量的 5%。矿区开采对地下水资源损失有一定的贡献值，但不是主要贡献因素。

方法三：水文地质比拟法

1）基本原理：通过应用水文地质条件与开采条件相似的生产矿井用水资料，建立井田自然因素与生产因素与水位、水量之间的经验公式，并以此推测新开采区对地下水水位、水量影响。迄今为止，用于矿井涌水量预测的比拟法可分为富水系数法、单位涌水量法和函数关系比拟法。对于煤炭开采对地下水水位和水量的影响，可借鉴矿井涌水量方法，应用系统分析建立广泛应用范围的比拟法预报模型。

2）比拟法的基本思路：认为矿井水来自周围的地质体；水量和水位随着开采深度、巷道长度等因素呈现规律性变化；用经验公式抽象这种规律的数学模式；在此基础上，获得预测的水量和水位。

3）比拟公式建立的步骤：根据水量、水位与各生产要素的对比法分析选入基本相关因素；建立水量、水位与相关因素之间的数学关系雏形，应用最小二乘法、分组平衡法等优化方法拟合参数；应用实际资料进行验证与修正，得出较合理的经验公式，流程如图 4-6 所示。

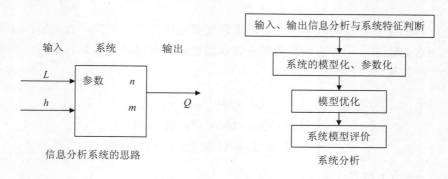

图 4-6 系统分析法建立水文地质比拟公式的流程

4）优点：适用于水文地质条件较简单的地区，方法简单，结果符合实际条件。

5）缺点：对于水文地质条件复杂地区，难以确立水量、水位与各要素之间的相关关系，计算结果偏差较大。

6）方法应用实例

通过对风水沟煤矿历年疏干排水资料的统计分析及特征研究，结合矿井水文地质条件，实际观测资料证实，矿井涌水量的大小与开拓面积、开采水平呈非线性关系。因此，通过取对数优化拟合参数，建立了不同开采水平、开拓面积的矿井单位涌水量比拟法计算公式，并对矿井的一采区、二采区的涌水量进行了分析预测。结果表明，矿井单位涌水量比拟法计算公式预测的 2007 年、2008 年和 2009 年涌水量与实际疏干排水量之间的误差分别为 6.5%、8.7% 和 7.9%，预测精度较高，值得借鉴推广。

方法四：数值法

1）基本原理：以地下水运动微分方程的定解问题为基础，描述地下水系统状态的连续函数在时间、空间上离散化，求得函数在有限节点上的近似值。

2）适用条件：在水文地质条件清楚、数据丰富的基础上，数值法可以解决复杂水文地质条件和地下水开发利用条件下的地下水资源评价问题，如非均质含水层、各类复杂边界含水层、多层含水层地下水开采问题等；可进行地下水补给资源量和可采资源量的评价；可以预测各种开采方案下地下水位的变化，即预报各种条件下的地下水状态。

3）评价的步骤：在水文地质条件分析的基础上，建立水文地质概念模型和数学模型，对数学模型进行空间离散（剖分），确定模拟期和预报期，运行模型识别水文地质条件，最后用识别好的模型进行地下水资源评价和水位预报，流程见图 4-7。

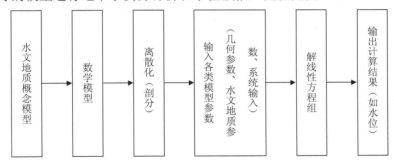

图 4-7　地下水数值模拟计算流程

① 资料收集：同"对比分析法"中的资料收集。

② 水文地质条件分析。分析研究计算区域的地质和水文地质条件，是运用数值法进行地下水资源评价的重要基础。根据评价区的地质、水文地质条件、评价的任务及取水工程的类型、布局等，合理确定计算区域以及边界的位置和性质，有助于下一步的模型识别。水文地质条件分析主要包括分析地下水系统结构（空间分布）及其参数、地下水运动状态（地下水稳定流的裘布依公式 D，地下水非稳定流的泰斯公式 T，承压水/潜水 C/P）以及边界条件和边界值。

a. 地下水系统结构（空间分布）及其参数，包括含水介质厚度；含水介质透水性、储水性，做出含水层非均质分区图，即根据渗透系数 K 和给水度进行分区；查明主要含水层与其他含水层的水力联系。对于条件复杂的地区，应进行适当的概化；

b. 地下水运动状态（D，T，C/P），明确地下水的性质、流态和维数，即地下水是承压水还是无压水；是层流还是紊流；是一维、二维，还是三维。

　　c. 边界条件和边界值，区域边界定义了计算区域的范围，而边界条件的给定对于地下水资源的评价结果有着较大的影响，是运用数值法进行地下水资源评价的重要工作。最好以自然边界作为模型边界，即以完整的水文地质单元作为模拟区。当边界条件复杂，给出定量数据有困难时，应通过专门的抽水试验来了解，也可以留待识别模型时进行验证或修正边界条件。

　　③ 建立水文地质概念模型和数学模型。实际的水文地质条件是十分复杂的，要想完善地建立描述模拟区地下水系统的数值模型是困难的。因此，应根据水文地质条件和地下水资源评价的目的，对实际的水文地质条件进行简化，这一过程称为水文地质条件的概化。其原则为：根据评价目的和要求，所概化的水文地质概念模型应反映地下水系统的主要特征；概念模型要简单明了；概念模型要能够用于进一步的定量描述，以便建立描述符合研究区地下水运动规律的微分方程的定解问题。

　　水文地质条件的概化通常包含以下几方面：计算区域几何形状的概化，含水性质的概化，边界性质的概化，如承压、潜水或承压转无压含水层、单层或多层含水层系统、边界性质的概化；参数性质（均质或非均质，各向同性或各向异性）的概化，地下水流状态（一维、二维或三维）的概化等。

　　对于非均值、各向异性、空间三维结构、非稳定地下水流系统，其数学模型为：

$$\mu_s \frac{\partial h}{\partial t} = \frac{\partial}{\partial x}\left(K_x \frac{\partial h}{\partial x}\right) + \frac{\partial}{\partial y}\left(K_y \frac{\partial h}{\partial y}\right) + \frac{\partial}{\partial z}\left(K_z \frac{\partial h}{\partial z}\right) + W \tag{4-7}$$

式中：μ_s —— 贮水率，1/m；

　　　　h —— 水位，m；

　　　　K_x、K_y、K_z —— 分别为 x、y、z 方向的渗透系数，m/d；

　　　　t —— 时间，d；

　　　　W —— 源、汇项，1/d

　　④ 空间离散（剖分）。对计算区域进行剖分是数值法的重要工作之一。不同的计算方法剖分形式各不相同。从形状上有矩形网格和不规则剖分（三角、任意四边形等）。剖分时应考虑各种分区界限，如参数分区、行政分区、地表水体以及断层等。剖分的疏密程度要按照以下几点要求：在重点评价区和重要开采地段应加密剖分单元；在地下水水位变化较大地区应适当加密；在水文地质条件变化较大地区也应进行加密。此外，剖分时要尽量将主要开采井和拟合水位用的观测井放到节点上。

　　⑤ 定解条件处理。根据水文地质条件分析，确定初始条件和边界条件的性质。数学公式如下：

　　a. 初始条件

$$h(x, y, z, t) = h_0(x, y, z) \quad (x, y, z) \in \Omega, \ t = 0 \tag{4-8}$$

式中：$h_0(x, y, z)$ —— 已知水位分布；

　　　　Ω —— 模型模拟区域。

　　b. 边界条件

第一类边界：

$$h(x,y,z,t)|_{\Gamma_1} = h(x,y,z,t) \qquad (x,y,z) \in \Gamma_1, \ t \geqslant 0 \qquad (4\text{-}9)$$

式中：Γ_1 —— 一类边界；

$h(x,y,z,t)$ —— 一类边界上的已知水位函数。

第二类边界：

$$K\frac{\partial h}{\partial n}|_{\Gamma_2} = q(x,y,z,t) \qquad (x,y,z) \in \Gamma_2, \ t \geqslant 0 \qquad (4\text{-}10)$$

式中：Γ_2 —— 二类边界；

K —— 三维空间上的渗透系数张量；

n —— 边界Γ_2的外法线方向；

$q(x,y,z,t)$ —— 二类边界上已知的流量函数。

第三类边界：

$$(K(h-z)\frac{\partial h}{\partial n} + \alpha h)|_{\Gamma_3} = q(x,y,z) \qquad (x,y,z) \in \Gamma_3, \ t \geqslant 0 \qquad (4\text{-}11)$$

式中：α —— 已知函数；

Γ_3 —— 三类边界；

K —— 三维空间上的渗透系数张量；

n —— 边界Γ_3的外法线方向；

$q(x,y,z,t)$ —— 三类边界上已知的流量函数。

⑥ 确定模拟期和预报期。根据资料情况和评价的要求确定模拟期和预测期。模拟期主要用来识别水文地质条件和计算地下水补给量；而预测期则用于评价地下水可开采量和预测一定开采条件下的地下水位。对于地下水水量评价，一般取一个水文年或若干水文年作为模拟期。这样可最大限度地避免前期水文因素对地下水系统的影响。在确定模拟期后，应给出初始时刻的地下水流场，并将其内插到各节点上。

⑦ 水文地质识别。为了验证所建立的数值模型是否符合实际，要根据抽水试验的水位动态来检验其是否正确。即在给定参数、各补排量和边界、初始条件下，通过比较计算水位与实测水位，验证模型的正确性。这一过程，称为模型识别或水文地质条件识别（见图 4-8）。

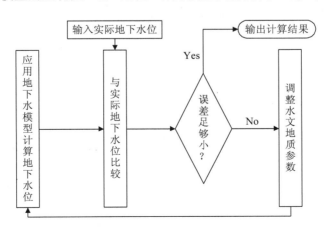

图 4-8 水文地质参数识别流程

识别既可以对水文地质参数进行识别，也可以对水文地质边界性质、含水层结构做进一步的确认。识别的准则为：计算的地下水流场应与实际地下水流场基本一致，即两者的地下水位等值线应基本吻合；模拟期计算的地下水位变化趋势应与实际变化趋势一致，即两者的地下水位动态过程基本吻合；实际地下水补排差应接近于计算的含水层储存量的变化值；识别后的水文地质参数、含水层结构和边界条件符合实际水文地质条件。满足以上准则则可认为数值模型反映了计算区域的地下水流动规律，可用于地下水资源的评价和预报。反之，则应对水文地质概念模型进行适当修改，以达到上述要求。

⑧ 地下水资源评价与水位预报。经过验证的模型只能说是符合勘探试验阶段实际情况的模型。进行开采动态预报时，还应考虑开采条件下可能出现的变化，如边界条件和地下水的补给排泄。

根据开采条件修正模型后，便可用来正演计算。可解决如下问题：预报一定开采条件下，水位降深的空间分布和随时间的变化情况；各含水层水质变化时空演变规律；不同开采方案的比较；开采方案的优选；地表水和地下水的统一调度、综合利用；水资源综合管理等。

4）优点：适用于水文地质条件较复杂地区，可以设计不同方案进行预测，输出结果直观。

5）缺点：耗时长、资金投入量大，对研究者的要求高。

（2）地下水水质影响后评价

方法一：对比分析法

1）基本原理：收集不同时间节点的地下水水质数据，采用标准指数法进行评价，确定各时间节点水质是否超标，对比各监测因子的浓度变化，尤其关注浓度变化大的监测因子，分析其变化的原因。

2）适用条件：数据较全面的情况，适用于现状评价。

3）评价步骤：

① 资料收集：收集各类与地下水水质状况有关的数据，尤其是环评报告中要求进行长期观测的水质监测孔的动态数据。

② 时间节点划分：根据收集资料及矿井开采特点，一般可划分为两个阶段，即矿井开采前和矿井开采至今，针对个别开采历史久远的或者变更频繁的矿井，可根据需要进一步细化各阶段，以便对比不同阶段水质变化，分析水质变化的趋势。

③ 现状调查：重点调查可能存在污染源地区及周边的地下水水质变化情况，一般是工业场、排土场和加油站周边，同时为了说明水文地质单元整体的水质现状，应收集相关资料。若评价范围周边存在重要的敏感保护目标，如水源地等，则应将其作为评价范围的一部分。

④ 数据整理分析：整理各阶段的数据资料，根据时间节点进行归类，采用标准指数法分析各阶段水质状况；另外，针对同一水质点不同时间的水质情况进行对比分析，对于长期动态监测资料进行动态分析，总结水质变化趋势。

⑤ 原因分析及提出措施建议：根据以上结果，分析总结水质变化的原因，对于由于矿井生产致使水质恶化的，则需要找出污染源，提出有效的补充措施。

4）优点：简单、直观、快速、经济且有说服力。

5）缺点：获取数据有一定困难。

方法二：解析法

1）基本原理：根据地下水水动力弥散方程，通过数学解析公式，计算水质浓度。

2）适用条件：理想条件下的水文地质条件。

3）评价步骤：

① 资料收集：收集各类与地下水水质状况有关的数据，以及水文地质参数和水动力弥散系数等相关参数；

② 污染源强的确定：在项目未投产前，一般都是按假设情景进行模拟，其污染源强因人而异，很难给出较合理的数据。而在后评价中，可以根据项目的运营情况，分析项目运营过程中的各个产污环节，根据项目实际的运行情况，通过统计结果，给出合理的污染源强。

③ 公式选择：根据水文地质条件，选定合适的解析公式。关于水动力弥散方程有：

一维稳定流动一维水动力弥散问题

a. 一维无限长多孔介质柱体，示踪剂瞬时注入：

$$C(x,t) = \frac{m/w}{2n\sqrt{\pi D_L t}} e^{-\frac{(x-ut)^2}{4D_L t}} \tag{4-12}$$

式中：x —— 距离注入点的距离，m；

　　　t —— 时间，d；

　　　$C(x,t)$ —— 时刻 x 处的示踪剂浓度，mg/L；

　　　m —— 注入的示踪剂质量，kg；

　　　w —— 横截面面积，m²；

　　　u —— 水流速度，m/d；

　　　n —— 有效孔隙度，量纲为一；

　　　D_L —— 纵向 y 方向的弥散系数，m²/d；

　　　π —— 圆周率。

b. 一维半限长多孔介质柱体，一端为定浓度边界：

$$\frac{C}{C_0} = \frac{1}{2} erfc \frac{(x-ut)}{2\sqrt{D_L t}} + \frac{1}{2} e^{\frac{ux}{D_L}} erfc \frac{(x+ut)}{2\sqrt{D_L t}} \tag{4-13}$$

式中：x —— 距离注入点的距离，m；

　　　t —— 时间，d；

　　　C —— t 时刻 x 处的示踪剂浓度，mg/L；

　　　C_0 —— 注入示踪剂的浓度，mg/L；

　　　u —— 水流速度，m/d；

　　　D_L —— 纵向弥散系数，m²/d；

　　　$erfc(\ )$ —— 余误差函数（可查《水文地质手册》获得）。

一维稳定流动二维水动力弥散问题

a. 瞬时注入示踪剂——平面瞬时点源：

$$C(x,y,t) = \frac{m_M / M}{4\pi n\sqrt{D_L D_T t}} e^{-\left[\frac{(x-ut)^2}{4D_L t} + \frac{y^2}{4D_L t}\right]} \tag{4-14}$$

式中：x，y —— 计算点处的位置坐标；

$\quad\quad t$ —— 时间，d；

$\quad\quad C(x,y,t)$ —— t 时刻点（x，y）处的示踪剂浓度，mg/L；

$\quad\quad M$ —— 承压含水层的厚度，m；

$\quad\quad m_M$ —— 长度为 M 的线源瞬时注入的示踪剂质量，kg；

$\quad\quad u$ —— 水流速度，m/d；

$\quad\quad n$ —— 有效孔隙度，量纲为一；

$\quad\quad D_L$ —— 纵向弥散系数，m^2/d；

$\quad\quad D_T$ —— 横向 y 方向的弥散系数，m^2/d；

$\quad\quad \pi$ —— 圆周率。

    b. 连续注入示踪剂——平面连续点源：

$$C(x,y,t) = \frac{m_t}{4\pi Mn\sqrt{D_L D_T}} e^{\frac{xu}{2D_L}\left[2K_0(\beta) - W\left(\frac{u^2 t}{4D_L}, \beta\right)\right]} \tag{4-15}$$

$$\beta = \sqrt{\frac{u^2 x^2}{4D_L^2} + \frac{u^2 y^2}{4D_L D_T}} \tag{4-16}$$

式中：x，y —— 计算点处的位置坐标；

$\quad\quad t$ —— 时间，d；

$\quad\quad C(x,y,t)$ —— t 时刻点（x，y）处的示踪剂浓度，mg/L；

$\quad\quad M$ —— 承压含水层的厚度，m；

$\quad\quad m_t$ —— 单位时间注入示踪剂的质量，kg/d；

$\quad\quad u$ —— 水流速度，m/d；

$\quad\quad n$ —— 有效孔隙度，量纲为一；

$\quad\quad D_L$ —— 纵向弥散系数，m^2/d；

$\quad\quad D_T$ —— 横向 y 方向的弥散系数，m^2/d；

$\quad\quad \pi$ —— 圆周率；

$\quad\quad K_0(\beta)$ —— 第二类零阶修正贝塞尔函数，可查《地下水动力学》；

$\quad\quad W\left(\dfrac{u^2 t}{4D_L}, \beta\right)$ —— 第一类越流系统井函数，可查《地下水动力学》。

    ④ 代入各参数，计算所需浓度。

    4）优点：简单、直观、快速、经济。

    5）缺点：应用条件太苛刻，计算的数值一般偏大。

    <u>方法三：数值法</u>

    地下水水流是溶质运移的载体，地下水溶质运移数值模拟应在地下水水流场模拟基础

上进行，因此地下水溶质运移数值模型包括水流模型[见 4.1.2.2 中（1）的方法四数值模型]和溶质运移模型两部分。

1）数学模型方程式为：

$$R\theta \frac{\partial C}{\partial t} = \frac{\partial}{\partial t}\left(\theta D_{ij}\frac{\partial C}{\partial x_j}\right) - \frac{\partial}{\partial x_i}\left(\theta v_i C\right) - WC_s - WC - \lambda_1 \theta C - \lambda_2 \rho_b \overline{C} \qquad （4-17）$$

式中：R —— 迟滞系数，量纲为一，$R = 1 + \dfrac{\rho_b}{\theta}\dfrac{\partial \overline{C}}{\partial C}$；

ρ_b —— 介质密度，mg/L；

θ —— 介质孔隙度，量纲为一；

C —— 组分的浓度，mg/L；

$\overline{C}$ —— 介质骨架吸附的溶质浓度，mg/L；

t —— 时间，d；

x，y，z —— 空间的位置坐标，m；

D_{ij} —— 水动力弥散系数张量，m²/d；

v_i —— 地下水渗流速度张量，m/d；

W —— 水流的源和汇，1/d；

C_s —— 组分的浓度，mg/L；

λ_1 —— 溶解相一级反应速率，1/d；

λ_2 —— 吸附相反应速率，L/（mg·d）。

2）定解条件

初始条件：

$$C(x,y,z,t) = c_0(x,y,z) \qquad (x,y,z) \in \Omega，\ t = 0 \qquad （4-18）$$

式中：$c_0(x,y,z)$ —— 已知浓度分布；

Ω —— 模型模拟区域。

边界条件：

a. 第一类边界——给定浓度边界：

$$C(x,y,z,t)|_{\Gamma_1} = c(x,y,z,t) \qquad (x,y,z) \in \Gamma_1，\ t \geqslant 0 \qquad （4-19）$$

式中：Γ_1 —— 定浓度边界；

$c(x,y,z,t)$ —— 定浓度边界上的浓度分布。

b. 第二类边界——给定弥散通量边界：

$$\theta D_{ij}\frac{\partial h}{\partial x_j}\Big|_{\Gamma_2} = f_i(x,y,z,t) \qquad (x,y,z) \in \Gamma_2，\ t \geqslant 0 \qquad （4-20）$$

式中：Γ_2 —— 通量边界；

$f_i(x,y,z,t)$ —— 边界 Γ_2 上已知的弥散通量函数。

c. 第三类边界——给定溶质通量边界：

$$(\theta D_{ij}\frac{\partial C}{\partial x_j} - q_i C)|_{\Gamma_3} = g_i(x,y,z,t) \qquad (x,y,z) \in \Gamma_3, \ t \geq 0 \qquad (4\text{-}21)$$

式中：Γ_3 —— 混合边界；

$g_i(x,y,z,t)$ —— Γ_3 上已知的对流—弥散总的通量函数。

3）优点：适用于水文地质条件较复杂地区，可以设计不同方案进行预测，输出结果直观。

4）缺点：耗时长、资金投入量大，获取参数难，对研究者的要求高。

综上所述，地下水后评价在说明现状的同时应说明自建矿到现在，评价区水文地质条件的变化过程、居民水源层位和水位的变化过程、目的含水层水位和流场的变化过程、煤矿涌水层位和涌水量的变化过程、重要的与项目有关的敏感点（如水源地、湿地等）的水文地质条件和地下水水位流场的变化过程、水文地质问题的演变过程。

此外，关注项目产生的地下水问题是否如批复环评中预测一致或相近，通过对比修正项目环评预测的结果，总结项目产生的地下水环境问题，分析产生的原因，根据已有资料，对地下水评价中各相关参数进行修正，有利于在下一步预测中对基础数据、预测模式进行优化调整。验证性评价包括地下水环境情景验证和地下水保护措施有效性验证两部分。情景验证的目的在于说明后评价阶段的地下水环境现状与上次环评阶段预测的地下水环境状况是否一致。其主要评价方法为对比法，将上次环评阶段中地下水章节结论与本次调查结果一一对应，说明其差异性和原因，为预测调整做出理论依据。

保护措施有效性验证是基于水文地质问题复杂性而出现的。地下水保护措施往往具有不确定性的特点，相同的措施在不同的水文地质条件下，甚至在相同水文地质单元的不同区域都会有不同的效果。同时，地下水保护措施是否有效，又影响到地下水环境情景预测的准确性。因此，地下水保护措施的有效性必须要定期进行验证。应根据项目运行生产的情况及现状监测的结果，对地下水保护措施有效性进行评价。确定地下水保护措施有效性，也是下一步是否继续贯彻地下水保护措施的理论基础。

根据现状评价与对比分析，根据项目实际生产特点及收集的相关资料，选取适合当地水文地质条件的预测方法，进一步细化下一阶段的预测结果，为提出下一阶段的地下水保护措施，提供有力依据。

4.1.2.3 地下水环境影响后评价与评价的异同分析

（1）现状评价与后评价的关系

后评价中现状评价分为回顾性评价和验证性评价，而地下水影响现状评价只是对环境现状进行论述。后评价中回顾性评价是动态评价，重点是具有供水意义含水层的水位动态变化过程，与项目建设、运营的相关关系，及由地下水环境变化引起的环境水文地质问题演变过程。验证性评价则是对地下水环境影响评价预测和保护措施的验证，并通过验证对下一阶段的预测进行修正，对措施进行改善或者完善。因此，后评价现状评价是对影响评价的验证和影响预测的修正。

（2）现状评价的异同

1）评价目的

环境影响评价的现状调查、评价是对项目建设前的环境进行评述；而后评价是对项目建设、运行一段时间后的环境进行评述。二者都是为了调查现状存在的问题，为了影响预测提供基础数据，前者是为了说明项目建设前的环境问题，即说明项目建设的环境背景，而后者则是为了调查项目建设、运行对环境的影响，即说明项目建设、运营产生的环境问题。后评价更注重建设前至现状的动态变化，分析各要素之间的相关关系，最终找出产生环境地质问题的关键环节，为提出针对性的措施提供有力的依据。因此，两者既有区别，也有一定的内在联系。

2）资料收集

后评价现状调查需收集项目建设、运营期的长期观测动态资料，调查项目引起的环境地质问题；在现有资料不足时，根据评价需要，有针对性地做补充现状监测和环境水文地质勘查与试验。地下水环境影响现状评价对项目的不同等级有不同的评价要求，是为了做到对现有环境地质问题的说明，而后评价现状调查则是为了查明项目的建设、运营对环境是否有影响及影响程度，因此其调查、监测和补充勘查与试验更有针对性，可以减少不必要的工程量。

3）调查评价范围

后评价调查评价范围以重点调查范围为主，即水位降落漏斗包含的范围；而地下水环境影响评价的调查评价范围（参见 HJ 610—2011），则考虑以水文地质单元或者地下水块段为调查范围。后评价的调查范围原则上小于地下水环境影响评价范围，实际工作中，应根据项目建设、运营产生的影响，所处地区的水文地质条件及周边环境保护目标和项目的敏感程度，适当调整调查范围。

4）调查评价时段

地下水环境影响后评价调查评价的时段分为两个时段，即建设前环境现状和后评价时期的环境现状；而环境影响评价只有一个时段，即建设前环境现状。地下水后评价中的现状评价有重要的指导意义，是下一阶段预测的基础。

（3）预测评价的异同

1）评价内涵

地下水环境影响评价预测是在项目建设前现状调查的基础上，应用解析法和数值法进行的预测，是在理想概化条件下做出的预测结果；而后评价影响预测，则是在项目建设、运营一段时间的基础上，以类比分析预测为主，数值模拟预测为辅。地下水环境影响评价预测没有识别、反演的基础数据，而环境影响后评价则能更好地对各种预测方法进行修正。因此，后评价的影响预测在一定阶段内，其结果更符合实际的条件，更有指导意义。

2）水质影响预测

地下水环境影响评价中水质影响预测中污染物源强的确定是难点。后评价影响预测中污染源强的确定则可以依据项目的生产运营情况，给出污染物的源强。

① 地下水污染因子的确定。对于工业场地来说，煤泥水循环利用，不外排，生活污水经处理后全部回用，矿井（坑）水则经处理后达标排放。若考虑非正常工况条件下，存在"跑、冒、滴、漏"情况，根据工业场地污水水质监测，一般是悬浮物和 COD 超标，COD是化学需氧量，随水流扩散大量降解，不适合作为污染因子来模拟，因此，在项目运行前很难确定其污染因子。

而后评价可根据项目运行情况及长期的水质监测数据，通过统计分析，确定污染因子。

② 地下水污染物排放量的确定。地下水环境影响评价中煤矿项目工业场地的产污环节是煤泥水处理和生活污水处理。大多数项目的这些环节中，煤泥水循环使用，污水处理后全部回用，而矿井水处理后全部回用或部分外排，其污水排放量在全部回用情况下，污水排水量为零。而 HJ 610—2011 要求同时给出污染物正常排放和事故排放两种工况的污染趋势预测结果。由上述分析可知，在正常工况下是没有污染排放的；而在非正常工况下，即煤泥水存在"跑、冒、滴、漏"的情况下，污水排放量是很难确定的。现行一般都是按假设情景进行模拟，其污染物排放量因人而异，很难给出较合理的数据。

而在后评价中，可以根据项目的运营情况，分析项目运营过程中的各个产污环节，根据项目实际的运行情况，通过统计结果，给出合理的污染物排放量。

4.1.3 污染类环境影响后评价

煤炭项目生产区可分为地下煤炭开采区和地面煤炭加工区两部分。地下煤炭开采带来的环境问题主要为煤炭开采后的地下水环境影响以及由此诱发的地面生态环境影响，该类影响具有范围大、时间长的特点。地面煤炭加工区同一般工业项目类似，以污染类环境影响为主，主要包括大气环境、地表水环境、声环境及土壤环境影响，煤矿项目污染的环境影响后评价内容主要包括污染源防治措施及矿区周围环境质量评价，污染源防治措施的评价具体是对污染防治设施的建设、运行和有效性进行评估，见"煤炭开采工程环境保护措施有效性评估"小结。

对于环境质量可采取以下方法进行评价：

（1）文案调研法

对污染源的防治措施有效性主要通过收集监测数据。收集资料的来源主要包括历次环境影响评价的监测数据、环保竣工验收监测数据以及例行监测数据，污染源在线监测系统数据等。该方法无论对于露天矿还是井工矿均具有较强的实用性。

（2）现场勘查与监测法

该方法适用于矿区环境质量后评价，主要通过对煤矿工业场地周围环境进行勘查和环境质量监测来开展后评价。勘查的目的主要是对项目污染影响区内的污染源及敏感目标变化进行调查，根据调查分析煤矿项目影响区内是否有新增污染源和新增敏感保护目标，如果有新增污染源则后评价主要考虑污染的叠加影响。对矿区周围环境质量评价主要通过实测数据，与周围环境质量标准及项目环评时的环境质量监测数据进行对比分析。同时，针对某些煤炭开采项目，现场勘查中对敏感人群健康调查也是污染环境影响后评价的重要方法。

煤矿开采项目的大气环境质量监测对象，井工矿主要为工业场地周围环境敏感目标及区域环境空气质量，露天矿主要为采掘场及排土场无组织源周围环境敏感目标及区域环境空气质量。地表水体环境质量监测主要对项目排污有关的河流水环境进行监测。噪声环境质量主要监测工业场地以及储运工程影响区内敏感点。

（3）比标法——对比分析法

比标法是污染环境影响后评价中的主要评价方法与基本评价方法。比标法的关键在于后评价执行的环境质量标准和污染物排放标准的确定，主要确定原则如下：环境质量标准选用最新颁布的环境质量标准，以判断环境敏感目标是否满足保护要求；污染物排放标准根据污染物治理设施建设运行情况确定，对于污染物治理设施与环境影响报告书中及审查意见一致的，污染物排放标准采用评价文件审查结论中经环境保护主管部门确认的污染物排放标准执行，有替换标准按标准执行；当项目投产时或投产后，污染治理设施较环境影响评价文件与审查意见中的环保设施有改进的，且国家或地方颁布实施了新的污染物排放标准，或某项污染物排放标准被新发布实施的标准替代而废止时，污染物排放标准按照最新污染物排放标准执行。总之，污染物排放标准的选择应既服务于检验污染物达标排放，又服务于环保设施有效性评估。

对于个别环境要素，现阶段还没有环境保护标准的，可按照实际调查情况给出评价。

（4）回顾分析与相关性分析法

分析同一环境要素在不同开采时段、不同污染物治理设施下的变化趋势，分析其与煤炭开采工程变更的相关性以及环保设施的有效性，从而从更深层次进行污染环境要素环境质量与煤矿开采的机理研究。

（5）数理统计法

环境影响后评价通过文案调查收集的大量数据蕴藏着环境质量的空间分布及其变化趋势，是环境质量后评价的基础资料，常与回顾性分析与相关性分析方法结合使用。通过借助相关统计软件分析的结果可以反映各污染物的平均水平及其离散程度、超标倍数和频率、浓度的时空变化等。

（6）环境质量指数法

"环境质量指数"（Environmental Quality Index）是将大量监测数据经统计处理后求得其代表值，以环境质量标准或污染物排放标准作为评价标准，把它们代入专门设计的计算式，换算成定量和客观地评价环境质量的无量纲数值。常与比标法或数量统计方法结合使用。

后评价过程多以单要素环境质量评价为主，如大气质量指数（Air Quality Index）、水质指数（Water Quality Index）或是由若干个用单独某一个污染物或参数反映环境质量的"分指数"，或是用该要素若干污染物或参数按一定原理合并构成反映几个污染物共同存在下的"综合质量指数"。环境质量指数法的特点，是能适应综合评价某个环境因素乃至几个环境因素的总环境质量的需要。此外，大量监测数据经过综合计算成几个环境质量指数后，可提纲挈领地表达环境质量，既综合概括，又简明扼要，同时适用于后评价中不同时间序列数据的比较。

4.2　生态损益评估技术方法

生态损益评估主要适用于露天煤矿以及由于井工煤矿积水等原因导致土地利用结构发生较大变化的区域。煤炭开采生态环境影响由于其生态演替的渐进性、隐蔽性，使生态评估尤其是生态损益评估逐步成为近年来生态环境影响评价的热点与难点问题。目前，主要的评估方法可以概括为基于计量经济学的生态服务功能评价以及基于能值分析的生态服务功能评价。

4.2.1　基于计量经济学的生态损益评估

第 3 章已对生态经济损益评估的基本原理——生态服务功能含义及价值评估进行了详

细的论述。本节主要针对煤炭开采项目以及煤矿生态服务功能价值构成，分析煤炭开采生态环境影响经济损益评估的工作内容以及生态价值评估的特殊性。

4.2.1.1　生态损益评估流程

根据生态系统服务功能的价值评估理论，煤矿项目环境影响后评价中生态损益分析的工作内容和流程如下：

1）根据遥感影像、土地利用现状图等资料，利用"3S"技术，对煤矿开发前后不同时期土地利用类型和结构的变化情况进行分析。

2）确定单位面积农田食物生产服务功能价值。

3）确定单位面积的生态服务价值。根据生态系统服务价值当量因子表和农田单位面积食物生产服务的经济价值，计算各土地利用类型的生态服务功能的单价。

4）计算煤矿开发前后不同时段的生态服务功能总价值。根据各类土地利用类型面积和其生态服务功能的单价，计算出煤矿开发前后不同时期生态服务功能的经济价值。

5）生态影响损益分析。比较计算煤矿开发前后不同时期煤矿生态服务功能的经济价值量变化，也可重点核算某一类用地类型（如农用地、水域等）变化的生态系统服务功能价值量变化。将经济价值的增加作为正效益，经济价值的减少作为负效益。将生态整治与恢复治理投入作为成本（负效益），计算煤矿开发的生态损益情况。

4.2.1.2　生态服务功能价值参数修正

（1）修正的必要性

目前国内外对生态系统服务功能价值的计算，绝大部分都是只考虑自然生态系统，对包括建设用地在内的人工生态系统的服务价值一般都假设为零。但是人类通过各种生态建设工程和对生态系统的调控，对生态系统服务功能及其价值可能产生各种正面或负面的影响。将自然生态系统为人类提供的各种生产供给、环境调节、物质流通和文化孕育功能价值视为正向价值；将自然生态系统由于各种灾害的发生等造成人类社会经济发展的损失部分视为负向价值；将人工生态系统中人类通过积极的生态建设活动而使其发挥正向影响的部分视为正向价值；将人工生态系统中人类活动使其自身基本丧失了生态服务功能的部分视为负向价值。因此自然生态系统和人工生态系统均表现出一定的正负价值。

由于目前国内对城镇和道路等非自然类的陆地生态系统类型的生态价值研究不足，城镇居民点、工矿企业及交通道路的生态系统服务功能价值被忽略。冉圣宏等根据相关专家的实际计算结果，适当调整了计算参数；石垚等参考了研究中国生态系统服务功能价值的学者的一些成果，对中国不同陆地生态系统类型及各种服务功能价值的经验参数进行了部分修正，对城镇、交通道路等的部分生态系统服务功能价值视为负值，部分与负价值相关的参数并未赋值。

煤矿开发后，矿田及周边所在环境常常由开发前单一的自然生态系统演变为包含城镇、工矿企业、交通道路等人类社会-经济-自然复合生态系统。城镇、工矿企业、交通道路等对生态系统造成巨大影响。因此，煤矿项目的生态影响后评价中，生态损益分析需将城镇、工矿企业、交通道路等对生态系统的影响考虑进去，而不应忽略。同时，现有研究的生态价值主要针对自然生态系统，对农田生态系统的价值评估无统一标准。为此，需对谢高地等建立的中国陆地生态系统单位面积生态服务价值当量进行修正，才能更好地为煤矿项目生态影响后评价中生态损益分析服务。具体可从土地利用类型以及单位面积价值两方面进行修正。

（2）土地利用类型修正

参考我国现行土地利用分类体系，将城镇居民点和工矿企业占地归为居民点及工矿用地类型，将交通道路占地归为交通用地类型，在中国陆地生态系统单位面积生态服务价值当量表中增加居民点及工矿用地和交通用地两种土地利用类型。

（3）居民点及工矿用地和交通用地单位面积生态服务价值当量的确定

城镇居民点及工矿企业占地不但直接使原土地利用类型的生态系统服务功能价值减少了，另外还不断向环境排放污废水、废气、噪声、固体废物等，造成环境污染、生态破坏等负面影响，如排放各种有毒有害气体或环境空气污染物，排放大量 CO_2，对气体调节、气候调节而言都是一种负面作用；生产生活大量取用地表水、地下水，大量硬化地面影响降雨入渗，对水源涵养而言是负面影响；对废物处理、生物多样性保护、食物生产、原材料方面同样也是负面影响。

根据 Costanza 等（1997）在 *Nature* 杂志上发表的"全球生态系统服务价值和自然资本"一文中各生态服务类型的服务功能和服务内涵，对谢高地等建立的中国陆地生态系统单位面积生态服务价值当量进行修正，以农田为基准修正了居民点及工矿用地、交通用地这两种土地利用类型的价值当量，见表4-1。

表 4-1　中国陆地生态系统单位面积生态服务价值当量（修正）

服务类型	森林	草地	农田	湿地	水体	荒漠	居民点及工矿用地	交通用地
气体调节	3.50	0.80	0.50	1.80	0.00	0.00	−1.50	0.00
气候调节	2.70	0.80	0.89	17.10	0.46	0.00	−2.67	0.00
水源涵养	3.20	0.80	0.60	15.50	20.38	0.03	−1.80	−0.60
土壤形成与保护	3.90	1.95	1.46	1.71	0.01	0.02	−1.46	0.00
废物处理	1.31	1.31	1.64	18.18	18.18	0.01	−6.56	0.00
生物多样性保护	3.26	1.09	0.71	2.50	2.49	0.34	−0.71	−0.71
食物生产	0.10	0.30	1.00	0.30	0.10	0.01	−1.00	0.00
原材料	2.60	0.05	0.10	0.07	0.01	0.00	−0.30	0.00
娱乐文化	1.28	0.04	0.01	5.55	4.34	0.01	1.00	0.00

（4）农田生态系统单位面积生态服务价值量修正

目前研究在计算中国陆地生态系统单位面积生态服务价值量时，均是考虑的自然生态系统，我国的许多煤矿（尤其是东部平原区）本身处于农田生态系统中，已主要是强人工干预下的农田生态系统，与自然生态系统相去甚远。以自然状态下的单位面积农田生态系统价值量来核算强人工干预下的单位面积农田生态系统食物生产的价值量将会产生较大误差。因此，在煤矿项目的环境影响后评价的生态损益分析中需根据煤矿所处的生态系统类型和状态对此进行修正，若主要是农田生态系统（如我国华北、华东及东北平原区等），则需修正，单位面积农田生态系统食物生产的价值量无需按计算值的 1/7 计算，而应按计算值计算。若人为干预较少，主要仍维持在自然或近似自然的生态系统（如内蒙古、宁夏干旱半干旱草原区等）状态下，则无需修正，单位面积农田生态系统价值量仍按其计算值的 1/7 计算。

4.2.2 基于能值分析的生态损益评估

4.2.2.1 能值分析相关概念

能值（Emergy）理论是由美国著名生态学家 H T Odum 于 20 世纪 80 年代初创立的，用以研究生态系统与人类社会经济系统，定量分析资源环境与经济活动的真实价值以及它们之间的关系。Odum 定义能值为"某种流动或储存的能量所包含的另一种类别能量的数量"，他进一步解释为"产品或劳务形成过程中直接或间接投入应用的一种有效能（Available Energy）总量，就是其所具有的能值"。能值分析以能值作为基准，把不同种类、不同质量、不可比较的能量转换成统一的标准来比较。实际应用中能值通常以"太阳能值"（Solar Energy）来衡量某一能量的能值大小，其理论依据是：地球上的生态经济系统内各种不同形式的能量均始于太阳能，故可以太阳能值作为标准，衡量任何类别的能量；而系统内能量流动遵循热力学第一定律和热力学第二定律，随着能量在系统中的流动，一部分能量散失掉，另一部分能量形成潜能，将系统维持在高组织、低熵状态，因此形成了不同能量的高低能值等级，即不同能量具有不同的能值（Energy Quality），亦即不同的能量具有不同的太阳能值转换率（Solar Transformity）。太阳能值转换率可以衡量每焦耳某种能量（或每克某种物质）相当于多少太阳能焦耳（Solar Emjoules）的能值转化而来。一般而言，处于自然生态系统和社会经济系统较高层次上产品或生产过程具有较大的能值转换率。人类的劳动、高科技产品和复杂的生化物质等均属高能质，具有高能值转换率。

能值分析的常用概念见表 4-2。

表 4-2　能值分析基本概念

术语	定义
有效能（Energy）	具有做功能力的潜能，其数量在做功过程中减少
能值（Available Energy）	产品形成所需直接和间接投入应用的一种有效能总量
太阳能值（Solar Energy）	产品形成所需直接和间接应用的太阳能量总量
太阳能值转换率（Solar Transformity）	单位能量（物质）所含的太阳能值量
能值功率（Empower）	单位时间内的能值流量
能值/货币比率（Emergy/$ratio）	单位货币相当的能值量：由一个国家年能值利用总量除以当年 GNP 得到
能值货币价值（Emdollar value）	以能值来衡量财富价值或宏观经济价值

4.2.2.2 能值分析程序

煤炭开采生态影响多为自然生态系统或自然-人工复合生态系统。按照生态系统理论分析，任何系统的结构和功能与物质流、能量流和信息流都存在着依存关系。土地生态系统的可持续性需要以系统内部高度的自组织性和良好的有序结构为前提，而实现这些特性的前提是系统内外物质流和能量流输入与输出的动态平衡，即自然及自然-社会复合生态系统均包含能量流动，均蕴含能值。因此以能值为基准，可将不同种类、不可比较的能量转化过程化为统一标准，衡量和比较不同类别、不同等级能量的真实效应。能值分析方法从能量流动的角度提供了一个有别于货币价值核算又可表达价值量的新的生态评价方法，从而使传统无偿的自然资本和环境服务功能能够融入人类的社会经济核算系统，为人类活动的科学决策提供技术手段。

煤炭开采工程生态环境影响后评价实质是对煤炭开采对区域生态环境质量的跟踪监测与评估，以实际情况为基础的评价结果作为后续项目的参考和区域生态环境质量保护和生态系统管理的依据。因此评价需要按照生态环境影响的实际影响范围与程度，煤炭开采项目能值分析程序可以概括为两步：首先，合理界定评价边界，根据评价边界进行实地勘查，收集相关资料，了解项目运行前区域的自然环境系统的详尽状况，包括不同土地利用类型的比例、区域的地形地貌特征、区域生物资源的分布、数量、生态环境治理投资状况等；其次，选定相关评价因子，对比分析区域在开采前后或开采不同阶段自然环境系统无偿能值输入量的变化情况，评价煤炭开采工程生态环境影响效应。

4.2.2.3　生态损益分析能值指标

受影响生态环境的能值分析的关键是确定各种产品或服务的能值含量。评价的基础建立在不同土地利用类型主体生态系统服务功能的差异性上，所以能值分析主要基于土地利用结构与功能变化的分析，同时从煤炭开采至后评价时间节点，通过生态补偿与恢复不断投入，能量流动为后评价过程中不可忽略的因素。通过对目前生态系统能值分析的相关研究，可用于煤炭开采工程影响生态系统能值分析的指标见表 4-3。

表 4-3　煤炭开采工程生态损益分析能值指标

指标名称	指标概念	其他说明
系统能值应用总量	系统所拥有的真正财富，包括可更新资源能值与不可更新资源能值	利用后评价时间点与开采前的总量进行比较，进行损益分析
可更新资源所能承载人口	可更新资源能值/人口	说明其生态可持续性，通过后评价时间点与开采前的承载人口进行比较，进行损益分析
能值自给率	可更新与不可更新资源能值之和/可持续发展需能值	通过开采前与后评价时间节点的值比较其可持续性

4.3　环境保护措施有效性评估技术方法

从煤炭项目开采环境影响要素角度以及煤炭开采工程生命周期理论，煤炭开采工程环境保护措施包括污染预防控制措施、生态防护与恢复措施、固体废物处置与资源综合利用。煤炭开采工程环境保护措施有效性评估即是对以上措施的有效性进行评估，广义的有效性既包括改善环境质量的效果，维持生态系统可持续发展的效果，还包括项目利益相关者尤其是被搬迁对象的满意程度。本节重点分析其有效性评估指标以及各类措施有效性评估的技术方法。

4.3.1　环保措施有效性评估指标体系

环境保护措施有效性评估的"有效性"从本质上来讲是个相对概念，进行定性或定量评估，评估指标的建立是关键，通过对煤炭开采工程环境影响的机理分析以及环境保护措施作用的系统分析，建立煤炭环境保护措施有效性评估指标体系，见表 4-4。

表 4-4　煤炭开采工程环境保护措施有效性评估指标体系

目标层	准则层	指标层	变量层	指标意义	单位	计算方法
煤炭开采工程环境保护措施有效性	污染影响 P	水环境 P1	矿井水 SS 排放强度 P11	反映矿井水 SS 排放强度、影响及处理效果	%	至评价年 SS 累计排放量与产生量之比
			COD 排放强度 P12	反映矿井水 COD 排放强度、影响及处理效果	%	至评价年 COD 累计排放量与产生量之比
			水污染物排放达标率 P13	反映 SS、COD 的达标排放情况和处理设施的处理效果	%	至评价年 SS、COD 达标次数和与其监测次数总和之比
			单位产品排污强度 P14	反映单位产品矿井水污染物排放量	t/万 t	至评价年 SS、COD 累计排放量与原煤总产量之比
			生活污水 SS 排放强度 P15	反映生活污水 SS 排放强度、影响及处理效果	%	至评价年 SS 累计排放量与产生量之比
			COD 排放强度 P16	反映生活污水 COD 排放强度、影响及处理效果	%	至评价年 COD 累计排放量与产生量之比
			BOD$_5$ 排放强度 P17	反映生活污水 BOD$_5$ 排放强度、影响及处理效果	%	至评价年 BOD$_5$ 累计排放量与产生量之比
			氨氮排放强度 P19	反映生活污水氨氮排放强度、影响及处理效果	%	至评价年氨氮累计排放量与产生量之比
			水污染物排放达标率 P110	反映 SS、COD、BOD$_5$、氨氮的达标排放情况和处理设施的处理效果	%	至评价年 SS、COD、BOD$_5$、氨氮达标次数和与其监测次数总和之比
			单位产品排污强度 P111	反映单位产品生活污水污染物排放量	t/万 t	至评价年 SS、COD、BOD$_5$、氨氮累计排放量与原煤总产量之比
		大气环境 P2	SO$_2$ 排放强度 P21	反映 SO$_2$ 排放强度、影响及处理效果	%	至评价年 SO$_2$ 累计排放量与产生量之比
			烟尘排放强度 P22	反映烟尘排放强度、影响及处理效果	%	至评价年烟尘累计排放量与产生量之比
			无组织粉尘排放强度 P23	反映无组织粉尘排放强度、影响及处理效果	t/a	至评价年无组织粉尘评价年排放量
			大气污染物排放达标率 P24	反映 SO$_2$、烟尘、无组织粉尘的达标排放、影响和处理效果	%	至评价年 SO$_2$、烟尘、无组织粉尘达标次数和与其监测次数总和之比
			单位产品排污强度 P25	反映单位产品环境空气污染物排放量	t/万 t	至评价年 SO$_2$、烟尘、无组织粉尘累计排放量与原煤总产量之比

目标层	准则层	指标层	变量层	指标意义	单位	计算方法
煤炭开采工程环境保护措施有效性	污染影响 P	声环境 P3	厂界噪声昼间达标率 P31	反映厂界噪声昼间影响及降噪措施效果	%	至评价年各场地厂界监测点昼间噪声达标次数与其总监测次数之比
			厂界噪声夜间达标率 P32	反映厂界噪声夜间影响及降噪措施效果	%	至评价年各场地厂界监测点夜间噪声达标次数与其总监测次数之比
			昼间噪声排放强度 P33	反映厂界噪声昼间排放强度、影响及处理效果	%	至评价年各场地厂界监测点昼间噪声平均值与该场地厂界昼间噪声标准值之比
			夜间噪声排放强度 P34	反映厂界噪声夜间排放强度、影响及处理效果	%	至评价年各场地厂界监测点夜间噪声平均值与该场地厂界夜间噪声标准值之比
		固体废物 P4	固体废物排放强度 P4	反映固体废物排放强度	%	至评价年固体废物累计排放量与产生量之比
		土壤环境 P5	土壤达标率 P5	反映固体废物排放对土壤的影响	%	至评价年各土壤监测点达标项目数与监测项目数之比
	非污染生态影响 UP	地表沉陷 UP1	万吨沉陷率 UP1	反映开采沉陷影响面积	hm²/万 t	至评价年开采沉陷总面积与采煤总产量之比
		土地占用 UP2	占地强度 UP2	反映土地资源的占用情况	hm²/Mt	项目永久占地面积与设计规模之比
		植被影响 UP3	植被覆盖比 UP3	反映开采沉陷对地表植被的影响程度	%	评价年与开发前沉陷区植被覆盖率之比
		浅层地下水 UP4	水位降强度 UP4	反映开采沉陷对浅层水的影响程度	%	至评价年沉陷区及周边浅层水水位降低值与该井开发前水位之比，剔除水位降的正常年变幅
		沉陷整治 UP5	沉陷整治率 UP5	反映沉陷区整治情况	%	至评价年整治沉陷区面积与沉陷区面积之比
	社会经济影响 S	经济贡献 S1	产值贡献率 S1	反映项目建设运营对经济的贡献	%	至评价年项目累计年产值占地区工业年产值的比例
		就业贡献 S2	单位产品就业人数 S2	反映项目建设运营对就业的贡献	人/万 t	评价年实际就业人数与设计规模之比

目标层	准则层	指标层	变量层	指标意义	单位	计算方法
煤炭开采工程环境保护措施有效性	社会经济影响 S	搬迁影响 S3	搬迁强度 S3	反映单位产品搬迁人口数量	人/万t	至评价年累计搬迁人口数量与原煤产量之比
		人力损失 S4	死亡率 S4	反映死亡事故造成的人力资源损失	人/Mt	至评价年累计事故死亡人数与原煤产量之比
	资源利用 R	水资源消耗 R1	水耗强度 R1	反映单位产品新水资源消耗量	%	至评价年新水累计消耗量与原煤产量之比
		能源消耗 R2	能耗强度 R2	反映单位产品能源（电、煤、气、油）消耗量	%	至评价年能源累计消耗量（折算为标准煤）与原煤产量之比
		固体废物 R3	矸石综合利用率 R3	反映项目矸石综合利用情况	%	至评价年矸石累计综合利用量与累计产生量之比
		矿井水 R4	矿井水综合利用率 R4	反映矿井水综合利用情况	%	至评价年矿井水综合利用量与累计产生量之比
		生活污水 R5	生活污水综合利用率 R5	反映生活污水综合利用情况	%	至评价年生活污水累计综合利用量与累计产生量之比
		瓦斯 R6	瓦斯综合利用率 R6	反映高瓦斯矿井瓦斯综合利用情况	%	至评价年瓦斯矿井综合利用量与累计产生量之比
	环境管理 E	水污染防治管理 E1	矿井水处理设施投运率 E1	反映矿井水处理设施投运率	%	至评价年矿井水处理设施累计运行时间与矿井运行时间之比
			生活污水处理设施投运率 E1	反映生活污水处理设施投运率	%	至评价年生活污水处理设施累计运行时间与矿井运行时间之比
		环境空气污染防治管理 E2	环境空气污染治理设施投运率 E2	反映脱硫除尘投运率	%	至评价年脱硫除尘器累计运行时间与锅炉年运行时间之比，若有多套，总投运率为单套投运率的乘积
		环保投入 E3	环保投入强度 E3	反映持续的环境治理与改善努力及程度	元/元	至评价年环保投资累计与累计产值之比

4.3.2　环保措施有效性评估方法

4.3.2.1　污染预防控制措施有效性评估

煤炭开采项目污染预防控制措施的主要依托为污染物排放治理设施，治理对象主要为大气污染物、污水、噪声等可定量污染物。在后评价阶段由于相应的环保工程均已经建成实施，相应的排放标准和要求也基本确定，设施有效性评估方法主要包括现场勘查与监测法、资料收集法、类比法、物料平衡法、排污系数法等。

（1）现场勘查与监测法

在污染源和污染治理措施已经确定的情况下，依据相应的原则制定监测方案，通过对污染源和治理措施后的排放源进行环境监测可以得到第一手的数据，从而直接判定目前相应措施的有效性，具有结果准确、可靠的优点，但资金成本和时间成本相对较高。

该方法主要适用于煤矿企业工业场地内的锅炉房、储煤场和排矸场（排土场）无组织排放、污水处理站、厂界噪声、敏感点噪声等方面。

（2）资料收集法

为了解污染治理设施在建设运行的整个周期或某一阶段的有效性，在现场勘查与监测的同时，还可以采取资料收集法。收集的资料包括各个阶段的污染源监测数据和后评价阶段的监测数据、分时段对环保设施运行效率和污染物排放达标情况等。通过收集的资料，可以从整个时段分析环保设施运行的稳定性和可靠性。

该方法适用于煤矿企业生产期间环保设施的有效性分析对比总结。

（3）对比分析法

在污染源调查完整和环境质量监测数据具有对比性的前提下，可根据周边污染源分布和源强及环境质量变化趋势来分析影响区域环境质量变化的主要原因，分析区域环境质量变化与污染源生产的相关性，从而进一步说明污染物治理措施的有效性。

该方法适用于环境敏感问题突出的地区，有助于针对性地分析判断污染源存在的具体问题和改进途径。

（4）理论计算对比法

根据确定的污染源和处理设施的工艺参数，通过物料平衡法、排污系数法计算理论的工艺达标情况，再结合工艺实际的运行效果可以对比相关污染治理措施运行中是否存在问题并提出改进建议。

该方法适用于进一步挖掘污染治理能力、提高环保要求的情况。

4.3.2.2　生态防护与恢复措施有效性评估

生态防护与恢复措施实质包括以预防控制为主的避让与减缓措施，还包括项目运行过程及运行结束后的生态恢复措施，避让与减缓措施主要包括留设保护煤柱等限制性开采或禁采、村庄搬迁与补偿；生态恢复措施主要包括土地复垦与生态重建措施、水土保持措施。其有效性评估的方法如下：

（1）收集资料法

① 通过收集资料，查阅煤矿生产历史资料，包括开拓布置图、井上下对照图、老采空区分布图和相关部门批复的储量核实报告等，确定煤矿实际留设保护煤柱的范围和扣除的可采储量，实施分层开采、限采高开采等保护开采方法的也需要对相应的资料进行收集，

确定措施落实情况。

②通过收集煤矿委托编制和实施的土地复垦方案和水土保持方案、实际治理工程和建设的设施等资料，确定煤矿是否落实了相关的土地治理措施和水土保持措施。

③通过收集煤矿与当地村民（村委会）或其他利益相关者签订的补偿协议或合同，确定是否对受损人员进行了补偿。

（2）现场勘查法

现场勘查可以直接考察相关环保工程的建设实施情况和治理效果，尤其适用于生态环保工程、固废处置等有具体建设工程实施的内容，包括以下几个方面：

①矿田范围内生态环境目标的可达性评估。应进行现场勘查对矿田范围内的植被现状、植被覆盖率、农业生产率、林地覆盖率、水土流失量、土壤侵蚀模数、林草覆盖率、土地利用结构、生物多样性、主要动植物物种、采掘场内排复垦、外排土场和排矸场的复垦等指标进行调查、测定和评价，制定样方调查方案，根据结果和环境目标分析相应措施的实际效果。

②地下水保护措施和居民供水的落实及有效性评估。应对煤矿应落实的地下水保护措施进行现场调查，包括勘查集中供水水源井的建设情况、建设规模、供水方式、供水量、管理情况等内容，通过走访相关的居民实际用水情况确定措施的落实情况和有效性。

③实施环保采煤方法措施的落实及有效性评估。涉及实施新型采煤方法如充填开采，需要对地面充填站的实施进行勘查，确定生产能力、运行时间、充填开采比率、原料来源等内容，同时对充填开采工作面的岩移观测资料进行收集分析，确定有效性。

（3）"3S"技术及无人机测量等新技术方法

对开采前后以及开采不同时期地形地貌、地表形态、植被变化等较大的煤炭开采区域，尤其是露天开采煤矿以及东部开采积水区，可以采用以遥感监测为主结合 GPS、GIS、无人机遥感监测与地形重新测绘、三维激光扫描、差分干涉合成孔径雷达技术（D-inSAR）等方法综合进行地形地貌变化、地表植被覆盖及生产力变化评价（具体见第 5 章），在此基础上进行生态恢复与植被重建措施的有效性评估以及禁采范围内保护煤柱留设的有效性等。

（4）问卷调查法

针对一些涉及相关利益者的保护措施，重点是土地承包经营权人以及被搬迁居民，可以通过问卷调查收集信息，也可以对管理部门进行问卷调查，确定相应措施的效果，以及搬迁后农民生产、生活方式的改变。

4.3.2.3 固体废物处置、资源综合利用有效性评估

煤矿项目建设运营后固体废物处置、资源综合利用等措施逐步落实，存在相对环保验收的滞后性。此类工程的有效性实质包括相关工程建设或方案实施落实情况以及运行与运行效果两个层次，主要评估方法为现场勘查法。

现场勘查可以直接考察环保措施的有效性，尤其适用于相关资源综合利用项目建设实施情况和治理效果。

（1）排矸场或排土场建设及固废处置措施有效性评估

煤矿的排矸场、排土场或矸石转运站的建设一般情况下不可避免，相关设施必须进行现场勘查，并确定场地的选址、容量、坝体、防渗设施、挡土墙、截排沟渠、雨水收集池、

沉淀池、喷雾洒水设施等是否符合要求。

（2）综合利用措施落实有效性评估

煤矿生产的资源综合利用包括矸石、矿井水和瓦斯，应通过实地勘查相应的利用设施或依托单位，如矸石电厂、煤矸石砖厂、下游用水企业、矸石充填站、瓦斯发电站、瓦斯输送管线等，确定相应依托设施的建设、运行现状、现有生产原料或资源的来源、距离规模、可接受的资源量等信息，对比矸石、矿井水和瓦斯的产生量，分析措施的有效性。

4.3.2.4　风险防护措施及有效性评估

（1）实地勘查法

应对煤矿需要配套建设的风险防护设施进行实地勘查，主要包括设定的关于防护距离的警示牌、各项风险管理制度、重要敏感目标附近建设的截排沟池、备用的应急防护设施等。

（2）资料收集法

风险防范措施在无风险发生时无法真实验证，可通过收集相关资料结合措施的实施情况分析印证有效性。

4.4　小结

本章在对井工煤矿与露天煤矿开采环境影响特征与机理分析的基础上，分别针对主要的累积性环境影响（生态影响、地下水环境影响）以及污染类环境影响后评价技术方法进行了系统总结；基于计量学经济和能值分析两种方法开展了煤炭开采工程的生态损益评估，同时，在环境保护措施类型划分的基础上，构建了具有普适意义的煤炭开采环境保护措施有效性评估指标体系及评估技术方法。

（1）生态环境影响后评价

生态环境影响评价的内容从宏观层次上，主要为生态系统的结构与功能变化、生态系统面临的压力和存在的问题、生态系统的总体变化趋势；微观层次上，包括生态系统构成要素的变化情况，如土壤、植被等。不同项目生态环境影响后评价时空尺度的确定需针对项目生态环境影响特征合理确定，为避免时空尺度对评价结论的影响，尽量采用与评价范围相关性较低的评价指标或指标体系。鉴于此，煤炭开采项目环境影响评价分别从基于生态要素与生态系统可持续发展的角度进行评价方法研究，其中基于生态要素的后评价对象主要为地形地貌演变、土壤环境质量以及植物群落演替。

（2）地下水环境影响后评价

煤炭开采项目地下水环境影响包括水量与水质两方面。水量变化的诱因包括露天或井工开采地下水疏排、井工开采地表沉陷以及露天开采地貌重塑对含水层结构的破坏；水质变化的诱因相对简单且范围较小。由于含水层结构的复杂性与不可见性，其影响往往具有滞后性和难预测性。因此，煤炭开采地下水环境影响后评价应建立在长期观测基础上，通过分析地下水水位和水质动态变化，推断煤炭开采对地下水环境影响趋势，同时，根据影响的范围和趋势提出更有针对性的环保措施。在地下水环境影响后评价过程中，更应注重对比分析法、趋势外推法以及数值计算法的应用。

（3）污染环境影响后评价

煤炭开采项目污染类环境影响主要包括工业场地以及煤炭储运环节的大气环境影响、声环境影响、煤矸石与其他固体废弃物临时周转或永久堆放对土壤等的环境影响，对于存在地表纳污水体的项目还包括地表水水质环境影响。污染类环境影响后评价应遵循循环经济理念，以比标法为主要方法，评价的关键环节为污染源或受体环境质量数据获得、处理以及标准选用，数据获取方法包括文案调查法、现场勘查与监测法，数据处理方法包括回顾性分析与相关分析法、数理统计法与环境质量指数法等。

（4）生态损益评估

生态损益评估实质是综合考虑生态投入与生态产出的煤炭开采正负生态影响的综合评估，评估的关键在于同一空间范围或同一生态系统内不同评价时间点的生态价值量化与比较。从经济学角度，是在综合考虑生态避让、减缓与恢复措施成本的同时，对后评价时段或某一时间点的生态价值进行评估，是效益与成本综合考虑的净效益评估。从能值分析的角度，是对不同时间点生态系统内能值的合理量化与比较。从可持续发展的角度出发，是将煤矿开发活动生态影响外部成本内部化的必然要求。

（5）环境保护措施有效性评估

有效性评估是环境保护措施与设施落实情况以及运行效果的综合评估。从污染防治措施有效性评估、生态防护与恢复措施有效性评估、固体废物处置与资源综合利用有效性评估、风险防护措施有效性评估4个方面提出了煤炭开采工程环境保护措施有效性评估方法。其中，现场勘查和监测法、资料收集法具有广泛的适用性，对于污染源排放治理设施有效性评价的方法还可采用对比分析法以及理论计算对比法；生态防护与恢复措施有效性评价的方法还包括"3S"技术及无人机测量等新技术方法；固体废物处置、资源综合利用、移民搬迁安置措施有效性评价主要采用现场调查以及问卷调查，公众参与在其中占有重要地位；风险防范措施在无风险发生时无法真实验证，主要通过收集相关资料结合措施的实施情况分析印证有效性，通过实地勘查评价其相关防护设施的落实。

第5章 公路工程环境影响后评价技术方法体系

5.1 公路工程环境影响后评价技术方法

5.1.1 影响机理及评价时空尺度分析

5.1.1.1 环境影响机理分析

高速公路是自然环境和人工构造物的结合体，也是对环境进行再造的重要载体，其对生态环境产生了各种各样的复杂影响，包括正面影响和负面影响。

（1）正面影响

高速公路是反映一个国家现代化水平的重要标志之一。高速公路的修建可以极大地改善交通状况，加速人员和物质的流动，带动社会和经济的发展，这是我们修建公路最主要的动机之一。具体来讲，健康的高速公路环境体系对生态环境的积极影响主要表现在以下几方面：

① 高速公路沿线植物的根系与土壤纠结在一起，主根与侧根分别起着加固的作用，乔灌木的枝叶与地被植物能涵养水源，减少或阻止地表径流，避免水土流失。高速公路沿线栽植的绿色植物还可以通过光合作用吸收二氧化碳，释放氧气，沿线的空气变得清新，植物的叶片还能有效吸收行驶车辆排放的 CO、NO_x 等有害尾气、烟尘等，改善大气质量，减轻空气污染。

② 随着社会的不断发展和进步，我们越来越认识到人与自然环境和谐共生才是有利于人类长远可持续发展的选择。高速公路可以通过加强对沿线生态景观的维护、利用和开发，使公路周边自然人文景观资源与环境有机结合，让公路构造物巧妙融入周边环境，将公路对周围环境的负面影响尽可能降低，改善沿途道路景观。

③ 高速公路是人类创造出来的一种人文景观，同周围的景物共同构成一个四维的景观环境，它也有历史遗产、社会生活、视觉感受、场所特征、形象符号等精神方面的文化环境。要实现高速公路建设与历史文化的和谐共存，就要在利用高速公路给我们带来的便利的同时保护好文物古迹、民风民俗等文化资源。

（2）负面影响

高速公路的跨越式发展虽然给人们的日常生活带来了极大的便利，但是也在一定程度上加剧了人口、资源与环境的矛盾。高速公路建设过程中，会占用大量的土地、开挖山体，由此对自然环境产生了一定的负面影响，现阶段高速公路建设项目对生态系统施加的压力主要体现在以下方面：

① 对土壤环境的负面作用。高速公路建设会对土壤的性质产生极大的影响。公路建设会导致沿线土壤性质发生物理性、营养性和生物性退化。施工期间机械的碾压等将对土壤构型、理化性质、肥力水平等产生很大影响，恢复需要一段时间。路基工程及结构物工程的施工需要开挖大量的土石方，因此造成植被破坏、水土流失加剧等问题，严重的可引发地质灾害。

② 对大气环境和水资源的负面作用。行驶车辆排放的 CO、NO_x 等有害尾气、烟尘等，会对大气造成严重污染。公路施工还对地下水资源产生了一系列负面影响，主要表现为不合理的排水、开挖、爆破等活动会引起地下水位的变化，改变地下水资源埋藏和运动的条件，甚至可能改变原有的地表径流，导致土壤侵蚀加剧，引起下游河道的淤塞，严重的可能引发洪水。另外，高速公路施工期间，营地产生的大量生活污水及弃土、弃渣，施工物料和施工机械遗弃的油料等如果不经处理就直接排入附近的河流、农田，将会对附近的水体质量产生严重影响。

高速公路运营期间也会产生很多污水，沿线的服务区、收费站、养护管理站等附属设施产生的生活污水、洗车水和加油站污水中含有很多污染物质，包括固体、有机物、油类、有毒和生物污染物等；如果不经过处理就直接排入周围河流及农田，也会对公路沿线的水资源环境造成非常严重的污染。

③ 对动植物生存环境的负面作用。高速公路建设对动植物的负面作用，一方面表现在高速公路项目形成了一条屏障，会中断自然进程，阻碍植物的扩散和动物的移动；另一方面，高速公路建设占用了大面积的土地，严重破坏了动植物的生存环境，开挖地表使植被遭到严重的破坏。高速公路建设和运营期间会产生灰尘、重金属、毒素等化学污染物，不仅影响公路附近的动植物，还可能对公路两侧几百米范围内的动植物产生影响，影响区域范围内动植物的种群数量、分布以及生理健康，由此对自然生境造成极大的破坏。

④ 导致景观破碎化。自然因素和人为因素都可以导致景观破碎化。随着科技的发展和人类的进步，人类对自然的干预和改造能力越来越强，人为因素导致景观的破碎化程度也逐步加深。同时景观破碎化会对生存于其中的物种带来一系列的影响，甚至成为导致生物多样性丧失的重要原因。

综上所述，高速公路建设对环境的影响主要集中在工程对水、气、声等环境要素的实际影响程度、对区域生态系统结构和功能的影响程度、对区域景观结构的影响程度等方面，见表 5-1。

5.1.1.2 时空尺度分析

基于土地利用/覆被变化研究（分析不同时期的项目影响区内基于遥感解译的土地利用及生态系统组成数据，研究各生态系统组成变化过程），找出区域主要生态系统类型发生变化的时间点，确定后评价开展的时间点。通常公路项目的生态影响是逐渐显现的，而后评价项目由于数据获取的局限性，往往只能获得特定年份的遥感数据，因此确定公路项目生态影响后评价的时间点十分困难，一般认为公路后评价时间放在公路竣工验收后 1～3 年比较合适，对于重大项目，这一时间可以顺延，并可开展多期环境影响后评价。

表 5-1 公路环境影响后评价阶段工程环境影响分析

		公路工程内容						
		路基工程	路面工程	桥隧工程	防护工程	房建工程	交通工程	临时工程
生态环境影响因素	景观	景观切割，隔断物质流和能量流	无	某种意义上的景观廊道	景观修复	嵌入引进斑块，使景观破碎化加剧	无	对景观破坏作用较大，恢复后可能形成新的斑块、廊道类型
	生态系统	分隔生态系统	无		可能引进外来物种，影响生态安全	引进人工生态系统类型，对周边生态系统有不利影响		占用植被、水体等，造成生物量损失和生态系统结构改变
	土地利用	施工期取土后改变土地利用类型	无	无		占地改变土地利用类型		
	土壤	弃渣场处置不当造成水土流失，占用耕地资源		出渣造成水土流失	防护挡造成水土流失	占用土地		造成新的水土流失
	植被	占压植被	无		植被修复作用	占用植被		占用植被
	动物	阻隔影响，栖息地分割	无	潜在动物通道	无	占用栖息地	无	占用栖息地
	大气环境	施工期扬尘、运营期尾气	废气、沥青烟污染			锅炉大气污染		施工机械尾气
	声敏感点	路面行车噪声						施工机械噪声

公路项目路线较长，但是横向影响也仅限于公路两侧一定宽度的范围。因此，公路建设生态影响的范围通常是一个线性的走廊带。综合考虑线性工程特点和后评价工作特点，后评价评价范围过小则不能全面反映其影响程度，而评价范围过大，虽然可以较全面地反映公路的生态影响，但是会浪费大量的人力物力，经济性较差。因此，在确定公路项目生态影响后评价评价空间尺度方面，采用 GIS 支持下的缓冲区分析和邻近分析功能，即分析公路两侧不同距离缓冲区内生态系统组成状况，对比不同缓冲区内生态系统变化规律，找出不同距离内生态系统发生变化的关键距离点，以此确定后评价范围，建议控制在公路两侧 200～300 m 范围内较为适宜。对于涉及环境敏感区的公路建设项目，建议后评价范围扩充至环境敏感区的范围。

5.1.2 生态影响后评价技术方法

5.1.2.1 生态影响后评价指标体系

根据公路建设项目的生态影响特征，按照生态影响的机理和作用方式，构建了以公路建设项目生态影响为目标的指标体系（见表 5-2）。

表 5-2 生态影响后评价指标体系

一级指标	二级指标	三级指标
公路建设项目生态影响	植被影响度	扰动植被总面积
		植被覆盖变化率
		建设用地面积变化率
		裸地变化率
		临时用地恢复植被存活率
	生态系统结构干扰度	景观多样性指数变化率
		景观优势度变化率
		景观聚集度指数变化率
		景观连接度指数变化率
	生态系统功能影响度	平均 NDVI 减少率
		公路影响区生境维持功能变化率

（1）植被影响度

1）扰动植被总面积

包括建设所占用的全部永久用地和临时用地，用 P_i 表示。

2）植被覆盖变化率

表征公路影响区域内，林地、草地、农田等植被类型在不同时期的变化率，反映公路建成运营不同时期内对上述植被的影响特征。

$$R_{\text{plt}} = \frac{P_i}{S_i} \qquad (5\text{-}1)$$

式中，R_{plt} 为植被覆盖变化率；P_i 为 i 时期植被面积；S_i 为 i 时期公路影响范围总面积。

3）建设用地面积变化率

公路建设将带动地区经济发展，交通变得便利的同时，公路沿线居民点将会增多，而公路沿线涉及的城市规模也会相应扩张，同时将占用周边的农田植被或自然植被，改变其性质，因此用该指标反映公路建设运营后对周边植被的影响度。

$$R_{\text{city}} = \frac{C_{i+1} - C_i}{C_i} \qquad (5\text{-}2)$$

式中，R_{city} 为城镇面积变化率；C_i 为 i 时期公路影响范围内城乡居民用地面积；C_{i+1} 为 $i+1$ 时期公路影响范围内城乡居民用地面积。

4）裸地变化率

建设完成后，按照通常水土保持设计的要求，需对施工迹地等进行必要的绿化工作，以生物措施控制水土流失；同时由于水保工程的防护效果不同，有些效果较差的植被出现枯萎，又重新变为裸露地面，这时裸地变化率可在一定程度上反映是否采取了水土保持生物措施及其效果。

$$R_{\text{bare}} = \frac{B_i}{S_i} \qquad (5\text{-}3)$$

式中，R_{bare} 为植被覆盖变化率；B_i 为 i 时期裸露土地面积；S_i 为 i 时期公路影响范围总面积。

5）临时用地恢复植被存活率

采用样方调查方式，调查临时样地植被中存活物种占地面积占样地总面积的比例。

（2）生态系统结构干扰度

1）景观多样性指数变化率

丰富度表示景观中不同组分的总数，通常计算与可能出现最大丰富度比较的相对值，以公路建设前后景观相对丰富度的变化率来说明景观异质化的变化情况。

Shannon 多样性指数（SHDI，量纲为一；SHDI≥0）。

$$SHDI = -\sum_{i=1}^{m}(P_i \cdot \ln P_i) \tag{5-4}$$

式中，P_i 为生态系统类型 i 在景观中的面积比例。

2）景观优势度变化率（SHEI）

表示一种或几种景观类型在一个景观中的优势化程度，以公路建设前后景观相对优势度的变化率来说明景观异质化的变化情况。

$$SHEI = \frac{-\sum_{i=1}^{m}(P_i \cdot \ln P_i)}{\ln m} \tag{5-5}$$

式中，P_i 为生态系统类型 i 在景观中的面积比例。

3）景观聚集度指数变化率（AI）

表示景观中不同斑块类型的团聚程度或延展趋势。一般来说，高蔓延度值说明景观中的某种优势斑块类型形成了良好的连接性；反之，则表明景观是具有多种要素的密集格局，景观的破碎化程度较高。

4）景观连接度指数变化率（COHENSION）

表示公路影响域内景观类型的自然连接程度。关键景观类型占景观的比例减少并分割成不连接的斑块，则该值趋于 0；关键类型占景观的比例增加，则该值增加。

（3）生态系统功能影响度

1）平均 NDVI 减少率

归一化植被指数，与植物的蒸腾作用、太阳光的截取、光合作用以及地表净初级生产力等密切相关，是反映陆生生态系统活力的重要指标。以公路工程所在区域及其影响区建设前后各时期的平均 NDVI 值进行对比可以得到 NDVI 变化率。评价公路建设前后不同时期内变化过程。NDVI 值由各期遥感影像计算获得。

2）公路影响区生境维持功能变化率

陆地生态系统景观的整体性为生物多样性提供了栖息生境与交流通道，选择平均斑块面积、破碎度指数、多样性指数作为基本评价指标。由于各指数反映的景观生态系统状况不一致，因此需先将各景观指数进行归一化处理，转换为综合评价指数，并评价景观综合指数在空间上的分布，进而评价区域尺度上的生境维持功能。

平均斑块面积表征景观中所有斑块或某一种斑块的平均面积，计算公式为：

$$\overline{S}_a = S / A_n \qquad\qquad (5\text{-}6)$$

式中，A_n 为景观中的斑块数；S 为景观总面积。

破碎度表征景观被分割的破碎程度，反映景观空间结构的复杂性，在一定程度上反映了人类对景观的干扰程度。它是由于自然或人为干扰所导致的景观由单一、均质和连续的整体趋向于复杂、异质和不连续的斑块镶嵌体的过程，景观破碎化是生物多样性丧失的重要原因之一，它与生物多样性保护密切相关。公式如下：

$$C_i = N_i / A_i \qquad\qquad (5\text{-}7)$$

式中，C_i 为景观 i 的破碎度；N_i 为景观 i 的斑块数；A_i 为景观 i 的总面积。

多样性指数是指景观元素或生态系统在结构、功能以及随时间变化方面的多样性，它反映了绿地景观类型的丰富度和复杂度。Shannon-Wiener 指数计算公式如下：

$$H = -\sum_{i=1}^{n} p_i \ln p_i \qquad\qquad (5\text{-}8)$$

式中，H 为多样性指数；p_i 为景观类型 i 所占面积的比例；n 为景观类型数目。

由于各指数反映的景观生态系统状况不一致，因此需先将各景观指数进行归一化处理：

$$v' = \frac{v_i - v_{\min}}{v_{\max} - v_{\min}} \qquad\qquad (5\text{-}9)$$

式中，v' 为归一化指标值；v_i 为原指标值；$v_{\max}$ 为样本数据的最大值；$v_{\min}$ 为样本数据的最小值。

将上述不同时期指标值乘各自权重并加和，计算不同时期的生境维持功能。

生境维持功能综合评价公式：

$$N = \sum_{i=1}^{1} W_{1i}P_{1i} + \sum_{i=1}^{3} W_{2i}P_{2i} + \sum_{i=1}^{3} W_{3i}P_{3i} \qquad\qquad (5\text{-}10)$$

式中：N —— 生境维持功能综合评价结果；

　　W_{1i}、P_{1i} —— 分别为平均斑块面积及权重；

　　W_{2i}、P_{2i} —— 分别为破碎度指数及权重；

　　W_{3i}、P_{3i} —— 分别为多样性指数及权重。

5.1.2.2　生态影响后评价方法

（1）土地利用/覆被变化分析方法

土地利用/覆被变化模拟的发展趋势主要集中在两方面：一是时间动态模拟和空间格局分析与新技术（遥感信息技术、地理信息系统技术）的结合，具有相对客观性和高时间分辨率特性的遥感信息技术为分析和辨别土地利用和土地覆盖变化提供了重要的基础，同时随着空间信息及其分析技术（地理信息系统）的改进，系统过程模拟与空间格局分析的结合成为必然；二是自然要素和社会、经济和人文要素的综合，由于人类活动是近代和现代土地利用和土地覆被变化的主要推动力，因此，要模拟土地利用和土地覆被变化的动力和原因，就必须将社会经济要素和人文要素纳入模型中。

一般来说，土地利用/覆被变化模型是用于研究不同土地类型发生变化的动因、过程及其对环境、生物和人类生产和生活的影响，由四部分组成：土地利用和土地覆被类型、各种类型变化的动因、变化的过程和机制、变化造成的影响，当然不同的模型研究的侧重点一般不同。本节研究主要以土地利用、土地覆被类型的时空变化为研究重点，通过数学建模，来研究土地利用/覆被的时空演变。

1）基础数据来源与研究方法

根据公路建设工程环境影响后评价的需要选择遥感影像，一般选择工程开工建设前一定时期内的遥感影像作为背景资料，选择工程通车后 3 年、6 年、9 年以上的遥感资料作为各期变化对比数据。数据源可采用目前较为广泛使用的 TM、SPOT、ALOS、Quick Bird、World ViewI/II 数据。

2）数据处理方法

景观类型的划分及其空间分析是进行景观动态变化研究的基础和核心，RS 和 GIS 技术为这一过程提供了强有力的技术平台；近年来开发的嵌套于 GIS 软件中的景观分析软件使得这一研究过程更为快捷和科学。依据公路交通环境影响的尺度特征，采用国内新的土地利用现状分类的二级分类系统，并结合研究案例特征进行景观类型的划分，一般可将公路两侧评价区内分为以下几种主要的景观类型：耕地景观、园地景观、林地景观、水域景观、农村居民点景观、工矿用地景观、城镇景观、交通用地景观、未利用地景观。

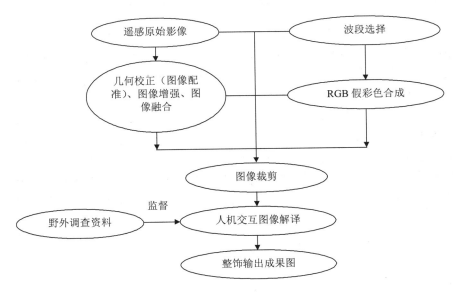

图 5-1　遥感图像处理流程

3）景观空间分析方法

应用地理信息系统软件空间分析模块、缓冲区分析模块、邻近分析模块，对各期土地利用及景观解译数据进行空间分析处理，见表 5-3。

表 5-3 各模块功能介绍及应用说明

模块	功能	应用
空间分析模块（Spatial Analyst）	Spatial Analyst 空间分析模块可以进行：1）距离分析；2）密度分析；3）寻找适宜位置；4）寻找位置间的最佳路径；5）距离和路径成本分析；6）基于本地环境、邻域或待定区域的统计分析；7）应用简单的影像处理工具生成新数据；8）对研究区进行基于采样点的插值；9）进行数据整理以方便进一步的数据分析和显示；10）栅格矢量数据的转换；11）栅格计算、统计、重分类等功能	公路环境影响后评价中的应用主要是进行栅格数据转换、计算、统计、重分类，其次是基于本地环境、邻域或特定区域的统计分析
缓冲区分析模块（Buffer）	缓冲区分析是指以点、线、面实体为基础，自动建立其周围一定宽度范围内的缓冲区多边形图层，然后建立该图层与目标图层的叠加，进行分析而得到所需结果。它是用来解决邻近度问题的空间分析工具之一。邻近度描述了地理空间中两个地物距离相近的程度	公路环境影响后评价中的应用主要是对公路这一线状要素进行缓冲区分析，并对不同距离范围内生态系统组成、格局变化进行对比分析，用于确定公路影响的空间尺度
邻近分析模块（Near/Spatial Join）	邻近分析方法主要应用于研究中心主体与周围一定距离的事物之间的关系	用于分析较大尺度范围内，公路两侧一定范围内环境敏感目标与公路的邻近关系，从而确定公路运营一定时期内，公路周边环境敏感点变化特征，对环境保护措施有效性进行评价

4）土地利用类型转移分析方法

土地利用类型之间的相互转化情况，可以采用马尔科夫转移矩阵模型来进一步描述。马尔科夫链是一种具有"无后效性"的特殊随机运动过程，它反映的是一系列特定的时间间隔下，一个亚稳态系统由 T 时刻向 $T+i$ 时刻状态转化的一系列过程，这种转化要求 $T+i$ 时刻的状态只与 T 时刻的状态有关。这对于研究土地利用景观类型动态转化较为适宜，因为在一定条件下，土地利用景观类型演变具有马尔科夫随机过程的性质：① 一定区域内，不同土地利用景观类型之间具有相互转化性；② 土地利用景观类型相互之间的转化包含较多难以用函数关系准确描述的事件。马尔科夫模型在景观转化上的应用，关键在于转移概率的确定。以基质斑块相互之间面积的转移概率为矩阵中的元素，则转移矩阵模型为

$$P_n = \begin{pmatrix} p_{11} & \cdots & p_{1n} \\ \vdots & \ddots & \vdots \\ p_{m1} & \cdots & p_{mn} \end{pmatrix} \tag{5-11}$$

P_n 为土地利用类型 i 转化为土地利用类型 j 的转移概率。P_{mn} 具有以下特点：① $0 \leqslant P_{mn} \leqslant 1$，各元素非负；② $\sum_{i=1}^{n} P_i = 1$，即每行元素之和为 1。

表 5-4　*T* 到 *T+i* 时期景观转移矩阵

T 时期 ＼ *T+i* 时期	景观类型 1	…	景观类型 *j*	…	景观类型 *m*	合计	占有率/%
景观类型 1	A_{11}		A_{1i}		A_{1m}		
B	B_{11}		B_{1i}		B_{1m}		
C	C_{11}		C_{1i}		C_{1m}		
…							
景观类型 *i*	A_{i1}		A_{ii}		A_{im}		
B	B_{i1}		B_{ii}		B_{im}		
C	C_{i1}		C_{ii}		C_{im}		
…							
景观类型 *n*	A_{n1}		A_{ni}		A_{nm}		
B	B_{n1}		B_{ni}		B_{nm}		
C	C_{n1}		C_{ni}		C_{nm}		
合计							
占有率/%							

以上模型为综合分析方法，用于分析研究区内土地利用及景观的宏观特征及其区域特点，同时从土地利用及景观动态度的概念，分析公路建设前、通车后以及运营不同时期内，公路两侧一定范围内土地利用类变化特点。通过不同时期的结果比较，发现这一变化过程的区域性宏观规律，并结合社会经济及其生态环境背景数据分析变化的机制以及这一过程中的自然影响和社会经济驱动的影响。

（2）景观格局变化分析技术方法

1）景观格局研究进展

景观作为一个整体成为一个系统，具有一定的结构和功能，而其结构和功能在外界干扰和其本身自然演替的作用下，呈现出动态的特征。景观格局一般是指空间格局，广义上讲，它包括景观组成单元的类型、数目以及空间分布与配置。景观格局研究是揭示区域生态状况及空间变异特征的有效手段，其分析的主要内容是景观元素在空间分布中的数量、位置、类型、形状、大小和方向。研究景观的格局是研究景观功能和动态的基础。景观格局分析的目的是从看似无序的景观斑块镶嵌中，发现潜在的有意义的规律。

随着科学和技术的迅速发展，尤其是遥感技术和地理信息系统的发展，现代景观学在研究宏观尺度上的景观结构、功能和动态的方法上已发生了显著变化，呈现出一系列以空间分析和动态模型为特征的定量研究方法。景观格局的动态变化研究已成为景观生态学研究的重要领域。其中，Odum E P 和 Thrner M G（1991）对佐治亚州 50 年的景观动态变化进行了研究；Kiira Aviksoo（1993）研究了爱沙尼亚泥炭地景观动态；Kienast F（1993）运用地理信息系统分析了瑞士景观格局；Luque S S 和 Lathrop R G（1994）对美国新泽西州松林景观空间和时间的变化进行了研究；Medler K E 和 Okey B W（1995）对美国俄亥俄州的农业景观进行了结构变化研究。Vos W（1993）对意大利 Solano 盆地 1935—1985 年土地利用状况进行了对比研究；Fox J（1995）通过量化分析热带雨林变化的时空格局，来研究自然、生物和社会经济参数对泰国高地雨林的控制作用。

肖笃宁首次将美国景观生态分析的方法引入我国用于研究城郊景观，通过对沈阳西郊景观格局变化的研究，在景观空间格局的指标方面提出了若干创见。在我国，景观格局变化研究开展的最为广泛，涉及的研究对象也十分广泛，陈顶利和傅伯杰（1990）利用土地利用现状图分析了山东省东营市景观格局；曾辉（1999）对经济快速增长区小城镇景观动态变化进行了研究；郭晋平等（1999）利用航片对关帝山林区近 40 年的景观异质性及其动态特征进行了全面分析；张惠远等（2000）以 TM 影像为主要信息源，对贵州高原西部喀斯特山地的景观变化进行了系统研究；程国栋等（2001）分析了黑河流域中游地区近 20 年间景观结构的变化；田光进（2002）利用 1986 年、1990 年、2000 年三期 TM 影像对海口市的景观格局变化进行了研究；袁艺和史培军（2003）利用 1980 年、1988 年、1994 年和 2000 年 TM 影像对深圳市城镇用地和农地景观格局变化特征进行了研究等，在景观格局分析及其动态变化研究的方法和技术方面都取得了一定进展。

2）景观格局分析的层次

景观格局（Landscape Pattern）是指景观组成单元类型、异质性、多样性及其空间分布规律，是大小和形状不一的景观嵌块体在景观空间上按照一定的规律组成的。它既是景观异质性的具体体现者，又是各种自然与人为因素在不同时空尺度上作用的最终结果。

景观生态空间格局分析是景观生态学的核心，目前景观生态学的研究热点之一是在较大的空间尺度上以数量方法评价景观空间格局的特征，其研究主要集中于两个方面，一是景观格局的空间异质性问题；二是景观格局演变即时间异质性问题。

景观异质性，主要运用景观格局指标进行分析。景观格局指数是高度浓缩的景观格局信息，是反映景观结构组成、空间配置特征的简单量化指标。根据等级系统观点，将景观指数分成三个水平层次（邬建国，2000）：描述景观要素的指标、描述景观类型的指标和描述景观总体水平特征的指标。

景观斑块水平（Patch-level）指标：是定量化和特征化各斑块空间性质与内容的指标。是计算其他水平上景观指标的基础，研究意义适用于微观尺度。斑块水平的景观格局指标包括：面积、周长、周长面积比、形状指数、分维数等。这一水平的指标对生态学研究意义重大，而对尺度较为宏观的地理学研究解释意义较小。

景观类型水平（Class-level）上的景观格局指标：综合了某一既定景观类型上所有斑块的信息。这些指标可能是通过对这一既定景观类型所有斑块信息平均值，或者是求加权平均值法把最大斑块的显著属性反映到所有指标中。在许多应用中，主要研究各景观类型的数目和分配及分布情况。常用的景观类型水平上的景观格局指标主要包括：总面积、景观百分比、斑块数目、景观形状指数（LSI）、最大斑块指数、平均斑块面积、蔓延度、斑块聚集度、连接度等。这些指标主要反映各景观类型在总景观中所占比重及其分布的形状、位置特征，不同的研究目的和针对不同的景观类型，所选择的指标各有侧重。

景观水平（Landscape-level）上的景观格局指标：综合了所有斑块信息的指标，主要用于研究整个景观的格局。景观水平上的景观格局指标主要包括：总面积、斑块数目、总边界、景观形状指数、平均斑块面积、斑块丰富度、多样性、分离度、破碎度、聚集度等指数。这些指标主要反映景观组成、结构、分布特征，根据研究需要可选择不同指标进行分析。

公路建设对景观的影响主要体现在景观类型水平和景观水平上，在公路环境影响后评价阶段，重点考察这两个层次上景观格局的变化，景观类型水平上选用的景观指数包括景观斑块数量、斑块密度、平均斑块面积、景观形状指数、景观分离度指数、聚合度指数。景观水平上选择斑块面积、斑块数量、斑块、景观形状指数、景观连接度、分离度指数、聚集度指数、多样性指数、均匀度指数。各指数生态学意义列于表 5-5。

表 5-5　景观格局指数及其表征含义

名称	指数符号	单位	意义	范围
斑块数量	NP	个	在类型级别上等于景观中某一斑块类型的斑块总个数，在景观级别上等于景观中所有的斑块总数。一般 NP 越大，景观的破碎化程度较高	≥1
斑块密度	PD	个/hm²	为单位面积上的斑块数目，表征了景观的完整性和破碎化	≥0
斑块	ED	km/km²	为将不同斑块间的公共边长加和再除以整个景观面积的所得值。其值越大，表示斑块与外界物质能量的交换程度越高，斑块内部越稳定	≥0
多样性指数	SHDI	量纲为一	为景观级别上各斑块类型的面积比乘以其值的自然对数之后的和的负值。其值越高，表明土地利用越丰富，破碎化程度越高	
均匀度指数	SHEI	量纲为一	为 SHDI 除以给定景观丰度下的最大可能多样性（各斑块类型均等分布）。当其值较小时，优势度一般较高，表明景观受到一种或少数几种优势斑块类型所支配；其值趋近于 1 时，优势度低，说明景观中没有明显的优势类型且各斑块类型在景观中均匀分布	0~1
聚集度指数	CONTAG	%	描述了景观里不同斑块类型的团聚程度或延展趋势。一般来说，高蔓延度值说明景观中的某种优势斑块类型形成了良好的连接性；反之，则表明景观是具有多种要素的密集格局，景观的破碎化程度较高	0~100
连接度指数	COHENSION	量纲为一	衡量景观类型的自然连接程度。关键类型占景观的比例减少并分割成不连接的斑块，该值趋于 0；关键类型占景观的比例增加，其值增加	0~100
景观比例	PLAND	%	为某一斑块类型的总面积占整个景观面积的百分比，是确定优势景观的依据之一	0~100
形状指数	LSI	%	当景观中斑块形状不规则或者偏离正方形时，其值越大	≥1
分离度指数	DIVISION	量纲为一	景观分裂度指数，反映拼块离散程度	

（3）生态影响验证方法

由于公路工程可行性研究阶段的工程概况与最后实施的工程概况一般存在较大的差异，故高速公路运营后对沿线地区环境产生的负面影响、污染状况与环境影响报告书中的预测结果会有一定的差异。因此，需要对公路建设项目后评价阶段产生的累积性环境影响以及由于工程建设、运营而发生的环境影响的改变进行生态环境影响验证。

生态影响评价指标的验证与分析的关键是识别、筛选出能够反映区域生态环境质量变化情况的指标。一般来说，公路建设项目生态环境影响的后评价主要对以下方面作调查、分析和评价：

1）对野生动植物生存的影响

公路在建设实施和运营过程中对沿线地区的动植物生存环境产生影响，通过对野生动植物的种类、保护级别、分布概况、生活习性、活动规律和自身的价值等方面的调查，分析动植物生存环境的变化，评价公路项目的建设对动植物生存环境的影响状况，主要评价受国家保护的动植物及其生存环境的变化。

2）对水土流失的影响

指由于公路建设破坏植被引起的水土流失，主要发生在公路施工期和运营初期。由于工程防护措施和恢复植被措施的实施，到运营后期水土流失将基本稳定。主要是通过对公路施工中高填、深挖路段的坡面、取弃土场地以及塌方、泥石流等地质病害的调查，分析公路施工引起的地质类别、地形、地貌、植被覆盖率等现状的变化，对沿线水土流失的影响，并提出治理措施或对策建议。

3）对水环境的影响

主要通过对路线范围内地面水域及功能，工程的施工方案、生活服务区的位置及规模，公路建设项目沿线地表径流方位及现有水污染排放源（生活服务区）的调查，取样测试有害成分含量，提出污水处理和实行达标排放的措施。

4）对生态系统结构和功能的影响

公路建设项目对陆地生态系统产生了一系列的直接和间接扰动，通过衡量生态系统结构和功能的变化可以有效地说明工程生态影响的强弱以及缓解措施的作用。应分析公路建设前后路域生态系统植被的生产力变化情况、生态系统结构完整性以及生态系统功能的稳定性和健全性受影响的程度。

5）污染防治与控制措施的验证与分析

一方面，验证工程配套环保措施是否合理、适用、有效，能否满足施工期、运营期减少环境负面影响、控制新污染源的要求；另一方面，对环保措施运行管理的检验以及对环境管理机构、制度、监督监测等对策建议的合理性、有效性进行验证。验证项目需配套建设的环境保护设施，是否与主体工程同时设计、同时施工、同时投入使用。从中找出存在的问题和原因，为进一步提出补救措施和监督管理建议提供依据。

5.1.3 声环境影响后评价技术方法

公路建设项目声环境影响后评价主要是指在公路营运期，对项目采取的交通噪声保护目标、交通噪声的保护措施有效性和影响进行客观的调查分析和评价。通过对相应公路建设项目交通噪声保护措施的检查、验证和总结，确定交通噪声保护措施和目标以及各项指标是否已经按照预期设想得以实现；并从公路建设项目声环境保护措施中吸取经验教训，提出更进一步的交通噪声补救措施及管理工作的进一步改进建议。并为以后的项目作出科学合理的决策，提高项目所达到的预期效益，实现公路建设项目交通噪声保护的可持续性提供经验参考和数据支持。

5.1.3.1 声环境影响机理分析

（1）噪声的来源

公路交通噪声主要是车辆运行过程中产生的噪声，车辆在运行过程中受到内燃机和机械传动机构的影响以及路面的冲击，所有的零部件都会产生振动和噪声，实际上车辆是一个包括各种不同性质噪声的复杂噪声源。车辆噪声的构成包括：

1）燃烧噪声

指内燃机工作时，由于气缸内的气体压力周期性变化而产生的噪声。

2）进气和排气噪声

指内燃机工作时，气体经过进气管和排气管高速流动所产生的噪声。

3）风扇运转噪声

4）机械噪声

指车辆行驶时，车辆的各种机构运动件之间以及运动件和固定件之间，周期性变化的作用力所产生的噪声。

5）轮胎噪声

包括车辆行驶轮胎在地面滚动时，轮胎花纹间的空气流动和轮胎空气扰动形成的空气噪声、轮胎胎体和花纹弹性变形振动而激发的振动噪声以及由于路面不平造成的轮胎与道路间的冲击噪声。

6）车身噪声

车辆行驶时，车身和空气的摩擦、冲击以及车体的各板壁结构在发动机和凹凸不平的路面振动激励下产生的噪声。它是各种客车和载货汽车驾驶室内部噪声产生的主要原因之一。

以上 6 种噪声，前 3 种为与内燃机运转有关的噪声，后 3 种为与汽车行驶有关的噪声。公路交通车辆噪声就是以上各个噪声源综合作用的结果。对大型车而言，进气和排气噪声在整车噪声中占有显著份额；而对小型车而言，轮胎噪声在整车噪声中所占比例较大，且随车速增大而相应增大。

（2）噪声的影响因素

影响公路交通噪声因素可分成两大类，第一类为声源强度，包括车流量、车速、车型比；第二类为公路的结构及噪声传播的方式和传播路径，包括路面材料的性质、道路的坡度、宽度、平整度、道路结构类型等。

1）车流量和各类车种所占的比例

公路交通噪声与车流量有密切关系，车流量的变化具有很强的随机性，噪声级与车流量的确切对应关系很难得到，目前只能用统计的方法求得在不同车流量情况下，对应的交通噪声统计分布值和分布曲线。

2）路面结构影响

① 行驶速度和路面材料结构。车辆辐射声功率的大小主要取决于行驶车速和路面材料结构，另外还受路面材料粗糙度的影响，在轻型车辆高速行驶时影响尤为突出。随着行驶速度的提高，轮胎噪声在汽车产生的噪声中的比例越来越大。

② 路面坡度和路段特征。机动车辆在平坦路段、上坡与下坡行驶状态差别很大，上坡时发动机加大转速，辐射噪声增强，排气噪声也增大。下坡时由于制动下行，因此会比上坡噪声明显减弱，比平路行驶也小，噪声差主要取决于路面坡度。

3）公路结构类型

公路结构类型通常分为高架公路、路堑、路堤和隧道等多种，除高架公路由于高架结构受车辆振动而产生辐射噪声外，这些不同的公路结构，主要差别在于声波传播路径的改变。

（3）噪声的危害

正常的环境噪声是 40 dB，一般把 40 dB 作为噪声的卫生标准。当声强超过此界限时便会产生一定的影响。噪声的危害可归纳为以下几方面。

1）损伤听力

噪声可以造成暂时性的或持久性的听力损伤，后者即为耳聋。一般说来，在 80 dB 以下不会危害听觉，而超过 85 dB 则可能发生危险。据研究，长期工作在 80 dB 以上的环境，每增加 5 dB，噪声性耳聋发病率就增加 10%。

2）干扰睡眠

睡眠对人极为重要，它能够使人的新陈代谢得到调节，使人的大脑得到休息，从而使人恢复体力和消除疲劳，保证睡眠是人体健康的重要因素。噪声会影响人的睡眠质量和数量。一般 40 dB 的连续噪声可使 10% 的人受影响，70 dB 时可使 50% 的人受影响；突发噪声达 40 dB 时可使 10% 的人惊醒，60 dB 时可使 70% 的人惊醒。

3）对人体生理影响

噪声对人的心理和儿童的智力发育会产生不良影响。噪声对心理的影响主要表现在令人烦恼、易激动，甚至失去理智。吵闹环境中儿童智力发育比安静环境中低 20%，噪声还可能导致胎儿畸形。极强的噪声（如 175 dB）还会使人死亡。

4）干扰交谈、工作和思考

实验研究表明噪声对交谈、工作的干扰很大，其结果见表 5-6。

表 5-6   噪声对交谈的影响

噪声/dB	主观反应	保持正常讲话距离/m	通信质量
45	安静	10	很好
55	稍吵	3.5	好
65	吵	1.2	较困难
75	很吵	0.3	困难
85	太吵	0.1	不可能

5）对动物的影响

强噪声会使鸟类羽毛脱落，不产卵，甚至内出血，最终死亡。美国 20 世纪 60 年代曾发生因喷气式飞机飞行试验致使鸡场的鸡被噪声杀死的事件。

（4）噪声污染控制

环境保护是一项系统工程，公路交通噪声的控制也不例外，它需要与之有关的各个行业的通力合作。公路交通噪声污染控制措施包括以下几方面：

1）法律规范

噪声标准是环境噪声控制的基本依据，我国公路交通噪声标准的工作相比发达国家起步较晚，但在国家、行业及相关部门的努力下，现已逐渐形成完整的体系，基本涵盖了交通噪声评价和防治的各关键环节。这些标准的出台与实施，使交通噪声评价和防治更加科学规范。

经统计，我国就公路交通噪声环境质量、声环境评价方法、声环境测量方法、声环境治理措施等方面发布了相关标准，其中：

声环境质量相关标准包括：《声环境质量标准》（GB 3096—2008），《城市区域环境振动标准》（GB 10070—88），《机场周围飞机噪声环境标准》（GB 9660—88）。

声环境评价方法相关标准包括：《环境影响评价技术导则—声环境》（HJ 2.4—2009），《建设项目竣工环境保护验收技术规范—公路》（HJ 522—2010），《公路建设项目环境影响评价规范》（JTG B03—2006）等。

声环境测量方法标准：《摩托车和轻便摩托车—定置噪声排放限值及测量方法》（GB 4569—2005），《三轮汽车和低速货车加速行驶车外噪声限值及测量方法（中国Ⅰ、Ⅱ阶段）》（GB 19757—2005），《汽车加速行驶车外噪声限值及测量方法》（GB 1495—2002），《声学—道路表面对交通噪声影响的测量—第 1 部分 统计通过法》（GB/T 20243.1—2006），《声学—用于测量道路车辆发射噪声的试验车道技术规范》（GB/T 22157—2008）；《公路声屏障材料技术要求及检测方法》（JT/T 646—2005）等。

声环境治理措施标准：《摩托车和轻便摩托车—定置噪声排放限值及测量方法》（GB 4569—2005），《三轮汽车和低速货车加速行驶车外噪声限值及测量方法（中国Ⅰ、Ⅱ阶段）》（GB 19757—2005），《汽车定置噪声限值》（GB 16170—1996），《城市区域环境噪声适用区划分技术规范》（GB/T 15190—1994），《汽车加速行驶车外噪声限值及测量方法》（GB 1495—2002），《声屏障声学设计和测量规范》（HJ/T 90—2004），《环境保护产品技术要求—隔声门》（HJ/T 379—2007）；《隔声窗》（HJ/T 17—1996）；《公路声屏障材料技术要求及检测方法》（JT/T 646—2005）等。

2）公路规划

合理规划整个公路网的建设以及公路交通设施与邻近建筑物布局，特别是针对城市区域的交通噪声控制，应首先从总体规划角度解决噪声防治问题，全面考虑城市土地利用、路网建设和交通需求来进行公路网建设的总体布局。

3）区域建筑规划

在区域发展规划中，公路两侧交通红线内不建学校、医院和居住区等敏感点。城市道路两侧应布置商业、工贸和办公等建筑。临街如建住宅时，将临路侧布置为厨房、厕所等非居住用房，或采用封闭门、窗、走廊等隔声措施。

4）公路交通工程

在公路两侧已有学校、医院和居民区存在的敏感路段，设禁止鸣笛、限制车速等交通标志，减少噪声干扰。

5）公路工程

研究及使用低噪声路面是降低车辆行驶噪声的有效途径。20 世纪 80 年代起，欧洲的比利时、荷兰、德国、法国和奥地利等国，开始研究并采用低噪声路面。由于低噪声路面与其他降噪措施（如声屏障）相比，具有经济合理、保持环境原有风貌、降噪效果好和行车安全等优点，目前国际上发达国家已广泛展开应用研究。

噪声传播途中遇到声障，会对声波反射、吸收和绕射产生附加衰减，所以，公路设计中，要尽可能利用地貌地物（如土丘、山冈）作声障，降低噪声。必要时，可降低路面标高，利用路堑边坡降低噪声。对于环境敏感路段，采用路堑形式能起到相当好的噪声防治效果。

6）汽车制造

改进汽车性能，降低声源噪声辐射，从污染源着手，生产低噪声的车辆，是解决公路交通噪声污染的根本途径。公路交通噪声主要由车辆动力噪声和轮胎噪声构成，为降低车辆动力噪声，各国汽车专业人员在这方面做了大量工作，并已取得很大成果。

7）环境工程

对噪声级不能达到相关环境质量标准的敏感区，在公路与建筑物之间建造隔声绿化带、声屏障，在建筑物安装隔声窗等环保措施，控制噪声传播途径，缓解噪声污染，这是目前降低公路交通噪声的主要方式。

5.1.3.2　声环境后评价指标体系构建

根据公路建设项目噪声来源及声环境影响特征，构建公路声环境影响后评价指标体系。本书构建了以公路建设项目声环境影响为目标的指标体系，又将其分解为敏感点声环境达标率、声环境保护工程有效率 2 个二级指标，其下又通过若干个三级指标量化。

每公里敏感目标数量用来表示公路沿线声环境敏感程度，通过现场调查结合遥感调查方法获得数据。

营运期敏感目标变化率是指公路营运后，公路沿线声环境敏感目标由于后期的搬迁或迁入，造成公路沿线声环境敏感目标变化的数量占原有声环境敏感目标的比例。

敏感目标声环境达标率，表示公路运营后不同时期内，公路沿线声环境敏感点达到声环境功能区标准的数量占声环境敏感点总数的百分比。

噪声防护工程长度占公路总长比值，表示公路通车后两侧设置的声屏障长度占公路总长度的比值。

噪声防护工程有效率，通过噪声实测，对采用声屏障措施的路段的声环境敏感目标噪声现状进行分析，分析超标情况，进而分析声屏障等噪声防护工程的有效性。

表 5-7　公路声环境影响后评价指标体系

一级指标	二级指标	三级指标
公路建设项目声环境影响	敏感点声环境达标率	每公里敏感目标数量
		营运期敏感目标变化率
		敏感目标声环境达标率
	声环境保护工程有效率	噪声防护工程长度占公路总长度的比值
		噪声防护工程有效率

5.1.3.3　声环境后评价技术方法

（1）评价时空尺度确定方法

交通噪声的影响与交通量的变化密切相关，同时也与周围敏感目标的特征有一定的关系。上述两个因素随着公路运营不断发生变化，因此，声环境影响后评价应首先根据营运期的近期、中期、远期，进行评价，及时跟踪交通量变化情况及其噪声防治措施的时效性，同时也应根据工程实际情况，进行及时调整。如果交通量和敏感目标变化较明显，应及时开展后评价，对声环境提出有效的整改治理措施，确保声环境达到相应标准要求。

（2）营运期噪声现状调查

根据工程验收报告并结合后评价现场踏勘，调查营运期敏感目标的变化情况，敏感目标分布情况，敏感目标的特征，包括村庄、学校、医院等敏感目标的规模及其户数，与路线的相对位置关系，沿线主要噪声源，沿线的声环境功能区划。分析公路沿线声敏感目标数量及其在营运期变化情况。

（3）营运期噪声现状监测

1）路段交通噪声监测

根据路线特点，对营运期沿线声环境状况进行监测，选择不同路段进行路段交通噪声监测，分析各路段由交通量及其路段特点形成的差异、交通噪声的分布情况。

2）敏感点交通噪声监测

根据敏感点分布情况，选择代表性点位进行监测。分析各敏感点交通噪声的达标情况。结合评价指标体系，对沿线敏感点声环境达标率进行评价。

3）声环境保护工程效果监测

根据沿线的声环境保护措施设置情况，对隔声窗、声屏障、绿化林带等声环境保护措施进行效果监测，分析其声环境保护工程建设情况及有效率。

（4）营运期声环境评价

根据调查和监测结果，结合环评和验收调查报告，对比分析沿线声环境敏感点的变化情况、交通量变化情况、沿线声环境状况、声环境达标率、声环境保护工程执行率、声环境保护工程有效率，进行客观评价。

根据敏感点达标情况以及声环境保护工程的有效率，提出超标敏感目标的声环境保护整改意见，并在此基础上分析和总结声环境保护的宝贵经验。

5.1.4　水环境影响后评价技术方法

5.1.4.1　水环境影响机理分析

公路项目对水环境的影响分为施工期和营运期两个阶段，公路建设项目环境影响后评价重点关注公路营运期对水环境的影响。公路营运期水环境影响分为公路路基对地表水系阻隔效应影响、公路附属设施污水排水对水环境的影响和路桥面径流对水环境的影响，其影响分析见表 5-8。

表 5-8　公路建设水环境影响分析

		公路工程内容						
		路基工程	路面工程	桥隧工程	防护工程	房建工程	交通工程	临时工程
公路水环境影响	水质	路面径流	路面径流	桥面径流	—	生活污水排放污染环境	—	—
	水文	占用河道行洪，高路基、深路垫影响水利设施	—	影响农灌和泄洪，影响河道通航与泄洪	—	—	—	水土流失
	水安全	危险化学品事故排放	—	危险化学品事故污水	—	—	—	水土流失
	水环境敏感区	—	—	桥面径流排放流入水体	—	水环境敏感区附近服务区污水超负荷排放	—	—

（1）公路路基对地表水系阻隔效应影响

公路路基建设，尤其是高填、深挖段将会改变地表径流方向，甚至阻隔道路两侧地表径流，造成公路两侧出现局部壅水或干旱现象，对区域生态系统影响较大。

（2）公路附属设施污水排放对水环境的影响

公路服务区等附属设施排水以生活污水为主，主要污染物有 COD_{Cr}、BOD、石油类等。通常，污染物浓度为 COD_{Cr} 300～500 mg/L、BOD_5 150～200 mg/L，如果不经处理直接排入地表水体会对水环境造成污染。

（3）路桥面径流对水环境的影响

公路路桥面径流污染物主要有 SS、石油类、重金属等。国内外的研究表明，公路路面径流具有较高的污染强度，SS、COD 浓度均超过污水排放标准要求，直接排入地表水体对水环境会造成一定程度的污染。所以，公路通过水质要求较高水域时，路桥面径流必须采取措施进行治理。

（4）化学品及有毒物品对水环境的影响

营运期，由于运输危险化学品车辆行驶上路，一旦发生交通事故将对水环境造成重大影响，因此也不可忽视。

（5）对水源保护区等敏感水体的影响

公路营运后，对穿越水源保护区等敏感水体路段的路桥面径流必须配装收集处理装置，并定期进行检查，尤其应注意防范危险化学品运输车辆途经敏感区路段时的交通事故，其对水环境敏感区的影响十分巨大。

5.1.4.2　水环境影响评价指标体系构建

根据公路建设项目的水环境影响特征，构建公路水环境影响后评价指标体系。本书构建了以公路建设项目水环境影响为目标的指标体系，又将其分解为地表水系阻隔度、路桥面径流处理度、附属设施污水处理度、化学品车辆事故率、公路水环境敏感度共 5 个二级指标，其下又通过若干个三级指标量化。见表 5-9。

表 5-9　公路水环境影响评价指标体系

一级指标	二级指标	三级指标
公路建设项目水环境影响	地表水系阻隔度	公路影响域内水系长度
		公路与地表水系交叉点数量
	路桥面径流处理度	路桥面径流收集装置管线长度占路线总长度比例
		路桥面径流收集装置处理效率
	附属设施污水处理度	服务区日均客流量
		服务区日均污水排放量
		附属设施污水处理设施装配率
		附属设施污水处理设施处理效率
	化学品车辆事故率	年均化学品运输车辆占总车流量比例
		单位公路长度运送化学品量（t/km）
		年均化学品运输事故占总事故比例
	公路水环境敏感度	沿线水环境敏感区面积占总面积比例
		穿越水环境敏感区路段长度占路线总长度比例

（1）地表水系阻隔度

1）路线长度与影响区内水系长度比值

公路建设项目对影响区内水系的影响与水系长度有关，如水系长度越长，则公路与其交汇分割的概率就越大。如在水网密集的地区，公路的切割、阻隔效应相对明显。

2）公路与地表水系交叉点数量

公路对地表水系的阻隔影响主要体现在交叉路段，即公路与水系交叉点数量越多，阻隔效应越明显。

（2）路桥面径流处理度

1）路桥面径流收集装置管线长度占路线总长度比例

路桥面径流装置在设计、建设、运营阶段有可能发生变化，如缺失、破损等，因此，后评价阶段，路桥面径流收集装置实际长度及其占路线总长度的比例，可反映路桥面径流实际收集能力。

2）路桥面径流收集装置处理效率

路桥面径流收集装置处理效率，即路桥面径流进入径流收集处理设施后，装置的处理效率，处理效率高，则出水水质好；处理效率低，则出水水质差，甚至造成污染。该指标可反映其对路桥面径流的处理能力。

（3）附属设施污水处理度

1）服务区日均客流量

服务区污水主要成分为生活污水，与接待的客流量有密切关系，该指标可反映服务区的接待能力和污水排放能力。

2）服务区日均污水排放量

该指标反映服务区等附属设施对外界水环境质量的压力。

3）附属设施污水处理设施装配率

污水处理设施目前广泛应用于服务区附属设施中，但也有一些老服务区没有安装或安装后由于设备损坏、人员缺乏训练等原因造成处理设施没有投入使用，该指标内容为公路沿线加装污水处理设施并投入使用的服务区占服务区总数的比例，反映服务区污水处理设施使用率。

4）附属设施污水处理设施处理效率

附属设施污水处理设施除未安装或安装后有可能损坏外，运行过程中也会由于各种原因达不到设计的处理效率，以污水处理设施实际处理效率反映附属设施污水处理度。

（4）化学品车辆事故率

1）年均化学品运输车辆占总车流量比例

化学品事故车辆运营有潜在的事故风险，因此，用一个自然年度的化学品运输车辆占总车辆数量的比例来反映公路沿线环境风险。

2）单位公路长度运送化学品量

单位路线长度年均化学品运输量，反映路线内化学品运输环境风险。

3）年均化学品运输事故占总事故比例

统计路线长度内自然年内交通事故的总数，分析其中危险化学品运输车辆事故的比例，反映公路沿线化学品运输事故风险。

（5）公路水环境敏感度

1）沿线水环境敏感区面积占总面积比例

该指标反映公路沿线区域水环境敏感程度。

2）穿越水环境敏感区路段长度占路线总长度比例

穿越水环境敏感区路段越长，对水环境敏感区的影响越大，因此该指标可反映公路沿线水环境敏感程度。

5.1.4.3 水环境后评价方法

（1）地表水系阻隔度评价方法

1）路线长度与影响区内水系长度比值

应用水文分析模块，以高精度 DEM（数字高程）数据以及地表水系数据为基础，提取地表水系，计算区域水系长度，并与矢量化的公路路线图叠加，分析评价范围内公路长度与水系长度的比值。

2）公路与地表水系交叉点数量

根据前面生成的公路评价范围内水系图与公路路线图叠加，通过 GIS 空间叠加功能，分析叠加结点数量。

（2）路桥面径流处理度

1）路桥面径流收集装置管线长度占路线总长度比例

通过现场调查，获取沿线路桥面径流收集装置的数量以及桥面径流管线的长度，与公路长度相比得出比例。

2）路桥面径流收集装置处理效率

通过现场调查，在路桥面径流收集、处理装置出入口分别取水样，分析水样中主要污染物 SS、石油类、COD_{Cr} 浓度，计算处理效率。

（3）附属设施污水处理度

1）服务区日均客流量

以实地调查、访谈等方式，调查公路沿线服务区日均客流量数据。

2）服务区日均污水排放量

通过调查、访谈，结合服务区客流量数据估算日均污水排放量。

3）附属设施污水处理设施装配率

以实地调查、访谈等方式，调查公路沿线服务区污水处理设备型号、处理能力，实地调查使用状况。

4）附属设施污水处理设施处理效率

通过实地采样，调查公路沿线服务区污水处理设施状况，在污水处理设施进水口、出水口采样，分析 COD、BOD、石油类等指标的处理效率。

（4）化学品车辆事故率

1）年均化学品运输车辆占总车流量的比例

以实地走访公路管理部门及收集资料的方式，调查公路车流量及其中化学品运输车辆的数量，计算其占总车流量的比例。

2）单位公路长度运送化学品量

通过实地走访公路管理部门，收集年均化学品运送车辆数量以及平均每车运送化学品数量，结合公路路线长度，计算单位公路长度运送化学品量。

　　3）年均化学品运输事故占交通事故总数的比例

　　通过实地调查、收集相关资料，统计路线长度内自然年内交通事故的总数，分析其中危险化学品运输车辆事故的比例，反映公路沿线化学品运输事故风险。

　　（5）公路水环境敏感度

　　1）沿线水环境敏感区面积占总面积的比例

　　通过收集资料，结合遥感监测方法，分析不同时期内公路两侧水环境敏感区数量和面积，及其占评价范围总面积的比例。

　　2）穿越水环境敏感区路段长度占路线总长度的比例

　　结合实地调查数据及公路设计资料，分析公路穿越水环境敏感区路线长度，并与总线路长度比较。

5.1.5　环境影响综合后评价技术方法

5.1.5.1　指标体系构建原则

　　建设项目环境影响后评价指标体系的设置应能比较科学地、全面地反映建设项目和所在区域环境状况，符合建设项目的整个系统和发展过程，满足环境后评价工作的需要，根据项目环境影响后评价特点和要求，后评价指标体系构建应符合如下原则：

　　（1）客观性原则

　　环境影响后评价指标应真实客观地反映项目及所在地区运行状态特征，进行环境影响后评价时要注意全面地收集背景资料，进行较为完善的现状监测与调查。严格按相关规范和要求开展后评价工作。

　　（2）全面性原则

　　环境影响后评价是对项目从决策到施工，从竣工验收到交付运营全过程的环境影响再评价，所以项目环境影响后评价指标应能反映项目整个过程的环境状况。构建环境影响后评价指标体系时应全面概括环境调查、监测、环境影响评估、环境管理等各方面的影响。

　　（3）代表性原则

　　公路工程项目环境影响涉及内容广泛，要想全面地反映公路建设，竣工验收，运营近期、中期、远期的发展变化及其对环境的影响，需要相当多的指标和复杂的评价系统，这是非常困难的。因此，根据实际工作的需要，后评价指标的设置应当有高度的概括性，应当能描述工程和环境的主要特征，指标又不宜过多，应当围绕环境影响后评价的目标，有针对性地选择。同时各指标应当含义清楚，有一定代表性，既不互相重复又能体现其内在联系。

　　（4）可比性原则

　　指标的可比性包括量化比较、纵向和横向比较，环境影响后评价指标体系应以定量评价指标为主，定性评价指标为辅，在生态类建设项目环境影响后评价定量评价指标中应当重视相对量指标的作用。

　　（5）可行性原则

　　可行性是指设置的后评价指标要求的数据资料可获取，并且可以稳定、连续地获得，同时各指标应当便于后评价工作的进行和评价结论的得出。

5.1.5.2 评价指标权重确定

针对公路工程涉及的自然生态、声环境、水环境等主要要素进行评价，从整体上把握公路建成后环境影响预测结果与实际环境影响的符合程度，分析公路影响区整体的环境影响程度。旨在实现两个目的：一是综合评价环境影响评价预测结果与实际环境影响的符合程度；二是对公路影响区的实际环境影响进行评价。

对复杂对象的多指标综合评价，目前通常采用的方法主要有层次分析法、灰色关联度法以及主成分分析法等，各评价方法的适用条件以及效果各异，因此，优化评价方法的选择是多指标综合评价过程中关键的一步。

（1）主成分分析法

主成分分析法进行综合评价的基本思想是：把多项评价指标综合成少数几个主成分，再以这几个主成分的贡献率构造一个综合指标，以此作出评判。评价指标间的相关性较高时，这种方法能消除指标间的信息重叠，而且能根据指标提供的信息，通过数学运算自动生成权重，有一定的客观性，避免了人为因素的偏差，适用于样本数较多的客观评价。

（2）灰色关联度法

灰色关联度法的基本思路是：由样本资料确定一个最优参考序列，通过计算各样本序列与该参考序列的关系度，综合分析评价目标，对评价目标作出综合分析。灰色关联度法适用于对"外延明确，内涵不明确"的对象进行评价。

（3）层次分析法

层次分析法的基本思路是：首先根据问题的性质和要求达到总的目标，把问题层次化，建立一个有序的递阶系统，然后对系统中各有关因素进行两两比较评判，通过对这种比较评价结果的综合计算处理，最终把系统分析归结为最低层（决策对象、方案、措施）相对于最高层的重要性权重确定问题。此种方法也有缺陷，即评价结果很大程度上受人的主观意志决定。

当系统的复杂性增加时，对它的精确评价能力将会降低。公路环境影响后评价是一个复杂系统，涉及自然、环境、社会及其他方面面因素，其中部分指标只能通过专家打分进行间接量化，具有不确定性和单一性，而且专家打分只能给一个大致区间，没有明确外延，有一定的模糊性。采用多级模糊综合评价理论能较好地解决这一矛盾，较好适应公路后评价的实际情况，同时在权重确定上采用改进的层次分析法计算，在很大程度上避免了评价过程中人的主观判断、选择、偏好对结果的影响。

5.1.5.3 综合影响判定方法

（1）层次分析模型构建

通过前述分析，采用层次分析法（the Analytic Hierarchy Process，AHP），作为后评价综合评价确定指标权重的基本方法。层次分析法在多目标决策问题中占有极其重要的地位，是采用频率极高的一种确定指标权重的方法。根据环境影响后评价指标体系确立的有关原则和方法，运用层次分析法，确定各指标权重。将评价指标体系分为 3 个层次，第 1 层以自然环境影响程度作为目标层，其下一层为准则层，分为生态环境、声环境、水环境 3 项功能指标；准则层下为指标层，即每一功能指标又可分为若干个指标；而每一层指标与其下属层次的指标属于完全的包含与被包含的关系，这样也便于下一级层次指标向上一级层次的整合。然后运用专家咨询打分的方法，通过统计分析，得出评价指标及其权重体系（见表 5-10）。

表 5-10　公路环境影响后评价总体评价层次分析模型

目标层	准则层	指标层
环境影响后评价（A）	生态环境 B_1	C_1，C_2，…，C_n
	声环境 B_2	C_1，C_2，…，C_n
	水环境 B_3	C_1，C_2，…，C_n

（2）评价指标权重确定

评标指标的权重是比较评价指标相对重要性的定量表示，具体过程如下：

1）构造判断矩阵

对同一层次各元素对上层次各准则的相对重要性进行两两比较，构造两两比较判断矩阵。首先假设对生态环境质量有影响的因子共有 n 个，构成集合 $C = \{c_1, c_2, c_3, …, c_n\}$，然后根据建立的层次结构模型，分别构造两两比较判断矩阵 $A = a_{ij}(n×n)$。该矩阵应满足如下条件：

① $a_{ij} > 0$，

② $a_{ij} = 1/a_{ji}$（$i \neq j$），

③ $a_{ii} = 1$（$i = 1, 2, 3, …, n$）。

判断矩阵 A 中的标度值依据 Saaty 提出的 1～9 及其倒数作为衡量尺度的标度方法给出，标度见表 5-11。

表 5-11　判断矩阵中各因子标度含义

标度	含义
1	表示 2 个因子相比，具有同等重要性
3	表示 2 个因子相比，前者比后者稍重要
5	表示 2 个因子相比，前者比后者明显重要
7	表示 2 个因子相比，前者比后者强烈重要
9	表示 2 个因子相比，前者比后者极端重要
2，4，6，8	表示 1、3、5、7、9 相邻判断的中间位
上列值的倒数	表示 2 个因子相比，后者比前者重要的程度

评价因子的比较判断矩阵：

$$A = \begin{bmatrix} 1 & a_{12} & a_{13} & a_{14} \\ a_{21} & 1 & a_{23} & a_{24} \\ a_{31} & a_{32} & 1 & a_{34} \\ a_{41} & a_{42} & a_{43} & 1 \end{bmatrix} \quad B_2 = \begin{pmatrix} b_{11} & \cdots & b_{1n} \\ \vdots & \ddots & \vdots \\ b_{m1} & \cdots & b_{mn} \end{pmatrix} \quad B_3 = \begin{pmatrix} b_{11} & \cdots & b_{1n} \\ \vdots & \ddots & \vdots \\ b_{m1} & \cdots & b_{mn} \end{pmatrix}$$

2）求解判断矩阵

以第一个矩阵为例，计算步骤如下：

计算判断矩阵每行所有元素积的方根：

$$\overline{w_i} = \sqrt[n]{\prod_{j=1}^{n} a_{ij}}$$ （5-12）

按照公式 $w_j = \dfrac{\overline{w_i}}{\sum\limits^{n} \overline{w_j}}$ 对 $\overline{w_i}$ 进行归一化处理，同理，可求解 B_2、B_3 矩阵，分别得到归一化值。

层次单排序及其一致性检验：先解出判断矩阵 A 的最大特征值λ_{max}，再利用 $AW = \lambda_{max}W$，解出所对应的特征向量 W，W 经标准化后，即为同一层次中相应因子对于上一层次的某个因子相对重要性权值。然后利用如下公式进行一致性检验：

$$CR = CI/RI$$ （5-13）

$$CI = (\lambda_{max} - n)/(n - 1)$$ （5-14）

RI 的取值见表 5-12。当 $CR < 0.1$ 时，判断矩阵具有满意的一致性，否则需对矩阵进行重新调整。

表 5-12　RI 的取值

阶数	1	2	3	4	5	6	7	8	9	10	11	12
取值	0	0	0.52	0.89	1.12	1.26	1.36	1.41	1.46	1.49	1.52	1.54

层次总排序及其一致性检验。利用同一层次中所有层次单排序的结果，计算针对上一层次而言本层次所有元素的重要性权值，此即为层次总排序。计算需从上到下逐层顺序进行，对于最高层下面的第二层，其层次单排序即为总排序（见表 5-13）。

表 5-13　环境影响后评价指标体系结构及权重值排序

目标层（A）	准则层（B）	权重	归一化权重	指标层（C）	权重	归一化权重
环境影响后评价（A）	生态环境 B_1			C_1, C_2, …, C_n		
	声环境 B_2			C_1, C_2, …, C_n		
	水环境 B_3			C_1, C_2, …, C_n		

根据各评价指标的调查结果，参照等级标准，对各评价指标进行数量评价，然后按表 5-13 所列各项评价指标的初始加权值加权综合。即

$$N = \sum_{i=1}^{1} W_{1i}R_{1i} + \sum_{i=1}^{3} W_{2i}R_{2i} + \sum_{i=1}^{3} W_{3i}R_{3i}$$ （5-15）

式中：N——生态环境质量综合评价结果；

W_{1i}、R_{1i}——分别为"生态环境"的各项指标的数量评价和初始加权值；

W_{2i}、R_{2i}——分别为"声环境"的各项指标的数量评价和初始加权值；

W_{3i}、R_{3i}——分别为"水环境"的各项指标的数量评价和初始加权值。

5.2　公路工程生态损益评估技术方法

本书构建了以生态系统服务价值为核心的生态损益评估技术方法，相关理论见 2.5.2 节。即以生态学为基础对生态系统提供的产品与服务的物质数量进行评估，即物质量评估；同时也可以对产品和服务进行经济评估，即价值量评估。

5.2.1　水生生态系统生态损益评估技术方法

5.2.1.1　生态服务功能分类

水生生态系统内各组成部分发挥的生态功能及它们之间相互依存形成的系统结构，又衍生了水生态系统所具有的生态系统服务功能。水生生态系统的生态服务功能是指水体所具有的潜在或实际维持、保护人类活动以及人类未被直接利用的资源，或维持、保护自然生态系统过程的能力。水生生态系统功能不仅包括为人类提供水产品和生物资源，更重要的提供涵养水源、净化水质、调节气候、侵蚀控制、维持生物多样性等生态功能。结合案例实际情况及国内主要水生生态系统服务功能研究成果，一般认为水生生态系统服务功能包括 4 类 7 项功能（见表 5-14）。

表 5-14　水生生态系统生态服务功能辨识

功能类型	理论功能	主导功能判断规则	效益性质
提供产品	渔业生产	占用渔业水面面积×单位面积水产品产量	正效应
调节功能	水文调节	切断水系数量×径流量	正效应
	调节气候	减少的湿地面积×氧气释放量＋减少的湿地面积×二氧化碳吸收量	正效应
	水质净化	路桥面径流收集装置容量	正效应
支持功能	生物栖息地	与陆地生态系统一致	正效应
	生物多样性		正效应
文化功能	教学科研休闲娱乐	通达水上景点数量×门票价格	正效应

水生生态系统生态服务功能包括直接使用价值、间接使用价值、非使用价值。直接使用价值是指水生生态系统可直接被利用的资源。间接使用价值指具备潜在或实际维持并保护人类活动以及人类未被直接利用的资源，以及维持或保护自然生态系统过程的能力。非使用价值是指水库所具有的非功能、非用途性质的特征，它既不产生完全性的服务，也不提供产品，只满足人类心理上的某种需求。本书案例涉及的水生生态系统服务功能较单一，涉及的大部分水生生态系统主要的生态服务功能为水文调节、调节气候、净化水质、生物多样性维持，而次要功能为渔业生产和教学科研休闲娱乐功能。

5.2.1.2　生态服务功能计算方法

（1）渔业生产功能

$$F_p = \sum_{i=1}^{n} P_i \cdot A_i \tag{5-16}$$

式中：F_p——渔业生产功能，t/a；

P_i——单位面积渔业产量，t/m^2；

A_i——每个斑块的面积，m^2。

（2）水文调节功能

切断水系的单位水系长度径流量，乘以切断水系数量，表征公路建设对水文调节功能的影响。

（3）调节气候功能

$$E_{O_2} = \sum_{i=1}^{n} e_i \cdot A_i \qquad (5\text{-}17)$$

$$A_{CO_2} = \sum_{i=1}^{n} a_i \cdot A_i \qquad (5\text{-}18)$$

式中：A_{CO_2}——水面吸收 CO_2 量，t/a；

E_{O_2}——水面释放 O_2 量，t/a；

e_i——单位面积释放 O_2 量，t/m^2；

a_i——单位面积吸收 CO_2 量，t/m^2；

A_i——每个斑块的面积，m^2。

（4）水质净化功能

（5）教学科研休闲娱乐功能

5.2.2 陆生生态系统生态损益评估技术方法

5.2.2.1 生态服务功能分类

根据公路所在区域陆地生态系统结构、功能和生态过程，构建一套符合典型案例的陆地生态系统服务功能评估指标体系框架。指标体系框架分供给服务、调节服务、支持服务和文化服务等 4 个方面 10 个指标（见表 5-15）。确定了各项服务指标的计算方法，通过查阅文献、统计年鉴等确定各项指标计算参数，采用价值量评估结合物质量评估方法，对陆地系统服务功能指标进行了综合评估。

表 5-15 陆生生态系统生态服务功能辨识

功能类型	理论功能	主导功能判断规则	效益性质
提供产品	农业生产	耕地面积 × 农产品产量	正效应
	林业生产	林地面积 × 林地蓄积量	正效应
调节功能	调节气候	单位面积林地释放氧气量 × 林地面积；单位面积林地吸收二氧化碳量 × 林地面积	正效应
	净化空气、美化环境	单位面积林地滞尘量 × 林地面积；单位面积农田滞尘量 × 林地面积；恢复的植被面积 × 滞尘量	正效应
	降噪	沿线防护林带长度、厚度、隔声效果	正效应
	侵蚀控制	裸地减少面积	正效应
	尾气净化	单车平均尾气排放量 × 车流量	负效应
支持功能	生物栖息地	野生动物栖息地景观指数计算	正效应
	生物多样性		正效应
文化功能	教学科研休闲娱乐	连接的景点数 × 景点门票价格	正效应

5.2.2.2　生态服务功能计算方法

（1）农业生产功能

指公路两侧一定距离内农产品总产量，通过比较各个时期内农产品产量，分析该生态价值量变化情况。

$$A_p = \sum_{i=1}^{n} p_i \cdot A_i \tag{5-19}$$

式中：A_p —— 农业生产功能，kg/a；

$\quad\quad p_i$ —— 农产品单位面积产量，kg/m²；

$\quad\quad A_i$ —— 每个斑块的面积，m²。

（2）林业生产功能

指公路两侧一定距离内木材总产量，通过比较各个时期内木材产量，分析该生态价值量变化情况。

$$F_p = \sum_{i=1}^{n} p_i \cdot A_i \tag{5-20}$$

式中：F_p —— 林业生产功能，m³/a；

$\quad\quad p_i$ —— 单位面积木材产量，kg/m²；

$\quad\quad A_i$ —— 每个斑块的面积，m²。

（3）林地调节气候、净化空气功能

指公路两侧一定范围内林地年均吸收 CO_2 的量及滞尘量。

$$F_{ACO_2} = \sum_{i=1}^{n} c_i \cdot A_i \tag{5-21}$$

式中：F_{ACO_2} —— 调节气候功能中吸收 CO_2 的量，g/a；

$\quad\quad c_i$ —— 单位面积林地吸收 CO_2 的量，g/m²；

$\quad\quad A_i$ —— 每个斑块的面积，m²。

$$D_{ctrl} = \sum_{i=1}^{n} d_i \cdot A_i \tag{5-22}$$

式中：D_{ctrl} —— 净化空气功能，林地总滞尘量，g/a；

$\quad\quad d_i$ —— 单位面积林地滞尘量，g/m²；

$\quad\quad A_i$ —— 每个斑块的面积，m²。

（4）侵蚀控制功能

指林地因固土而产生的减少水土流失治理费用的价值。

$$E_{ctrl} = \sum_{i=1}^{n} e_i \cdot A_i \tag{5-23}$$

式中：E_{ctrl} —— 侵蚀控制功能，元；

$\quad\quad e_i$ —— 单位面积林地固土价值，元/m²；

$\quad\quad A_i$ —— 每个斑块的面积，m²。

（5）降噪功能

分析 100 m 缓冲区内林地面积，采用实测或文献对比方法计算公路建设前、建设后不同时期内的缓冲区内林地面积，分析平均降噪效果。

（6）尾气净化功能

分析 100 m 缓冲区内林地面积，参考单位面积林地铅吸附量，计算公路建设前、建设后不同时期内公路两侧 100 m 范围内林地铅吸附量。

（7）生物栖息地、生物多样性功能

将评价区格网化，计算各格网内景观多样性指数、破碎度指数以及斑块面积比例，综合计算生物多样性维持功能。

（8）教学科研休闲娱乐功能

连接的景点数 × 景点门票价格。

5.3 公路工程环境保护措施有效性评估技术

公路建设项目环境保护措施有效性评价是指环境影响评价报告书、竣工环境保护验收调查报告中建议采取的污染防治措施的实施状况及效果的变化状况的对比分析。

对工程环境保护措施有效性分析是后评价的重要环节，只有通过对比和实施效果验证，才能确定工程环境保护措施的防护或恢复效果，有效性评价应包括公路环境保护措施的内容、费用、效果以及现存的环境问题。

公路建设项目环境保护措施有效性评价应包括两个方面：一是成功的经验分析，二是存在的问题与建议。

5.3.1 成功的经验分析

项目设计阶段优化设计的成功经验，包括公路线形与景观单元的协调、土石方的最佳平衡，以及取弃土场的植被恢复经验。

（1）公路边坡防护工程的成功经验

如边坡防护工程中植被恢复较好或搭配合理路段内主要植被种类及比例，播种时间等。

（2）工程生态恢复绿化树种的选择和景观设计成功经验

调查沿线绿化树种种类及生长情况，分析存活率较高或长势较好的树种及种植位置。调查沿线主要互通、服务区景观设计情况，分析景观效果较好的物种或物种搭配组合，总结成功经验。

（3）公路声屏障选型、选材、设计参数等成功经验

分析公路沿线声屏障类型、长度，结合声屏障防护效果监测，分析各类型声屏障的降噪效果，收集不同防护效果声屏障的选型、选材及设计参数。

（4）路桥面径流收集装置成功经验

分析沿线路桥面径流收集装置长度、布设位置，分析路桥面径流收集装置合理性及处理效果，总结径流收集及处理效果较好路段的成功经验。

（5）施工期环境保护措施的成功经验

回顾性分析施工期环境保护措施执行情况，结合生态现状调查，分析施工期环境保护措施的成功经验。

5.3.2　存在的问题及建议

（1）公路边坡防护中存在的问题

如边坡防护工程中存在的滑坡、植被枯萎等现象，记录出现的路段、长度及严重程度，采集样品，分析产生这种现象的原因。

（2）取弃土场植被恢复中存在的问题

通过现场调查取弃土场植被恢复情况，分析现状水土流失情况，应特别关注新产生的水土流失问题。分析影响公路沿线绿化物种成活率的因子，提出绿化管理管护的建议。

（3）公路沿线噪声污染防治措施存在的问题

分析声环境质量未达标路段噪声超标的原因，若因为噪声防治措施达不到降噪效果，则提出改进建议；对于无噪声防治措施路段，提出补充建议。

（4）路桥面径流收集装置存在的问题及补救建议

分析沿线路桥面径流存在的诸如泄漏、处理效果不佳、处理能力不足等问题，并针对存在的问题提出补救或改进建议。

5.3.3　环境保护措施分要素有效性评价

5.3.3.1　生态影响环境保护措施有效性评价

生态环境保护措施有效性主要是参考公路建设项目环境影响评价报告、竣工环境保护验收调查报告中有关生态环境保护措施验证结论，分析在这两个阶段取弃土场植被恢复措施、边坡植被绿化措施、动物通道设施等的实际运行效果，在此基础上分析上述生态环境保护措施的有效性。分析生态防护、恢复措施效果较差的原因，总结生态环境保护措施的成功经验。

5.3.3.2　声环境保护措施有效性评价

噪声污染防治措施有效性主要是参考公路建设项目环境影响评价报告、竣工环境保护验收调查报告中有关噪声污染防治措施验证结论，分析在这两个阶段各噪声污染防治措施的防护效果；其次应在现场车流量调查、噪声实测、声屏障效果测量等基础上分析当前噪声污染防治措施的防护效果。分析实际敏感点噪声超标和实际声环境敏感点噪声污染防治措施效果差的原因。

5.3.3.3　水环境保护措施有效性评价

水环境保护措施有效性主要是参考公路建设项目环境影响评价报告、竣工环境保护验收调查报告中有关水污染防治措施的验证结论，比较分析沿线水污染控制措施的设计目标值与实际达到的技术指标的差异，分析超标、达标情况，验证污水处理设施对各污染因子的去除效率。分析实际水污染控制措施效果差的原因，如服务对象位置及保护级别变化、污染源强变化等。

5.3.3.4　景观环境保护措施有效性评价

景观环境保护措施有效性主要是参考公路建设项目竣工环境保护验收调查报告、工程验收设计资料中有关景观设计效果的评价结论，比较分析沿线景观设计效果及其与设计期的差异，吸收成功的景观设计的经验，分析景观设计不足的经验教训及产生的原因。

5.3.4 环境保护措施有效性评价技术方法

5.3.4.1 评价指标体系

从施工期、营运期方面出发，针对水、声、生态、景观等环境要素采取的环境保护措施的有效性，衡量各环境保护措施的落实情况及实施效果，评价植被恢复状况，共提取评价指标 10 项列于表 5-16。

表 5-16　公路建设项目环境影响后评价环境保护措施有效性评价指标

时期	环境要素	环境保护措施有效性评价指标	达标分析/指标评分
施工期	水、声、生态	施工期环境保护措施回顾	落实效果
营运期	生态环境	取弃土场植被恢复措施	植被覆盖度
		边坡绿化工程措施	植被覆盖度
		动物通道设施	利用效果
	水环境	桥面径流收集装置效果	处理能力（t），装配长度（m）
		服务区污水处理设施装配率	装配比例（%）
		服务区污水处理设施净化效果	处理效率（%）
	声环境	声屏障防护效果	实际噪声减少量 [dB（A）]
	景观	互通景观设计效果	定性评价
		服务区景观设计效果	定性评价

5.3.4.2 环境保护措施有效性评价方法

依据环境影响报告书、竣工验收环境影响调查报告、后评价阶段现场调查报告，梳理公路工程建设期、运营期不同时段内的环境保护措施，通过专家评分表单法对工程各时期内针对各要素的环境保护措施有效性进行评估。

5.4　小结

1）本章根据公路建设项目生态影响后评价的特点，提出了应用 GIS 技术，分析公路项目生态影响后评价的时间、空间尺度的评价方法。公路建设项目生态影响后评价的时间尺度应根据具体项目情况而定，一般认为，公路后评价时间在公路竣工验收后 1～3 年比较合适，对于重大项目，这一时间可以顺延，并可开展多期环境影响后评价。

2）公路建设项目生态影响后评价空间尺度应根据土地利用变化、景观格局变化分析来确定。并在景观格局和土地利用分析结果上应适当扩大，建议控制在公路两侧 200～300 m 范围内较为适宜。

3）提出了以生态影响后评价指标体系、声环境影响后评价指标体系、水环境影响后评价指标体系为主的公路工程环境影响后评价三级评价指标体系。

4）综合评价。采用多级模糊综合评价理论，采用改进的层次分析法计算确定评价指标权重。对后评价阶段公路建设项目生态影响进行综合评价。

5）提出了公路工程生态损益评估技术方法。公路建设生态损益评估以物质量评估为主，无法用物质量评估的个别指标应用价值量评估方法。重点关注工程建设导致的生态系统要素变化与功能变化对生态价值的影响，界定生态价值评估的空间尺度与时间尺度，分析工程影响区内生态资产的动态变化，结合公路特点建立生态损益评估系统的技术方法体系。其中，水生态系统主要的生态服务功能包括水文调节、调节气候、净化水质、生物多样性维持，而次要功能则为渔业生产和教学科研休闲娱乐功能；陆地生态系统服务功能评价包括供给服务、调节服务、支持服务和文化服务等 4 个方面，包括农业生产、林业生产、调节气候、净化空气、美化环境、降噪、侵蚀控制、尾气净化、生物栖息地、生物多样性、教学科研休闲娱乐等 11 个指标。

6）提出了公路工程环境保护措施有效性评估技术。明晰了公路建设项目环境保护措施有效性评价的概念，提出了公路建设项目环境保护措施有效性评价的主要内容，并分别针对生态环境保护措施有效性评价、声环境保护措施有效性评价、水环境保护措施有效性评价、景观环境保护措施有效性评价，提出了有效性评估的具体内容。

第6章 小浪底水利枢纽工程环境影响后评价

　　环境保护研究工作最早可追溯至 20 世纪 80 年代初，1983 年 5 月在国家计委组织召开的小浪底水库论证会上首次将"兴建小浪底水库可能产生的生态环境问题"列为下一步研究的课题之一。课题根据国家计委的要求，由黄委会设计院牵头，联合黄委会水文局、水资源保护研究所、黄河中心医院、河南省林业厅设计院、河南省考古研究所、山西省考古研究所、北京大学等科研院校，完成 22 份专题研究报告，内容涉及水库淤积形态、库岸稳定、诱发地震、水质与水温、陆生生物、水生生物、局地气候、环境卫生、文物景观、移民等各个方面，在此基础上，黄委会设计院于 1986 年完成了《小浪底水库环境影响报告书》，并于 1986 年 3 月顺利通过国家环保局、水利部的审查和批复。

　　1990 年，根据国家关于小浪底建设项目利用世界银行贷款项目的精神，黄委会设计院依照世行环评导则，联合加拿大 CIPM 公司环评咨询专家对原环评报告进行了补充完善，1992 年 4 月黄委会设计院编制完成了针对银行的环境影响评价报告，并通过了世行评估；1993 年 4 月，编制完成《环评综述报告》；1994 年，编制完成《小浪底水利枢纽工程环境评价报告》和《移民工业项目环境评价报告》；1996 年 11 月，补充了自 1994 年小浪底主体工程开工以来环评工作的实施变化情况，并在咨询国内外有关专家后，于 1997 年 2 月，编制完成《黄河小浪底工程世行二期贷款环境影响评价报告》，并于 1997 年 5 月通过世行评估。

　　国内的环境影响评价报告构成了整个小浪底工程生态环境保护决策的文件依据，而为世界银行准备的环境影响评价报告，构成了世界银行贷款在环境评估方面的支持文件，这些文件共同构成了小浪底环境保护工程实施的基础文件。

6.1 小浪底工程概况

6.1.1 工程概况

　　黄河小浪底水利枢纽工程（以下简称小浪底工程）穿越中条山、王屋山的晋豫黄河峡谷，横跨上游三门峡至小浪底坝址间长 128 km 的河谷及两岸邻近地域，坝址位于河南省洛阳市西北 30 km 的孟津县马屯乡小浪底村，是由丘陵峡谷进入黄淮海平原的入口，上距黄河三门峡大坝 128 km，下距郑州京广铁路大桥 115 km。小浪底水库北依王屋、中条二山，南抵崤山余脉，西起平陆杜家庄，东至济源大峪河，南北宽 72 km，东西长 93 km，区间流域面积 5 730 km²，水库水面总面积 278 km²。

水库总库容 126.5 亿 m^3，控制坝址以上流域面积 69.4 万 km^2，占黄河总流域面积的 92.3%，控制近 100% 的黄河总输沙量，水库正常蓄水位 275 m，正常死水位 230 m。水库最高水位 275 m 时总库容 126.5 亿 m^3，根据水库调水调沙运行规划，其中防洪库容 40.5 亿 m^3，调水调沙库容 10.5 亿 m^3，拦沙库容 75.5 亿 m^3。小浪底工程主要技术特征参数详见表 6-1。

表 6-1　小浪底工程主要技术特征参数

项目名称	指标值（设计水平年为 2000 年）
实测多年平均年径流量/亿 m^3	423.2（1919—1986 年）
设计多年平均年径流量/亿 m^3	277.2
实测多年平均输沙量/亿 t	13.51（1919—1986 年）
设计多年平均输沙量/亿 t	13.23
正常蓄水位/m	275.00
正常死水位/m	230.00
水库总库容/亿 m^3	126.5
其中：防洪库容/亿 m^3	40.5
调水调沙库容/亿 m^3	10.5
淤沙库容/亿 m^3	75.0
设计洪水位（0.1%）/m	274.00
校核洪水位（0.01%）/m	275.00
枢纽总泄流能力（275.00 m 水位）/（m^3/s）	17 556
设计洪水位时最大泄流量/（m^3/s）	13 480
校核洪水位时最大泄流量/（m^3/s）	13 990
非常死水位 220 m 时最大泄流能力/（m^3/s）	7 056
总装机容量/MW	6×300
设计多年平均发电量/亿 kW·h	45.99/58.51（前 10 年/10 年后）

6.1.2　工程运用与调度

6.1.2.1　工程运用阶段

针对小浪底水库不同的发展阶段制定不同的调度方式，包括拦沙初期、拦沙后期和正常运用期。其中拦沙初期是指水库泥沙淤积量达到 21 亿～22 亿 m^3 以前（210 m 以下库容淤满前）的运用时期；拦沙后期是指拦沙初期之后至库区形成高滩深槽，坝前滩面高程达 254 m，水库泥沙淤积量约达到 75.5 亿 m^3 的运用阶段；正常运用期是指在水库长期保持 254 m 高程以上 40.5 亿 m^3 防洪库容的前提下，利用 254 m 高程以下 10.5 亿 m^3 的槽库容长期进行调水调沙的运用阶段。

小浪底工程运行过程中，以国家防汛抗旱总指挥部办公室及水利部文件为指导，每年的 7 月 1 日至次年的 2 月底，黄河防汛总指挥部负责小浪底工程水量调度；3 月 1 日—6 月 30 日，水利部黄河水利委员会（以下简称黄委会）水资源管理与调度局负责小浪底工程水量调度。小浪底水利枢纽建设管理局（以下简称小浪底建管局）负责执行水调指令，协调水电关系，安排泄洪孔洞、引水口组合运用，充分发挥枢纽综合效益。发电机组的运行接受河南省电网调度的指令，按照"以水定电"的原则，根据泄水量指标安排机组发电运行。通过数据资料收集，小浪底水库 1997 年 4 月—2011 年 4 月历年汛前库容的变化见

表 6-2，从表中可清晰地看到截至 2011 年水库库区淤积量达到 26.55 亿 m³，结合调度方式的要求确定目前小浪底水库已经进入拦沙后期运用阶段。

表 6-2 小浪底水库历年汛前库容变化   单位：亿 m³

年份	干流库容	总库容	年际淤积量	累计淤积量
1997	74.91	127.58	—	—
1998	74.82	127.49	0.09	0.09
1999	74.79	127.46	0.03	0.12
2000	74.31	126.95	0.51	0.63
2001	70.70	123.13	3.82	4.45
2002	68.20	120.26	2.87	7.32
2003	66.23	118.01	2.25	9.57
2004	61.60	113.21	4.80	14.37
2005	61.74	112.66	0.55	14.92
2006	59.00	109.31	3.35	18.27
2007	56.39	105.59	3.72	21.99
2008	55.33	104.31	1.28	23.27
2009	54.88	103.39	0.92	24.19
2010	53.68	101.96	1.43	25.62
2011	53.40	101.03	0.93	26.55

6.1.2.2 工程运用方式

（1）全年运用方式

小浪底工程实际运行过程中，调度运行方案发生了一定的变化。小浪底水库工程最初设计目标以防洪（防凌）和减淤为主，兼顾供水、灌溉、发电；为保证长期有效库容，采用蓄清排浑运用方式，全年水库调度包括 2 期，7—9 月，水库运用方式为泄洪排沙；10月—次年 6 月，水库以蓄水调节、供水灌溉、发电和人造洪峰为主。

而蓄水运行后，小浪底工程调度全年分伏汛、蓄水、凌汛、供水 4 个时期，各时期根据泄水目的分不同运用方式（见表 6-3）。与设计阶段相比，水库运用方式的主要区别在于供水运用原则增加了保证黄河基本生态用水和人民生活用水，避免黄河断流的调度目标。在制订水量调度计划及实施调度中，遵循量入为出、丰增枯减原则。拦沙运用初期控制小浪底水库水位不低于 210 m，采取水位逐年抬高的运用方式，运行初期为低水位拦沙，主要为清水下泄，兼顾水库综合效益。

表 6-3 小浪底水库运用分期及运用方式

名称	时间	运用方式	泄水目的
伏汛期	7 月 1 日—10 月 23 日	防洪	出现洪水时，按防洪预案控制下泄流量
		调水调沙	按增泄花园口流量 2 600 m³/s 持续 6 天下泄
		供水灌溉	按下游供水、灌溉和生态需要下泄
蓄水期	10 月 23 日—10 月 31 日	供水灌溉	按下游供水、灌溉和生态需要下泄
凌汛期	11 月 1 日—次年 2 月底	防凌	按满足下游防凌需要下泄
		供水灌溉	按下游供水、灌溉和生态需水下泄
供水期	次年 3 月 1 日—6 月 30 日	供水灌溉	按下游供水、灌溉和生态需水下泄

由表 6-3 可知，小浪底水库按调度规则，年内运用过程为：

① 7 月 1 日—10 月 23 日，控制库水位不超过汛限水位，相机进行防洪、调水调沙和供水运用。

② 10 月 23 日—10 月 31 日，按下游供水需求运用，尽量蓄水；11 月 1 日—次年 2 月底，在保证防凌安全的前提下尽量蓄水。

③ 次年 3 月 1 日—6 月 30 日，按下游供水和不断流的要求运行，由于黄河可供水量总体不足，为提高水资源利用效益，一般在 3—4 月集中水量下泄，保证小麦关键期用水，5—6 月略少。

④ 到 6 月底，小浪底水库水位接近全年最低运用水位（预留一定水量，以防备 7 月上旬出现旱情）。

（2）汛期运用方式

黄河水少沙多，水沙异源，来水来沙的自然组合与黄河下游的河道输沙能力极不协调，是黄河下游河道淤积的根本原因。小浪底水库主汛期（7 月 11 日—9 月 30 日）采用以调水为主的调水调沙运用方式；水库拦沙期，通过调水调沙提高拦沙减淤效益；正常运用期，通过调水调沙持续发挥调节减淤效益。小浪底水库以调水为主的调水调沙运用目标是：发挥大水大沙的淤滩刷槽作用，控制河道塌滩及上冲下淤，满足下游供水灌溉，提高发电效益，改善下游河道水质和生态环境等（万占伟等，2010）。

水库主汛期调节方式见表 6-4。调水调沙调度方式可概括为：增大来流小于 400 m^3/s 的枯水，保证发电，改善水质及水环境；泄放 400～800 m^3/s 的小水，满足下游用水；调蓄 800～2 000 m^3/s 的平水，避免河道上冲下淤；泄放 2 000～8 000 m^3/s 的大水，有利于河槽冲刷或淤滩刷槽；调节 400 kg/m^3 以上的高含沙水流；滞蓄 8 000 m^3/s 以上的洪水。显然，水库调度下泄流量的基本原则是两极分化（王玲等，2008b；张厚军等，2008；水利部小浪底水利枢纽建设管理局，2005）。

表 6-4　小浪底水库主汛期调度方式

入库流量 $Q_入$/ （m^3/s）	出库流量 $Q_出$/ （m^3/s）	调节目的
<400	400	① 保证最小发电流量； ② 维持下游河道基流，改善水质及水环境
400～800	400～800	① 满足下游用水要求； ② 下游淤积量较小
800～2 000	800	① 消除平水流量，避免下游河道上冲下淤； ② 控制蓄水量不大于 3 亿 m^3，若大于 3 亿 m^3，按 5 000 m^3/s 或 8 000 m^3/s 造峰至蓄水量 1 亿 m^3
2 000～8 000	2 000～8 000	较大流量敞泄，使全下游河道冲刷
>8 000	8 000	大洪水滞洪或蓄洪运用

引自：张俊华，等. 2005. 黄河小浪底水库运用方式研究综述。

（3）调水调沙运用方式

2002—2010 年的调水调沙模式与效果见表 6-5，利用入海水量、入海沙量与河流冲淤量重要参数的变化表明调水调沙的效果及作用。经过总结分析，调水调沙模式主要包括以下几种：

①小浪底水库单库运行模式：该种模式下洪水和泥沙仅仅来自于小浪底水库上游，水库所蓄水量需在进入汛期之际泄至汛限水位，腾空防洪库容。在此水沙条件下组合小浪底水库不同高程的泄流设施，塑造适合下游河道输沙的水沙关系，确保下游河道不淤积或提高冲刷条件下单位水体的输沙能力。

②基于空间尺度水沙对接模式：该种模式下，一方面是小浪底水库上游发生洪水挟带泥沙入库，另一方面是水库下游支流伊洛河与沁河发生含沙量低的洪水。基于该种模式的水沙条件组合小浪底水库不同泄水孔洞，塑造一定历时与大小的流量、含沙量、泥沙颗粒级配过程，与小浪底水库下游伊洛河、沁河的"清水"在花园口站准确对接，形成花园口站协调的水沙关系，达到清排小浪底水库库区泥沙的目的，同时不会淤积下游河道。

③干流（干支流、干流/东平湖）多库联合调度和人工扰沙塑造异重流：主要利用水库在汛期之际须泄放至汛限水位的水量，基于该种模式的水沙条件充分利用了水库蓄水，借力自然通过黄河干流万家寨水库、三门峡水库、小浪底水库的联合调度且辅以人工扰动措施，于小浪底库区塑造人工异重流来调整库尾淤积形态。支流水库陆浑水库、故县水库可以稀释和冲泄小浪底水库的出库高含沙水流，提高进入下游水流的挟沙能力。东平湖是在下游洪水落水期，当艾山流量低于 2 300 m^3/s 时，下泄清水补水延长艾山以下大流量过程。同时可利用进入下游河道水流富余的挟沙能力，冲刷下游河道。

2002—2004 年，调水调沙试验阶段分别采用了小浪底水库单库运行、基于空间尺度水沙对接、干流水库群（万家寨、三门峡与小浪底水库）水沙联合调度 3 种模式。随着调水调沙经验的不断积累，为最大限度地减少水库与河道泥沙的淤积，保证尽量多输送泥沙入海，提出通过水库群联合实施"预泄、控泄、凑泄、冲泄"调度，实现对洪水泥沙时间差和空间差的组合和整合，塑造协调水沙关系。2004 年，第三次调水调沙的调度模式则为"三门峡水库敞泄 + 小浪底水库预泄、控泄、凑泄、冲泄 + 万家寨水库补水下泄 + 三门峡、小浪底水库联合速蓄速冲试验 + 东平湖补水冲泄"。自 2004 年小浪底水库第三次调水调沙以来，开始实施人工塑造异重流，在没有发生洪水的条件下主要依靠水库汛限水位以上蓄水，通过调度万家寨、三门峡、小浪底水库，在小浪底库区塑造异重流，达到减少水库淤积、调整库区淤积形态及多排沙入海的目的。

除此之外，随着调水调沙经验的积累及认识的提高，调水调沙目标发生了一定的变化，从最初河道结构改善、加大库区排沙、延长水库使用寿命到兼顾黄河三角洲湿地生态系统，改善生态环境。

表 6-5 小浪底水库调水调沙模式

调水调沙时间	模式	小浪底蓄水量/亿 m^3	区间来水量/亿 m^3	调控流量/（m^3/s）	调控含沙量/（kg/m^3）	入海水量/亿 m^3	入海沙量/亿 t	河道冲淤量/亿 t	备注
2002 年	基于小浪底水库单库调节为主	43.41	0.55	2 600	20	22.94	0.664	0.362	首次试验
2003 年	基于空间尺度水沙对接	56.1	7.66	2 400	30	27.19	1.207	0.456	结合2003年秋汛洪水处理试验

调水调沙时间	模式	小浪底蓄水量/亿 m³	区间来水量/亿 m³	调控流量/(m³/s)	调控含沙量/(kg/m³)	入海水量/亿 m³	入海沙量/亿 t	河道冲淤量/亿 t	备注
2004 年	基于干流水库群水沙联合调度	66.5	1.098	2 700	40	48.01	0.697	0.665	第三次试验
2005 年	万家寨、三门峡、小浪底三库联合调度	61.6	0.33	3 000～3 300	40	42.04	0.612 6	0.646 7	生产运行
2006 年	三门峡、小浪底两库联合调度为主	68.9	0.47	3 500～3 700	40	48.13	0.648 3	0.601 1	生产运行
2007 年（汛前）	万家寨、三门峡、小浪底三库联合调度	43.53	0.45	2 600～4 000	40	36.28	0.524	0.288	生产运行
2007 年（汛期）	基于空间尺度水沙对接	16.61	5.57	3 600	40	25.48	0.449 3	0.000 3	生产运行
2008 年	万家寨、三门峡、小浪底三库联合调度	41.43	0.3	2 600～4 000	40	40.75	0.598 2	0.200 7	生产运行
2009 年	万家寨、三门峡、小浪底三库联合调度	47.02	0.72	2 600～4 000	40	34.88	0.345 2	0.342 9	生产运行
2010 年（汛前）	万家寨、三门峡、小浪底三库联合调度	48.48	1.31	2 600～4 000	40	46.43	0.687	0.208 2	生产运行
2010 年 7 月（汛期）	三门峡、小浪底、陆浑、故县 4 座水库联合调度	8.84	13.8	2 600	40			0.075 6	生产运行
2010 年 8 月（汛期）	万家寨、三门峡、小浪底三库与东平湖补水冲泄联合调度	11.39	21.6	2 600	40			0.019	生产运行

6.1.3　环境影响评价工作回顾

6.1.3.1　环境影响评价主要结论

（1）水质

水库蓄水后，小浪底水库的水质与原河道水质相似；非汛期泥沙等悬浮物在库内沉淀，透明度有所增大，某些污染物被泥沙吸附而下沉，水质有所改善。水库蓄水后，溶解氧在 7 月至次年 3 月含量较高，升温期（3—6 月）可能会有短暂的下降。汛期营养盐类较高，非汛期由于水生物的消耗，营养盐类会有所下降（李晨等，1986）。

（2）水温

根据水利部黄河水利委员会勘测规划设计研究院所做的《小浪底水库坝前及坝下水温变化规律的预测分析》，小浪底水库属于分层型水库，具有春夏升温期水温沿水深方向层状分布及秋冬降温期混合均温的特征。水库运用 1～3 年，库区泥沙淤积较少，水库水温结构呈稳定分层型。4—8 月，水库具有明显的热分层现象；9 月以后，混合层厚度增大；至 12 月，水库热分层现象消失；1—2 月，水库水温呈逆温分布；3 月，水库进入混合状态。

（3）局地气候

水库蓄水后，水面面积扩大，下垫面由陆面变成水面，下垫面的改变将对水库局地气候产生一定的影响；由于小浪底水库是峡谷型水库，"湖泊效应"很小，对库周小气候影响不大。

（4）水生生物

水库蓄水后天鹅、鸳鸯等水禽将有所增加，对鲤、鲫等鱼类的影响不大，应注意保护流水性产卵的铜鱼。工程没有设置鱼道，对洄游性鱼类有些影响。

（5）水库泥沙

经过多年的研究、实践总结，结合我国北方多泥沙河流水库的运用经验，尤其是三门峡水库的运用经验，可以说已经找到了处理水库泥沙的基本途径，使水库能够保持一定库容长期使用，基本经验有 3 条：库区以选择峡谷型为宜，便于冲刷水库淤沙；水库要有足够的泄流规模，为泄流排沙创造基本条件；在运用方式上宜实行"蓄清排浑"，也就是说在汛期洪水量大时，要降低水位泄洪排沙，非汛期水清沙少时蓄水调节，兴利综合利用。

（6）水库运用后对库区与下游泥沙的影响

小浪底库区比较狭窄，平均宽度仅 2 km，泄流建筑物的设计，死水位 230 m，泄量 8 000 m^3/s，可以满足水库后期的排沙需求。水库的运用分为两个阶段：初期逐步抬高运用水位，拦沙、调水调沙，堆沙库容 70 多亿 m^3 将逐步淤满，库区形成高滩深槽，历时约 30 年；后期及正常运用期，实行"蓄清排浑"运用。小浪底水库运用后对库区与下游泥沙的效应有 3 个方面：可以保留 50 亿 m^3 的有效库容，供长期利用；经分析库区淤积平衡的末端不影响三门峡电站尾水位；发挥水库的拦沙调沙作用，可最大限度地减少下游淤积，使下游河道堤防加高，在 50 年内可减少 2～3 次。

（7）水库坍岸及滑坡影响

小浪底水库正常蓄水位 275 m 以下，华北地区震旦系到第四系地层几乎均有出露。从地形地貌看，库区黄河干流及支流发育四级阶地，呈不对称分布。多为冲积而成的沙砾石层，上部黄土覆盖，受水浸泡易发生坍岸、滑坡。

根据水库运用水位及库区地质地貌条件分析，水库坍岸主要发生在库腹部分。预测库水位以上，主要在五福涧以上的峡谷河段可能发生小规模坍岸。预计水库总坍方量为 2.19 亿 m^3，其中 275 m 高程以上坍岸的总方量为 1.05 亿 m^3，占总库容 126.5 亿 m^3 的 0.83%，不足总预计库容的 1%。小浪底水库除松散地层的坍岸外，基岩由于受产状及构造的影响，水库蓄水后，一些地段还将产生岸坡变形破坏，即基岩滑坡。

6.1.3.2 国家主管部门审批意见

① 环境影响评价单位收集了大量相关资料，在此基础上编写的环境影响报告书，内容比较全面，评价范围较大，项目较全。评价内容基本符合环境影响评价要求。采用多种途径包括以三门峡水库为主要类比工程的方法是可行的。评价的深度可以满足可行性研究，基本满足初步设计阶段的需求。

② 环境影响报告书的结论具有说服力，是可信的。水库及下游河道的泥沙问题经过多年研究，且借鉴三门峡水库运用的实践经验，总体认为小浪底水库的运行方式可以达到防洪、减淤的目的，除库区淹没损失外，水库不仅不会对库周、下游、河口环境、生态产生

大的影响，而且在某些方面将有所改善。建库后水质在汛期与原河道水质相近，非汛期将有所改善。对某些可能出现的不利影响，建议的减免措施是可行的。小浪底工程对环境、生态的影响，总的情况是利远大于弊；按设计要求实施，可以达到经济、社会、环境效益的统一。环境报告书可以作为兴建本工程决策的依据。

　　③ 但还需要在下一设计阶段对以下问题进行补充论证：

　　a. 在水库移民规划时，要考虑安置区的环境容量，并结合库周城镇发展规划，提出环境保护建议，以利于对自然生态和社会环境良性发展；

　　b. 继续进行三门峡水库的环境影响回顾评价，特别是应加强三门峡水库水温观测并进行水库淤积物取样和污染物含量分析；

　　c. 要进一步加强有关诱发地震的分析研究和监测工作；

　　d. 继续研究水库水温结构状况，研究下泄水流温度随季节和沿程变化以及对农业灌溉和防凌的影响；

　　e. 研究施工对自然景观破坏及对河道和人群健康的影响，并提出相应对策；

　　f. 根据重点保护、重点发掘的原则，对库区文物，应鉴定其历史、科学价值并划分等级，制订发掘、保存等处理措施；

　　g. 提出水库水源保护的规划和措施。

6.1.4　西霞院工程概况

　　西霞院工程位于小浪底工程下游 16 km 处，控制流域面积 69.46 万 km^2，是小浪底工程的配套工程。其开发任务是以反调节为主，结合发电，兼顾灌溉和供水综合利用。水库总库容 1.62×10^8 m^3，长期有效库容 0.45×10^8 m^3。100 年一遇设计洪水位为 132.56 m（黄海标高），5 000 年一遇校核洪水位为 134.75 m，正常蓄水位为 134 m，汛限水位为 131 m。西霞院工程于 2004 年 1 月 10 日开工，2006 年 11 月 6 日截流，2007 年 6 月第一台机组发电，计划 2008 年 6 月底竣工。

　　西霞院工程大坝由混凝土坝段和左右岸沙砾石坝段组成。混凝土坝段布置有发电及泄洪排沙系统，发电系统安装有 4 台 3.5 万 kW 机组，总装机容量 14 万 kW；泄洪排沙系统由 21 孔泄洪闸、6 条排沙洞、3 条排沙底孔组成。水库水位—库容—泄流量关系见表 6-6。

表 6-6　西霞院水库水位—库容—泄流量关系

水位（黄海标高）/m	125	128	130	131	132	133	134	135
库容/（10^8 m^3）	0.083	0.305	0.581	0.755	0.947	1.157	1.378	1.605
泄流量/（m^3/s）	—	4 110	6 450	7 820	9 350	11 000	12 800	14 600

注：a. 库容为 2006 年 7 月实测值；b. 泄流量按模型试验后采用值。

6.1.5　区域概况及生态敏感目标识别

6.1.5.1　区域概况

　　小浪底工程环境影响后评价研究区域为小浪底水库—黄河入海口，流经山西、河南和山东省区，全长 899 km，流域面积 58 288 km²，该区域属于黄河流域第三阶梯，地势低平，绝大部分区域海拔在 100 m 以下，包括黄河下游冲积平原、鲁中丘陵和河口三角洲。

黄河流入下游后，河道比降降低，河床抬高，形成举世闻名的"地上悬河"。其中小浪底—桃花峪流域面积为 35 562 km²，落差为 30 m，比降为 2.6‰，支流有伊洛河、沁河汇入，其中伊洛河多年平均径流量为 38.32 亿 m³、沁河为 13 亿 m³；桃花峪到河口流域面积为 22 726 km²，落差为 37.3 m，比降为 1.2‰，汇入的较大支流是大汶河，多年平均径流量为 18.2 亿 m³。

6.1.5.2　生态敏感目标

本次研究评价过程中，从河流廊道的结构特征（横纵向空间尺度）出发确定区域生态敏感目标。

（1）河流廊道纵向尺度

黄河中下游以小浪底工程为分界标志，河流由丘陵峡谷进入黄淮海平原，结合河流廊道的纵向剖面结构分析，小浪底水库下游研究区域基本位于纵向区段 3 沉积带，河流流经区域平坦而宽阔，且一直延伸到河口通过三角洲入海。研究区域内河流廊道纵向尺度的重要生态敏感目标包括河流生态系统（种质资源保护区见图 6-1）、黄河三角洲湿地自然保护区（位置见图 6-2，概况见表 6-7）。

图 6-1　种质资源保护区位置

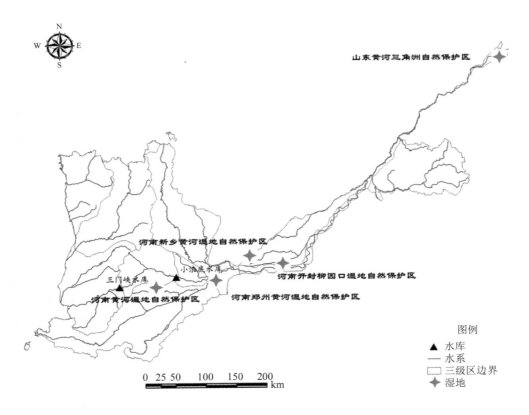

图 6-2　研究区域河流湿地与河口湿地位置

表 6-7　区域生态敏感目标——湿地概况

河口湿地名称	级别	地理位置	主要保护对象
山东黄河三角洲湿地	国家级	山东东营市	东方白鹳、丹顶鹤、黑嘴鸥等珍禽及原生性湿地生态系统
河南黄河湿地	国家级	河南洛阳市孟津县	黑鹳、白鹳、白鹤、丹顶鹤、白尾海雕等珍禽及湿地生态系统
河南新乡黄河湿地	国家级	河南封丘和长垣	黑鹳、白鹤、丹顶鹤等珍稀鸟类及湿地生态系统
河南郑州黄河湿地	省级	巩义、荥阳、中牟等县	湿地生态系统及珍稀鸟类
河南开封柳园口湿地	省级	开封	湿地生态系统及鸟类

（2）河流廊道横向尺度

小浪底水库下游地处黄淮海平原，横向剖面主要由河道与漫滩组成，如图 6-3 所示。下游河流漫滩一般包括嫩滩、一滩与老滩，嫩滩是在中常水位下可能补水的区域；一滩是大流量时才有可能过水；而老滩的天然补水的发生概率降低，主要是由于黄河下游的特殊性构建生产堤，生产堤与黄河大堤之间形成了大量的农村居民点与耕地。

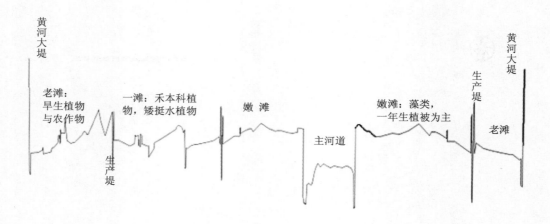

图 6-3　小浪底水库下游河流廊道横向剖面结构示意

横向剖面的河道与滩地组成了下游河流附属湿地，其形成一方面受黄河下游特殊的水沙条件自然要素变化的影响；另一方面与河道整治、水沙调控、修建生产堤防等人类活动密切相关。河流湿地作为水陆交错带的湿地，是联系陆地生态系统和水生生态系统的桥梁与纽带，具有保护物种多样性、涵养水源、调节气候、拦截和过滤物质流、稳定毗邻生态系统及净化水质等重要生态功能，因此河流湿地是评价区内的生态敏感目标。河流湿地生态敏感目标包括河南黄河湿地自然保护区、河南郑州黄河湿地自然保护区、河南新乡黄河湿地自然保护区、河南开封柳园口湿地自然保护区，具体位置如图 6-2 所示，湿地概况见表 6-7。

6.2　库区生态系统影响后评价

6.2.1　水文情势影响分析

6.2.1.1　数据来源

本书收集整理了 1956—2012 年三门峡、小浪底和花园口 3 个站点的逐年和逐月径流量、水位资料，分析小浪底水库运行调度对水文情势的影响。收集整理 1997—2007 年实测小浪底水库库容、入库水沙数据资料。

6.2.1.2　水位流量关系

（1）小浪底水库水位

1）年际变化

从 1999 年 10 月开始蓄水运用到 2011 年 6 月，按照国家批复的小浪底水库拦沙初期的运用方式，以满足黄河下游防洪、减淤、防凌、防断流和供水、发电为主要目标，小浪底水库进行了防洪、防凌、调水调沙和供水等一系列的调度运用。1999 年 10 月，小浪底水库开始蓄水运用，当年由于三门峡水库入库水量较小，库区水位上升比较缓慢。

小浪底水库 1999—2011 年调度运用情况如图 6-4 所示，小浪底水库蓄水运用情况见表 6-8。

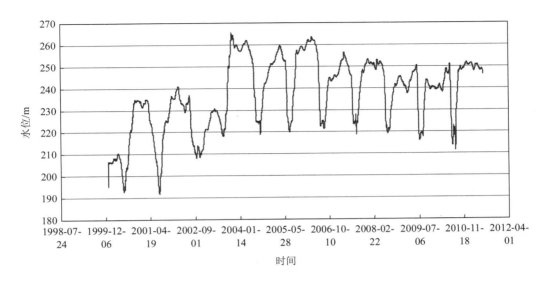

图 6-4　1999—2011 年小浪底水库坝前水位过程线

表 6-8　2000—2011 年小浪底水库蓄水运用情况一览

	项　目	2000 年	2001 年	2002 年	2003 年	2004 年	2005 年	2006 年	2007 年	2008 年	2009 年	2010 年	2011 年
	汛限水位	215	220	225	225	225	225	225	225	225	225	225	225
汛期	最高水位/m	234.3	225.42	236.61	265.48	242.26	257.47	244.75	248.16	241.61	243.56	249.57	263.88
	日　期	10 月 30 日	10 月 9 日	7 月 3 日	10 月 15 日	10 月 24 日	10 月 17 日	10 月 19 日	10 月 18 日	10 月 20 日	10 月 1 日	10 月 18 日	10 月 19 日
	最低水位/m	193.42	191.72	207.98	217.98	218.63	219.78	221.09	218.70	219.17	216.00	211.16	214.28
	日　期	7 月 6 日	7 月 28 日	9 月 16 日	7 月 15 日	8 月 30 日	7 月 22 日	8 月 11 日	7 月 6 日	7 月 23 日	7 月 13 日	8 月 18 日	7 月 4 日
	平均水位	214.88	211.25	215.65	249.51	228.93	233.84	231.57	232.91	230.08	229.47	223.60	244.56
	汛期开始蓄水日期	8 月 26 日	9 月 14 日	—	8 月 7 日	9 月 7 日	8 月 21 日	8 月 27 日	—	—	—	—	—
	主汛期平均水位/m	211.66	207.14	214.25	233.86	225.98	230.17	227.4	228.9	226.9	225.8	224.1	244.48
非汛期	最高水位/m	210.49	234.81	240.78	230.69	264.3	259.61	263.3	256.32	252.75	250.34	251.71	267.83
	日　期	4 月 25 日	11 月 25 日	2 月 28 日	4 月 8 日	11 月 1 日	4 月 10 日	3 月 11 日	3 月 27 日	3 月 21 日	6 月 16 日	12 月 25 日	12 月 13 日
	最低水位/m	180.34	204.65	224.81	209.6	235.65	226.17	223.61	227.25	227.02	226.15	231.12	227.12
	日　期	11 月 1 日	6 月 30 日	11 月 1 日	11 月 2 日	6 月 30 日	6 月 30 日	6 月 30 日	6 月 30 日	6 月 30 日	6 月 30 日	6 月 30 日	6 月 30 日
	平均水位/m	202.87	227.77	233.97	223.42	258.44	250.58	257.79	249.4	248.1	242.21	244.43	250.57
	年平均运用水位/m	208.88	219.51	224.81	236.46	243.68	242.21	248.95	243.82	242.03	237.98	232.87	247.41

注：主汛期为 7 月 11 日—9 月 30 日。汛期开始蓄水的日期指汛期库水位开始超过当年汛限水位之日。2006 年采用陈家岭水位。

　　小浪底水库 1999 年 10 月开始蓄水运用到 2011 年 6 月，库区水位可以分为 3 个明显的运用过程。1999 年蓄水到 2002 年开始调水调沙以前，库区水位基本在 190～240 m，其中汛期最低水位基本控制在 190 m 左右，时间一般在 7 月中旬到下旬；非汛期最高水位一般在 235 m 左右，时间多在 10 月。

从 2002 年开始进行调水调沙试验，为利用小浪底水库蓄水制造人造洪峰，7 月 3 日小浪底水库坝前水位达到当年最高水位（236.61 m），调水调沙试验结束后库区水位降至汛限水位（225 m）以下运用。进入汛期后，小浪底水库上游入库水量遇偏枯年份，库区一直低水位运用，当年汛期的最高水位仅有 230.11 m，是水库蓄水以来历年非汛期最高水位的最小值。

2000—2002 年，库区年平均水位逐年抬高，分别为 208.88 m、219.51 m 和 224.81 m，汛期平均水位分别为 214.88 m、211.25 m 和 215.65 m。

2003—2006 年，历年汛期最低水位一般控制在 220 m 左右并呈逐年抬高的趋势，汛期最低水位分别为 217.98 m、218.63 m、219.78 m 和 221.09 m；年最高水位的变化范围为 242～265 m，其中最高运用水位出现在 2003 年 10 月 15 日，坝前水位达到 265.48 m，历年平均运用水位分别为 236.46 m、243.69 m、242.21 m 和 248.95 m。

2007—2011 年，历年汛期最低水位一般控制在 215 m 左右，并保持较为平稳趋势，汛期最低水位分别为 218.70 m、219.17 m、216.00 m、211.16 m 和 214.28 m；年最高水位的变化范围为 241～263 m，历年平均运用水位分别为 243.82、242.03 m、237.98 m、232.87 m 和 247.41 m。此期间水库水位处于平稳运行阶段。

2）年内水期变化

小浪底水库不同运用期实测水位变化见表 6-9。结果表明，2000—2011 年小浪底水库按照两种方式运用，每年大致都经历了蓄水、放水、再蓄水的循环过程。水库水位每年主汛期末开始缓慢上升，为即将到来的用水高峰蓄积水资源，次年，为保证黄河下游工农业生产、城市生活及生态用水的需求，水库补水下泄，水位开始降低（张学成等，2012；江恩惠等，2010）。

表 6-9　2000—2011 年小浪底水库不同运用期实测水位对比

时段	特征水位/m	2000	2001	2002	2003	2004	2005	2006	2007	2008	2009	2010	2011
主汛期（7—9 月）	最高水位	224.3	223.9	236.5	254.7	236.4	246.4	241.6	248.2	241.6	243.6	249.6	263.9
	最低水位	193.4	191.5	208.3	218.0	219.1	219.5	221.0	218.7	219.2	216.0	211.2	214.3
	平均水位	209.8	206.6	216.5	232.2	226.8	229.3	227.4	232.9	230.1	229.5	223.6	244.6
调节期（10 月—次年 6 月）	最高水位	234.7	240.8	230.7	265.4	259.5	263.3	245.8	256.3	252.8	250.3	251.7	267.8
	最低水位	204.5	224.0	208.9	236.4	225.7	223.5	242.1	227.3	227.0	226.2	231.1	227.1
	平均水位	228.0	233.0	222.0	258.2	250.0	257.4	244.2	249.4	248.1	242.2	244.4	250.6

注：2006 年调节期资料统计范围为 2006 年 10—12 月。

（2）调水调沙对库区水位的影响

根据前述的小浪底水库 1999 年 10 月开始蓄水运用到 2011 年 6 月，库区水位可以分为 3 个明显的运用过程。本次评价按库区水位的 3 个明显的运用过程分为 3 个时期分析调水调沙对库区水位变化的影响，即调水调沙前期 2000—2001 年，此期为库区蓄水运用但未进行调水调沙；调水调沙中期 2002—2006 年，此期间开始进行调水调沙试验，探索最佳调水调试方式；调水调沙后期 2007—2011 年，此期间调水调沙稳定进行。

调水调沙前期库区水位变化规律如图 6-5 所示，从图中可看出，2000 年调水调沙前水位为 215 m；2001 年前汛期（7 月 1 日—8 月 31 日）水位为 190～200 m，后汛期（9 月 1 日—10 月 31 日）水位为 220 m。每年 6 月底 7 月初调水调沙期间水位下降至最低 190 m。

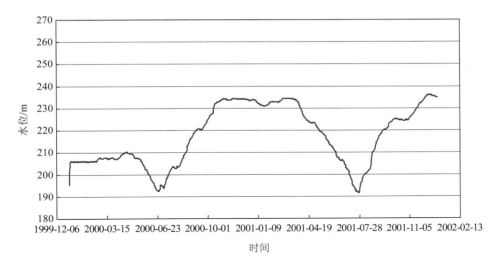

图 6-5　2000—2001 年小浪底水库坝前水位过程线

调水调沙中期库区水位变化规律如图 6-6 所示，从图中可看出，2002—2003 年前汛期水位抬升至 225 m，后汛期水位抬升至 248 m。6 月底 7 月初调水调沙期间水位下降至最低 210～220 m；2004—2006 年前汛期水位抬升至 225 m 左右，后汛期水位抬升至 225 m 左右，每年 6 月底 7 月初调水调沙期间水位下降至最低 220 m。

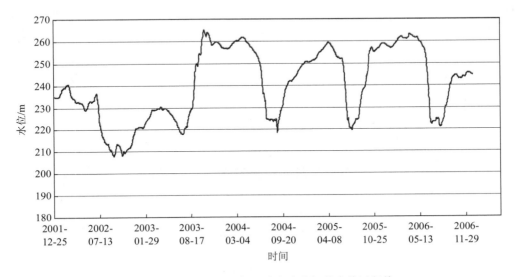

图 6-6　2002—2006 年小浪底水库坝前水位过程线

调水调沙后期库区水位变化规律如图 6-7 所示，从图中可看出，2007—2011 年前汛期水位抬升至 200 m 左右，后汛期水位抬升至 225 m，每年 6 月底 7 月初调水调沙期间水位下降至最低 220 m 左右。

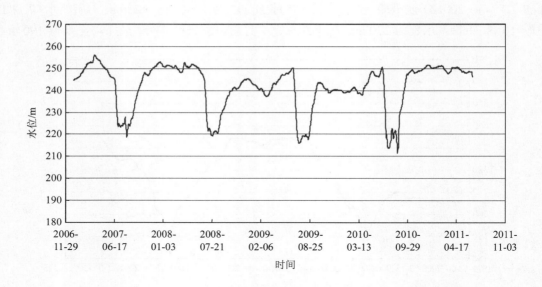

图 6-7　2007—2011 年小浪底水库坝前水位过程线

因此，2000—2011 年，调水调沙期间库区水位急剧变化，调水调沙前后小浪底库区水位落差变幅为 15～35 m。

6.2.1.3　水量分析

（1）小浪底水库年平均下泄流量

根据小浪底水库 1955—2012 年日均下泄流量数据，得出流量变化情况（见图 6-8）。从图中可看出，1955—1997 年平均下泄流量为 1 183.7 m³/s，2001—2012 年平均下泄流量减小到 692.1 m³/s。下泄流量减少的原因主要是气候变化导致降水量减少，从而来水量减少。

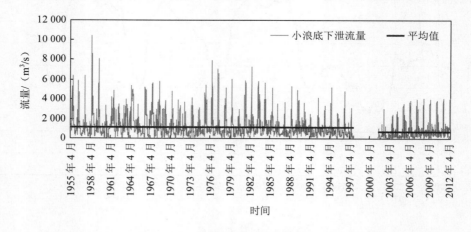

图 6-8　小浪底建库前后下泄流量变化

根据 1955—2012 年年均径流数据，对小浪底水库做理论频率曲线分析，如图 6-9 所示，根据图查得，P=50%的下泄水量为 316 亿 m³，P=75%的下泄水量为 237 亿 m³，P=95%的下泄水量为 152 亿 m³。

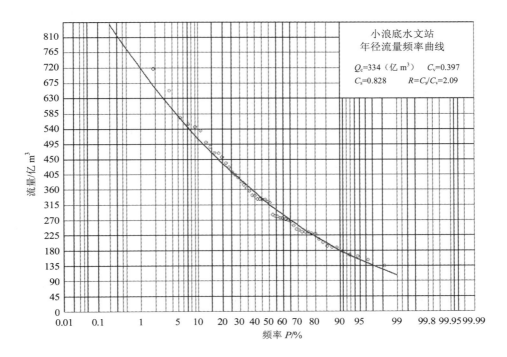

图6-9　小浪底下泄流量皮尔逊Ⅲ型水文频率曲线

根据1956—2011年三门峡来水和小浪底下泄年径流量数据做趋势分析，如图6-10所示，从图中可看出，小浪底下泄流量和三门峡来水量变化趋势高度一致，说明小浪底水库下泄流量取决于三门峡水库的来水，下泄流量大小主要由来水量决定，建库后下泄水量减少由上游来水量减少所致，水库运行本身没有减少下泄径流量。

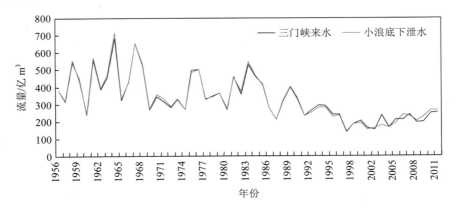

图6-10　小浪底、三门峡水库下泄流量对比

（2）小浪底水库月均下泄流量

选取1956—1998年为蓄水前时段，1999—2011年为蓄水后时段，对月均流量进行对比分析（见表6-10）。蓄水后除6月份流量上升，其他月份流量对比蓄水前均有明显下降，下降程度为17.6%～74.4%。径流高峰从蓄水前的8月份提前到蓄水后的6月份，同时，建库后各月平均流量变化趋于平缓，非汛期来水量的比重增大，建库前非汛期的来水量只占全年的 45%，水库投入运行后提升至 58%。

表 6-10　蓄水前后月均下泄流量对比分析

月份	1 月	2 月	3 月	4 月	5 月	6 月	7 月	8 月	9 月	10 月	11 月	12 月
蓄水前/亿 m³	13.0	13.2	26.3	25.3	24.0	20.8	42.2	58.9	55.2	45.7	26.0	17.6
蓄水后/亿 m³	8.6	10.8	18.9	18.1	14.9	34.7	20.9	15.1	15.5	19.0	14.4	12.2
改变度/%	−34.3	−17.6	−28.2	−28.6	−38.1	67.4	−50.5	−74.4	−71.9	−58.5	−44.5	−31.0

建库运行后，洪峰流量减小，洪水次数减少。据 2000—2006 年资料，小浪底水库的削峰率为 65%。花园口站洪峰流量超过 2 000 m³/s 的洪水仅 16 次（包括调水调沙 5 次），汛期来水以中小流量为主，花园口站流量在 1 000 m³/s 以下的天数占全年的 80%（黄河水利科学研究院，2007）。

由于蓄水前的水文资料时间较长（20 世纪 50—90 年代），为排除气候因素的影响，采取典型年分析方法，选择了水库运行前的 1995 年和水库全面运行后的 2010 年界定为枯水年进行前后对比分析，分析结果见图 6-11 和表 6-11。结果表明，枯水年月均径流量从调度前的 19.14 亿 m³ 稍增加到 20.23 亿 m³，建设前后径流量年内变幅无明显差异，表明水库蓄水在枯水年发挥了调节径流的作用，下游径流量得到增加。最大月径流量出现的时间从蓄水前的 8 月提前到了 6 月，蓄水后 5—7 月的月径流量变化较大，与蓄水前相比 5—7 月小浪底的径流出现了明显的峰值，这是小浪底水库蓄水后每年的 5—7 月进行的调水调沙实验造成的。

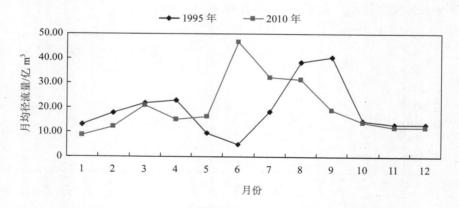

图 6-11　小浪底站 1995 年、2010 年月均径流量过程

表 6-11　小浪底站月径流量统计参数

年份	月平均值/亿 m³	标准差	变异系数
1995	19.14	10.67	0.56
2010	20.23	11.17	0.55

（3）调水调沙对小浪底库区蓄水量的影响

调水调沙后小浪底库区蓄水量变化如图 6-12 所示，从图中可以看出，从 2002 年调水调沙后库区蓄水量整体上呈现下降趋势，日最高蓄水量从开始的 80 亿 m³ 下降至 45 亿 m³ 左右。

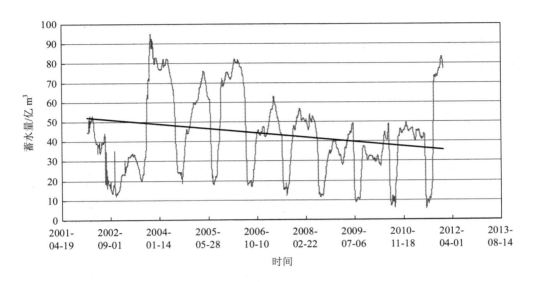

图 6-12　2002—2011 年小浪底库区蓄水量变化

2002—2006 年，小浪底库区蓄水量变化如图 6-13 所示，调水调沙前日均蓄水量约 70 亿 m³，调水调沙期间下降至约 20 亿 m³，调水调沙后逐步回升至 70 亿 m³。

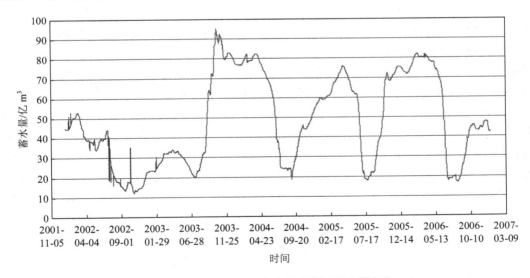

图 6-13　2002—2006 年小浪底库区蓄水量变化

2006—2011 年小浪底库区蓄水量变化如图 6-14 所示，调水调沙前日均蓄水量约 40 亿 m³，调水调沙期间下降至约 10 亿 m³，调水调沙后逐步回升至约 40 亿 m³。

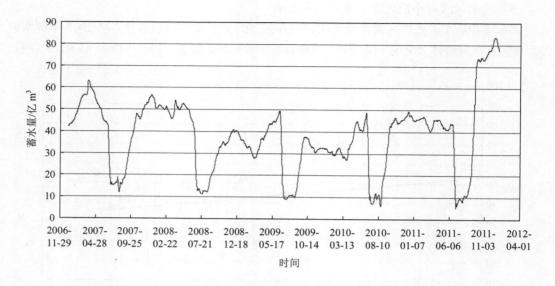

图 6-14　2006—2011 年小浪底库区蓄水量变化

以上分析表明，调水调沙期间水库蓄水量急剧减少，调水调沙后逐步恢复；2002—2006 年调水调沙期间日蓄水量减少约 50 亿 m³；2007—2011 年调水调沙期间日蓄水量减少约 30 亿 m³。

6.2.1.4　小浪底库区泥沙淤积对水位-流量关系的影响

（1）库区库容变化及泥沙淤积情况

小浪底水库 1997 年 10 月截流，截流前实测 275 m 高程以下加密原始库容为 127.58 亿 m³，1999 年 10 月开始蓄水运用，1999 年 10 月实测 275 m 高程以下加密断面法库容为 127.46 亿 m³，2007 年 10 月实测断面法库容为 103.59 亿 m³，其中干流库容为 55.03 亿 m³，左岸支流库容为 22.22 亿 m³，右岸支流库容为 26.34 亿 m³。根据黄河水文水资源科学研究院 2008 年《小浪底库区年度冲淤规律分析入库径流预报和优化调度建议》的研究成果：

1999—2007 年，库区累积淤积量为 23.99 亿 m³。其中，1999—2000 年库区淤积量很小，只有 6 000 万 m³ 左右；2001 年，汛期库区淤积量急剧增大，年淤积总量达 3.82 亿 m³；2002 年，库区淤积量略小于 2001 年，库区总淤积量为 2.87 亿 m³；2003 年，库区淤积量为 2.25 亿 m³；2004 年汛前，由于水库运用水位较高，加上上游三门峡水库畅泄运用，大量泥沙进入小浪底库区并且主要淤积在干流，2004 年全库区共淤积 4.85 亿 m³；2005 年，库区淤积量为 3.90 亿 m³；2006 年，库区淤积量为 3.43 亿 m³。

总体来看，泥沙淤积的位置主要在干流，干流淤积量占库区总淤积量的 82.6%，支流淤积量占总淤积量的 17.4%。从整个干流淤积过程来看，2003 年 5 月以前变化比较均匀，2003 年和 2005 年汛期发生了明显的跳跃，均与三门峡水库出库过程有关。

（2）库区泥沙淤积对水位流量关系的影响

从 1999 年建库后，由于水库的淤积，同水位条件下库容变小，特别是干流库容，1999 年和 2007 年干流库容水位曲线对比如图 6-15 所示。从图中可以看出，同水位条件下，干流库容减少了约 17 亿 m³。

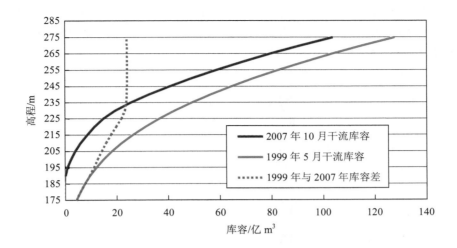

图 6-15　1999—2007 年小浪底水库库容对照

从总库容来看，不同水位条件减少幅度为 5 亿～20 亿 m³，库容变化主要在高程 220 m 以下，220 m 以上库容变化不大，淤积主要发生在高程 230 m 以下。

6.2.2　水环境分析

6.2.2.1　库区水质

（1）数据来源

本书收集整理了小浪底水库蓄水前后近 30 年的水质监测数据，包括 1985 年小浪底河段水质监测数据，1992—1999 年黄河孟津大桥水质监测数据，黄河流域水资源保护局的 2001 年库区水质监测数据，2009 年 3 月—2010 年 5 月进行的小浪底库区 15 次水质监测结果，黄河流域水环境监测中心沙沃断面 2004—2008 年常规水质因子监测数据，洛阳市环境监测站 2001—2005 年小浪底库区水质监测数据，以及环保部的 2004 年至今济源小浪底断面的水质监测数据。旨在依据长系列的监测数据保证水库水质评价结果的准确性。同时，根据沉积物质量调查结果评价了泥沙沉积对库区水质的影响，进一步解释了库区污染的源和汇，为库区水质管理提供建议。选取 pH 值、溶解氧（DO）、高锰酸盐指数（COD_{Mn}）、氨氮（NH_3-N）、五日生化需氧量（BOD_5）和挥发酚作为评价因子。

评价时段的划分以 1999 年 10 月下闸蓄水为截点，将全年划分为枯水期（11 月—次年 2 月）、平水期（3—6 月）和丰水期（7—10 月）共 3 个时段分别进行评价，每个阶段水质评价的主要内容包括不同水期均值评价和月均值评价。评价方法采用单因子法，即根据断面各评价因子在不同时段的算术平均值与评价标准比较，确定各因子的水质类别，其中最高类别即为该断面在不同时段的综合水质类别。评价标准使用评价时正在使用的国家地表水环境质量标准。

（2）不同来水条件下的水质影响

蓄水前后不同水期水质评价结果未达标的比例如图 6-16 所示，蓄水前入库断面 1990 年、1991 年丰水期和 1990 年 12 月—1991 年 2 月枯水期水质未达标，其余时段水质均达到Ⅲ类水质要求，入库断面 Ⅴ 类水质的比例为 11%，主要超标因子为 NH_3-N、DO 和 BOD_5。

蓄水后入库断面 2005 年和 2007 年丰水期水质为Ⅲ类，其余时段水质均为Ⅳ类和Ⅴ类，总体来看，达标水质的比例为 11%，Ⅳ类水质比例为 21%，Ⅴ类水质比例为 68%，主要超标因子为 NH_3-N、COD_{Mn} 和 BOD_5。

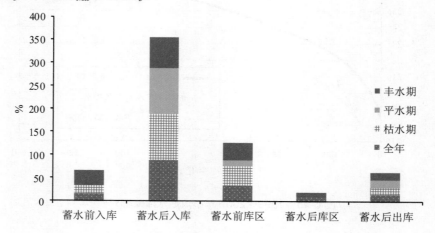

图 6-16　蓄水前后不同水期水质评价结果未达标比例

蓄水前库区断面水质在 1993 年丰水期、1994 年枯水期和 1996 年 7 月—1998 年 2 月的各个时期均为Ⅳ类或Ⅴ类水，主要污染物为 NH_3-N 和 COD_{Mn}，水质达标率分别为 83% 和 65%。可见，蓄水前库区河段水质污染较为严重。根据《黄河小浪底水利枢纽工程环境影响报告书》，1984 年 6 月及 1985 年 4 月的水质监测数据显示，小浪底库区河段水质呈弱碱性，各项指标均符合地面水Ⅲ类水质标准，水质状况良好。因此，小浪底水库蓄水前的水质污染主要时段为施工期。

出库水质仅在蓄水初期的 2002 年 11 月—2003 年 10 月未达标，超标因子为 NH_3-N；随着水库运行，2003 年 11 月—2008 年 2 月，出库水质提高为Ⅱ类或Ⅲ类。蓄水后出库水质满足Ⅲ类水质要求的时段占 75.0%，出库水质明显好于入库水质。

（3）不同时期月均值水质影响

小浪底水库蓄水前后月均值评价结果见表 6-12，蓄水前三门峡断面水质 8 月和 12 月两个月水质为Ⅳ类，超标因子为 NH_3-N 和 DO，其余月份均可以达到Ⅱ类和Ⅲ类水质，其中超标月份占全年比例为 17%。蓄水后三门峡断面 4 月、9 月和 10 月的水质为Ⅲ类，其余月份均不能达到Ⅲ类水质，主要超标因子为 NH_3-N、COD_{Mn}、BOD_5 和 DO，超标月份占全年比例为 75%。

蓄水后全年中仅有 4—7 月和 9 月 5 个月份水质达到Ⅲ类标准，其余月份均为Ⅳ类或Ⅴ类，水质达标率为 50%，主要污染指标为 NH_3-N 和 COD_{Mn}，水质达标率分别为 75% 和 67%。在 4—9 月水量较为充足的月份库区水质得以改善，8 月最大月均流量的减小使得库区水质处于Ⅳ类。2001—2008 年月均水质评价结果表明，库区水质全年都可以达到Ⅲ类和Ⅱ类标准，水质达标率为 100%，总体水质良好。小浪底水库蓄水后，库区水的 pH 值范围为 8.1～8.4，属弱碱性；DO 年均值为 8.6 mg/L，优于Ⅱ类标准；COD_{Mn} 年平均值为 4.4 mg/L，多数月份小于 4 mg/L；BOD_5 年平均值为 2.2 mg/L，低于Ⅱ类水质标准值，属于Ⅰ类水质。

表 6-12　小浪底水库蓄水前后月均值评价结果

区域	时间	评价因子未达III类以上的月份						
		pH	NH_3-N	DO	COD_{Mn}	BOD_5	挥发酚	综合评价
入库	1985—1991 年		8，12	8	无	无	无	8，12
	2001—2008 年	1	1—3，7，11，12	8	2	1，3，5—7	1	1—3，5—8，11，12
库区	1991—1992 年	无	1—3	无	8，10—12	无	无	1—3，8，10—12
	2001—2008 年	无	无	无	无	无	无	无
出库	2001—2008 年	无	3，4	无	无	无	无	3，4

小浪底出库水质 2001—2008 年月均值评价结果表明，3 月、4 月和 12 月水质为Ⅳ类，超标因子为 NH_3-N。其余月份水质均为Ⅲ类或Ⅱ类，达到Ⅲ类水质标准的月份占全年的 75%，超标月份仅占全年的 25%，明显好于同期入库三门峡断面水质。

（4）库区水质时空演变趋势

1）水质演变趋势

三门峡断面不同水期水质评价和月均值评价结果均表明，2000 年后小浪底水库入库水质总体有所下降，蓄水初期小浪底水库入库水质总体下降，不能达到Ⅲ类水质目标。同时黄河流域水资源保护局利用 2001 年上半年和下半年的两次采样数据分析了小浪底库区的水质，研究结果表明三门峡来水已被污染是小浪底库区水质较差的主要原因。2002 年开始，国家加大了对黄河流域污染企业的治理力度，通过一系列措施的实施，使进入黄河的污染物明显减少，水质得到根本改善，出库水质优于蓄水前河道水质。同时，2002 年以后，小浪底水库每年都进行了调水调沙，将库中大量的泥沙排掉；在蓄水过程中，补充进来大量新水，使水库的自净能力增强（韩其为，2009，2008）。

根据黄河流域水资源保护局的监测结果，小浪底库区水质主要污染指标为石油类、NH_3-N、COD，库区内源污染主要是水库底泥污染（苏茂林等，2008）。根据水功能区划，小浪底库区为饮用工业用水区，其水质目标为Ⅲ类，洛阳市环境监测站 2001—2005 年小浪底水库水质监测结果表明，小浪底库区水质整体改善并趋于稳定，能够满足其功能规划的要求（李慧敏，2006；邱颖等，2005）。但《黄河流域重点水功能区水资源质量公报》（2005—2009 年）显示，小浪底水库上游黄河来水水质较差，为Ⅳ～劣Ⅴ类，超标项目包括 NH_3-N、COD_{Mn}、BOD_5、DO 等，因此在上游来水水质较差的情况下，小浪底库区的水质依然可以达标，其中库区对污染物的消解作用是值得讨论的问题。

对小浪底水库 1992 年至今的坝前水质参数进行分析（见图 6-17）可以总结出小浪底蓄水后的水质变化规律（见表 6-13）。

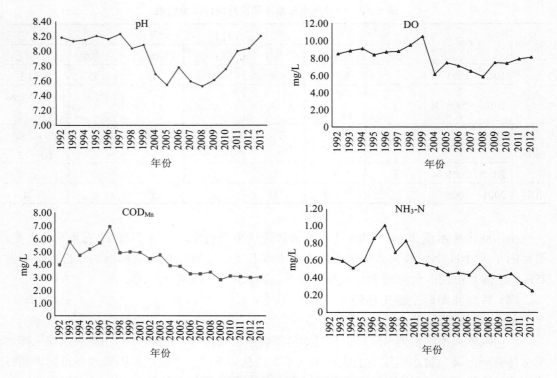

图 6-17　小浪底水库坝前水质参数变化曲线

表 6-13　小浪底水库蓄水后的水质参数变化规律

水质参数	变化趋势
pH	蓄水前比较稳定，截流后开始降低； 蓄水初期迅速降低，5 年后先增后下降，并逐步稳定增长
DO	蓄水前比较稳定，截流后开始升高； 蓄水初期迅速降低，5 年后先增加后下降，9 年后逐步提升
COD_{Mn}	蓄水前变化无明显，基本呈增长趋势； 蓄水后每隔两年呈阶梯形缓慢下降
NH_3-N	蓄水前 5 年开始逐渐升高，蓄水初期迅速降低，5～7 年后趋于平稳，10 年后持续下降

2）水质演变趋势与相关研究的对比性分析

加拿大魁北克水电公司（Hydro-Québec）立足魁北克省北部詹姆斯湾近 24 年（1977—2000 年）的环境监测资料，分析了长序列峡谷型和湖泊型水库水生生态环境的变化情况。有研究表明，水库蓄水后，以 DO 为代表的水环境质量具有先变差后变好的演变特征（王丽婧，2010；Straskraba M，1999；Williams W D，1998），鉴于水库蓄水后的水质呈现出的这种规律性，本节对加拿大魁北克北部詹姆斯湾水质参数进行了梳理，选取了 6 项易于监测且能够表征生物生产力的参数并分析其演变趋势（见表 6-14）。

表 6-14　加拿大魁北克詹姆斯湾水质参数及变化趋势

水质参数	变化趋势
DO	蓄水初期迅速降低，5～7 年后逐步提升
pH	蓄水初期迅速降低，2 年后先增加后下降，并逐步稳定增长
总无机碳	蓄水初期下降，此后迅速提升，6 年左右趋于稳定
总磷	蓄水初期迅速增长，增长幅度是叶绿素 a 的 3 倍，10～15 年后趋于稳定
叶绿素 a	蓄水初期迅速增长，然后下降，10～15 年后趋于稳定
硅	蓄水初期呈下降趋势，约 6 年后逐步提升

　　小浪底水库的水质变化规律符合溶解氧先变差后变好的演变特征，与詹姆斯湾相同的是蓄水初期 pH 和溶解氧均出现迅速降低的趋势，不同的是詹姆斯湾的 pH 先增加后下降的阶段在蓄水后 2 年即出现，而小浪底水库在蓄水后 5 年才出现。

　　（5）水质演变的影响制约要素分析

　　1）枯水低温期库区水质分层

　　水库水体的季节性分层可能对库区水体水环境演化过程起着控制或影响作用，部分学者开展了关于我国西南地区水库分层的发生、演化、发展和消亡的演化过程研究，研究结果表明：西南地区深水水库在夏季的水温分层可以引起显著的水化学分层，进而影响水环境质量（王雨春等，2005）。

　　根据 2008 年和 2009 年对小浪底库区水质分层调查结果，取沙沃断面不同水深氨氮浓度绘制成图 6-18。可以看出，在表层至水深 50 m 左右，库区水体氨氮浓度随着水深的增加呈上升趋势，每年 3 月份分层现象最明显，12 月份次之。分析表明，由于小浪底水库属水温分层型水库，低温期，上游输入污染物在库底积聚，导致污染物浓度升高。随着气温的变化，表层水温也发生变化，造成水体垂向交换增强，库区水体污染物趋于均匀。

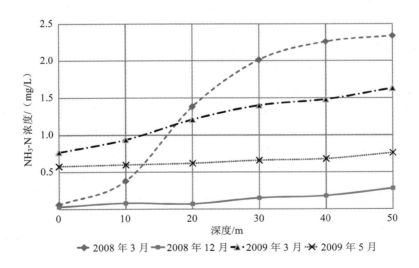

图 6-18　2008—2009 年小浪底库区沙沃断面水质分层监测

　　2）库区水体的降解缓冲作用

　　选取三门峡和小浪底断面，以氨氮因子为例分析小浪底水库对上游输入污染物的降解缓冲作用。氨氮年通量变化（见图6-19）表明，三门峡断面氨氮浓度变幅较大，有氨氮浓度陡增的现象，而小浪底断面氨氮浓度变化较为平稳，且明显偏低，可能与库区水体对氨氮的稀释以及污染物随泥沙吸附沉降、自然衰减作用有关。

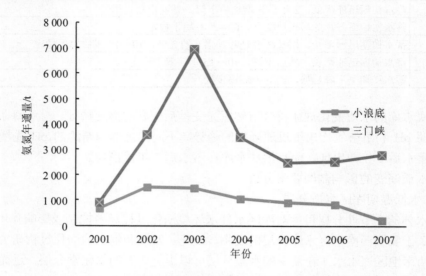

图6-19　三门峡与小浪底断面氨氮年通量变化曲线

2001—2007年三门峡断面氨氮年（水文年）平均浓度一般在1.16～2.45 mg/L，小浪底断面氨氮年平均浓度一般在0.19～0.88 mg/L。可以推断：上游相对高浓度的氨氮进入小浪底水库后，与水库水质较好的水体混合后，由于稀释作用，浓度有所下降。

6.2.2.2　沉积物质量影响评价

库区底泥（沉积物）为水生生物提供了重要的栖息生境，具有重要的生态功能，是水环境生态系统中的重要组成部分。底泥作为水环境中污染物的主要蓄积库，通过各种途径进入水环境中的污染物大部分会迅速转移到颗粒相的物质中，其污染物浓度能够反映上覆水环境的质量状况（陈静生等，2005）。对污染的水体，如果只做水体的质量状况分析，而忽略底泥的质量，就不能全面正确评价水环境的污染程度。污染物在水生食物链中的转移和积累在很大程度上受到沉积物的影响，尤其是底栖生物可能从底泥（沉积物）中富集重金属及其他污染物。

根据1996年黄河流域水环境监测中心库区土壤调查报告，建库前的库区土壤pH值大于7，属于中性偏碱性土壤，土壤中氮的含量基本与全球平均水平相当，而土壤磷略低于全球平均水平（800 mg/kg）。库区土壤污染物残留重金属污染在全国土壤平均水平范围内（见表6-15）。

对比分析沙沃断面2007年沉积物质量调查结果（见图6-20）可以看出，沉积物中总铜与土壤总铜浓度水平蓄水前后相当，蓄水后沉积物中砷和铅浓度显著高于土壤砷（最大22.8 mg/kg）和土壤铅（最大11.0 mg/kg），镉（Cd）、汞（Hg）、铅（Pb）超过了全国及河南省土壤背景值标准，表明泥沙沉积过程中存在明显的污染物"累积"和重金属污染。

表 6-15　1996 年小浪底库区土壤中污染物的残留情况　　　　单位：mg/kg

项目	总氮	总磷	总硫	铜	铅	砷
孟津	850	520	160	23.3	20.2	10.8
新安	1 450	520	410	23.3	19.0	11.0
渑池	2 000	700	180	27.7	21.8	10.2
陕县	1 450	610	180	21.8	22.8	10.0
济源	900	520	150	20.7	21.8	10.2
垣曲	829	610	170	23.0	21.0	10.9
夏县	625	590	170	23.6	18.0	11.0
平陆	675	600	160	23.3	21.0	11.0

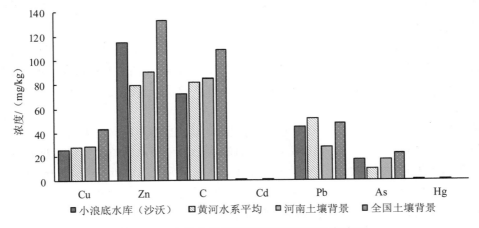

图 6-20　2007 年沙沃断面沉积物质量调查结果

（数据来源：《小浪底水库生态安全调查与评估》）

6.2.2.3　水体富营养化评价

　　资料表明，2003 年 6 月小浪底水库首次发生富营养化污染，八里胡同以下出现大面积绿藻，水体呈黄褐色（李海棠等，2010）。黄河流域水环境监测中心 2009 年的水质监测结果表明，小浪底库区营养状况以中营养为主，中营养及轻度富营养分别占 92%和 8%；库区水体出现轻度富营养化状况多集中在春季，该时段气温快速上升，光照充足，同时库区水质相对较差，水体流动性较差的区域为藻类生长提供了适宜的条件，支流回水段等水流缓滞区域很有可能发生富营养化（高俊杰等，2011；周艳丽等，2010）。

　　近年来，库周县（市）渔政管理部门虽然采取了多项措施，但是，依然存在无养殖证从事网箱养殖生产活动的现象。整体上，小浪底库区网箱养鱼缺乏统一规划，网箱的布局不合理，杂乱无章，缺乏科学性，有些网箱甚至占据主航道，影响水上交通，存在安全隐患。同时，库区网箱养殖的品种单一，局限于常规品种，名优品种少，不利于渔业发展。网箱养鱼是高密度、高产量的投饵式网箱养殖方式，残饵粪便大量沉积，导致有机污染，是水库富营养化的一个重要原因（薛庆国等，2005）。因此，建议加强库区网箱养殖管理，禁止在库区和支流上进行投饵网箱养殖和禽畜散养，统一规划管理，以取得环境、经济双赢的效果。

6.2.3 水温分析

6.2.3.1 库区水温

水库库区水温分布有 3 种类型：稳定分层型、混合型和过渡型。稳定分层型水库蓄水后库区水深增大，水体交换速度减缓，改变了水气交界面的热交换和水体内部的热传导过程，水库水温出现垂直热分层现象，水温随水深的增加而降低；表层温度竖向梯度大，称为温跃层，其下温度梯度小，称为滞温层；但到冬季则上下层水温无明显差别，严寒地区甚至出现温度梯度逆转现象，上层近于 0℃，底层近于 4℃。混合型水库无明显分层，上下水温均匀，竖向温度梯度小，年内水温变化却较大，年较差可达 15～24℃，水体与库底之间有明显的热量交换。过渡型水库介于两者之间，春、夏、秋季有分层现象，但不稳定，遇中小洪水时水温分层即消失。

《黄河小浪底水利枢纽工程环境影响报告书》认为：水库运用 1～3 年，库区泥沙淤积较少，水库水温结构呈稳定分层型；4—8 月，水库具有明显的热分层现象；9 月以后，混合层厚度增大；至 12 月，水库热分层现象消失；1—2 月，水库水温呈逆温分布；3 月，水库再次进入混合状态。

本书收集了蓄水前 1992—1998 年小浪底河段的水温监测数据，见表 6-16。蓄水后水温数据来源于 2005 年 4 月黄河流域水环境监测中心的分层水体监测资料，见表 6-17。对比两个表的数据，蓄水前小浪底河段 3 月和 4 月水温分别为 6℃和 12℃，2005 年小浪底水库八里胡同和沙沃的表层水温 3 月和 4 月平均值分别提高至 7.9℃和 13.6℃。蓄水后春季库区水温分层现象明显，表层与水面下 50 m 处，较差为 4.6℃，具有水温沿水深方向层状分布的特征，这一结果与环境影响报告书预测结果相同。

表 6-16   小浪底河段 1992—1998 年水温监测数据　　　　　　　　　　单位：℃

年份	水温			
	3 月	4 月	3—6 月平均值	月平均
1992	9	10	14.3	13.3
1993	6	10	13.9	14.6
1994	6	16	17.3	16.1
1995	5	11	16.0	14.3
1996	5	10	13.0	14.6
1997	5	12	14.5	15.7
1998	8	15	15.0	15.7

表 6-17   2005 年小浪底水库分层水温监测数据　　　　　　　　　　单位：℃

断面名称	位置	采样日期	水温	采样日期	水温
八里胡同	表层	3 月 14 日	6.3	4 月 21 日	13.8
	10 m	3 月 14 日	4.5	4 月 21 日	13.1
	20 m	3 月 14 日	4.3	4 月 21 日	12.8
	50 m	3 月 14 日	4.5	4 月 21 日	13.0

断面名称	位置	采样日期	水温	采样日期	水温
沙沃	表层	3 月 14 日	9.5	4 月 21 日	13.4
	10 m	3 月 14 日	5.0	4 月 21 日	—
	20 m	3 月 14 日	3.3	4 月 21 日	11.2
	50 m	3 月 14 日	4.9	4 月 21 日	8.8

《黄河小浪底水利枢纽工程竣工验收环境影响调查》（2002 年）收集了水库运行前后三门峡、小浪底和花园口 3 个站点的气温、水温数据，以及黄河下游凌汛的发生情况（郝芳华等，2002）。调查报告表明，1999 年 10 月小浪底水库下闸蓄水后，降温期三门峡站气温基本与往年持平，小浪底站和花园口站则略有下降，但两站的水温有所上升，水库蓄水对水温升高有一定作用；升温期三站的水温值均有所下降，水库蓄水的作用不明显。

6.2.3.2　水库下泄低温水

针对水库下泄低温水的影响，《黄河小浪底水利枢纽工程环境影响报告书》认为，升温期水库下泄深层冷水，下游河道水温偏低；汛期下泄水温与原天然河道水温接近；降温期下泄水温保持库底水温性质，比原河道水温高；冬季下泄水温较原天然河道水温有明显提高，会使黄河下游冰盖的起始位置向下游移动，同时推迟冰盖形成时间，使下游凌汛威胁有所减弱。

按照小浪底水库的运行方式，春季升温期泄放深层冷水，下泄水温较天然河道水温低；汛期水库低水位敞泄运行，下泄水流水温主要受来水控制，与天然河道水温接近，冬季降温期下泄水温比天然河道水温略高。坝下小浪底水文站原河道水温月变化范围为 2.0～26.5℃，温差为 24.5℃；水库蓄水后，下泄水温月变化范围为 8.1～26.1℃，温差为 18.0℃，比天然河道温差变化幅度小 6.5℃。春季下泄的低温水流经过长距离输送，灌溉水流起到增温作用，对农田灌溉影响程度有限；冬季下泄水温略高于天然河道，减少了河道流凌量，对凌情影响有限，凌汛主要依靠小浪底水库水量调度来解决。以 2000—2001 年度冬季的低温时段为例，根据气温预报，小浪底水库及时加大下泄流量（小浪底 1 月上旬平均流量达到 600 m³/s 左右，花园口站旬平均流量约 680 m³/s），使利津站 1 月中旬平均流量达到 440 m³/s 左右，且较大流量正好在中旬气温较低的时段到达下游流凌河段，致使下游河段在低气温时段未封冻。

6.2.4　水生生物分析

6.2.4.1　调查断面与方法

（1）调查断面

调查范围从三门峡大坝以下至黄河沙沃站之间，共设水生生物采样断面 4 个（见图 6-21）。

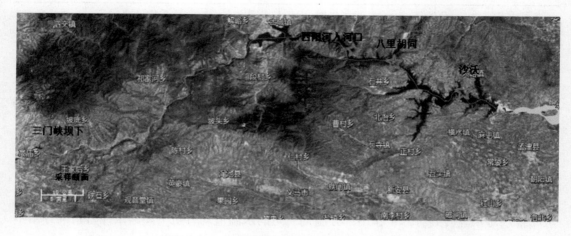

图 6-21   小浪底库区水生生物调查断面分布

（2）调查时间

小浪底库区水生生物采样调查共分为 4 次，分别为 2012 年 7 月、2012 年 10 月、2013 年 1 月、2013 年 4 月。

（3）调查内容

1）河流现状调查内容

① 水环境基本情况：包括各实地监测断面的经纬度、海拔、水温、透明度、流速、流量、底质等基本情况。

② 水生植物：水生植物种类及其分布特征。

③ 水生生物：浮游植物、浮游动物（原生动物、轮虫、枝角类、桡足类）、底栖动物的种类、数量和时空变化分析等。

2）鱼类资源调查内容

① 鱼类区系：种属名称、组成、分布等。

② 鱼类资源现状：鱼类群体结构，渔获物统计分析及渔业现状调查。

③ 主要鱼类的繁殖特性：繁殖季节、产卵类型、产卵时间、繁殖规模以及繁殖所需的环境条件。

④ 重要鱼类生境：重要鱼类的产卵场、索饵场以及越冬场等的生境特点。

（4）调查方法

1）水生生物资源调查

水生生物样本的采集、定性及定量分析等，依据《内陆水域渔业自然资源调查试行规范》和中国科学院水生生物研究所制定的《淡水生物资源调查方法》进行。

2）鱼类资源调查

鱼类资源采取实地捕捞、走访了解和查阅资料相结合的方法进行。

① 捕捞网具。采用 1.2～4.5 cm 不同规格网目的单层和三层刺网进行捕捞，诱捕采用 1.5～2.5 m 长的密眼虾笼，放入诱饵进行诱捕，鱼苗采用 T 型网捕捞调查。

② 渔获物统计。采取将所有的渔获物进行分类计数、称重。

③ 鱼类标本。选择体表无伤的鱼类作为鉴定标本，先采用 10% 的甲醛溶液进行 24 h

固定，然后转入 4%的甲醛溶液中进行长期保存，以待种类鉴定。

6.2.4.2 水生生物现状

（1）浮游植物

1）密度及生物量变化

2012—2013 年度不同采样断面生物量及浮游植物密度的变化如图 6-22 和图 6-23 所示，通过对小浪底库区河段各季节浮游植物的分析显示，夏季 7 月份浮游植物平均密度为 58 125 cells/L，平均生物量为 0.123 6 mg/L；秋季 10 月份平均密度为 138 750 cells/L，平均生物量为 0.250 6 mg/L；冬季 1 月份平均密度为 346 262 cells/L，平均生物量为 1.148 3 mg/L；春季 4 月份平均密度为 338 250 cells/L，平均生物量为 0.319 1 mg/L；总体上，自夏季至冬季浮游植物密度及生物量呈现增加的趋势。

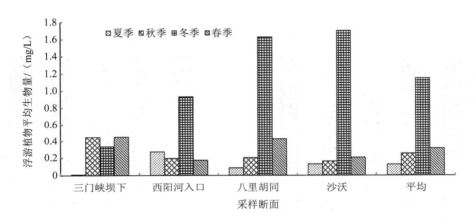

图 6-22　三门峡坝下至沙沃河段 2012—2013 年度不同采样断面浮游植物平均生物量的变化

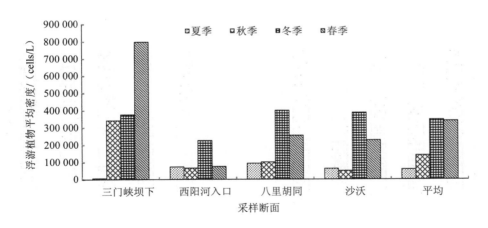

图 6-23　三门峡坝下至沙沃河段 2012—2013 年度不同采样断面浮游植物平均密度的变化

藻类种类的组成因季节和环境因素的变化而发生变化，一般是夏、秋季明显高于冬、春季；但是，此次在小浪底库区浮游植物的调查与一般规律有所不同，其中夏季浮游植物密度及生物量都最低，秋季次之，冬季最高。出现这种现象的原因主要是受到小浪底水库调水调沙的影响，夏季库区采样处于小浪底调水调沙结束后第一天，库区浮游植物群落结构组成受到调水调沙的强烈影响，还未很快恢复；秋季浮游植物密度及生物量较夏季明显升高，浮游植物群落结构组成已得到一定程度的恢复；冬季浮游植物密度及生物量较高，主要受到库区出现大量的小球藻、集球藻、黄丝藻的影响，优势种尤为突出，并且水质情况显示冬季库区水体的总磷含量明显高于秋季，水体营养程度增加，库区浮游植物明显增加。

总体结果表明，调水调沙对库区浮游植物影响显著，期间浮游植物密度及生物量都较低，造成库区鱼类饵料资源下降；小浪底库区冬季浮游植物密度及生物量主要受到水体营养化升高的影响，小浪底调水调沙对库区浮游植物季节变化产生影响。

2）群落结构组成变化

三门峡坝下至沙沃河段浮游植物硅藻门、绿藻门、裸藻门、黄藻门、蓝藻门及甲藻门的生物量与密度变化详如图 6-24 至图 6-31 所示。

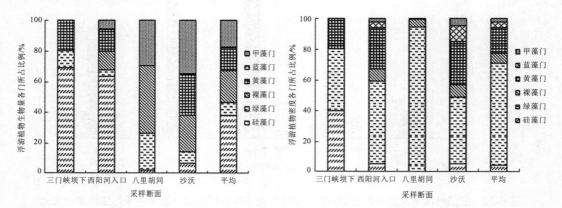

图 6-24 不同采样断面浮游植物生物量的变化
（2012 年 7 月）

图 6-25 不同采样断面浮游植物密度的变化
（2012 年 7 月）

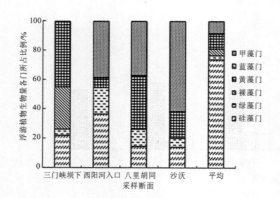

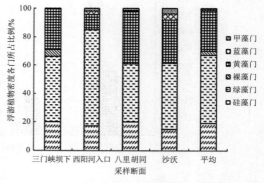

图 6-26 不同采样断面浮游植物生物量的变化
（2012 年 10 月）

图 6-27 不同采样断面浮游植物密度的变化
（2012 年 10 月）

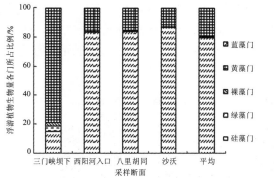

图 6-28　不同采样断面浮游植物生物量的变化
（2013 年 1 月）

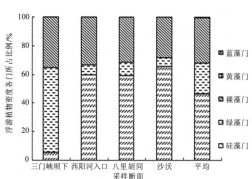

图 6-29　不同采样断面浮游植物密度的变化
（2013 年 1 月）

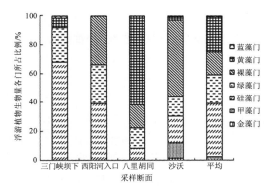

图 6-30　不同采样断面浮游植物生物量的变化
（2013 年 4 月）

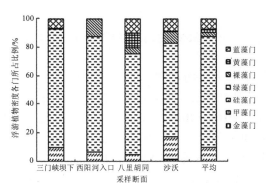

图 6-31　不同采样断面浮游植物密度的变化
（2013 年 4 月）

　　数据结果显示，夏季库区浮游植物以绿藻门为主要优势门类，平均密度及生物量分别为 38 875 cells/L、0.010 8 mg/L，明显高于其他门类，主要优势种类为小球藻、栅藻、黄丝藻、绿球藻、鼓藻等；秋季库区浮游植物绿藻门为主要优势门类，平均密度为 65 875 cells/L，明显高于其他门类，但平均生物量硅藻门最高为 0.551 1 mg/L，主要优势种为黄丝藻、小球藻、集球藻、纤维藻、菱形藻及丝藻等；冬季库区浮游植物以硅藻门为主要优势门类，其平均密度及生物量分别为 161 000 cells/L、0.917 5 mg/L，显著高于其他门类，主要优势种为小球藻、小环藻、黄丝藻、集球藻等；春季库区以绿藻门密度最大为 262 375 cells/L，硅藻门生物量最大为 0.113 2 mg/L。

　　以上结果表明，小浪底库区浮游植物群落结构随着季节的变化发生了改变，主要优势门类从绿藻门向硅藻门转变，主要优势种也随门类的变化而发生改变。库区浮游植物群落结构组成受到库区环境的影响呈现出季节性的更替。

　　3）物种多样性变化

　　2012—2013 年浮游植物多样性指数的季节性变化如图 6-32 所示，依据多样性指数分析，小浪底库区夏季多样性指数为 2.636 51～3.639 94，秋季多样性指数为 2.601 65～3.638 21，冬季多样性指数为 1.311 21～1.813 26，春季多样性指数为 3.116 57～3.719 98；

以上结果显示，小浪底库区夏季及秋季浮游植物多样性指数差异很小，但冬季多样性指数明显下降，表明库区夏季及秋季浮游植物种类组成较为均匀，优势种突出不明显，而冬季库区优势种显著突出，造成多样性指数下降。总体结果表明，小浪底库区浮游植物受到库区环境的影响优势种变化明显，造成多样性差异。

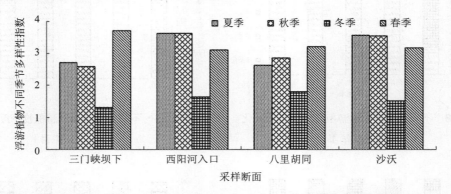

图6-32　三门峡坝下至沙沃河段2012—2013年度浮游植物多样性指数的季节性变化

（2）浮游动物

1）密度及生物量变化

2012—2013年度浮游动物生物量及密度的变化如图6-33和图6-34所示。从采样实验结果中分析，在夏季平均密度为107.5 cells/L，平均生物量为0.343 mg/L；在秋季浮游动物平均密度为112.5 cells/L，平均生物量为1.235 3 mg/L；在冬季浮游动物平均密度为171.25 cells/L，平均生物量为0.021 5 mg/L；春季浮游动物平均密度为143.8 cells/L，平均生物量为2.473 mg/L；库区浮游动物密度自夏季至春季呈现递增的趋势，原生动物密度逐渐增加，由于浮游动物不受光合作用限制，故调水调沙对浮游动物的影响较浮游植物要小；库区浮游动物生物量变化主要受大型浮游动物的影响，呈现不规律的变化。

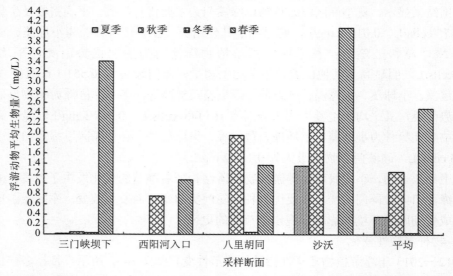

图6-33　三门峡坝下至沙沃河段2012—2013年度不同采样断面浮游动物生物量的变化

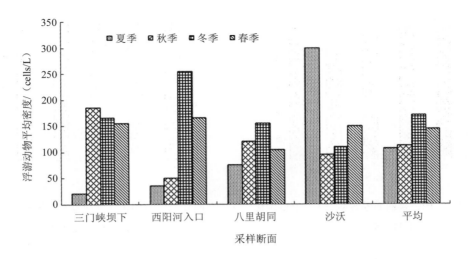

图 6-34　三门峡坝下至沙沃河段 2012—2013 年度不同采样断面浮游动物平均密度的变化

2）群落结构组成变化

库区夏季共记录到浮游动物 3 门 10 种，以原生动物门为主，原生动物门 5 种，轮虫类 3 种，桡足类 2 种，主要优势种类为沙壳虫、似铃壳虫及臂尾轮虫等；秋季调查采样共记录到浮游动物 4 门 13 种，其中原生动物门 7 种，为绝对优势种门类，轮虫类、枝角类及桡足类各 2 种，主要优势种类为砂壳虫；冬季调查采样共记录到浮游动物 2 门 19 种，其中原生动物门 16 种，为绝对优势种门类，轮虫类 3 种，主要优势种类为沙壳虫、似铃壳虫等；春节调查采样共记录浮游动物 4 门 17 种，其中原生动物门 11 种，为绝对优势种门类，轮虫类、桡足类及枝角类各 2 种。总体情况表明，随着季节改变，原生动物门逐渐增加，而其他大型浮游动物桡足类及枝角类在冬季减少，主要优势种类变化不明显（见图 6-35 至图 6-42）。

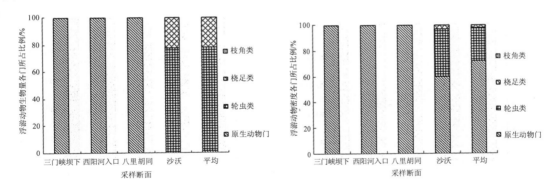

图 6-35　不同采样断面浮游动物生物量的变化
（2012 年 7 月）

图 6-36　不同采样断面浮游动物密度的变化
（2012 年 7 月）

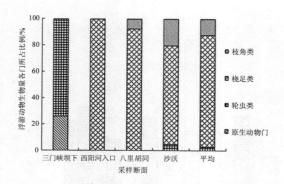

图 6-37　不同采样断面浮游动物生物量的变化
（2012 年 10 月）

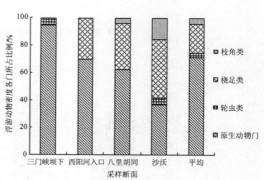

图 6-38　不同采样断面浮游动物密度的变化
（2012 年 10 月）

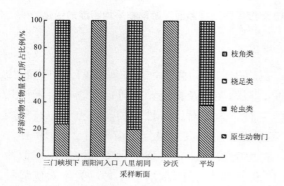

图 6-39　不同采样断面浮游动物生物量的变化
（2013 年 1 月）

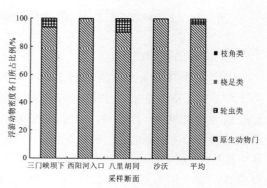

图 6-40　不同采样断面浮游动物密度的变化
（2013 年 1 月）

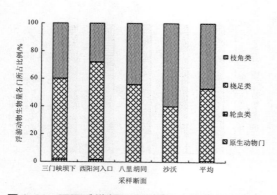

图 6-41　不同采样断面浮游动物生物量的变化
（2013 年 4 月）

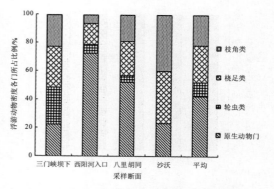

图 6-42　不同采样断面浮游动物密度的变化
（2013 年 4 月）

3）多样性指数变化

2012—2013 年度浮游动物多样性指数如图 6-43 所示。依据浮游动物 Shannon-Wiener 多样性指数，小浪底库区夏季多样性指数为 1.148 83～2.091 59，秋季多样性指数为

1.846 44～2.820 59，冬季多样性指数为 2.178 68～2.603 536，春季多样性指数为 2.271 11～3.278 31；库区秋季、冬季、春季浮游动物种类较多，组成较为均匀，而夏季库区种类数较少，造成多样性指数下降。总体结果表明，夏季小浪底库区浮游动物受到库区环境及调水调沙的影响种类变化明显，形成多样性差异。

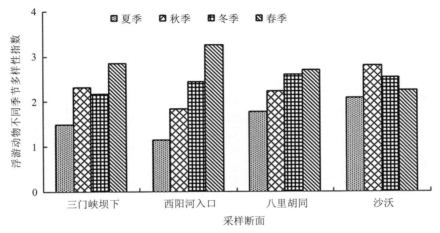

图 6-43 三门峡坝下至沙沃河段 2012—2013 年度浮游动物多样性指数的季节性变化

（3）底栖动物

在对小浪底库区的底栖动物调查中显示，共捕获底栖动物 9 种，隶属于 2 门 5 科。由于小浪底库区水位较深，且在两岸形成 10 余 m 的消落区，故底栖动物无法采集，此次采集的底栖动物主要为秀丽白虾及小长臂虾等大型底栖动物。由于此次底栖动物多数为网获物，故无法进行定量分析（见表 6-18）。

表 6-18 小浪底库区的底栖动物调查结果

门类	科属	种名
节肢动物门	摇蚊科	指突隐摇蚊 *Cryptochironomus digitatus*
		黑内摇蚊幼虫 *Endochironomus nigricans*
	长臂虾科	日本沼虾 *Macrobrachium nipponense*
		中华小长臂虾 *Palaemonetessinensis*
		秀丽白虾 *Leander modestus Heller*
	溪蟹科	溪蟹 *freshwater crab*
软体动物门	田螺科	中华圆田螺 *Cipangopaludina cahayensis*
	椎实螺科	静水椎实螺 *Lymnaea stagnalis*
		椭圆萝卜螺 *Radix swinhoei*（R. Adams）

（4）鱼类

2012—2013 年度不同季节进行采样试验捕获的鱼类种类见表 6-19，横跨三门峡坝下至沙沃河段，不同季节所捕获的鱼类种类及数量的季节性变化如图 6-44 和图 6-45 所示。调查情况显示，在小浪底库区共捕获鱼类 27 种，隶属于 4 目 9 科，其中鲤科鱼类最多，有 18 种，占 66.7%；其次为鲶科鱼类 2 种。其中银鱼科大银鱼已经在库区形成了优势种，数量明显多于其他种类，太阳鱼科鱼类大口黑鲈为人工引进养殖种，北方铜鱼在该河段已经多年未捕获到，《中国物种红色名录》显示均处于濒危状态。

表 6-19 2012—2013 年度不同季节鱼类捕获种类

| 鱼类名称 | | | | 试验渔获物种类 | | | |
目	科	属种	属种	夏季	秋季	冬季	春季
鲤形目 Cypriniformes	鳅科 Cobitidae	泥鳅	泥鳅 Misgurnus anguillicaudatus Cantor				√
		翘嘴红鲌	翘嘴红鲌 Erythroculter ilishaeformis Bleeker		√	√	
		鲤鱼	鲤鱼 Cyprinus carpio Linnaeus		√	√	√
		稀有麦穗鱼	稀有麦穗鱼				
	鲤科 Cyprininae	棒花鱼	棒花鱼 Abbotina rivularis Basilewslxy	√			
		鲫鱼	鲫鱼 Cyprinus arassius Linnaeus				√
		银色颌须鮈	银色颌须鮈 Gnathopogon argentatus Sauvage et Dabry	√			
		棒花鮈	棒花鮈 Gobio gobio rivuloides Nichols				√
		麦穗鱼	麦穗鱼 Pseudorasbora parua Tmminck et Schlegel		√	√	√
		蛇鮈	蛇鮈 Saurogobio dabryi Bleeker		√		
		草鱼	草鱼 Ctenopharyngodon idellus Cuvier et Valenciennes	√	√		
		蟹条	蟹条 Hemicculter Leuciclus Basilewaky				√
		贝氏鳘条	贝氏鳘条 Hemiculter bleekeri Warpachowsky	√	√		√
		鳊鱼	鳊鱼 Parabramis pekinensis Basilewsky		√		
		似鳊	似鳊 Acanthobrama imony B1 eeker				√
		中华鳑鲏	中华鳑鲏 Rhodeus sinensis Gunther				√
		高体鳑鲏	高体鳑鲏 Rhodeus ocellatus		√	√	√
		鲢鱼	鲢鱼 Hypophthalmichthys molitrix Guvier et Valenciennes	√	√		√
		鳙鱼	鳙鱼 Aristichthys nobilis Richardson		√	√	√
鲑形目 Salmoniformes	银鱼科 Salangidae	大银鱼	大银鱼 Protosalanx hyalocranius			√	
鲇形目 Siluriformes	鲿科 Bagridae	光泽黄颡鱼	光泽黄颡鱼 Pelteobagrus nitidus Sauvage et Dabry		√		√
		黄颡鱼	黄颡鱼 Pelteobagrus fulvidraco Richardson	√	√	√	√
	鮰科 Ictaluridae	斑点叉尾鮰	斑点叉尾鮰 Ietalurus Punetaus				√
	鮎科 Siluridae	鮎鱼	鮎鱼 Silurus asotus Linnaeus		√		√
鲈形目 Perciformes	鰕虎鱼科 Gobiidae	栉鰕虎鱼	栉鰕虎鱼 Ctenogobius giurinus Rutter		√		√
	塘鳢科 Eleotridae	黄黝鱼	黄黝鱼 Hypseleotris swinhonis Günther		√	√	√
	太阳鱼科 Cehtrachidae	大口黑鲈	大口黑鲈 Micropterus salmoides（外来种）	√			√
种类总计				9	20	13	17

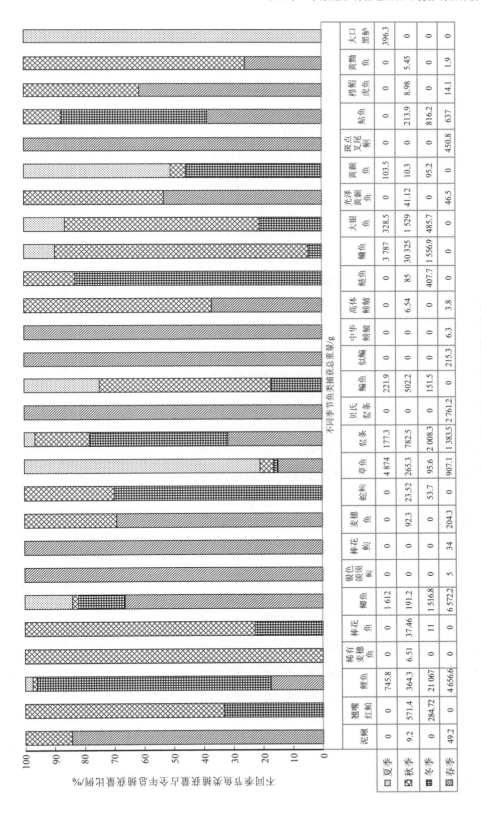

	泥鳅	翘嘴红鲌	鲤鱼	稀有麦穗鱼	棒花鱼	鲫鱼	银色颌须鮈	棒花鮈	麦穗鱼	蛇鮈	草鱼	餐条	贝氏餐条	鳊鱼	似鳊	中华鳑鲏	高体鳑鲏	鳝鱼	鳙鱼	大银鱼	光泽黄颡鱼	黄颡鱼	斑点叉尾鮰	鲇鱼	褐鳍虎鱼	黄黝鱼	大口黑鲈
夏季	0	571.4	745.8	6.51	37.46	1 612	0	0	0	0	4 874	177.3	0	221.9	0	0	0	0	3 787	328.5	0	103.5	0	0	8.98	5.45	396.3
秋季	9.2	284.72	364.3	0	11	191.2	0	0	92.3	23.52	265.3	782.5	0	502.2	0	6.54	0	85	30 325	1 529	41.12	10.3	0	213.9	0	0	0
冬季	0	21 067	21 067	0	0	1 516.8	0	0	0	53.7	95.6	2 008.3	0	151.5	0	3.8	6.3	407.7	1 556.9	485.7	0	95.2	0	816.2	0	0	0
春季	49.2	0	4 656.6	0	0	6 572.2	5	34	204.3	0	907.1	1 383.5	2 761.2	0	215.3	0	0	0	0	0	46.5	0	450.8	637	14.1	1.9	0

不同季节鱼类捕获总重量/g

捕获鱼类种类在每个季节捕获总重量中所占比例/%

图 6-44 捕获鱼类种类和重量的季节性变化

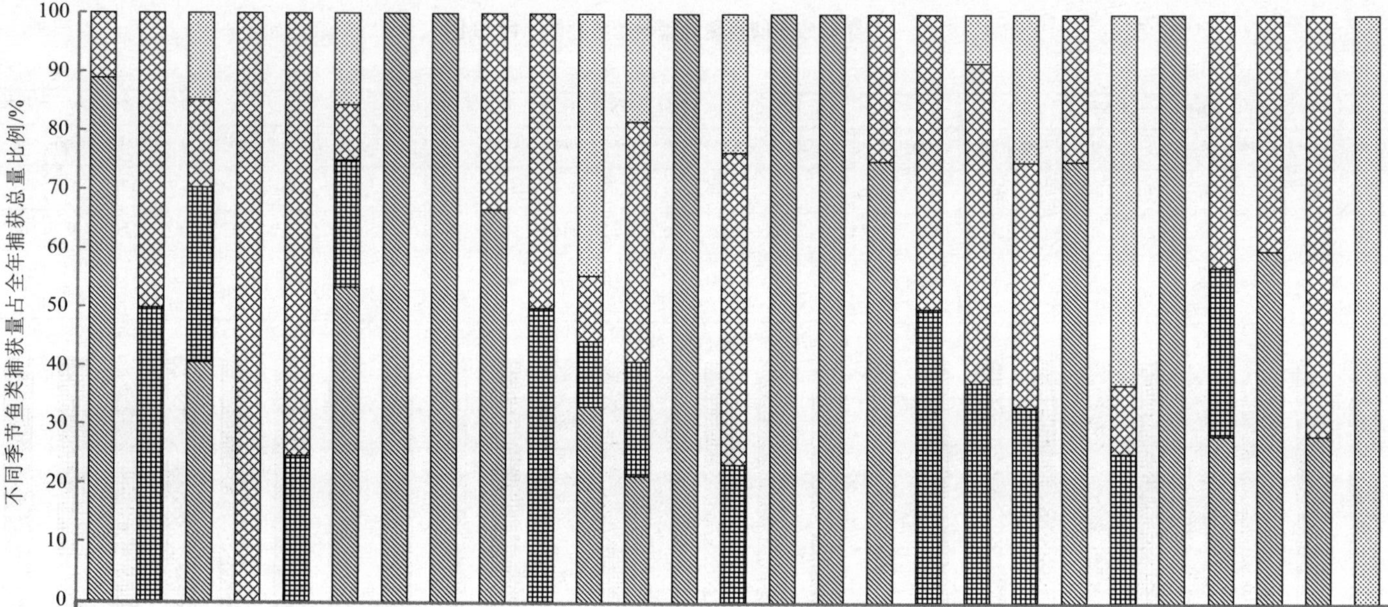

不同季节鱼类捕获总重量/g

不同季节每种鱼类捕获数量占比/%

鱼类	夏季	秋季	冬季	春季
大口黑鲈	5	0	0	0
黄鳍鱼	0	5	0	2
栉鰕虎鱼	0	4	0	6
斑点叉尾鮰	0	3	2	2
黄颡鱼	32	6	13	0
光泽黄颡鱼	0	2	0	6
大银鱼	131	217	174	0
鳙鱼	2	13	9	0
鲢鱼	0	1	1	0
中华鳑鲏	0	0	0	3
高体鳑鲏	0	1	0	3
似鳊	0	0	0	18
鳊鱼	4	9	4	0
贝氏餐条	0	0	0	156
餐条	74	163	78	87
草鱼	4	1	1	3
蛇鮈	0	2	2	0
麦穗鱼	0	22	0	44
棒花鮈	0	0	0	2
银色颌须鮈	0	0	1	0
鲫鱼	18	11	25	62
稀有棒花鱼	0	6	2	0
稀有麦穗鱼	0	3	0	0
鲤鱼	4	4	8	11
翘嘴红鲌	0	2	2	0
泥鳅	0	1	0	8

图6-45　捕获鱼类数量的季节性变化

从鱼类的区系组成、摄食类型、产卵类型来看，现状调查与采样试验的特征如下：

1）区系组成

此次调查结果显示，库区鱼类区系组成包括中国江河平原复合体、第三纪早期复合体及南方平原复合体。区系组成仍然以鲤科鱼类为主，但外来物种入侵明显，已经形成优势种群。

中国江河平原复合体鱼类喜栖息于水面宽阔且有一定流速的水域，其中大部分鱼类产漂流性卵，受水体温度及流速刺激产卵繁殖，对水体温度及流速变化敏感，主要有草鱼、鳙、鲢、鳊、鳌条、翘嘴红鲌、高体鳑鲏、蛇鮈等。

第三纪早期复合体分布较广，多为常见种类，对环境的适应能力强，该区系鱼类喜栖息于静水及环流水体中，多为产黏性卵鱼类。主要有鲤、鲫、麦穗鱼、稀有麦穗鱼、鮎、泥鳅等。

南方平原复合体鱼类大多对环境适应能力较强，在一定程度上适应高温、耐缺氧，其部分种类体型较小且不善于游泳，主要有黄颡鱼、光泽黄颡鱼、黄黝鱼。

北方平原复合体：棒花鱼。

2）摄食类型

此次调查渔获物按摄食类型主要分为：

① 植食性鱼类：草鱼、鳊鱼、鲢鱼；

② 肉食性鱼类：大银鱼、鳙、黄颡鱼、光泽黄颡鱼、翘嘴红鲌、鮎鱼、栉鰕虎鱼及大口黑鲈；

③ 杂食性鱼类：鳌条、高体鳑鲏、鲤、鲫、黄黝鱼、麦穗鱼、稀有麦穗鱼、蛇鮈、棒花鱼、泥鳅。

3）产卵类型

按照产卵类型可以分为：

① 产漂流性卵鱼类：草鱼、鳙鱼、鲢鱼、翘嘴红鲌、蛇鮈；

② 产沉性卵鱼类：大银鱼、黄颡鱼、光泽黄颡鱼、鮎鱼、栉鰕虎鱼、黄黝鱼、泥鳅、棒花鱼；

③ 产黏性卵鱼类：鳊、鳌条、鲤鱼、鲫鱼、麦穗鱼、稀有麦穗鱼；

④ 喜贝类产卵鱼类：高体鳑鲏。

综合来看，调查到的鱼类多为产黏性卵和产沉性卵的鱼类，产卵场主要分布于各库湾浅水区的沙石和水草中；幼鱼的索饵场主要在库区内沿岸的浅水区，成体的索饵场库区内均有分布，越冬场主要分布于库区下游的深水区。

6.2.4.3　水生生物影响

（1）浮游植物

1）与 20 世纪 80 年代对比分析

1981—1982 年开展的黄河水系渔业资源调查工作，对黄河水系干支流等浮游植物进行了详尽的调查。但由于小浪底库区河段未设置采样断面，没有详细的区段浮游植物分布情况，此时小浪底库区河段位于三门峡大坝下游河段，基本为天然河道，水生生态变化主要受三门峡水电站的影响，故可以将其下游伊洛河口及花园口断面类似看成小浪底河段水生生态情况，本书采用伊洛河口及花园口断面浮游植物情况作为小浪底河段的历史情况进行对比分析。

根据伊洛河口及花园口调查数据显示，该河段浮游植物主要包括硅藻门、绿藻门、甲藻门、裸藻门及蓝藻门，其浮游植物平均生物量为 0.674 5 mg/L，硅藻门为主要优势门类，生物量明显高于其他门类，其中浮游植物生物量春季明显高于秋季，优势种类为小环藻、菱形藻、双胞藻、集星藻、隐藻、针杆藻等。

现状情况与 20 世纪 80 年代浮游植物对比分析显示，黄藻门种类数量及生物量显著增加，现状条件下平均生物量为 0.073 8～1.148 3 mg/L，其平均生物量低于历史水平，但冬季生物量较其历史则显著升高。主要优势种类黄丝藻显著增加，双胞藻及隐藻显著减少，其他优势种类变化不明显，主要随季节的变化而变化。

总体表明，小浪底库区水体透明度增加、泥沙含量显著下降，光照时间及长度显著增加，使得浮游植物生物量显著增加，然而受到库区调水调沙的影响，造成库区年平均生物量下降，主要优势种较 20 世纪 80 年代变化不明显。

2）与小浪底建设前对比分析

根据《黄河小浪底水利枢纽工程环境影响报告书》，小浪底水库建设前的浮游植物调查结果显示，水库干流主要有硅藻门的桥弯藻、小环藻属、舟形藻属、异端藻属、杆藻、脆杆藻属、平板藻属；绿藻门的小毛枝藻、丝藻；蓝藻门的颤藻在个别河段出现。硅藻门在干流占主要优势，占各采样断面浮游植物生物总量的 53.9%～87.5%，密度在 27.87 万～45.3 万 cells/L。

与现状调查情况对比分析结果显示，其浮游植物密度比现状条件下浮游植物密度 58 125～346 262 cells/L 明显为高，现状条件下浮游植物冬季最高密度处于小浪底建设前平均水平；主要优势门类显著改变，由建设前的硅藻门为绝对优势，向绿藻门、硅藻门及黄藻门为主的优势转变，优势种桥弯藻、小毛枝藻等减少明显。

（2）浮游动物

1）与 20 世纪 80 年代对比分析变化

浮游动物的种类及生物量变化对比分析与浮游植物一样采用伊洛河口及花园口的数据，1981—1982 年黄河水系渔业资源调查显示，伊洛河口至花园口段浮游动物有原生动物、轮虫、枝角类及桡足类等门类，该河段浮游动物平均生物量为 0.682 5 mg/L，主要优势种类为轮虫类，原生动物则较少，浮游动物生物量季节分布是春季生物量明显高于秋季；且 1981 年生物量明显高于 1982 年生物量。

现状调查采样小浪底库区浮游动物生物量为 0.021 5～2.473 mg/L，较 20 世纪 80 年代的生物量明显上升，其中春季生物量上升最为明显，其他季节则较历史下降，主要受到轮虫类、枝角类及桡足类的影响。

总体情况表明，现状条件与历史浮游动物原生动物密度及生物量明显增加，而在春季桡足类、枝角类及轮虫类明显增加，其他季节则较少。

2）与建设前对比分析变化

小浪底建设前在其干支流共采集到浮游动物 4 门 16 种，其中原生动物门 3 种、轮虫类 5 种、枝角类 4 种、桡足类 4 种，各门类种类数差别不大，原生动物种类数总体较少，与现状条件下对比分析显示，现状条件下较小浪底建设前原生动物种类及密度都显著增加。

（3）底栖动物

20 世纪 80 年代水生生态资源调查中显示，共采集到 18 种底栖动物，但多数均在支流大峪河及亳清河采集，在干流则相对较少，见表 6-20。

表 6-20　20 世纪 80 年代底栖动物调查名录结果

种类	采集地	种类	采集地
指突隐摇蚊幼虫	亳清河	石蝇	大峪河干流、大峪河
黑内摇蚊幼虫	亳清河	小蜉蝣	大峪河干流、大峪河
罗甘小突摆蚊幼虫	亳清河	日本尾蛭	大峪河
异腹鮜摇蚊幼虫	大峪河、亳清河	宽身扁蛭	大峪河、大峪河干流
侧叶雕翅摇蚊幼虫	亳清河	八目石蛭	大峪河
褐腹隐摇蚊幼虫	亳清河	白尾灰晴	大峪河
异拟长附摇蚊幼虫	亳清河、大峪河	互生毛蠓幼虫	大峪河
灰趾多足摇蚊幼虫	亳清河	蜂蝇幼虫	大峪河
大蛇蛉	大峪河	霍甫水蚯蚓	亳清河

底栖动物的密度和多样性随水深增加而不断递减，一般来说，水深为 16～50 cm 时，底栖动物群落的物种丰度与生物密度最高，敏感类群也最多，对于水库，由于水体较深，底栖动物的种类数一般较少。与建库前底栖动物种类相比明显下降，一个原因是建库前的底栖动物调查主要集中于库区的支流河段，另一个原因则是库区水深明显增加，底栖动物随着水深的增加而明显减少，且库区岸边形成 2～10 m 的消落区，库区底栖动物生境大幅压缩，同时由于库区水体较深，也不排除采样限制对调查结果的影响。

（4）鱼类

根据黄河渔业资源调查显示，20 世纪 80 年代在黄河下游记载鱼类 56 种，隶属于 8 目 12 科。以鲤科鱼类占主要优势，见表 6-21。

表 6-21　20 世纪 80 年代鱼类调查名录

目	科	属/种
鲱形目 Clupeiformes	鲱科 Clupeidae	刀鲚 *Coilia ectenes* Jordan *et* Seale
鳗鲡目 Anguilliformes	鳗鲡科 Angnillidae	日本鳗鲡 *Anguilla Japonica* Temminck *et* Schlegel
鲑形目 Salmoniformes	银鱼科 Salangidae	银鱼 *Hemisalanx Prognathus* Regan
		长江银鱼 *Hemisalanx brachyrostralis*（Fang）
鲤形目 Cypriniformes	鳅科 Cobitidae	花鳅 *Cobitis taenia* Linnaes
		伍氏沙鳅 *Botai wui* Tchang
		大鳞泥鳅 *Misgurnus mizolepis* Günther
		泥鳅 *Misgurnus anguillicaudatus* Cantor
	鲤科 Cyprininae	青鱼 *Mylopharyngodon piceus* Richardson
		草鱼 *Ctenopharyngodon idellus*
		中华细鲫 *Aphyocypris chinensis* Günther
		南方马口鱼 *Opsariichthys bidens* Günther
		鳡 *Elopichthys bambusa* Richardson

目	科	属/种
鲤形目 Cypriniformes	鲤科 Cyprininae	寡鳞飘鱼 *Pseudolaubuca engraulis* Nichols
		赤眼鳟 *Spualiobarbus Curriculus* Richardson
		鳘条 *Hemicculter Leuciclus* Basilewaky
		贝氏鳘条 *Hemiculter bleekeri* Warpachowsky
		红鳍鲌 *Culter erythropterus* Basilewsky
		翘嘴红鲌 *Erythroculter ilishaeformis* Bleeker
		三角鲂 *Megalobrama terminalis*（Riehardson）
		长春鳊 *Parabramis pekinensis* Basilewsky
		银鲴 *Xenocypris argentea* Günther
		团头鲂 *Megalobrama amblvcephaia* Yih
		湖北圆吻鲴 *Ditsoechodon hupeinensis* Yih
		黄尾密鲴 *Xenocypris davidi* B1 eeker
		中华鳑鲏 *Rhodeus sinensis* Günther
		逆鱼 *Acanthobrama simony* B1 eeker
		斑条刺鳑鲏 *Acanthorhodeus taenianalis* Günther
		越南刺鳑鲏 *Acanthorhodeus tonkinensis* Vaillant
		鳙 *Aristichthys nobilis* Richardson
		兴凯刺鳑鲏 *Acanthorhodeus chankaensis* Dybowsky
		鲫鱼 *Cyprinus arassius* Linnaeus
		鲤 *Cyprinus carpio* Linnaeus
		麦穗鱼 *Pseudorasbora parua* Tmminck *et* Schlegel
		花鳕 *Hemibarbus maculates* Bleeker
		黑鳍鳈 *Sarcocheilichthys nigripinnis* Günther
		华鳈 *Sarcocheilichthys sinensis sinensis* Bleeker
		西湖颌须鮈 *Gnathopogon sihuensis*（Chu）
		银色颌须鮈 *Gnathopogon argentatus* Sauvage *et* Dabry
		黄河鮈 *Gabio huanghensjs* Luo *et alo*
		点纹颌须鮈 *Gnathopogon wolterstorffi* Regan
		蛇鮈 *Saurogobio dabryi* Bleeker
		棒花鱼 *Abbotina rivularis* Basilewslxy
		特氏蛇鮈 *Saurogobio gymnocheilus* Lo et al.
		长蛇鮈 *Saurogobio dumerili* Bleeker
		短吻鳅鮀 *Gobiobotia brevirostris* Chen *et* Tsao
		宜昌鳅鮀 *Gobiobotia ichangensis* Fang
鲇形目 Siluriformes	鲿科 Bagridae	黄颡鱼 *Pelteobagrus fulvidraco* Richardson
		光泽黄颡鱼 *Pelteobagrus nitidus* Sauvage *et* Dabry
		开封鮠 *Leiocassis kaifengensis* Tchang
	鲇科 Siluridae	鲇 *Silurus asotus* Linnaeus
鳉形目 Cyprinodontiformes	青鳉科 Oryziidae	青鳉 *Oryzias latipes* Temminck *et* Schlegel
鲻形目 Mugiliformes	鲻科	梭鱼 *Megil soiuy* Basilewasky
鲈形目 Perciformes	鳢科 Channidae	乌鳢 *Ophicephalus argus* Cantor
	刺鳅科 Mastacembelidae	刺鳅 *Mastacemeblus aculeatus* Basilewsky
	杜父鱼科	松江鲈鱼 *Trachidermus fasciatus* Heckel

基于历史数据与现状调查数据，从以下方面分析鱼类的变化及对其产生的影响：

1）鱼类种类组成变化

根据与小浪底水库建设前在小浪底河段鱼类资源情况对比分析显示，小浪底库区鱼类种类数显著增加，群落结构组成变化差异较大，减少的鱼类种类包括雅罗鱼、黄尾鲴、蒙古红鲌、北方铜鱼、赤眼鳟、红鳍鲌及兰州鲇等 7 种，减少的种类以中大型鱼类为主。增加的鱼类种类包括大银鱼、泥鳅、鳘条、鳊、麦穗鱼、稀有麦穗鱼、棒花鱼、高体鳑鲏、鲢、鳙、光泽黄颡鱼、栉鰕虎鱼、贝氏鳘条、似鳊、中华鳑鲏、棒花鲃、银色颌须鲃、斑点叉尾鲴、黄黝鱼及大口黑鲈等 20 种，主要以小型鱼类为主；其中，大银鱼、斑点叉尾鲴及大口黑鲈 3 种鱼类为人工引进品种，属于外来入侵物种；大银鱼在库区自然繁殖并形成了库区的优势种群，对本地土著种类产生了一定的影响；鲢、鳙等在库区已经成为主要养殖品种。

2）鱼类区系变化

就鱼类区系组成情况来看，各区系组成未发生较大变化，仍以江河平原复合体为主，但区系组成变化明显，各区系鱼类组成都明显增加，鲤科鱼类仍然是该区域的主要优势种类。

3）鱼类生态类型变化

① 减少的鱼类生态类型。雅罗鱼喜栖息于水流较缓、底质多沙砾、水质清澄的江河口或山涧支流里，完全静水中较为少见。喜集群活动，往往形成一个很大的群体，夏季每当傍晚时浮于水的上层，使水面似雨点状。雅罗鱼有着明显的洄游规律，江河刚开始解冻即成群地向上游上溯进行产卵洄游，然后进入湖岸河边肥育，冬季进入深水处越冬。雅罗鱼为杂食性鱼类，以高等植物的茎叶和碎屑为主，其次是昆虫，偶尔也食小型鱼类。3 冬龄鱼始达性成熟，生殖季节较早，水温达 4～8℃就开始产卵。产卵在沙砾或其他附着物上，怀卵量为 1 万粒左右，卵粒直径 2.2 mm，生长速度不快。4 冬龄鱼为最大成长年龄。一般捕获群体以体长 15～19 cm、年龄为 3～4 龄鱼为主。小浪底水库的建设主要阻隔了雅罗鱼的产卵洄游。

黄尾鲴生活在江河、湖泊的底层，以下颌角质边缘刮食底层着生藻类和高等植物碎屑，2 年性成熟，4—6 月产卵，生殖季节亲鱼群集溯游到浅滩处产卵，卵黏性。最大长 400 mm，一般 2 年鱼约 200 mm。天然产量较丰富。黄尾鲴是淡水生长的中小型鱼类，生活在水体的中下层，体长稍扁，头小、尖，吻端圆突，口近下位，呈一横裂，下颌有一发达的角质边缘；背侧灰色，腹部白色，鳃盖后缘有一条浅黄色的斑块，尾鳍橘黄色。最适生长水温为 22～24℃，耐氧能力近似白鲢。小浪底库区的形成造成黄尾鲴产卵场淹没、消失，适宜其产卵繁殖的浅滩及岸边黏附物消失。

蒙古红鲌为中上层凶猛鱼类，生活于水流缓慢的较大河湾、湖泊，5—7 月集群繁殖，在流水中产卵，产漂流性卵，卵随水流漂流孵化，冬季多集中在河流深水处或湖泊的深潭越冬，小浪底库区的静水环境，使得漂流性卵无法完成漂流孵化，并且 6—7 月的调水调沙更直接影响到其亲鱼及产卵繁殖。

赤眼鳟是黄河的主要经济鱼类之一，其为中上层鱼类，在流水和静水中都能生活，对生活环境适应能力较强，杂食性，赤眼鳟性成熟早，二龄鱼即可达性成熟。生殖季节一般在 4—9 月，产漂流性卵，大坝的建设直接阻断了其洄游至上游产卵及漂流性卵的孵化，故在该河段资源量已经严重减少。

红鳍鲌栖息于湖泊水草茂盛处或江河缓流区，幼鱼喜集群在浅水区觅食。肉食性，主要捕食小鱼，也食无脊椎动物。产卵期为 5—7 月，在静水湖泊中繁殖，产黏性卵，卵黏附于水草上发育，小浪底库区调水调沙对其影响较大。

② 增加的鱼类生态类型。在增加的 20 种鱼类中，小型鱼类包括大银鱼、泥鳅、鳌条、鳊、麦穗鱼、稀有麦穗鱼、棒花鱼、高体鳑鲏、中华鳑鲏、银色颌须鮈、贝氏鳌条、棒花鮈、似鳊、光泽黄颡鱼、栉鰕虎鱼、黄黝鱼等 16 种，较大型鱼类包括鲢、鳙、大口黑鲈、斑点叉尾鮰等 4 种，其中大银鱼、斑点叉尾鮰及大口黑鲈为人工养殖引进品种，大银鱼已经在库区成为优势种群，鲢、鳙产漂流性卵，但主要为人工养殖逃逸个体。就产卵习性分析，增加的 20 种鱼类中，产沉黏性卵的鱼类有大银鱼、泥鳅、鳌条、麦穗鱼、稀有麦穗鱼、棒花鱼、光泽黄颡鱼、栉鰕虎鱼、黄黝鱼及棒花鮈等 10 种；产漂流性卵的鱼类有鳊、鲢、鳙、银色颌须鮈、贝氏鳌条、似鳊等 6 种；喜贝类产卵的鱼类有高体鳑鲏、中华鳑鲏。

总体情况表明，库区的形成使得小型鱼类及产沉黏性卵鱼类种类及数量都明显增加。

4）濒危保护鱼类的影响分析

相关资料显示，在小浪底河段北方铜鱼生长栖息在河湾及多沙石、水流较平稳的孟津河段。冬季多潜伏深水处，或岩石下面。开春后，当天气转暖时，又开始上溯新安县河段的产卵场所，完成生殖洄游需要 1～2 个月时间，期间的长短决定于当地的水文、水质、地理等条件。在每年 4—6 月，当天气比较稳定，气温达到 18～22℃时，上游降雨，水位上涨，流速加大，河水变浑，透明度降低为 30 cm 左右，此时，北方铜鱼进入集群繁殖，产卵亲鱼一般在 5 月左右，在新安县境内产卵。然后到 5 月下旬至 6 月初，在孟津河段也能捕获部分性腺发育至 Ⅱ～Ⅴ 期的亲鱼个体，推断为上游退下的鱼类。建库前的北方铜鱼索饵生长范围在距产卵场 30～50 km 以外的孟津、郑州河段。北方铜鱼的资源量，1950—1966 年，河南段在繁殖期捕捞量逾 500 kg；1986—1987 年，繁殖期捕捞近 150 kg，且多为老龄个体。随着河道周围的不断开发建设，黄河段污染源急剧增加，1990—2007 年在河南段捕捞时没有发现北方铜鱼，北方铜鱼到了濒临灭绝的地步。小浪底水库建设前资料显示，在库区以上河段存在北方铜鱼产卵场，库区的建设将其产卵场淹没，并阻隔了其洄游通道，造成北方铜鱼在该河段的消失。

兰州鲇为中国特有种类，其在黄河中下游河段分布，为底栖鱼类，肉食性，产沉性卵，根据本次调查结果显示，兰州鲇在库区河段未捕获，但在坝下河段有一定分布。

5）鱼类重要生境影响变化分析

小浪底建设前环境影响评价资料显示，此河段均为流水生境，为产漂流性卵鱼类提供了良好的条件，在新安县峪里乡的一条支流里发现较大规模北方铜鱼产卵场，长度约 1 000 m，宽度 70～80 m，所获铜鱼性腺成熟，多已经发育至Ⅳ期，怀卵量很大，有 10 万～20 万粒，在八里胡同以西支流也有可能存在相似的产卵场；缺乏鱼类静水产卵场所，未发现鲤鱼、鲫鱼产卵场。库区的建设明显增加了鱼类的越冬场所。

6.2.5　库岸陆生生态分析

6.2.5.1　分析方法及数据来源

（1）研究范围

库岸陆生生态的影响分析主要从两个层面进行分析，第一层面从水库库区生态系统的景观空间格局演变分析库岸陆生生态的变化；第二层面以水域为基础划定局地小气候所影响的最大范围内 NDVI 的变化来分析库岸陆生生态的变化。其中库岸选取小浪底工程正常蓄水位 275 m 淹没边界，以此边界外延作为缓冲区范围进行土地利用及 NDVI 分析，其行政范围为山西省的平陆县、夏县、垣曲县以及河南省的三门峡市、陕县、渑池县、新安县、孟津县、济源市的部分地区。

（2）岸边带土地利用及景观格局

基于原始遥感数据轨道号 125/36，时间为 1990 年 8 月、2000 年 8 月和 2010 年 8 月的 Landsat5TM 影像，中国科学院地理科学与资源研究所对小浪底工程正常蓄水位 275 m 淹没边界外 5 km 范围内缓冲区进行遥感解译出土地利用数据（库区 NDVI 研究区域同此范围）。采用景观驱动力分析方法分析库区生态系统的下垫面变化，反映林草地的变化。

土地利用遥感解译的区域分布于 2 个市、7 个县，分别为山西省的平陆县（142732）、夏县（142730）、垣曲县（142733）；河南省的三门峡市（411201）、陕县（411222）、渑池县（411221）、新安县（410323）、孟津县（410322）、济源市（410881）。

（3）岸边带 NDVI

岸边带的 NDVI 研究可以作为环境修复的重要依据，在经济评估、生态学、景观学以及社会科学等方面都具有重要的作用（王晶晶等，2008）。通过对小浪底工程正常蓄水位 275 m 淹没边界外按 1 km、3 km、5 km、10 km、15 km 间隔进行缓冲带的分析和 NDVI 的提取计算，结果在 5 km 以内，研究区的 NDVI 均值均逐渐上升，5 km 外 NDVI 均值的增长速度下降。鉴于此，本书取小浪底工程正常蓄水位 275 m 淹没边界外 5 km 作为缓冲区的范围，对面积约 1 923.52 km² 的河道岸边 NDVI 时空变化进行分析。

NDVI 数据来源于国际科学数据服务平台（http://datamirror.csdb.cn），采用岸边带 Landsat4-5TM 影像资料，空间分辨率为 30 m × 30 m，其中时间带涵盖 1990 年、1999 年 9 月 1 日、2001 年 5 月 1 日、2002 年 9 月 25 日、2006 年 9 月 25 日、2007 年 6 月 27 日、2009 年 7 月 2 日和 2010 年 9 月 23 日，应用 ArcGIS10.0 软件和国际科学数据服务平台研发的植被指数提取工具，处理遥感数据和计算 NDVI。气象要素是制约 NDVI 变化的重要因子，因此采用三门峡和孟津气象站点的月平均降水量和月平均温度观测资料（见表 6-22）进行分析，时间系列为 1990—2010 年，数据来源于"中国气象科学数据共享服务网"（http://cdc.cma.gov.cn）。

表 6-22　小浪底库区气象站点情况

气象站	纬度	经度	海拔/m	年均温/℃	年降水量/mm
三门峡	34°48′	111°12′	409.9	14.30	729.03
孟津	34°49′	112°26′	333.3	14.27	606.15

6.2.5.2 景观格局

（1）土地利用

蓄水前后岸边带土地利用类型的变化见表 6-23。水库蓄水前后，土地利用类型均以丘陵旱地、高覆盖度草地、山地旱地和灌木林为主，其中，1990 年面积分别占 27.28%、21.27%、17.91%和 10.03%；2000 年面积分别占 27.54%、19.81%、18.39%和 10.30%；水库蓄水后 2010 年面积分别占 23.11%、19.53%、18.45%和 9.75%。水库坑塘及河渠面积比例由 1990 年的 1.74%增至 2010 年的 5.78%；农村居民点面积比例由 1990 年的 0.83%增至 2010 年的 3.7%；丘陵旱地面积比例最高的趋势在小浪底水库蓄水前后不变，但面积比例由 1990 年的 27.28%降至 2010 年的 23.11%。

表 6-23　蓄水前后岸边带土地利用类型变化

二级分类		1990 年		2000 年		2010 年	
代码	名称	面积/km²	比例/%	面积/km²	比例/%	面积/km²	比例/%
21	有林地	124.56	6.48	124.94	6.50	124.48	6.47
22	灌木林	192.89	10.03	198.17	10.30	187.45	9.75
23	疏林地	27.14	1.41	27.53	1.43	24.22	1.26
24	其他林地			1.04	0.05	1.14	0.06
31	高覆盖度草地	409.15	21.27	380.93	19.81	375.69	19.53
32	中覆盖度草地	84.55	4.40	81.90	4.26	68.01	3.54
33	低覆盖度草地	61.87	3.22	61.15	3.18	60.77	3.16
43	水库坑塘及河渠	33.52	1.74	34.44	1.79	111.25	5.78
46	滩地	36.74	1.91	34.43	1.79	31.09	1.62
52	农村居民点	16.06	0.83	16.90	0.88	71.17	3.70
53	其他建设用地	0.52	0.03	11.38	0.59	9.53	0.50
65	裸土地					3.40	0.18
113	平原水田					0.21	0.01
121	山地旱地	344.44	17.91	353.67	18.39	354.77	18.45
122	丘陵旱地	524.67	27.28	529.62	27.54	444.58	23.11
123	平原旱地	67.39	3.50	67.41	3.50	55.63	2.89

为了定量计算不同景观类型的转换关系，将原土地利用类型进行大类合并，合为六大类：耕地，林地，草地，水域，城乡、工矿、居民点用地和未利用土地，蓄水前后小浪底库区岸边带土地利用类型见图 6-46 至图 6-48。计算蓄水前后土地利用类型的景观转移矩阵，见表 6-24。

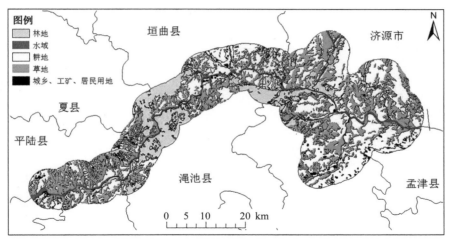

图 6-46　1990 年小浪底库区岸边带土地利用类型

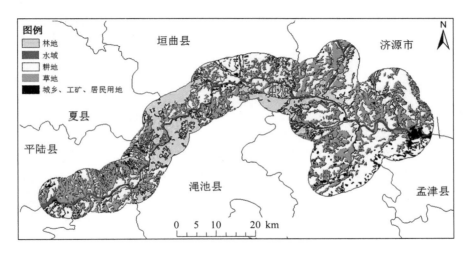

图 6-47　2000 年小浪底库区岸边带土地利用类型

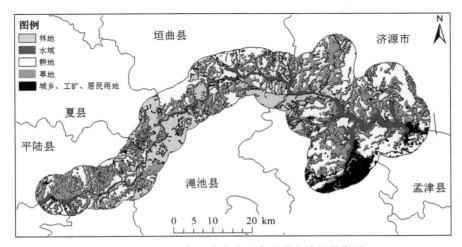

图 6-48　2010 年小浪底库区岸边带土地利用类型

表 6-24　蓄水前后小浪底库区岸边带景观转移矩阵　　　　　　单位：km²

2000 年	2010 年						总计
	耕地	林地	草地	水域	城乡、工矿、居民点用地	未利用土地	
耕地	783.69	27.52	25.54	55.04	56.52	2.39	950.69
林地	40.13	304.88	1.49	5.11	0.00	0.07	351.69
草地	23.00	4.33	475.78	16.19	3.75	0.89	523.97
水域	3.86	0.56	1.15	62.91	0.31	0.01	68.79
城乡、工矿、居民点用地	4.52	0.00	0.51	3.09	20.12	0.04	28.28
总计	855.19	337.29	504.47	142.34	80.70	3.40	1 923.43
1990 年	**2010 年**						**总计**
	耕地	林地	草地	水域	城乡、工矿、居民点用地	未利用土地	
耕地	767.77	27.21	25.00	55.50	59.12	1.92	936.51
林地	40.50	297.37	1.39	5.13	0.12	0.07	344.59
草地	39.67	12.16	476.66	17.15	8.54	1.37	555.58
水域	4.69	0.55	1.15	63.20	0.57	0.01	70.17
城乡、工矿、居民点用地	2.56	0.00	0.27	1.37	12.35	0.04	16.58
总计	855.19	337.29	504.47	142.35	80.70	3.40	1 923.43

由表 6-24 可知，与 1990 年相比，蓄水后 2010 年库区 5 km 岸边带内耕地及草地面积减少，水域、城乡、工矿及居民用地面积增加。与 1990 年相比，2010 年有 55.50 km² 的耕地，5.13 km² 的林地，17.15 km² 的草地，1.37 km² 的城乡、工矿、居民点用地被淹没而转变成水域；1990 年有 59.12 km² 的耕地被开发为城乡、工矿、居民点用地。与 2000 年相比，2010 年有 56.52 km² 的耕地，5.11 km² 的林地，16.19 km² 的草地，3.09 km² 的城乡、工矿、居民点用地被淹没而转变成水域；1990 年有 59.12 km² 的耕地被开发为城乡、工矿、居民点用地。

（2）景观指数

蓄水前后的景观多样性指数变化见表 6-25，由表可知，1990 年小浪底库区 5 km 岸边带共有景观类型 14 种，而到 2000 年增至 15 种，2010 年有 18 种。2010 年研究区域多样性指数比 1990 年略有增大。

表 6-25　景观多样性结构对照

多样性指标	1990 年	2000 年	2010 年
斑块多度（PR）	14	15	18
斑块多度密度（n/100 hm²）（PRD）	0.003	0.003 2	0.003 8
Shannon 多样性指数（SHDI）	2.013 9	2.042	2.186 1
Simpson 多样性指数（SIDI）	0.828 9	0.831 3	0.853 6
修正 Simpson 多样性指数（MSIDI）	1.765 6	1.779 8	1.921 7
Shannon 均匀度指数（SHEI）	0.763 1	0.754 1	0.756 3
Simpson 均匀度指数（SIEI）	0.892 7	0.890 7	0.903 9
修正 Simpson 均匀度指数（MSIEI）	0.669	0.657 2	0.664 9

利用 ArcGIS 地理信息系统软件以及 Fragstats 模块，进一步分析计算水库蓄水前后区域景观单元特征指数以及景观多样性指标，见表 6-26，结果表明，与 1990 年数据相比，2010 年水域和城乡、工矿、居民点用地及未利用土地斑块类型面积呈增加趋势，耕地、林地和草地呈下降趋势。

表 6-26　小浪底库区 3 个时段斑块类型面积及数量变化

年份	类型	耕地	林地	草地	水域	城乡、工矿、居民点用地	未利用土地
1990	斑块类型面积/hm²	936.88	345.01	554.96	70.05	16.61	0
	斑块数量/个	420	172	449	132	161	0
2000	斑块类型面积/hm²	950.9	351.99	523.59	68.74	28.29	0
	斑块数量/个	417	185	462	127	169	0
2010	斑块类型面积/hm²	855.63	337.31	504.27	142.33	80.46	3.37
	斑块数量/个	374	179	434	113	147	3

6.2.5.3　岸边带 NDVI

（1）NDVI 分布特征

由于 NDVI 为负值表示地面覆盖为云、水、雪等，0 表示岩石或裸土等；正值表示有植被覆盖，如图 6-49 所示。经计算，1990 年的平均 NDVI 值为 0.28，1999 年由于开始建设的小浪底工程，坝址附近的植被破坏严重，年均 NDVI 值比 1990 年明显下降，为 0.05。之后的 3 年，由于工程的进一步建设，加之水库淹没区范围的不断扩大，直接导致了年均 NDVI 持续较低水平，2000 年为 -0.13，2001 年为 -0.15，2002 年为 -0.08。2006 年以后，库区植被状态开始恢复，NDVI 值逐渐上升，在水库蓄水淹没区面积增加的情况下，库区年均 NDVI 值恢复到建库前水平，且略有增加，其中 2006 年为 0.27，2007 年达到近 11 年内最大值 0.40，2009 年为 0.15，2010 年为 0.32。整体上小浪底工程开始建设后，1999 年的 NDVI 值低于 1990 年的 82.1%，而 2010 年高于 1999 年的 14.39%。可见，小浪底工程运行后，除蓄水初期库周植被相对较差外，经过 10 年的恢复，植被状况已优于建库前 1990 年水平。

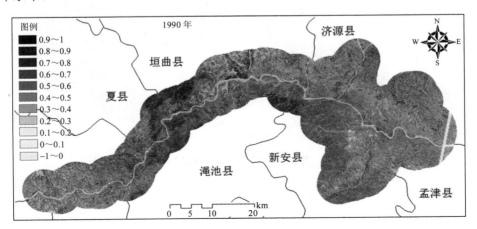

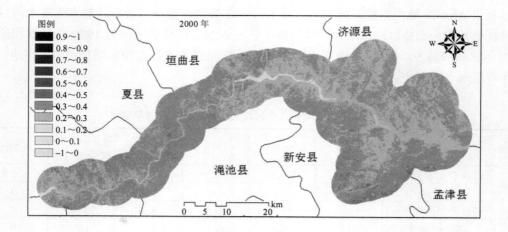

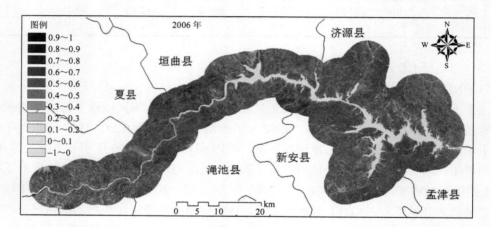

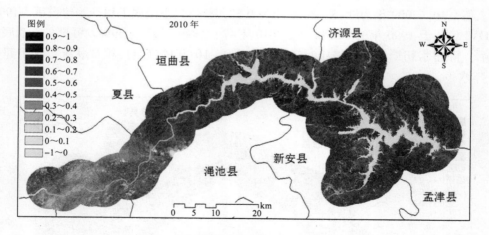

图 6-49 研究区 NDVI 分布

表 6-27　各年份不同 NDVI 等级的面积比例　　　　单位：%

NDVI 等级	1990 年	1999 年	2000 年	2001 年	2002 年	2006 年	2007 年	2009 年	2010 年
−1～0	0.16	39.62	6.82	92.20	89.81	50.81	32.39	50.09	58.64
0～0.1	16.37	49.21	65.04	5.84	9.09	5.06	15.59	23.97	4.91
0.1～0.2	21.45	11.14	26.86	1.91	1.04	6.38	4.93	20.35	3.05
0.2～0.3	34.22	0.03	1.28	0.05	0.05	16.16	6.14	5.24	4.63
0.3～0.4	20.95	0.00	0.00	0.00	0.00	18.82	12.58	0.34	9.48
0.4～0.5	6.30	0.00	0.00	0.00	0.00	2.76	19.05	0.00	15.06
0.5～0.6	0.52	0.00	0.00	0.00	0.00	0.01	9.09	0.00	4.14
0.6～0.7	0.03	0.00	0.00	0.00	0.00	0.00	0.23	0.00	0.08

由表 6-27 也可看出，蓄水前的 1990 年，NDVI 值处于 0.1～0.4 的面积居多，占总面积的 76.62%，NDVI 值为 0.2～0.3 的面积比例为 34.22%。1999—2002 年，由于库区蓄水，水域面积激增，NDVI 值以 0 以下面积占绝对优势，NDVI 值多小于 0.2。2006 年以后，NDVI 值较 1999—2001 年期间有大幅度提高，其中，2007 年和 2010 年 NDVI 为 0.4～0.5 的比例分别为 19.05%和 15.06%。因此，水库蓄水初期 NDVI 值较 1990 年明显下降，到 2006—2010 年，NDVI 值较 1999 年明显提高，恢复并超过 1990 年的水平。

（2）NDVI 变化制约要素

影响 NDVI 变化的因素可分为自然因素和人为因素两方面。有研究表明，在区域尺度上自然因素可能占主导地位，而在流域管理单元上人为因素可能占起主导作用（Morawitz et al.，2006）。Piao 等（2004）对我国植被的研究表明，NDVI 值增加在全国尺度上是对气温升高的响应，在区域尺度上则与降水量有关。本书通过以三门峡和孟津两个气象站点所在的 NDVI 像元为中心，构建半径为 5 km 的缓冲区，缓冲区 NDVI 值为所有像元平均值，降水量和气温值分别采用该站点的降水量和气温值，研究 NDVI 值与降水量和气温的相关性，结果表明：① 三门峡站点缓冲区 NDVI 值与降水量有较好的对应关系，而与气温的相关关系不大，这与前人研究结论一致。② 孟津站点缓冲区 NDVI 值与降水量和气温的相关关系均不明显。

本章相关内容表明，小浪底水库蓄水后，库区降水量增加，冬季最低和最高气温均呈增加趋势。这些气象要素变化有利于库周植被生长。同时，小浪底工程开工后，小浪底建管局对工程建设对施工区植被绿化工作十分重视，在工程建设期间，小浪底建管局对永久占地区采取了围栏等保护性措施，杜绝了樵采、盗伐、放牧、垦殖等破坏植被的活动，使原生植被得到充分恢复（张宏安等，2004）。经统计，截至 2002 年 4 月水土保持工程竣工时，小浪底施工区植树总株数已达 150.7 万株，其中，乔木树种 77.9 万株，灌木树种 72.8 万株；绿化面积 483 hm^2（不含行道树），其中造林面积 447 hm^2，草坪面积 36 hm^2，2002 年小浪底施工区林草植被面积达 554.54 hm^2，林草覆盖率达 30.1%。此后，每年小浪底建管局都会开展库区绿化造林种草工作。因此，植被绿化措施对于库周 NDVI 值的增加也起到了一定的促进作用。

6.2.6 河南黄河湿地国家级自然保护区分析

6.2.6.1 保护区概况

河南黄河湿地国家级自然保护区位于黄河中游，地理坐标为东经 110°21′—112°48′，北纬 34°33′—35°05′，横跨三门峡、洛阳、济源、焦作等 4 个市。保护区东西长 301 km，跨度 50 km，总面积 592 hm²。湿地范围包括三门峡水库、小浪底水库、西霞院水库以及水库大坝下游至孟津县与巩义市交界处的黄河河段，涉及陕县、湖滨区、渑池县、新安县、孟津县、济源市、吉利区、孟州市等 8 个县（市、区）。保护区有国家 I 级重点保护水鸟 2 种，即东方白鹳和黑鹳。II 级重点保护水鸟 10 种，包括角䴙䴘、卷羽鹈鹕、黄嘴白鹭、白额雁、大天鹅、小天鹅、鸳鸯、鹗、灰鹤、蓑羽鹤等。

本节选取河南黄河湿地国家级自然保护区内小浪底库区段为研究区域，总面积 243.60 hm²，采用景观驱动力分析方法、生物相关指数分析方法等从景观格局变化、NDVI 变化、生物变化（鸟类）分析水库蓄水前后的变化。

6.2.6.2 保护区鸟类调查

（1）调查地点与方法

调查时间为 2012 年 10 月—2013 年 3 月，每月调查 1 次，在迁徙季节每月调查 3 次。根据自然环境和鸟类在湿地内的分布特点，确定主要调查地点为鸡子岭、盘东滩、鼎湖湾、冯佐燕子窝、冯佐后地北滩、冯佐北营北洼、张湾桥头村、大营官庄、青龙湖、苍龙湖、三水厂、王官、湖滨区上村、三门峡大坝、孟津县周口村北、洛阳黄河公路大桥东、扣马村北。

鸟类种类及数量调查采用样带法和直接计数法（水鸟）进行。统计时行走速度为 1～2 km/h，样带单侧宽度为 50～100 m，长度为 2～5 km，调查时每组最少 2 人，用 8 × 双筒望远镜或莱卡（20～60）× 77 单筒望远镜观察并记录。某时间段（如冬季）雁鸭类的种类和数量为用这段时间记录种类和个体数量的最大值来估计。

水鸟调查直接记录调查区域内鸟类绝对种群数量，如果群体数量极大，或群体处于飞行、取食、行走等运动状态时，可以 5、10、20、50、100 等为计数单元来估计群体的数量。

此外，本次调查未见到的重点保护鸟类采用访问交谈法等确认以往记录，主要访问对象为周边居民，通过指认鸟类照片确认。鸟类数量级的确定依观察到个体数占统计中遇到鸟总数的百分比来确定，大于 10% 为优势种，1%～10% 为普通种，小于 1% 为稀有种。

（2）鸟类多样性评价方法

鸟类多样性分析采用 Shannon-Wiener 多样性指数计算公式：

$$H' = -\sum P_i \ln P_i \tag{6-1}$$

式中，P_i 为某一样地中第 i 种鸟的个体数量占该样地所有鸟类个体数量的百分比。
均匀度采用 Pielou 均匀度指数计算公式：

$$J = H'/H_{\max} = H'/\ln S \tag{6-2}$$

式中，S 为该样地中的种数，$H_{\max}$ 为最大多样性值，$H_{\max} = \ln S$。计算水鸟多样性时取调查期间记录到的水鸟种类和个体数量的最大值。

采用 Sørensen 群落相似性系数来度量两湿地间鸟类群落的相似性，计算公式为：

$$I = 2C/(A + B) \qquad (6\text{-}3)$$

式中，C 为两个群落共有的鸟种数，A 和 B 分别为两个群落各自的鸟种数。

6.2.6.3 鸟类现状分析

（1）数量分析

本次调查共记录鸟类 103 种，隶属 14 目，37 科（见表 6-28）。其中冬候鸟 19 种，旅鸟 35 种，夏候鸟 16 种，留鸟 33 种。候鸟共计 70 种，占 67.96%。水鸟总数为 52 种，约占鸟类总数的 50.49%，其中小浪底水库 18 种，西霞院水库 25 种，西霞院—孟津县扣马界 51 种。

表 6-28　河南黄河湿地国家级自然保护区鸟类多样性

项目	小浪底水库	西霞院水库	西霞院—孟津县扣马界	合计
鸟种数	50	55	84	103
科数	26	28	31	37
Shannon-Wiener 指数	3.043	2.607	3.267	—
均匀度指数	0.778	0.651	0.737	—

（2）群落相似性分析

小浪底水库、西霞院水库和西霞院—孟津县扣马界鸟类群落的相似性系数见表 6-29。有研究认为群落相似性系数达 0.6 时，可以认为两个群落较为相似。西霞院水库与西霞院下游孟津黄河段的鸟类群落相似性较高，小浪底水库与西霞院水库的鸟类群落相似性较高，而小浪底水库与西霞院下游的鸟类群落相似性较低。

表 6-29　小浪底水库、西霞院水库和西霞院—扣马界鸟类群落的相似性系数

区域	小浪底水库	西霞院水库	西霞院—孟津县扣马界
小浪底水库	1	0.648（71，34）	0.507（97，34）
西霞院水库		1	0.662（92，46）
西霞院—孟津县扣马界			1

注：括号内分别为两地物种总数和共有鸟类物种数。

6.2.6.4 对不同生态型鸟类的影响

栖息地适合度是影响鸟类群落的一个重要因子，水库的修建改变了原栖息地的生态环境，对不同生态型鸟类产生的影响有所不同。

（1）对水鸟的影响

三地虽然紧邻，但水域环境差异较大，尤其是小浪底水库水深，与西霞院—孟津县扣马界河道相比，周围滩地较少，食物相对缺乏。本次调查发现在小浪底水库近大坝处分布的雁鸭类种类相对较少，100 只以上的仅有鹊鸭。鹊鸭通过潜水觅食，食物主要为昆虫及其幼虫、蠕虫、甲壳类，软体动物、小鱼、蛙以及蝌蚪等各种能利用的水生动物。库区其他较常见的有普通鸬鹚、小䴙䴘等，普通鸬鹚以鱼类为食，小䴙䴘以水生昆虫、鱼类和虾类等为食。在渑池县鲤鱼山（35°02′14″N、111°50′31″E）和南村桥头（35°03′53″N、111°51′04″E）有绿头鸭、绿翅鸭、苍鹭、大白鹭等。绿翅鸭和绿头鸭以植食性为主，也吃螺、甲壳类、软体动物、水生昆虫和其他小型无脊椎动物，鹭科鸟类以鱼类为主，觅食主要在水边浅水处。西霞院水库水相对较浅，雁鸭类除鹊鸭外，还有较多的赤麻鸭、绿头鸭、绿翅鸭、普通秋沙鸭等。可见，在深水处主要分布一些鹊鸭、普通鸬鹚等以鱼类为食的鸟类，在浅水处和岸边较多分布有赤麻鸭、绿头鸭、绿翅鸭等植食性为主的雁鸭类和食鱼的鹭科鸟类。

西霞院—孟津县扣马界，由于河岸滩地广布，食物丰富，雁鸭类种类较多，种群较大，百只以上的常见有豆雁、鹊鸭、赤麻鸭、绿头鸭、绿翅鸭、斑嘴鸭等。调查显示，种类较建库前有所增加。但近年来人为活动增加，尤其是挖沙和围垦对鸟类具有较大干扰。如1995—2005年在孟津县黄河滩涂可见到大鸨30～40只的越冬种群，但近年来由于人类活动干扰，尤其是滩区种植结构改变，大鸨逐渐沿黄河向东西方向转移，近年来在郑州黄河湿地、开封黄河湿地、三门峡均记录到30～300只的越冬种群。

（2）对草灌丛、农田鸟类的影响

本区分布的草灌丛及农田鸟类主要由鹭科、鸠鸽科、燕雀科、鸦科、伯劳科、鹟莺科、鸦科和雀科等组成。常见鸟类有白鹭、珠颈斑鸠、家燕、白头鹎、棕背伯劳、喜鹊、鹊鸲、棕头鸦雀、大山雀、麻雀和三道眉草鹀等。小浪底工程运行后，库区土地利用及景观格局变化参见6.2.5.2节相关内容。结果表明，与1990年蓄水前相比，水库蓄水后库周水库坑塘及河渠面积比例增加了4.04%，农村居民点面积比例增加了2.87%；丘陵旱地面积比例减少了4.17%，平原旱地面积比例减少了0.61%。总体上，水库建设使农田鸟类的栖息环境缩小，原有生境遭到一定程度的破坏，将对农田鸟类造成一定负面影响。

（3）对森林鸟类的影响

森林鸟类由雉科、鹰科、杜鹃科、啄木鸟科、鸦科、鸠鸽科、山雀科和雀科等组成。常见鸟类有山斑鸠、雉鸡、喜鹊、白头鹎、秃鼻乌鸦、灰椋鸟等。根据土地利用数据，与1990年相比，2010年水域面积比例增加了4.04%；灌木丛和疏林地面积比例分别减少了0.28%和0.15%；有林地和其他林地面积基本持平，库区林鸟具有向周边山地转移的趋势。

6.3 水库下游生态水文过程影响后评价

6.3.1 研究时段划分

黄河干流具有重要调节作用的水库分别是上游的龙羊峡和刘家峡水库、中游的三门峡与小浪底水库。刘家峡水库于1968年10月蓄水，1969年4月1日首台机组并网发电，1974年12月5台机组全部投入运行。龙羊峡水库1986年10月下闸蓄水，1987年9月第1台机组发电，1989年6月第4台机组投入运行，1992年工程全部竣工。三门峡水库1960年9月蓄水，1961年4月基本建成投入运行，水库运用方式经历了"蓄水拦沙""滞洪排沙"，继1974年开始调整为"蓄清排浑"模式。小浪底水库1999年10月蓄水，1999年首台机组发电，2001年12月31日全部竣工。根据黄河干流龙羊峡、刘家峡、三门峡和小浪底水库的联合调度过程，结合长系列水文过程数据资料（1956—2011 年），将生态水文断面的研究时段划分为 4 个阶段：

　　① 1956—1968 年，作为黄河河道的天然状态；

　　② 1969—1986 年，刘家峡水库与三门峡水库联合运行阶段；

　　③ 1987—1998 年，刘家峡、龙羊峡与三门峡水库联合调度阶段；

　　④ 1999—2011 年，黄河水量实施统一调度且小浪底水库开展调水调沙阶段。

　　研究中选取黄河下游重要控制断面花园口、高村与利津断面进行分析，在本书只列出了利津站的研究成果。具体内容如下：

　　① 从水文节律特征（流量的频率、峰值、出现时间、持续时间、涨水率、落水率）入手，分析花园口、高村与利津控制断面不同时期的水文过程演变。

　　② 应用变化范围法（RVA 法），对比评价小浪底水库建库后（1999—2011 年）与三库联合调度阶段（1987—1998 年）生态流组分的改变程度。

6.3.2　生态水文过程分析

（1）水文过程划分

　　以黄河干流利津断面 1956—2011 年的实测河道径流量数据为基础，与花园口断面划分环境水流组分的方法相同，划分结果如下：将流量数据系列从小到大排频，小于等于 50.2 个百分点（500 m³/s）的流量归为低流量过程，大于等于 64.8 个百分点（800 m³/s）的流量作为高流量过程；径流量为 50.2～64.8 个百分点时，如果当天流量比前一天流量增加 25%则认为是高流量开始，而当后一天流量比当天流量减少 10%时认为是高流量结束，高流量以外的流量被认为是低流量；低流量系列中，当天流量的 10%作为极端低流量；将高流量系列重新从大到小排频，重现期为 2 年也就是 50 个百分点（1 500 m³/s）至平滩流量间的作为小洪水系列；利津断面不同年份的漫滩流量在不断发生变化，不同年份漫滩流量如图 6-50 所示。图 6-51 与图 6-52 分别是利津断面 1957 年（自然状态下）、2003 年（强人类活动影响下）水文过程的生态流组分划分结果。

图 6-50　利津断面漫滩流量变化

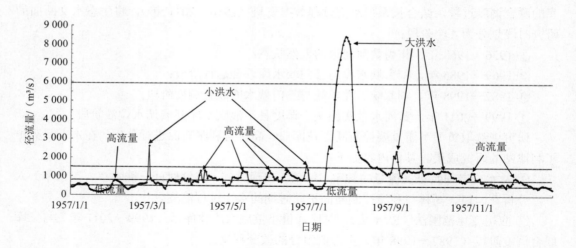

图 6-51　利津断面 1957 年水文过程的生态流组分划分

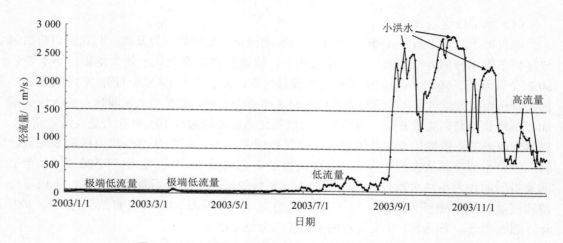

图 6-52　利津断面 2003 年水文过程的生态流组分划分

从图 6-51 与图 6-52 中可以看出，水文过程的生态流组分划分的基本结果是：枯水期12 月—次年 4 月为低流量过程，现阶段利津断面低流量的时间有所延长；极端低流量一般分布在 12 月—次年 2 月，极少情况下 5—6 月也会出现极端低流量；小洪水、漫滩洪水脉冲过程主要发生在汛期 7—10 月；高流量过程主要集中于洪水发生前的 5—6 月及其洪水发生过程后的 11 月。

（2）月均流量过程

龙羊峡、刘家峡、三门峡与小浪底水库建设前后利津断面分阶段的月平均流量变化过程如图 6-53 所示。1956—1968 年天然状态下，利津断面的多年月平均流量时间尺度上分布极为不均匀，呈现明显的季节性变化，非汛期（11 月—次年 6 月）多年平均径流量为964.4 m³/s，汛期（7—10 月）径流量为 2 991.7 m³/s，高达非汛期的 3.1 倍；随着人类活动的不断增强以及刘家峡、龙羊峡、三门峡与小浪底水库的调蓄作用，1969—1986 年（1 772.3 m³/s）、1987—1998 年（851.2 m³/s）与 1999—2011 年（657.8 m³/s）断面汛期径流量逐级递减；1999—2011 年非汛期多年平均径流量相比 1956—1968 年减小到 282.2 m³/s，小浪底水库与黄河水量统一调度后年内水量分配逐步均匀化。

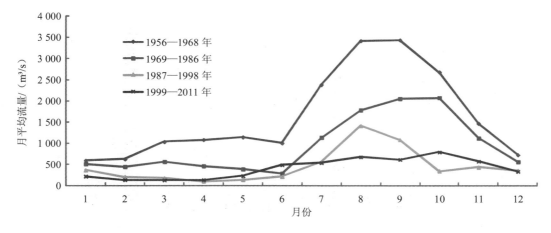

图 6-53　利津断面不同阶段多年月平均流量变化

采用变化范围法计算小浪底水库修建前后（1987—1998 年与 1999—2011 年）多年月平均流量改变程度，对汛期 7—9 月影响程度比较大，同时对春灌时期 3 月的影响程度是最大的，其次是调水调沙期 7 月；与花园口断面相比 2—3 月相比调度前供水保证程度提高幅度要大。

表 6-30　利津断面小浪底水库与黄河水量统一调度前后多年月平均值流量评价结果　单位：m³/s

生态-水文指标	1987—1998 年 50%频率	1999—2011 年 50%频率	变化范围下限	变化范围上限	RVA 改变因子	改变程度
1 月流量平均值	428.5	216.5	244.0	477.9	0.00	小
2 月流量平均值	180.3	117.0	57.8	273.7	0.75	大
3 月流量平均值	34.8	146.5	0.1	231.5	1.75	大
4 月流量平均值	59.9	125.0	39.0	112.6	0.25	中
5 月流量平均值	20.6	158.5	1.7	52.7	−0.25	中
6 月流量平均值	19.4	231.8	0.0	229.0	−0.25	中
7 月流量平均值	661.5	576.0	16.1	838.4	1.50	大
8 月流量平均值	1 390.0	426.5	1 346.0	1 807.0	−0.50	大
9 月流量平均值	1 123.0	472.0	900.6	1 328.0	−0.75	大
10 月流量平均值	360.5	525.0	55.6	530.4	0.25	中
11 月流量平均值	521.3	436.8	307.9	645.9	−0.25	中
12 月流量平均值	299.5	244.0	183.4	525.2	0.50	大

（3）年极端流量过程及出现时间

1 日、3 日、7 日、30 日、90 日平均流量的极值分析是从更加微观的尺度上分析丰枯水量在不同时间尺度上利津断面的变化情况。利津断面不同阶段的年最小 1 日、3 日、7 日、30 日、90 日平均流量如图 6-54 所示，最大 1 日、3 日、7 日、30 日、90 日平均流量如

图 6-55 所示，极值流量中零流量日数、基流指数及极值流量出现时间的生态流指标变化见表 6-31。

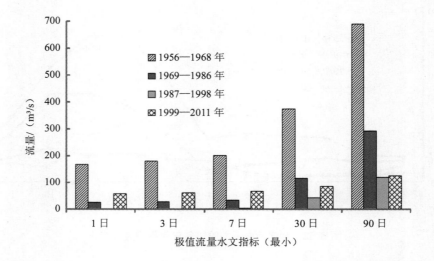

图 6-54　利津断面不同阶段最小极值生态流指标变化

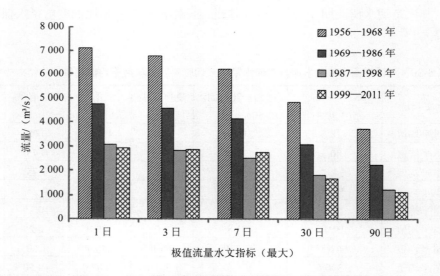

图 6-55　利津断面不同阶段最大极值生态流指标变化

表 6-31　利津断面不同阶段零流量日数、基流指数及极值流量出现时间的生态流指标值

生态-水文指标	1956—1968 年	1969—1986 年	1987—1998 年	1999—2011 年
零流量日数/d	0.00	6.17	65.75	3.00
基流指数（量纲为一）	0.12	0.03	0.01	0.14
最小流量出现时间（罗马日）	176.10	150.44	101.17	128.92
最大流量出现时间（罗马日）	228.80	246.83	216.08	217.08

1956—1968 年、1969—1986 年、1987—1998 年最小和最大极值流量呈现一致的减少趋势，龙羊峡与刘家峡水库建成后比自然状态下有大幅度的降低。最小极值流量在 1987—1998 年呈现最低值，1999—2011 年小浪底水库与黄河水量实施统一调度后对极值最小流量的改善发挥了很大作用，特别是对于小时间尺度最小 1 日、3 日与 7 日的影响最大，增长幅度分别是 61.9 倍、37.0 倍与 11.0 倍。最大极值流量方面，在小浪底水库与黄河水量统一调度后减缓了径流量的衰减趋势，最大 3 日、7 日极值流量有微幅增加，分别增加 37.6 m³/s、234.5 m³/s。

通过表 6-31 可知，1987—1998 年的河道水文过程径流量衰减程度最为严重，多年平均零流量日数高达 65.75 天，小浪底水库与黄河水量的统一调度减缓了利津断面断流的状态，基流指数有了大幅度的提高，达到 0.14，达到 4 个时段中的最高值。同时最小流量出现的时间在不断地推后，提高了春季供水灌溉保证率。表 6-32 显示了小浪底水库与黄河水量统一调度前后利津断面极值流量及其出现时间的变化。小浪底水库与黄河水量统一调度对利津断面极值流量的影响主要集中于最小极值流量方面，经过水量调蓄，缓解了下游河流急剧衰减甚至断流的恶劣形势，相应地对零流量日数与基流指数产生的影响也很大。

表 6-32　利津断面小浪底水库与黄河水量统一调度前后极值流量及出现时间评价结果

生态-水文指标	1987—1998 年50%频率	1999—2011 年50%频率	变化范围下限	变化范围上限	RVA 改变因子	改变程度大小
年 1 日平均最小流量/（m³/s）	0.0	71.9	0.0	0.0	−0.91	大
年 3 日平均最小流量/（m³/s）	0.0	72.4	0.0	0.0	−0.91	大
年 7 日平均最小流量/（m³/s）	0.0	77.0	0.0	0.0	−0.90	大
年 30 日平均最小流量/（m³/s）	2.3	101.3	0.0	30.4	−0.63	大
年 90 日平均最小流量/（m³/s）	58.0	137.5	13.5	124.7	0.25	中
年 1 日平均最大流量/（m³/s）	3 015.0	3 020.0	2 767.0	3 403.0	0.00	小
年 3 日平均最大流量/（m³/s）	2 875.0	2 940.0	2 614.0	2 904.0	−0.25	中
年 7 日平均最大流量/（m³/s）	2 546.0	2 880.0	2 181.0	2 643.0	−0.75	大
年 30 日平均最大流量/（m³/s）	1 849.0	1 827.0	1 730.0	2 052.0	0.25	中
年 90 日平均最大流量/（m³/s）	1 301.0	1 195.0	1 114.0	1 452.0	−0.25	中
零流量日数/d	57.5	0.0	15.5	102.5	−0.75	大
基流指数（量纲为一）	0.0	0.1	0.0	0.0	−0.90	大
最小流量出现时间（罗马日）	95.5	50.5	51.2	118.3	−0.25	中
最大流量出现时间（罗马日）	221.5	191.5	200.8	233.0	−0.60	大

（4）低流量/极端低流量过程

利津断面不同研究阶段低流量生态流组分指标变化过程如图 6-56 所示与花园口断面相同，低流量指标随着水电开发与经济社会用水大量挤占生态用水，1956—1968 年、1969—1986 年、1987—1998 年不同阶段逐级递减，不同阶段低流量最大值分别是 704.0 m³/s、575.4 m³/s、402.8 m³/s，1999—2011 年低流量最大值增加到 410.2 m³/s。低流量中其他指标谷底数与平均持续时间及其极端低流量不同阶段的变化见表 6-33，水库加强调蓄后低流量谷底数相比自然状态减少但是保持稳定状态，然而低流量的平均持续时间在明显缩短，

1999—2011 年缩减到自然状态 1956—1968 年的 55.6%，同时极端低流量中谷底流量与持续天数与低流量的指标变化趋势保持一致；由于水库的调蓄作用，隔断高、低流量，增加了极端低流量的发生频率，延缓了出现时间。

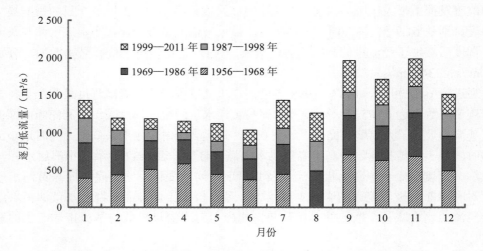

图 6-56　利津断面不同阶段低流量生态流组分指标变化

表 6-33　利津断面不同阶段极端低流量组分变化

生态-水文指标		1956—1968 年	1969—1986 年	1987—1998 年	1999—2011 年
低流量	低流量谷底数/个	6	7	7	7
	低流量平均持续时间/d	9	9	7	5
极端低流量	谷底流量/（m³/s）	69.2	25.4	0.0	38.4
	持续天数/d	6.8	15.6	12.3	2.0
	谷底流量出现时间（罗马日）	115.7	171.9	154.6	170.8
	极端低流量发生频率/次	0.9	3.3	4.3	7.3

表 6-34 与表 6-35 显示了 1987—1998 年与 1999—2011 年低流量与极端低流量组分指标的变化评价结果，调度对 2 月、3 月、6 月、8 月低流量值影响比较大，同时对低流量的谷底数、平均持续时间及极端低流量环境组分指标都影响比较大，由此看来，小浪底水库对低流量具有很好的改善作用。

表 6-34　利津断面小浪底水库与黄河水量统一调度前后低流量生态流组分评价结果

生态-水文指标	1987—1998 年 50%频率	1999—2011 年 50%频率	变化范围 下限	变化范围 上限	RVA 改变 因子	改变程度
1 月低流量	385.5	216.5	139.8	451.8	0.17	小
2 月低流量	199.0	117.0	37.0	275.5	0.50	大
3 月低流量	82.9	165.5	31.1	228.9	0.83	大
4 月低流量	71.8	125.0	46.8	125.8	−0.29	中
5 月低流量	58.3	158.5	26.8	208.3	0.17	小
6 月低流量	131.0	171.0	41.3	379.0	1.00	大
7 月低流量	255.5	422.0	37.7	329.6	−0.17	小
8 月低流量	269.5	415.0	147.9	756.8	1.25	大

生态-水文指标	1987—1998 年 50%频率	1999—2011 年 50%频率	变化范围下限	变化范围上限	RVA 改变因子	改变程度
9 月低流量	303.0	373.0	183.3	470.0	0.00	小
10 月低流量	265.3	338.0	123.5	432.8	0.00	小
11 月低流量	438.0	353.8	158.6	484.3	0.17	小
12 月低流量	274.0	216.0	169.3	417.5	−0.17	小
低流量谷底数	6.5	0.0	4.3	7.7	−1	大
低流量平均持续时间	5.3	1.0	4.3	7.8	−1	大

注：低流量单位：m³/s；谷底数单位：个；平均持续时间：d。

表 6-35　利津断面小浪底水库与黄河水量统一调度前后极端低流量生态流组分评价结果

生态-水文指标	1987—1998 年 50%频率	1999—2011 年 50%频率	变化范围下限	变化范围上限	RVA 改变因子	改变程度
谷底流量/（m³/s）	0.0	0.0	0.0	0.0	−1.00	大
持续天数/d	9.0	18.0	4.0	13.0	−1.00	大
谷底流量出现时间（罗马日）	144.0	90.5	131.0	180.0	−0.57	大
极端低流量发生频率/次	3.0	0.0	1.3	6.5	−0.67	大

（5）高流量过程

研究时段中高流量随着时间尺度不断变化，不同组分指标变化如图 6-57 所示。高流量环境流量组分中峰值流量、持续时间呈现持续性的衰减趋势，1999—2011 年相比自然状态 1956—1968 年减小幅度分别是 19.2%、41.3%；高流量出现时间基本保持推后的趋势，自然状态时出现在第 208.4 个罗马日，而现阶段推后高达两个月到第 270.3 个罗马日。高流量的发生频率、涨水率与落水率在 1969—1986 年相比自然状态有大幅度的上升，而随着多水库的联合调节在不断回落，1999—2011 年发生频率与涨水率多年平均值基本回落到自然状态水平，落水率也在呈现减少趋势向自然状态水平靠拢。

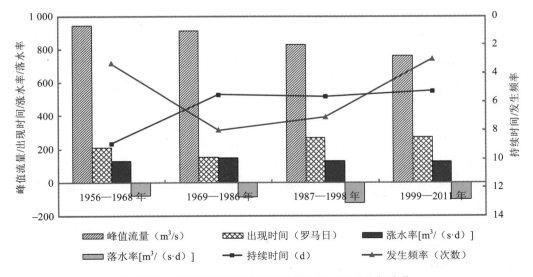

图 6-57　利津断面不同阶段高流量生态流组分指标变化

表 6-36　利津断面小浪底水库与黄河水量统一调度前后高流量生态流组分评价结果

生态-水文指标		1987—1998 年 50%频率	1999—2011 年 50%频率	变化范围 下限	变化范围 上限	RVA 改变 因子	改变程度
高流量脉冲	峰值流量/（m³/s）	847.5	675.0	712.3	919.3	−0.23	小
	持续时间/d	5.0	3.8	2.9	7.8	−0.63	大
	出现时间（罗马日）	296.0	287.0	219.1	321.0	−0.32	中
	发生频率/次	6.0	3.0	2.5	11.0	−0.77	大
	涨水率/[m³/（s·d）]	141.3	123.2	103.7	153.8	−0.33	中
	落水率/[m³/（s·d）]	−118.7	−105.4	−153.4	−75.9	1.02	大

表 6-36 显示了 1987—1998 年与 1999—2011 年小浪底水库建设前后高流量组分指标的改变程度，持续时间、发生频率与落水率指标发生高度改变，小浪底水库修建后对高流量的峰值影响甚小。这主要是由于三门峡、龙羊峡、刘家峡与小浪底水库的综合调蓄作用与防洪功能的发挥，从而控制水库的下泄流量，减少了河道径流量。

（6）小洪水过程

依据利津断面 1956—2011 年洪峰流量在 1 500 m³/s 至漫滩流量以下的洪水量级情况，不同研究时段的发展变化如图 6-58 所示，调度前后对小洪水生态流组分指标的影响见表 6-37，指标中变化比较明显的是峰值流量、持续时间与落水率。1969—1986 年、1987—1998 年、1999—2011 年 3 个研究时段峰值流量相比河道天然状态时呈现递减趋势，减小幅度分别为 10.5%、28.5%、23.8%，评价结果中小浪底调度前后对峰值流量的影响属于中度影响；水库调蓄后持续时间的减小幅度要远远大于峰值流量，分别为 40.8%、54.0% 与 69.2%，同时 1987—1998 年与 1999—2011 年调度前后对持续时间的影响程度与峰值流量等同属于中度影响；小洪水的涨水率与落水率分别在 1987—1998 年与 1999—2011 年变化程度最大，增加率为 19.9%、134.3%，调度对落水率的影响程度最大。

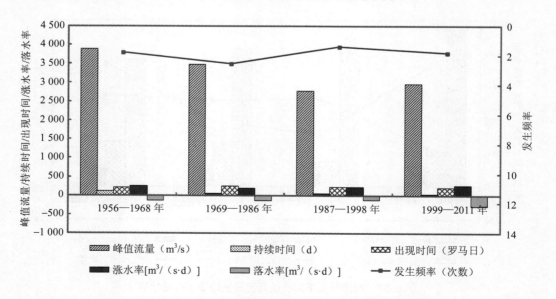

图 6-58　利津断面不同阶段小洪水生态流组分指标变化

表 6-37 利津断面小浪底水库与黄河水量统一调度前后小洪水生态流组分评价结果

生态-水文指标		1987—1998 年 50%频率	1999—2011 年 50%频率	变化范围 下限	变化范围 上限	RVA 改变 因子	改变程度
小洪水	峰值流量/（m³/s）	2 595.0	2 850.0	2 411	3 071	-0.33	中
	持续时间/d	44.3	19.5	25.5	67.5	-0.33	中
	出现时间（罗马日）	223.3	210.0	206.4	238.3	-0.17	小
	发生频率/次	1.5	1.5	1.0	2.0	-0.22	小
	涨水率/[m³/（s·d）]	192.0	275.7	109.2	287.0	-0.17	小
	落水率/[m³/（s·d）]	-89.4	-240.4	-182.3	-72.8	-0.50	大

（7）漫滩洪水过程

从利津断面漫滩流量的变化（见图 6-50）中可以看到，由于黄河的特殊性，断面在不断地变化，漫滩流量也在逐年变化，特别是在 20 世纪 90 年代漫滩流量基本在 3 000 m³/s 左右。表 6-38 中看到利津断面发生漫滩洪水主要集中在天然状态 1956—1968 年，所发生漫滩洪水的年份分别为 1956 年、1957 年、1958 年，所占比例为 3/5，最大峰值高达 10 300 m³/s；1987—1998 年刘家峡、龙羊峡与三门峡三库联合调度时段发生漫滩洪水为 2 年，最大峰值流量为 5 220 m³/s；1969—1986 年、1999—2011 年没有漫滩洪水发生。发生漫滩洪水的 1987—1998 年与 1956—1968 年相比，漫滩洪水峰值及持续时间均大幅度降低。

表 6-38 利津断面不同阶段漫滩洪水的发生概况

时期	累积次数	平均峰值/（m³/s）	平均历时/d	最大峰值/（m³/s）
1956—1968 年	3	8 250	108	10 300
1969—1986 年	0	0	0	0
1987—1998 年	2	4 685	51	5 220
1999—2011 年	0	0	0	0

6.3.3 水文过程的生态响应

小浪底水库下游典型控制断面花园口、高村与利津断面在小浪底水库运行后（1999—2011 年）相比三库联合运行调度期间（1987—1998 年）水文过程的变化总结见表 6-39，不同水文过程组分指标的整体改变程度见表 6-40。低流量组分变化：减少了低流量特别是极端低流量的持续时间，基本可以保证低流量；高流量组分：持续时间增加，峰值流量减少；小洪水脉冲：下游输沙功能改善，但尚不能通过小洪水在洪泛平原上沉积营养物质，有效控制洪泛平原植物的分布和丰度，同时漫滩洪水的发生概率大大减少。综上所述，小浪底水库建成后，通过黄河水量统一调度，可高效调蓄径流分配，对生态环境的改善发挥了一定的积极作用。

表 6-39　1956—1968 年与 1999—2011 年控制断面整体改变度评价结果

断面名称	1999—2011 年较 1987—1998 年	
	整体改变度	改变程度
花园口	0.54	大
高村	0.79	大
利津	0.66	大

表 6-40　小浪底水库下游典型断面生态水文过程影响综合分析

生态流组分	小浪底建库后与天然状态相比组分变化特征	小浪底建库后与三库联合调度时期相比组分变化特征	生态学意义
低流量过程（流速缓慢，水流在主河槽流动，水位较低）	极端低流量、谷底流量花园口、高村断面增加，其幅度为 49.24%～56.26%，仅利津断面减少，其幅度为 44.44%；低流量/极端低流量持续时间减少，其变幅为 28.32%～79.48%；极端低流量发生频率增加，其变幅为 28.03%～70.56%，出现时间在不断地推迟；月平均低流量缩减幅度为 14.06%～47.85%	改善了极端低流量/流量过程，避免了黄河下游的断流现象。低流量/极端低流量谷底流量大幅增加，花园口、高村的增加幅度为 31.93%、121.93%，利津断面从零流量增加到 38.4 m³/s；减少了低流量过程的持续时间，变幅最大为 83.76%；极端低流量发生频率增加，变幅 20.83%～70.59%	小浪底水库建成后： • 基本可以保持河道一定的基流，维持自然河流的水温、溶解氧与化学成分，使得水生生物（鱼类）越冬与生存具有一定的栖息和觅食空间； • 基本保持河流湿地的地下水位及土壤湿度，补给水量减少； • 基本保证河口咸水的浓度在一定范围内。 综合评价：纵向时间尺度看，改善了极端低流量过程；低流量相比自然状态仍然处于降低趋势，但是极大地改善了 20 世纪 80—90 年代的下游断流。现行管理下基本能发挥低流量组分所发挥的生态功能
高流量过程（流速增加，水位、河宽增加，泥沙输移增加）	高流量发生频率与天然状态基本持平；峰值流量有一定程度降低，变幅为 7.26%～19.19%；持续时间在花园口、高村断面分别增加 24.26%、25.44%，利津断面持续急剧减少 41.26%；涨落幅度变缓	高流量过程中峰值流量、出现时间与三库联合调度时期基本保持一致；发生频率明显小于三库联合调度时期，减小幅度为 44.19%～57.65%；花园口、高村断面高流量持续时间增加，变幅分别为 134.62%、44.22%，利津基本持平；除利津断面落水率增加 17.59%外，花园口、高村断面落水率幅度变缓，落水速度减小	• 基本维持河流适宜的水温、溶解氧、水化学成分； • 适度增加了水生生物适宜栖息地的数量，防止河岸植被侵入河道； • 基本保证了黄河下游河道具有一定的泥沙输移速率； • 抑制河口的咸水入侵，维持了河口盐度。 综合评价：现行管理模式下高流量组分的发生频率能够接近自然状态，持续时间有所增加，但由于水库调蓄控制其峰值流量、涨落变幅具有一定的差距。现行管理模式下保证了一定的生态位维持功能，尚不能实现河流与河漫滩区营养物质和有机物的交换、创造洪泛区水生生物栖息的可能性

生态流组分	小浪底建库后与天然状态相比组分变化特征	小浪底建库后与三库联合调度时期相比组分变化特征	生态学意义
洪水脉冲过程（水流可能漫出主河道，与滩区相连）	小洪水脉冲过程：小洪水发生频率与天然状态基本持平，除花园口断面峰值流量增加 7.65%外，高村与利津断面分别减少 6.52%、23.77%；落水率增加，落水速度加快，变幅为 59.9%～114.54%；出现时间除利津外，向后推迟时间 2 个月以上。漫滩洪水过程：随着水库的修建，漫滩洪水发生频率不断减小，小浪底水库运行后几乎没有漫滩洪水发生	小洪水脉冲过程：小洪水脉冲过程中出现时间基本与三库联合调度时期保持一致；峰值流量具有一定程度的恢复，变幅为 6.63%～37.15%，利津断面增幅最小；由于水库的控制功能，除利津断面持续时间减少外，花园口与高村断面均增加（63.23%、7.51%）；发生频率增加，变幅为 29.41%～35.00%；洪水涨水速度减缓，落水速度加快。漫滩洪水过程：三库联合调度时期与自然状态相比漫滩洪水的峰值流量、平均历时已经大大降低，但小浪底建库后几乎没有漫滩洪水发生	小洪水生态学意义： • 适度提高了下游河道与河口的动态连通性，加强了物质与能量间的交换； • 促使了下游河流湿地及河口湿地地下水的补给； • 保证了较晚产漂流性鱼的鱼卵漂流及仔鱼生长的水流条件； • 加大了下游河道的冲刷与泥沙输移，推动塑造黄河下游河床的自然形态。 综合评价：现行管理模式下主要是依靠水库调水调沙创造小洪水过程，改善下游输沙功能，但尚不能通过小洪水在洪泛平原上沉积营养物质，有效控制洪泛平原植物的分布和丰度，同时高含沙水量可能会对水生生物的生长与繁殖带来一定的负面影响

6.4　河道内水生生物后评价

6.4.1　河道水生生物调查

6.4.1.1　调查断面布设

现状水生生物调查时间分别为 2012 年 7 月、10 月，2013 年 1 月、4 月。7 月调查部分样点处于小浪底水库调水调沙期末期及调水调沙结束初期，以反映调水调沙期间对河道水生生物的影响；包括小浪底坝下、西霞院库区、洛阳黄河大桥、花园口、高村、艾山、泺口及利津等 8 个断面。调查内容及调查方法见 6.2.4.1 节内容。

6.4.1.2　浮游植物

（1）季节性变化

1）密度及生物量变化

2011—2012 年度不同采样断面浮游植物密度及生物量的变化如图 6-59 和图 6-60，小浪底坝下至利津河段夏季浮游植物平均密度及生物量为 1 937.5 cells/L、0.004 1 mg/L；秋季浮游植物平均密度及生物量分别为 62 625 cells/L、0.184 2 mg/L；冬季浮游植物平均密度及生物量分别是 109 500 cells/L、0.434 82 mg/L；春季浮游植物平均密度及生物量分别是 171 188 cells/L、0.777 5 mg/L。

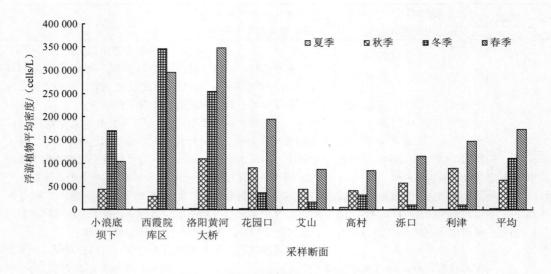

图 6-59　调查浮游植物的密度季节性变化

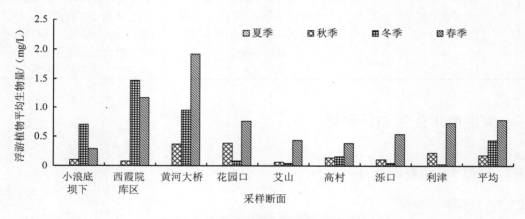

图 6-60　调查浮游植物生物量的季节变化

小浪底坝下河段浮游植物密度及生物量在春季最高，夏季最低，自夏季至春季呈现出明显的递增趋势；夏季浮游植物密度及生物量都很低，明显受到此次采样处于小浪底调水调沙过程的影响，表明调水调沙对下游河段的浮游植物密度及生物量影响很大，春季浮游植物密度及生物量最高，冬季浮游植物密度及生物量较高，与一般的库区浮游植物随季节变化差异明显，主要是因为下游河段水体营养的增加，使得浮游植物大量繁殖。

2）群落结构组成变化

小浪底水库坝下—利津河段浮游植物包括硅藻门、绿藻门、裸藻门、黄藻门及蓝藻门，生物量与密度变化如图 6-61 至图 6-68 所示。

夏季共调查记录浮游植物 4 门 9 种，其中硅藻门 4 种，为主要优势门类；其次是绿藻门、裸藻门各 2 种，优势种类为小球藻及裸藻等，绿藻门相对密度最大，为 937.5 cells/L，裸藻门相对生物量最大，为 0.002 4 mg/L；秋季共调查记录浮游植物 5 门 31 种，其中硅藻门 14 种、绿藻门 12 种，为优势门类，主要优势种类为黄丝藻、直链藻、小球藻及纤维藻等，黄藻门密度最大，为 34 000 cells/L，硅藻门生物量最大，为 0.107 7 mg/L；冬季共调查记录浮游植物 5 门 35 种，其中硅藻门 20 种，为绝对优势门类，主要优势种类为针杆藻、脆杆藻、直链藻、小球藻、集球藻及黄丝藻等，其中硅藻门密度及生物量都最大，分别为 82 062.5 cells/L、0.390 47 mg/L，其次为黄藻门及绿藻门；春季共调查记录浮游植物 5 门 47 种，其中硅藻门 23 种，为绝对优势门类，其次是绿藻门 19 种，裸藻门 3 种，蓝藻门、黄藻门各 1 种。主要优势种类为针杆藻、羽纹藻、舟形藻、小球藻及黄丝藻等；其中硅藻门密度及生物量都最大，分别为 114 688 cells/L、0.571 57 mg/L，其次为绿藻门及黄藻门。

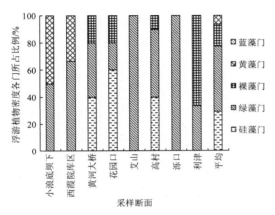

图 6-61　夏季浮游植物密度各门所占比例

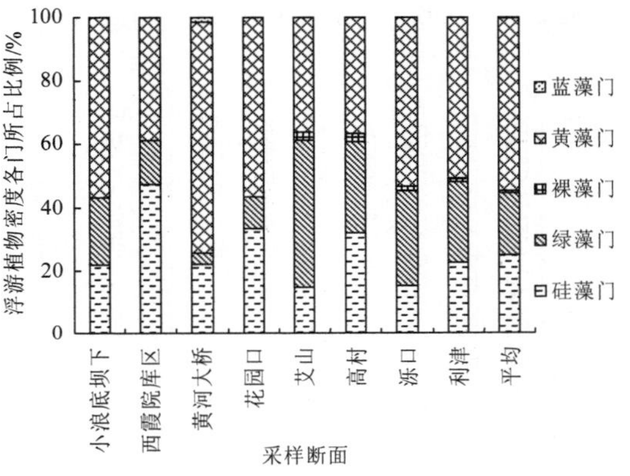

图 6-62　秋季浮游植物密度各门所占比例

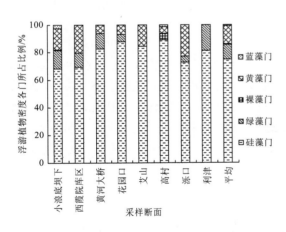

图 6-63　冬季浮游植物密度各门所占比例

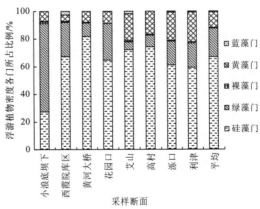

图 6-64　春季浮游植物密度各门所占比例

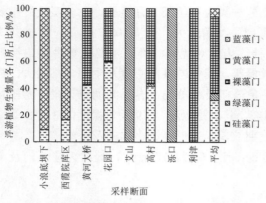

图 6-65 夏季浮游植物生物量各门所占比例

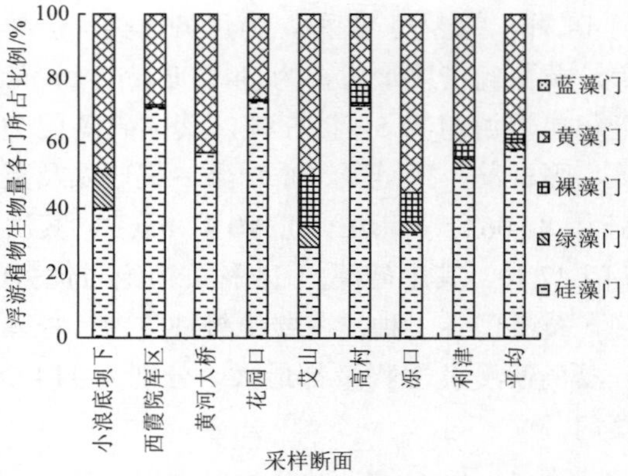

图 6-66 秋季浮游植物生物量各门所占比例

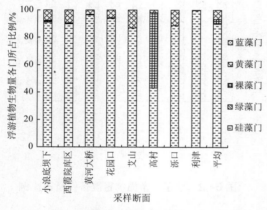

图 6-67 冬季浮游植物生物量各门所占比例

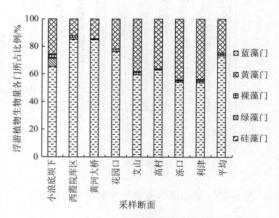

图 6-68 春季浮游植物生物量各门所占比例

3）多样性变化

2011—2012 年下游浮游植物多样性指数的季节性变化及全年平均值如图 6-69 所示。夏季浮游植物多样性指数在 0～1.96，秋季浮游植物多样性指数为 1.67～2.83，冬季浮游植物多样性指数为 1.97～3.02，春季浮游植物多样性指数为 3.190 93～3.950 32。因此，小浪底水库调水调沙明显影响下游植物群落结构组成，使夏季多样性指数明显下降；由夏季至冬季，下游河段浮游植物多样性指数不断升高，种类明显增加，且群落结构稳定性及均匀度不断提高。

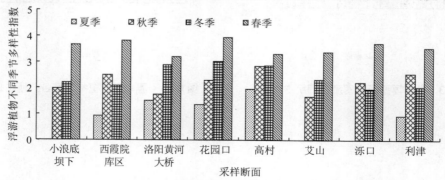

图 6-69 浮游植物不同季节多样性指数变化

（2）历史变化

1）生物量变化

根据 1981—1982 年黄河水系渔业资源调查资料，黄河干流中下游河段伊洛河口、花园口、孙口、泺口及利津等 5 个采样断面浮游植物平均生物量为 0.563 mg/L，且春季生物量明显高于秋季；现状条件下小浪底下游河段浮游植物生物量为 0.004 1～0.434 82 mg/L，与历史数据对比分析显示，现状条件下浮游植物生物量明显小于历史情况，冬季最高生物量都小于历史平均水平生物量，且冬季明显高于夏季、秋季。

2）群落结构变化

1981—1982 年黄河水系渔业资源调查资料显示，黄河干流中下游河段 5 个断面浮游植物种类包括硅藻门、绿藻门、甲藻门、裸藻门及蓝藻门、金藻门等。其中，硅藻门生物量最大，为 0.297 mg/L，主要优势种类为小环藻、菱形藻、针杆藻、直链藻、双胞藻、集星藻、隐藻、纤维藻等。

与现状情况对比分析表明，现状条件下黄藻门浮游植物密度及生物量明显升高；优势种类从建库前的硅藻门向硅藻门、绿藻门、黄藻门转变；主要优势种总体变化明显，黄丝藻、小球藻、集球藻等黄藻门及绿藻门日益成为优势种。

6.4.1.3　浮游动物

（1）季节性变化

1）密度及生物量变化

2011—2012 年度浮游动物密度及生物量的变化量如图 6-70 和图 6-71 所示。

小浪底坝下至利津河段，夏季浮游动物平均密度及生物量为 65 cells/L、0.003 25 mg/L；秋季浮游动物平均密度及生物量分别为 216.8 cells/L、0.228 mg/L；冬季浮游动物平均密度及生物量分别是 198.75 cells/L、0.031 97 mg/L，春季浮游动物平均密度及生物量分别是 131.9 cells/L、1.349 3 mg/L。小浪底下游河段沿程浮游动物生物量呈现先上升后下降的变化趋势；除小浪底坝下、泺口与利津，平均密度总体呈现先上升后下降的变化趋势。

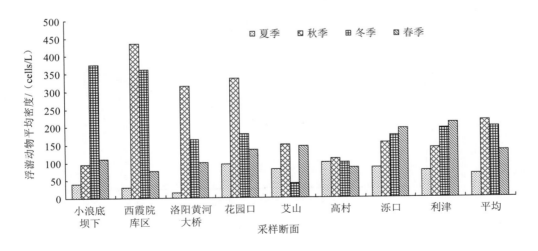

图 6-70　调查采样浮游动物密度的季节性变化

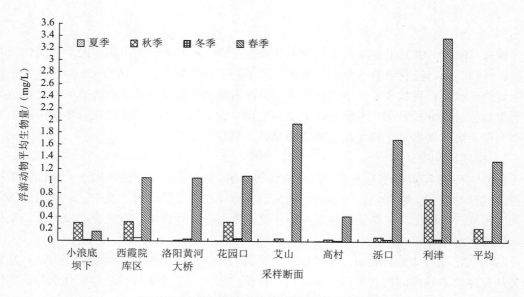

图 6-71　调查采样浮游动物生物量的季节性变化

　　根据相关研究成果（夏品华等，2011；纪焕红等，2006；毕洪生等，2000）：① 浮游动物作为异养生物，受到浮游植物变化的影响；② 溶解氧含量作为浮游动物重要的影响因子，两者之间呈现负相关关系；③ 温度也是影响浮游动物群落分布的重要环境因子，其生长受到季节温度的限制。

　　2012—2013 年水生生物调查期间河道水温与溶解氧变化如图 6-72 和图 6-73 所示。结果表明，溶解氧含量在冬季达到最高，水温随着冬季的到来不断降低，影响了浮游动物的繁殖；夏季溶解氧和水温有利于浮游动物的生长，但受调水调沙的冲击作用，使浮游动物生物量明显下降。

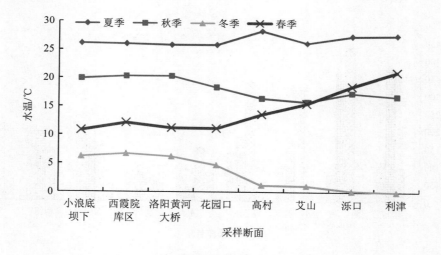

图 6-72　采样调查不同断面的水温变化

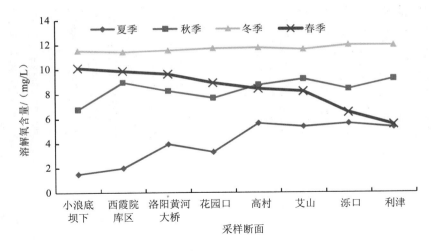

图 6-73　采样调查不同断面的溶解氧含量变化

2）群落结构组成变化

2012—2013 年不同季节浮游动物密度及生物量如图 6-74 至图 6-81 所示。夏季浮游动物 1 门 9 种，均为原生动物，主要优势种为砂壳虫及似玲壳虫；秋季浮游动物为 4 门 20 种，其中原生动物门 12 种，为绝对优势种门类，主要优势种为砂壳虫、似玲壳虫等；冬季浮游动物 2 门 16 种，以原生动物门 14 种为绝对优势门类，主要优势种类为似玲壳虫、筒壳虫、砂壳虫、臂尾轮虫等；春季共调查记录浮游动物 4 门 18 种，其中以原生动物门 12 种为绝对优势门类，其次是轮虫类、桡足类、枝角类各 2 种，主要优势种类为似玲壳虫、筒壳虫、砂壳虫等。种类组成随时间呈现先上升再下降的趋势，密度及生物量变化趋势与种类组成基本一致，主要优势种类季节性变化不明显。

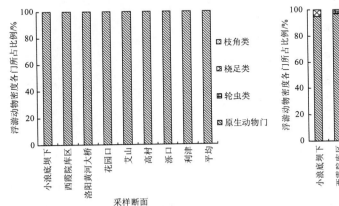

图 6-74　夏季浮游动物各门的密度分布

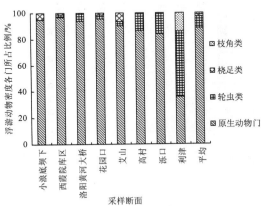

图 6-75　秋季浮游动物各门的密度分布

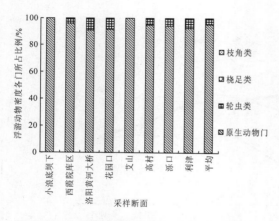

图 6-76　冬季浮游动物各门密度分布

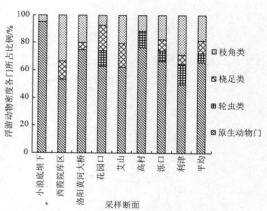

图 6-77　春季浮游动物各门密度分布

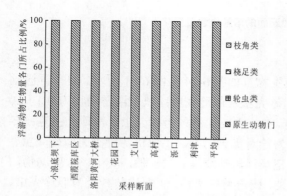

图 6-78　夏季浮游动物各门生物量分布

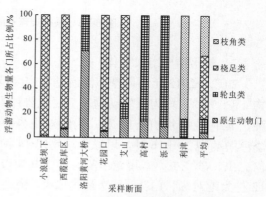

图 6-79　秋季浮游动物各门生物量分布

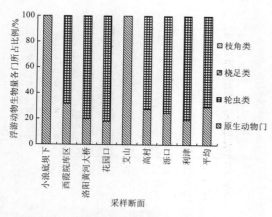

图 6-80　冬季浮游动物各门生物量分布

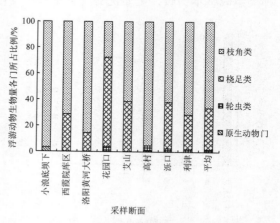

图 6-81　春季浮游动物各门生物量分布

3）多样性指数变化

不同季节浮游动物多样性指数如图 6-82 所示。夏季浮游动物多样性指数为 1.405 6～2.298 9，秋季浮游动物多样性指数为 0.818 8～2.630 1，冬季浮游动物多样性指数为1.405 6～2.884 3，春季浮游动物多样性指数为 1.456 8～3.292 8。下游河段浮游动物多样性指数变化表明，自夏季至春季浮游动物多样性指数呈现递增趋势，但总体变化不明显；总体表明，小浪底下游河段浮游动物群落结构组成较均匀，优势种突出不明显，群落结构组成相对稳定。

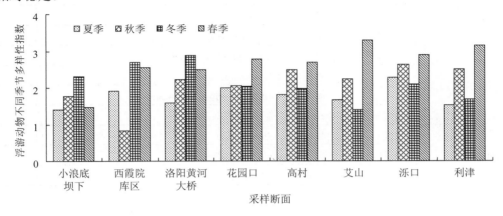

图 6-82　不同季节浮游动物多样性指数变化

（2）历史变化

1）生物量变化

根据 1981—1982 年黄河水系渔业资源调查数据：浮游动物包括原生动物、轮虫、枝角类及桡足类等门类，下游河段浮游动物平均生物量为 0.467 mg/L，浮游动物生物量季节分布是春季生物量明显高于秋季，1981 年的生物量明显高于 1982 年。与 2012—2013 年现状数据（0.003 25～0.228 mg/L）对比分析表明，浮游动物现状平均生物量水平低于历史水平。

2）群落结构组成变化

根据 1981—1982 年春秋两次调查数据：浮游动物主要包括原生动物、轮虫类、桡足类及枝角类，其中轮虫类及桡足类生物量最大，原生动物生物量最小。与 2012—2013 年现状情况对比分析表明，现状情况下原生动物门种类生物量都明显增加，但桡足类、枝角类及轮虫类大幅减少。

6.4.1.4　底栖动物

（1）现状分析

依据小浪底下游河段调查结果显示，在该调查河段共捕获底栖动物 18 种，隶属于 3 门 12 科。主要以节肢动物门摇蚊科及长臂虾科为主，其中克氏原螯虾为外来入侵物种。

表 6-41　底栖动物现状调查结果

门类	科属	种名	备注
节肢动物门	摇蚊科	指突隐摇蚊 *Cryptochironomus digitatus*	
		六附器毛突摇蚊 *Chaetocladius sexpapilosus Yanetye*	
		黑内摇蚊幼虫 *Endochironomus nigricans*	
		前长寡角摇蚊 *Diamesa gr. prolongata Kieffer*	
	长臂虾科	日本沼虾 *Macrobrachium nipponense*	
		中华小长臂虾 *Palaemonetessinensis*	
		秀丽白虾 *Leander modestus Heller*	

门类	科属	种名	备注
节肢动物门	蝲蛄科	克氏原螯虾 *Procambarus clarkii*	外来种
	溪蟹科	溪蟹 *Freshwater crab*	
	划蝽科	划蝽 *Micronecta scholtzi*	
	方蟹科	中华绒螯蟹 *Eriocheir sinensis*	
软体动物门	田螺科	中华圆田螺 *Cipangopaludina cahayensis*	
	椎实螺科	静水椎实螺 *Lymnaea stagnalis*	
		椭圆萝卜螺 *Radix swinhoei*（R. Adams）	
	扁蜷螺科	半球多脉扁螺 *Gyraulus con*	
环节动物门	蚬科	河蚬 *Corbicula fluminea*	
	水蛭科	蚂蟥 *Whitmania pigra Whitman*	
	颤蚓科	水丝蚓 *Limnodrilus hoffmeisteri*	

（2）历史变化分析

20世纪80年代底栖动物调查见表6-42，共采集到9种，隶属于2门3纲，以节肢动物为主，昆虫纲和甲壳纲占主要优势。

表 6-42　20 世纪 80 年代调查黄河干流各断面底栖动物名录

种类			断面				
			伊洛河口	花园口	孙口	泺口	利津
环节动物 Annelida	寡毛纲 Oligochaeta	水丝蚓 *Limnodrilus* sp.		√			
		沼螺 *Parafossarulus* sp.		√			
节肢动物 Anthropoda	甲壳纲 Crustacea	日本沼虾	√	√	√	√	√
		秀丽白虾			√	√	√
		中华小长臂虾					√
	昆虫纲 Insecta	小划蝽		√			
		摇蚊幼虫			√	√	√
		粗腹摇蚊			√	√	√
		黑内摇蚊		√			

结合此次下游河段底栖动物调查结果进行历史性变化分析，底栖动物种类明显增加，因为都无定量分析，故无法做定量分析对比。在种类组成上变化不是很大，仍然以摇蚊科及甲壳纲底栖动物为主要优势种类，但增加了克氏原螯虾一种外来种。

克氏原螯虾原产于美国南部路易斯安那州，腐食性动物，20世纪初随国外货轮压仓水等生物入侵途径进入我国境内。现已成为世界级的入侵种，因其杂食性、生长速度快、适应能力强，因而在当地生态环境中形成绝对的竞争优势，摄食范围包括水草、藻类、水生昆虫、动物尸体等，食物匮乏时也自相残杀。

相关研究表明，底栖动物受到光照及食物来源的影响，在水深16～50 cm时物种丰度及密度最高；流速对底栖动物的现存量和种类组成的影响都较大，底栖动物的丰度、EPT 丰度和密度的最大值出现在流速为 0.3～1.2 m/s 的各种底质中，流速降低在一定程度上可加快有机碎屑沉积量的增加，而有机碎屑是底栖动物很重要的食物来源，但当流速低于 0.3 m/s 时，河床区域淤积，生产力不高，当流速大于 1.2 m/s 时，会成为大多数生物的限制因素，水流扰动对滤食收集者的栖息非常不利，会降低滤食者的多度，如蜉蝣等；流量幅度及急剧变化和降雨会对底栖动物造成干扰，研究表明，对于底栖动物群落的结构组成，流量变化比季节变化的影响更重要，底栖动物群落在发生洪水后的变化程度与洪水幅度成比例；悬浮泥沙会增加水体的浊度，减少光合作用，降低水体溶解氧，从而使许多依赖于黏附在卵石表明上或躲藏在卵石缝隙中的底栖动物因为栖息地的消失而逐渐死亡，泥沙还会堵塞蜉蝣等底栖动物的鳃，以及软体动物的外套腔和鳃，从而导致死亡。

相对来说，小浪底下游河段底栖动物种类的增加主要受到小浪底对黄河干流调控的影响，使得下游河段洪水脉冲大幅减少，并在较长时间段内保持一个相对稳定的流速及水深；但在调水调沙期间，由于流量的突然增加，并含有大量泥沙，会对底栖动物产生很大影响，造成底栖动物窒息死亡。

6.4.1.5　鱼类

（1）季节性变化

2011—2012 年度不同季节进行采样试验捕获的鱼类种类见表 6-43，共采集调查到 6 目 11 科 42 种，不同季节鱼类捕获总重量及总尾数分布如图 6-83 和图 6-84 所示。

表 6-43　试验采样不同季节的鱼类捕获种类

鱼类名称			试验渔获物种类			
目	科	属/种	夏季	秋季	冬季	春季
鲤形目 Cypriniformes	鳅科 Cobitidae	泥鳅 *Misgurnus anguillicaudatus* Cantor		√	√	√
	鲤科 Cyprininae	棒花鮈 *Gobio gobio rivuloides* Nichols	√			√
		棒花鱼 *Abbotina rivularis* Basilewslxy		√	√	√
		贝氏鳘条 *Hemiculter bleekeri* Warpachowsky		√	√	√
		鳊 *Parabramis pekinensis* Basilewsky	√			
		鳘条 *Hemicculter Leuciclus* Basilewaky	√	√	√	√
		草鱼 *Ctenopharyngodon idellus* Cuvier et Valenciennes	√			
		长春鳊 *Parabramis pekinensis* Basilewsky		√	√	√
		长蛇鮈 *Saurogobio dumerili* Bleeker	√	√		
		赤眼鳟 *Spualiobarbus curriculus* Richardson	√	√	√	√
		团头鲂 *Megalobrama amblvcephaia* Yih				√
		红鳍鲌 *Culter erythropterus* Basilewsky				√
		潘氏鳅鉈 *Gobiobotia pappenheimi*				√
		兴凯刺鳑鲏 *Acanthorhodeus chankaensis* Dybowsky				√

鱼类名称			试验渔获物种类			
目	科	属/种	夏季	秋季	冬季	春季
鲤形目 Cypriniformes	鲤科 Cyprininae	高体鳑鲏 *Rhodeus ocellatus*		√	√	√
		花鳕 *Hemibarbus maculates* Bleeker		√	√	
		鲫鱼 *Cyprinus arassius* Linnaeus	√	√	√	√
		鲤 *Cyprinus carpio* Linnaeus	√	√	√	√
		鲢 *Hypophthalmichthys molitrix* Guvier et Valenciennes	√	√	√	√
		麦穗鱼 *Pseudorasbora parua* Tmminck et Schlegel		√	√	√
		马口鱼 *Opsariichthys bidens* Günther		√		
		蒙古红鲌 *Erythroculter mongolicus* Basilewsky	√			
		翘嘴红鲌 *Erythroculter ilishaeformis* Bleeker	√	√	√	√
		鳅蛇 *Gobiobotia pappenheimi*	√	√		
		蛇鮈 *Saurogobio dabryi* Bleeker	√	√	√	√
		似鳊 *Acanthobrama imony* Bleeker		√		√
		似鮈 *Pseudogobio vaillanti*（Sauvage）		√		√
		银色颌须鮈 *Gnathopogon argentatus* Sauvage et Dabry		√	√	√
		鳙 *Aristichthys nobilis* Richardson			√	
		中华鳑鲏 *Rhodeus sinensis* Gunther		√	√	√
鲑形目 Salmoniformes	银鱼科 Salangidae	大银鱼 *Protosalanx hyalocranius*		√		
鲇形目 Siluriformes	鲿科 Bagridae	光泽黄颡鱼 *Pelteobagrus nitidus* Sauvage et Dabry	√	√		√
		黄颡鱼 *Pelteobagrus fulvidraco* Richardson				√
		瓦氏黄颡鱼 *P. vachelli*		√	√	
		叉尾鮠 *Leiocassis tenuifurcatus* Nichols	√	√		√
	鲇科 Siluridae	兰州鲇 *Silurus langhouensis* Chen		√	√	
		鲇 *Silurus asotus* Linnaeus		√	√	√
	鮰科 Ictaluridae	斑点叉尾鮰 *Ietalurus punetaus*		√		
	胡子鲇科 Clariidae	胡子鲇 *Clarias fuscus*		√		
合鳃鱼目 Synbranchiformes	合鳃鱼科 Synbranchidae	黄鳝 *Monopterus albus* Zuiew	√			
鲈形目 Perciformes	鰕虎鱼科 Gobiidae	栉鰕虎鱼 *Ctenogobius giurinus* Rutter	√	√	√	
	鳢科 Channidae	乌鳢 *Ophicephalus argus* Cantor	√	√	√	
种类合计			18	31	24	27

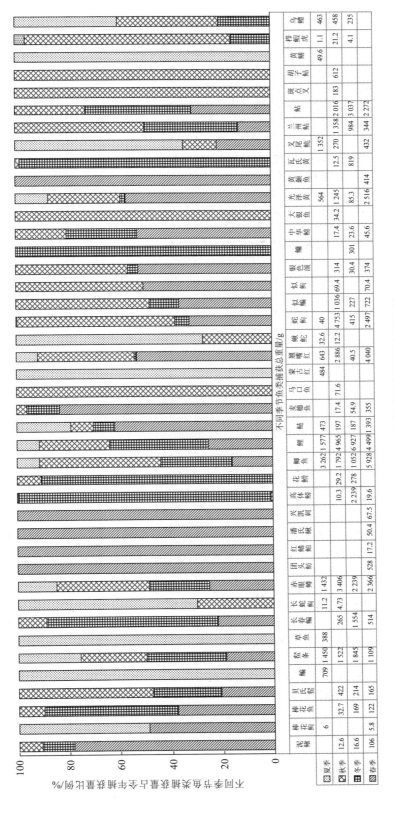

图 6-83　不同季节试验采样鱼类捕获总量

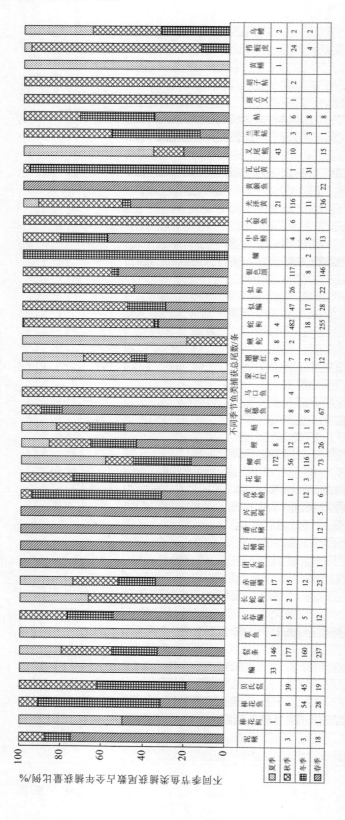

图 6-84 不同季节试验采样鱼类捕获尾数

①夏季采集调查鱼类 18 种，隶属于 4 目 5 科。鲫鱼 172 尾，占 36.44%，为主要优势种类；其次是鳘条、叉尾鲍及鳊等；渔获物以小型鱼类为主，较大型鱼类中赤眼鳟数量最多。

②秋季调查采样中共捕获渔获物 1 118 尾，隶属于 4 目 9 科 31 种，种类及数量比夏季大幅增加。鲤科鱼类 20 种，占主要优势，其他各科鱼类相对较少；鳘条、蛇鉤、光泽黄颡及银色颌须鉤等小型鱼类数量最多，为主要优势种群；大银鱼、胡子鲇及斑点叉尾鮰是黄河下游的外来物种，大银鱼作为人工养殖品种在西霞院库区有一定的分布但下游河段较少，胡子鲇主要来自信教徒的放生行为，斑点叉尾鮰为人工养殖品种。

③冬季调查采样中共调查捕获渔获物 533 尾，共 3 目 5 科 24 种。其中鲤科鱼类 17 种，占主要优势，其他各科鱼类相对较少；渔获物以鲫鱼、鳘条、贝氏鳘条、棒花鱼等小型鱼类数量居多，为主要优势种群。

④春季调查采样中小浪底坝下至利津河段共调查捕获渔获物 1 190 尾，共 2 目 4 科 27 种，其中鲤科鱼类 21 种，占主要优势，其他各科鱼类相对较少。渔获物以鳘条、蛇鉤、银色颌须鉤等小型鱼类数量居多，为主要优势种群。

夏季调查采样时间处于小浪底水库调水调沙期间，流量高达 4 100～6 900 m³/s，含沙量大大增加。已有研究表明，含沙量增多可导致水体中溶解氧含量降低，导致鱼类窒息（白音包力皋等，2012；木下笃彦等，2005；Garric et al.，1990）。因此，小浪底水库调水调沙可能是夏季黄河下游鱼类捕获物种类低于秋季、冬季的主要原因。

（2）历史变化

1）鱼类资源量变化情况分析

黄河干流鱼类种类及渔获物组成的历史变化情况如图 6-85 所示。20 世纪 60 年代至今，鲤鱼在渔获物中的比例急剧衰减，从 50%～70%下降到 20 世纪 80 年代的约 20%和 2012—2013 年的 10%；2012—2013 年调查中，代表性河段渔获物虽有差异，但均主要以黄颡鱼属、鲫鱼以及鉤亚科等小型鱼类为主，主要经济鱼类产量下降且趋于小型化。根据当地渔民调查结果，20 世纪 50 年代黄河磴口河段每人每船每天可捕获 20～65 kg，2012—2013 年相同河段仅为 1～3 kg。

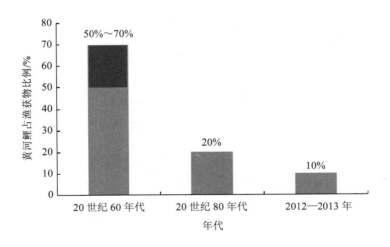

图 6-85　不同年代下游黄河鲤占渔获物比例

2）鱼类种类的变化情况分析

与 20 世纪 80 年代数据相比，2012—2013 年黄河下游鱼类种类组成发生明显改变，减少鱼类种类 35 种，隶属于 8 目 10 科（见表 6-44），增加鱼类种类见表 6-45。

表 6-44　与 20 世纪 80 年代相比小浪底水库下游减少的鱼类种类统计

目	科	种　名
鲱形目	鲱科	刀鲚 *Coilia ectenes* Jordan et Seale
鲑形目	银鱼科	银鱼 *Hemisalanx Prognathus* Regan
		长江银鱼 *Hemisalanx brachyrostralis*（Fang）
鳗鲡目	鳗鲡科	日本鳗鲡 *Anguilla Japonica* Temminck et Schlegel
鲤形目	鲤科	青鱼 *Mylopharyngodon piceus* Richardson
		中华细鲫 *Aphyocypris chinensis* Günther
		鳡 *Elopichthys bambusa* Richardson
		寡鳞飘鱼 *Pseudolaubuca engraulis* Nichols
		红鳍鲌 *Culter erythropterus* Basilewsky
		三角鲂 *Megalobrama terminalis*（Riehardson）
		团头鲂 *Megalobrama amblvcephaia* Yih
		银鲴 *Xenocypris argentea* Günther
		湖北圆吻鲴 *Ditsoechodon hupeinensis* Yih
		黄尾密鲴 *Xenocypris davidi* Bleeker
		兴凯刺鳑鲏 *Acanthorhodeus chankaensis* Dybowsky
		斑条刺鳑鲏 *Acanthorhodeus taenianalis* Günther
		越南刺鳑鲏 *Acanthorhodeus tonkinensis* Vaillant
		鳙 *Aristichthys nobilis* Richardson
		黑鳍鳈 *Sarcocheilichthys nigripinnis* Günther
		华鳈 *Sarcocheilichthys sinensis sinensis* Bleeker
		西湖颌须鮈 *Gnathopogon sihuensis*（Chu）
		黄河鮈 *Gabio huanghensjs* Luo et alo
		点纹颌须鮈 *Gnathopogon wolterstorffi* Regan
		特氏蛇鮈 *Saurogobio gymnocheilus* Lo et al.
		短吻鳅鮀 *Gobiobotia brevirostris* Chen et Tsao
		宜昌鳅鮀 *Gobiobotia ichangensis* Fang
	鳅科	花鳅 *Cobitis taenia* Linnaes
		伍氏沙鳅 *Botai wui* Tchang
		大鳞泥鳅 *Misgurnus mizolepis* Günther
鲇形目	鲿科	黄颡鱼 *Pelteobagrus fulvidraco* Richardson
		开封鮠 *Leiocassis kaifengensis* Tchang
青鳉目	青鳉科	青鳉 *Oryzias latipes* Temminck et Schlegel
鲻形目	鲻科	梭鱼 *Megil so-iuy* Basilewasky
鲈形目	刺鳅科	刺鳅 *Mastacemblus aculeatus* Basilewsky
	杜父鱼科	松江鲈鱼 *Trachidermus fasciatus* Heckel

表 6-45　近年来小浪底水库下游增加的鱼类种类

目	科	种名	备注
鲑形目	银鱼科	大银鱼 *Protosalanx hyalocranius*	
	胡瓜鱼科	池沼公鱼 *Hypomesus olidus*	曾捕获
鳗鲡目	鳗鲡科	欧洲鳗鲡 *Anguilla anguilla*	调查
鲤形目	鲤科	瓦氏雅罗鱼 *Leuciscus waleckii*（Dybowski）	
		蒙古红鲌 *Erythroculter mongolicus* Basilewsky	
		高体鳑鲏 *Rhodens ocellatus*	
		大鳍鱊 *Acheilognathus macropterus*	
		鲢 *Hypophthalmichthys molitrix* Guvier et Valenciennes	
		棒花鮈 *Gobio gobio rivuloides* Nichols	
		似鮈 *Pseudogobio vaillanti*（Sauvage）	
		中间银鮈 *Squalidus intermedius*	
		清徐胡鮈 *Huigobio chinssuensis*	曾捕获
		潘氏鳅鮀 *G. pappenheimi*	
鲇形目	鲿科	瓦氏黄颡鱼 *Pelteobagrus vachelli*	
		盎堂拟鲿 *Pseudobagrus ondan*	
		叉尾鮠 *Leiocassis tenuifurcatus* Nichols	
	鲇科	兰州鲇 *Silurus langhounsis* Chen	
	胡子鲇科	革胡子鲇 *Growth hormone*	
	鮰科	斑点叉尾鮰 *Ietalurus punetaus*	
合鳃目	合鳃科	黄鳝 *Monopterus albus* Zuiew	
	斗鱼科	圆尾斗鱼 *Macropoduschinensis*	曾捕获
鲈形目	塘鳢科	黄黝鱼 *Hypseleotris swinhonis*	曾捕获
		小黄黝鱼 *Micropercops swinhonis*	
		鳜 *Siniperca chuatsi*	
	鰕虎科	栉鰕虎鱼 *Ctenogobius giurinus* Rutter	

在增加的鱼类种类中，大银鱼、池沼公鱼、革胡子鲇、斑点叉尾鮰等为人为引进的外来养殖品种，外来种的入侵对黄河下游鱼类生态产生了一定的影响；欧洲鳗鲡也为人工养殖引进品种，此次在黄河下游山东段调查有分布，但未采集到相关鱼类标本；中国动物志记载瓦氏雅罗鱼、蒙古红鲌、高体鳑鲏、大鳍鱊、鲢、棒花鮈、似鮈、中间银鮈、清徐胡鮈、潘氏鳅鮀、盎堂拟鲿、黄鳝等其在黄河下游水系均有分布。而瓦氏黄颡鱼、叉尾鮠、兰州鲇、圆尾斗鱼、黄黝鱼、小黄黝鱼、鳜、栉鰕虎鱼未明确记载其在黄河下游分布情况，但其在黄河下游却有分布，且瓦氏黄颡鱼、叉尾鮠、栉鰕虎鱼及兰州鲇在小浪底下游河段较为常见，圆尾斗鱼曾在黄河下游山东段捕获 1 尾，数量较少。

6.4.2　对郑州黄河鲤种质资源保护区影响评价

6.4.2.1　保护区概况

郑州黄河鲤种质资源保护区是 2007 年划定的国家级种质资源保护区，位于小浪底坝下且距离小浪底大坝约 70 km，保护区总面积 24 651 hm²。范围在东经 112°56′49″—114°04′37″，北纬 34°46′00″—34°59′54″。保护区设置 2 个核心区：伊洛河核心区，自伊洛河巩义市康店大桥至伊洛河入黄河口处，长度 16 km，总面积 5.34 km²；花园口核心区，自黄河中下游分界碑（113°28′13″E，34°57′16″N）至金水区姚桥乡马渡村京珠高速黄河公路大桥（113°48′45″E，34°52′34″N），长度 36.26 km，面积 67.15 km²。主要保护对象是黄河鲤及其产卵场、索饵场和越冬场，也保护其赖以生存的水域生态和陆生生态系统，核心区特别保护期为 4 月 1 日—6 月 30 日。

6.4.2.2 鱼类资源变化分析

（1）鱼类资源量变化的历史趋势

由于数据资料的限制，本书采用小浪底水库下游鱼类资源量总体概况开展研究分析。基于鱼类对水流、泥沙及水质要素的分析，结合章节水生生态影响分析中鱼类的变化，分析引发鱼类资源量锐减的原因：从时间尺度来看，黄河属于多沙河流，高含沙水流具有历史性过程，因此泥沙因子不是黄河鲤减少的制约要素；小浪底水库下游 20 世纪 80—90 年代水质恶化较为严重，主要是工业化城镇化进程加快，大量污染物排放到河流，同时由于用水量的增加导致河道径流量衰减甚至断流，下游纳污能力急剧下降，但是现状调查黄河鲤仍然处于减少趋势；通过对水文要素条件的分析，结果基本满足水文要素条件的要求，但是流量的季节性变化过程相比自然状态发生了改变，流量平稳下泄，因此会对鱼类的生长与繁殖产生一系列的负面影响。从历史性纵向时间尺度来看，制约鱼类生长与繁殖的重要约束因子是水资源量的减少。

（2）调水调沙期间鱼类资源量变化

调水调沙的开展导致鱼类产卵期间高流量、河道高含沙量与低溶解氧，对鱼类资源产生严重的负面影响甚至导致鱼类死亡。2010—2011 年调水调沙前后种质资源保护区重点调查断面的鱼类资源量变化见表 6-46 和表 6-47，调水调沙对鱼类资源产生了极大的负面影响，资源损失率在 42.9%～84.7%，调水调沙 30 天后鱼类资源量缓慢恢复。

表 6-46   2010 年调水调沙重点调查断面鱼类资源损失量

电捕地点	调水调沙前		调水调沙后		资源损失率/%
	实际捕获重量/g	折合资源密度/(kg/km²)	实际捕获重量/g	折合资源密度/(kg/km²)	
伊洛河段	4 100	887.9	1 490.5	322.9	63.6
郑州花园口段	11 780.3	2 552.2	5 890.8	1 276.2	50.0

表 6-47   2011 年调水调沙重点调查断面鱼类资源损失量

电捕地点	调水调沙前		调水调沙后 15 天			调水调沙后 30 天		
	实际捕获重量/g	折合资源密度/(kg/km²)	实际捕获重量/g	折合资源密度/(kg/km²)	资源损失率/%	实际捕获重量/g	折合资源密度/(kg/km²)	资源损失率/%
伊洛河段	803.2	174.07	415	89.96	48.3	459.1	99.45	42.9
郑州花园口段	18 838	4 082	2 397.3	519.48	87.3	2 876.6	623.22	84.7

（3）黄河鲤繁殖习性及生长需求

黄河鲤繁殖生长习性见表 6-48，包括黄河鲤成鱼、幼鱼及产卵不同阶段的需求。

表 6-48　黄河鲤生长、繁殖影响要素

生活史阶段	成鱼生存栖息地要求	幼鱼生存栖息地要求	产卵栖息地要求
水深/m	>1.5	1～2	>1.0
流速/(m/s)	0.1～0.8	0.1～0.6	<0.3
溶解氧/(mg/L)	>2		>5
产卵时间			4—6 月
产卵水温/℃			18～25
食性	杂食性		
产卵习性	黏性卵		

6.4.2.3　流量、流速及水深条件的影响

从 1956—1968 年、1969—1986 年、1987—1998 年与 1999—2011 年河道不同的状态出发，结合生态-水文过程分析研究不同阶段下鱼类栖息地流量、流速及水深条件的变化及对重要保护对象黄河鲤产生的影响。

（1）鱼类生长时期

黄河鲤生长时期年内时间尺度分布为 7 月—次年 3 月，不同生态-水文过程期间的月平均径流量变化如图 6-86 所示。7—9 月径流量呈现逐级递减的趋势，三门峡、刘家峡、龙羊峡与小浪底水库修建后大大削弱了汛期径流量，1999—2011 年相比 1956—1968 年河道天然状态衰减幅度分别是 68.1%、76.1%、73.6%；10—11 月 1956—1968 年、1969—1986 年、1987—1998 年 3 个研究时段呈现递减趋势，但小浪底水库修建后黄河水量实施统一调度增加了汛期末期的径流量，相比 1956—1968 年河道天然状态衰减幅度分别是 66.0%、58.6%；12 月—次年 3 月，水库修建后相比天然状态基本持平。

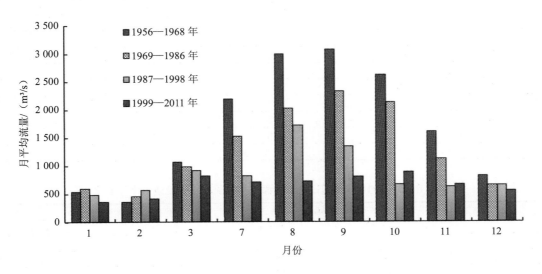

图 6-86　不同生态-水文过程中鱼类生长期的月平均径流量变化

花园口断面 1956—2011 年年径流量的变化图示如图 6-87 所示，1999—2011 年河道年径流量急剧衰减，均低于多年平均径流总量 362.3 亿 m³，但 2003—2011 年径流量保持基本稳定的变化趋势。2003 年、2010 年与 2011 年鱼类生长期花园口断面基下 2 100 m、3 140 m、

3 990 m、4 090 m、4 640 m 的流速及水深变化见表 6-49 至表 6-51。结合表 6-48 黄河鲤生长习性数据分析，虽然径流量急剧衰减，但偏枯年份 2003 年、2010 年与 2011 年河道平均流速与水深能够满足黄河鲤的生长需求，因此 1956—1968 年、1969—1986 年、1987—1998 年水资源量要丰富于 1999—2011 年，对于水量条件可以满足黄河鲤的生长需求。

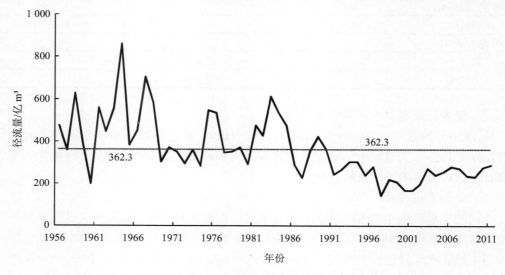

图 6-87　花园口断面年径流量变化

表 6-49　2003 年花园口基下断面鱼类生长期平均流速、水深变化

月份	基下 2 100 m		基下 3 140 m	
	流速/（m/s）	水深/m	流速/（m/s）	水深/m
1	0.64	1.17		
2	0.70	1.04		
3	0.88	1.11	1.44	1.62
7	0.88	1.62		
8	0.92	1.64		
9	1.52	1.89	1.83	2.45
10	1.73	2.15	1.66	1.82
11	1.29	1.79	1.82	2.08
12	1.35	1.32		

表 6-50　2010 年花园口基下断面鱼类生长期平均流速、水深变化

月份	基下 3 990 m		基下 4 090 m	
	流速/（m/s）	水深/m	流速（m/s）	水深/m
1	0.82	2.88		
2	0.87	2.52		
3	1.56	2.51		
7	1.06	3.12	2.21	3.41
8			1.52	2.72
9			0.89	2.40
10			0.90	2.02
11			0.83	1.79
12			0.88	2.30

表 6-51　2011 年花园口基下断面鱼类生长期平均流速、水深变化

月份	基下 4 090 m		基下 4 640 m	
	流速/（m/s）	水深/m	流速/（m/s）	水深/m
1	0.75	3.03		
2	1.18	2.69		
3	1.73	2.18		
7	1.16	4.13	1.79	2.78
8	0.72	3.39	0.68	1.55
9	1.10	3.34	1.61	2.35
10			1.15	2.13
11			1.43	2.25
12			1.52	1.97

（2）鱼类产卵期

结合黄河鲤的生长习性来看，产卵期集中于 4—6 月，产卵期间不同生态-水文过程期间花园口站月平均径流量变化如图 6-88 所示。4—5 月径流量呈现逐级递减趋势且 5 月衰减幅度最大，1999—2011 年相比 1956—1968 年河道天然状态衰减幅度分别是 24.0%、44.2%，改变了天然河道流量过程；1969—1986 年、1987—1998 年 6 月径流量相比河道天然状态有所减少（缩减比例分别是 25.9%、24.5%），所以两个时段 6 月径流量基本持平；1999—2011 年 6 月径流量急剧上升，高于河道自然状态的天然径流量，增幅为 9.2%。6 月径流量的急剧增加主要与小浪底水库调水调沙密切相关。

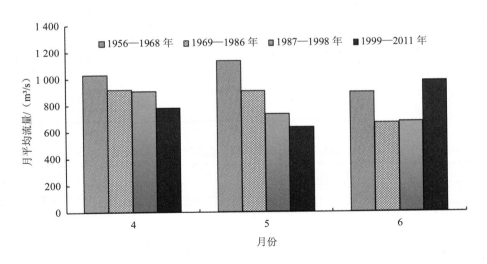

图 6-88　不同生态-水文过程中鱼类产卵期花园口站月平均径流量变化

不同生态-水文过程中 4—6 月日平均流量的变化过程如图 6-89 所示，历史过程中偏枯年份 2003 年、2010 年、2011 年花园口站基下断面鱼类产卵期内流速、水深变化见表 6-52 和表 6-53。从 4—6 月日流量过程来看，河道天然状态时日流量过程存在流量峰值，水库

修建后日流量变化幅度大大减少，流量呈稳定状态；5 月底—6 月初河道天然状态期间存在流量波峰，而 1969—1986 年、1987—1998 年、1999—2011 年出现谷底流量减少，其中 1987—1998 年流量呈现最低值；黄河鲤产卵末期 6 月底天然状态流量呈现减少趋势，1999—2011 年变化趋势相反，因为小浪底水库调水调沙实现了流量大幅增加，同时结合花园口站不同生态-水文过程期间花园口断面流速变化（见图 6-90）发现流速也远远超出天然河道的流速状态，改变了径流的自然趋势。

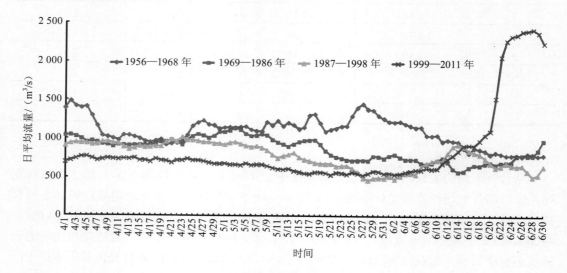

图 6-89　不同生态-水文过程中 4—6 月日流量变化

表 6-52　2003 年花园口基下断面鱼类产卵期平均流速、水深变化

月份	基下 2 100 m		基下 3 140 m		基下 3 990 m	
	流速/（m/s）	水深/m	流速/（m/s）	水深/m	流速/（m/s）	水深/m
4			1.16	1.47		
5	0.76	1.49	0.76	1.69	0.79	2.03
6	1.00	1.42				

表 6-53　2010—2011 年花园口基下断面鱼类产卵期平均流速、水深变化

月份	2010 年			2011 年		
	基下 2 100 m		基下 3 990 m		基下 4 090 m	
	流速/（m/s）	水深/m	流速/（m/s）	水深/m	流速/（m/s）	水深/m
4			1.56	2.51	0.95	2.16
5			1.09	2.29	0.79	1.68
6	1.38	3.24	0.79	2.93	1.90	2.68

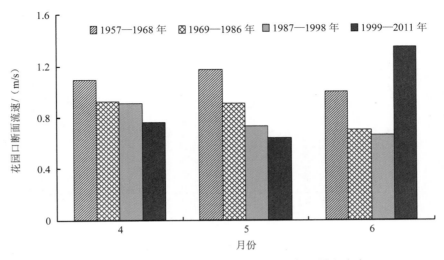

图 6-90　不同生态-水文过程中花园口站断面平均流速

（3）小浪底水库调水调沙期

小浪底水库调水调沙引起了鱼类产卵末期 6 月流量的极端变化，流量与流速远远超过天然河道状态。因此，针对调水调沙期流量、流速及水深条件的变化分析对鱼类产生的影响。

不同生态-水文过程中 6—7 月日平均流量过程如图 6-91 所示，天然状态 7 月中旬出现洪峰，流量增加；1969—1986 年、1987—1998 年 7 月中旬有流量增加的趋势，但是增加幅度相比天然状态变化平稳，季节性变化通过水库调蓄已经发生了变化；1999—2011 年小浪底水库运行后，水库 7 月下泄流量呈现历史最低状态，6 月中旬—7 月上旬由于调水调沙的开展流量剧增，调水调沙结束后流量剧减，流量变化幅度非常大。2003—2004 年、2010—2011 年调水调沙期间花园口基下断面流速、水深、水面宽的变化如图 6-93 至图 6-96 所示，流速、水深及水面宽在调水调沙前后发生显著变化，先急剧上升再急剧下降，对于黄河鲤产卵及幼鱼生长产生一定的负面影响，急速冲刷繁殖栖息地。

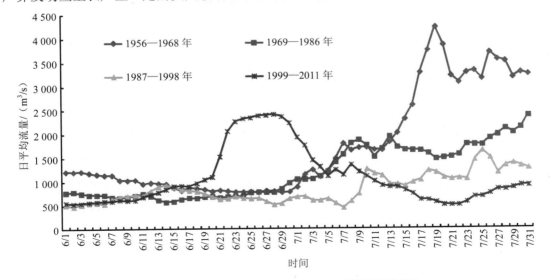

图 6-91　不同生态-水文过程间 6—7 月日平均流量变化

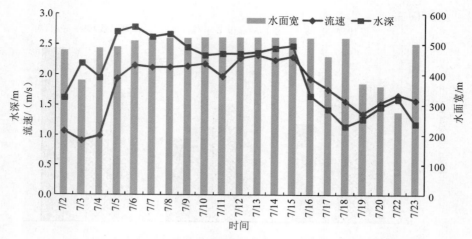

图 6-92　2002 年花园口基下 3 140 m 流速及水深变化

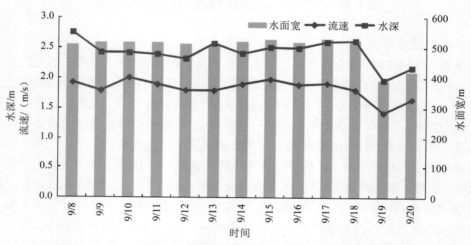

图 6-93　2003 年花园口基下 3 140 m 断面流速、水面宽及水深变化

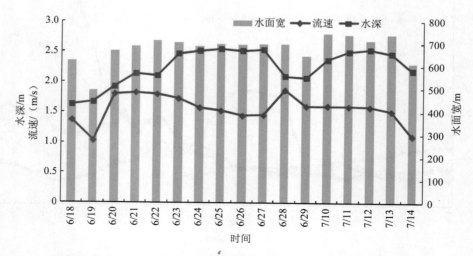

图 6-94　2004 年花园口基下 2 100 m 断面流速、水面宽及水深变化

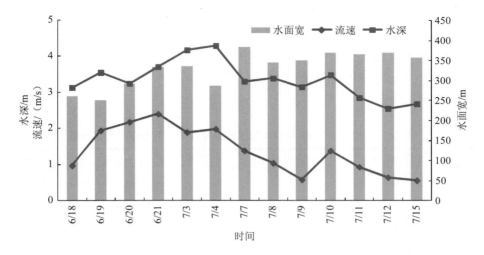

图 6-95　2010 年花园口基下 3 900 m 断面流速、水面宽及水深变化

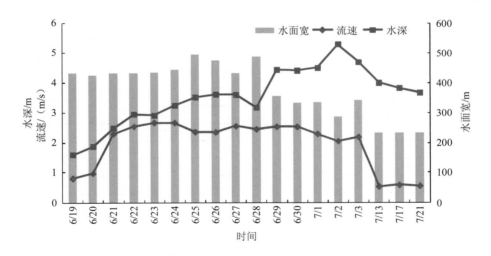

图 6-96　2011 年花园口基下 4 090 m 断面流速、水面宽及水深变化

6.4.2.4　泥沙及水质条件的影响

小浪底水库建成之后，除调水调沙期间属于清水下泄，水体中泥沙含量相对较少；同时鉴于河道水质分析结果，小浪底水库下游水质条件良好，水质综合类别达到Ⅲ类。因此，针对郑州黄河鲤种质资源保护区内影响鱼类生长与繁殖的泥沙及水质要素主要针对调水调沙期间进行分析。

（1）泥沙要素分析

泥沙含量的增多对鱼类的影响包括两方面，一方面颗粒泥沙容易堵塞鱼鳃，阻碍鱼类的呼吸；另一方面含沙量的增多导致水体中溶解氧含量降低，致使鱼类窒息。依据相关研究成果，含沙量达到 30 kg/m³ 以上时容易造成鱼类死亡，0.15 mm 粒级以下的泥沙容易堵塞鱼鳃，且随着泥沙颗粒的变小负面影响程度升高（白音包力皋等，2012；木下笃彦等，2005；Garric 等，1990）。

2002—2004 年、2010 年花园口基下断面调水调沙期间日平均含沙量见表 6-54 至表 6-56。从实测数据中可以看到，高流量时段伴随着高泥沙量，2010 年基下 2 100 m 断面含沙量最大值为 87.23 kg/m³，依据实际调查结果 2010 年度出现了鱼类死亡现象，受影响鱼类共计 5 目 5 科 11 种，不论是个体相对较大的鲤鱼、鳙鱼或者鲢鱼，还是个体较小的银鱼，都受到了高含沙水量的影响。

表 6-54   2002—2003 年调水调沙期间花园口基下断面平均含沙量

年份	施测时间	断面位置	流量/（m³/s）	断面平均含沙量/（kg/m³）
2002 年	7 月 2 日	基下 3 140 m	835	7.61
	7 月 3 日		752	4.33
	7 月 4 日		935.5	3.59
	7 月 5 日		2 600	13.97
	7 月 6 日		3 055	22.16
	7 月 7 日		2 890	17.40
	7 月 8 日		2 940	22.02
	7 月 9 日		2 720	12.49
	7 月 10 日		2 640	26.60
	7 月 11 日		2 400	8.20
	7 月 12 日		2 770	7.26
	7 月 13 日		2 850	6.71
	7 月 14 日		2 850	6.52
	7 月 15 日		2 950	6.44
	7 月 16 日		1 684.5	6.35
	7 月 17 日		1 173	5.14
	7 月 18 日		923	3.78
	7 月 19 日		635	2.82
	7 月 20 日		799	2.12
	7 月 22 日		726	2.44
	7 月 23 日		966	1.34
2003 年	9 月 5 日	基下 2 100 m	1 750	7.66
	9 月 6 日		1 460	9.25
	9 月 7 日		2 343	21.21
	9 月 8 日	基下 3 140 m	2 720	28.68
	9 月 9 日		2 250	64.00
	9 月 10 日		2 510	68.53
	9 月 11 日		2 350	58.30
	9 月 12 日		2 140	40.61
	9 月 13 日		2 330	19.23
	9 月 14 日		2 370	21.77
	9 月 15 日		2 610	21.72
	9 月 16 日		2 440	23.07
	9 月 17 日		2 620	23.78
	9 月 18 日		2 470	13.32
	9 月 19 日		1 090	21.28
	9 月 20 日		1 500	4.72

表 6-55　2004 年调水调沙期间花园口基下断面平均含沙量

年份	施测时间	断面位置	流量/（m³/s）	断面平均含沙量/（kg/m³）
2004 年	6 月 18 日	基下 2 100 m	1 380	6.17
	6 月 19 日		843	2.75
	6 月 20 日		2 310	4.98
	6 月 21 日		2 680	4.33
	6 月 22 日		2 680	4.25
	6 月 23 日		2 970	3.91
	6 月 24 日		2 710	3.76
	6 月 25 日		2 700	3.53
	6 月 26 日		2 520	4.09
	6 月 27 日		2 570	3.59
	6 月 28 日		2 720	3.47
	6 月 29 日		2 170	3.79
	6 月 3 日		771	2.02
	7 月 1 日		504	1.88
	7 月 2 日		602	1.74
	7 月 3 日		641	1.62
	7 月 4 日	基下 3 140 m	1 532	3.05
	7 月 5 日		2 660	4.06
	7 月 6 日		2 910	4.23
	7 月 7 日		2 640	3.65
	7 月 8 日		2 840	3.37
	7 月 9 日		2 570	4.55
	7 月 10 日	基下 2 100 m	2 820	10.99
	7 月 11 日		2 920	9.42
	7 月 12 日		2 850	5.75
	7 月 13 日		2 740	3.83
	7 月 14 日		1 470	2.32

表 6-56　2010 年调水调沙期间花园口基下断面平均含沙量

年份	施测时间	断面位置	流量/（m³/s）	断面平均含沙量/（kg/m³）
2010 年	6 月 18 日	基下 3 900 m	790	1.39
	6 月 19 日		1 710	2.44
	6 月 20 日		2 050	2.50
	6 月 21 日		2 980	2.96
	6 月 22 日	基下 2 100 m	3 650	2.82
	6 月 23 日		3 780	2.72
	6 月 24 日		4 090	2.57
	6 月 25 日		4 050	2.39
	6 月 26 日		3 670	2.43
	6 月 27 日		3 990	2.22
	6 月 28 日		4 110	1.85

年份	施测时间	断面位置	流量/（m³/s）	断面平均含沙量/（kg/m³）
2010 年	6 月 29 日	基下 2 100 m	3 920	1.92
	6 月 30 日		4 055	1.52
	7 月 1 日		3 720	1.72
	7 月 2 日		3 150	1.47
	7 月 3 日	基下 3 990 m	2 650	1.73
	7 月 4 日		2 430	1.89
	7 月 5 日	基下 2 100 m	5 268	46.13
	7 月 6 日		1 880	87.23
	7 月 7 日	基下 3 990 m	1 740	28.16
	7 月 8 日		1 220	18.77
	7 月 9 日		641	8.32
	7 月 10 日		1 760	1.86
	7 月 11 日		963	3.01
	7 月 12 日		606	1.56
	7 月 15 日		535	1.21

（2）水质要素分析

据相关研究结果表明，溶解氧浓度低于 2 mg/L 时多数鱼类会因缺氧致死（Garric 等，1990）。小浪底水库调水调沙泥沙含量的急剧增加会导致水体内溶解氧含量的减少，引发鱼类的缺氧问题。

调水调沙前，监测点溶解氧含量为 5.69～8.35 mg/L，调水调沙后为 5.59～7.47 mg/L，符合《地表水环境质量标准》（GB 3838—2002）要求；调水调沙期间，孟津站点溶解氧仅为 0.41 mg/L，而花园口监测点溶解氧检测仪不能读出检测处的数据，表明监测数据小于 2 mg/L（见表 6-57），远远低于《地表水环境质量标准》（GB 3838—2002）要求，不能满足黄河鲤繁殖对溶解氧的需求。

表 6-57　2008 年调水调沙期间水质状况

指标	单位	调水调沙前		调水调沙中		调水调沙后	
		孟津	花园口	孟津	花园口	孟津	花园口
溶解氧	mg/L	5.69	8.15	0.41	未检出	5.59	7.47

6.5　漫滩湿地生态系统影响后评价

6.5.1　下游河流湿地生态功能及保护目标

特殊的地理位置和独特的社会背景使黄河下游河流湿地具有区别于其他湿地类型的基本特征，包括季节性、地域分布呈窄带状、人类活动干扰极强等，主河道淤积演变是河道湿地发展、发育与变化的主要驱动力。河流湿地生态功能及保护目标详见表 6-58。

表 6-58　黄河下游河流湿地主要生态功能及保护目标

保护区名称	主要生态功能	主要保护目标	植被类型	主要生境类型
河南新乡黄河湿地	保护生物多样性、滞蓄洪水、净化水质	河流及滩涂湿地生态系统、珍稀水禽及栖息地等	水生植被、沼生植被、沙生植被、农田植被、防护林和经济林等	河流水面、滩涂、沼泽、农田草地、防护林等
河南郑州黄河湿地	保护生物多样性、滞蓄洪水、调节气候、旅游休闲等	河流及滩涂湿地生态系统、珍稀水禽及栖息地、土著鱼类及栖息地、自然景观等	水生植被、沼生植被、农田植被、防护林和经济林等	黄河水体及河漫滩、沼泽、人工林、灌丛、农田草地等
河南开封柳园口湿地	保护生物多样性、滞蓄洪水、调节气候等	河流及滩涂湿地生态系统、珍稀水禽及栖息地	水生植被、沼生植被、农田植被、防护林等	黄河水体及河漫滩、沼泽、人工林、灌丛、农田等

　　河流湿地作为重要的河流及滩涂湿地生态系统，是珍稀水禽的重要栖息地。河流湿地的重要生态因子为珍稀鸟类，采用现状鸟类调查方法与历史数据收集相结合，分析鸟类的种类及数量的变化，从景观与水文两个方面分析原因。

6.5.1.1　土地利用

　　选取 Landsat TM 数据作为沿岸湿地土地利用、景观格局数据生产的数据源，采用 1990 年、1995 年、2000 年、2005 年和 2010 年 5 期 TM 卫星遥感影像，条带号/行编号分别为 126/36、125/36、124/36、123/36、123/35、122/35、122/34、121/34，数据来源于中国科学院地理科学与资源研究所。

　　（1）河南郑州黄河湿地自然保护区

　　河南郑州黄河湿地自然保护区位于东经 112°48′—114°14′，北纬 34°48′—35°00′，属于省级自然保护区，景观格局图示如图 6-97 所示，1990—2010 年总面积略有减少，从 566.75 km² 降至 543.11 km²，湿地保护区景观格局主要以平原旱地、河渠和滩地为主（见图 6-98）。1990 年、1995 年、2000 年、2005 年、2010 年这三类景观类型占到湿地总面积的 93.25%、90.59%、94.10%、94.36% 和 93.40%。三类最主要景观类型中，平原旱地所占面积较大，且在 1995—2000 年快速增长，从 1995 年的 215.33 km²（占当年湿地总面积的 38.0%）增大到 2000 年的 337.56 km²（占当年湿地总面积的 59.56%），比 1995 年增加了 56.76%；2000—2010 年面积呈现缓慢的减少趋势，2010 年面积减至 303.70 km²。滩地景观类型呈减少趋势，从 1990 年的 184.32 km²（占湿地总面积的 32.5%）逐渐减少至 2005 年的 41.80 km²（占湿地总面积的 7.38%），到 2010 年略有增加，达到 49.70 km²（占湿地总面积的 9.15%）。河渠景观变化呈现不稳定性，1990 年面积为 131.74 km²（占湿地总面积的 23.25%），而到 1995 年迅速增长至 212.41 km²，随后至 2000 年很快下降至 120.91 km²，2000—2010 年十年间呈波浪式较缓慢增长趋势，2010 年面积增至 153.86 km²（占湿地总面积的 28.33%）。综合来看，平原旱地景观所占比例较大，滩地减少，河渠面积呈现缓慢的恢复趋势。

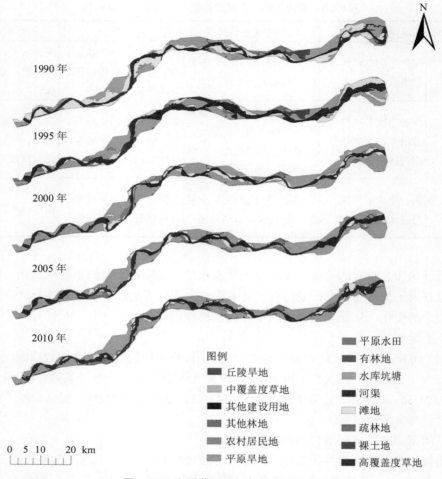

图 6-97   郑州黄河湿地多年土地利用

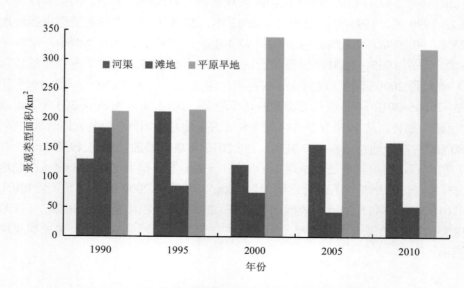

图 6-98   郑州黄河湿地自然保护区主要土地利用类型变化

（2）河南新乡黄河湿地自然保护区

新乡黄河湿地位于东经 112°13′—114°52′，北纬 34°53′—35°06′，属于国家级自然保护区，不同年份间的景观格局变化如图 6-99 所示，经过计算分析，1990—2010 年湿地总面积略有减少，从 248.88 km² 降至 236.91 km²，其中河渠和平原旱地是湿地最主要的土地利用类型。1990 年、1995 年、2000 年、2005 年、2010 年河渠和平原旱地面积占总湿地总面积的 90.15%、86.50%、90.20%、80.98% 和 81.06%，面积总体变小，由 1990 年的 224.36 km² 降至 2010 年的 192.03 km²（见图 6-100）。

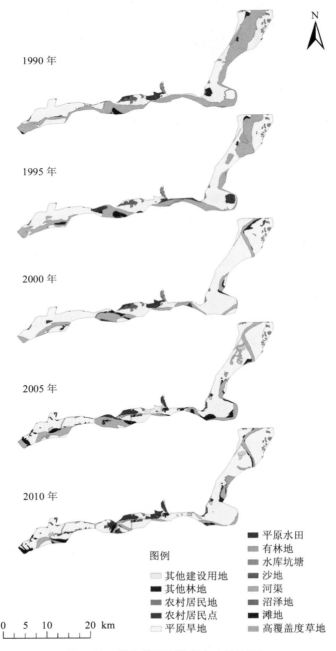

图 6-99　新乡黄河湿地多年土地利用

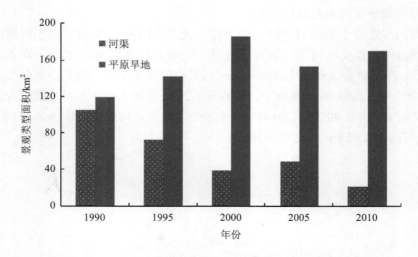

图 6-100   新乡黄河湿地自然保护区主要土地利用类型变化

（3）河南开封柳园口湿地自然保护区

河南开封柳园口湿地自然保护区位于东经 114°12′—114°52′，北纬 34°52′—35°01′，属于省级自然保护区，1990—2010 年景观格局如图 6-101 所示，湿地总面积变化甚小约 290 km²。如图 6-102 所示，1990 年湿地土地类型以平原旱地、河渠和水库坑塘为主，面积分别为 158.03 km²、73.17 km²、54.25 km²，共占湿地总面积的 98.37%；1995 年以平原旱地、河渠和滩地为主，面积分别为 130.03 km²、119.52 km²、16.32 km²，共占湿地总面积的 91.60%；2000 年以平原旱地、河渠、滩地和平原水田为主，面积分别为 216.77 km²、41.07 km²、13.68 km² 和 13.03 km²，共占湿地总面积的 98.06%；2005 年以平原旱地和河渠为主，面积分别为 186.47 km² 和 83.39 km²，共占湿地总面积的 92.99%；2010 年以平原旱地、平原水田、河渠和滩地为主，面积分别为 134.45 km²、76.53 km²、47.14 km² 和 20.79 km²，共占湿地总面积的 96.11%。

6.5.1.2   景观格局特征及演变

（1）河南郑州黄河湿地自然保护区

依据景观格局指标计算方法，采用 ArcGIS 地理信息系统软件以及 Fragstats 模块工具，郑州黄河湿地不同年代的景观多样性指标见表 6-59。郑州黄河湿地的斑块多度（景观类型）保持动态变化，1995 年达到最大，2010 年呈现急剧衰减，仅存在 13 种且湖泊景观消失，斑块丰富度用数量级体现了斑块多度的减少趋势；景观类型的多样性、均匀度指数在 1990—2005 年呈现递减趋势，2005 年达到最低值；随着调水调沙的不断进行，河道冲刷水量通过地下水的不断补给对沿岸湿地的改善发挥了一定的作用，2010 年景观格局多样性、均匀度指数有所提高，相比 2005 年提高幅度分别为 7.3%、5.7%、9.2%、10.5%、6.3%、12.4%；聚集度指数在不断地降低，表明虽然生态系统景观多样性与均匀度在不断地提高，但是斑块的破碎程度在不断地增加，主要与强人类活动的干扰密切相关。

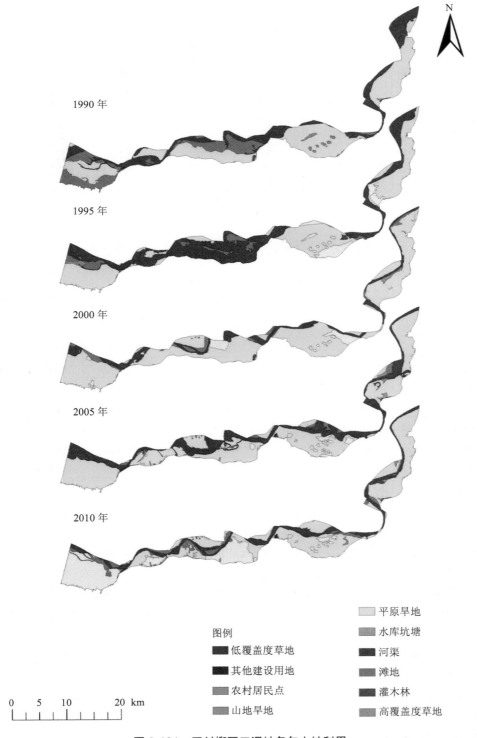

1990 年

1995 年

2000 年

2005 年

2010 年

N

图例

低覆盖度草地

其他建设用地

农村居民点

山地旱地

平原旱地

水库坑塘

河渠

滩地

灌木林

高覆盖度草地

0　5　10　　　20 km

图 6-101　开封柳园口湿地多年土地利用

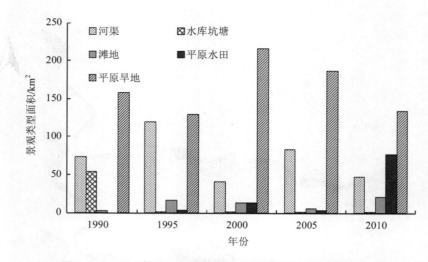

图 6-102　开封柳园口湿地自然保护区主要土地利用类型变化

表 6-59　郑州黄河湿地各年份景观多样性指数

景观指数代码	景观指数含义	年份				
		1990	1995	2000	2005	2010
PR	斑块多度	14	15	14	14	13
PRD	斑块丰富度（1/100 hm²）	0.003	0.003 2	0.003	0.003	0.002 8
SHDI	香农多样性指数	1.363 2	1.397 2	1.139 7	1.100 7	1.181 6
SIDI	Simpson 多样性指数	0.698 5	0.690 2	0.580 7	0.565 3	0.597 6
MSIDI	修正 Simpson 多样性指数	1.198 9	1.171 7	0.869 1	0.833 2	0.910 2
SHEI	香农均匀度指数	0.516 6	0.516 0	0.431 9	0.417 1	0.460 7
SIEI	Simpson 均匀度指数	0.752 2	0.739 5	0.625 3	0.608 8	0.647 4
MSIEI	修正 Simpson 均匀度指数	0.454 3	0.432 7	0.329 3	0.315 7	0.354 9
RC	聚集度指数	0.962	0.967	0.967	0.963	0.959

1990 年与 2010 年郑州黄河湿地景观动态度评价结果见表 6-60，景观转移矩阵分析见表 6-61，1990 年到 2010 年总面积有小幅度的缩减。其他建设用地、农村居民地、水库坑塘、高覆盖度草地、其他林地的动态度分别为 10.86%/a、3.59%/a、6.12%/a、5.41%/a、4.67%/a，面积有所增加。裸土地、中覆盖度草地、滩地、有林地的动态度为 –5.00%/a、–3.66%/a、–3.65%/a 和 –2.06%/a。

同时，滩地、平原旱地、河渠、裸土地的面积增减幅度较大，结合 1990 年与 2010 年景观转移矩阵计算结果分析来看：

① 滩地面积减少 134.63 km²，1990 年滩地面积中的 31.22% 转化为河渠面积，54.99% 转化为平原旱地。

② 裸土地面积减少 14.13 km²，1990 年原有裸土地面积消失殆尽，98.88% 转化为平原旱地。

③ 平原旱地面积增加 91.28 km²，除上述所提到的裸土地、滩地转化外，1990 年河渠

面积的 31.92%转化为平原旱地、平原水田面积的 26.68%转化为平原旱地，同时其他林地（31.22%）与水库坑塘（40.79%）转化为平原旱地的比例也很高，但是面积比例小。

④ 首先是河渠总面积增加 22.12 km²，1990 年滩地转化为河渠面积高达 57.5 km²；其次是平原旱地的转化面积 34.6 km²，转化比例为 16.3%；中覆盖度草地的转化比例最高，达 34.2%。

综上所述，人类活动的不断增强导致耕地面积激增、建设用地面积增大，但是随着生态环境保护意识的不断提高，逆转了河渠萎缩的趋势。

（2）河南新乡黄河湿地自然保护区

依据景观格局指标计算方法，采用 ArcGIS 地理信息系统软件以及 Fragstats 模块工具，新乡黄河湿地不同年代的景观多样性指标见表 6-62。新乡黄河湿地斑块多度（景观类型）保持高度的动态变化趋势，2000 年小浪底水库运行初期斑块丰富度最小即 0.006 3，随着水库的不断运行与调水调沙的开展，斑块多度与丰富度不断地提高，相比 2000 年增加幅度分别为 36.36%、36.51%。景观类型的多样性、均匀度指数在 1990—2010 年呈现震荡性变化趋势，2000 年达到历年最低状态；随着小浪底水库调水调沙与黄河水量统一调度的初步开展，2000—2005 年景观多样性与均匀度指数呈现增加趋势，平均增长幅度分别是 48.7%、35.7%，生态系统呈现良好的发展趋势；2005—2010 年景观多样性与均匀度指数出现减少趋势，相比 2005 年平均减小幅度分别是 –19.0%和 –19.0%。聚集度指数在 2000 年达到最大值，这与斑块丰度的减少、景观多样性与均匀度指数的减少是相关的，随着斑块多度的增多，2000—2010 年聚集度指数有所降低，斑块破碎程度增强。

表 6-60　1990 年与 2010 年郑州黄河湿地景观动态度评价结果

景观类型	景观类型面积/km²		面积增减/km²	动态度/（%/a）
	1990 年	2010 年		
有林地	1.32	0.78	−0.55	−2.06
疏林地	0.06	0.06	0.00	−0.23
其他林地	0.17	0.33	0.16	4.67
高覆盖度草地	3.17	6.59	3.42	5.41
中覆盖度草地	0.29	0.08	−0.21	−3.66
河渠	131.74	153.86	22.12	0.84
湖泊	0.00	0.00	0.00	0.00
水库坑塘	3.42	7.60	4.18	6.12
滩地	184.32	49.70	−134.63	−3.65
农村居民地	0.85	1.46	0.61	3.59
其他建设用地	0.07	0.21	0.14	10.86
裸土地	14.13	0.00	−14.13	−5.00
平原水田	12.21	15.56	3.35	1.37
丘陵旱地	2.59	3.19	0.60	1.16
平原旱地	212.42	303.70	91.28	2.15
总计	566.75	543.11	−23.64	−0.21

表 6-61　1990 年与 2010 年郑州黄河湿地景观转移矩阵

1990/2010年	高覆盖度草地	河渠	农村居民地	平原旱地	平原水田	其他建设用地	其他林地	丘陵旱地	疏林地	水库坑塘	滩地	有林地	中覆盖度草地
高覆盖度草地	94.98%	0.29%		0.33%				3.92%		0.48%			
河渠	2.05%	49.59%		31.92%	2.51%			0.22%		0.31%	13.41%		
裸土地		0.43%		98.88%							0.68%		
农村居民地			94.80%	5.20%									
平原旱地	0.05%	16.30%	0.33%	72.88%	1.72%		0.11%			1.77%	6.76%		
平原水田		22.76%		26.68%	38.98%	0.08%				0.41%	11.17%		
其他建设用地						76.16%						23.84%	
其他林地				32.72%			67.28%						
丘陵旱地	2.24%	0.99%		0.09%				76.78%		0.05%	19.71%		0.14%
疏林地									99.49%			0.51%	
水库坑塘	1.27%	1.77%		40.79%				5.93%		50.17%			0.07%
滩地	0.52%	31.22%	0.01%	54.99%	2.45%					1.07%	9.70%		
有林地						0.73%		39.21%				60.06%	
中覆盖度草地		34.20%						39.67%		0.28%			25.85%
总计	1.21%	28.33%	0.27%	55.93%	2.86%	0.04%	0.06%	0.59%	0.01%	1.40%	9.15%	0.14%	0.01%

表 6-62　新乡黄河湿地各年份景观多样性指数

景观指数代码	景观指数含义	年份				
		1990	1995	2000	2005	2010
PR	斑块多度	12	12	11	15	15
PRD	斑块丰富度（1/100 hm²）	0.006 9	0.006 9	0.006 3	0.008 6	0.008 6
SHDI	香农多样性指数	1.143 3	1.200 8	0.892 9	1.317 6	1.163 3
SIDI	Simpson 多样性指数	0.590 6	0.583 0	0.417 2	0.578 1	0.469 5
MSIDI	修正 Simpson 多样性指数	0.893 1	0.874 8	0.539 9	0.863 1	0.633 9
SHEI	香农均匀度指数	0.460 1	0.483 2	0.372 4	0.486 5	0.429 6
SIEI	Simpson 均匀度指数	0.644 3	0.636	0.458 9	0.619 4	0.503 0
MSIEI	修正 Simpson 均匀度指数	0.359 4	0.352	0.225 1	0.318 7	0.234 1
RC	聚集度指数	0.981	0.981	0.982	0.974	0.974

　　1990 年与 2010 年新乡黄河湿地景观动态度评价结果见表 6-63，景观转移矩阵分析见表 6-64，面积减少 11.97 km²。有林地、其他建设用地、平原水田、滩地的动态度高达 52.63%/a、20.93%/a、6.99%/a、6.79%/a，面积有所增加；水库坑塘、沼泽地、河渠和高覆盖度草地面积减少，动态度分别为 –4.82%/a、–4.21%/a、–3.96%/a 和 –2.79%/a；灌木林、中覆盖度草地与湖泊景观类型从无到有，2010 年面积分别达 2.03 km²、1.21 km²、1.90 km²。

　　同时，河渠、平原旱地、平原水田、滩地的面积增减数量较大，结合 1990 年与 2010 年景观转移矩阵计算结果分析来看：

　　① 河渠面积萎缩 83.28 km²，河流干涸的强度增加，1990 年河渠面积的 66.79% 转化为平原旱地。

　　② 平原旱地面积增加 50.95 km²，除河渠转化增加平原旱地面积外，1990 年高覆盖度草地 98.06%、其他林地 90.42%、有林地 100% 与滩地 37.42% 转化为平原旱地，转化率很高但是面积小，河渠是最大的贡献者。

　　③ 平原水田面积增加 7.36 km²，转化率较高的是 1990 年水库坑塘 95.7%、沼泽地 94.8%、滩地 20.31% 的面积转化为平原水田，转化面积最大的是河渠，其转化率是 2.6%。

　　④ 滩地面积增加 5.87 km²，1990 年河渠 6.42%、平原旱地 2.56% 转化为滩地。

表 6-63　1990 年与 2010 年新乡黄河湿地景观动态度评价结果

景观类型	景观类型面积/km²		面积增减/km²	动态度/（%/a）
	1990 年	2010 年		
有林地	0.36	4.09	3.74	52.63
灌木林	0.00	2.03	2.03	—
其他林地	2.55	3.78	1.23	2.41
高覆盖度草地	2.52	1.12	–1.41	–2.79
中覆盖度草地	0.00	1.21	1.21	—
河渠	105.11	21.82	–83.28	–3.96
湖泊	0.00	1.90	1.90	—
水库坑塘	1.35	0.05	–1.30	–4.82
滩地	4.32	10.19	5.87	6.79
农村居民地	4.54	4.06	–0.48	–0.52
其他建设用地	0.62	3.21	2.59	20.93
沙地	0.16	0.16	0.00	–0.07
沼泽地	2.83	0.45	–2.38	–4.21
平原水田	5.27	12.63	7.36	6.99
平原旱地	119.26	170.21	50.95	2.14
总计	248.88	236.91	–11.97	–0.24

表6-64　1990年与2010年新乡黄河湿地景观转移矩阵

1990/2010年	高覆盖度草地	灌木林	河渠	湖泊	农村居民地	平原旱地	平原水田	其他建设用地	其他林地	沙地	水库坑塘	滩地	有林地	沼泽地	中覆盖度草地
高覆盖度草地	0.95%		0.40%			98.06%		0.10%							1.44%
河渠		0.74%	17.01%	1.11%	0.01%	66.79%	2.60%	0.13%	0.35%			6.42%	2.72%		1.18%
农村居民地					79.39%	8.70%	2.60%	2.08%	6.60%				0.63%		
平原旱地	0.15%	1.12%	3.44%	0.70%	0.38%	84.54%	0.91%	1.98%	2.60%	0.00%	0.04%	2.56%	1.19%	0.40%	
平原水田					1.70%	9.26%	84.77%	4.27%							
其他建设用地			6.67%			12.88%		80.45%							
其他林地					1.61%	90.42%			7.96%						
沙地										100%					
水库池塘					4.28%	0.02%	95.70%								
滩地		0.41%	20.94%			37.62%	20.31%					20.63%			0.09%
有林地						100%									
沼泽地					0.67%	2.38%	94.80%	2.16%							
总计	0.47%	0.86%	9.21%	0.80%	1.72%	71.85%	5.33%	1.35%	1.60%	0.07%	0.02%	4.30%	1.73%	0.19%	0.51%

（3）河南开封柳园口湿地自然保护区

依据景观格局指标计算方法，采用 ArcGIS 地理信息系统软件以及 Fragstats 模块工具，开封柳园口湿地不同年代的景观多样性指标见表 6-65。开封柳园口湿地斑块多度（景观类型）保持高度的动态变化趋势，1990 年小浪底水库建设前与 2000 年小浪底水库运行初期斑块丰富度最小即 0.004，随着水库的不断运行与调水调沙的开展，斑块多度与丰富度不断地提高，2005 年、2010 年保持同样的斑块多度与丰富度，相比 2000 年增加幅度为 50%。景观类型的多样性、均匀度指数在 1990—2010 年呈现震荡性变化趋势，2000 年达到历年最低状态；随着小浪底水库调水调沙与黄河水量统一调度的初步开展，2000—2010 年景观多样性与均匀度指数呈现增加趋势，相比 2000 年，2005 年景观多样性与均匀度指数分别增加 20.6%、7.1%，相比 2005 年，2010 年景观多样性与均匀度指数分别平均增长 47.4%、47.4%，2005—2010 年生态系统景观多样性与均匀度增长幅度极大，生态系统持续向好发展；聚集度指数与郑州黄河湿地、新乡黄河湿地具有相同的变化趋势，随着斑块多度的增多及聚集度指数持续减少，斑块破碎程度增强。

表 6-65　开封柳园口湿地各年份景观多样性指数

景观指数代码	景观指数含义	年份				
		1990	1995	2000	2005	2010
PR	斑块多度	10	11	10	15	15
PRD	斑块丰富度（1/100 hm²）	0.004	0.004 4	0.004	0.006	0.006
SHDI	香农多样性指数	1.082 3	1.226 3	0.882	0.981 8	1.397 6
SIDI	Simpson 多样性指数	0.604 8	0.624 5	0.417 6	0.504 0	0.683 9
MSIDI	修正 Simpson 多样性指数	0.928 3	0.979 6	0.540 5	0.701 3	1.151 8
SHEI	香农均匀度指数	0.470 0	0.511 4	0.383 0	0.362 6	0.516 1
SIEI	Simpson 均匀度指数	0.672 0	0.687 0	0.463 9	0.540	0.732 8
MSIEI	修正 Simpson 均匀度指数	0.403 1	0.408 5	0.234 7	0.259 0	0.425 3
RC	聚集度指数	0.981	0.983	0.982	0.978	0.976

1990 年与 2010 年开封柳园口湿地景观动态度评价结果见表 6-66，景观转移矩阵分析表见表 6-67。开封柳园口湿地整体动态度变化为 0，但是不同的景观格局类型发生了不同程度的转变。湖泊、滩地、农村居民地、灌木林的动态度分别达 489.95%/a、40.33%/a、29.55%/a、6.65%/a，面积有所增加；水库坑塘、河渠、高覆盖度草地的动态度分别是 −4.87%/a、−1.78%/a、−1.51%/a，面积有所减少；同时，有林地、其他林地、其他建设用地、沼泽地和平原水田实现了从无到有的过程，到 2010 年面积分别为 0.01 km²、0.64 km²、0.77 km²、2.20 km²、76.53 km²。

同时，从景观格局空间分布结果与动态度计算相关结果得到，平原水田、滩地、水库坑塘、河渠、平原旱地的面积增减幅度较大，结合 1990 年与 2010 年景观转移矩阵计算结果分析来看：

① 平原水田实现了从无到有且面积达到 76.53 km²，1990 年平原旱地 23.16%、滩地 59.62%、河渠 10.34% 转变为平原水田。

② 滩地面积增加 18.5 km²，由 1990 年河渠面积 8.12%、平原旱地 5.93%转变而来。

③ 水库坑塘面积减少 52.84 km²，13.52%转化为平原旱地，86.48%转化为其他建设用地。

④ 河渠面积减少 26.03 km²，除上述转化为平原水田外，1990 年河渠面积 51.46%转化为平原旱地、8.12%转化为滩地。

⑤ 平原旱地面积 23.58 km²，平原旱地主要转化为平原水田与河渠，除上述转化为平原水田外，11.60%转化为河渠。

由此看来，1990—2010 年开封柳园口湿地的景观格局发生了很大的变化，经历了不断的人类开垦活动，同时随着生态环境保护意识的提高又出现了退耕还水的现象，对于河道萎缩发挥了一定的改善作用。

表 6-66　1990/2010 年开封柳园口湿地景观动态度评价结果

景观类型	景观类型面积/km²		面积增减/km²	动态度/（%/a）
	1990 年	2010 年		
有林地		0.01	0.01	—
灌木林	0.48	1.13	0.64	6.65
其他林地		0.64	0.64	—
高覆盖度草地	1.06	0.74	−0.32	−1.51
低覆盖度草地	0.24	0.24	0.00	0.00
河渠	73.17	47.14	−26.03	−1.78
湖泊	0.01	0.82	0.81	489.95
水库坑塘	54.25	1.41	−52.84	−4.87
滩地	2.29	20.79	18.50	40.33
农村居民地	0.45	3.11	2.66	29.55
其他建设用地		0.77	0.77	—
沼泽地		2.20	2.20	—
平原水田		76.53	76.53	—
山地旱地	0.20	0.20	0.00	0
平原旱地	158.03	134.45	−23.58	−0.75
总计	290.19	290.19	0.00	0

表 6-67　1990 年与 2010 年开封柳园口湿地景观转移矩阵

1990/2010年	低覆盖度草地	高覆盖度草地	灌木林	河渠	湖泊	农村居民地	平原旱地	平原水田	其他建设用地	其他林地	山地旱地	水库坑塘	滩地	有林地	沼泽地
低覆盖度草地	100%														
高覆盖度草地				55.36%			44.64%								
灌木林						53.67%	46.33%								
河渠		0.01%	0.33%	28.02%	0.23%	0.08%	51.46%	10.34%	0.49%	0.23%		0.66%	8.12%	0.02%	
农村居民点				0.81%		75.23%	21.25%	0.32%	0.05%	1.10%					1.23%
平原旱地		0.46%	0.54%	11.60%	0.36%	0.66%	55.12%	23.16%	0.07%	0.28%		0.45%	5.93%		1.38%
其他建设用地							32.24%	1.59%	65.56%			0.61%			
山地旱地											100%				
水库坑塘							13.52%		86.48%						
滩地			0.07%	14.20%	0.16%	0.05%	15.43%	59.62%		0.01%		0.40%	10.08%		
总计	0.08%	0.25%	0.39%	16.24%	0.28%	1.07%	46.33%	26.37%	0.27%	0.22%	0.07%	0.49%	7.16%	0.004%	0.76%

6.5.1.3 鸟类变化及驱动力分析

（1）沿黄湿地主要生态功能及保护目标

特殊的地理位置和独特的社会背景使黄河河道及河漫滩湿地具有季节性、地域分布呈窄带状、人类活动干扰极强等区别于其他湿地类型的基本特征，主河道淤积演变是河道湿地发展、发育与变化的主要驱动力。沿岸湿地的生态功能及保护目标见表6-68，由此看到，沿岸湿地作为重要的河流及滩涂湿地生态系统，是珍稀水禽的重要栖息地，沿岸湿地生态系统的健康与否直接影响着水禽的健康生长。因此，沿岸湿地的重要生态因子着重于珍稀鸟类，从鸟类数量及其栖息地的变化分析沿岸湿地生态要素的演变，为寻求生态-水文要素间的联系奠定基础。

表6-68　黄河下游沿岸湿地主要生态功能及保护目标概况

保护区名称	主要生态功能	主要保护目标	植被类型	主要生境类型
河南新乡黄河湿地	保护生物多样性、滞蓄洪水、净化水质	河流及滩涂湿地生态系统、珍稀水禽及栖息地等	水生植被、沼生植被、沙生植被、农田植被、防护林和经济林等	河流水面、滩涂、沼泽、农田草地、防护林等
河南郑州黄河湿地	保护生物多样性、滞蓄洪水、调节气候、旅游休闲等	河流及滩涂湿地生态系统、珍稀水禽及栖息地、土著鱼类及栖息地、自然景观等	水生植被、沼生植被、农田植被、防护林和经济林等	黄河水体及河漫滩、沼泽、人工林、灌丛、农田草地等
河南开封柳园口湿地	保护生物多样性、滞蓄洪水、调节气候等	河流及滩涂湿地生态系统、珍稀水禽及栖息地	水生植被、沼生植被、农田植被、防护林等	黄河水体及河漫滩、沼泽、人工林、灌丛、农田等

（2）鸟类调查

鸟类调查时间及方法见第3章相关内容。各保护区具体鸟类调查地点包括：

郑州黄河湿地自然保护区调查地点自西向东依次是曹柏村、王村、桃花峪、邙山浮桥、花园口、白庙水厂沉沙池、马渡、九堡、雁鸣湖、东狼城岗等，每个样点调查范围为3～5 km长河道。

开封段开封市黑港口、开封市柳园口和兰考县东坝头，3个堤外附属水体分别是次生人工水产养殖区中牟县的雁鸣湖、次生蓄水湖开封市的黑池和柳池等。

河南新乡黄河湿地鸟类国家级自然保护区内选择庞寨、梁村、五安屯、汲津铺、青龙湖等。

根据濮阳黄河湿地自然保护区功能区划图，结合现场查看及自然保护区管理中心走访，鸟类调查具体地点由西向东依次为濮阳县渠村乡三合村、青庄村青庄险工、马店，郎中乡安头村、周街、万寨村、庄户，习城乡胡寨村等。

（3）鸟类数量及种群变化

根据本次2012—2013年越冬季实地调查数据，并查阅文献记载及2000年以来的历史调查数据，评价区及周边地区已知有鸟类229种，隶属于14目36科，见表6-69。黄河河南段为典型的河流湿地，鸟类以湿地鸟类和滩地（农田）鸟类为主。其中保护区鸟类以雀形目种类最多，记录到81种，非雀形目148种，分别占本区鸟类总种数的35.4%和64.6%。

非雀形目中以水鸟最多，其中鸻形目鸟类 35 种，占鸟类总种数的 15.3%，雁形目 29 种，占 12.7%；鹳形目鸟类 15 种，占 6.6%。沿岸湿地鸟类的地理型及居留情况见表 6-70，具体分析如下：

表 6-69　下游河流湿地重点保护鸟类名录

种类	生态分布			居留情况	区系类型	种群数量	保护级别
	村庄林地	水域	草灌丛、农田				
角鸊鷉 *Podiceps auritus*		√		P	PA	+	II
白鹈鹕 *Pelecanus onocrotalus*		√		P	O	+	II
卷羽鹈鹕 *Pelecanus crispus*		√		P	WD	+	II，VU
东方白鹳 *Ciconia boyciana*		√	√	P	PA	+	EN
黑鹳 *Ciconia nigra*		√	√	W	PA	+	I
白琵鹭 *Platalea leucorodia*		√		W	PA	+	II
鸿雁 *Anser cygnoides*		√	√	P	PA	+	VU
白额雁 *Anser albifrons*		√		P	PA	+	II
小白额雁 *Anser erythropus*		√	√	W	PA	+	VU
大天鹅 *Cygnus cygnus*		√	√	W	PA	+++	II
小天鹅 *Cygnus columbianus*		√		P	PA	++	II
鸳鸯 *Aix galericulata*		√		P	PA	+	II
花脸鸭 *Anas formosa*		√		W	PA	+	VU
青头潜鸭 *Aythya baeri*		√		P	PA	+	EN
鹗 *Pandion haliaetus*			√	P	WD	+	II
黑鸢 *Milvus migrans*			√	R	WD	+	II
栗鸢 *Haliastur indus*			√	P	WD	+	II
玉带海雕 *Haliaeetus leucoryphus*			√	P	PA	+	I，VU
白尾海雕 *Haliaeetus albicilla*			√	W	PA	+	I
秃鹫 *Aegypius monachus*			√	W	PA	+	II
白头鹞 *Circus aeruginosus*			√	P	PA	+	II
白腹鹞 *Circus spilonotus*			√	P	PA	+	II
白尾鹞 *Circus cyaneus*	√		√	P	PA	+	II
鹊鹞 *Circus melanoleucos*			√	P	PA	+	II
日本松雀鹰 *Accipiter gularis*			√	P	PA	+	II
松雀鹰 *Accipiter virgatus*	√		√	W	WD	+	II
雀鹰 *Accipiter nisus*		√		P	WD	+	II
苍鹰 *Accipiter gentilis*	√		√	P	WD	+	II
普通鵟 *Buteo buteo*	√			P	WD	+	II
大鵟 *Buteo hemilasius*	√			W	PA	+	II
乌雕 *Aquila clanga*			√	P	PA	+	II
白肩雕 *Aquila heliaca*			√	P	PA	+	I，VU
金雕 *Aquila chrysaetos*			√	R	PA	+	I
黄爪隼 *Falco tinnunculus*			√	S	PA	+	II，VU
红隼 *Falco tinnunculus*	√		√	R	WD	+	II
阿穆尔隼 *Falco amurebsis*			√	S	PA	++	II
灰背隼 *Falco columbarius*			√	P	PA	+	II
游隼 *Falco peregrinus*		√	√	R	WD	+	II

种类	生态分布			居留情况	区系类型	种群数量	保护级别
	村庄林地	水域	草灌丛、农田				
蓑羽鹤 *Anthropoides virgo*		√	√	P	PA	+	II
白鹤 *Bugeranus leucogeranus*		√	√	P	PA	+	I，CR
白枕鹤 *Grus vipio*		√	√	P	PA	+	II，VU
灰鹤 *Grus grus*		√	√	W	PA	+++	II
白头鹤 *Grus monacha*		√	√	P	PA	+	I，VU
丹顶鹤 *Grus japonensis*		√	√	P	PA	+	I，EN
大鸨 *Otis tarda*			√	W	PA	+	I，VU
草鸮 *Tyto capensis*	√		√	R	O	+	II
领角鸮 *Otus bakkamoena*	√		√	R	WD	+	II
红角鸮 *Otus scops*	√		√	S	WD	+	II
雕鸮 *Bubo bubo*	√		√	R	PA	+	II
纵纹腹小鸮 *Athene noctua*	√		√	R	PA	+	II
长耳鸮 *Asio otus*			√	W	PA	+	II
短耳鸮 *Asio flammeus*			√	P	PA	+	II

注：1. 居留情况：R：留鸟，S：夏候鸟，W：冬候鸟，P：旅鸟；

2. 区系类型：PA：古北界鸟类，O：东洋界鸟类，WD：广布种；

3. 保护级别：I：国家一级重点保护动物；II：国家二级重点保护动物；IUCN（世界自然保护联盟濒危物种红色名录）中的 CR 极危，EN 濒危，VU 易危；

4. 种群相对数量：+表示稀有种，++表示普通种，+++表示优势种。

表 6-70　黄河河南段沿岸湿地鸟类的地理型与居留状况

类型	留鸟（繁殖鸟）	夏候鸟（繁殖鸟）	旅鸟	冬候鸟	合计
古北界型 （黄淮平原亚区、黄土高原亚区）	27	14	78	26	145
东洋界型 （东部丘陵平原亚区、西部山地高原亚区）	11	14	2	0	27
广布型	21	19	12	5	57
合计	59	47	92	31	229

① 从地理型来看：由于在我国华北平原与江汉淮平原间，没有高山等天然屏隔，形成广阔的过渡地带，南北鸟类在本区混杂，古北界种占优势。该区分布的 229 种鸟类中，以古北界种类 145 种，占本区鸟类的 63.3%。主要有小䴙䴘、绿头鸭、赤麻鸭、赤膀鸭、绿翅鸭、豆雁、环颈雉、凤头麦鸡、大斑啄木鸟、灰喜鹊、灰鹡鸰、红尾伯劳、灰椋鸟、喜鹊、秃鼻乌鸦、褐柳莺、沼泽山雀、三道眉草鹀等。广布种有 57 种，代表性种类有苍鹭、草鹭、骨顶鸡、燕鸥、灰斑鸠、四声杜鹃、大杜鹃、雕鸮、戴胜、绿啄木鸟、家燕、白鹡鸰、喜鹊、大嘴乌鸦、红尾水鸲、大苇莺、大山雀和麻雀等，占该区鸟类总种数的 24.9%。属于东洋界的有白鹭、董鸡、珠颈斑鸠、白头鹎、虎纹伯劳、黑卷尾和黑枕黄鹂等 27 种，占当地鸟类总种数的 11.8%。

② 从居留类型看：评价区留鸟 59 种，占本地区鸟类总数的 25.8%；夏候鸟有 47 种，占本地区鸟类总数的 20.5%；旅鸟 92 种，占 40.2%；冬候鸟有 31 种，占 13.5%。有 123 种鸟类迁徙途经此处或迁至当地越冬，据统计在本区越冬的雁鸭类达到 10 万只左右。2008 年 11 月 26 日，仅在郑州花园口东黄河二桥附近记录豆雁近万只，九堡附近记录灰鹤

1 000 余只。此外，大量鸻鹬类途经本区在此停留或在此越冬，可见本区是重要的候鸟越冬地和迁徙停歇地。

③ 繁殖鸟是反映组成区系特点的重要表征。据调查分析，在评价区内繁殖的鸟类 106 种（其中留鸟 59 种，夏候鸟 47 种），占全部鸟类的 46.3%，其中古北界鸟类 41 种，占繁殖鸟类的 38.7%，东洋界 25 种，占繁殖鸟类的 23.6%，广布种 40 种，占繁殖鸟类的 37.7%。

（4）湿地生境变化

黄河河道湿地形成、发展和萎缩与黄河水沙条件、河道边界条件、人类活动密切相关。黄河下游沿岸湿地属于河漫滩湿地，人口密集、人类活动频繁、环境压力和保护难度大，湿地周边经济的发展对湿地的依赖性极强。湿地围垦是黄河下游湿地保护面临的主要威胁。根据本次沿岸湿地遥感解译结果（见表 6-71），2010 年鸟类重要栖息地面积和耕地面积分别为 1990 年的 56% 和 140%。

表 6-71 沿岸湿地鸟类重要栖息地面积评价

生态指标		对照年（1990 年）	2005 年	现状年（2010 年）
鸟类重要栖息地面积/km²	河渠	310.02	288.84	222.82
	湖泊	0.01	0.50	2.72
	水库坑塘	59.02	4.80	9.06
	滩地	190.93	61.12	80.68
	沼泽地	2.83	2.68	2.65
	总计	562.81	357.95	317.93
耕地面积/km²	平原旱地	489.71	675.53	608.36
	平原水田	17.48	28.15	104.72
	丘陵旱地	2.59	3.01	3.19
	山地旱地	0.2	0.20	0.2
	总计	509.98	706.88	716.47

（5）生境变化的生态水文要素驱动力分析

1）水动力学模型构建

河道控制断面涵盖花园口、夹河滩、高村、孙口、艾山、泺口、利津断面，其间有伊洛河、沁河与大汶河主要支流的汇入。模型中需要的输入数据如下：

① 河道断面资料（断面起点距-高程）；

② 花园口站实测流量；

③ 利津站断面流量-水位资料；

④ 河道地形资料；

⑤ 河床粒径。

断面资料采用 2009 年 4 月测量数据资料，采用花园口站 2009 年逐日流量过程线作为水动力学模型的上边界条件；下边界为利津站，采用该站同时段的水位关系曲线作为模型的下边界条件。

为了使模拟结果接近控制站点的实测数据资料，需要针对模型的参数逐一进行率定，模型模拟遵从上游站点开始，从上到下逐一率定，经过不断地反复演算，调整敏感性参数，河道的坡度与坡向通过河道地形资料可以计算得到，除此之外河道糙率系数等重要参数对河道净流量的影响非常大。模型模拟结果采用决定系数（R^2）与 Nash-Suttclife 系数（E_{ns}）作为评价指标表明模型的合理性。

2）模型率定验证结果分析

通过 HEC-RAS 水动力学模型的率定验证，使得模拟值尽量接近实测值。经计算，重要控制断面花园口站点 E_{ns}、R^2 分别达到 0.73、0.77；高村断面 E_{ns}、R^2 分别为 0.94、0.97；利津断面 E_{ns}、R^2 分别为 0.77、0.92。从模拟结果看到，区域内模拟值与实测值的一致性较好，可以反映区域实际情况，HEC-RAS 模型适用于黄河下游的河道模拟。

3）生态-水文要素联系研究

以率定的 HEC-RAS 水动力学模型为基础，模拟计算花园口断面不同流量下的水位、湿周量值。以花园口断面的模拟结果确定发生漫滩洪水补给河流湿地的流量要求、可能补水量及补水方式。花园口断面的横向剖面如图 6-103 所示，通过模型计算花园口断面流量-湿周-水位的关系图（见图 6-104）。若对河流湿地进行补水需要漫入嫩滩、一滩与二滩，改善湿地内鸟类栖息地质量，针对目前断面情况，水面要充溢整个河道主槽的水位需达到 93.8 m，对应的流量为 7 014.3 m³/s，湿周为 2 921.8 m。

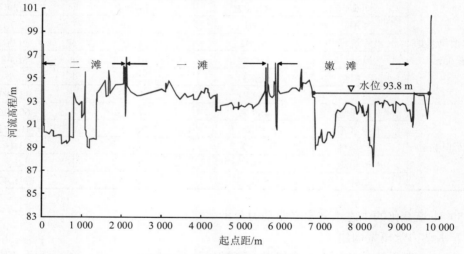

图 6-103　花园口断面横剖面

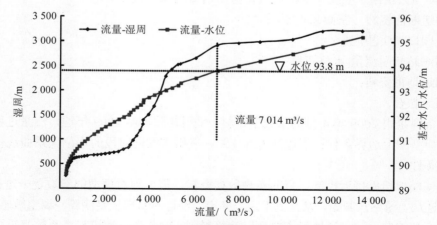

图 6-104　花园口断流流量-水位-湿周模拟关系

近年来花园口断面最大流量及对应水位见表 6-72，近年来花园口的最大流量发生在调水调沙期间，在 4 000 m³/s 左右且持续时间短暂，随着调水调沙的开展河床冲刷不断刷深，同流量所对应的水位在不断地降低。现阶段下花园口断面流量要大于 7 014.3 m³/s 时才会发生漫滩补水，与《2011 年汛前黄河调水调沙预案》（黄河水利委员会，2011）中计算的下游各断面的平滩流量基本保持一致（预估黄河下游各河段平滩流量为：花园口以上一般大于 6 000 m³/s；花园口—高村为 5 000 m³/s 左右）。现阶段主要依靠天然降水与地下水侧渗来补给；同时鉴于人口密集、人类活动频繁、环境压力和保护难度大，需要制定严格的管理措施并加大执行力度，禁止围垦河道，减少高强度人类活动，退耕还湖还河，保护湿地的核心生境。

表 6-72 近年来花园口断面最大流量及对应水位

时间	水位/m	流量/（m³/s）
2009-06-29	92.6	4 170
2010-06-30	92.34	4 130
2011-06-25	92.46	4 100
2012-06-30	92.16	4 320

6.5.2 河口湿地

黄河三角洲湿地自然保护区作为国家级重点保护区，是东北亚内陆河环西太平洋鸟类迁徙的"中转站"、越冬地与繁殖地，在我国生物多样性保护和湿地研究中占有重要地位。在黄河三角洲生态系统的平衡和演变中，淡水湿地是河口地区陆域、淡水水域和海洋生态单元的交互缓冲地区，是维持河口系统平衡和生物多样性保护的生态关键要素，也是河口生态保护的核心区域和重点保护对象。淡水湿地对维持河口地区水盐平衡，提供鸟类迁徙、繁殖和栖息生境，维持三角洲生态发育平衡等，具有十分重要和不可替代的生态价值与功能。

选取 Landsat TM 数据作为沿岸湿地土地利用、景观格局数据生产的数据源，采用 1990 年、1995 年、2000 年、2005 年和 2010 年 5 期 TM 卫星遥感影像，条带号/行编号分别为 126/36、125/36、124/36、123/36、123/35、122/35、122/34、121/34，数据来源于中国科学院地理科学与资源研究所。

6.5.2.1 土地利用及景观格局

（1）土地利用

黄河三角洲湿地 1990—2010 年的景观格局如图 6-105 所示，逐年面积变化如图 6-106 所示。

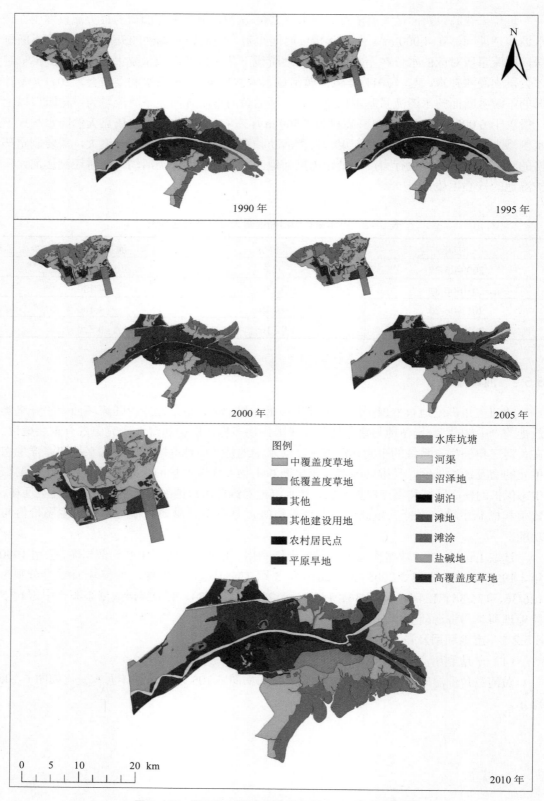

图 6-105　黄河河口三角洲自然保护区多年土地利用

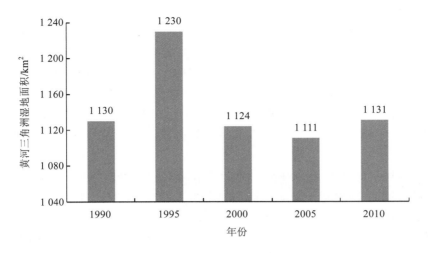

图 6-106　黄河三角洲湿地各年份面积变化

由图 6-106 看到黄河三角洲各年份湿地面积会发生一定的变化，这主要是与三角洲的冲淤、水边线的变化密切相关。1995—2005 年湿地萎缩，面积减小至 1 111.30 km²，其中 1995—2000 年减小幅度最大为 106 km²，一方面水资源量的减少对其造成一定的影响（1995 年利津水文站年径流总量 137 亿 m³，而 2000 年年径流总量仅为 49 亿 m³）；另一方面也与人类活动、油田开发等具有一定的关系。2010 年相比 2005 年面积有所增加，与生态补水密切相关。黄河三角洲湿地主要以草地、滩涂与平原旱地景观类型为主（见图 6-107）。

① 草地面积呈缓慢的增加趋势且 1990—2010 年占总湿地面积的范围为 38.67%～48.25%，2005 年达到最高值 536.2 km²，草地基本以高覆盖度草地为主，占草地总面积的 37.15%～48.12%，占湿地总面积的 16.82%～20.66%。

② 滩涂整体呈缓慢的减少趋势，1995 年达极大值，占总湿地面积的 29.30%（360.33 km²）。

③ 平原旱地多年来面积变化有限，基本维持 150 km² 以内。

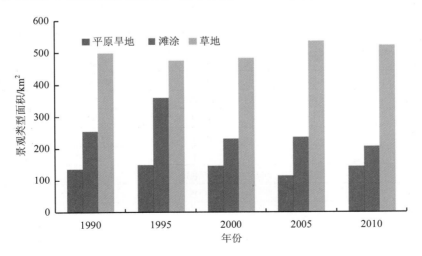

图 6-107　黄河三角洲湿地主要景观类型变化

（2）土地利用特征及演变

1990 年与 2010 年黄河三角洲湿地景观动态度评价结果见表 6-73，1990 年与 2010 年景观转移矩阵计算结果见表 6-74。结果表明，水库坑塘、低覆盖度草地、滩涂、高覆盖度草地的面积增减数量比较明显，结合 1990 年与 2010 年景观转移矩阵进行分析：

① 水库坑塘面积增加 48.87 km²，在保留 1990 年原有水库坑塘面积占 39.66% 的基础上，所增加的面积主要是由 1990 年其他建设用地 22.33%、滩涂 29.64%、高覆盖度草地 10.34%、低覆盖度草地 7.24% 转化而来，其中高覆盖度草地的转化面积最大，为 23.62 km²。

② 低覆盖度草地增加 38.26 km²，2010 年基本是以 1990 年的低覆盖度草地为主，总量占 88.18%。同时 1990 年中覆盖度草地 14.37%、滩涂 7.79%、高覆盖度草地 6.14% 转化成低覆盖度草地，其中中覆盖度草地转化面积最大，为 21.18 km²。

③ 滩涂面积有所减少，变化量为 46.12 km²。1990 年滩涂面积的 7.79% 转化为低覆盖度草地、7.79% 转化为高覆盖度草地、7.74% 转化为中覆盖度草地。

④ 高覆盖度草地减少 27.95 km²。在保留 1990 年 71.31% 面积基础上，10.34% 转化为水库坑塘、6.14% 转化为低覆盖度草地、5.77% 转化为中覆盖度草地。

相比 1990 年，2010 年水面面积增多，河流型湿地面积增多，滩涂滩地大幅度减少。从利津站年径流总量来看，1990 年、2010 年径流量总量分别是 264.4 亿 m³、195.3 亿 m³，2010 年径流量总量仅为 1990 年的 0.74 倍，因此，黄河三角洲湿地的改善主要因为 2008—2010 年调水调沙期间连续开展生态补水，至 2010 年河口刁口河流路断流 34 年后全线过流，集中于对核心区的补水，有效改善了湿地生态系统。

表 6-73　1990 年与 2010 年黄河三角洲湿地景观动态度评价结果

景观类型	景观类型面积/km²		面积增减/km²	动态度/（%/a）
	1990 年	2010 年		
中覆盖度草地	147.75	159.69	11.94	0.4
低覆盖度草地	124.05	162.31	38.26	1.54
其他	12.87	12.43	−0.44	−0.17
其他建设用地	58.82	48.16	−10.66	−0.91
农村居民点	2.15	1.94	−0.21	−0.48
平原旱地	135.18	144.17	8.99	0.33
水库坑塘	7.57	56.44	48.87	32.26
河渠	60.35	47.77	−12.58	−1.04
沼泽地	11.19	13.2	2.02	0.9
湖泊	0.1	0.27	0.16	7.94
滩地	15.76	2.11	−13.65	−4.33
滩涂	253.95	207.83	−46.12	−0.91
盐碱地	71.47	73.95	2.48	0.17
高覆盖度草地	228.58	200.63	−27.95	−0.61
总计	1 129.8	1 130.9	1.1	0

表6-74 1990年与2010年黄河三角洲湿地景观转移矩阵

1990/2010年	低覆盖度草地	高覆盖度草地	河渠	湖泊	农村居民点	平原旱地	其他	其他建设用地	水库坑塘	滩地	滩涂	盐碱地	沼泽地	中覆盖度草地
低覆盖度草地	88.18%	1.02%	0.20%			0.27%		0.91%	0.11%	0.000 1%	8.31%	0.03%		0.98%
高覆盖度草地	6.14%	71.31%	2.05%			0.08%			10.34%	0.002%	2.77%	1.55%	0.000 4%	5.77%
河渠	1.22%	21.52%	39.34%			16.52%	0.03%		1.84%	0.42%	15.51%	0.54%		3.04%
湖泊								100%						
农村居民点					86.58%	9.29%			4.13%					
平原旱地	0.00%	0.16%	2.03%		0.06%	97.65%			0.05%					0.05%
其他			1.07%				96.33%			0.004%	2.60%			
其他建设用地	0.58%	0.10%	0.40%					75.42%	22.33%		1.16%	0.001%	0.005%	0.000 03%
水库坑塘	0.89%	8.28%		3.62%				11.24%	39.66%	11.13%	2.48%	10.19%		12.52%
滩地	0.28%	15.91%	36.93%			9.04%	0.01%		29.64%	5.32%	0.29%			2.57%
滩涂	7.79%	7.79%	1.91%					0.40%	0.09%		72.83%	1.45%		7.74%
盐碱地	0.85%	0.32%	0.04%				0.02%	0.27%			2.74%	94.18%	1.59%	0.001%
沼泽地		1.21%						1.24%	7.23%			0.31%	97.15%	0.09%
中覆盖度草地	14.37%	1.68%	0.14%			0.35%		0.60%		0.14%	1.06%		1.03%	73.39%
总计	15.31%	18.88%	3.86%	0.03%	0.19%	13.90%	1.17%	4.64%	5.44%	0.20%	14.63%	7.10%	1.27%	13.37%

（3）景观格局变化分析

表 6-75 列出了黄河三角洲湿地自然状态与现状的重要指标数据，同时结合表 6-73 黄河三角洲湿地 1990—2010 年景观类型演变结果进行如下分析：相比 1990 年，景观多样性与均匀度指数有一定的提高，各种景观类型呈现均衡化发展，斑块破碎度加强，斑块数量增加，平均斑块面积下降。

表 6-75　黄河三角洲湿地自然与现状条件下重要表征数据对比

指标	湿地平均斑块面积/hm²		斑块数量/个		自然与人工湿地面积比值		香农多样性指数（SHDI）		香农均匀度指数（SHEI）	
年份	1990	2010	1990	2010	1990	2010	1990	2010	1990	2010
数值	687	635	128	136	10.21	2.81	1.853	1.924	0.894	0.916

6.5.2.2　NDVI

黄河三角洲 1990 年、2000 年和 2010 年 NDVI 变化情况和不同数值面积比例见表 6-76。结果表明，黄河三角洲湿地 NDVI 值小于 0.2 区域的比例由 1990 年的 92% 下降为 2000 年和 2010 年的 84% 和 75%。

表 6-76　黄河三角洲各年份不同 NDVI 等级的面积和比例

NDVI 等级	项目	1990 年	2000 年	2010 年
<0	面积/km²	440.70	655.40	587.60
	百分比/%	39	58	52
0~0.2	面积/km²	598.90	293.80	259.90
	百分比/%	53	26	23
0.2~0.4	面积/km²	90.40	0.00	282.50
	百分比/%	8		25
0.4~0.6	面积/km²	0.00	180.80	0.00
	百分比/%	0	16	0

6.5.2.3　鸟类变化及影响因素分析

（1）鸟类数量变化

1）调查方法及路线

鸟类调查时间及方法见 6.2.6 相关内容。黄河三角洲自然保护区调查路线为：黄河三角洲自然保护区大汶流管理站，主要生境类型为芦苇沼泽、滩涂、河道，黄河三角洲自然保护区一千二管理站，主要生境类型为黄河故道、芦苇沼泽、滩涂，黄河三角洲自然保护区黄河口管理站，主要生境类型为芦苇沼泽、河道。

2）鸟类调查结果

依据 2011—2013 年越冬季实地调查，结合查阅文献记载，黄河三角洲自然保护区鸟类达 296 种，见表 6-77，隶属于 19 目 59 科，154 种属于《中日保护候鸟及其栖息环境协定》中的保护鸟类，53 种属于《中澳保护候鸟及其栖息环境协定》中的保护鸟类。黄河三角洲自然保护区雀形目鸟类最多达 103 种，占本区鸟类总种数的 34.8%；其次为鸻形目，达 64 种，占该区鸟类总种数的 21.6%；雁形目居第三，共 36 种，占该区鸟类总种数的 12.2%。

2011—2013 年度调查鸟类的居留类型见表 6-78，以旅鸟为主，占 50.75%，旅鸟与夏候鸟作为繁殖鸟共占 37.2%。保护区属于古北界华北区的黄淮平原亚区，但与东洋界东部丘陵平原亚区相毗邻具有两界的过渡特性：

① 保护区以古北界鸟类为主，高达 206 种，占鸟类总种数的 69.6%。典型古北界鸟类有白鹤、大天鹅、鸳鸯、丹顶鹤、灰鹤、大鸨、极北柳莺等，主要以旅鸟和冬候鸟为主。

② 广布种 62 种，占鸟类总种数的 20.9%。其代表种类有草鹭、大白鹭、普通翠鸟、大杜鹃等。

③ 东洋种占少数，有 28 种（9.5%），代表种有绿鹭、池鹭、蓝翡翠、白头鹎、黑卷尾等，且大多数为繁殖鸟类。

表 6-77　黄河三角洲自然保护区重点保护鸟类名录

种类	生态分布		居留情况	区系类型	种群数量	保护级别
	林地、灌丛	沼泽水域	草甸			
角䴙䴘 Podiceps auritus		√	√	P	PA	+	II
斑嘴鹈鹕 Pelecanus philippensis		√	√	W	O	+	II
卷羽鹈鹕 Pelecanus crispus		√	√	P	WD	+	II，VU
海鸬鹚 Phalacrocorax elagicus		√	√	P	PA	+	II
东方白鹳 Ciconia boyciana		√	√	P	PA	+	EN
黑鹳 Ciconia nigra		√	√	W	PA	+	I
白琵鹭 Platalea leucorodia		√	√	W	PA	+	II
黑脸琵鹭 Platalea minor		√	√	P	O	+	II
鸿雁 Anser cygnoides		√	√	P	PA	+	VU
白额雁 Anser albifrons		√	√	P	PA	+	II
小白额雁 Anser erythropus		√	√	W	PA	+	VU
疣鼻天鹅 Cygnus olor		√	√	W	PA	++	II
大天鹅 Cygnus cygnus		√	√	W	PA	+++	II
小天鹅 Cygnus columbianus		√	√	P	PA	+++	II
鸳鸯 Aix galericulata		√	√	P	PA	+	II
花脸鸭 Anas formosa	√	√	√	W	PA	+	VU
青头潜鸭 Aythya baeri	√	√	√	P	PA	+	EN
中华秋沙鸭 Mergus squamatus	√	√	√	P	PA	+	I
鹗 Pandion haliaetus	√	√	√	P	WD	+	II
凤头蜂鹰 Pernis ptilorhynchus			√	W	PA	+	II
黑翅鸢 Elanus caeruleus			√	P	O	+	II
黑鸢 Milvus migrans			√	R	WD	+	II
栗鸢 Haliastur indus			√	P	WD	+	II
白尾海雕 Haliaeetus albicilla			√	W	PA	+	I
秃鹫 Aegypius monachus			√	W	PA	+	II
白腹鹞 Circus spilonotus			√	P	PA	+	II
白尾鹞 Circus cyaneus	√		√	P	PA	+	II

种类	生态分布			居留情况	区系类型	种群数量	保护级别
	林地、灌丛	沼泽水域	草甸				
鹊鹞 *Circus melanoleucos*	√		√	P	PA	+	II
松雀鹰 *Accipiter virgatus*	√		√	W	WD	++	II
雀鹰 *Accipiter nisus*	√		√	P	WD	+	II
苍鹰 *Accipiter gentilis*	√		√	P	WD	+	II
灰脸鵟鹰 *Butastur indicus*	√		√	P	PA	+	II
赤腹鹰 *Accipiter soloensis*	√		√	P	O	+	II
普通鵟 *Buteo buteo*	√		√	P	WD	+	II
大鵟 *Buteo hemilasius*	√		√	W	PA	+	II
毛脚鵟 *Buteo lagopus*	√		√	P	PA	+	II
金雕 *Aquila chrysaetos*	√		√	R	PA	+	I
黄爪隼 *Falco tinnunculus*	√		√	S	PA	+	II，VU
红隼 *Falco tinnunculus*	√		√	R	WD	+	II
阿穆尔隼 *Falco amurebsis*	√		√	S	PA	+	II
灰背隼 *Falco columbarius*	√		√	P	PA	+	II
燕隼 *Falco subbuteo*	√		√	P	PA	+	II
游隼 *Falco peregrinus*		√	√	R	WD	+	II
蓑羽鹤 *Anthropoides virgo*		√	√	P	PA	+	II
白鹤 *Bugeranus leucogeranus*		√	√	P	PA	+	I，CR
白枕鹤 *Grus vipio*		√	√	P	PA	+	II，VU
灰鹤 *Grus grus*		√	√	W	PA	+++	II
白头鹤 *Grus monacha*		√	√	P	PA	+	I，VU
丹顶鹤 *Grus japonensis*		√	√	P	PA	++	I，EN
大鸨 *Otis tarda*			√	W	PA	+	I，VU
小杓鹬 *Numenius minutus*			√	P	PA	+++	II
小青脚鹬 *Tringa guttifer*		√	√	P	PA	+	II，EN
黑嘴鸥 *Larus saundersi*		√	√	S	PA	++	VU
遗鸥 *Larus relictus*		√	√	P	PA	+	I，VU
黑浮鸥 *Chlidonias niger*		√	√	P	PA	+	II
草鸮 *Tyto capensis*	√			R	O	+	II
领角鸮 *Otus bakkamoena*	√			R	WD	+	II
红角鸮 *Otus scops*	√			S	WD	+	II
斑头鸺鹠 *Glaucidium cuculoides*	√			P	O	+	II
纵纹腹小鸮 *Athene noctua*	√			R	PA	+	II
鹰鸮 *Ninox scutulata*	√			S	O	+	II
长耳鸮 *Asio otus*	√		√	W	PA	+	II
短耳鸮 *Asio flammeus*	√		√	P	PA	+	II

注：1. 居留情况：R：留鸟，S：夏候鸟，W：冬候鸟，P：旅鸟；

2. 区系类型：PA：古北界鸟类，O：东洋界鸟类，WD：广布种；

3. 保护级别：Ⅰ：国家一级重点保护动物；Ⅱ：国家二级重点保护动物；IUCN（世界自然保护联盟濒危物种红色名录）中的 CR 极危，EN 濒危，VU 易危；

4. 种群相对数量：+表示稀有种，++表示普通种，+++表示优势种。

表 6-78　2011—2013 年度鸟类调查数据

类型	留鸟（繁殖鸟）	夏候鸟（繁殖鸟）	旅鸟	冬候鸟	合计
古北界型	22	24	130	30	206
东洋界型	5	16	7	0	28
广布型	20	23	13	6	62
合计	47	63	150	36	296

2）与历史数据对比分析

1990 年黄河三角洲湿地自然保护区确立，至今鸟类种类的变化如图 6-108 所示，1995 年与 2011—2013 年间鸟类居留类型对比如图 6-109 所示。鸟类种类相比 1990 年有很大程度的增加，达 109 种；相比 1995 年，科考调查增加了 35 种，其中旅鸟 21 种，冬候鸟 4 种，夏候鸟 3 种，留鸟 7 种。这与小浪底水库工程运行后黄河水量的统一调度和管理密切相关，结束了黄河的断流，同时保护区实施湿地恢复工程，为鸟类创造了良好的栖息环境。

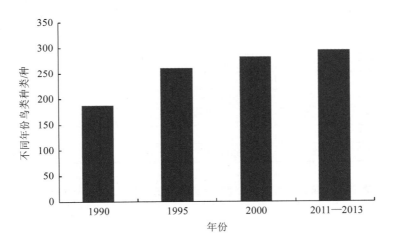

图 6-108　不同年份黄河三角洲保护区鸟类的种类变化

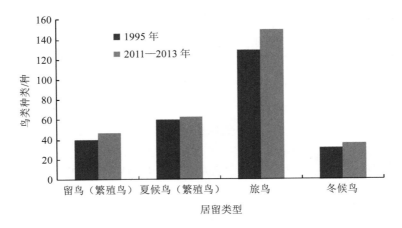

图 6-109　1995 年与 2011—2013 年鸟类居留类型的分布

黄河三角洲自然保护区重要保护鸟类丹顶鹤、大天鹅、黑嘴鸥及东方白鹳的越冬、繁殖及迁徙数量见表 6-79 和表 6-80，均属于古北界区系鸟类。结合数据分析可知，鸟类保持持续向好的发展趋势：

表 6-79　黄河三角洲自然保护区珍稀鸟类越冬、繁殖、迁徙数量统计　　　　　单位：只

年份	越冬数量		繁殖数量	迁徙数量	
	丹顶鹤	大天鹅	黑嘴鸥	丹顶鹤	黑嘴鸥
1990	29	—	—	—	—
1998	29	2 000	489	88	1 385
1999	35		436	64	1 420
2000	52		—	79	1 254
2001	61		230	26	—
2002	23		449	311	—
2003	18	2 100	330	154	—
2004	—		324	—	—
2005	94		238	179	—
2006	75		270	300	—
2007		1 380	800	—	—
2008			660	350	—
2009	50	1 270	—	218	—
2010			—		
2011			—	380	1 500
2011—2013	200	2 000	—	800	1 500

表 6-80　黄河三角洲自然保护区近年来东方白鹳鸟类繁殖相关数据

年份	繁殖种群数/只	营巢数	繁殖成功巢数	幼鸟数/只
2005	93	3	2	7
2006		7	7	23
2007	150	10	9	28
2008		12	11	35
2009		21	17	48
2010		28	23	65
2011	350	31	28	64

① 丹顶鹤：国家一级保护鸟类，濒危物种。黄河三角洲是丹顶鹤迁徙过程中重要的停歇地，也是部分丹顶鹤的越冬栖息地，二十年来丹顶鹤迁徙和越冬数量均呈增加趋势。2002 年迁徙数突增至 311 只，目前经自然保护区迁徙经过的丹顶鹤每年约 800 只，越冬数量大约 200 只。

② 大天鹅：稀有物种，《中日保护候鸟及其栖息环境协定》中的保护鸟类。黄河三角洲湿地是大天鹅的集中越冬地，越冬数量在 1 200～2 100 只，最大种群数量为 400 余只。近年来，大天鹅越冬数有减少趋势，2009 年越冬数为 1 270 只。

③ 东方白鹳：大型涉禽，属于濒危稀有物种。据调查 20 世纪 90 年代 10—11 月、次

年 3 月迁徙季节存在稳定的迁徙种群，大约 40 只；2002 年繁殖期内会出现不固定的个体停留；2003 年 5 月下旬，一对东方白鹳在高压电线杆上营巢繁殖，剩下有剥落的卵壳但没有发现有雏鸟孵化，生境为河口滩涂湿地；2004 年 3 月下旬，调查发现东方白鹳叼有柽柳枝条，但没有发现巢穴；2005 年 3 月起，93 只东方白鹳在繁殖期内长期停留，其中 3 对高压电线杆上筑穴成功，2 对孵化出 7 只雏鸟，6 月上旬雏鸟发育成熟飞离巢穴；自 2005 年以来陆续发现东方白鹳筑巢繁殖，数量稳步增加，截止到 2011 年，共调查成功繁育幼鸟 270 只。

④ 黑嘴鸥：黄河三角洲是黑嘴鸥在中国已知的三大繁殖地之一，世界上仅存 3 000 余只，在此迁移种群维持在 1 500 余只，最大种群为 237 只。黑嘴鸥年度间的繁殖数量有变动，但整体相对保持稳定，1998—2006 年繁殖种群 200～300 只，2007 年后数量锐增达 800 只。但之后水深没有进行有效控制，黑嘴鸥繁殖种群数量变得不稳定。

（2）鸟类生境要求

上述重点珍稀鸟类分属于游禽、涉禽，以其生活习性为基础确定鸟类健康生长、繁殖需求，评价黄河三角洲湿地鸟类栖息地的质量。珍稀保护鸟类的生长、栖息要求见表 6-81。

表 6-81　黄河三角洲湿地重点鸟类（游禽、涉禽）生境要求

重点保护鸟类名称		栖息地生境			水文要素要求	
		逗留时间	地点	生境描述	栖息地生境的水深	流态
游禽	大天鹅/小天鹅（稀有种）	11 月中旬—次年 4 月中旬	黄河入海口，黄河故道	天鹅的栖息生境主要是大水库、黄河河道、大水面芦苇沼泽，在迁徙期在黄河入海口近海滩涂集大群	0.5～2 m	静水或缓流，不结冰
	黑嘴鸥	3 月中旬—8 月	新黄河口、老黄河口、大汶流沟等于潮河两侧及近海滩涂；湿地恢复区	自然生境：以碱蓬为主要植被类型的近海滩涂；人工生境：无水或水位较浅、有部分高出水面的陆地，周围有筑巢用的碱蓬、芦苇等植被且在滩涂附近距离近海不远	淤泥滩涂或少量积水；人工生境适宜水位控制，避免水量过大淹没巢区	静水或缓流，不结冰
涉禽	丹顶鹤（稀有种）	秋末 10 月下旬—12 月上旬；春季 2 月上旬—3 月上旬；部分夏候鸟停留繁殖 3—9 月	黄河故道、黄河入海口	芦苇沼泽；潮间带；河道	浅积水（小于 30 cm），间歇性积水的潮间带、沼泽地	
	东方白鹳（稀有种）	中转站：10 月上旬—12 月上旬，次年 3 月中下旬；部分停留繁殖 4—6 月	4 238 hm² 大汶流湿地生态恢复工程区	有高压电线塔贯穿的芦苇沼泽。巢区样方内水深>15 cm，水面比例>30%，植被高度>50 cm，植被密度为 200～500 根/m²	水深 5～15 cm	静水或缓流，不结冰

从鸟类生长、繁殖及所需要的生境需求来看，水域、滩涂及其芦苇沼泽是重要的栖息地，植被类型有芦苇、翅碱蓬、柽柳、杞柳，其中芦苇是最重要的植被类型。鉴于芦苇对水分的需求条件最高，因此本书选定芦苇指示物种表征栖息地的植被生长要求。芦苇生性耐碱，在潮上带含盐量高达 2%的地区仍然生长，在制约芦苇生长的生态因子中，水是最为重要的限制因子。根据芦苇的生长规律，不同生长时期所需要的水量有所不同。春季芦苇发芽前，需灌溉浅水 0.05 m，加速土壤解冻，提高地温，促进芦苇发芽，当土壤解冻后需要排出水分，保持土壤湿润即可，当芦苇发芽和生长后，灌溉浅水 0.05 m；5 月中旬以后，芦苇进入生长盛期，生长速度加快，需水量增加，应采取深水灌溉，水层保持在 0.3～1.01 m；8 月中旬以后，芦苇进入生殖生长期，需水量降低，进行土壤排水，保持土壤湿润，促进芦苇成熟和秋芽发育。综合多方面的研究结果，黄河三角洲自然保护区芦苇物种的适宜水深是 0.05～0.6 m。

综上所述，游禽与涉禽适宜的生境区域主要集中于河道、水库坑塘、滩涂及其芦苇沼泽地，即主要集中于自然湿地。

（3）鸟类变化的景观驱动力分析

1）自然/人工湿地演变

基于上述分析的 TM 影像资料，同时参考黄委会已验收通过的《黄河调水调沙的河口生态效应分析研究报告》（2012 年）和《黄河河口综合治理规划环境影响报告书》，开展鸟类适宜生境的变化分析。其中黄河三角洲湿地中自然湿地与人工湿地分布情况见表 6-82。

表 6-82　黄河三角洲自然/人工湿地概况

一级分类	二级分类	三级分类	分布
自然湿地	滨海湿地	潮下带湿地	主要分布在低潮时水深不超过 6 m 的永久性滨海浅水域
		潮间带滩涂湿地	主要分布在沿海高潮位与低潮位之间的潮侵地带
		潮上带重盐碱化湿地	主要分布在潮上带盐碱地
	河流湿地	河道湿地	黄河河道
		古河道口及河口湿地	分布在黄河故道及河流附近
	沼泽湿地	芦苇沼泽	主要分布于河流沿岸及河口、水库、湖泊的河滩地
		灌木沼泽	分布于河湖沿岸、低洼河槽与季节性积水的河滩地
		乔木沼泽	分布于河岸两侧
	草甸湿地	獐茅芦苇草甸	主要分布于黄河等河流的河漫滩及滨海河口、滩涂地带
		茅草草甸	主要分布于河滩地
人工湿地	水库湿地	—	遍布于黄河三角洲
	沟渠湿地	—	沟渠和排水沟
	坑塘湿地	—	分布于地势较低的低洼地
	水田湿地	—	分布于有水源保证和灌溉设施的耕地区域
	盐田	—	主要分布于沿海区域及近河口地带

黄河三角洲自然湿地变化如图 6-110 所示，人工湿地变化如图 6-111 所示。黄河三角洲地区自然湿地面积从 1976 年到 2010 年呈逐渐下降趋势，从 1976 年的 129 184.78 hm^2 下降到 2010 年的 75 018.32 hm^2，自然湿地面积减少了 54 166.45 hm^2，减少了近 41.9%。人工湿地面积从 1976 年到 2010 年呈迅速增加趋势，从 1976 年的 32.076 hm^2 增加到 2010

年的 33 638.21 hm²，人工湿地面积增加了 33 606.13 hm²，尤其是 1999 年到 2010 年增长十分迅速，与 1999 年相比，2010 年人工湿地增加了 3.2 倍，达到 33 638.2 hm²，增速达 2 123 hm²/a。

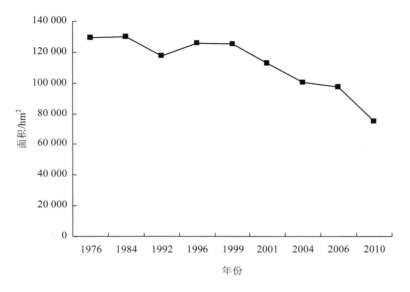

图 6-110　1976—2010 年黄河三角洲地区自然湿地变化

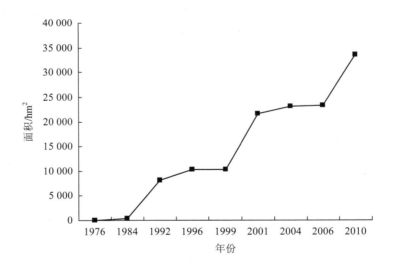

图 6-111　1976—2010 年黄河三角洲地区人工湿地面积变化

　　1976—2010 年，不同的湿地类型面积变化情况不完全一致。但整体趋势上是自然湿地面积不断减少，人工湿地面积迅速增加，自然湿地中滩涂、淡水湿地等主要景观斑块退化严重，芦苇湿地斑块破碎化程度增加，黄河三角洲湿地面积萎缩和功能退化趋势严重的趋势在 2000 年后趋缓。

　　黄河三角洲湿地结构变化的原因包括人为干扰以及近年来黄河进入河口地区的水沙

资源减少两方面因素。一方面，人为干扰主要表现在城镇化建设、土地资源开发、胜利油田开发建设、道路及导流堤修建阻隔等，人为干扰是造成河口三角洲人工湿地面积大幅度增加，而自然湿地面积不断减少，同时湿地景观破碎化不断加剧、生境适宜性降低的主要原因。另一方面，黄河水沙资源是三角洲湿地形成、发育与演变的根本动力，而近年来进入河口地区水沙资源的大幅减少加剧了三角洲湿地尤其是淡水湿地的萎缩与退化，造成河口湿地生态功能不断下降。自 1999 年以来，黄河水量统一调度、调水调沙以及 2008 年开始的黄河生态调度与三角洲补水，为黄河三角洲湿地恢复提供了水资源支撑条件，取得了淡水湿地面积增加、湿地质量不断改善、湿地生境适宜性不断提高等较好的生态效益，但三角洲湿地的修复与保护还需要从加强生境管理，减轻人为活动引起的景观破碎化等方面入手，才能更好地促进湿地质量的改善与河口三角洲生态系统的良性维持。

2）鸟类变化的驱动力分析

① 相比 1990 年，景观多样性与均匀度指数虽然有一定的提高，各种景观类型呈现均衡化发展，但是斑块破碎度加强，斑块数量增加，平均斑块面积下降，对于鸟类的栖息地产生了一定的负面影响。

② 自然型湿地急剧萎缩，人工湿地面积急剧增加，两者比值缩减 72.5%。水库坑塘面积大大增加，为天鹅与丹顶鹤鸟类创造了高质量的栖息地，鸟类越冬数量增加且陆续出现丹顶鹤停留繁殖的现象；相比 1990 年、2005 年，滩涂面积均是急剧减少，减少了黑嘴鸥、天鹅的适宜生境区域。

③ 芦苇沼泽主要位于高覆盖度草地，相比 1990 年有一定的减少但是高于 2005 年的面积，芦苇沼泽保持向好发展趋势，对天鹅、东方白鹳与丹顶鹤的栖息地质量改善发挥了一定的积极作用。

6.6 生态损益评估

6.6.1 小浪底工程正效益评估

6.6.1.1 防洪、防凌及减淤效益

（1）防洪效益

据不完全统计，从公元前 602 年（周定王五年）至 1938 年的 2 540 年间，下游决口泛滥的年数有 543 年，决口达 1 590 余次，经历了 5 次重大改道和迁徙，平均三年两决口，百年一改道。洪水灾害波及范围西起孟津，北抵天津，南达江淮，遍及河南、河北、山东、安徽和江苏等 5 省的黄淮海平原，纵横 25 万 km²，给国家和人民带来了深重的灾难。

根据历史洪泛情况，结合现在的地形地物变化分析推断，在不发生重大改道的条件下，现行河道向北决溢，洪水泥沙灾害影响范围包括漳河、卫运河及漳卫新河以南的广大平原地区；现行河道向南决溢，洪灾影响范围包括淮河以北、颍河以东的广大平原地区。黄河洪水泥沙灾害影响范围涉及冀、鲁、豫、皖、苏 5 省的 24 个地区（市）所属的 110 个县（市），总土地面积约 12 万 km²，耕地约 1.1 亿亩（1 亩=1/15 hm²），人口

约 9 064 万人。就一次决溢而言，向北最大影响范围为 3.3 万 km²，向南最大影响范围为 2.8 万 km²。

小浪底水库总库容 126.5 亿 m³，长期有效库容 51 亿 m³，扣除 10.5 亿 m³ 调水调沙库容，允许防洪运用 40.5 亿 m³。小浪底水库正常运用后，与三门峡、陆浑、故县水库联合运用，可将花园口洪峰流量削减到 22 600 m³/s 以下，使黄河下游防洪标准由 60 年一遇提高到千年一遇，基本解除黄河下游洪水威胁（《黄河小浪底水利枢纽工程竣工验收环境保护执行报告》，2002）。千年一遇以下洪水，可不使用北金堤滞洪区（李文家，1993）。事实上，黄河中下游在 2003 年、2005 年、2011 年 3 次遭遇华西秋雨，其特点是洪水历时长、水量大、洪峰次数多，属于较严重的秋汛，但通过以小浪底水库为主的四库（三门峡、小浪底、陆浑、故县水库）联合调度，避免了下游大部分滩区出现漫滩的局面，同时大大减少了工程出险。按小浪底水库防洪库容 40.5 亿 m³，单位库容保护耕地 0.001 138 亩/m³ 计算，则避免了 460.89 万亩的农田被淹没。可见小浪底水库避免了上述这 3 次险情，相当于避免了 1 382.67 万亩农田被淹没。

（2）防凌效益

冰凌问题是北方河流中的特殊问题。

小浪底水库建成后，长期有效库容为 51 亿 m³，小浪底水库与三门峡水库联合防凌运用，其中小浪底有 20 亿 m³ 库容可以用来防凌蓄水调节。要解决黄河下游的防凌问题，至少需要 35 亿 m³ 的防凌库容。而三门峡水库凌汛期最大蓄水量仅 18 亿 m³。小浪底水库投入黄河防凌体系后，每年可提供 40 亿 m³ 以上的防凌库容，基本解除了黄河下游的凌汛威胁。小浪底水库运用以来防凌作用主要表现为：库容较大，调蓄能力强，按照工程规划与初期运用防凌运用目标进行水量调控；出库水温增高，较三门峡水库更靠近下游 129 km，使下游成冰断面下移，流凌封冻长度进一步缩短，冰量大幅减少；槽蓄水增量及凌峰流量亦相应减少；水库调水调沙逐步改善下游河道主槽过流能力，提高了冰下过流能力。另外由于气温偏高，以及加强了河道工程管理和其他人工防凌措施等综合影响，至 2008 年水库防凌运用连续 8 年来未出现冰凌期壅水上滩漫溢的较严重灾害事件。2000—2008 年的封河年份中，来水普遍缺少，其中防凌措施是采用小浪底调控与涵闸引水措施相结合，进而直接影响沿程流量的变化。因此，在此期间虽然也出现了几封几开的情况，但均能保持凌汛形势的基本平稳。小浪底水库投入运行以来，在防凌方面取得了显著成果，超过预期目标，无论在大流量封河或小流量封河情况下，凌汛形势均平稳发展，未出现凌汛期壅水上滩漫溢，造成局部凌灾的情况（小浪底水利枢纽后评估报告，2010）。

（3）减淤效益

小浪底水库运用前，下游河槽淤积萎缩严重，行洪输沙能力急剧下降，"二级悬河"发展迅速。

2002 年开始首次调水调沙试验，到 2010 年共开展了 13 次（由于数据有限，只记录到 2010 年）。入海总水量 372.13 亿 m³，入海总沙量 6.43 亿 t，河道冲淤量 3.86 亿 t（河道冲淤量变化见图 6-112）。黄河下游河道主河槽最小平滩流量由 2002 年试验前的 1 800 m³/s 提高到 4 000 m³/s，平均下切 1.5 m 左右。河道冲刷导致断面形态趋于窄深，同流量下水位下降，过流能力（平滩流量）增加，严重萎缩的下游河道已得到复苏。之前"二级悬河"

不断加剧的形势得到遏制并逐步改善，减少了"横河""斜河"的发生概率，减轻了洪水威胁，对黄河下游滩区群众生产生活、经济社会稳定等方面发挥了巨大的作用。由于数据有限，只精确计算到 2010 年，从图 6-112 中得知近年来河道冲淤量比 2006 年之前大大减少，故以 2007—2010 年平均数据估算 2011 年、2012 年的河道冲淤量，为年均 0.283 7 亿 t，则估算 2000—2012 年河道总冲淤量为 4.43 亿 t。

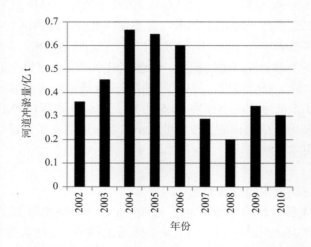

图 6-112　2002—2010 年黄河河道冲淤量变化

6.6.1.2　发电及能源替代效益

（1）发电效益

小浪底水电站是河南电网中最大的水电厂。小浪底工程总装机 6×300 MW，2000 年 1 月 9 日首台机组投产发电，2001 年 12 月 31 日最后一台机组投产发电。按枢纽设计，多年平均年发电量前 10 年为 $45.99×10^8$ kW·h，10 年后为 $58.51×10^8$ kW·h，多年平均年发电量为 $51×10^8$ kW·h。有效缓解了河南电网用电紧张局面，并提高了电网供电质量。据《2006年至 2009 年电厂电量统计表》及文献调查，总结小浪底电厂历年发电量（见表 6-83），趋势如图 6-116 所示（王全洲等，2011；小浪底水利枢纽建设管理局，2009）：

表 6-83　小浪底电厂历年发电量统计　　　　　　　　　单位：10^8 kW·h

年份	年发电量	年份	年发电量
2000	6.13	2006	58.06
2001	21.09	2007	58.87
2002	32.72	2008	55.44
2003	34.82	2009	50.14
2004	50.01	2010	51.77
2005	50.26	合计	419.30

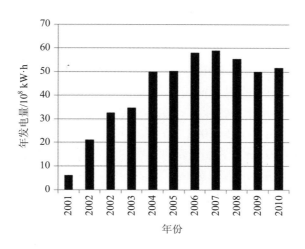

图 6-113　小浪底电厂 2000—2020 年年发电量

小浪底水电站总发电量为 469.31×10^8 kW·h，平均年发电量为 42.66×10^8 kW·h（由于数据限制，只计算到 2010 年）。由图 6-113 可知年发电量整体呈增长趋势，2007 年后稍有回落，则用 2007—2010 年的均值估算 2011 年、2012 年的发电量，为年均 54.055×10^8 kW·h。故估算 2000—2012 年总发电量为 577.42×10^8 kW·h。

（2）能源替代及减排效益

用水力发电代替燃煤的火力发电可以减少煤炭资源的消耗。按照发 1 kW·h 电需要 0.33 kg 标煤（高季章，2004），小浪底水库 2000—2012 年总发电量为 577.42×10^8 kW·h 计算，由于水力发电代替火力发电共节约标煤 1 905.486 万 t。按照标煤与原煤的折合系数 0.714 3，折合成 2 667.63 万 t 原煤。

用水力发电代替燃煤的火力发电，可以减少 CO_2 和 SO_2 等有害气体的排放。小浪底水库至 2010 年总减少用煤量 1 905.486 万 t 标煤。按照 1 t 标准煤燃烧排放 2 t CO_2 和 0.02 t SO_2 计算（肖建红等，2007），从而小浪底水力发电减少了 3 810.97 万 t CO_2（1 039.36 万 t 碳）和 38.11 万 t SO_2 的排放。

6.6.1.3　供水灌溉效益

黄河下游的引黄灌溉事业经过了多年的发展历程，取得了引人注目的巨大成就。黄河下游引黄灌区是我国最大的自流灌区之一，涉及河南、山东两省 18 个地市 86 个县区，灌溉面积达 209.5 万 hm²。引黄灌溉效益十分显著，灌溉比不灌溉一般增产 3～7 倍，促进了沿黄地区的社会和经济的发展（胡健等，2010）。小浪底水库的灌溉面积主要在花园口以下，其灌溉面积在水库建成运用前后没有大的变化（小浪底后评估报告，2010）。且根据 2000—2008 年的黄河水资源公报资料，河南省历年农业灌溉耗用黄河水量为 20.36 亿～29.86 亿 m³，年平均为 25.25 亿 m³；山东省为 43.17 亿～74.32 亿 m³，年平均为 57.01 亿 m³。两省的农业灌溉用水比小浪底建成前减少了，特别是山东省减少了 18.9 亿 m³（小浪底后评估报告，2010）。小浪底水库建成运用后，对"花下引黄灌区"的供水主要起到了两方面的重大作用：一是增加了作物生长关键期 3—6 月的水量；二是由于小浪底的调节，使"花下引黄灌区"的适时供水程度增加，因而使农业用水量减少（小浪底后评估报告，2010）。

故认为小浪底水库对河南、山东两省的农业灌溉的影响效益在建库前后差别不大，在此不再计算。

小浪底水库的供水项目中，除了灌溉供水还有城市生活和工业供水。关于对河南、山东两省的生活和工业供水，建库前后差别不大，因耗用量较小，保证率都很高，基本全额满足。向天津供水，建库前累计向天津供水 5 次，实际引水 26.64 亿 m^3，实际收水 17.56 亿 m^3；建库后又实施了 7 次供水，实际引水 59.61 亿 m^3，实际收水 24.47 亿 m^3，建库后供水增量为 37.334 亿 m^3。2006 年首次实现了向河北白洋淀供水，至今累计引水 33.24 亿 m^3，共收水 5.45 亿 m^3。在引黄济青工程中积累供水 8.73 亿 m^3。水库运行对天津、白洋淀、青岛提供的总水量为 97.31 亿 m^3，见表 6-84。本书认为对河南、山东两省的供水效益在建库前后相差不大，因此着重计算对天津、白洋淀及青岛的供水量。

表 6-84　向天津、白洋淀、青岛供水量

项目名称	序数	时间	实际引水量/亿 m^3
引黄济津	第 1 次	1972.11.20—1973.2.15	1.37
	第 2 次	1973.5.13—1973.6.28	1.6
	第 3 次	1975.10.18—1976.2.15	4.37[①]
	第 4 次	1981.10.27—1982.2.4	10.023
	第 5 次	1982.10.1—1983.1.5	9.28
	第 6 次	2000.10.13—2001.2.2	8.66
	第 7 次	2002.10.31—2003.1.23	6.03
	第 8 次	2003.9.12—2004.1.6	9.25
	第 9 次	2004.10.9—2005.1.25	9.01
	第 10 次	2009.10.1—2010.2.28	9.857
	第 11 次	2010.10.22—2011.4.11	11.84
	第 12 次	2011.10.18—2012.1.15	4.96
	净增引水总量		37.334
引黄济淀	第 1 次	2006.11.24—2007.2.28	4.79
	第 2 次	2008.1.25—2008.6.17	7.21
	第 3 次	2009.10.1—2010.1.15	9.857
	第 4 次	2010.12.13—2011.5.10	6.69
	第 5 次	2011.11.15—2012.2.6	4.69
	引水总量		33.234
引黄济青	第 1 次	2002.11.2—2003.2	2[②]
	第 2 次	2005.12.13—2006	0.75[②]
	第 3 次	2006.11.6—2007.1.15	1.4
	第 4 次	2007.11.20—2008.3	1.6
	第 5 次	2009.12.2—2010.2.23	1.17
	第 6 次	2010.12.5—2011.7.7	1.815 3
	引水总量		8.735 3

注：数据来源于小浪底建管局，其中数据①②由于缺失实际引水量，分别用实际收水量及计划引水量替代。

6.6.1.4　绿化效益

自建库以来共增加绿化面积 6 774 亩，包括荒山荒地、重点风景区、果园、公路及边界防护绿化等工程，其中乔木 55.95 万株、灌木 355.98 万株、地被 1 341.6 亩。这些植被具有涵养水源、固碳释氧、保持土壤等调节作用。

（1）涵养水源

绿化植被对水源的涵养主要表现在具有截留降水、增强土壤下渗、抑制蒸发、缓和地表径流及增加降水等功能。这些功能可以延长径流时间，在洪水时可减缓洪水的流量，在枯水位时可补充河流水量，起到调节流动水位的作用；在空间上，它能够将降雨产生的地表径流转化为土壤径流和地下径流，或通过蒸发蒸腾方式将水分返回大气中，进行大范围的水分循环，对大气降水进行再分配。

植被水源涵养总量的确定，不同学者给出了不同的估算方法，使用较多的是水量平衡法，原理为绿地年平均降水量等于年涵养水源总量和绿地年平均蒸散量之和（曹子龙等，2011；欧阳志云等，1999）。

王恩等（2011）采用水量平衡法测算绿地涵养水源的物质量。根据我国对森林蒸散量的研究，我国森林年蒸散量占全年总降水量的 30%～80%，全国年平均蒸散量为 56%（毛文永等，1992）。假设小浪底绿化区域降水的 65% 通过蒸散消耗掉（王恩等，2011；欧阳志云等，1999），据统计资料，水库附近年降水量一般为 600 mm 左右，小浪底库区绿化面积 6 774 亩，即 451.6 hm^2，则一年中植被截留的水量为：600 mm×35%×451.6 hm^2×10= 948 360 m^3。自建库至今绿化工程涵养水源量为 853.524 万 m^3 [*]。

（2）固碳释氧

生态系统通过光合作用和呼吸作用与大气物质的交换，主要是 CO_2 和 O_2 的交换。绿地可以起到固定并减少大气中 CO_2，提供并增加大气中 O_2 的作用。计算固碳释氧效益首先需确定绿地每年固定 CO_2 及释放 O_2 的量，采用粗略估算法。根据日本林野厅科学计算，每公顷树林通过光合作用，每年吸收 CO_2 48 t，放出 O_2 36 t；经过呼吸作用放出 CO_2 32 t，吸收 O_2 24 t，两相抵消，即每公顷树木每年净吸收 CO_2 16 t，放出 O_2 12 t（王恩等，2011；张琛麟等，2009）。小浪底库区绿化面积 451.6 hm^2，则每年吸收 CO_2 7 225.6 t，放出 O_2 5 419.2 t。自建库至今绿化工程植被共吸收 CO_2 65 030.4 t，放出 O_2 48 772.8 t [*]。

（3）保持土壤

在小浪底工程建设过程中对原有地表造成了破坏，导致植被减少、土体疏松，改变了原有地形。小浪底库区的绿化工程是其水土保持工程的一部分，绿化植被具有持留土壤、防止水土流失的作用。

计算植被保持土壤的量可用植被覆盖后土壤侵蚀模数的变化量 [t/（km^2·a）]乘以绿化面积（km^2）求得。有植被覆盖的土地比裸地土壤侵蚀量小很多，如据栾宝石等研究，阔叶林地土壤侵蚀量比无林裸地土壤侵蚀量平均减少 36.85 t/(hm^2·a)。通过调查小浪底工程，在施工中，土壤侵蚀模数显著增加，高达 20 000 t/（km^2·a），经过治理后，根据监测资料，土壤侵蚀模数下降为 800～1 000 t/（km^2·a），远低于工程建设前项目区土壤侵蚀模数 7 700 t/（km^2·a），水土保持作用显著。因此，从保持土壤的净效益来看，可认为绿化工程使土壤

---

[*] 绿化工作是多年完成项目，但大部分是在 2004 年前完成的，故自 2004 年算起。

侵蚀模数从建库之前的 7 700 t/（km²·a）下降到 800～1 000 t/（km²·a）（小浪底后评估报告，2010）[取均值 900 t/（km²·a）计算]，植被覆盖后土壤侵蚀模数的变化量为 6 800 t/（km²·a）。绿化面积为 4.516 km²，则每年保持土壤量为 30 708.8 t。自建库至今绿化工程保持土壤的量为 276 379.2 t，即 27.64 万 t[*]。

6.6.1.5 内陆航运效益

河南、山西两省地处内陆，航运发展相对落后，建库前仅剩下几个渡口，航运几乎停止。小浪底水库蓄水后，库区航运飞速发展。2001 年修建了小浪底水库，开发库区航运并建设港航基础设施，黄河水系航运开始恢复；2002 年以后，加大了黄河水系航运基础设施建设的投入并进行航道整治，黄河航运开始发展；至 2005 年，河南省黄河水系航道里程达 795 km、通航里程 552 km。但除小浪底库区 87 km 航道通航条件较好，能够常年进行客货运输外，其他航道有的受水位影响只能季节性通航，有的与其他航道不联通只能区间通航，通而不畅，未构成水运通道，水路优势也未能体现（严军等，2009）。

虽然航运的整体效益尚未明显体现出来，但其开发具有积极意义。有研究表明，对小浪底库区航运的开发有利于改善腹地运输结构、改善旅游环境、振兴河南及黄河全线的航运事业。根据小浪底腹地经济发展规模，郭念春等（2000）曾预测 2005 年水平年货运量为 93 万 t，2010 年水平年货运量为 115 万 t，2020 年水平年货运量为 178 万 t。小浪底库区航运具有一定的发展前景。对川江航道单项货物周转量（t·km/a）的提高用以衡量航道的运输效益，其可用提高川江航道单向航运能力（t/a）乘以改善川江航道的里程（km）的量来表达，则提高川江航道单向航运能力取 93 万 t/a，改善川江航道的里程取 87 km，提高川江航道单项货物周转量为 8.091×10⁷ t·km/a。2001—2012 年小浪底工程提高黄河航道单项货物周转量为 9.71×10⁸ t·km。

6.6.1.6 文化娱乐效益

黄河小浪底水库风景区，是以黄河水利枢纽工程、峡谷河流为主要特色，体现黄河历史文化和自然风光的大型水库类风景区，是黄河上开展观光度假休闲旅游的最佳场所。其总面积 1 265 km²（其中水面 296 km²），由小浪底大坝、荆紫山、八里峡、三门峡大坝 4 个片区、13 个景区、113 个景点组成，是河南省以黄河中下游水利枢纽工程、峡谷河流为主要特色，体现黄河历史文化和自然风光的大型山岳湖泊型风景区。2005 年 6 月 16 日，黄河小浪底水利风景区正式挂牌并对外开放，并于 2006 年调水调沙期间首次举行了小浪底风景区"黄河小浪底观瀑节"。据估计，年均游客数约为 60 万人次（韩学伟，2006；吕连琴等，2000），带来了巨大的经济效益。

6.6.2 小浪底工程负效益评估

6.6.2.1 水库淹没损失

（1）淹没土地损失

根据《小浪底水利枢纽工程综合说明书》（1997 年），在正常蓄水位 275 m 运用时，水库淹没影响涉及河南、陕西两省一地 8 个县（市）29 个乡（镇）174 个行政村，乡（镇）政府所在地 12 处，工矿企业 787 个，县（市）以上企事业单位 7 处（包括河南省第四监狱、

---

[*] 绿化工作是多年完成项目，但大部分是在 2004 年前完成的，故自 2004 年算起。

中条山有色金属公司供水工程和黄委会水文站 3 处等）以及文物古迹 297 处。水库淹没影响总人口 175 591 人，其中农村人口 160 308 人，占总人口的 91.3%；乡镇政府所在地非农业和企事业单位非农业人口 8 182 人；乡镇外企事业单位 436 人；工矿企业非农业人口 4 948 人；县市以上企事业单位非农业人口 1 717 人。房（窑）总面积 743.17 万 m^2，其中农村部分687.19 万 m^2，占总面积的 92.5%，总土地面积 41.68 万亩（277.88 km^2），其中耕地 20.07 万亩（1.338 万 hm^2），占总土地面积的 48.2%，林地 3.29 万亩（2 193 hm^2），占总土地面积的 7.9%，园地 2.65 万亩（1 766.67 hm^2）。公路 1 022.4 km，高压线 917.3 km，通信线 777.6 杆·km。

1）农林业生产损失

库区内植被、作物丰富。植被类型有阔叶林、针叶林、灌丛和草丛 4 个类型，群系主要有刺槐林、侧柏林、荆条灌木丛和酸枣灌丛等。库区自然植被属落叶阔叶树和针叶树组成的多层次植被群落，据不完全统计，木本植物有 83 科 422 种，其中被子植物 76 科 368种、裸子植物 7 科 24 种，草本植物 69 科 469 种，粮、棉、油、烟、麻、菜等农作物品种170 多个。库区内农作物夏粮以小麦为主，秋粮以玉米、谷子、红薯为主。农作物产量方面，水田亩产超过 1 000 斤（1 斤=0.5 kg），旱田亩产 500~900 斤，棉花亩产 50~150 斤。蓄水过程使得大面积的农林植被被淹没，造成生产的损失。其中耕地淹没 20.07 万亩（1.338 万 hm^2），林地淹没 3.29 万亩（2 193 hm^2），园地淹没 2.65 万亩（1 766.67 hm^2）。

2）涵养水源损失

植被的覆盖具有涵养水源的作用，为研究区域淹没林地的面积，取林地面积 3.29 万亩，园地面积 2.65 万亩，共计 5.94 万亩，即 3 960 hm^2。计算森林水源涵养量采用水量平衡法，假设小浪底绿化区域降水的 65%通过蒸散消耗掉（王恩等，2011；欧阳志云等，1999），据统计资料，水库附近年降水量一般为 600 mm 左右，则淹没的林地涵养水源的量为8 316 000 m^3，则自蓄水到 2012 年总损失为 10 810.8 万 m^3。

3）固碳释氧损失

根据日本林野厅科学计算，每公顷树林通过光合作用，每年吸收 CO_2 48 t，放出 O_2 36 t；经过呼吸作用放出 CO_2 32 t，吸收 O_2 24 t，两相抵消，即每公顷树木每年净吸收 CO_2 16 t，放出 O_2 12 t（王恩等，2011）。

取林地面积 3.29 万亩，园地面积 2.65 万亩，共计 5.94 万亩，即 3 960 hm^2。每年吸收CO_2 6.336 万 t（固碳 1.728 万 t），放出 O_2 4.752 万 t。由水库蓄水至 2012 年（计 13 年），淹没的林地共可吸收 CO_2 82.368 万 t（固碳 22.464 万 t），放出 O_2 61.776 万 t。

（2）淹没文物损失

小浪底水库淹没区地处黄河中游，是人类发祥地之一，素有中华民族摇篮之称，蕴藏十分丰富的地上、地下文物。1995 年对淹没区文物的调查发现工程淹没文化遗址 125 处、地面古代建筑 38 处、历代碑碣 120 通，此外，河南省境内还有石窟寺、摩崖造像、石刻 5处，黄河栈道遗迹 9 处。

6.6.2.2 水土流失损失

水电开发工程的挖掘、土石方堆放会破坏植被，降低地表植被的截流作用。这部分的损失由水库淹没的森林和草地所具有的土壤持留作用来衡量。据《小浪底水利枢纽工程设计综合说明》，小浪底工程淹没耕地 20.07 万亩（1.338 万 hm^2）、林地 3.29 万亩、园地 2.65万亩，将林地园地视为森林共 5.94 万亩（0.396 万 hm^2），势必造成土壤的流失。

另外，水库蓄水后，由于库岸形成过程中的侵蚀和堆积作用以及淹没、浸没、地下水位上升等影响，会造成水土流失。这些都会影响生态系统的水土保持功能。这部分价值损益也可用恢复费用法对水电工程建设造成的水土流失价值进行计算。其基本原理是水电工程建设对库区的土壤造成了扰动，水土流失量增加，对库区人们的生产、生活和健康造成了损害，为消除水土流失造成的影响，可采取最直接的办法就是采取措施如修拦沙坝、植树造林等手段，使水土流失量不变。依据《小浪底水利枢纽工程竣工验收环境保护执行报告》（2002），小浪底工程建设后进行了系统化规模化的水土保持措施建设：兴建了大量的拦渣墙；进行了大面积的浆砌石、网格护坡；硬化管理区的道路及部分地表；对所有的宜绿化地带进行了整治、覆盖及种草、种树绿化等。

6.6.2.3　水库淤积

河流生态系统的输送功能包括泥沙输送、营养物质输送和淤积造陆功能。水库蓄水后，由于流水断面扩大、流速减小，水流的挟沙能力降低，使大量泥沙在库区落淤，形成水库淤积。而水库下泄的河水变清后，对下游河床和闸桥坝等建筑物则产生冲刷和侵蚀作用。所以对河流输送功能的评价，主要从泥沙清淤、造陆功能的减弱等方面进行考虑。

由《小浪底水库泥沙冲淤变化分析》（2004），1997 年 10 月—2001 年 12 月，库区累积淤积量 7.39 亿 m^3，其中下闸蓄水后淤积 7.20 亿 m^3，占 97.5%，即绝大部分为蓄水后的淤积。蓄水后三年的年均淤积量为 2.76 亿 t。据《小浪底水利枢纽水库泥沙淤积监测专题报告》（2005）2001—2004 年入库出库沙量，年库内平均淤积沙量 3.2 亿 t。由《2011 年小浪底水库淤积测验成果报告》知 2011 年水库淤积泥沙 1.43 亿 t。

河流的输送功能中目前计量泥沙淤积造成的价值损失可以采用恢复费用法计算水库清淤费用（赵小杰等，2009；莫创荣，2006）或者机会成本法计算减少造陆价值（肖建红等，2007）。年均水库泥沙淤积量取 3 个报告的平均值 2.46 亿 t，则估计 2000—2012 年的总淤积量为 31.98 亿 t。若按损失造陆分析，取土壤表土平均厚度 0.5 m，土壤平均体积质量 1.28 t/m^3（李金昌等，1999），年均水库泥沙淤积量取 2.46 亿 t，可计算出年损失造陆 3.84 万 hm^2，则 2000—2012 年总损失造陆 49.97 万 hm^2。

6.6.2.4　移民安置投资

据《黄河小浪底水利枢纽工程竣工验收环境保护执行报告》（2002），移民工程，分为库区移民和施工区移民两部分，是小浪底工程的重要组成部分。其中施工区影响孟津、济源和洛阳 3 县（市）的 7 个乡（镇），总面积 2 338 hm^2，影响人口 9 497 人；水库淹没影响到河南省济源、孟津、新安、渑池、陕县和山西省的垣曲、夏县、平陆 8 个县（市）、29 个乡（镇）、176 个行政村，影响总人口 17.87 万人。按照主体工程的建设进度和水库运用方式，库区移民共分为 3 期进行（黄河小浪底水利枢纽工程竣工验收环境保护执行报告，2002）。

6.6.3　小浪底工程生态损益评估

根据上述分析，小浪底水库生态系统服务功能评价结果见表 6-85。自建库至 2012 年，小浪底工程带来了巨大的生态效益，包括防洪、防凌及减淤效益，水力发电及其能源替代效益，供水灌溉效益，绿化效益，内陆航运及文化娱乐效益；同时由于水库淹没、水土流失、水库淤积及移民问题又对生态造成了一定程度的损失。但总体上，小浪底工程的生态效益大于生态成本。

表 6-85　小浪底水库生态系统服务功能评价结果

评价项目		衡量指标	物质量	备注
正效益				
防洪		避免农田淹没面积/hm²	30.726×10⁴×3 次	避免洪灾 3 次
防凌				年均防凌效益为 0.31 亿元①
减淤		河道冲淤量/亿 t	4.43	
水力发电		发电量/kW·h	577.42×10⁸	
能源替代		减少原煤用量/万 t	2 267.63	
减少有害气体排放		减少 CO₂、SO₂ 排放量/万 t	3 810.97（CO₂）、38.11（SO₂）	
供水灌溉		总供水量/亿 m³	101.579 3	供水单价随着年份、月份及去向不同有所变化
绿化	涵养水源	涵养水源量/万 m³	853.524	
	固碳释氧	固定 CO₂、释放 O₂ 量/t	65 030.4（CO₂）、48 772.8（O₂）	
	保持土壤	保持土壤量/t	276 379.2	
航运		提高航道单向货物周转量/（万 t·km）	97 092	
文化娱乐		游客数/万人	540	
负效益				
土地淹没	农林业生产损失	淹没耕地、林地面积/hm²	13 380（耕地）、2 193（林地）	
	涵养水源损失	损失涵养水源量/万 m³	10 810.8	
	固碳释氧损失	损失固定 CO₂、释放 O₂ 量/万 t	82.368（CO₂）、61.776（O₂）	
文物淹没				对淹没文物的保护发掘费用为 3 800 万元②
水土流失	持留土壤损失	淹没耕地、林园地面积/hm²	13 380（耕地）、3 690（林园地）	
	水保工程措施			兴建水土保持工程费用 11 469 万元③
水库淤积	淤积泥沙	需进行人工清淤的淤泥量/亿 t	31.98	取人工清淤及造陆损失两者损失价值的平均值计算
	造陆损失	损失造陆面积/万 hm²	49.97	
移民				移民安置投资 635 517.23 万元④

注：① 来自《黄河小浪底水利枢纽设计综合说明》（1997）；②③④来自《黄河小浪底水利枢纽工程竣工验收环境保护执行报告》（2002）。

6.7　生态环保措施效果评估

小浪底工程建设较早，环境影响评估报告并未提出具体的运行期的环境保护措施，但小浪底的调度在河流生态环境保护中起到了重大作用。

6.7.1 运行调度目标效果评估

6.7.1.1 河道减淤

（1）黄河口多年水沙变化

据黄河入海水沙控制站——利津水文站 1950—2007 年实测系列资料统计（见表 6-86），利津站多年平均径流量为 315.99 亿 m^3，多年平均来沙量为 7.55 亿 t。黄河河口流路 1976 年改道清水沟以来，至 2007 年年底，黄河进入河口地区的平均年径流量为 206.98 亿 m^3，占多年平均值的 65.50%；平均年输沙量为 4.72 亿 t，占多年平均值的 62.52%。

从清水沟流路时期来水来沙量与神仙沟、刁口河流路时期对比可知，清水沟流路年均来水量（至 2007 年）仅占神仙沟流路年均来水量的 43.94%；占刁口河流路年均来水量的 48.82%；年均输沙量分别占神仙沟流路和刁口河流路的 38.06% 和 43.70%。

黄河口来水来沙量具有年际间分布不均的显著特点。根据利津水文站资料统计，最大年来沙量为 1958 年的 21.09 亿 t，最小年来沙量为 1997 年的 0.16 亿 t，最大年来沙量为最小年来沙量的 131.8 倍；最大年来水量为 1964 年的 973.3 亿 m^3，是 1997 年最小年来水量 18.6 亿 m^3 的 52.3 倍（见表 6-86）。图 6-114 和图 6-115 是利津水文站不同年代径流量和输沙量的变化，可以看出，自 20 世纪 70 年代以来，进入河口的水沙量递减的趋势十分明显，特别是到 20 世纪 90 年代，进入河口的水沙量已不足 20 世纪 70 年代以前的 1/3，其中输沙量减小的幅度尤甚。

表 6-86   利津站水沙特性统计

项目 \ 时段	神仙沟 1953 年 7 月— 1963 年 12 月	刁口河 1964 年 1 月— 1976 年 5 月	清水沟 1976 年 6 月— 2007 年 12 月	1996—2007 年	历年统计 1950—2007 年 12 月
年平均水量/亿 m^3	471	424	206.98	123.32	315.99
年平均沙量/亿 t	12.4	10.8	4.72	1.86	7.55
年最大水量/亿 m^3	612（1963）	973（1964）	491（1983）	206.8（2005）	973（1964）
年最大沙量/亿 t	21.09（1958）	20.9（1976）	11.5（1981）	3.70（2003）	21.0（1958）
年最小水量/亿 m^3	91.5（1960）	223（1972）	18.6（1997）	18.6（1997）	18.6（1997）

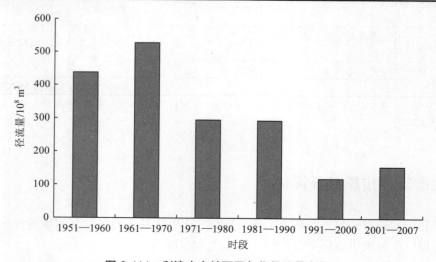

图 6-114   利津水文站不同年代径流量变化

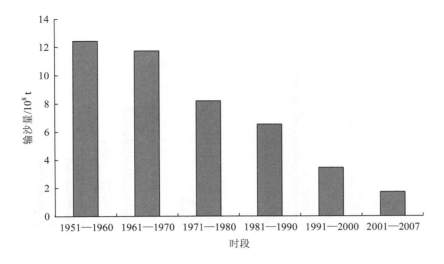

图 6-115　利津水文站不同年代输沙量变化

（2）近 10 多年来黄河口水沙变化

近 10 多年来，河口来水来沙量减小幅度进一步加大，1996—2007 年的 12 年间，利津水文站总径流量为 1 487×10^8 m^3，年均来水量为 123.32 亿 m^3，占多年平均（1950—2007年）的 39.03%，占清水沟流路时期（1976—2007 年）的 59.58%，来沙总量为 18.55×10^8 m^3，年均来沙只有 1.55×10^8 m^3，占多年平均的 24.64%，并且连续出现几个来水来沙极小年份，如 1997 年利津水文站来水只有 18.61 亿 m^3，来沙仅 0.16 亿 t，2000—2002 年河口来沙均不足 1.0 亿 t。近 10 多年来黄河河口逐年径流量、输沙变化如图 6-116 和图 6-117所示。

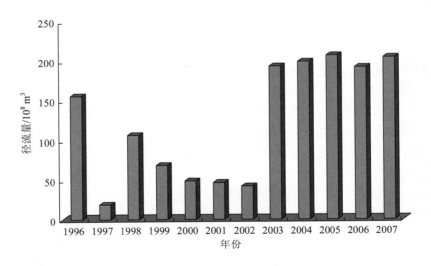

图 6-116　利津水文站近 10 年来径流量变化

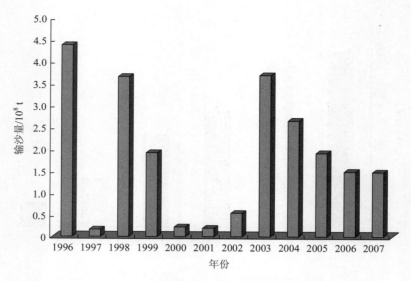

图 6-117　利津水文站近 10 年来输沙量变化

　　近 10 多年来，河口水沙变化的最大特点：一是来水来沙量减幅大，并且来沙量的减小幅度大于来水量的减小幅度，1996—2007 年河口的年均来水量分别是 20 世纪 50 年代的 28.14%、60 年代的 23.38%、70 年代的 41.85%、80 年代的 42.02%，1996—2007 年河口的年均来沙量分别是 20 世纪 50 年代的 14.98%、60 年代的 15.87%、70 年代的 22.68%、80 年代的 28.40%；二是河口的水沙量在减幅较大的基础上年际间仍然存在较大的不均衡性，如 1997 年的水量不足 2005 年的 1/10，1997 年的沙量不足 2003 年的 1/20，该特点在图 6-119 和图 6-120 上表现得非常明显。

　　另外，河口自 20 世纪 70 年代出现断流现象，并且发展趋势日趋严重，利津水文站 70 年代发生断流 6 年，年均断流天数 7 天；80 年代 7 年，年均断流天数 7.4 天；90 年代发生 7 年，断流天数剧增至年均 61 天；最为严重的是 1997 年河口断流达 226 天。1999 年开始，黄委会开始对黄河水资源实行统一调度，保证了黄河不断流，至 2010 年已连续 11 年河口没有发生断流，河口来水量减少的趋势得到明显抑制。

6.7.1.2　灌溉

　　随着水库蓄水位的不断升高，水库的调节能力逐步增强。同时由于小浪底水库自 2000 年开始进行调节水量，再加上国家授权黄委会对黄河水量实行统一调度，因此，促使小浪底水库的灌溉面积"花下引黄灌区"的灌溉有了很大的改善。具体表现在：

　　（1）灌溉面积

　　小浪底水库的灌溉面积主要在花园口以下，其灌溉面积在水库建成运用前后没有大的变化。通过调查统计年鉴，1991—1995 年总引黄灌溉面积的变化范围为 3 169 万～3 533 万亩，平均为 3 329 万亩。2009 年水利部组织完成的《黄河流域水资源综合规划报告》中"花下引黄灌区"2003 年灌溉面积为 3 431 万亩，与前述的数字差别不大。受黄河可供水量的限制，长期以来灌溉用水的供求矛盾尖锐，因此在黄河流域的多次规划中，都指明要限制灌溉用水量和灌溉面积的增长。综合以上情况可以认为，上述的"花下引黄灌区"面积规模已经达到基本稳定的状态。另外在小浪底水库的设计灌区中，还有小浪底水库灌区，是从库区引水，只有在小浪底水库建成后才能生效。该灌区设计灌溉面积 33 万亩，年引用水量 1.45 亿 m³（国家发展和改革委员会，2010）。灌区的南北岸取水口工程都已建成，但由于渠道和其他配套工程未同时建设，故该灌区还未用水。

（2）灌区耗水量

本书依据收集的 2000—2010 年的黄河水资源公报资料分析，河南省历年农业灌溉耗用水量为 20.36 亿～31.44 亿 m³，年平均为 26.20 亿 m³；山东省为 40.56 亿～74.32 亿 m³，年平均为 57.84 亿 m³。由表 6-87 可以清楚看出，两省的农业灌溉用水比小浪底建成前减少了，河南省减小了 3.05 亿 m³，山东省减少了 18.06 亿 m³。与小浪底后评估报告相比较，后评估中采用 2000—2008 年的数据资料，但是分析结果具有一致性，两省的农业灌溉用水比小浪底建成前减少了。

表 6-87　豫、鲁两省 1991—2010 年耗水量　　　　单位：亿 m³

年份	河南					山东					两省合计				
	总耗水量	农业		其他		总耗水量	农业		其他		总耗水量	农业		其他	
		耗水量	比例	耗水量	比例		耗水量	比例	耗水量	比例		耗水量	比例	耗水量	比例
1991	39.99	36.27	90.7%	3.72	9.3%	83.23	75.59	90.8%	7.64	9.2%	123.22	111.86	90.8%	11.36	9.2%
1992	33.80	29.97	88.7%	3.83	11.3%	89.3	82	91.8%	7.3	8.2%	123.1	111.97	91.0%	11.13	9.0%
1993	35.48	31.66	89.2%	3.82	10.8%	86.09	78.77	91.5%	7.32	8.5%	121.57	110.43	90.8%	11.14	9.2%
1994	28.78	24.66	85.7%	4.12	14.3%	71.12	65.43	92.0%	5.69	8.0%	99.9	90.09	90.2%	9.81	9.8%
1995	31.17	27.52	88.3%	3.65	11.7%	73.27	67.59	92.2%	5.68	7.8%	104.44	95.11	91.1%	9.33	8.9%
1998	29.54	25.64	86.8%	3.9	13.2%	83.62	80.59	96.4%	3.03	3.6%	113.16	106.23	93.9%	6.93	6.1%
1999	34.57	29.75	86.1%	4.82	13.9%	84.46	81.37	96.3%	3.09	3.7%	119.03	111.12	93.4%	7.91	6.6%
2000	31.47	26.31	83.6%	5.16	16.4%	63.92	60.05	93.9%	3.87	6.1%	95.39	86.36	90.5%	9.03	9.5%
2001	29.42	23.55	80.0%	5.87	20.0%	63.41	57.75	91.1%	5.66	8.9%	92.83	81.3	87.6%	11.53	12.4%
2002	36.01	29.48	81.9%	6.53	18.1%	80.32	74.32	92.5%	6	7.5%	116.33	103.8	89.2%	12.53	10.8%
2003	28.25	21.98	77.8%	6.27	22.2%	50.57	43.17	85.4%	7.4	14.6%	78.82	65.15	82.7%	13.67	17.3%
2004	26.07	20.36	78.1%	5.71	21.9%	49.57	40.56	81.8%	9.01	18.2%	75.64	60.92	80.5%	14.72	19.5%
2005	29.32	22.26	75.9%	7.06	24.1%	57.3	48.39	84.5%	8.91	15.5%	86.62	70.65	81.6%	15.97	18.4%
2006	37.77	29.86	79.1%	7.91	20.9%	80.46	69.16	86.0%	11.3	14.0%	118.23	99.02	83.8%	19.21	16.2%
2007	33.64	24.94	74.1%	8.7	25.9%	71.59	60.9	85.1%	10.69	14.9%	105.23	85.84	81.6%	19.39	18.4%
2008	39.43	28.48	72.2%	10.95	27.8%	69.66	58.79	84.4%	10.87	15.6%	109.09	87.27	80.0%	21.82	20.0%
2009	43.36	31.44	72.5%	11.92	27.5%	73.36	61.62	84.0%	11.74	16.0%	116.72	93.06	79.7%	23.66	20.3%
2010	44.10	29.57	67.1%	14.53	32.9%	74.49	61.54	82.6%	12.95	17.4%	118.59	91.11	76.8%	27.48	23.2%
平均	34.01	27.43	80.6%	6.58	19.4%	72.54	64.87	89.4%	7.68	10.6%	106.55	92.29	86.6%	14.26	13.4%
1991—1999	33.33	29.35	88.1%	3.98	11.9%	81.58	75.91	93.0%	5.68	7.0%	114.92	105.26	91.6%	9.66	8.4%
2000—2010	34.44	26.20	76.1%	8.24	23.9%	66.79	57.84	86.6%	8.95	13.4%	101.23	84.04	83.0%	17.18	17.0%

6.7.1.3　供水

（1）建库前供水情况

河口供水定为常年不小于 50 m³/s。而在以后由于定量论证缺乏标准，故一直采用这个数值（张宏安，2008）。从 1972—1999 年利津站几乎年年发生断流，特别是 1995—1998 年，每年断流天数都超过 100 天，尤其是 1997 年断流天数达到 226 天，该项用水保证程度很低。

（2）建库后供水情况

如前所述，2000 年小浪底水库开始运用，同时从 1999 年开始，黄委会对全黄河水量施行统一调度，由于有了这两个有利因素，黄河下游干流河段未再发生断流，各项供水得到了满足或改善。

依据豫、鲁两省 1991—2010 年耗水量（见表 6-87）显示，河南省的此项耗用水量由 1991—1999 年的年平均 3.98 亿 m³ 增加到 2000—2010 年的年均 8.24 亿 m³，山东省则由 5.68 亿 m³ 增加到 8.95 亿 m³。而利津站自 2000 年以后流量有所改善，相应地也使城市生活和工业用水的保证程度得到改善。

6.7.2　基于下游敏感目标需求的工程运行效果评估

6.7.2.1　鸟类变化的水文驱动力分析

（1）《黄河流域综合规划（2012—2030 年）》要求

利津站河道径流量保证入海水量的流入，抑制盐碱地面积的扩张，增加滩涂型湿地面积；另一方面需要在考虑本地降雨量的条件下，确定调水调沙期间对黄河三角洲湿地的人工补水量，制订最适应方案，逐步改善黄河湿地生态系统，为游禽、涉禽创建良好的栖息地。根据 2009 年修编的《黄河流域综合规划（2012—2030 年）》，在综合考虑经济社会发展和生态环境用水要求条件下，利津断面生态环境用水控制指标包括：① 2000 年至南水北调东中线工程生效前，利津断面生态环境用水量不小于 193.6 亿 m³，其中非汛期仍保持 50 亿 m³；② 南水北调东中线工程生效后至西线一期工程生效前，利津断面生态环境用水量不小于 187 亿 m³；③ 为实现河口三角洲湿地保护修复目标，三角洲补水量为 3.5 亿 m³（见表 6-88）。

表 6-88　黄河三角洲湿地保护修复目标及措施

湿地名称	主要威胁因子	存在问题	修复要求及保护措施
河口三角洲湿地	淡水资源短缺、不合理开发利用及人为阻隔等	淡水湿地面积萎缩、湿地破碎化程度加深	1. 汛期调水调沙期间补给自然保护区淡水湿地，参照 1992 年黄河三角洲湿地自然保护区划定时确定补水范围为 236 km²（重点针对芦苇沼泽、水域），补水量约 3.5 亿 m³，平均水深 30 cm； 2. 加强珍稀物种栖息地保护和湿地生态监测，保护湿地环境质量，减少湿地破碎化程度

（2）河道径流量

近年来黄河水量急剧衰减，黄河下游甚至出现长时间断流，如图 6-118 所示，1987 年后几乎连年出现断流，断流时间不断提前，断流范围不断扩大，断流频次、历时不断增加，1997 年利津水文站断流天数高达 226 天，是黄河断流时间历时最长的年份。

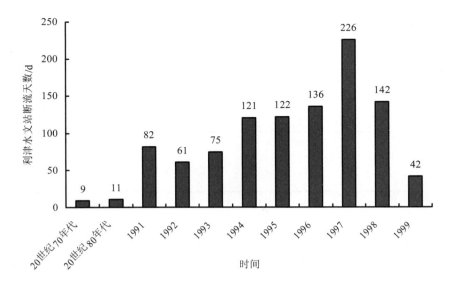

图 6-118　利津水文站断流天数统计

采用 2002—2011 年资料分析小浪底水库调水调沙与黄河水量统一调度至今利津断面河道径流总量的变化，如图 6-119 所示。结果表明，黄河水量实施统一调度初期利津断面年径流量仍然非常低，2002 年总径流量仅为 41.5 亿 m³，随着调度的不断进行河道径流量呈现增长逐步能够满足年生态环境用水量要求，2008—2009 年低于年度要求。2002—2011 年利津断面非汛期河道径流总量如图 6-120 所示。非汛期 2003 年之后都能满足非汛期的径流量需求，最大值出现 2006 年，高达 115.37 亿 m³。

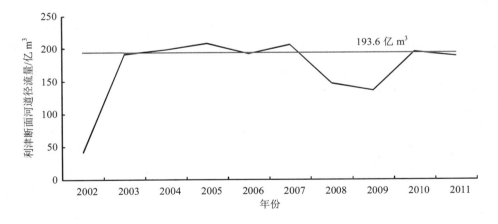

图 6-119　2002—2011 年利津断面河道径流量

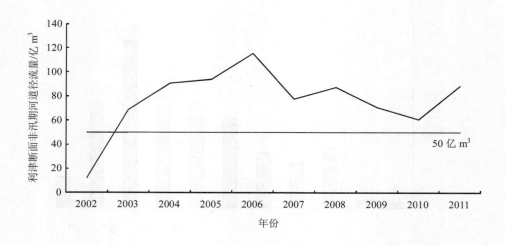

图 6-120　2002—2011 年利津断面非汛期河道径流量

（3）黄河三角洲生态补水

根据小浪底调水调沙期间关于河口水量补给的数据资料，2002—2007 年小浪底水库调水调沙期间，主要是通过地下水渗透补给三角洲的水量较多，但影响范围在离河道 2.5 km 的距离内，对三角洲河道沿岸湿地 2.5 km 范围内的改善效果明显。

黄委会自 2008 年开展了黄河三角洲生态调度及湿地恢复补水，2008 年补水量约 1 400 万 m^3，2009 年补水量为 1 508 万 m^3，2010 年向刁口河与河口南岸湿地共补水 4 300 万 m^3，2011 年生态补水工程中，刁口河共过水 3 618 万 m^3，南片进水 2 248 万 m^3。根据《2010 年黄河三角洲生态调水暨刁口河流路恢复过水试验效果评估报告》，生态调水的效果包括：

① 遏制了退化湿地区域地下咸水入侵的发展态势，以刁口河流路为例，地下水模拟和观测表明，刁口河过水沿岸 1 100 m 范围内的地下水水位得到抬升，沿岸 550 m 范围内地下水水位升高明显，最大抬升幅度达 65 cm；刁口河尾闾湿地补水对周边地区地下水的影响范围约为 1 500 m，其中对距湿地补水区 500 m 范围内地下水有明显升高，最大抬升幅度达 45 cm。

② 补水区域土壤盐渍化快速发展趋势得到控制。2010 年刁口河沿线土壤监测表明，土壤含盐量明显下降，尤其是 0～30 cm 层土壤含盐量显著降低，为淡水湿地水生和湿生植被的发育生长奠定了基础。

③ 人工补水初步遏制了退化湿地区域植被逆向演替趋势，受损的敏感生境和湿地植被结构得到修复，芦苇沼泽与芦苇草甸等水生鸟类的主要植被生境初步形成。

但是，2008—2011 年累计补水量为 1.3 亿 m^3，低于《黄河流域综合规划》基于保护目标及修复要求提出的 3.5 亿 m^3 的补水要求，不能从根本上满足三角洲湿地自然保护区可持续发展的要求。

6.7.2.2　基于下游敏感目标需求的制约因子变化分析

（1）低限生态流量

选取 1989 年 11 月—1999 年 6 月 10 个年度月过程资料作为小浪底水库调度与黄河水

量统一调度前的数据资料；选 1999 年 11 月—2009 年 6 月 10 个年度月过程资料作为小浪底水库调度与黄河水量统一调度（以下简称水调）之后的数据资料。通过水调度前后的数据对比分析，黄河下游重要控制断面的下泄流量变化及其满足生态流量的程度，见表 6-89。

表 6-89　黄河下游重要控制断面水调前后（11 月—次年 6 月）水量统计结果

控制断面	时段	11 月—次年 3 月			4—6 月		
		月均流量/(m³/s)	低限生态流量/(m³/s)	低限生态流量的百分比/%	月均流量/(m³/s)	低限生态流量/(m³/s)	占低限生态流量的百分比/%
花园口	水调前	665	300	222	737	600	123
	水调后	473		158	798		133
高村	水调前	574	200	287	609	500	122
	水调后	486		241	793		159
艾山	水调前	481	150	321	454	450	101
	水调后	395		263	602		134
泺口	水调前	404	100	404	337	400	84
	水调后	341		341	489		122
利津	水调前	317	50	634	205	300	68
	水调后	272		544	393		131

数据来源：《黄河水量调度的生态环境效益评估研究》。

结果表明，黄河水量调度与小浪底水库调度改变了水资源量的时空分布，河道径流量年内分配趋向均匀，平水期流量减少，枯水期流量增加。

在黄河来水量偏少的年份，通过水量的统一调度提高了下游河道的平均流量，花园口、高村、泺口、利津断面水调后 4—6 月的平均流量相比水调前提高了 8%～92%，尤其是利津断面增加了 92%，水量统一调度改变了黄河下游频繁断流的状况。

针对断面平均流量占河道生态基流的百分比数据，11 月—次年 3 月各断面平均流量在水调前后都能满足生态基流；4—6 月花园口、高村、艾山河段平均流量也可以满足生态基流；水调前泺口和利津断面不能满足生态基流的要求，水调前泺口断面和利津断面断流频繁，水调后河道恢复过流，枯水期流量增加，泺口和利津断面的水量增加到 489 m³/s 和 393 m³/s，比低限生态流量分别增加 22%和 31%。

（2）其余制约因子

小浪底下游敏感目标主要包括 3 个河流湿地自然保护区、下游 2 个水产种质资源保区和河口三角洲湿地自然保护区，下游生态敏感目标水文要素满足程度现状见表 6-90。

表6-90 小浪底水库下游关键生态-水文要素变化/满足程度

评价因子	评价指标	评价标准	满足程度
水文	河道径流量	11月一次年3月生态需水量	满足
水文	河道径流量	4—6月生态需水量	部分满足
近海岸域	入海水量	总量193.6亿m³	30.8%年份满足
近海岸域	入海水量	非汛期50亿m³	满足
水质	DO	III类	满足
水质	pH值	III类	满足
水质	透明度	III类	满足
水质	总氮	III类	满足
水质	总磷	III类	满足
水质	氨氮	III类	满足
水质	COD	III类	满足
水质	挥发酚	III类	满足
水质	砷	III类	满足
水质	汞	III类	满足
水质	铅	III类	满足
水质	镉	III类	满足
水质	类大肠菌群	III类	满足
水质	悬浮物	III类	满足

评价因子	评价指标	比对时间	
		20世纪80年代	2012—2013年度
浮游植物	生物量/(mg/L)	0.563	0.004 1~0.434 82
浮游植物	种群结构	硅藻门	硅藻门、绿藻门、黄藻门
浮游动物	生物量/(mg/L)	0.467	0.003 25~0.228
浮游动物	种群结构	轮虫类及桡足类	原生动物门
鱼类	种类/种	8目12科	5目10科38种

评价因子	评价指标	比对时间	
		1990年	2010年
坝下河流湿地	总面积/km²	1 106.1	1 094.1
坝下河流湿地	水域面积/km²	369.1	234.6
坝下河流湿地	鸟类数量（水鸟）/种	45.0	109.0
河口湿地	总面积/km²	1 129.8	1 130.9
河口湿地	水域面积/km²	68.0	104.5
河口湿地	鸟类数量/种	187.0	296.0

小浪底水库运行后，通过小浪底水库调水调沙、黄河水量统一调度和黄河河口生态补水，保障了下游河道的生态基流，实现下游河道不断流，初步遏制了三角洲退化湿地区域植被逆向演替趋势，受损的敏感生境和湿地植被结构得到修复。但是，针对下游水生态敏感目标需求，难以从根本上满足下游水生态敏感目标需求和三角洲湿地自然保护区可持续发展的要求，主要表现在：

① 小浪底水库调水调沙引起了鱼类产卵末期 6 月份流量、流速的极端变化，对于鱼类（尤其黄河鲤）产卵及幼鱼生长产生一定的负面影响。

② 从历史性纵向时间尺度来看，制约鱼类生长与繁殖的重要约束因子仍是水资源量的衰减。

③ 针对下游沿黄湿地自然保护区，现状流量无法通过直接大流量漫滩补水，沿岸湿地的主要补水方式仍为天然降水和地下水侧渗湿地补水。

④ 利津站年径流量不能稳定满足《黄河流域规划》中生态环境用水量生态流量的要求。

⑤ 2008—2011 年，通过黄河河口生态调度累计补水 1.3 亿 m^3，低于《黄河流域综合规划》基于保护目标及修复要求提出的 3.5 亿 m^3 补水要求，不能从根本上满足三角洲湿地自然保护区可持续发展的要求。

6.7.2.3　工程运行效果综合分析

采用层次分析法综合评价小浪底工程现行管理模式的效果和主要问题，为制定适应性管理方法提供依据。将黄河水量统一调度与小浪底水库调水调沙调度管理效果分为优、良、中、差、极差级别，其中 4～5 分为优、3～4 分为良、2～3 分为中、1～2 分为差、小于 1 分为极差。在咨询专家、参考文献及规范、借鉴有关研究成果的基础上，准则层水文、水质、水生生物、下游河流湿地、河口湿地及评价指标的相对重要性和权重计算结果见表 6-91。

表 6-91　准则层判断矩阵

相对重要性	水文	水质	水生生物	河口湿地	河流湿地	权重
水文	1	1.5	1.5	2	3	0.316
水质	0.666 7	1	1	1.333 3	2	0.211
水生生物	0.666 7	1	1	1.333 3	2	0.211
河流湿地	0.333 3	0.5	0.5	0.666 7	1	0.105
河口湿地	0.5	0.75	0.75	1	1.5	0.158

通过计算得出准则层判断矩阵最大特征值 λ_m =5.301 5，一致性检验中层次总排序一致性指标 CI 为 0.075 4，层次总排序随机一致性指标 RI 为 1.12，一致性比例 CR 计算结果为 0.067 3，小于 0.1 通过一致性检验。依据评定标准现行调度模式前后 1987—1998 年与 1999—2011 年不同指标的得分见表 6-92，综合评价结果见表 6-93，现行调度模式下，评价级别具有一定程度的提高，由差变为中，河道径流量与河口湿地改善明显。

表 6-92 现行调度模式前后指标得分

| 准则层 B | | 方案层 C | | 指标得分 | |
指标	权重	指标	权重（C 层对 B 层）	1987—1998 年三库联合运行时期	1999—2011 年现行调度模式下
水文	0.316	河道径流量	0.189 6	1	2.5
		入海水量	0.126 4	0.5	2.5
水质	0.211	水质	0.211 0	1	3
水生生物	0.211	浮游植物	0.046 9	2.5	2
		浮游动物	0.046 9	2.5	2
		鱼类	0.117 2	2.5	2
河口湿地	0.158	总面积	0.026 3	2	2
		水域面积	0.052 7	1	1.5
		鸟类数量	0.079 0	1.5	2
河流湿地	0.105	总面积	0.017 5	2	2
		水域面积	0.035 0	1.5	1
		鸟类数量（水鸟）	0.052 5	1	2

表 6-93 综合评价得分

| 指标 | 评价得分 | |
	1987—1998 年三库联合运行时期	1999—2011 年现行调度模式下
水文	0.252 8	0.790 0
水质	0.211 0	0.633 0
水生生物	0.527 5	0.422 0
河口湿地	0.223 8	0.289 7
河流湿地	0.140 0	0.175 0
综合得分	1.355 1	2.309 7
评价级别	差	中

6.8 小浪底水库工程生态适应性管理

6.8.1 现行管理模式调控与反馈

以不同时空尺度的生态环境要素影响分析结果为基础，结合下游敏感目标需求的工程运行结果评估，得到下游生态系统结构与功能状态及不同阶段的发展演变路径（见图 6-121）。

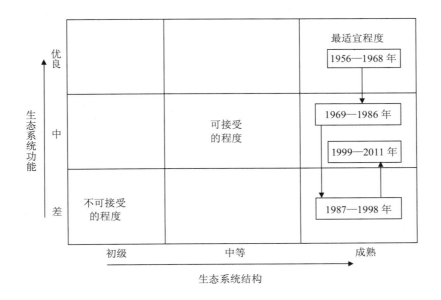

图 6-121　小浪底工程下游生态系统结构与功能状态及其发展路径

1956—1968 年作为河道的天然状态，生态系统稳定且具有自我维持自我恢复的特征；1969—1986 年刘家峡与三门峡联合运行，河道径流量有一定程度的衰减，但仍能保持自然状态下的季节性变化特性，即低流量、高流量及洪水脉冲生态流组分，生态系统处于成熟结构、中等偏上的功能状态；1987—1998 年下游河道频繁出现断流现象，河流生境及湿地质量下降，生态系统恶化，功能较差；1999—2011 年黄河水量统一调度及小浪底水库调水调沙后，河流生境及生物重要栖息地得到一定程度的改善，保持向好发展趋势，但是生态系统功能与天然状态存在很大的差距，亟待进一步改善，需着重从以下方面进行目标或者管理方案调整，以提高管理效率：

① 与 20 世纪 80 年代相比，现阶段原有鱼类种类存在一定程度的减少，但同时也增加了新的鱼类物种；鱼类资源量从历史纵向时间尺度来看面临衰减趋势。因此，需要切实从鱼类的生理习性需求包括繁殖期、幼鱼成长期、成鱼生长期出发，满足各阶段鱼类的需水过程。

② 与 1990 年相比，现阶段小浪底水库下游河流湿地水鸟种类呈现增加趋势，但是，鸟类栖息地生境没有明显改善，人类活动导致耕地面积增加，水域面积减少，斑块破碎度增强，鸟类适宜栖息地的面积减少。通过地表水补水分析发现，现阶段黄河下游河流湿地的水量补给主要源于天然降水及地下水侧渗。

③ 通过小浪底水库调水调沙、黄河流域统一调度向河口三角洲湿地补水，初步遏制了三角洲退化湿地区域植被逆向演替趋势，受损的敏感生境和湿地植被结构得到修复，使鸟类种类与数量不断地改善，但从鸟类栖息生境的变化仍然面临年补水量不足的问题。

④ 黄河水量统一调度与小浪底调水调沙现状管理模式下，下游控制断面的低限生态流量主要针对非汛期，作为河道的生态流量过程应该从全年时间尺度出发，结合生态流组分分析中水文过程的水文节律特征的分析，确定河道生态流量过程。

6.8.2 适应性管理目标确定

根据现行管理模式的"适应度"评价结果，结合黄河下游河道水文过程、河道尺度和景观尺度环境影响研究结果，将 1999—2011 年生态流组分指标发生中等以上改变程度的生态过程，且对于水文过程改变影响较为敏感的生态过程归结为关键性生态过程。调整关键生态过程的管理目标及方案可促使生态系统持续向好发展，改善生态系统功能。本书未将黄河下游干流水质、常态运行下的泥沙输移、下游河流湿地的重要保护对象鸟类及其栖息地作为小浪底适应性管理中关键生态目标。原因如下：

① 1999—2011 年管理模式下水质已经有所改善，基本能够满足水功能区远期目标Ⅲ类水质；

② 小浪底水库常态运行下（除调水调沙期间）大部分泥沙淤积在库里，河道输沙率较小，水流含沙量低；

③ 伴随着调水调沙的开展，水库下游河道下切，浅滩、嫩滩湿地消失明显，河流发生漫滩洪水的概率大大减少，下游河流湿地的水量补给、栖息地质量的改善主要来源于当地降水及地下水侧渗。

根据 6.8.1 节识别的主要问题，小浪底水库下游的关键生态-水文过程及时期如图 6-122 所示。依据关键生态-水文过程及关键时期确定小浪底水库适应性管理目标，见表 6-94。

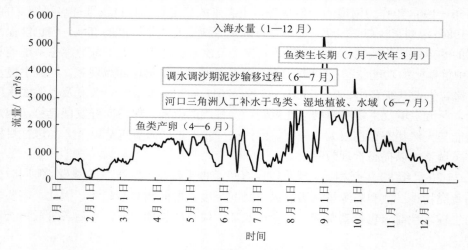

图 6-122　小浪底水库下游关键生态-水文过程及时期分布

表 6-94　小浪底水库下游关键生态过程的管理目标

关键生态过程	管理目标
河道水文过程	保证全年尺度内的河道径流量低限需求，从而确保生物生长的低限需求
鱼类	满足产卵期水量要求
	满足生长期水量要求
河口湿地人工补水	三角洲湿地修复主要针对鸟类的重要栖息地（芦苇及水域所在地），保证芦苇发芽生长及鸟类生长繁殖的水量需求
入海水量	保证入海水量需求，抵制河口咸水入侵，控制河口盐碱化面积
调水调沙水量、泥沙输移过程	有效控制高含沙水流，保证鱼类产卵期及生长期对泥沙含量的忍受极限（30 kg/m³以上时容易造成鱼类死亡）

6.8.3 适应性管理方案生成

6.8.3.1 河道生态要素生态-水文流量计算过程

（1）河道生态需水过程计算

小浪底工程提供水力发电能源，且下游河道径流量可提供生产、生活用水，并具有重要的生态环境功能，如为水生生物提供生存环境、水体自净及泥沙等输运功能。本书以河流生态-水文学为基础，结合生态-水文过程响应机制分析，综合采用水文学法及 RVA 法相结合的方法计算下游河道花园口、高村与利津断面生态流量。最小生态流量以控制断面 RVA 月低流量的 10%为标准，中等生态流量以 RVA 月低流量的 50%为标准，适宜生态流量以月低流量 RVA 的 75%为标准。

（2）鱼类产卵、生长需水过程计算

流量及流量过程对河流生态系统中的水生生物尤其是鱼类至关重要，是鱼类选择栖息地、繁殖及其生长发育的决定性因素。结合鱼类历史性资源量变化结果及鱼类产卵、生长影响要素分析得出，影响下游鱼类变化的主要因素是水流条件。从纵向时间尺度，鱼类资源量最丰富的时段为 1956—1968 年河道天然状态。因此，本书采用水文学法 Tennant 法，以 1956—1968 年径流量过程作为计算基础，依据鱼类生长期与繁殖期不同的生态流标准（见表 6-95），计算鱼类需水过程。其中，鱼类生长期以 10%作为最小生态水量、10%～20%为鱼类中等水量、20%～30%为鱼类适宜水量；繁殖期分别以 30%作为最小生态水量、40%为鱼类中等水量、50%为鱼类适宜水量。

表 6-95 Tennant 法生态流标准

推荐流量	时间	好	中	差	极差
占多年平均流量百分比/%	一般用水期	20	10	10	0～10
	产卵育幼期	40	30	10	0～10
推荐流量	时间	最大	最佳	很好	十分好
占多年平均流量百分比/%	一般用水期	200	60～100	40	30
	产卵育幼期	200	60～100	60	50

（3）河口湿地人工补水量需求

依据黄河三角洲湿地目前鸟类与栖息地生境质量的变化、黄河三角洲湿地亟待进一步改善，但由于水利设施闸首的控制导致河道径流量自然补给三角洲湿地概率降低，现状条件下主要通过小浪底水库调水调沙期间开展生态调度补水。以 1990 年黄河三角洲湿地自然保护区建立时作为参照（连煜，2010），初步确定黄河三角洲恢复面积，重点将水域及芦苇植被区域作为重点恢复区域（见图 6-123）。黄河三角洲湿地自然保护区内鸟类的平均需水规律见表 6-96，芦苇植被需水规律见表 6-97（连煜，2010）。

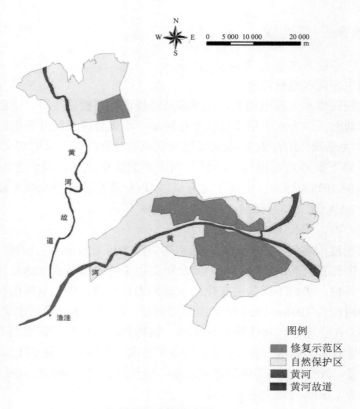

图 6-123　黄河三角洲湿地现阶段适宜恢复范围

表 6-96　黄河三角洲鸟类平均需水规律

需水时段	平均需水水深/m	需水水深范围/m	需水原因
4—6 月	0.1	0.1～0.5	繁殖
7—10 月	0.5	0.2～0.8	鸟类生长、繁殖
11 月—次年 3 月	0.2	0.1～1	鸟类越冬

表 6-97　黄河三角洲芦苇植被需水规律

生境条件		芦苇沼泽	芦苇草甸
根深/m		0.5～1.5	0.5～1.5
地表水深/m	最小	0.1	0
	中等	0.3	0.1
	适宜	0.6	0.3
淹没天数/d		365	90

河口湿地生态需水计算依据水量平衡原理，以湿地的生态功能及当地水源条件为基础确定湿地的生态水位，一般情况下是选取满足各种生态功能最小水位的最大值。根据生态水位选择或计算对应的水面和蓄水量，按照以下公式计算蒸发、渗漏损失所需的补水量：

$$W_i = 10A_i(E_i - P_i) + L_i \tag{6-4}$$

式中：W_i——某一地区湿地的生态环境用水量，m^3；

　　　A_i——某一湿地的水面面积，hm^2；

　　　E_i——相应的水面蒸发能力，mm；

　　　P_i——湿地上的降水量，mm；

　　　L_i——渗漏水量，m^3。

湿地范围包括水域面积、周边苇地面积及湿地区域范围内的水稻面积和鱼塘面积。其中，水稻、鱼塘用水已计入农业用水水量，不再计入湿地水生态用水量。

（4）入海水量

黄河下游利津断面径流量可表征黄河入海水量的变化。根据长系列水文过程 1956—2011 年频率分析，现阶段黄河下游处于普遍偏枯年份。因此，本书入海水量需求计算依据 1987—2011 年时段的来水频率进行分析。适宜的入海水量要求必须满足《黄河流域综合规划》中利津生态环境水量的需求，即至南水北调东中线工程生效前，利津断面生态环境用水量不小于 193.6 亿 m^3，非汛期保持 50 亿 m^3；最小、中等入海水量非汛期不小于 50 亿 m^3。本书通过径流频率分析方法计算不同要求下利津断面的入海水量。

（5）调水调沙生态流量需求

基于 2002—2011 年调水调沙控制流量过程，以河道水资源量条件作为约束条件，结合河流天然时段 1956—1968 年的 6—7 月径流量过程，采用水文学法 Tennant 法计算黄河下游重要控制断面 6—7 月的径流过程。

6.8.3.2　河道生态-水文流量过程结果

采用外包线法计算黄河下游花园口、高村、利津断面满足生态要素的流量过程，见表 6-98；调水调沙期间 6—7 月花园口、高村与利津断面不同等级下的径流总量见表 6-99，逐日流量需求过程线见图 6-124 至图 6-126。调水调沙期间，在满足河道生态流量与鱼类产卵、繁殖需水量的同时可以保证三角洲的湿地补水量，分析结果见表 6-100。

表 6-98　花园口、高村与利津站生态-水文过程流量过程

月份/生态流量过程/ (m^3/s)	花园口			高村			利津		
	最小	中等	适宜	最小	中等	适宜	最小	中等	适宜
1 月	290.2	336.3	430.0	272.6	324.5	363.0	284.3	295.4	377.6
2 月	344.8	440.0	474.0	283.6	323.4	355.9	276.7	291.1	376.2
3 月	580.2	748.5	800.5	465.4	611.9	740.0	281.4	292.4	312.3
4 月	528.6	812.0	868.0	496.7	636.2	732.6	326.4	405.0	506.3
5 月	402.7	596.5	828.8	401.1	484.9	610.5	391.1	467.5	541.1
6 月	1 300.0	1 570.0	1 743.0	967.0	1 275.0	1 389.0	798.0	1 088.0	1 231.0
7 月	815.0	984.0	1 093.0	751.0	983.0	1 071.0	892.0	1 215.0	1 376.0
8 月	350.6	539.5	839.8	337.4	482.2	681.2	340.0	520.4	693.9
9 月	359.6	602.0	984.6	349.5	501.4	760.1	343.4	479.4	615.1
10 月	344.2	621.5	747.5	363.4	525.0	686.4	324.4	412.5	547.5
11 月	318.3	568.0	752.5	315.2	431.0	596.0	311.6	433.5	609.6
12 月	326.2	502.5	689.5	333.1	446.9	497.2	292.8	376.1	504.4
年径流量总计/亿 m^3	154.5	215.7	265.7	138.3	182.1	219.9	126.0	162.7	199.3

表 6-99　调水调沙 6—7 月不同站点的月径流量过程　　　　　　　　　　单位：m³/s

站点	月份	最小	中等	适宜
花园口	6 月	1 300	1 570	1 743
	7 月	815	984	1 093
高村	6 月	967	1 275	1 389
	7 月	751	983	1 071
利津	6 月	798	1 088	1 231
	7 月	892	1 215	1 376

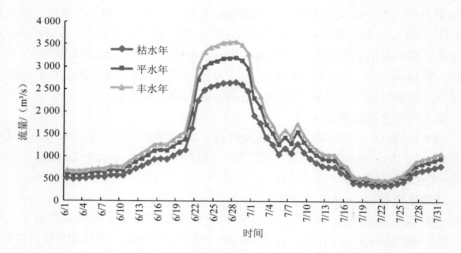

图 6-124　花园口断面 6—7 月逐日流量需求过程线

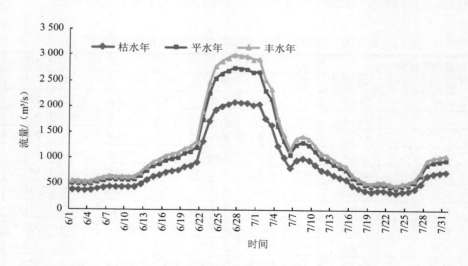

图 6-125　高村断面 6—7 月逐日流量需求过程线

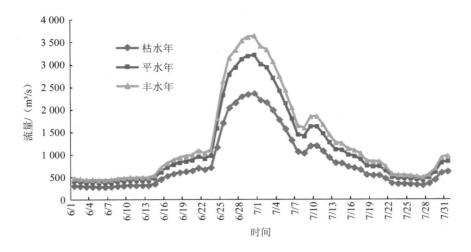

图 6-126　利津断面 6—7 月逐日流量需求过程线

表 6-100　调水调沙期间三角洲最大可补给水量计算结果

类别	月份	最小	中等	适宜
调水调沙期间流量①/（m³/s）	6 月	798.4	1 087.6	1 231.5
	7 月	891.9	1 215.0	1 375.8
河道生态流量（水文学法）②/（m³/s）	6 月	354.5	489.0	549.0
	7 月	433.2	534.1	614.7
鱼类需水量③/（m³/s）	6 月	289.8	386.4	483.0
	7 月	184.2	368.4	491.2
三角洲可补流量/（m³/s） [①−max（②，③）]	6 月	443.9	598.6	682.5
	7 月	458.7	680.9	761.1
三角洲可补给水量/亿 m³	6 月	3.84	5.17	5.90
	7 月	3.96	5.88	6.58

6.8.4　适应性管理方案效果评价

　　针对本书提出的基于生态敏感目标的黄河下游花园口、高村、利津断面月生态流量过程和调水调沙期间的日生态流量过程，基于不同研究时段水文特征，评价适应性管理方案的适宜性。具体评价过程包括：

　　① 现行调度模式与适应性管理方案的适配性分析；

　　② 不同来水条件下，下游控制断面年径流量对适应性管理方案的满足程度分析；

　　③ 与河流天然状态下（1956—1968 年阶段）相比，适应性管理方案实施后黄河下游生态环境恢复状况；

　　④ 与三库联合调度期间（1969—1986 年）相比，适应性管理方案实施后黄河下游生态环境恢复状况。

6.8.4.1　现行调度模式适配性分析

　　现行小浪底运行管理模式下（1999—2011 年），下游重要控制断面多年平均月径流量及其与不同等级生态流量的对比分析见表 6-101 至表 6-103。结果表明，小浪底水库现行调度模式下，花园口断面多年月平均流量能够满足花园口最小生态流量要求，基本能够满足中等生态流量要求，不能达到适宜生态流量的要求；利津断面 1—5 月多年月平均流量不能满足最小、中等及适宜生态流量需求，8—12 月能够满足生态流量的不同等级要求。

2002 年、2004—2011 年黄河下游花园口、高村、利津断面调水调沙期间 6—7 月多年月平均流量进行对比分析见表 6-104，2003 年小浪底工程调水调沙开展时间为 9 月，不参与本次对比分析。表 6-104 结果表明，花园口与利津断面 6—7 月多年月平均调水调沙流量均能满足最小生态流量需求，基本不能满足中等、适宜生态流量要求。调水调沙期间现行调度模式流量过程与需求流量过程对比见图 6-127 至图 6-129，总体上，调水调沙期间下游控制断面流量升降的变化大，与生态流量需求过程存在一定的差距。

表 6-101　花园口断面现行调度模式下常态流量与生态流量需求对比结果

月份	多年月平均流量/（m³/s）	对比分析结果		
		最小	中等	适宜
1 月	377.1	满足	满足	不满足
2 月	423.5	满足	不满足	不满足
3 月	828.1	满足	满足	满足
4 月	768.1	满足	不满足	不满足
5 月	647.1	满足	满足	不满足
8 月	817.7	满足	满足	满足
9 月	841.9	满足	满足	满足
10 月	936.3	满足	不满足	不满足
11 月	654.7	不满足	不满足	不满足
12 月	561.6	不满足	不满足	不满足

表 6-102　高村断面现行调度模式下常态流量与生态流量需求对比结果

月份	多年月平均流量/（m³/s）	对比分析结果		
		最小	中等	适宜
1 月	229.8	满足	满足	不满足
2 月	128.6	满足	满足	不满足
3 月	143.0	满足	满足	不满足
4 月	139.4	满足	满足	不满足
5 月	241.6	满足	满足	不满足
8 月	732.6	满足	满足	满足
9 月	672.7	满足	满足	满足
10 月	819.9	满足	满足	满足
11 月	559.6	满足	满足	满足
12 月	364.5	满足	满足	满足

表 6-103 利津断面现行调度模式下常态流量与生态流量需求对比结果

月份	多年月平均流量/（m³/s）	对比分析结果		
		最小	中等	适宜
1 月	229.8	不满足	不满足	不满足
2 月	128.6	不满足	不满足	不满足
3 月	143.0	不满足	不满足	不满足
4 月	139.4	不满足	不满足	不满足
5 月	241.6	不满足	不满足	不满足
8 月	732.6	满足	满足	满足
9 月	672.7	满足	满足	满足
10 月	819.9	满足	满足	满足
11 月	559.6	满足	满足	不满足
12 月	364.5	满足	不满足	不满足

表 6-104 现行调度模式下调水调沙期间流量与生态流量需求对比结果

控制断面	月份	多年月平均流量/（m³/s）	对比分析结果		
			最小	中等	适宜
花园口	6 月	1 369.9	满足	不满足	不满足
	7 月	1 022.7	满足	满足	不满足
高村	6 月	1 136.4	满足	不满足	不满足
	7 月	1 016.5	满足	满足	不满足
利津	6 月	809	满足	不满足	不满足
	7 月	959	满足	不满足	不满足

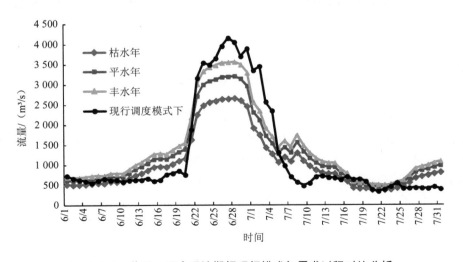

图 6-127 花园口调水调沙期间现行模式与需求过程对比分析

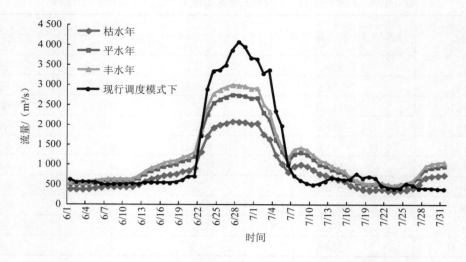

图 6-128　高村调水调沙期间现行模式与需求过程对比分析

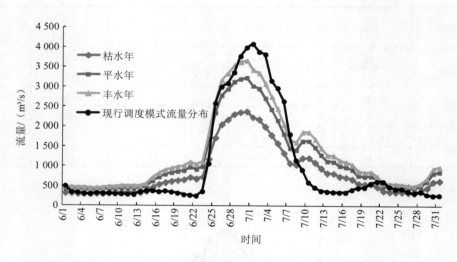

图 6-129　利津调水调沙期间现行模式与需求过程对比分析

6.8.4.2　不同来水条件下适应性管理方案的满足程度分析

根据长系列水文过程 1956—2011 年频率分析，典型代表年份为丰水年（1966 年）、平水年（1994 年）、枯水年（1996 年）。重要控制断面典型年与适应性管理方案的对比分析见表 6-150。花园口、高村控制断面枯水年份就能满足适宜生态流量的要求，平水年、丰水年能够达到适宜生态流量的需求；利津控制断面枯水年份完全满足最小生态的需求，基本能达到中等生态流量的需求，平水年完全满足适宜生态流量的需求（见表 6-105）。

表 6-105　重要控制断面典型年径流量与不同等级年生态径流量　　单位：亿 m³

典型年		重要控制断面		
		花园口	高村	利津
丰水年	1966	452.5	438.3	410.7
平水年	1994	305.3	280.0	217.0
枯水年	1996	277.3	234.6	155.2
适宜生态年径流量		265.7	219.9	199.4
中等生态年径流量		215.7	182.1	162.7
最小生态年径流量		154.5	138.3	126.0

6.8.4.3　黄河下游生态可恢复程度分析

生态-水文过程阶段 1956—1968 年、1969—1986 年、1987—1998 年分别代表黄河下游生境处于相对最佳的天然河道状况、三库联合调度的生态环境较好阶段、断流恶化阶段。以 3 个历史性生态-水文过程阶段多年月平均流量为基础,定量分析本书提出的适应性管理方案实施后，黄河下游生态可恢复程度。

结果表明，花园口、高村、利津断面最小生态流量能够在偏枯年份 1987—1998 年保证生态功能的正常发挥；中等、适宜生态流量过程基本能够达到 1969—1986 年近自然状态；适宜生态流量与 1956—1968 年自然状态下相比，Tennant 法等级评价均处于好以上等级，促使生态系统向天然状态靠拢。在此列出花园口、高村与利津断面实施最小、中等与适宜生态流量后，与 1969—1986 年相比的生态可恢复程度与 Tennant 法等级结果的对比分析结果，见表 6-106 至表 6-108。

表 6-106　花园口断面不同生态-水文过程期间生态可恢复程度分析（1969—1986 年）

月份	多年月平均流量/（m³/s）	最小生态流量过程		中等生态流量过程		适宜生态流量过程	
		占多年流量比例	Tennant 法等级	占多年流量比例	Tennant 法等级	占多年流量比例	Tennant 法等级
1 月	589.33	49.2%	很好	57.1%	很好	73.0%	最佳
2 月	484.32	71.2%	最佳	90.8%	最佳	97.9%	最佳
3 月	1 029.88	56.3%	很好	72.7%	最佳	77.7%	最佳
4 月	968.45	54.6%	十分好	83.8%	最佳	89.6%	最佳
5 月	938.66	42.9%	好	63.5%	最佳	88.3%	最佳
6 月	720.32	180.5%	最佳	218.0%	最大	242.0%	最大
7 月	1 714.78	47.5%	很好	57.4%	很好	63.7%	最佳
8 月	2 379.05	14.7%	中	22.7%	好	35.3%	十分好
9 月	2 517.94	14.3%	中	23.9%	好	39.1%	很好
10 月	2 291.15	15.0%	中	27.1%	好	32.6%	十分好
11 月	1 153.89	27.6%	好	49.2%	很好	65.2%	最佳
12 月	702.78	46.4%	很好	71.5%	最佳	98.1%	最佳

表 6-107　高村断面不同生态-水文过程期间生态可恢复程度分析（1969—1986 年）

月份	多年月平均流量/（m³/s）	最小生态流量过程		中等生态流量过程		适宜生态流量过程	
		占多年流量比例	Tennant 法等级	占多年流量比例	Tennant 法等级	占多年流量比例	Tennant 法等级
1 月	564.55	48.3%	很好	57.5%	很好	64.3%	最佳
2 月	485.36	58.4%	最佳	66.6%	最佳	73.3%	最佳
3 月	927.21	50.2%	很好	66.0%	最佳	79.8%	最佳
4 月	892.64	55.6%	十分好	71.3%	最佳	82.1%	最佳
5 月	794.84	50.5%	好	61.0%	最佳	76.8%	最佳
6 月	574.16	168.4%	最佳	222.1%	最大	241.9%	最大
7 月	1 475.49	50.9%	很好	66.6%	最佳	72.6%	最佳
8 月	2 097.08	16.1%	中	23.0%	好	32.5%	十分好
9 月	2 379.31	14.7%	中	21.1%	好	31.9%	很好
10 月	2 189.61	16.6%	中	24.0%	好	31.3%	十分好
11 月	1 182.28	26.7%	好	36.5%	十分好	50.4%	最佳
12 月	663.06	50.2%	很好	67.4%	最佳	75.0%	最佳

表 6-108　利津断面不同生态-水文过程期间生态可恢复程度分析（1969—1986 年）

月份	多年月平均流量/（m³/s）	最小生态流量过程		中等生态流量过程		适宜生态流量过程	
		占多年流量比例	Tennant 法等级	占多年流量比例	Tennant 法等级	占多年流量比例	Tennant 法等级
1 月	564.55	53.3%	很好	55.4%	很好	70.8%	最佳
2 月	485.36	63.8%	最佳	67.1%	最佳	86.7%	最佳
3 月	927.21	46.2%	很好	48.0%	很好	51.3%	很好
4 月	892.64	63.2%	最佳	78.4%	最佳	98.0%	最佳
5 月	794.84	90.1%	最佳	107.7%	最大	124.7%	最大
6 月	574.16	247.9%	最大	338.0%	最大	382.4%	最大
7 月	1 475.49	72.9%	最佳	99.3%	最佳	112.5%	最大
8 月	2 097.08	17.5%	中	26.8%	好	35.7%	十分好
9 月	2 379.31	15.6%	中	21.8%	好	27.9%	好
10 月	2 189.61	14.5%	中	18.4%	好	24.5%	好
11 月	1 182.28	26.6%	好	37.0%	十分好	52.0%	很好
12 月	663.06	47.1%	很好	60.5%	最佳	81.2%	最佳

6.8.5　适应性管理调度建议

1999—2011 年，现行管理在一定程度上改善了生态环境，综合评价得分 2.309 7，生态系统功能相对较低。因此，依据关键生态-水文联系及关键时期调整管理目标，制定相应的生态-水文过程管理方案，其中花园口、高村与利津最小年生态径流总量分别是 154.5 亿 m³、138.3 亿 m³、76.8 亿 m³，中等分别是 215.7 亿 m³、182.1 亿 m³、94.6 亿 m³，适宜分别是 265.7 亿 m³、219.9 亿 m³、115.6 亿 m³；调水调沙期间 6 月花园口、高村、利津断面最小生态流量分别是 1 300 m³/s、967 m³/s、798 m³/s，中等分别是 1 570 m³/s、

1 275 m³/s、1 088 m³/s，适宜分别是 1 743 m³/s、1 389 m³/s、1 231 m³/s；调水调沙期间 7 月花园口、高村、利津断面最小生态流量分别是 815 m³/s、751 m³/s、892 m³/s，中等分别是 984 m³/s、983 m³/s、1 215 m³/s，适宜分别是 1 093 m³/s、1 071 m³/s、1 376 m³/s。

经过计算分析发现，调整后的管理方案与现行调度方式相比较，基本能满足最小生态流量过程的需求，但难以满足中等、适宜生态流量过程；基于来水频率分析，研究区花园口、高村控制断面枯水年份径流量能完全满足适宜生态流量的需求，利津断面枯水年份径流量能满足最小生态流量的需求，平水年能完全满足适宜生态流量需求；与历史不同研究时段相比，非汛期基本能恢复到 1969—1987 年状态。因此，小浪底工程在管理过程中需要着重从以下方面改善：

① 1999—2011 年，花园口、高村、利津断面年平均径流总量分别是 280.8 亿 m³、239.8 亿 m³、156.9 亿 m³，依据来水频率分析属于枯水年份。基于目前的管理模式，花园口、高村断面基本达到中等生态流量的需求，而利津断面河道径流量仅能满足最小生态流量需求，除 6—12 月难以满足中等生态流量的需求，基本不能达到适宜生态流量的需求。因此，综合考虑现阶段来水条件、社会经济用水需求，花园口与高村断面可维持现状下泄流量需求，但是花园口需要加大供水灌溉期下泄流量调整年内分配过程；依据下游生态需求建议提高利津站的径流量能够稳定维持中等生态流量需求，主要是针对供水灌溉期与凌汛期。

② 河道天然状态下花园口站小洪水洪峰上升、回落平均速度分别是 314.4 m³/（s·d）、−191.3 m³/（s·d），高村站上升、回落平均速度分别是 286.4 m³/（s·d）、−179.3 m³/（s·d），利津站上升、回落平均速度分别是 235.4 m³/（s·d）、−138.3 m³/（s·d）；而开展调水调沙期后现阶段流量涨落幅度加快，花园口站上升、回落平均速度分别是 295.9 m³/（s·d）、−317.2 m³/（s·d），高村站上升、回落平均速度分别是 291.1 m³/（s·d）、−286.7 m³/（s·d），利津站上升、回落平均速度分别是 267.4 m³/（s·d）、−296.7 m³/（s·d）。由此看来，洪峰的上升速度接近自然状态，但是由于强人类活动的控制，洪水回落速度加快，建议下游流量尽量符合自然状态下洪峰的发展规律，减缓回落速度，从而降低对水生生物带来的冲击效应。

③ 黄河水量统一调度的实施、小浪底水库调水调沙对三角洲实施生态补水，为河口三角洲的生态恢复提供了补水条件，但是由于现阶段下黄河三角洲补水主要是通过引水闸首引水补给三角洲地区，对补给流量提出了较高的要求，建议进一步改善工程设施，提高生态补水效率。

6.9　小结

6.9.1　水库生态系统环境影响后评价

基于水库生态系统的评价方法，从水沙情势、水环境、水温、水生生态、陆生生态、地质灾害进行影响分析，得到如下结论：

① 上游来水是小浪底库区污染物的主要来源；因小浪底工程调蓄与泥沙沉积作用，库区水质整体改善并趋于稳定，能够满足其功能规划Ⅲ类水质标准的要求；库区内源污染主要是水库底泥污染、旅游污染和养殖污染。库区网箱养鱼是水体富营养化的一个重要原因；

春季库区水温分层现象明显，下泄低温水对农田灌溉影响程度有限，冬季有利于防凌。

②与历史数据相比，库区水深增加，导致运行期库区底栖动物种类明显下降；小型鱼类及产沉黏性卵鱼类种类及数量明显增加，漂流性卵鱼类则显著减少，库区水域面积增加、流速下降、适宜产漂流性卵鱼类的产卵场淹没并彻底消失是鱼类种类数量变化的主要原因。

③与1990年相比，蓄水后2010年库区5 km岸边带内耕地及草地面积减少，水域、城乡工矿及居民用地面积增加，耕地、林地、草地为主要淹没土地类型，库区景观类型及斑块数增多。1990年、1999—2002年、2006—2010年库周NDVI分别为0.28、−0.18～0.08、0.27～0.40。因此，小浪底工程运行后，除蓄水初期库周植被相对较差外，经过10年的恢复，2010年植被状况已优于建库前1990年水平。

④小浪底工程运行后，农田鸟类的栖息环境缩小，原有生境遭到一定程度的破坏，将对农田鸟类构成一定负面影响，林鸟具有向周边山地转移的趋势。

⑤水库运行水位对库区中段消落带库岸稳定的影响相对较大。

基于影响分析，建议小浪底水库加强管理，禁止在库区和支流上开展投饵网箱养殖和禽畜散养；同时应深入开展小浪底库区水质研究，重点识别库区污染物在水体及沉积物间的分布时空规律。

6.9.2　下游生态水文过程及河道演变分析

鉴于水文过程作为最根本的驱动要素，采用IHA指标法与RVA评价法综合分析长系列生态水文过程的水文节律特征，剖析不同的生态流量过程对生态要素的影响。

①基于1956—2011年历史性水文变化过程数据资料，结合历史过程中的水文特性及水库工程调度运行模式划分为4个研究阶段：一是1956—1968年作为河道的天然状态；二是1969—1986年刘家峡水库与三门峡水库联合运行阶段；三是1987—1998年刘家峡、龙羊峡与三门峡水库联合调度时段；四是1999—2011年黄河水量实施统一调度、小浪底水库开展调水调沙。采用IHA生态流计算方法研究花园口、高村与利津控制断面62个生态流组分指标在不同研究时段中的变化，同时采用RVA法评价1987—1998年与1999—2011年，即小浪底水库建设前后生态流组分的改变程度，属于高度改变。

②基于现行管理模式，低流量组分变化：减少了低流量特别是极端低流量的持续时间，基本可以保证低流量生态组分的生态学功能，可以为河流水生生物提供必要的栖息空间，保证沿岸湿地的土壤湿度，抑制河口咸水入侵；高流量组分变化：发生频率能够接近自然状态，持续时间增加，峰值流量减少，基本实现了一定的生态位维持功能，但尚不能充分实现高流量组分的生态学功能；小洪水脉冲变化：改善了下游输沙功能，但尚不能通过小洪水在洪泛平原上沉积营养物质，有效控制洪泛平原植物的分布和丰度，同时漫滩洪水的发生概率大大减少，对于下游河流形态及输沙、河流生物繁殖、湿地生物栖息都会产生一定的负面影响。

③基于河道演变影响分析，小浪底水库调水调沙使得黄河下游河道主河槽过流能力由2002年试验前的1 800 m³/s提高到4 000 m³/s，小浪底水库修建前所面临的"二级悬河"恶劣形势得到很大的缓解，水库下游河床不断下切，主槽刷深过流能力不断提高。

6.9.3 下游河道与湿地系统影响分析

鱼类作为水生态系统食物链的顶端生物，结合研究区郑州黄河鲤、鲁豫交界种质资源保护区，确定鱼类生长、繁殖与水文要素间的联系，分析影响。研究发现：20 世纪五六十年代是鱼类资源量最为丰富的时期，鱼类资源量呈现持续衰减趋势，黄河下游重点保护对象黄河鲤尤为明显，泥沙与水质要素制约了鱼类的生长与繁殖，但水文要素是最重要的约束条件；调水调沙的高含沙水流导致泥沙含量急剧增加、水质下降、溶解氧减少，结合 2010—2011 年度调水调沙期间监测结果，显示两个种质资源保护区内鱼类种类减少，捕获物资源量也分别减少 42.9%～84.7%、47.0%～61.1%。综合分析来看，水资源量的衰减是制约鱼类生长的关键要素，稳定的河道自然径流量最适宜鱼类的生长与繁殖需求。

下游河流湿地：据 2012—2013 年越冬季及近几年的实地调查，结合查阅文献记载，评价区及周边地区已知有鸟类 229 种，隶属于 16 目 52 科，鸟类数量相比历史时期有所增加。通过计算分析，随着小浪底水库调水调沙的开展，导致河床冲刷不断刷深，同流量所对应的水位在不断地降低，现阶段下流量大于 8 523 m³/s 对沿岸湿地进行漫滩补水难以实现，因此，天然降水与地下水侧渗仍然是沿岸湿地补水的主要方式。

黄河三角洲湿地：依据 2012—2013 年越冬季实地调查，结合查阅文献记载黄河三角洲自然保护区鸟类达 296 种，隶属于 19 目 59 科，154 种鸟类属于《中日保护候鸟及其栖息环境协定》中的保护鸟类，53 种鸟类属于《中澳保护候鸟及其栖息环境协定》中的保护鸟类。通过小浪底水库调水调沙、黄河流域统一调度和河口三角洲湿地补水，初步遏制了三角洲退化湿地区域植被逆向演替趋势，受损的敏感生境和湿地植被结构得到修复，但是利津站年径流量不能稳定满足《黄河流域规划》中生态环境用水量生态流量的要求；2008—2011 年累计补水量为 1.3 亿 m³，低于《黄河流域综合规划》基于保护目标及修复要求提出的 3.5 亿 m³ 补水要求，不能从根本上满足三角洲湿地自然保护区可持续发展的要求。

6.9.4 生态损益评估

以水库工程生态损益评价指标体系为指导，构建了小浪底工程生态损益评价指标体系，从正效益、负效益两个角度进行损益分析，计算研究结果表明：自建库至 2012 年，小浪底工程带来了巨大的生态效益，包括：防洪、防凌及减淤效益，水力发电及其能源替代效益，供水灌溉效益，绿化效益，内陆航运及文化娱乐效益；同时由于水库淹没、水土流失、水库淤积及移民问题又对生态造成了一定程度的损失。但总体上，小浪底工程的生态效益大于生态成本。

6.9.5 生态环保措施效果评估

小浪底水库调水调沙引起了鱼类产卵末期 6 月流量、流速的极端变化，对于鱼类（尤其黄河鲤）产卵及幼鱼生长产生一定的负面影响；从历史性纵向时间尺度来看，制约鱼类生长与繁殖的重要约束因子仍是水资源量的衰减；针对下游沿黄湿地自然保护区，现状流量无法通过直接大流量漫滩补水，沿岸湿地的主要补水方式仍为天然降水和地下水侧渗湿地补水；利津站年径流量不能稳定满足《黄河流域综合规划（2012—2030 年）》中生态环境用水量生态流量的要求；2008—2011 年通过黄河河口生态调度累计补水 1.3 亿 m^3，低于《黄河流域综合规划（2012—2030 年）》基于保护目标及修复要求提出的 3.5 亿 m^3 补水要求，不能从根本上满足三角洲湿地自然保护区可持续发展的要求。

6.9.6　下游生态适应性管理研究

基于构建的适合我国国情的水库工程生态适应性管理理论与方法框架开展小浪底坝下生态保护适应性管理研究，制定关键生态-水文联系及关键时期调整管理目标，制定相应的生态-水文过程管理方案。

建议小浪底水库适度调整调度运行方式：适度提高供水灌溉期与凌汛期下泄流量；适度调整调水调沙洪峰的上升与回落速度，减缓冲击对水生生物带来的负面影响；改善黄河三角洲工程性补水设施。

第 7 章 潘三井工煤矿环境影响后评价

煤矿开采环境影响受开采方式、生态系统演变规律等影响具有较强的差异性，从而导致其评价对象、方法等均体现出一定的特殊性。张树理、白中科等在对我国露天煤矿多年跟踪观测的基础上，对草原露天煤矿生态环境影响后评价进行了系统研究，本章选择东部积水区井工开采煤矿——潘三井工煤矿作为典型案例进行研究，一方面验证技术方法体系中所提出方法的适应性与可行性，另一方面为技术方法在导则中的应用提供实践基础。

潘三矿井地处我国华东平原，潜水位高，经过近 30 年的煤炭开采，形成了明显的采煤沉陷区与沉陷积水区。目前已开采区域分布在井田北部，约占全部井田面积的 31%。煤矿在生产过程中开展了沉陷区治理与生态恢复工作，积累了较为丰富的地表沉陷岩移观测资料和地下水变化观测数据等，因此，潘三矿井具有良好的高潜水位区井工煤矿项目生态环境影响的典型性和代表性。

7.1 项目概况及相关环评工作回顾

7.1.1 项目概况

（1）自然概况

潘三矿井位于安徽省淮南市西北部的淮河中游北岸，行政区划隶属淮南市潘集区管辖。地理坐标位置为东经 116°41′12″—116°47′46″，北纬 32°47′32″—32°51′58″。主要地貌特征为淮河冲积平原，地面标高为+20～+23 m，地势西北略高，东南稍低。潘三矿所处区域气候温和，四季分明，夏雨集中，属暖温带半湿润季风气候。年均降水量 910.6 mm，最大降水量为 1 242.2 mm（1968 年），年最少降水量仅 514.4 mm（1978 年）。年平均降水天数为 106.2 天，以 7 月最多（12.7 天），1 月最少（5.5 天）。本区全年降雨量分配不均，以夏季最多，约占全年降水量的 51%。

（2）矿井开采概况

井田东西走向长约 9.2 km，南北倾斜宽约 5.5 km，面积约 57 km²。潘三矿原设计能力 3.0 Mt/a，1991 年 11 月建成投产，2009 年改扩建工程完成后，矿井原煤生产能力及选煤厂入洗能力提高到 5.0 Mt/a。

含煤地层为二叠系山西组和上、下石盒组。井田内赋存可采及局部可采煤层 14 层，煤层厚度 28.47 m，其中 13-1、11-2、8 和 4-1 为主要可采煤层。煤层倾角井田东翼浅部一般为 5°～30°，西翼浅部倾角较缓，一般为 5°～15°，井田深部一般为 6°左右。各煤层厚度平均 0.76～3.94 m，开采标高 −1 000～−350 m。

潘三矿井采用立井、分区石门、集中大巷开拓方式。全井田划分为两个水平开拓，生产水平为一水平，水平标高为 −650 m（下山开采水平为 −730 m）。采用综合机械化开采工艺，走向长壁、后退式开采。顶板管理方法为全部陷落法。

（3）建设与开发历史

该煤矿矿井原设计能力 3.0 Mt/a，服务年限 129 年，配套建设 0.9 Mt/a 的选煤厂，1979 年 6 月开工建设，1991 年 11 月建成投产。2003 年对 0.9 Mt/a 的选煤厂改造后入洗能力达到 3.0 Mt/a；2008 年对矿井及选煤厂现有生产系统进行改造和井下二水平系统建设，使矿井原煤生产能力及选煤厂入洗能力提高到 5.0 Mt/a。

7.1.2　环评工作回顾

矿井生产能力达到 3.0 Mt/a 时，工程总投资 10.41 亿元，其中环境保护投资 2 274.25 万元，占矿井总投资 2.09%；改扩建工程总投资 80 246.85 万元，其中改扩建工程新增环境保护投资为 2 848.09 万元。改扩建工程的环境保护投资主要是对矿井水处理站的二级处理部分设备进行更新，并新建处理规模 4 500 m³/d 的生活污水处理站，采用生物接触氧化法处理工艺。

评价过程中对矿区规划环评、建设项目环境影响评价、"三同时"执行情况及工程竣工环境保护验收情况，企业环境管理制度建立与执行情况进行了调查。该项目结合矿区规划调整及项目改扩建工程，分别于 1978 年、1985 年进行了两期矿区规划环评，1990 年与 2004 年分别进行了两次项目环境影响评价，与环评对应的两次环境保护专项验收均通过竣工验收。

7.2　沉陷影响及生态影响后评价

7.2.1　地表沉陷回顾性分析

7.2.1.1　采煤沉陷岩移观测

为了掌握开采沉陷的特征和规律，潘三矿建立了地面观测站，对开采引起的地面移动和变形情况进行了监测。

（1）观测站基本情况

1）1212（3）工作面

该工作面对应地面位置在西风井以东，后万家庄以西，泥河以北，前张庄及后张庄以南，采场位于西一采区西翼，东起西一采区上山，西至十三东勘探线，北接 F1222、F23 断层，南临 F1409、F1220 断层。该工作面运输巷顺走向长 550 m，巷顶标高为 −505.1～−497.3 m，轨道巷顺走向长 645 m，巷顶标高为 −511.6～−493.4 m，倾斜长 140 m。工作面对应基岩面标高为 −411～−396 m。该面于 1999 年 4 月 21 日始采，1999 年 10 月 18 日收作，历时近 6 个月。回采月进度 63～158 m，平均进度 106 m，实际回采总长（运顺 503 m，轨/顶端 597 m），采高 2.4～3.2 m，平均采高 2.9 m。该观测站沿走向倾向各布置一条观测线，走向观测线长 1 268 m，共有 38 个观测点，倾向观测线长 1 150 m，共有 31 个观测点。

2）1552（3）工作面

1552（3）工作面对应的地面位置主要为农田，泥河在采面上方南缘流过，另有几条水渠及农田供电线路通过，地面标高 21.5 m，采场位于东三采区西翼。该面轨顺走向 1 120 m，巷顶标高为 –641.3～–596.9 m，运顺走向长 1 070 m，巷顶标高为 –619.3～–581.4 m，倾斜长 160 m，工作面对应的基岩面标高为 –373～–358 m。该面于 1997 年 6 月 2 日始采，1998 年 12 月 2 日收作，历时 1 年零 6 个月。月进度 24～86 m，平均进度 51.1 m，实际回采总长度 920 m，采高 2.8～3.6 m，平均采高 3.1 m。13-1 煤煤层倾角 2°～3°，赋存较稳定，厚度为 3.0～4.0 m，平均厚度 3.5 m。该面 13-1 煤直接顶板为砂页岩互层，厚度约 3.0 m，灰—灰白色薄层状，以粉砂岩为主，层理明显，老顶为灰白色层状中细砂岩，厚约 3.7 m，块状致密，以长石、石英为主。底板为灰色泥岩，厚度约 3.6 m，性脆易碎，吸水易膨胀。该观测站沿走向倾向各布置一条观测线，走向观测线长约 1 022 m，共有 38 个观测点，倾向观测线长约 1 958 m，共有 60 个观测点。

3）1731（3）工作面

1731（3）工作面位于东四采区东翼，是潘三矿首采工作面。该工作面观测线长度 1 314 m，点位 54 个，倾向观测线长度 1 730 m，点位 58 个，点间距 25 m 左右，共标定了 112 个观测桩。该面从 1993 年 11 月 15 日开始采煤，回采走向长度为 902 m，从 1995 年 6 月 22 日收作停采，历时近 20 个月。此工作面回采的是 13-1 煤层，煤层平均厚度 4 m，回采高度 3.2 m。煤层倾角 8°，平均采深 516.7 m，上山采深 505.7 m，下山采深 527.7 m。煤层顶板为泥岩，老顶为中细砂岩，底板为碳质泥岩。该工作面对应地表为农田，平均标高 20.7 m。观测站观测时间为 1993 年 10 月 13 日至 1996 年 5 月 14 日，中间每半年观测一次。

（2）移动沉陷盆地形成的一般规律

工作面的开采引起上覆岩层的下沉和变形，这种变形逐渐向上传递，当工作面自开切眼开始向前的距离为 1/4～1/2 采深时，开采影响即波及地表，引起地面下沉。然后随着工作面继续向前推进，地表的影响范围不断扩大，下沉值不断增加，在地表形成比开采范围大得多的下沉盆地。

图 7-1 展示了地表移动盆地随工作面推进而形成的过程。当工作面由开切眼推进到位置 1 时，在地表形成一个小盆地 W_1。工作面继续推进到位置 2 时，在移动盆地 W_1 的范围内，地表继续下沉，同时在工作面前方原来尚未移动地区的地表点，先后进入移动，从而使移动盆地 W_1 扩大而形成移动盆地 W_2。随着工作面的推进相继逐渐形成地表移动盆地 W_3、W_4。这种移动盆地是在工作面推进过程中形成的，故称动态移动盆地，也即还在移动中的盆地。工作面回采结束后，地表移动不会立刻停止，还要持续一段时间。在这一段时间里，移动盆地的边界还将继续向工作面推进方向扩展。移动首先在开切眼一侧稳定，而后在停采线一侧逐渐形成最终的地表移动盆地 W_{04}。通常所说的地表移动盆地就是指最终形成的移动盆地，又称为静态移动盆地。在工作面的推进过程中，如果图 7-1 所示的工作面停在 1、2、3、4 的位置上，待地表移动稳定后，其对应的每一个位置都会有一个相应的静态移动盆地 W_{01}、W_{02}、W_{03}、W_{04}。

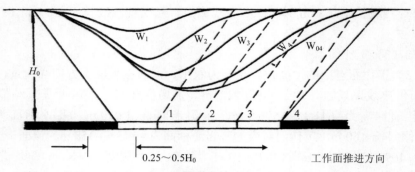

图 7-1　地表移动盆地的形成过程

1，2，3，4—工作面的位置；W_1，W_2，W_3，W_4—相应工作面的移动盆地；W_{04}—最终的静态移动盆地

应该指出，在地表移动向前发展的过程中，其后方的地表点仍在继续移动，但其移动的剧烈程度逐渐减弱，直至稳定。一般是最先进入移动的点，也最先稳定下来。

（3）实测沉陷盆地形态

1731（3）工作面走向线在开切眼方向受上一阶段回采影响，在收作线方向受东三1511（3）工作面回采影响，稳定期间受到1711（3）工作面的影响，其观测结果仅可供参考。因此，仅对 1212（3）工作面和 1552（3）工作面的观测成果进行整理分析。两工作面的观测成果如图 7-2 和图 7-3 所示。

观测结果表明，实测沉陷盆地的形态与一般规律无明显差异。

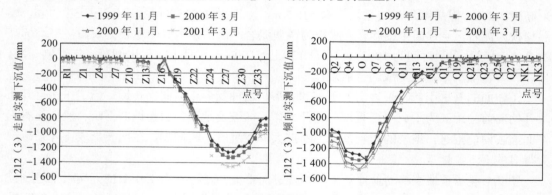

图 7-2　1212（3）工作面实测下沉值

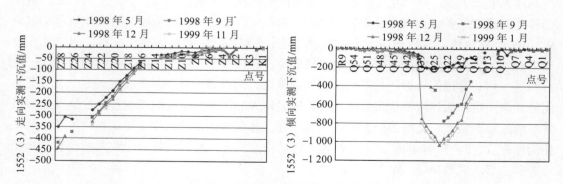

图 7-3　1552（3）工作面实测下沉值

7.2.1.2　地表沉陷的表现形式分析

地表沉陷的表现形式与特征取决于开采区域的地形地质条件和采矿条件，如采煤方法、顶板管理方法、覆岩岩性、地质构造、开采深度、采出煤层厚度、煤层倾角、采动程度（充分采动和非充分采动）、采动性质（初次采动和重复采动）、地貌特征等。

结合对潘三矿井及其周围其他煤矿采煤沉陷状况观测和长期调查，潘三井田区域地表沉陷主要表现形式和特征如下：

①潘三矿井属于薄煤层、中厚煤层、厚煤层和煤层群开采，采出的煤层累计厚度较大，采煤方法采用长壁式、全部垮落法顶板管理，同时潘三矿井田属淮河冲积平原，为巨厚含水冲积层覆盖，潜水位高且地下水丰富，地势平坦。因此潘三矿井采煤沉陷与矿区其他煤矿一样，最主要的表现形式就是出现比较明显的沉陷盆地，同时沉陷深度超过潜水位的地方，一般将形成永久性积水区。由于雨季出现大量降水后还将因潜水位抬升局部区域形成季节性积水区。积水区的形成对当地土地资源造成了非常严重的影响，大量的耕地失去耕种能力，大量的房屋受到破坏无法居住，同时对公路、铁路、输电线路、水利设施、地表水系等均造成了严重影响。

②潘三矿开采煤层较多，地表受地下采煤引起的采动次数多，采动影响持续时间长，在全部煤层开采完以前无法实施有效的土地整治与复垦措施。

③潘三矿井田区域新生界第三纪和第四纪冲积层厚度大，达 140～485 m，且含有多层流砂层，因此该区域采煤地表下沉系数大，超过了 1.0，这样沉陷范围就相对扩大，沉陷程度更加严重。

④潘三矿目前仅开采一水平，沉陷区地表最大下沉达 5 m 左右。沉陷积水是该区域最明显的沉陷表现形式，潘谢矿区沉陷积水一般的规律是沉陷 3 m 左右就会出现永久性积水，沉陷在 2～3 m 的区域将形成季节性积水区。以往的评价中一般采取这样的规律预测积水区面积和位置。实际情况与预测往往有一定的差距，具体沉陷多深会出现季节性和永久性积水与各区域潜水位有关。

7.2.1.3　沉陷影响的回归分析

原有环评报告书中均采用概率积分法来预计开采沉陷影响，这是我国目前采煤沉陷预测普遍采用的方法，后评价仍然采用这种方法进行开采沉陷方面的回顾分析和预测，但为了提高预测的准确性，根据潘三矿的多年长期地表沉陷岩移观测数据，通过回归分析，对原环评报告采用的预测参数进行必要调整和修正。

采用概率积分法对 1212（3）和 1552（3）工作面实测数据进行拟合，并求取概率积分法参数，地表沉陷拟合结果如图 7-4 和图 7-5 所示。

通过 1213（3）工作面求得预测参数结果，见表 7-1，其拟合结果见表 7-2。

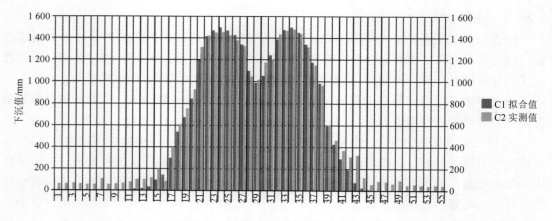

图 7-4　1212（3）工作面的下沉拟合

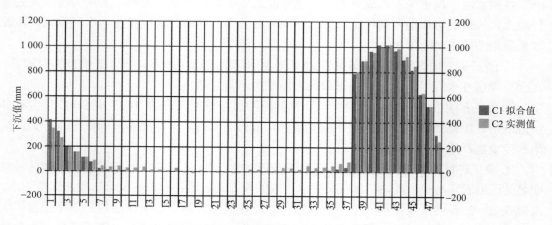

图 7-5　观测站 1552（3）求参下沉拟合

表 7-1　1212（3）工作面拟合求取预测参数

序号	参数	符号	单位	参数值
1	下沉系数	q		1.39
2	主要影响角正切	$tg\beta$		1.65
3	水平移动系数	b		0.30
4	最大下沉角	θ	（°）	90.00
5	下拐点偏移距	S_1	m	13.34
6	上拐点偏移距	S_2	m	0.00
7	左拐点偏移距	S_3	m	30.00
8	右拐点偏移距	S_4	m	31.59

表 7-2　1212（3）工作面下沉拟合结果　　　　　　　　　　　单位：mm

点号	拟合下沉值	实测下沉值	点号	拟合下沉值	实测下沉值
1	0.00	57.00	29	985.51	1 013.00
2	0.00	62.00	30	1 047.06	1 172.00
3	0.00	64.00	31	1 233.97	1 202.00

点号	拟合下沉值	实测下沉值	点号	拟合下沉值	实测下沉值
4	0.00	59.00	32	1 384.74	1 431.00
5	0.00	54.00	33	1 472.83	1 465.00
6	0.00	54.00	34	1 493.76	1 475.00
7	0.00	104.00	35	1 445.75	1 435.00
8	0.04	51.00	36	1 334.82	1 314.00
9	0.13	62.00	37	1 170.06	1 151.00
10	0.45	67.00	38	976.22	963.00
11	1.03	76.00	39	588.41	596.00
12	9.75	98.00	40	424.47	457.00
13	18.31	103.00	41	290.19	366.00
14	32.72	118.00	42	189.53	304.00
15	95.04	188.00	43	70.30	321.00
16	140.78	84.00	44	21.63	115.00
17	291.35	390.00	45	5.75	51.00
18	530.74	601.00	46	2.78	81.00
19	666.71	752.00	47	1.17	79.00
20	836.56	926.00	48	0.16	59.00
21	1 194.80	1 311.00	49	0.00	91.00
22	1 414.33	1 415.00	50	0.00	45.00
23	1 467.07	1 449.00	51	0.00	51.00
24	1 493.67	1 454.00	52	0.00	46.00
25	1 466.06	1 424.00	53	0.00	41.00
26	1 421.29	1 378.00	54	0.00	49.00
27	1 336.43	1 324.00	55	0.00	40.00
28	1 093.54	1 044.00			

[VV]= 2.84×10^5
拟合中误差为 M=72 mm
相对中误差（相对于实测最大值）=4.9%

通过 1552（3）工作面求得预测参数结果见表 7-3，其拟合结果见表 7-4。

表 7-3　1552（3）工作面拟合求取预测参数

序号	参数	符号	单位	参数值
1	下沉系数	q		0.83
2	主要影响角正切	tgβ		1.84
3	水平移动系数	b		0.30
4	最大下沉角	θ	(°)	89.25
5	下拐点偏移距	S_1	m	27.83
6	上拐点偏移距	S_2	m	13.57
7	左拐点偏移距	S_3	m	10.00
8	右拐点偏移距	S_4	m	11.97

表 7-4　1552（3）工作面下沉拟合结果 　　　　　　　　单位：mm

点号	拟合下沉值	实测下沉值	点号	拟合下沉值	实测下沉值
1	409.16	342.00	25	0.00	18.00
2	318.02	269.00	26	0.00	17.00
3	195.97	190.00	27	0.01	6.00
4	153.21	155.00	28	0.06	6.00
5	111.19	113.00	29	0.18	32.00
6	75.08	86.00	30	0.38	27.00
7	19.65	43.00	31	0.92	14.00
8	11.54	36.00	32	1.89	45.00
9	6.22	39.00	33	3.79	33.00
10	3.67	24.00	34	6.99	36.00
11	2.04	27.00	35	12.70	47.00
12	1.00	38.00	36	22.42	68.00
13	0.42	11.00	37	38.59	84.00
14	0.07	10.00	38	781.87	799.00
15	0.00	4.00	39	888.33	885.00
16	0.00	28.00	40	965.80	954.00
17	0.00	−5.00	41	1 016.31	997.00
18	0.00	−8.00	42	1 017.47	1 016.00
19	0.00	6.00	43	967.32	982.00
20	0.00	0.00	44	899.20	924.00
21	0.00	−5.00	45	816.71	847.00
22	0.00	−6.00	46	622.36	631.00
23	0.00	−6.00	47	527.80	530.00
24	0.00	1.00	48	299.39	245.00

$[VV] = 3.00 \times 10^4$

拟合中误差为 $M = 25$ mm

相对中误差（相对于实测最大值）$= 2.5\%$

综合观测成果，可得潘三矿各类参数情况见表 7-5。

表 7-5　潘三矿各类参数汇总

观测站名称		1212（3）	1552（3）
工作面参数	走向长/m	550	1 020
	倾向长/m	140	160
	采厚/m	2.9	3.1
	表土厚/m	425	390
	平均采深/m	525	630
	工作面长/上覆基岩厚度	1.4	0.7
	平均开采速度/（m/d）	3.5	1.7

观测站名称		1212（3）	1552（3）
概率积分参数	下沉系数	1.39	0.83
	主要影响角正切	1.65	1.84
	水平移动系数	0.3	0.31
	开采影响传播角/（°）	90.0	89.2
	左拐点偏距/m		
	右拐点偏距/m	31.6	
	上拐点偏距/m		13.6
	下拐点偏距/m	13.3	27.8
边界角	走向/（°）	41.1	43.3
	上山/（°）	41.3	41.8
	下山/（°）	41.0	43.1
移动角	走向/（°）	67.5	69.0
	上山/（°）	68.4	70.0
	下山/（°）	67.3	69.6
动态参数	最大下沉速度/（mm/d）	24.5	9.1
	最大下沉速度滞后角/（°）	81.2	80.4
	起始期/d	59	130
	活跃期/d	192	420
	衰退期/d	140	368
	移动总时间/d	391	918

7.2.1.4　对下一步沉陷预测的有关思考

① 通过对观测站资料的拟合分析，在对潘三矿开采沉陷进行预测计算时，概率积分法模型是合适的，预测误差基本上不超过 5%。预计参数为：q=1.2（初采）；q=0.85（复采，无实测资料，推测值）；$\tan\beta$=1.83，b=0.3，θ=89°，拐点偏移距约为 0.04H（H 为平均采深）。

② 预测中需要注意的是，由于积水区受地形和地下水位在不同时间、不同季节变化的影响，如果要保证预测积水范围的准确性，需要选取合理的判断季节性积水与永久性积水的沉陷深度参数作判据。就本矿来说，选取 1.5 m 和 2.5 m 沉陷等值线分别作为判断季节性积水和永久性积水的依据，可以保证积水范围预测结果有比较好的可信度。

③ 沉陷影响预测中普遍把 10 mm 沉陷等值线作为理论计算沉陷影响的范围是可行的，但客观调查的实际影响范围没有计算的范围大。实际上在平原地区一般沉陷在 0.5 m 左右可明显观察到，根据煤矿统计的受沉陷影响的耕地面积与回归预测结果的对比分析，后评价认为将 0.5 m 沉陷等值线圈定的范围作为计算土地受影响范围是合理的。

④ 本矿井田沉陷区域内房屋的实际承受变形能力，特别是对水平拉伸变形的抵抗能力远小于《建筑物、水体、铁路及主要井巷煤柱留设与压煤开采规程》中的相关规定，后评价根据房屋受损实际情况调查结果，对规程中相关参数进行了调整，采用调整后的参数作为判断本矿区沉陷对房屋影响的依据更符合实际情况。

7.2.2　生态影响后评价

7.2.2.1　数据源及处理

潘三矿生态影响后评价范围为井田外扩 2 km，数据获取采用遥感分析与实地调查相结合，遥感数据源为美国陆地卫星 Landsat5 的 TM 遥感影像和法国 Spot5 的 HRG 高分辨率影像、五万分之一地形图资料。Landsat5 影像的空间分辨率为 25 m，考虑到该地区主要植被为农作物，植被覆盖受季节影响不大，为避开雨季影响，评价将遥感数据获取时间选在 2007 年 1 月 29 日。Spot5 影像的空间分辨率为 2.5 m，为全色波段（PAN），通过高分辨率影像提取居民工矿区、道路、水利设施等方面信息。

选取 1987 年、1991 年、1996 年、2001 年、2006 年（雨季）以及 2007 年 6 期 TM 遥感影像，其中除 2006 年数据取自雨季外，其他均取自非雨季。1987 年遥感影像代表煤矿开发建设前井田区域生态环境现状原始情况（代表背景值），1991 年、1996 年、2001 年、2006 年遥感影像代表煤矿生产过程中每过 5 年井田区域生态环境的变化情况，2006 年雨季数据可以代表后评价时段井田区域雨季土地利用状况，将其与 2007 年非雨季数据对比分析，能够反映出井田区域的季节性积水情况。

通过 TM 多光谱波段和 Spot PAN 波段融合，形成 2.5 m 分辨率的多光谱遥感数据，通过 7、4、3 波段假彩色显示，做出潘三矿井田遥感影像图。

通过对开发前（原始背景状态）、开发过程中至后评价时段止的多期遥感影像的解译来分析潘三矿开发不同阶段井田区域利用类型和结构的变化情况，分析煤矿开发对生态环境的累积影响。

然后用差分 GPS 进行实地勘查定点、校准影像，并对遥感影像进行几何校正、配准、图像增强等处理，建立解译标志，进行人工判读，然后分类得到各期土地利用现状图。

7.2.2.2 土地利用结构变化分析

根据土地利用现状分析，潘三煤矿不同时期土地利用情况见表 7-6。

表 7-6 潘三煤矿不同时期土地利用结构　　　　　　　　　　　　　单位：km²

时间 土地利用类型	1987 年	1996 年	2001 年	2006 年（雨季）	2007 年（1 月）
耕地	106.28	101.88	98.14	85.07	88.50
居民与工矿用地	17.82	20.02	20.18	20.81	20.93
河流、坑塘水面	0.47	2.10	4.14	14.00	6.29
水利设施	6.31	5.96	5.79	5.87	5.87
交通道路	3.20	4.47	5.60	5.73	5.73
有林地	9.17	7.82	7.56	6.95	6.95
未利用地	0.61	1.61	2.45	5.43	9.59
合　计	143.86	143.86	143.86	143.86	143.86

注：未利用地大部分为季节性积水区。

对不同时期土地利用结构进行比较分析，土地利用结构相对 1987 年的变化见表 7-7 和图 7-6。

表 7-7　潘三煤矿不同时期土地利用变化情况（以 1987 年为基期）　单位：km²

项目	年份	1996 年	2001 年	2006 年（雨季）	2007 年（1 月）	备注
土地利用变化情况分析	耕地	−4.40	−8.14	−21.21	−17.78	减少的面积转化成永久水面、未利用地以及居民与工矿用地、交通道路用地等
	其中，受潘三矿开采沉陷影响减少面积				−6.17	
	有林地	−1.35	−1.61	−2.22	−2.22	
	水利设施	−0.35	−0.52	−0.44	−0.44	
	湖泊水面、坑塘水面	+1.63	+3.67	+13.53	+5.82	主要是受沉陷影响形成的永久积水区
	未利用地	+1.01	+1.85	+4.83	+8.99	主要是受沉陷影响形成的季节性积水区
	沉陷积水面积占总减少面积的比例	26.72	35.74	56.68	28.47	

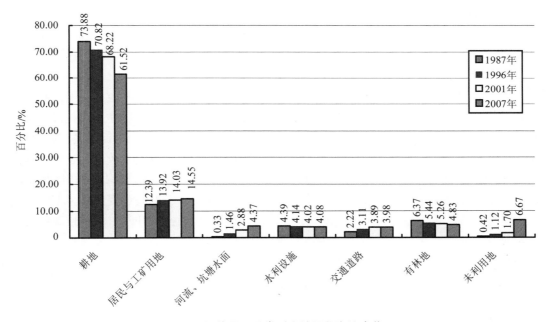

图 7-6　评价区不同类型土地面积占比变化

根据分析结果，可以得出如下结论：

① 自 1987 年至 2007 年，耕地、有林地和水利设施占地分别有不同程度的减少，减少的面积大部分转化成水面、居民与工矿用地、交通道路用地和未利用地等，而减少的原因则主要是受到煤矿开采沉陷影响和项目与道路建设直接占地的影响。

② 耕地面积的变化是比较明显的，评价区耕地面积从开发前的 106.28 km² 减少到 2007 年的 88.50 km²，减少了 17.78 km²。耕地比例由 73.88% 减少到 61.52%，大约降低了 12 个百分点。耕地减少的主要原因是潘三矿的建设开发直接占地和沉陷影响，其次还受到区域道路建设和周边其他煤矿开采沉陷的影响。通过解译潘三矿沉陷范围土地利用数据可以得出，因潘三矿开采沉陷影响而减少的耕地面积约为 6.17 km²，受周边其他煤矿开采沉

陷影响减少耕地 5.11 km²，因项目和道路建设占地等其他因素影响减少耕地 6.50 km²。受潘三矿开采沉陷影响损失的耕地占到了沉陷影响耕地总面积的 45.00%。

③ 评价区水面面积有明显增加，从项目开发到评价时段（2007 年），河流、坑塘等永久水面增加了 5.82 km²，季节性水面（可用未利用地表示）增加了 8.99 km²，二者合计增加了 14.81 km²，占到了评价区耕地等土地利用类型总减少面积的 72.46%。永久水面和未利用地的增加主要是因开采沉陷引起的，如果剔除周围其他煤矿开采影响部分，受潘三矿开采沉陷影响而增加的永久水面和未利用地面积约 8.10 km²，其中永久水面约 3.40 km²，开采一水平开采万吨煤造成永久积水 1.75 亩（1 亩=1/15 hm²）。

④ 从 1987 年到 2007 年，潘三矿项目开发与周边居民村建设用地增加 5.03 km²，但采煤地表沉陷也导致了 1.92 km² 居民建设用地损失，因此，反映在表 7-6 中的居民及工矿区面积实际仅增加了 3.11 km²。

⑤ 由于区域经济的发展，交通道路用地大面积增加，由表 7-6 可知，2006 年交通道路用地几乎是 1987 年的 2 倍。1987—1991 年的增长率为 27.5%，1991—1996 年的增长率为 9.6%，1996—2001 年的增长率为 25.3%，2001—2006 年的增长率为 2.3%。

矿区建设至今，铁路线从无到有，目前评价区内铁路线长度为 21.68 km。公路网密度由 1987 年的 0.74 km/km² 提高到 2006 年的 1.33 km/km²。

7.2.2.3　生态系统格局变化分析

总之，经过了 20 多年的生产开发，耕地面积受区域开发建设占地和沉陷影响减少较大，但耕地面积目前占比为 61.52%。井田区域以农田生态系统为主的生态结构没有发生演替性变化，但区域生态功能已经由单纯的农业生产服务演变为以煤炭资源开发为主导。由于煤矿的建设开发和区域经济的发展，井田区域村镇生态系统得到了较快的发展，居民及工矿用地面积目前占到了 20.44%。此外，由于受到采煤沉陷积水的影响，井田区域水域生态系统发展迅速，河流、坑塘等永久水面由煤矿开发前的 0.33% 快速提升到 4.37%，同时在雨季还存在大面积的季节性积水区域。但随着煤矿将来的持续开发，水域景观将会得到逐渐强化，甚至会成为主导优势，生态系统结构将会发生明显的变化，未来整个区域生态环境质量好坏可能主要取决于水域生态系统。因此，如何保护水域质量和合理有效地利用水面是煤矿未来开发过程中在生态综合整治方面面临的主要难题。

7.3　地下水环境影响后评价

7.3.1　地下水资源影响后评价

7.3.1.1　水位变化后评价

根据潘三矿 2003—2007 年地面水文钻孔动态观测结果，选择井田内的十三—十四上含 1、十四西下含 1、十二上含 1 典型代表钻孔，分析潘三矿煤炭开采对地下水水位和水量的影响。

十三—十四上含 1 和十二上含 1 水文钻孔主要用来监测煤系地层上覆含水层水位动态变化，十四西下含 1 水文钻孔用来监测煤系地层含水层水位动态变化。2003—2007 年，这 3 个代表水文钻孔水位动态观测结果见表 7-8，历年变化情况如图 7-7 所示。

表 7-8 淮南矿业集团潘三矿地面水文钻孔水位动态观测结果

水位标高 / 水文钻孔号	1	2	3	4	5	6	7	8	9	10	11	12
2003 年												
十三-十四上含1	16.097	16.207	16.170	16.187	16.220	16.280	16.202	16.112	16.250	16.327	16.417	16.353
十四西下含1	-9.103	-8.937	-8.947	-8.963	-9.260	-9.362	-9.135	-8.972	-9.085	-9.397	-9.740	-9.983
十二上含1	17.084	16.844	17.308	17.638	17.471	17.445	17.623	17.858	17.823	17.528	17.441	17.204
2004 年												
十三-十四上含1	16.237	16.023	15.717	15.453	15.173	15.128	15.375	15.477	15.468	15.523	15.473	15.447
十四西下含1	-10.073	-10.177	-10.423	-10.700	-10.633	-10.380	-10.267	-10.237	-10.305	-10.220	-10.197	-10.183
十二上含1	16.981	16.754	16.611	16.374	16.258	16.379	16.723	16.803	16.804	16.328	16.021	16.008
2005 年												
十三-十四上含1	15.133	14.957	14.937	15.027	15.030	14.830	15.372	16.075	16.268	16.033	15.920	15.870
十四西下含1	-10.297	-10.387	-10.270	-10.090	-10.066	-10.147	-10.008	-9.885	-9.818	-9.930	-9.947	-9.863
十二上含1	15.434	15.204	15.191	15.244	15.241	15.049	15.581	16.238	16.103	15.854	15.858	15.814
2006 年												
十三-十四上含1	15.823	15.850	15.557	15.390	15.297	15.057	15.578	15.533	15.273	14.860	14.740	14.987
十四西下含1	-9.827	-9.833	-9.963	-10.027	-2.112	-2.340	-2.320	-2.322	-10.507	-10.730	-10.950	-10.817
十二上含1	15.798	15.834	15.528	15.338	15.223	15.184	15.698	15.714	15.523	15.291	15.058	15.274
2007 年												
十三-十四上含1	14.580	14.427	14.370	14.350	14.367	14.033	14.392	14.422	14.645	14.570	14.473	14.600
十四西下含1	-11.193	-11.493	-11.713	-11.617	-11.603	-12.335	-13.390	-13.853	-14.437	-14.577	-14.563	-14.490
十二上含1	15.051	14.938	14.901	14.751	14.784	15.458	15.956	15.928	16.061	15.971	15.844	15.984

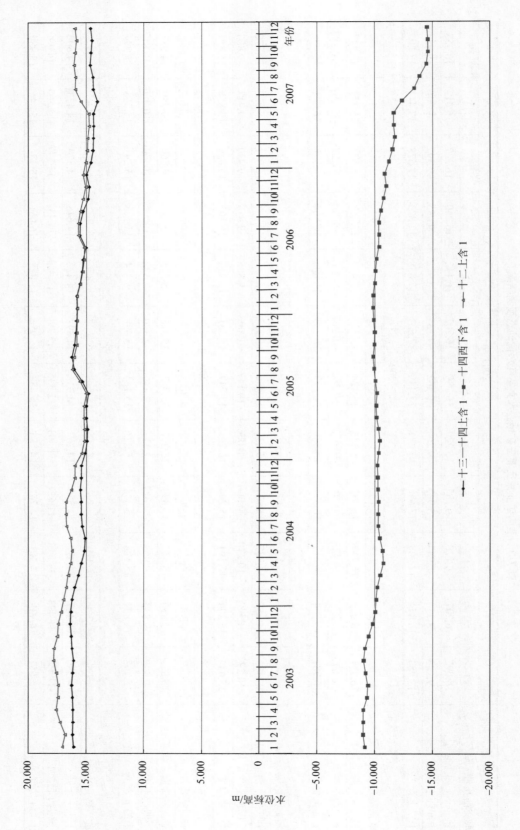

图7-7 潘三矿地面水文钻孔水位历年变化曲线

由表 7-8 和图 7-7 可知，十三—十四上含 1 和十二上含 1 水文钻孔历年水位变幅不大，这说明潘三矿煤炭开采对煤系上覆含水层未产生导通作用，对其水位及水量影响不大；十四西下含 1 水文钻孔水位在 2003—2005 年变化不大，但 2006 年随着水文钻孔附近煤炭的开采，水位持续下降，表面煤炭开采对煤系含水层存在疏干导通作用。

总之，根据潘三矿现有水文钻孔水位观测资料，潘三矿煤炭开采对煤系地层上覆含水层水位、水量影响不大，但对煤系地层含水层存在疏干导通作用，随着煤炭开采，水位持续下降。

7.3.1.2　水量变化后评价

潘三矿 1999—2007 年矿井涌水量情况见表 7-9。

表 7-9　潘三矿 1999—2007 年矿井水涌水量与地下水资源损失量

项目	年份								
	1999	2000	2001	2002	2003	2004	2005	2006	2007
矿井水涌水量/万 m³	201.81	209.14	216.27	275.79	244.77	162	262.8	246.27	245.28
产煤量/（万 t/a）	195.00	200.00	210.00	285.00	330.00	340.00	375.00	385.00	326.80
吨煤地下水资源损失/（m³/t）	1.035	1.046	1.030	0.968	0.742	0.476	0.701	0.640	0.751

根据 1984—2007 年潘三矿矿井涌水量资料，自 1984 年潘三矿开始建设到 2007 年，潘三矿矿井涌水量从 1984 年的 52.45 万 m³/a 增长到 2007 年的 245.28 万 m³/a。2003—2007 年矿井年涌水量基本上维持在 250 万 m³ 左右，与此同时，矿井生产能力基本上维持在 350 万 m³/a。对以上数据进行汇总分析，潘三煤矿自建设开发至 2008 年因井下疏干排水造成的地下水资源损失量已达 4 150 万 m³，1998—2008 年的 10 年间平均吨煤损失地下水资源量约 0.821 m³，其中前 5 年年损失量在 1 m³ 左右，后 5 年年损失量衰减到 0.67 m³ 左右。总的来说，地下水持续疏干排放，矿井水涌水量呈衰减趋势。

根据 7.3.1.1 节水位动态观测资料可知，潘三矿煤炭开采主要疏排含水层为煤系含水层，矿井涌水量历年变化情况表明：随着潘三矿开采规模和强度的逐渐增大，对煤系含水层的地下水疏排量也逐渐增大，但吨煤疏干排水量则有一定程度的衰减。就潘三井田区域来说，煤矿开采成为煤系含水层地下水资源量消耗的主要方式，成为煤系含水层地下水主要排泄途径。由于当地工农业生产和生活主要依赖地表水，对地下水的开采相对较低，因此矿井水的疏干排放和煤系地层地下水位的局部下降并没有给当地的工农业用水带来太大影响。

7.3.1.3　水源变化后评价

由于潘三矿井田内没有常规村民饮用地下水源含水层监测井，通过与当地水利部门咨询、现场座谈会及对村民进行实地走访形式，开展煤炭开采对居民生活饮用地下水源的影响调查。

调研结果显示：潘三矿井田所在区域居民饮用水水源主要依靠地表水，仅井田内部分村庄居民生活饮用水水源取埋深小于 50 m 的浅层地下水，一般水井深在 10 m 左右；自潘三矿建矿到目前的煤炭开采期内，村民饮用水井水位和水量未发生明显变化，但局部区域水井出现水质混浊现象。

潘三矿井田内村庄居民水井水位、水量未发生明显变化的原因，主要与潘三矿所处淮南市区域大气降水丰富及周边河流水系发育等因素有关。淮南市处于亚热带与暖温带过渡带，降雨量丰富，多年平均降水量为 886.6 mm，其中潘三矿所处的淮河北岸区域近三年的降雨量均在 1 050 mm 以上，2005 年为 1 097.2 mm、2006 年为 1 054 mm、2007 年为 1 142.7 mm；另外，潘三矿周边水系发育，境内有泥河和架河穿过，境外南侧淮河自西而东流过，浅层地下水受河流补给作用强。

潘三矿井田内局部区域村庄居民水井混浊，可能由采煤沉陷导致水井内衬层破坏及水井取水含水层上游区域沉陷裂缝导致地表泥浆水进入浅层地下水引起。目前淮南市水利局及潘三矿对于居民搬迁新村采用打深井的方法保证出水水质，而对井田内尚未搬迁村庄居民以发放补助的形式，帮助村民建造简易水质净化措施。

7.3.2　地下水水质变化后评价

通过对《潘谢矿区开发环境影响评价报告书》（1986 年）与《潘三矿及选煤厂改扩建工程环境影响报告书》（2004 年）编制期间对当时在建的潘三矿工业场地水源井和附近农村水源井进行采样分析，监测结果见表 7-10。

表 7-10　潘三矿历次地表水环境质量监测结果一览

采样点	1985 年		2004 年
	工业场地水井	工业场地附近农村饮用水井	
水深/m	—	—	100
水温/℃	—	—	20
pH	—	—	7.46
总硬度/（mg/L）	285.5	300.1	294.7
挥发酚/（mg/L）	<0.002	0.003	
氰化物/（mg/L）	<0.002	<0.002	<0.004
氟化物/（mg/L）			0.68
六价铬/（mg/L）	<0.001	<0.001	
总大肠菌群数/（个/L）	<90	<90	
细菌总数/（个/mL）	190	190	
Cd/（mg/L）	<0.000 6	<0.000 5	<0.001
As/（mg/L）	<0.001	<0.001	<0.000 3
Hg/（mg/L）	<0.001	<0.001	<0.000 05
细菌总数/（个/mL）			257
总大肠菌群数/（个/L）			5

2008 年对潘三矿及临时排矸场附近村庄水井进行了采样监测，监测结果见表 7-11。

表 7-11　潘三矿工业场地及临时排矸场附近村庄水源井监测结果一览（2008 年）

采样点	工业场地水井	芦沟沿	赵巷子
pH	7.58	7.51	7.60
总硬度/（mg/L）	224.3	279.1	171.1
溶解性总固体/（mg/L）	435	231	260
COD_{Mn}/（mg/L）	<0.50	0.50	0.74
氨氮/（mg/L）	0.071	0.078	0.229

采样点	工业场地水井	芦沟沿	赵巷子
挥发酚/（mg/L）	0.002	0.002	0.002
氰化物/（mg/L）	<0.004	<0.004	<0.004
六价铬/（mg/L）	<0.004	<0.004	<0.004
氟化物/（mg/L）	0.73	0.75	0.93
硝酸盐氮/（mg/L）	0.056	1.103	0.128
SO_4^{2-}/（mg/L）	91.2	111.9	50.4
总大肠菌群数/（个/L）	<9	<9	1 880
细菌总数/（个/mL）	78	85	392
Cd/（mg/L）	0.000 15	0.000 16	0.000 71
As/（mg/L）	0.000 37		0.000 72
Hg/（mg/L）	0.000 07	<0.000 05	<0.000 05

7.4　基于生态服务功能价值评估的生态损益评估

7.4.1　单位面积生产服务功能价值分析

假设 1 hm² 全国平均产量的农田每年自然粮食产量的经济价值为 1，其他生态系统生态服务价值当量因子是指生态系统产生该生态服务的相对于农田食物生产服务的贡献大小。在该当量因子表的基础上，为尽可能接近实际情况，减小误差，评价利用潘三煤矿所在的安徽淮南市潘集区各粮食作物播种面积、粮食单产、各粮食作物的平均价格为基础对单位面积农田食物生产服务功能价值进行如下修正，得到矿区单位面积农田食物生产服务功能价值。

根据 2007 年淮南统计年鉴，以潘集区 2006 年粮食作物播种面积为 53 802 hm²、粮食产量为 335 766 t 计算，粮食单产为 6 241 kg/hm²，粮食单价按 2006 年淮南市报价 1.7 元/kg，计算得矿区农田生态系统单位面积生态服务价值量为 10 609.7 元/（hm²·a）。再考虑没有人力投入的自然生态系统提供的经济价值是现有单位面积农田提供的食物生产服务经济价值的 1/7，得出矿区单位面积农田每年自然粮食产量的经济价值为 1 515.7 元/（hm²·a）。

考虑该矿区生态系统类型主要为农田生态系统，矿区土地利用类型主要为耕地，矿区农田生态系统单位面积食物生产的价值量修正仍按 10 609.7 元/（hm²·a）计算，而不是按其 1/7 即 1 515.7 元/（hm²·a）计算。

根据修正的"中国生态系统服务价值当量因子表"和潘三煤矿矿区单位面积农田食物生产服务功能价值，计算矿区各土地利用类型的生态服务功能的单价，见表 7-12。

表 7-12　潘集区不同陆地生态系统单位面积生态服务价值　　单位：元/（hm²·a）

服务类型	森林	草地	农田	湿地	水体	荒漠	居民与工矿用地	交通用地
气体调节	5 305.0	1 212.6	757.9	2 728.3	0.0	0.0	−2 273.6	0.0
气候调节	4 092.4	1 212.6	1 349.0	25 918.5	697.2	0.0	−4 046.9	0.0
水源涵养	4 850.2	1 212.6	909.4	23 493.4	30 890.0	45.5	−2 728.3	−909.4
土壤形成与保护	5 911.2	2 955.6	2 212.9	2 591.8	15.2	30.3	−2 212.9	0.0

服务类型	森林	草地	农田	湿地	水体	荒漠	居民与工矿用地	交通用地
废物处理	1 985.6	1 985.6	2 485.7	27 555.4	27 555.4	15.2	−9 943.0	0.0
生物多样性保护	4 941.2	1 652.1	1 076.1	3 789.3	3 774.1	515.3	−1 076.1	−1 076.1
食物生产	151.6	454.7	10 609.7	454.7	151.6	15.2	−1 515.7	0.0
原材料	3 940.8	75.8	151.6	106.1	15.2	0.0	−454.7	0.0
娱乐文化	1 940.1	60.6	15.2	8 412.1	6 578.1	15.2	1 515.7	0.0
合计	33 118.0	10 822.1	19 567.5	95 049.5	69 676.7	636.6	−22 735.5	−1 985.6

7.4.2 生态服务功能价值回顾性分析

潘三煤矿不同时期土地利用结构见 7.2.2.2 节，集合潘集区不同陆地生态系统单位面积生态服务价值，计算出煤矿开发前后不同时期矿区生态服务功能的经济价值，见表 7-13 至表 7-16。

表 7-13　1987 年潘三煤矿矿区生态系统生态服务价值　　　　　　单位：万元

服务类型	森林	农田	湿地	水体	居民与工矿用地	交通用地
气体调节	486.46	805.44	9.99	0.00	−405.15	0.00
气候调节	375.27	1 433.69	94.86	48.97	−721.16	0.00
水源涵养	444.77	966.53	85.99	2 169.71	−486.18	−29.10
土壤形成与保护	542.06	2 351.89	9.49	1.06	−394.34	0.00
废物处理	182.08	2 641.85	100.85	1 935.49	−1 771.84	0.00
生物多样性保护	453.11	1 143.73	13.87	265.09	−191.77	−34.44
食物生产	13.90	11 275.99	1.66	10.65	−270.10	0.00
原材料	361.37	161.09	0.39	1.06	−81.03	0.00
娱乐文化	177.91	16.11	30.79	462.05	270.10	0.00
合计	3 036.92	20 796.33	347.88	4 894.09	−4 051.47	−63.54

表 7-14　1996 年潘三煤矿矿区生态系统生态服务价值　　　　　　单位：万元

服务类型	森林	农田	湿地	水体	居民与工矿用地	交通用地
气体调节	414.85	772.10	26.35	0.00	−455.16	0.00
气候调节	320.02	1 374.33	250.37	60.69	−82.19	0.00
水源涵养	379.29	926.52	226.95	2 688.66	−546.20	−40.65
土壤形成与保护	462.26	2 254.52	25.04	1.32	−443.03	0.00
废物处理	155.27	2 532.48	266.19	2 398.42	−1 990.59	0.00
生物多样性保护	386.40	1 096.38	36.60	328.50	−215.44	−48.10
食物生产	11.85	10 809.16	4.39	13.19	−303.44	0.00
原材料	308.17	154.42	1.02	1.32	−91.03	0.00
娱乐文化	151.72	15.44	81.26	572.56	303.44	0.00
合计	2 589.83	19 935.36	918.18	6 064.66	−4 551.65	−88.75

表 7-15　2001 年潘三煤矿矿区生态系统生态服务价值　　　单位：万元

服务类型	森林	农田	湿地	水体	居民与工矿用地	交通用地
气体调节	401.05	743.75	40.11	0.00	−458.80	0.00
气候调节	309.38	1 323.88	381.00	76.07	−816.67	0.00
水源涵养	366.68	892.50	345.35	3 370.10	−550.56	−50.93
土壤形成与保护	446.89	2 171.76	38.10	1.65	−446.57	0.00
废物处理	150.11	2 439.51	405.06	3 006.30	−2 006.50	0.00
生物多样性保护	373.55	1 056.13	55.70	411.75	−217.17	−60.26
食物生产	11.46	10 412.36	6.68	16.54	−305.87	0.00
原材料	297.93	148.75	1.56	1.65	−91.76	0.00
娱乐文化	146.67	14.88	123.66	717.67	305.87	0.00
合计	2 503.72	19 203.53	1 397.23	7 601.73	−4 588.02	−111.19

表 7-16　2007 年潘三煤矿矿区生态系统生态服务价值　　　单位：万元

服务类型	森林	农田	湿地	水体	居民与工矿用地	交通用地
气体调节	368.69	670.70	156.98	0.00	−475.85	0.00
气候调节	284.42	1 193.84	1 491.35	111.53	−847.02	0.00
水源涵养	337.09	804.84	1 351.81	4 941.16	−571.02	−52.11
土壤形成与保护	410.83	1 958.44	149.13	2.42	−463.16	0.00
废物处理	138.00	2 199.89	1 585.54	4 407.77	−2 081.07	0.00
生物多样性保护	343.41	952.39	218.03	603.70	−225.24	−61.66
食物生产	10.53	9 389.58	26.16	24.25	−317.24	0.00
原材料	273.89	134.14	6.10	2.42	−95.17	0.00
娱乐文化	134.84	13.41	484.03	1 052.24	317.24	0.00
合计	2 301.70	17 317.23	5 469.15	11 145.49	−4 758.54	−113.77

7.4.3　生态损益分析

将 1987 年时潘三煤矿矿区生态系统生态服务价值作为背景值，开发 20 年后（2007 年时）矿区生态服务功能的经济价值量变化情况见表 7-17。

表 7-17　2007 年潘三煤矿矿区生态系统生态服务价值变化（2007 年 − 1987 年）　单位：万元

服务类型	森林	农田	湿地	水体	居民与工矿用地	交通用地
气体调节	−117.77	−134.75	147.00	0.00	−70.71	0.00
气候调节	−90.85	−239.85	1 396.49	62.55	−125.86	0.00
水源涵养	−107.68	−161.69	1 265.82	2 771.45	−84.85	−23.01
土壤形成与保护	−131.23	−393.46	139.65	1.36	−68.82	0.00
废物处理	−44.08	−441.97	1 484.69	2 472.27	−309.23	0.00
生物多样性保护	−109.69	−191.34	204.16	338.61	−33.47	−27.23
食物生产	−3.36	−1 886.40	24.50	13.60	−47.14	0.00
原材料	−87.49	−26.95	5.72	1.36	−14.14	0.00
娱乐文化	−43.07	−2.69	453.25	590.19	47.14	0.00
合计	−735.22	−3 479.10	5 121.27	6 251.40	−707.07	−50.23
增加值总计	11 519.66					
减少值总计	−4 971.63					
总计	6 548.04					

根据表 7-17，潘三煤矿开采以来，由于耕地损失造成的生态损失巨大，相对 1987 年而言，损失量达到 3 479.1 万元，加上因林地损失、居民与工矿用地、交通用地占地损失，总生态损失量达到 4 971.63 万元。由于湿地和水域面积的增加带来生态价值的增加，矿区生态价值增加 6 548.04 万元。尽管如此，其在食物生产上的生态价值损失是实实在在的，仍达到了 1 886.4 万元。

在耕地面积由于沉陷积水大范围减少的同时，每年矿方都根据沉陷影响范围对耕地受影响的农民按照当地的标准提供青苗补偿。从调查来看，提供青苗补偿的耕地范围基本上覆盖了所有受影响的耕地，而不是仅仅局限于损失的耕地。接受补偿的部分耕地没有丧失耕作功能，农民仍在耕种。补偿的标准目前为 1 150 元/亩，共 63 997.5 万元。潘三矿从 1995 年开始至 2007 年 10 月总共搬迁 21 540 人，平均每人约 4 万元，共 86 160 万元。同时，潘三矿累计直接用于环境保护的费用为 6 822.25 万元。以上两项费用均作为生态防护与恢复的成本。

采用成本效益综合评价，上述损益合计共 −150 431.71 万元，即潘三煤矿的开采造成 150 431.71 万元的生态损失。当然由于地表积水导致耕地面积减少，从粮食生产角度造成了直接经济损失，但对于积水区整治后的生态效应、水产与渔业效益、景观效益等综合考虑的基础上，最终的生态损益可能是"益"而非"损"。

7.5　环境保护措施有效性评估

7.5.1　污染防治措施有效性评估

7.5.1.1　大气污染防治措施有效性评估

大气污染防治措施主要为锅炉烟气治理以及矸石周转场与储煤场无组织排放治理。

（1）锅炉废气治理措施效果评估

潘三煤矿工业场地锅炉烟气除尘设施从建矿至 1995 年一直采用双旋风除尘器，1995 年环保设施竣工验收监测结果表明，该类除尘器除尘效率为 92.1%～92.3%，达到了原设计 92%的指标。

淮南市环境监测站 2002 年 4 月对潘三矿部分锅炉废气再次进行了监测，结果见表 7-18，由表可以看出，4#锅炉烟尘排放浓度无法满足《锅炉大气污染物排放标准》（GB 13271—2001）中"二类区"Ⅰ时段排放标准（250 mg/m³）。锅炉烟气除尘器的除尘效率为 91.5% 和 91.6%，已不能满足设计要求。但因采用低硫煤，二氧化硫排放浓度能够达标。因此，2004 年改扩建环评中提出在改扩建工程中进行"以新带老"措施，锅炉烟气除尘设施由多管旋风除尘器替代原双旋风除尘器，但到 2008 年仍未落实。

表 7-18　锅炉排放大气污染物一览

锅炉	烟尘浓度/（mg/m³）		SO₂浓度/（mg/m³）		处理效果/%	
	除尘器进口	除尘器出口	除尘器进口	除尘器出口	烟尘	SO₂
3#锅炉	4 126	351	—	216	91.5	—
4#锅炉	2 878	242	—	382	91.6	—

2008 年，为进一步验证锅炉除尘器的效果，选择了 1 台锅炉进行锅炉废气监测，监测结果见表 7-19。

表 7-19　潘三矿锅炉（4#）烟尘（气）监测结果

监测位置	监测次数	监测日期	实测烟尘浓度/（mg/m³）	折算烟尘浓度/（mg/m³）	烟气流量/（m³/h）	林格曼烟气黑度/级	除尘效率/%
除尘器进口	第 1 次	5 月 20 日上午	474.2	588.0	27 594.1	—	
	第 2 次	5 月 20 日下午	668.0	828.3	29 134.9	—	
	第 3 次	5 月 21 日上午	572.8	72.3	30 522.2	—	
	第 4 次	5 月 21 日下午	1 141.0	1 414.8	30 388.6	—	80.2
除尘器出口	第 1 次	5 月 20 日上午	119.9	154.7	28 019.5	1	
	第 2 次	5 月 20 日下午	137.0	176.7	28 182.0	1	
	第 3 次	5 月 21 日上午	187.6	242.0	29 701.1	1	
	第 4 次	5 月 21 日下午	121.2	156.3	30 468.6	1	

从表 7-19 可以看出，锅炉除尘器平均除尘效率仅 80.2%，远低于原设计要求，烟尘浓度出现一次超标，从其他运行经验看，XS-10A 型双旋风除尘器除尘效率很难达到 90% 以上，因此 2004 年改扩建环评提出的更换锅炉除尘器措施是正确的。根据一般经验，多管旋风除尘器除尘效率通常为 92%～95%，就潘三矿采用的燃煤来说，能够满足达标排放的要求。

（2）矸石周转场和储煤场扬尘治理效果

2008 年，潘三矿对矸石周转场和储煤场已经落实了历次环评提出的降尘措施，设置了喷淋洒水降尘装置。为了检验降尘效果，2008 年对其周围设点进行了 TSP 浓度监测。监测结果见表 7-20，监测期间同步气象测数据见表 7-21。

表 7-20　矸石周转场与储煤场粉尘无组织排放监测结果　　　单位：mg/m³

污染源名称	测点名称	监测日期及时间	总悬浮颗粒物（TSP）				
			7:30	10:00	14:00	16:00	日平均
临时矸石场	矸石堆场北侧（上风向）1#	5 月 13 日	0.563	0.532	0.960	0.466	0.630
		5 月 14 日	1.903	1.732	2.763	2.005	2.101
	矸石堆场南侧（下风向）2#	5 月 13 日	0.668	0.768	0.555	1.006	0.749
		5 月 14 日	0.223	0.224	0.136	0.106	0.172
	矸石堆场南侧（下风向）3#	5 月 13 日	1.205	1.197	1.694	1.186	1.320
		5 月 14 日	0.520	0.269	0.241	0.183	0.303
	矸石堆场南侧（下风向）4#	5 月 13 日	2.671	2.571	4.515	2.958	3.179
		5 月 14 日	7.762	5.795	7.155	5.532	6.561
储煤场	储煤场东南侧（上风向）1#	5 月 15 日	0.354	0.331	0.318	0.121	0.281
		5 月 16 日	0.242	0.152	0.062	0.107	0.141
	储煤场西北侧（下风向）2#	5 月 15 日	1.202	0.541	0.756	1.168	0.917
		5 月 16 日	1.363	2.032	0.473	0.218	1.022
	储煤场北侧（下风向）3#	5 月 15 日	0.466	0.345	0.211	0.334	0.339
		5 月 16 日	0.363	0.242	0.168	0.122	0.224
	储煤场北侧（下风向）4#	5 月 15 日	0.722	0.541	0.272	0.304	0.460
		5 月 16 日	0.470	0.273	0.199	0.107	0.262

表 7-21　潘三矿无组织排放监测气象数据

监测日期	监测时间	风速/（m/s）	风向	天气状况
2008/5/13	7:30—8:30	2	N	晴
	10:00—11:00	1.8	N	晴
	14:00—15:00	1.8	NW	晴
	16:00—17:00	1.4	N	晴
2008/5/14	7:30—8:30	1.6	SW	晴
	10:00—11:00	2.1	SW	晴
	14:00—15:00	1.6	SW	晴
	16:00—17:00	1.8	SW	晴
2008/5/15	7:30—8:30	1.2	SE	晴
	10:00—11:00	0.8	SE	晴
	14:00—15:00	1.3	SE	晴
	16:00—17:00	0.4	SE	晴
2008/5/16	7:30—8:30	1.6	S	晴
	10:00—11:00	1.2	S	晴
	14:00—15:00	0.9	S	晴
	16:00—17:00	1.2	S	晴
监测示意图	矸石周转场：1#、2#、3#、4#（北）　储煤场：3#、4#、2#、1#（北）			

从监测结果看，矸石周转场和储煤场扬尘治理效果并不好。对照《煤炭工业污染物排放标准》，两天 8 次监测，排矸场周围监控点与参考点的浓度差全部超 1.0 mg/m³，最大达 7.539 mg/m³，超标 6.539 倍；储煤场周围粉尘浓度稍低些，两天 8 次监测，监控点与参考点的浓度差 3 次超标，最高为 1.880 mg/m³，超煤炭工业污染物排放标准限值 0.88 倍。分析超标的主要原因，很可能是管理存在问题，尽管矸石周转场和储煤场已采取了洒水降尘措施，但洒水降尘措施本身的效果远远不可能达到全封闭或设防风抑尘网等刚性措施的抑尘效果。在实际运行中，如果对洒水降尘措施缺乏有效、科学的管理，下风向粉尘超标仍将比较严重。

7.5.1.2　水污染防治措施有效性评估

（1）矿井水处理措施有效性评估

1）1990 年环评提出的矿井水处理措施及效果

①矿井水处理措施。1990 年环评设计矿井水排水量为 16 800 m³/d，矿井水处理站规

模为 16 800 m^3/d，待矿井达产后，视矿井涌水量增加情况再扩建。设计矿井水沉淀处理后，4 800 m^3/d 外排，12 000 m^3/d 矿井水经过过滤加氯消毒送用户，处理工艺流程见图 7-8。

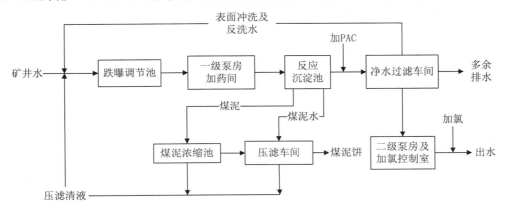

图 7-8　潘三矿矿井水处理工艺流程

设计主要工艺净化效果为：采用跌曝气调节池来排除水中有害气体，并调节水量。采用混凝沉淀去除水中的悬浮物，从而降低水中的浊度、色度、COD 及去除大部分细菌、大肠菌群，氟化物可降到 1.0 mg/L 以下。采用精密过滤器过滤并加氯消毒后，水中的悬浮物基本去除，浊度、色度、挥发酚类可达生活饮用水标准，细菌和大肠菌群基本去除。

②措施的落实情况。潘三矿在建设过程中完全落实了 1990 年环评提出的措施，建成了矿井水一级沉淀和二级过滤两级处理设施。但在实际运行中只进行跌水曝气、加药反应、沉淀一级处理工艺，二级过滤系统因设备存在问题，已停用。

③处理效果。1994 年 12 月项目竣工环保验收中，安徽省环境监测中心站对潘三矿矿井水处理厂进口和出口水质进行了监测。2004 年潘三矿改扩建环评再次对矿井水处理效果进行了调查，调查采用 2003 年淮南矿业（集团）有限责任公司环境监测站对潘三矿水污染源的监测结果，两次监测结果见表 7-22。

表 7-22　潘三矿矿井水处理厂水质监测结果　　　　单位：mg/L（pH 除外）

	项目	pH	SS	COD	石油类	NH$_3$-N
1994 年竣工环保验收监测	矿井水处理厂进口	8.93	201.8	—	2.9	—
	矿井水处理厂出口	8.91	52.5	—	1.2	—
	污染物去除率/%		74		59	
2003 年煤矿例行监测	矿井水处理厂进口	—	130～300	55～80	—	未检测
	矿井水处理厂出口	—	60～110	25～55	—	0.3～0.9
	污染物去除率/%		54～63	31～55		
GB 8978—88（二级新扩改）		6～9	200	150	10	25
GB 8978—96（二级）（1997 年 12 月 31 日前建设的项目）		6～9	200	120	10	25
GB 20426—2006《煤炭工业污染物排放标准》（新改扩/现有生产线）		6～9	50/70	50/70	5/10	—

监测结果表明：处理后排放的矿井水两次监测结果均能够满足《污水综合排放标准》（GB 8978—96）中的第一时段（1997 年 12 月 31 日前建设的项目）二级标准要求，但按照《煤炭工业污染物排放标准》（GB 20426—2006），矿井水出水 SS 和 COD 指标已经不能满足现有生产线排放限值要求，并已全部超过新改扩排放限值。这说明仅采用一级沉淀处理后的矿井水水质难以稳定达到《煤炭工业污染物排放标准》排放要求。

2）2004 年改扩建环评提出的矿井水处理措施及效果

① 2004 年改扩建环评提出矿井水处理改进措施。2004 年煤矿改扩建环评时，因考虑到改扩建后原矿井水处理站一级处理规模能满足改扩建后矿井涌水量需求，但出水水质无法满足回用要求，为合理利用水资源，减少地下水的开采量，提高矿井排水的回用率，改扩建环评提出对现有矿井水处理站更换部分设备，对矿井水进一步进行过滤、消毒处理，处理后的矿井水作为潘三矿井浴室、洗衣房、绿化、选煤厂、主副井、矸石井及辅助厂房等生产、生活用水水源。预计改扩建工程实施后矿井水回用率可达到 100%。

② 措施的落实情况。根据现场调查，潘三煤矿矿井水处理站已经更换了部分设备，基本落实了 2004 年改扩建环评提出的治理措施。但由于矿井水回用系统尚在完善中，矿井水利用率目前为 72%。由于潘三矸石电厂已经建成投运，待矿井水回用系统完善后，潘三矿有潜力做到 100%矿井水回用。

③ 处理效果。对改造后的矿井水处理站进出口水质进行全面监测，监测结果见表 7-23。从监测结果可以看出：

a．处理后的矿井水水质指标全部满足煤炭工业污染物排放标准限值要求，满足达标排放要求；

b．已进行部分改造后的矿井水处理站，主要特征污染物 SS、COD_{Cr}、BOD_5、氨氮、石油类去除率分别达到了 94.5%、82.4%、89.7%、39.3%、41.9%，去除率较高，处理后水质良好，除细菌指标外，完全满足地下水Ⅲ类水质标准，因此，处理后的矿井水可以用做煤矿一般生产生活用水和潘三矸石电厂循环冷却水。

（2）生活污水处理措施与效果

1）1990 年环评提出的矿井水处理措施及效果

① 生活污水处理措施。潘三矿井生活污水来自居住区和工业场地，1990 年环境影响评价报告中设计矿井生活污水总水量为 6 100 m³/d，其中工业场地 3 296 m³/d，居住区 2 804 m³/d，生活污水处理工艺为二级生化处理，处理工艺流程如图 7-9 所示。

设计生活污水处理站处理后 BOD_5、SS 浓度分别为 26.25 mg/L 和 22.5 mg/L。满足《污水综合排放标准》中新改扩二级标准的要求。

② 措施的落实情况。潘三矿在建设过程中完全落实了 1990 年环评提出的措施，按环评提出的措施建成了生活污水处理站。

③ 处理效果。1994 年 12 月，项目竣工环保验收中安徽省环境监测中心站对潘三矿生活污水处理站进口和出口水质进行了监测。2004 年潘三矿改扩建环评再次对矿井水处理效果进行了调查，调查采用 2003 年淮南矿业（集团）有限责任公司环境监测站对潘三矿水污染源的监测结果，两次监测结果见表 7-24。

表 7-23　2008 年潘三矿矿井水处理前后水质监测结果

采样点	监测日期	水温/℃	pH	总硬度/(mg/L)	SS/(mg/L)	溶解性总固体/(mg/L)	BOD₅/(mg/L)	COD_Mn/(mg/L)	COD_Cr/(mg/L)	氨氮/(mg/L)	挥发酚/(mg/L)	氰化物/(mg/L)	硫化物/(mg/L)	氟化物/(mg/L)
矿井水进口	2008-4-15	26.65	8.5	117.8	250	1 117	36	13.96	91.0	0.252	0.002 L	0.004 L	0.191	1.67
	2008-4-16	29.85	8.7	109.8	151.5	924	36	14.32	84.5	0.123	0.003	0.004 L	0.180	1.99
	2008-4-17	29.05	8.6	95.4	163.5	1 930	20	14.68	46.5	0.167	0.003	0.004 L	0.089	1.89
矿井水出口	2008-4-15	26.7	8.1	113.3	7.0	1 143	3.5	2.79	13.0	0.100	0.002 L	0.004 L	0.013 5	1.74
	2008-4-16	27.15	7.7	125.0	14.5	867	2.5	2.26	13.0	0.149	0.002 L	0.004 L	0.019 5	1.60
	2008-4-17	26.6	8.1	118.4	9.5	937	3.5	2.19	13.0	0.080	0.002 L	0.004 L	0.014 5	1.65
平均去除率/%					94.5	25.8	89.7	83.2	82.4	39.3			89.7	
煤炭工业污染物排放标准（新改扩矿）			6～9		50				50					10
地下水质量标准（III类）			6.5～8.5	450		1 000		3.0		0.2	0.002	0.05		1.0

采样点	监测日期	石油类/(mg/L)	硝酸盐氮/(mg/L)	SO₄²⁻/(mg/L)	总大肠菌群数/(个/L)	细菌总数/(个/mL)	Mn/(mg/L)	Zn/(mg/L)	Fe/(mg/L)	Cd/(mg/L)	Pb/(mg/L)	Hg/(mg/L)	As/(mg/L)	Cu/(mg/L)
矿井水进口	2008-4-15	1.25	0.711	59.9	23 800	13 100	0.043 5	0.079 5	2.295	0.000 1 L	0.038 0	0.000 592	0.001 195	0.011 21
	2008-4-16	0.89	0.191	50.6	238 000	21 250	0.020 5	0.075 0	1.605	0.000 1 L	0.038 5	0.000 066	0.001 385	0.007 00
	2008-4-17	0.31	0.217	45.5	167 000	24 500	0.010 L	0.050 L	1.780	0.000 1 L	0.036 5 5	0.000 099	0.001 980	0.005 83
矿井水出口	2008-4-15	0.32	0.189	59.4	23 800	7 000	0.027	0.078 5	0.154	0.000 1 L	0.014 0	0.000 268	0.000 906 5	0.002 63
	2008-4-16	0.94	0.147	60.7	23 000	10 900	0.023 5	0.108 5	0.211	0.000 572	0.010 L	0.000 055	0.000 796 5	0.002 31
	2008-4-17	0.17	0.128	49.0	20 500	8 250	0.010 L	0.050 L	0.030 L	0.000 132	0.010 L	0.000 074	0.001 655	0.001 28
平均去除率/%		41.9	58.6		84.3	55.6	18.2		93.6		69.9	47.6	26.4	74.2
煤炭工业污染物排放标准（新改扩矿）		5					4	2.0	6	0.1	0.5	0.05	0.5	0.5
地下水质量标准（III类）			20	250	3.0	100	0.1	1.0	0.3	0.01	0.05	0.001	0.05	1.0

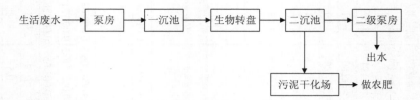

图 7-9　潘三矿生活污水处理工艺流程

表 7-24　潘三矿生活污水处理站水质监测结果　　　　单位：mg/L（pH 除外）

项目		pH	SS	COD$_{Cr}$	BOD$_5$	石油类
1994 年竣工环保验收监测	进口	7.65	91.6	132.36	75.63	7.6
	出口	7.94	52.4	44.67	28.50	3.2
	去除率/%		43	66	62	58
2003 年煤矿例行监测	进口		130～210	80～140	40～80	
	出口		50～60	35～75	20～40	
	去除率/%		62～71	46～56	50	
设计去除率/%			90		90	
GB 8978—88（二级新扩改）		6～9	200	150	60	10
GB 8978—1996（二级）（1997 年 12 月 31 日前建设的项目）		6～9	200	150	60	10
GB 8978—1996（二级）（1998 年 1 月 1 日起建设的项目）		6～9	150	150	30	10

　　监测结果表明：竣工验收监测时，处理后的生活污水能够满足《污水综合排放标准》（GB 8978—96）（1997 年 12 月 31 日前建设的项目）二级标准要求，不会对泥河水质造成较大影响；但实际 SS 和 BOD 去除率相对于原设计去除率要低，这主要是由于废水量较少且不连续，水质中有机物含量也相对较少，这使得处理工艺中所采用的生物转盘不能连续运转，生物膜上生物种群培养条件变差，进而降低了生物转盘对 SS 和 BOD 的去除率，从而达不到原设计指标。截至 2004 年改扩建时，由于设备老化去除率进一步降低，且 BOD 排放浓度也超过了 GB 8978—1996（1998 年 1 月 1 日起建设的项目）二级标准限值，不能满足达标排放要求。

　　2）2004 年改扩建环评提出的生活污水处理措施与效果

　　① 改扩建环评提出的生活污水处理措施。由于原生活污水处理站所处位置为潘三矸石电厂用地，故改扩建工程考虑在储煤场南侧紧靠架河北岸处新建生活污水处理站，以保证工业场地生活污水达标排放。新建生活污水处理站处理规模为 4 500 m^3/d，采用生物接触氧化法对生活污水进行处理，污水经泵提升后进入初沉池，然后进入生物接触氧化池，通过微生物作用，氧化池出水进入二沉池，经沉淀处理后可达标排放，工艺流程如图 7-10 所示。根据设计确定潘三矿井生活污水处理站生物接触氧化法处理效果，其 COD、BOD$_5$、SS、氨氮去除率分别达到 70%、80%、80%、60%，主要污染物排放浓度可满足《污水综合排放标准》中二级排放标准要求。

图 7-10　潘三矿改扩建工程新建生活污水处理工艺流程

②措施的落实情况。根据调查，潘三煤矿已经完成了生活污水处理站的重建，落实了2004年改扩建环评提出的治理措施。

③处理效果。目前新的生活污水处理站已投运，主要用来处理煤矿和矸石电厂的生活污水，实际处理污水量 4 000 m³/d。对生活污水处理站的进出口水质进行监测，结果见表 7-25。

表 7-25　2008 年潘三矿生活污水处理前后水质监测结果

采样点	监测日期	水温/℃	pH	SS/(mg/L)	BOD₅/(mg/L)	CODCr/(mg/L)	氨氮/(mg/L)	挥发酚/(mg/L)
污水处理站进口	2008-4-15	20.5	8.13	43	18	40	0.732	0.002
		20.0	8.16	59	14	39	0.610	0.003
	2008-4-16	22.1	8.11	65	22	57	0.559	0.003
		22.0	8.14	50	24	59	0.451	0.003
	2008-4-17	21.8	8.07	47	12	27	0.654	0.003
		21.5	8.04	59	14	26	0.410	0.003
平均		21.32	8.11	54	17	41	0.569	0.002 8
污水处理站出口	2008-4-15	20.4	8.38	91	13	35	0.488	0.002
		20.3	8.35	73	12	36	0.439	0.003
	2008-4-16	21.7	8.16	59	10	31	0.619	0.003
		21.8	8.19	57	14	33	0.563	0.002
	2008-4-17	21.8	8.09	51	12	28	0.556	<0.002
		21.4	8.07	30	10	30	0.395	0.002
平均		21.23	8.21	60	12	32	0.510	0.002 0
去除率/%				0	31.7	22.2	10.4	29.4

从监测结果可以看出：处理后的生活污水水质指标全部满足 GB 8978—1996（1998 年 1 月 1 日起建设的项目）二级标准限值要求，满足达标排放要求。但污染物去除率偏低，达不到设计指标，主要是因为煤矿生活污水原水水质有机物负荷较低。总的来说，处理后水质良好，排放对泥河水质影响较小。

（3）选煤厂煤泥水处理措施与效果

1）原有选煤厂煤泥水处理措施与效果

潘三矿原设计煤泥水采用闭路循环系统，各车间产生的煤泥水加混凝剂后送至浓缩机浓缩，浓缩溢流水进入循环水箱在系统内循环利用，底流进入主厂房压滤机进行压滤回收煤泥，滤液进入净化浓缩机进一步净化处理后清水进入清水箱用于选煤厂补充清水，煤泥水循环工艺流程见图 7-11。

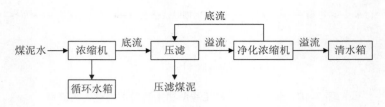

图 7-11　煤泥水循环工艺流程

潘三矿建设过程中落实了原设计提出的煤泥水处理措施。目前采用的煤泥水处理系统，是我国普遍采用的煤泥水闭路循环工艺，在我国大多选煤厂都有使用，只要系统完善和设备选型可靠，一般都可以做到煤泥水闭路循环。根据对潘三煤矿的调查，自投产以来，潘三煤矿选煤厂煤泥水闭路循环系统一直比较可靠，选煤厂没有煤泥水排放现象。

2）2004 年改扩建工程环评提出的选煤厂煤泥水处理措施与效果

① 改扩建工程煤泥水处理措施。改扩建工程选煤厂原地面工艺总体布置变化不大，但煤泥水处理系统进行了进一步扩能改造，主要是为配合选煤厂入洗能力的提高增设了 2 台快开压滤机和浓缩池。煤泥水闭路循环工艺没有实质改变。

② 改扩建后选煤厂煤泥水闭路循环系统可靠性分析。

A．煤泥水闭路循环处理工艺及系统分析。

改扩建后块煤系统及末煤系统煤泥水处理均采用两段回收。粗煤泥经煤泥离心机脱水回收掺入电煤中；细粒煤泥水（浓缩旋流器溢流、高频筛筛下水等）进入煤泥浓缩机，浓缩机底流经压滤机回收细煤泥，煤泥可根据市场情况掺入电煤或落地销售。滤液进入净化水浓缩机处理后溢流水作为生产清水进入清水池，用泵返回厂内重复使用，其底流再返回压滤机回收。净化水浓缩池与循环水池连通，以增加循环水池的调节能力，实现洗水闭路循环。

设计对于生产中可能产生煤泥水的车间设置地沟和集水池等地面排水集中回收设施，将地板冲洗水及生产过程滴漏水、设备冲洗水全部汇集至集中水池内，经泵转至煤泥水回收系统进行处理，杜绝了零星煤泥水的外排。

当一台浓缩机发生故障时，设计考虑将净化水浓缩机兼作事故浓缩机，事故放水转入净化水浓缩机暂时储存，待故障设备修复后，再将煤泥水重新返回煤泥浓缩机处理系统处理。

此外，设计考虑设置系统用水计量装置，严格限制生产用水量；设置双回路供电系统，保证系统正常运行。选煤厂的工作制度二班生产，一班维修，系统设备的故障隐患可在检修期间给予排除，即使设备发生故障也可在停产期间检修完毕。由此可见，设计考虑的整个煤泥水处理工艺及系统保障措施较为完善，煤泥水闭路循环系统具有较高的可靠性。

B．煤泥水处理主要设备选型可靠性分析。

a．煤泥浓缩机

原有块煤系统细粒煤泥量为 21.28 t/h，所需沉淀面积约为 340 m²，煤泥水利用原有 2 座 ϕ18 m 浓缩池处理（沉淀面积为 509 m²），设备处理能力远大于实际处理能力要求，此次改扩建工程不再考虑新增浓缩处理设备。

扣除进入块煤煤泥水浓缩系统煤泥量，浓缩池入料煤泥量为 74.35 t/h，所需沉淀面积为 1 190 m²，原有 1 座 ϕ30 m 浓缩池（沉淀面积为 707 m²）不能满足要求，本次工程新增 1 座 ϕ30 m 浓缩池（沉淀面积为 707 m²），设备实际负荷率约为 84%，设备处理能力远大于实际处理能力要求。

b. 压滤机

选煤厂的细煤泥目前由 5 台 500 m² 板框压滤机回收落地，设备处理能力为 25 t/h，由于压滤煤泥水分偏高不能掺入产品中销售。本次新增 2 台 120 m² 快开压滤机，其处理煤泥能力为 96 t/h，改扩建工程实施后总设备处理能力为 121 t/h，大于实际煤泥处理量（95.63 t/h），可满足正常负荷变化需要。

快开压滤机是近几年广泛采用的理想的煤泥水处理把关设备，具有处理能力大，过滤液浓度低，自动化程度高，设备故障率低，煤泥含水率低等特点，滤饼呈散状排出，可掺入动力煤中销售。

c. 事故浓缩机

事故浓缩机的作用主要是当煤泥浓缩机等煤泥水处理设备检修或发生故障时，将煤泥水转入事故浓缩机，待事故处理或检修完毕，再将煤泥水打回原浓缩机，恢复正常生产。

由于净化水浓缩机考虑了絮凝剂投加系统，具有较好的沉淀效果，出水水质 SS 低于 300 mg/L，能够满足《污水综合排放标准》二级排放标准。本项目总煤泥水量为 975.37 m³/h，分别由 4 台浓缩机进行处理，而 1 座 ϕ20 m 净化水浓缩池储存容积大于 1 000 m³，因此当浓缩机发生故障时，可将净化水浓缩机内达标出水排放至循环水池后，将浓缩池事故放水转入净化水浓缩机暂时储存，待设备检修完毕后，再返回煤泥浓缩机处理系统处理。

合理的工艺流程必须要有可靠的设备作保证，通过以上分析可以看出，潘三选煤厂主要煤泥水处理设备选型处理能力均大于实际处理量，具有一定的可靠性。

C. 煤泥水闭路循环处理系统综合分析。

根据设计拟采取煤泥水闭路循环处理工艺和设备选型，煤泥水在系统中全部闭路循环不外排，水重复利用率为 93.72%，满足一级闭路循环大于 90% 的要求。技改工程实施后，选煤厂煤泥水系统补加清水量为 63.76 t/h，折吨煤补加清水量为 0.08 m³/t（入洗原煤），远小于 0.15 m³/t（入洗原煤）的一级闭路循环限值。

改扩建工程选用先进可靠的快开压滤机处理煤泥，能保证系统内产生的煤泥全部实现厂内回收。溢流水（洗水）固体含量小于 20 g/L，小于一级闭路循环要求的 50 g/L。

潘三选煤厂改扩建后，不仅从工艺上可以保证年入洗原煤量达到核定生产能力，而且系统考虑将净化水浓缩机兼做事故浓缩机，用以储存缓冲水和事故排水，能保证事故煤泥水处理后返回系统使用，实现煤泥水在系统中完全闭路循环，煤泥可全部厂内回收。由于主要煤泥水处理设备的处理能力均大于实际处理量，从技术上完全能够达到选煤厂洗水闭路循环等级中一级闭路循环要求。

7.5.1.3　噪声污染防治措施及效果

（1）基于 1990 年环评中措施的效果评估

1990 年环评中，对场地高噪声源提出的噪声控制措施为：对主副井井塔、压风机房、扇风机房、锅炉房、通风机房和选煤厂主厂房高噪声源采取吸声和隔声处理，同时对压风机、扇风机和锅炉鼓、引风机均安装消声器消声，对选煤厂各类溜槽和振动筛进行隔振处理。

从措施的落实情况看，潘三矿对消声措施和隔振措施基本都进行了落实，但吸声处理措施基本没有实施，隔声措施也仅采取一般的房屋建筑隔声措施。在噪声控制方面，潘三矿存在的问题也是其他煤矿共同存在的问题，因煤矿环评中提出的噪声控制措施普遍偏原则性，可操作性差，不如废气和污废水治理措施好实施，再加上如果工业场地附近没有敏感点，企业对噪声控制一般不重视，因此大部分煤矿的噪声控制措施的落实情况都不好。最后在竣工环保验收阶段，大多只关注敏感点噪声是否达标，对厂界噪声是否达标不太重视。这主要与噪声的影响方式有关，只要不对敏感人群构成影响，就被认为没有必要采取在经济上投入很大的极其严格的措施来保证厂界噪声达标。

在潘三矿竣工环保验收中，安徽省环境监测中心站对潘三矿工业场地边界和办公区、生活楼等敏感区环境噪声进行了监测，监测结果见表 7-26。

表 7-26　潘三矿工业场地边界及敏感点噪声监测结果

位置 ＼ 声级	白天 L_{eq}/dB	黑夜 L_{eq}/dB
东厂界	50.5	53
南厂界	47	43
西厂界	50.5	45
南界外部分生活区	45	41
矿生活楼前	63	48.5

竣工环保验收得出的结论为：① 矿区设备噪声源强度较高，声学频带宽，但其声源分布散，影响面积较小，主要机械运转及周围环境基本属稳态噪声源或稳态声学环境；② 矿井工业场地边界白天为 49.3 dB（A）、夜间为 47 dB（A），均符合《工业企业厂界噪声标准》（GB 12348—90）中的 II 类标准，矿井工业场地生产噪声对外界影响较小；③ 矿井南界外部分生活区噪声均能满足《城市区域环境噪声标准》（GB 3096—93）中 1 类标准，矿井生活楼前周围受西部设备噪声影响，白天超过 2 类标准。

对这次竣工环保验收监测及得出的结论存在以下问题：① 竣工环保验收对厂界噪声根据平均值判断是否达标是不合适的，实际上东厂界夜间噪声出现超标；② 这次竣工环保验收没有对周围村庄等敏感点噪声进行监测，因此无法判断对敏感点的影响；③ 没有对风井场地及其周围敏感点噪声进行监测。但基本上可以得到如下结论：煤矿工业场地噪声影响较小，厂界仅 1 处夜间噪声出现超标，但超标不多。

2004 年煤矿改扩建环评编制过程中，为进一步了解煤矿噪声影响和达标情况，评价单位委托地方环境监测站对潘三矿工业和 2 个风井的厂界噪声及周围敏感点噪声进行了全面监测。从这次监测结果可以看出：煤矿 3 个场地厂界噪声全部满足《工业企业厂界噪声标准》（GB 12348—90）中的 II 类标准要求，敏感点噪声只有东风井西侧夏庄噪声超标，但因东风井厂界噪声并不超标，因此夏庄噪声超标并非由风井噪声引起。这次噪声监测结果数据明显偏低，甚至有违常识，但基本上可以说明煤矿排放噪声对周围环境影响较小。

（2）基于 2004 年改扩建环评中措施的效果评估

为保证改扩建后厂界和敏感点噪声达标，2004 年改扩建环评针对新增和更换高噪声设备提出如下噪声治理措施：

① 在对风井进行风机更换时，在通风道内应设置 ZF 系列消声器，可降低噪声 20～25 dB（A）。

② 在压风机房更换空气压缩机时，应在空气压缩机进气口安装 KY 系列空压机消声器，可消声 20～25 dB（A）。

③ 对于准备车间的圆振动筛、筛分车间博后筛、块煤车间的矸石脱介筛、精煤破碎机和介质泵等，应对各设备的基础加装减振措施，如在机器的振动和传动部位安装螺旋弹簧减振器，设置阻尼层、加装橡胶垫等。采取上述措施后，其单机噪声可降低 10～15 dB（A）。

④ 对于本次新增的矸石仓等，主要采取建筑维护方式，同时设计时应尽量减小墙体开孔率，预计可降低噪声 15～20 dB（A）。

⑤ 对高噪声车间，如锅炉房、抽风机房、空压机房、准备车间、筛分车间、块煤车间及选煤厂主厂房等加装隔声门窗。

⑥ 生产期在保证生产车间采光和通风的前提下，尽量减少门窗的开启时间，以减低设备噪声对外界的影响。

2008 年改扩建工程提出的噪声治理措施基本上都得到了落实，再次对煤矿 3 个场地厂界和周围敏感点噪声进行监测，监测结果见表 7-27。

表 7-27　潘三矿噪声监测结果一览（2008 年）

测点编号	测点名称	4 月 21 日监测结果 L_{eq}/dB（A）		4 月 22 日监测结果 L_{eq}/dB（A）	
		昼	夜	昼	夜
1	工业场地南界	56.9	51.6	54.0	49.2
2	工业场地东界	52.0	49.0	51.4	48.4
3	工业场地北界	51.8	50.9	52.3	49.0
4	工业场地西界	55.1	52.6	53.9	52.1
5	东风井南界	51.5	49.5	51.3	49.1
6	东风井东界	49.4	48.9	49.6	48.7
7	东风井北界	51.6	48.8	51.8	48.9
8	东风井西界	49.8	49.0	49.3	48.4
9	西风井南界	56.1	55.8	56.6	55.3
10	西风井东界	55.1	54.8	54.3	54.2
11	西风井北界	55.0	54.7	55.1	54.7
12	西风井西界	54.1	53.3	53.8	53.6
13	秧田	49.0	45.7	49.1	44.7
14	赵后	65.6	46.4	60.4	47.0
15	赵前	47.5	45.3	47.0	43.7
16	钱甸小学	53.7	44.7	52.2	44.8
17	芦沟沿	48.0	44.9	48.6	46.9
18	董圩	57.1	53.5	57.4	54.0
19	于庄	55.5	52.0	56.6	52.4
20	夏庄	49.1	47.0	48.6	47.9
21	铁路边界	76.4	74.4	76.1	74.0
22	庙后	52.7	48.9	54.8	48.0
23	后张	50.1	47.5	51.1	47.1
24	钱甸	57.5	48.4	55.0	49.8
25	戴楼	54.6	49.6	55.6	49.4

监测结果表明：煤矿 3 个场地昼间厂界噪声均不超标，但工业场地和西风井夜间噪声出现超标，最大超标 5.3 dB（A），尤以西风井超标较多。对场地周围环境敏感点噪声的监测结果表明，工业场地周围的赵后村和西风井周围的董圩和于庄村噪声出现超标。但从敏感点噪声与厂界噪声的相关性看，工业场地北厂界噪声并不高，没有超 II 类厂界噪声标准，因此，赵后村昼间噪声超标可能因其他原因所致。风井场地周围敏感点噪声与边界噪声相关性较高，说明风井场地周围敏感点噪声明显受到了风井场地噪声的影响。

总的来说，2008 年噪声监测结果与 2004 年监测数据比较，工业场地和西风井敏感点噪声值比 2004 年高。这次监测结果比 2004 年的数据高的原因可能有两个：一是噪声源强噪声提高了；二是由于噪声监测结果的还原性相对较差，会受到各种因素的干扰，因此造成监测结果的差异。但本次后评价认为，这次后评价监测结果更能反映风井场地噪声的真实情况。

7.5.2 生态防护与恢复措施有效性评估

7.5.2.1 环评提出的沉陷治理和生态恢复措施概述

1986 年与 1990 年的潘谢矿区环评与潘三矿井项目环评中提出的生态避让措施主要为村庄搬迁；塌陷区生态恢复措施主要包括两方面，一是利用矸石和电厂粉煤灰回填塌陷区，进行复土造田；二是用挖深填浅的方式，挖深部分用于水产养殖，填浅部分用于造田，恢复陆生生态。2004 年潘三矿井改扩建工程环评中提出的塌陷治理措施在 1986 年与 1990 年措施的基础上，提出对地表塌陷深度在 2 m 以下的浅塌陷区域，通过适当整理，修复沟渠和道路，进行利用。同时，利用矸石分割塌陷区，是利用矿井排放的矸石，将面积大的塌陷区，分割成小的养殖水面，使之形成便于管理和有效利用的综合养殖区。同时为了使塌陷区得到有效利用，在塌陷区积水前，应对塌陷区内的原有杂物如残存的建筑物、电线杆及树木等进行清理，以利于塌陷区未来发展养殖业。

7.5.2.2 沉陷区土地复垦与生态恢复措施落实情况

（1）耕地区土地复垦与生态恢复落实情况

1）潘三矿地表塌陷现状

由于潘三矿共有可采煤层 14 层，可采煤层合计总厚度为 28.47 m，从 1991 年 11 月建成投产以来，煤矿主要开采 13-1 煤层、11-2 煤层和局部 8 煤层，截至 2008 年尚未形成稳定的塌陷区，现有所有的塌陷区均在动态开采之中。但截至 2008 年，永久积水或季节性积水面积约 8.75 km^2（常年积水区），另有 6.62 km^2 受沉陷影响的耕地虽不影响耕种，但对粮食产量有一定的影响。

2）塌陷非积水区与季节性积水区治理利用情况

潘三矿对于地表已塌陷但尚未积水的区域和季节性积水区的治理，主要采取企业处置、地方复垦的措施。由潘三矿每年出资约 400 万元，交给受潘三矿地表塌陷影响的潘集镇、芦集镇、田集镇和贺疃乡政府，由当地政府组织农民自行对田间道路、沟渠和受损的农田进行修复，通过修复可以使能耕种的农田得到充分利用，当地农民没有因农田的道路、沟渠及损坏的农田得不到及时修复与潘三矿发生矛盾。

但从遥感影像调查数据看，季节性积水区并没有得到有效利用。到 2007 年，潘三矿开采沉陷形成的永久水面大约只有 3.4 km^2，而实际上放弃耕种的土地面积达 8.75 km^2，说明大量的季节性积水区沦为未利用地。

3）积水区利用情况

截至 2008 年，潘三矿未对积水区的水域进行治理或利用，因为塌陷积水区的土地所有权为当地农民所有，在塌陷区的积水水域中，有部分水域被利用，主要是农民用于围网养鱼或放鸭，均属当地农民自发利用，且为粗放性的养殖。有关塌陷区的围网养鱼和放鸭情况见图片 7-1 和图片 7-2。

总的来说，由于受沉陷尚未稳定和土地所有权的制约，潘三矿目前沉陷土地的复垦整治工作并没有有效开展，原环评提出的矸石回填、挖深垫浅、水产养殖没有得到有效的落实。

图片 7-1　在塌陷区中养鸭（粗放式）

图片 7-2　在塌陷区中围网养鱼

（2）塌陷区公路、桥梁及河堤的修复

潘三矿目前开采影响范围内无国道、省道和县道，受影响的公路主要是潘三煤矿至东风井和西风井的公路，这两条道路同时也是从潘谢公路通往潘集镇和贺疃乡的主要道路，目前对于公路的破坏主要采取矸石及时的回填修复，见图片 7-3。

潘三煤矿至东风井和西风井的公路均跨过泥河，由于地下开采对该河上的两座桥梁都产生了破坏性的影响，目前对这两座桥梁均进行了重新修建，重新修建的潘三矿通往东风井和潘集镇的泥河桥见图片 7-4。

在潘三井田范围内的主要河流为泥河和架河干渠，目前开采尚未影响到架河干渠，主要影响的是泥河，开采过程中对损坏的河堤及时进行了修复，被修复的河堤可以满足泥河防洪要求。

图片 7-3　利用煤矸石修复的三矿通往东风井和潘集镇地表塌陷区公路

图片 7-4　重新修建的潘三矿通往东风井和潘集镇的泥河桥

（3）村庄搬迁与补偿措施落实情况

地表沉陷的影响还表现为对村庄造成严重破坏或村庄积水而被迫搬迁。评价将不同时期搬迁人口与采煤量之间的关系对比分析见表 7-28。从表中数据可以看出，截至 2007 年已经搬迁自然村 42 个，搬迁总人口 21 540 人，房屋拆迁面积 52.79 万 m²，新增建设用地 1 945.5 亩。煤矿平均采万吨煤搬迁人口 7.4 人。

表 7-28 搬迁人口与采煤量之间的关系分析

项目	1987—1996 年	1996—2006 年	2001—2007 年	累计
搬迁人口/人	11 052	2 524	7 964	21 540
煤矿当期生产原煤量/万 t	300	895	1 715	2 910
开采万吨煤搬迁人口/人	36.8	2.8	4.6	7.4

从图片 7-5 中可以看出，尽管搬迁村庄面积从建设面积占用上有所提高，但被搬迁居民生活环境大大改善，在由农民转矿工的同时，由单一的种植业为主的农业经济发展为以种植业、养殖业与第三产业为一体的复合经济，极大地提高了矿区经济的多元化发展。

村庄破坏情况

移民新村

图片 7-5 村庄搬迁新老生活环境比较

7.5.3 地下水污染防治措施有效性评估

7.5.3.1 历次环评提出的地下水污染防治措施

1990 年环评报告书中未分析矸石淋溶对周围地下水水质的影响，也没有针对地下水污染提出具体的防治措施。

2004 年改扩建环评对矿井排放污废水和矸石淋溶对周围浅层地下水水质的影响进行了定性分析，认为影响较小。同时环评还提出了地下水污染防治措施，具体为：① 加强对"三废"排放的管理，尤其是对生产废水、生活污水以及固体废物的处理与处置的管理，充分提高其治理、回收和利用率，尽量把污染源污染物的排放量及排放浓度减少或控制在排放标准以内，这样既减轻了对地表水的污染负荷，又能防止对地下水的污染；② 加强对供水水源井的管理，保持合理卫生防护距离，即水井位置周围 30 m 范围内不得设置居住区和修建畜禽养殖场、渗水厕所、渗水坑，不得堆放垃圾、粪便、废渣或设立污水渠道以及其他可能影响地下水环境的设施；建立饮用水卫生检验制度；③ 在矿井设立的环境保护机构人员配置中，考虑配备水源井水质变化情况长期检测的专职人员，其职责是观测与检测水源井水位及水质变化情况，以便发现问题，及时采取相应的防治措施，确保矿区供水水源长期处于良好的状态。

7.5.3.2 地下水污染防治措施有效性评估

从 2004 年改扩建环评提出的措施看，存在如下问题：① 提出的措施不具体，主要是管理方面的建议；② 提出的措施偏重于煤矿供水水源水质的保护；③ 没有对矸石淋溶对地下水水质的影响提出具体的减缓措施。因此，对 2004 年改扩建环评提出的地下水污染防治措施的效果无法进行检验。但根据本次后评价对工业场地和临时矸石堆场周围民用水源井水质监测结果表明，监测点地下水水质受潘三矿井排放污水和矸石淋溶影响较小。

7.5.4 固体废物处置与资源综合利用措施有效性评估

7.5.4.1 煤矸石处置有效性评估

1990 年环评提出潘三矿井排放的矸石有以下 3 个利用途径：① 矿井排放的白矸热值低于 400 kcal[①]/kg，无法利用其发热量，这部分矸石可以用来修筑道路，填塞塌陷区或坑洼地，构筑房屋地基等，预计矿井排放的白矸能很快消耗完；② 建设 1 座生产能力为 1 000 万块/a 的矸石砖厂；③ 建 2×6 000 kW 矸石电厂 1 座。

根据现场调查，潘三矿矸石利用的基本情况是：矸石堆场堆置的矸石全部交给东辰公司处置和利用。排放的矸石少部分用于修筑道路和河堤，剩余临时堆存在矸石堆场，由东辰公司负责处理和利用。但因充填沉陷区开展得并不理想，矸石仍大量堆存，截至 2006年，矸石堆积量为 132 万 t，占地面积约为 3.54 hm²。

1990 年环评提出的矸石砖厂至今没有建设，矸石电厂按照 2×135 MW 的规模刚刚建成。2004 年改扩建评价中预计改扩建后排矸量为 166.4 万 t/a，其中洗矸 106.4 万 t/a。改扩建环评提出的矸石利用措施为：① 洗矸用于煤矸石电厂燃料，消耗 88 万 t/a；② 用洗矸做建材配料，消耗 18.4 万 t/a；③ 矿井排矸回填塌陷区，消耗 60 万 t/a；④ 现有堆存矸石回填塌陷区。

针对 2004 年改扩建环评提出的矸石利用方案和目标，本后评价认为：① 目前淮南矿业（集团）有限责任公司潘三矿 2×13.5 MW 的煤泥煤矸石电厂已建成投产，年燃料耗量预计 150 万 t/a，理论上矸石的掺混比可达 60%，据此估算每年利用 88 万 t 洗矸的目标理论上可以实现，但需加强管理和监控。② 用洗矸做建材配料的前提是淮南矿业（集团）有限责任公司矿区总体开发规划提出的在 2010 年前将建成年产 6 亿块的全矸石砖厂生产线。但规划矸石砖厂能否如期实施存在较大变数。③ 矿井掘进矸用于充填沉陷区总体可行，对于潘三矿来说，大量的沉陷区已经形成，矸石充填的潜力较大，如果积极实施，完全可以容纳潘三矿剩余全部矸石。但矸石充填存在以下问题：一是村民可能阻止充填沉陷区，二是充填成本较高，企业积极性差。因此，对于矸石充填沉陷区，只有地方政府制定相应的政策，并进行必要协调和监控，才能真正实现。目前潘三矿已开始建设一套矸石运输系统，拟用汽车将产生的矸石直接运往塌陷区充填。

7.5.4.2 生活垃圾处置措施有效性评估

1990 年环评根据居住区设计总人口计算潘三矿井日排放生活垃圾为 7 t。当时矿区规划提出在潘集东辅附近建一座大型生活垃圾处理场，集中处理潘一、潘二、潘三和潘四矿井的居民生活垃圾。根据 2004 年改扩建环评调查结果，潘三矿井排放生活垃圾实际全部由潘集区环卫部门集中处理。在 2008 年的调查中，潘三矿实际上也是据此落实的。

---

① 1 kcal=4.186 8 kJ

7.5.4.3　锅炉灰渣处理有效性评估

1990 年评价提出锅炉灰渣用来填塞沉陷区、坑洼地、乡镇村间路面等，此外还可用于周围农村砖瓦厂烧砖瓦原料。根据改扩建评价现场调查，潘三矿锅炉灰渣全部对外出售给附近窑厂制作砖瓦的掺合料，无大量堆存现象。

2004 年改扩建评价继续提出潘三矿井锅炉灰渣仍按原处置方式，如果不能全部利用或出售，也可以与矸石一起用于铺路或回填塌陷区。

本次后评价认为，2004 年改扩建环评提出的灰渣处置方式是可行的，总的来说，锅炉灰渣中有较多未燃尽的炭，砖瓦厂对利用这种灰渣有较高的积极性，根据潘三矿多年的经验，锅炉灰渣都全部售出，没有堆存的情况。

7.5.4.4　矿井水综合利用有效性评估

1990 年环评设计矿井水排水量为 16 800 m^3/d，矿井水处理站规模为 16 800 m^3/d，待矿井达产后，视矿井涌水量增加情况再扩建。设计矿井水沉淀处理后，4 800 m^3/d 外排，12 000 m^3/d 矿井水经过过滤加氯消毒送用户。

2004 年煤矿改扩建环评时，因考虑到改扩建后原矿井水处理站一级处理规模能满足改扩建后矿井涌水量需求，但出水水质无法满足回用要求，为合理利用水资源，减少地下水的开采量，提高矿井排水的回用率，改扩建环评提出对现有矿井水处理站更换部分设备，对矿井水进一步进行过滤、消毒处理，处理后的矿井水作为潘三矿井浴室、洗衣房、绿化、选煤厂、主副井、矸石井及辅助厂房等生产、生活用水水源。

2008 年对矿井水综合利用情况进行调查，潘三煤矿矿井水处理站已经更换了部分设备，基本落实了 2004 年改扩建环评提出的治理措施。但由于矿井水回用系统尚在完善中，矿井水利用率为 72%，待回用系统进一步完善后可以全部回用。

7.6　小结

7.6.1　地表沉陷及累积影响分析

通过对潘三矿井 1212（3）和 1552（3）两个工作面的走向与倾向观测点地表沉陷观测值进行趋势分析，与概率积分法进行的地表沉陷预测结果进行拟合分析，结果表明：潘三矿开采沉陷预测采用概率积分法是合适的，预测误差基本不超过 5%。

采用遥感解译与实地调查，对潘三矿井及影响区 1987 年、1991 年、1996 年、2001 年、2006 年（雨季）、2007 年土地利用覆被进行回顾性分析，结果表明：东部地区煤矿开采土地利用的显著变化为：耕地、有林地和水利设施面积发生不同程度的减少，减少的面积大部分转化成水面、居民与工矿用地、交通道路用地和未利用地等，主要驱动力是煤矿开采沉陷影响和项目与道路建设直接占地影响。其中，以耕地面积减少与水面面积增加最为显著。

7.6.2　地下水环境影响后评价

对潘三矿地下水环境影响评价结果表明，煤炭开采对煤系地层上覆含水层水位、水量影响不大，但对煤系地层含水层存在疏干导通作用，随着煤炭开采水位持续下降。从时间趋势角度，矿井涌水量呈衰减趋势。由于当地工农业生产和生活主要依赖地表水，因此，矿井水的疏干排放和煤系地层地下水位的局部下降并没有给当地的工农业用水带来太大影响。

村民饮用水井水位和水量没有发生明显变化，但局部区域水井出现水质混浊现象。工业场地周围的浅层地下水水质，除了细菌指标外，其他指标均满足现行的生活饮用水卫生标准要求，水质总体来说比较好，排矸场周围浅层地下水水质受矸石淋溶液污染影响较小。

7.6.3　生态损益评估

在土地利用结构变化分析的基础上，以 1987 年生态系统生态服务价值作为背景值，计算并分析开发后 20 年不同时期的生态服务功能的经济价值量变化情况。结果表明，生态损益主要源于耕地价值的降低以及湿地生态系统服务功能价值的提升。

7.6.4　环境保护措施有效性评估

矸石周转场和储煤场粉尘浓度均高于《煤炭工业污染物排放标准》。在污水处理方面，除要求达到《污水综合排放标准》外，还需考虑出水水质的回用要求。噪声控制方面，因煤矿环评中提出的噪声控制措施普遍比较原则，可操作性差，多数煤矿企业只关注敏感点噪声是否达标，对厂界噪声是否达标不太重视。

第8章 G4 湘潭至耒阳高速公路环境影响后评价

8.1 项目概况及相关环评工作回顾

8.1.1 项目概况

G4 湘潭至耒阳高速公路（以下简称湘耒高速）是国家高速公路网中首都放射线中的第四条——京港澳国家高速公路湖南境内的重要一段，位于湖南省湘潭、株洲、衡阳三市。京港澳高速公路前身为京珠高速，是我国早期规划的"五纵七横"国道主干线网中最为重要的纵线之一。

京港澳高速公路北起北京，南抵香港、澳门，途经河北、河南、湖北、湖南、广东，贯穿中国南北，全长约 2 285 km。2004 年，新的《国家高速公路网规划》（7918 网）经国务院审议通过，京港澳高速（G4）成为新的国家高速公路网中 7 条首都放射线中的第 4 条。既有的潭耒高速按双向四车道高速公路标准建设，设计速度 120 km/h，路基宽度 28 m，于 2000 年 12 月通车。

湘耒高速公路位于湖南省东南部湘江中下游地区，是连接长沙、湘潭、株洲、衡阳的交通要道，公路主线呈南北走向。北与长潭公路相连，南与拟建的耒宜高速公路相接，处于湖南高速公路的枢纽地位，地理位置十分重要。项目地理位置如图 8-1 所示。

8.1.1.1 公路主要经济技术指标

全线按高速公路平原微丘区标准建设，投资总额 42 亿元，计算行车速度 120 km/h。采用双向四车道标准修建，路基全宽为 28.0 m。沿线设有 3 处服务区。公路主要经济技术指标见表 8-1。

图 8-1　湘耒高速地理位置

表 8-1   主要经济技术指标

序号	指标名称	单位	技术指标
1	地形	—	平原微丘
2	公路等级	—	高速公路
3	计算行车速度	km/h	120
4	停车视距	m	120
5	平曲线一般最小半径	m	1 000
6	不设超高最小平曲线半径	m	5 500
7	最大纵坡	%	2.9
8	行车道宽度	m	2×7.5
9	路基宽度	m	整体式 28.00, 分离式 2×12.75
10	设计荷载		公路- I 级
11	路面标准轴载		100 kN
12	路面结构类型	—	水泥混凝土
13	投资概算	亿元	42
14	路线长度	km	168.847

8.1.1.2   公路主要工程量

湘耒高速公路竣工实际里程为 168.847 km, 征地面积为 1 470 hm²。公路主要工程有路基挖方及填筑 6 381.63 万 m³, 特大桥、大桥 6 座 2 580.7 延米, 中桥 17 座, 小桥 18 座, 涵洞 771 个, 并设 3 个服务区和 11 个管理收费站。主要工程量及土地占用情况见表 8-2。

表 8-2   湘耒高速公路建设实际工程量及土地占用情况

序号	项目	单位	数量
1	征用土地	亩	22 051.27
2	拆迁建筑物	万 m²	34.09
3	路基挖方及填筑	万 m³	6 381.63
4	特大、大桥	延米/座	2 580.7/6
5	中桥	m/座	955/17
6	小桥	m/座	390.03/18
7	分离式立交桥	处	87
8	互通立交	处	13
9	涵洞	道	771
10	通道及人行天桥	处	459
11	服务区	个	3
12	收费站	个	11

8.1.2   自然地理概况

8.1.2.1   自然地理环境

湖南位于长江中游南岸, 全省三面环山, 东有幕阜山, 罗霄山脉; 南有南岭山脉; 西有武陵山, 雪峰山脉, 海拔为 500～1 500 m。湖北为洞庭湖平原, 海拔多在 50 m 以下。湘中则丘陵和河谷盆地相间, 形成从东、南、西三面向北倾斜开口的马蹄形状。湘江乃境内最大河流。丘陵面积最广，与山地合占全省面积 80% 以上，平原不到 20%。

项目位于湘中南地区。湘中丘陵，盆地分布海拔多在 200～500 m，红岩盆地众多，主要盆地有衡阳盆地、株洲盆地、湘潭盆地、长沙盆地、永兴茶陵盆地、攸县盆地等。这些红岩盆地，多为河谷相通，盆地的沿河两岸，常有河流冲积平原，为居民地较集中的地方和重要的农业区。南部边缘山地是南岭的一部分，一般海拔 1 000～1 500 m，是长江和珠江的分水岭，山间盆地较多，盆地为交通要道，南岭山地的山体大、延伸长、山势高。

8.1.2.2　地形、地貌

沿线地势中部高而南北两端低，属低矮的丘陵区，主要地貌为侵蚀堆积之平原微丘区，其次为侵蚀之微丘重丘。整体地形起伏不大，坡度较缓，山脊平宽，植被良好。地面标高一般为 30～225 m，最高处为衡东县新塘金龙山，海拔 225.1 m；最低处为湘潭马家河湘江河床，海拔 28.7 m。沿线地形的切割深度一般为 30～60 m，最大切割深度 160 m。

北部马家河至石湾系湘潭至衡山红层盆地，属平原微丘区，为湘江河床、漫滩及阶地，侵蚀堆积作用强烈，Ⅰ级、Ⅱ级、Ⅲ级阶地发育，Ⅳ级阶地缺失，Ⅴ级阶地局部残存，地势平缓，标高 30～80 m，山坡坡度一般小于 15°，山体多为浑圆状。

中部石湾至潭泊系微丘及重丘区，构造剥蚀作用强烈，山势较陡，山坡坡度可达 35°，植被较发育，山脉多为长条形单斜山，标高 80～225 m。

南部湘泊至耒阳西衡阳红层盆地，属平微丘区，为湘江及其支流之河床、漫滩及阶地，侵蚀堆积作用强烈，Ⅰ级、Ⅳ级阶地不发育，Ⅱ级、Ⅲ级阶地发育且保留较完整，Ⅴ级阶地局部残存。地势平缓，山坡坡度一般小于 10°，标高 45～120 m。

8.1.2.3　工程地质与水文地质

（1）工程地质

本路线较长，通过几处不同类型的地貌及构造单元，沿线出露地层较多，由新至老主要有：新生界第四系（Q）、第三系（E）、中生界白垩系（K）、上古生界二叠系（P）、石灰系（C）、泥盆系（D）、元古界板溪群（Ptbm）。其中以第四系、第三系、白垩系最发育，元古界板溪群及泥盆系地层有较大范围出露，二叠系、石炭系仅局部出露。

第四系为冲洪积及残坡积物，主要有黏土、亚黏土、网纹状黏土、砂土及砂砾石层，分布在山坡及坡脚、河流两岸和平原微丘区以及耒阳一带；第三系为碎屑岩类地层，主要有钙质泥岩、砂岩、长石石英砂岩及砂砾岩，分布在霞流至大埔一带；白垩系地层也以碎屑岩类的钙质粉砂岩、沙质泥岩及砂砾岩、砾岩为主，分布在株洲以南石湾以北的广泛区域；二叠系地层岩性为碎屑岩类的硅质岩及碳酸盐岩，主要为长石砂岩、硅质页岩、硅质岩及灰岩，分布在谭家山一带；石炭系由碳酸盐岩构成，主要有灰岩、白云质灰岩及生物碎屑灰岩，分布在耒阳市及株洲梅市、衡东县大桥一带；泥盆系为碎屑岩及碳酸盐岩构成，主要有石英砂岩、石英砾岩、砂质页岩及灰岩、泥灰岩，分布在马家河至新塘一带；板溪群为浅变质碎屑岩系，主要有板岩、粉砂质板岩及条带状板岩，分布在衡东县石湾至金龙山一带。

路线位于东亚大陆新华夏系第二复式沉降带中南部，横跨龙山—醴陵东西向穹断带，可划分两个较大的构造单元，即株洲—衡东段褶带和衡阳坳陷盆地。区内主要构造分新华夏系和华夏系，其次为经向构造带，而纬向及北西向构造不明显或不发育，前者构成了现今的基本构造格局。

（2）地震

据湖南省地震办公室提供的资料，湘潭至耒阳一带地震基本烈度小于IV度。既有构造物按简易设防设计。

（3）水文地质

沿线地下水广泛分布有第四系空隙含水层及石炭系、二叠系岩溶裂隙含水层，局部有泥盆系砂岩构造裂隙含水层，同时大面积出露有白垩系泥岩、砂岩及沙砾岩隔水层。地下水一般水量不大。

8.1.2.4 河流

湘耒高速公路所经地区属湘江流域，地表水系发达，水资源丰富，较大的常年性地表水系有湘江及其支流洣水、耒水。湘江河道迁回曲折，为由南向北径流；洣水为由东向西径流，由衡东县西侧汇入湘江；耒水为由南向北径流，于衡阳市东北侧注入湘江。

湘江是长江中游的主要支流，是湖南省内最大的河流，在湖南境内长 773 km，流域面积 85 383 km^2，既有公路沿线大小河流均属湘江水系，主要河流有湘江及其支流洣水、耒水及耒水支流沙河和敖山河，各河流域降水量充沛，雨水多集中于 4—7 月，此期间为汛期，河水受降水影响明显，水位陡涨陡降，一般 10 月至次年 3 月为枯水期。

湘江为湖南省最大河流，III 级航道，跨江大桥高度由洪水位及通航净空控制，洣水、耒水为 IV 级通航河流。

8.1.2.5 土壤

区域内土壤类型大致可分为 3 类，分别为红壤、水稻土和紫色土。各种耕作土均发育于这 3 种类型土壤。

① 红壤是该区域内的地带性土壤，其特征随母质不同而略有差异。

② 紫色土区域内分布面较广的一种非地带性土壤，按石灰含量的 pH 不同，又分为酸性紫色土、中性紫色土和石灰性紫色土 3 个亚类。

③ 水稻土在区域内也有大面积分布，广布于丘、岗、平底等能种植水稻的地方，但以冲谷、盆地及河岸阶地分布较广。水稻土由于长期种植方式及成土母质不同，其种类变化很大。

8.1.2.6 气候

项目经过的区域属亚热带季风性湿润气候，具有"气候温和、四季分明、热量充足、春湿多雨、夏秋多旱、严寒期短、暑热期长"的特征。春季和秋季是冷暖两气团相互交替的过渡季节，华南或南岭常形成静止锋团而阴湿多雨，气候升降剧烈，天气多变。夏季，常被亚热带高气压所控，温度高、湿度小，造成高温暑热。冬季，受极地冷气团（变性）控制，盛行偏北风，从北南下的寒流频频侵入本区，故阴雨天气多。

本区雨水多集中于 4—7 月，占全年降水量的 70%。年平均降水量 1 315.0～1 409.6 mm，年平均蒸发量 1 466.4～1 554.2 mm，年平均气温 17.2～17.9℃，7—8 月气温为 29.2～29.8℃，1 月平均气温 4.9～5.8℃，极端最高气温达 40.3℃，极端最低气温达 −7.0℃。

8.1.3 相关环评工作回顾

8.1.3.1 环境影响报告书预测内容回顾

（1）环评的现状评价结论

公路沿线地区大多为乡村田地，基本上没有大型工矿企业，因此，评价范围内大气的污染源主要来自现有的为数不多的省道和乡村道路上行驶的车辆。通过对沿线大气监测和调查的情况来看，评价范围内的大气环境质量现状良好，基本符合国家大气环境质量二级标准，大气环境容量大。

沿线河流除石油类略有超标外，其余各项指标均在标准限值以内，铅元素具有较大的环境容量。

沿线植被覆盖率较高，但由于长期的开垦和破坏，存在一定程度的水土流失。

（2）环评的环境影响评价结论

由于公路对取弃土场、高路堤及深切路段等采取了有效的工程防护措施，公路施工期不会造成大的水土流失；而且取土场主要选择在荒地，实际上是清除了部分水土流失源，只要及时绿化，是有利于保护环境的，不会加大水土流失。

公路运营期随着边坡绿化，植被恢复，对公路沿线的生态环境会产生正影响。

拟建公路占用的良田较少，包括耕地、经济林、林地和少量鱼塘和菜地，其中多为山前后台地的低产田，公路占用耕地仅占沿线耕地的 1.2‰，并且弃土后采取复耕措施，故对沿线农业生产影响不大。

8.1.3.2　环境影响竣工验收调查报告回顾

（1）生态环境影响调查结果

湘耒高速公路实际征地 1 470 hm²，约为施工设计征地面积的 108%，其中占用水田最多。公路建设时占用青苗、砍伐树木的种类主要有用材林、经济林两大类。

根据现场调查和分析，工程建设不会对动植物的生态环境造成显著的不利影响，也不会引起道路沿线区域动物种类的减少，并且湘耒公路设计和建设部门采取了有针对性的措施以保护自然和农业生态环境，通过桥涵和通道工程，以保持和恢复原有农业水利设施；通过改变土地利用格局和采取绿化措施，补偿农业和林业的经济损失。

存在的问题：局部路段的涵洞设计流量不符合实际需要，个别路段泄洪不畅或流量不够，导致雨季时出现洪涝灾害或影响农忙时农业灌溉，对局部地区的农业生产有一定影响。

（2）水土保持调查结果

公路建设部门对路基稳定性防护比较重视，投入了大量的人力、物力和财力，取得了比较明显的效果。湘耒高速公路沿线路基防护措施完全符合施工设计的要求，排水系统完善，防护工程量也达到预期的数量，总体防护效果很好。

沿线路堑边坡防护措施比较完善，并注意了景观协调和美观。在实际防护工程建设方面，按环评和施工设计文件的要求，对高大路堑边坡采取了防护措施。从水土保持及景观方面看，效果很好。

沿线取弃土场较多，公路建设部门结合沿线地区规划和居民的要求，采取了不同的临时占地恢复利用方式。从生态环境效益分析，63 处取弃土场中，绝大多数得到恢复或利用，生态恢复效果很好；从水土保持方面分析，沿线取弃土场在对少量取弃土场边坡防护方面的措施有待完善。

存在的问题：主要是少数取土场的取弃土场边坡没有采取应有的水保措施，存在水土流失隐患，应采取进一步恢复和防护措施。

（3）水环境影响调查结果

跨江和跨水库桥梁的建设未造成河道的堵塞，未发生水环境污染事件。湘耒公路路面集水排放系统主要由截水沟、边沟、排水沟组成，基本上消除了随处漫流的现象。排放去向主要是自然沟渠和荒地，没有直接排入饮用水水源，只有少量排入农田和养殖水域，对沿线水环境质量没有明显影响。在各服务区均未完全投入运营及交通量远未达到设计量的条件下，服务区污水排放量和污染物排放量比较小，各服务区污水排放均做到了达标排放。

存在的问题：污水量没有达到污水处理设施负荷量的要求，各个服务区污水处理设施已建成，但未投入运行。到中远期时，交通量将增加，并且服务项目完全开展，客流量势必加大，在污水处理量达到负荷要求后，尽快进行监测验收，防止对周边农田造成污染。

（4）建议与对策

完善取弃土场生态恢复措施，加强维护和管理，一方面可充分利用土地资源；另一方面可减少水土流失、美化环境，并减少周围环境空气 TSP 污染。

尽快监测验收 3 个服务区所有的处理设施并保证正常运行，避免中远期发生污染农田事件。

与地方政府协调配合，妥善处理部分路段涵洞流量较小问题，恢复或改善原有农业水利设施，减少对农业生产的影响。加强对沿线通道的检查与管理，避免和减少通道积水给沿线居民通行的影响。

（5）竣工验收结论

总之，据本次环境影响调查，湘耒公路建设基本上不存在重大环境影响问题，环境影响评价报告所提环保措施特别是生态恢复和水土保持措施得到了很好的落实，防护工程本身符合施工设计要求。各服务区污水处理设施已经建成，在达到 75% 的负荷条件下，尽快监测验收并保证正常运行；而其他一些遗留问题可通过采取适当措施予以解决或减缓。因而，调查组认为，湘耒高速公路在总体上符合工程竣工环境保护验收条件，建议通过湘耒高速公路建设项目竣工环保验收；但各服务区污水处理设施验收及使用等方面的问题，希望公路建设部门提出详细的整改计划。

8.2 陆生生态环境影响后评价

8.2.1 植被影响度

8.2.1.1 扰动植被总面积

根据工程竣工文件及现场调查，公路永久性征用土地约 22 051.27 亩。公路永久性占地的土地类型及影响情况见表 8-3。

表 8-3 公路占地影响统计

统计结果	实际征地面积/亩	所占比例/%
耕地	11 655.64	52.86
水塘	980.99	4.45
林地	6 760.36	30.66
宅基地	304.64	1.38
其他	2 349.64	10.66
合计	22 051.27	100

公路永久占地中，土地利用类型以耕地最多，占总面积的 52.86%；其次是林地，为6 760.36 亩，约占 30.66%；这些土地被占用必然使当地农业生产和水果生产等受到一定的影响。占用可耕地为直接影响区可耕地的 0.25%，从影响区总的范围上看影响较小，但对局部乡镇的农林业生产影响比较大。

沿线地区属平原微丘区，公路占用的土地大部分为水田和旱田，此外，还有一大部分旱地和山地以及部分的荒地和难利用土地。

8.2.1.2　植被覆盖变化率

各期土地利用解译数据及变化如图 8-2 所示，分析如下：

1993—2001 年，农田的变化率为 6.81%，阔叶林的变化率为 63.54%，针叶林的变化率为 25.00%，灌丛的变化率为 59.36%。

2001—2007 年，农田的变化率为 8.42%，阔叶林的变化率为 31.27%，针叶林的变化率为 18.12%，灌丛的变化率为 22.04%。

2007—2009 年，农田的变化率为 5.51%，阔叶林的变化率为 12.96%，针叶林的变化率为 1.42%，灌丛的变化率为 4.43%。

由以上数据可以看出，公路建设前后植被覆盖变化率最大，其中阔叶林及灌丛变化率超过 50%，随着公路运营通车，变化率在逐年下降。

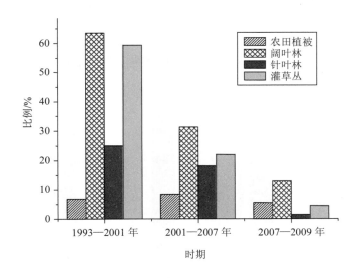

图 8-2　不同时期土地利用变化率分析

8.2.1.3　建设用地面积变化率

公路建设将带动地区经济发展，在使交通变得便利的同时，公路沿线居民点也将会增多，而公路沿线涉及的城市规模也会相应扩张，同时将占用周边的农田植被或自然植被，因此用建设用地面积变化率反映公路建设运营后对周边植被的影响度（见图 8-3）。

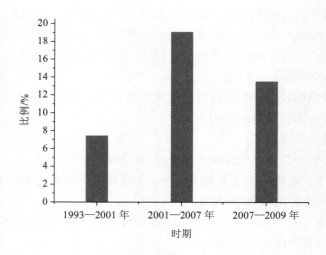

图 8-3 不同时期建设用地面积变化分析

8.2.1.4 裸地变化率

由图 8-4 可知，评价区内在公路建设前后裸地变化率很大，都在 90%以上，1993—2001 年裸地变化率为 95%，说明工程建设后，沿线裸露土地基本上恢复为植被或用做建设用地，说明这一时期内工程的植被恢复效果较好，2001—2007 年变化最大，说明这一时期内，裸地被大量开垦为植被或用做建设用地，而这种影响可能与公路建设关系不大，2007—2009 年裸地面积进一步减少，说明区域内开发活动日益频繁，裸地被较充分地利用。

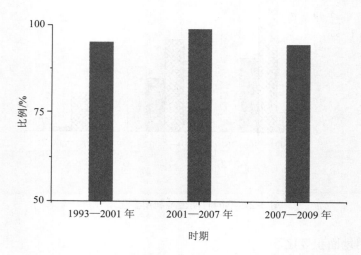

图 8-4 不同时期裸地变化率分析

8.2.1.5 临时用地恢复植被存活率

采用样方调查方式，调查一定面积样地内边坡植被中存活物种占地面积占样地总面积的比例。

8.2.2　区域生态系统结构变化

8.2.2.1　土地利用变化检测与分析

采用土地利用/覆被变化检测方法，分析项目区内生态系统结构变化。就典型案例而言，于 1997 年 7 月开工建设，2000 年 12 月 26 日建成通车，根据要求现查询公路建设前 2 年、公路建成后第 3 年、第 6 年、第 9 年的遥感影像。

（1）遥感影像获取

1）TM 影像获取

现有公路可以开展后评价的公路多建设于 21 世纪初或 20 世纪 90 年代，因此，项目建设前尚未有高分辨率遥感影像数据支持，因此项目区背景遥感资料只能选取 TM 数据，根据案例研究的特点，选择研究区 1993 年 7 波段的 TM 遥感数据作为背景遥感数据。

根据实际情况公路建成后的遥感数据，选择 2001 年 8 波段 Landsat ETM+遥感数据作为支撑。

2）高分辨率遥感影像数据获取

公路通车运营后的时间多为近期，部分公路有高分辨率影像作支撑，因此应尽量选择高分辨率遥感影像。根据案例项目特点，选择 2007 年、2009 年的 2.5 m 分辨率 ALOS 卫星影像作为支撑。

3）局部区域 0.5 m 高分辨率影像方案

公路环境影响后评价工作的一个重要部分是声环境影响，其中涉及环境敏感点的调查，由于经费和时间有限，不可能全线调查敏感点位置，因此该项研究拟在局部路段，应用高分辨率遥感卫星数据就高速公路声环境影响敏感点调查及声环境影响评价开展研究，现高速公路局部区域（耒阳段，长 20.2 km）约 50 km^2 采用 2003 年、2006 年、2011 年三期 0.5 m 高分辨率 QB/WV 卫星遥感影像，如图 8-5 所示。

| 2003 年 | 2006 年 | 2011 年 |

图 8-5　三期高分辨率数据

（2）遥感影像处理与解译

影像进行了大气校正、几何精校正、线性变换及平滑处理等预处理，TM 选用波段为 3、4、5（RGB）三个波段，ALOS 选用 2、3、4 波段合成假彩色图像。

1）遥感解译与景观类型划分

图像经过几何纠正、坐标变换和增强处理后，确立解译标志和解译精度，在 GIS 工作平台上通过人机交互式，采用直接解译法、图像处理法、信息融合法和逻辑推理法进行解译。

2）土地覆盖类型的确立

参照我国县级土地利用现状调查分类系统，结合遥感信息空间分辨率、地物光谱特征以及专题信息提取能力，制定了研究区土地覆盖类型体系：将研究区土地覆盖划分为 8 种类型：针叶林地、阔叶林地、农田、灌丛草地、建设用地、水体、裸地、公路。

➢ 针叶林地：研究区内以马尾松等为建群种的针叶林地。

➢ 阔叶林地：郁闭度＞40%、高度在 2 m 以下的矮林、灌丛林地。

➢ 农田：主要用于生产食物的用地，在影像上表现为规则形状的深红色斑块。

➢ 灌丛草地：研究区内以灌丛、草丛为主，覆盖度在 80% 以上。

➢ 水体：天然形成或人工开挖的河流及积水区，常年在枯水期水位以下的土地。

➢ 裸地：地表岩石或石砾的覆盖面积＞50% 的土地。

➢ 公路：影像上表现为长线状地物，光谱反照率较高，呈白色或灰白色地类。

➢ 建设用地：指城镇用于生活居住、工业生产以及其他用途的各类房屋用地及其附属设施用地。包括普通住宅、公寓、别墅等用地。

（3）不同时期典型案例土地利用变化分析

基于研究区 1993 年、2001 年、2007 年、2009 年四期的土地利用/覆被变化检测分析，结果如下：

1993—2001 年，公路沿线 3 km 范围内土地利用变化见表 8-4，其中有 900.09 hm² 农田转为建设用地，占农田变化用地类型比例最大，阔叶林中有 1 849.95 hm² 转化为农田，有 1 531.71 hm² 转化为灌草丛，针叶林中有 2 772.9 hm² 转化为灌草丛，434.95 hm² 转化为农田；建设用地、水域面积变化不大。由以上分析可知，在公路刚刚通车的 2001 年，与 1993 年相比，农田较多地转为建设用地，阔叶林和针叶林较多地转化灌草丛，说明工程建成后，占用的农田及林地尚未恢复为自然植被或复垦，这也与实际情况相符。

表 8-4　1993—2001 年公路沿线土地利用/覆被变化分析　　　　　单位：hm²

1993—2001 年	农田	阔叶林	水域	针叶林	建设用地	灌草丛	总计
农田	23 418.8	143.09	507.51	122.49	900.09	39.53	25 131.51
阔叶林	1 849.95	4 061.79	108	88.92	275.76	1 531.71	6 066.18
水域	530.82	17.11	2 727.99	130.5	91.44	239.22	3 737.08
针叶林	434.95	22.57	258.21	11 265.25	266.22	2 772.9	15 020.1
建设用地	8.85	27.36	29.25	24.18	1 403.48	22.66	1 515.78
灌草丛	235.18	822.15	369.63	261.2	393.12	11 696.4	13 777.68
总计	34 478.55	7 804.95	1 289.71	18 892.54	3 330.11	16 302.42	82 098.28

2001—2007 年，公路沿线农田较多地转化为建设用地，阔叶林较多地转化为农田，水域面积变化不大，针叶林较多地转化为农田和灌草丛，建设用地较上一期增加约 544.68 hm²，

灌草丛较多地转化为针阔叶林和建设用地，说明这一时期内，公路临时占用的土地由灌草丛逐渐转化为林地，而农田和建设用地在这一区域内继续扩张。

表 8-5　2001—2007 年公路沿线土地利用/覆被变化分析　　　　单位：hm²

2001—2007 年	农田	阔叶林	水域	针叶林	建设用地	灌草丛	裸地	总计
农田	19 510.78	241.84	22.81	53.32	818.99	129.21	526.95	21 303.9
阔叶林	414.27	2 270.97	28.8	504.63	57.96	25.56	2.07	3 304.26
水域	251.82	291.96	2 755.62	21.51	82.71	63.27	15.21	3 482.1
针叶林	403.43	195.9	121.41	9 544.22	531.9	683.28	175.5	11 655.64
建设用地	73.58	31.62	65.79	46.62	1 668.7	130.05	44.1	2 060.46
灌草丛	187.48	614.8	268.74	480.78	956.16	10 419.74	437.31	13 365.01
裸地	1 220.85	2 337.84	35.1	165.6	266.4	492.48	56.79	4 575.06
总计	22 062.21	5 984.93	3 298.27	10 816.68	4 382.82	11 943.59	1 257.93	59 746.43

2007—2009 年，公路沿线 3 km 范围内农田面积变化不大，其中转化为阔叶林和灌草丛面积较多，这可能与影像拍摄时期有关，部分农田处在刚收割完的阶段。阔叶林较多地转化为农田和灌草丛，说明这一阶段，公路沿线区域性开发活动加剧，针叶林、建设用地和水域面积变化不大，灌草丛面积变化较多地转化为农田和阔叶林，但转换面积不大，说明这一时期公路沿线区域内土地利用变化率较前两期相对减小，土地利用状况趋于稳定。

表 8-6　2007—2009 年公路沿线土地利用/覆被变化分析

2007—2009 年	农田	阔叶林	水域	针叶林	建设用地	灌草丛	裸地	合计
农田	16 638.76	485.55	51.66	46.89	165.06	195.57	24.84	17 608.33
阔叶林	703.71	10 124.46	63.27	101.61	178.02	421.02	40.23	11 632.32
水域	39.15	22.05	2 232	1.80	9.09	10.80	1.17	2 316.06
针叶林	52.56	16.38	3.69	9 377.76	13.32	39.51	9.81	9 513.03
建设用地	33.56	88.65	16.11	8.91	2 010.06	62.01	3.42	2 322.72
灌草丛	218.61	133.83	10.89	23.13	70.92	10 082.29	10.44	10 550.11
裸地	72.27	45.54	5.67	6.75	19.26	41.31	11.70	202.50
合计	17 858.62	10 916.46	2 383.29	9 566.85	2 465.73	10 852.51	101.61	54 145.07

进而分析公路沿线 100 m、200 m、300 m、500 m、1 000 m 缓冲区内土地利用变化情况，研究思路是对比不同距离缓冲区内发生变化的土地利用类型面积占总面积的比例，以反映公路建设前后土地利用变化最为剧烈的距离范围，以确定案例研究区内开展后评价的空间距离。

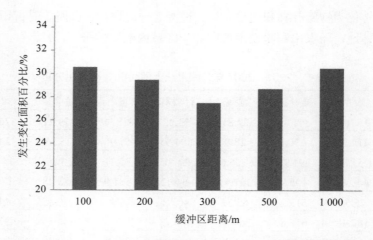

图 8-6　1993—2001 年公路沿线不同距离缓冲区内土地利用变化

由图 8-6 可知，1993—2001 年，公路沿线各缓冲区内土地利用变化趋势，其中 100 m 缓冲区内有超过 30% 的土地面积类型发生了改变，随缓冲区距离增加至 300 m 时发生变化的面积比例逐渐降低，随后又有所增加，到 1 000 m 缓冲区又增加至接近 30%。由此可知，公路投入运营时，沿线土地利用变化较为剧烈，尤其是公路沿线 200 m 范围内最为剧烈，随着缓冲区距离增加，土地利用变化率又增加，这与地区经济发展有密切关系。

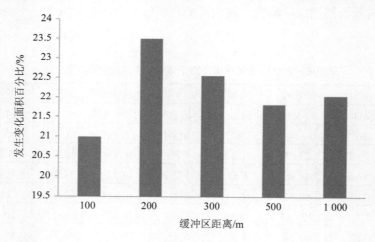

图 8-7　2001—2007 年公路沿线不同距离缓冲区内土地利用变化

由图 8-7 可知，2001—2007 年，100 m 缓冲区内土地利用变化率较小，为 21% 左右，至 200 m 缓冲区增加至 23%，随后随缓冲区距离增加，发生变化面积比例逐渐减小。说明公路建成后的 1～6 年间沿线土地利用类型变化率显著小于公路建设前与投入运营时的变化率，而且这一期间由于公路刚刚运营，路况通常较好，车流量相对不大，对两侧自然生态系统扰动较小。而此时公路两侧各临时用地类型处于恢复过程当中，因此，在 200～300 m 缓冲区内土地利用类型变化率又高于 100 m 缓冲区。

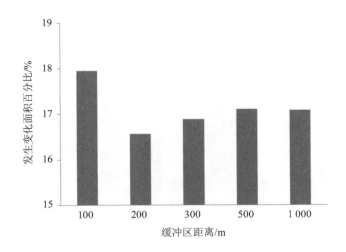

图 8-8　2007—2009 年公路沿线不同距离缓冲区内土地利用变化

　　由图 8-8 可知，2007—2009 年，公路沿线各缓冲区内土地利用变化趋势，各缓冲区土地利用类型变化率均小于以往各个时期，公路两侧 100 m 缓冲区土地利用类型变化率最大，但也不足 18%，而 200 m 缓冲区内土地利用类型变化率不足 17%，各缓冲区内土地利用变化率相差不足 2%，可以看出公路建成近 10 年后，公路两侧不同距离内土地利用类型基本不会发生较大变化，生态系统处于相对稳定状态，而随着距离增加，受地区社会经济发展等因素影响，土地利用类型变化率又有所增加。

　　综上所述，各期土地利用数据在不同缓冲区的变化率随着公路建成通车年限增加，呈降低的趋势，即由刚刚通车时的 30% 变化率降至通车 10 年后的 17% 左右的变化率，从生态系统组成的角度来看，公路建设的影响在逐年降低。从空间影响距离来看，根据各期土地利用变化率数据对比分析结果，公路对土地利用变化率的影响在 200 m 缓冲区均有一个明显的变化，说明公路对周边生态系统组成的影响基本限于 200～300 m 的范围。

8.2.2.2　区域景观格局变化

　　区域景观格局变化体现在斑块数、平均斑块面积、斑块多度、斑块邻近度、斑块破碎度、斑块多样性等景观指数上，因此，本部分研究基于遥感数据解译的景观基础数据，应用经典的景观指数计算方法，对评价区不同时期内的景观指数的变化以及距公路两侧不同距离缓冲区内的景观指数进行了分析。

　　为了评价区域景观格局变化，从斑块类型层次和景观层次分别选取斑块数量、斑块面积比例、斑块密度、平均斑块面积、斑块分离度、斑块自然连接度、斑块形状指数、斑块聚集度、斑块多样性指数、斑块均匀度指数作为评价指标。分析不同时期内以及距公路两侧不同距离内的景观斑块指数变化规律。

　　（1）斑块类型尺度景观格局变化

　　通过斑块类型尺度景观指数分析可知（见图 8-9），从斑块水平上来看，1993 年斑块总面积及斑块面积比例均是农田与灌草丛面积比例最大；从斑块数量来看，阔叶林、针叶林斑块数量较多；从拼块密度来看，针叶林与阔叶林密度最大；从景观形状指数来看，农田、阔叶林、针叶林较大，说明这些用地类型呈自然镶嵌状态。从平均斑块面积来看，农田平均斑块面积最大，各用地类型分离度指数均接近于 1，说明差别不大。从聚合度指数来看，各指数中农田、水域、灌草丛聚合度较大，说明这几类景观有由小斑块聚集发展成少数大斑块的趋势。

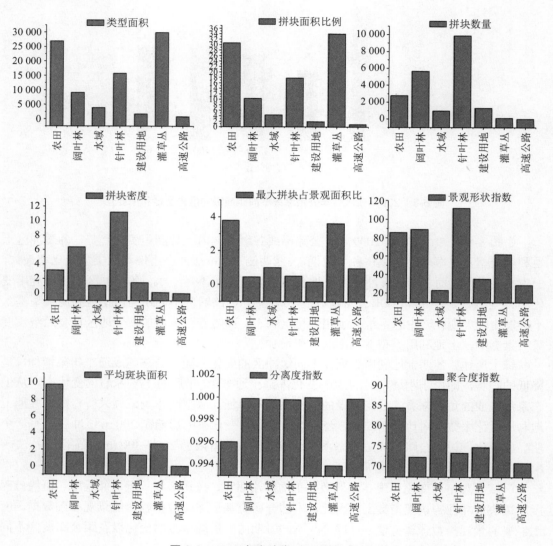

图 8-9　1993 年斑块类型尺度景观指数

　　从 2001 年斑块类型总面积及其所占比例来看（见图 8-10），针叶林面积最大，农田、灌草丛较大，其中针叶林面积也有所上升。从拼块数量来看，农田、灌草丛、裸地斑块数量较多，而且斑块密度较大，从最大斑块占景观比例来看，最大的是针叶林、农田、灌草丛，从景观形状指数来看、农田、灌草丛、针叶林形状指数最大，说明评价区内主要景观类型仍呈自然镶嵌状态，受人为干扰较小。从平均斑块面积来看，建设用地、针叶林、农田平均斑块面积较大，分离度指数分析表明，农田、针叶林具有较好的整体性。从聚合度指数来看，阔叶林和裸地聚合度指数小，说明两类用地空间分布较为破碎。

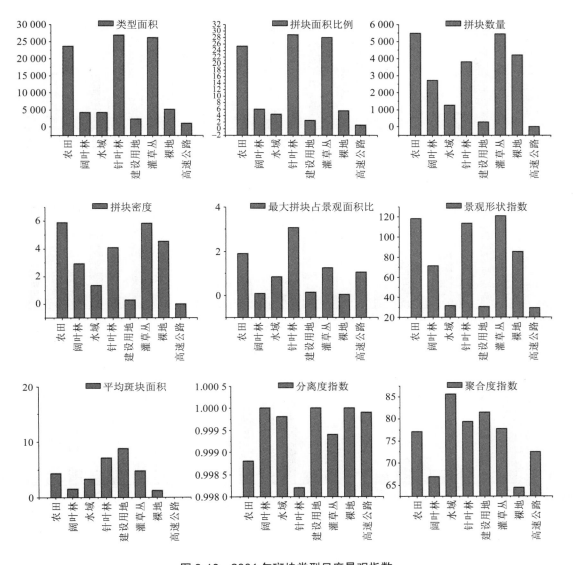

图 8-10　2001 年斑块类型尺度景观指数

由 2007 年公路沿线斑块层次景观分析结果可知（见图 8-11），农田、阔叶林总面积及其所占比例最大；从斑块数量来看、阔叶林、针叶林、灌草丛拼块数量较多，呈现破碎化趋势，从拼块密度来看，阔叶林、针叶林、灌草丛密度较大，从形状指数来看农田、阔叶林、针叶林、灌草丛等自然景观斑块的形状指数较高，说明自然景观仍呈自然镶嵌状态。从分离度指数来看，只有农田、阔叶林指数值较低，从聚合度指数来看，农田、阔叶林、灌草丛、建设用地、水域聚合度均较高，与前两期分析结果对比可知，景观中水域、建设用地等小型斑块开始消失，整个景观斑块呈聚合状态，说明这一时期建设用地集中扩张，小型水域斑块如水塘等正在消失。

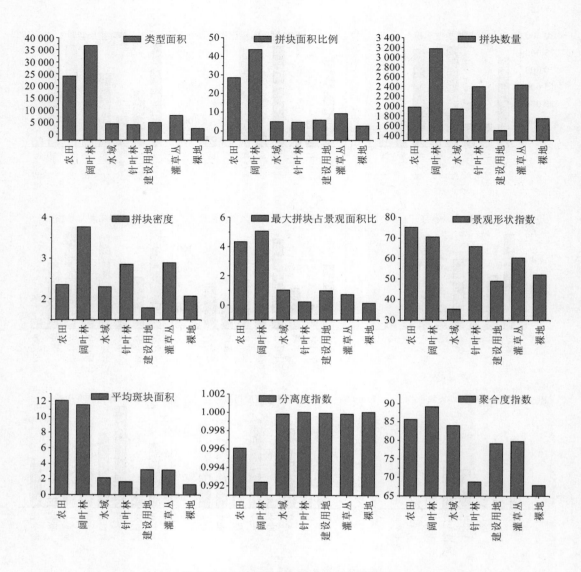

图 8-11　2007 年斑块类型尺度景观指数

　　由 2009 年公路沿线斑块层次景观分析结果可知（见图 8-12），农田、阔叶林斑块面积及占拼块面积比例仍然最高，说明经历了公路建设前后约 16 年的时间里，区域内生态系统主要组成成分未发生较大变化。从景观形状指数来看，农田、阔叶林、水域等具有较高在形状指数，说明农田与阔叶林、水域的镶嵌形式也未发生较大改变。从分离度指数来看，农田、阔叶林分离度指数较低，说明其大斑块分布的空间格局也未发生根本变化。

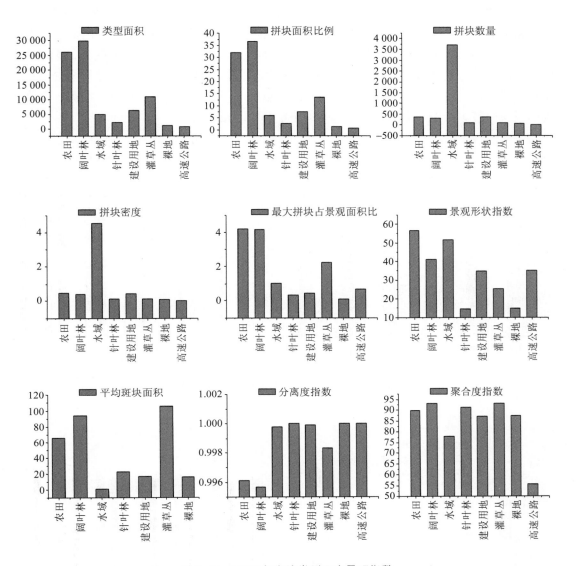

图 8-12　2009 年斑块类型尺度景观指数

由四期景观指数分析数据可知，公路建设前后，公路沿线主要景观类型组成，由农田+灌草丛类型至 2007 年转变为农田+阔叶林结构。说明两个问题，一是区域生态系统结构发生了改变，二是公路建设前及竣工后区域生态系统主要组成部分的灌丛发生了变化，转变为其他用地类型，同时阔叶林面积增加，逐渐取代灌丛而成为主要类型，由于本案例的分析区均在公路两侧 3 km 范围之内，可以认为，景观结构的改变与公路建设相关，公路建设引起景观结构改变的时间点应当在 2007 年或 2001—2007 年之间，也就是公路对周边生态系统结构产生最大影响的可能时间区间是公路建成后的 3～5 年。

（2）景观尺度景观格局变化

通过计算 2007 年、2009 年公路两侧 100 m、200 m、300 m、500 m、1 000 m、3 000 m 缓冲区内景观指数，分析景观指数随距公路距离增加的变化情况。

由 2007 年不同缓冲区内景观指数变化可以看出（见图 8-13），随着距公路距离的增加，斑块密度在降低，平均斑块面积增加，斑块形状指数呈先下降至 200 m 缓冲区后又增加的趋势。随着距离增加，景观连接度指数增加，分离度指数下降，多样性指数在 200 m 缓冲区开始增加，而后降低，均匀度指数也呈先增加后降低的趋势。由此可知，距公路越近，景观组成破碎化越严重，多样性降低，分离度也增加，表明公路建设对沿线两侧一定范围内的景观有较大影响，而这一影响基本集中于 200 m 范围内。

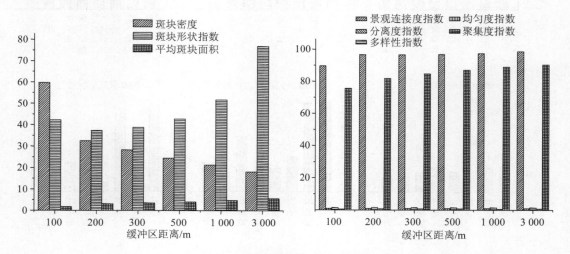

图 8-13　2007 年不同缓冲区内景观指数变化

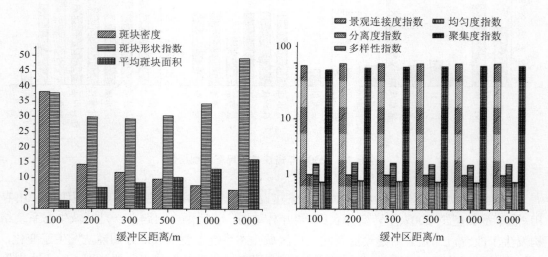

图 8-14　2009 年不同缓冲区内景观指数变化

由 2009 年不同缓冲区内景观指数变化可以看出，随着距公路距离增加，斑块密度在降低，平均斑块面积增加。随着距离增加，景观连接度指数增加，分离度指数下降，多样性指数在 200 m 缓冲区开始增加，而后降低，均匀度指数也呈先增加后降低的趋势。由此可知，与 2007 年分析结果相似：距公路越近，景观组成破碎化越严重，多样性降低，分离度也增加，表明公路建设对沿线两侧一定范围内的景观有较大影响，而这一影响基本集中于 200 m 范围内。

综合两个年度公路两侧不同距离缓冲区内景观结构的分析可知，公路建设对沿线景观产生了一定的影响，这一影响的距离约在公路两侧 200 m 范围内。

8.2.3　区域生态系统功能影响度

8.2.3.1　平均 NDVI 减少率

计算区域内 NDVI 数值变化率的方法是基于两期 TM 遥感影像数据，生成 NDVI 数据，通过空间叠加方法分析 NDVI 变化率的空间变化，以反映区域生态系统生产功能变化的空间差异性，对于本案例来说，NDVI 实际变化率为 21.57%，说明工程建设前后对区域生态系统生产功能的影响率为当地生态系统总生产能力的 1/5。

8.2.3.2　影响区生境维持功能变化率

计算典型案例 1993—2009 年的生境维持功能变化率：

1993 年，平均斑块指数 4.263 6、破碎度指数 1.690 3、多样性指数 1.528，生境维持功能指数为 15.097。

2001 年，平均斑块指数 4.015 8、破碎度指数 3.127 9、多样性指数 1.638，生境维持功能指数为 16.96。

2007 年，平均斑块指数 4.263 6、破碎度指数 1.690 3、多样性指数 1.528，生境维持功能指数为 16.224。

2009 年，平均斑块指数 4.356 2、破碎度指数 1.541 7、多样性指数 1.555，生境维持功能指数为 16.133 3。

典型案例 1993—2001 年生境维持功能变化率为 12.39%、9.83%、6.04%。

8.3　声环境影响后评价

由于湘耒高速车流量及噪声环境特征不突出，因此，声环境影响后评价选取京港澳高速阎村至窦店段、城市高架桥作为研究对象，分别针对运营期不同车辆组合情景、车流量变化情景以及高架桥的噪声特性开展现场实测与特性分析。

8.3.1　运营期不同车辆组合条件下噪声特点及衰减规律

8.3.1.1　测试目的

通过对不同路段运营期混合车流的交通噪声测试，分析不同路段各车型车辆行驶速度、车型比及其辐射噪声的特点和衰减规律。

8.3.1.2　路段选择

测试选取北京市周边通往北京城区的京港澳高速公路（G4）和首都机场高速进行交通噪声测试。

京港澳高速公路（G4）北京段限速 90 km/h，北京以外全线限速 110 km/h，主要路线为北京—阎村—窦店，与北京三环、四环、五环和六环路互相连接。

首都机场高速公路全路段按高速公路标准建设，全线实施全封闭、全立交、双向六车道，计算行车车速 120 km/h。

本次测试根据所在路段环境特征，选择在各路段路肩及路肩外一定距离进行测试，每个测点测试 2～3 天，每天分不同时段，每个时段连续测试多次，每次测试时间为 20 min，各测点两台声级计同时测试，同时记录该路段双向车流量、车型。

8.3.1.3 京港澳高速公路测试结果分析

本书选择对京港澳高速 K89+600 处的路段交通噪声进行 3 天的测试，该路段路面为沥青混凝土路面，路基宽度 26 m。测点分别布置在距路中心线 25 m、35 m、55 m 和 95 m，测试时间为 20 min，同步记录了不同车型、车流量及车速，监测结果见表 8-7、表 8-8 和图 8-15。

表 8-7　京港澳高速车流量　　　　　　　　　单位：辆/h

日期	起始时间	终止时间	进京方向			出京方向			合并车流量			合计
			大	中	小	大	中	小	大	中	小	
14日	10:50	11:10	189	171	1 182	204	210	1 107	393	381	2 289	3 063
	11:20	11:40	207	225	1 113	282	219	1 026	489	444	2 139	3 072
	14:25	14:45	333	177	1 539	231	204	1 371	564	381	2 910	3 855
	14:50	15:10	261	228	1 350	267	186	1 422	528	414	2 772	3 714
	15:20	15:40	240	180	1 461	213	195	1 650	453	375	3 111	3 939
	15:45	16:05	216	195	1 368	171	174	1 437	387	369	2 805	3 561
	16:10	16:30	204	237	1 515	177	171	1 344	381	408	2 859	3 648
	均值								456	396	2 697	3 550
15日	9:30	9:50	39	48	408	171	147	1 569	210	195	1 977	2 382
	9:55	10:15	54	39	336	162	129	1 359	216	168	1 695	2 079
	10:25	10:45	39	48	378	213	168	1 230	252	216	1 608	2 076
	10:55	11:15	63	51	381	219	147	1 128	282	198	1 509	1 989
	11:20	11:40	15	39	336	225	111	1 008	240	150	1 344	1 734
	13:35	13:55	294	111	897	156	180	1 008	450	291	1 905	2 646
	14:05	14:25	318	150	1 125	198	165	1 098	516	315	2 223	3 054
	14:30	14:50	303	99	1 059	189	141	1 137	492	240	2 196	2 928
	14:55	15:15	306	105	1 341	252	201	1 143	558	306	2 484	3 348
	均值								357	231	1 882	2 470
16日	9:40	10:00	228	93	1 092	225	117	996	453	210	2 088	2 751
	10:05	10:25	111	81	1 017	222	162	972	333	243	1 989	2 565
	10:35	10:55	213	48	1 044	210	129	1 062	423	177	2 106	2 706
	11:00	11:20	174	60	1 011	231	126	1 014	405	186	2 025	2 616
	11:25	11:45	282	84	936	234	138	975	516	222	1 911	2 649
	13:40	14:00	246	72	1 032	249	1 032	249	168	1 014	495	1 677
	14:05	14:25	243	84	1 131	219	147	1 128	462	231	2 259	2 952
	14:30	14:50	228	69	1 242	243	105	1 287	471	174	2 529	3 174
	15:00	15:20	237	69	1 257	264	174	1 455	501	243	2 712	3 456
	15:25	15:45	294	75	1 455	204	147	1 350	498	222	2 805	3 525
	均值								423	292	2 091	2 807

表 8-8　京港澳高速交通噪声测试结果

日期	起始时间	终止时间	声压级/dB				平均车速/（km/h）		
			25 m	35 m	55 m	95 m	大车	中车	小车
14 日	9:55	10:15	72.2	70.3	67.5	66.0	48	56	102
	10:25	10:45	72.6	70.8	67.5	65.8	46	85	104
	10:55	11:15	72.8	70.3	67.6	65.1	60	82	112
	11:20	11:40	72.8	70.6	67.8	65.2	62	75	90
	13:35	13:55	72.2	70.2	67.4	65.0	53	77	106
	14:05	14:25	72.2	70.2	67.5	65.2	50	80	107
	14:30	14:50	72.2	70.1	67.5	65.4	60	62	90
	14:55	15:15	72.8	70.6	67.8	65.2	56	80	111
	平均值		72.6	70.4	67.6	65.4	54.4	74.6	102.8
15 日	10:05	10:25	68.3	66.2	64.1	62.0	48	56	102
	10:35	10:55	68.8	67.0	64.6	62.4	46	85	104
	11:00	11:20	69.5	67.4	65.2	63.1	60	82	112
	11:25	11:45	68.3	66.5	64.2	61.9	47	57	100
	13:40	14:00	72.2	70.2	67.2	66.0	53	77	106
	14:05	14:25	72.4	70.5	67.4	66.1	50	80	107
	平均值		69.9	68.0	65.5	63.6	50.7	72.8	105.2
16 日	9:55	10:15	74.7	69.9	66.6	64	56	77	136
	10:25	10:45	73.6	70	65.3	63.7	77	76	120
	10:55	11:15	74.2	69.8	65.9	63.6	84	84	117
	11:20	11:40	74.0	70.0	67.7	63.2	69	61	111
	13:35	13:55	75.1	70.7	66.6	64.0	82	67	102
	14:05	14:25	74.2	69.9	65.6	64.0	64	87	130
	14:30	14:50	75.1	70.7	66.3	64.6	84	84	117
	14:55	15:15	71.5	66.3	65.6	64.2	69	61	111
	平均值		74.1	70.1	66.2	63.9	73.1	74.6	118.0

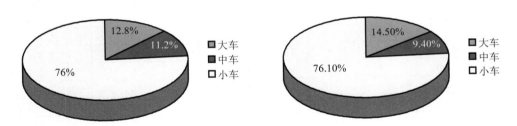

14 日车型比（总车流量 3 550 辆/h）　　　　15 日车型比（总车流量 2 470 辆/h）

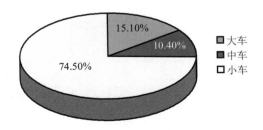

16 日车型比（总车流量 2 807 辆/h）

图 8-15　监测期车流量与车型比

由测试结果可见，公路现场大中小型车辆在车流量基本接近饱和的情况下，大车、中车、小车平均行驶速度为 50～70 km/h、70～75 km/h、100～120 km/h。车流量较大时，车速明显降低（如 14 日），特别是大车车速。混合车流的交通噪声与车速、车流量、车型比的关系密切，特别是大型车比例加大且速度较高时（如 16 日），交通噪声明显增加。可见大车车速及车流量对交通噪声影响最大。

8.3.1.4 首都机场高速公路测试结果分析

选择对首都机场高速 K52+500 处的路段交通噪声进行 3 天的测试，该路段为沥青混凝土路面，路基宽 34.5 m，双向 6 车道，两侧路边各有 3 m 宽的紧急停车带，设计时速 120 km，测点分别布置在距路中心线 25 m、40 m、60 m、75 m、85 m，测试时间为 20 min，同步记录了不同车型的车流量及车速。

表 8-9　首都机场高速车流量　　　　　　　单位：辆/h

日期	起始时间	终止时间	进京方向			出京方向			合并车流量			合计
			大	中	小	大	中	小	大	中	小	
19 日	10:50	11:10	12	78	1 557	14	95	1 605	27	172	3 162	3 361
	11:20	11:40	14	101	1 443	20	99	1 488	34	200	2 931	3 165
	14:25	14:45	23	80	1 928	16	92	1 988	39	172	3 916	4 127
	14:50	15:10	18	103	2 000	19	84	2 062	37	187	4 062	4 286
	15:20	15:40	17	81	2 321	15	88	2 393	32	169	4 714	4 915
	15:45	16:05	15	88	2 021	12	78	2 084	27	166	4 105	4 298
	16:10	16:30	14	107	1 890	12	77	1 949	26	184	3 839	4 049
	均值								32	179	3 818	4 029
20 日	9:30	9:50	16	42	1 401	16	53	1 444	32	95	2 845	2 972
	9:55	10:15	8	36	1 367	16	73	1 409	24	109	2 776	2 909
	10:25	10:45	15	22	1 494	15	58	1 540	30	80	3 034	3 144
	10:55	11:15	12	27	1 426	16	57	1 470	28	84	2 896	3 008
	11:20	11:40	20	38	1 371	16	62	1 414	36	100	2 785	2 921
	13:35	13:55	17	32	1 426	17	76	1 470	34	108	2 896	3 038
	14:05	14:25	17	38	1 587	15	66	1 636	32	104	3 223	3 359
	14:30	14:50	16	31	1 810	17	47	1 866	33	78	3 676	3 787
	14:55	15:15	17	31	2 047	18	78	2 110	35	109	4 157	4 301
	均值								32	96	3 143	3 271
21 日	9:40	10:00	3	22	2 207	12	66	2 275	15	88	4 482	4 585
	10:05	10:25	4	18	1 911	11	58	1 971	15	76	3 882	3 973
	10:35	10:55	3	22	1 730	15	76	1 784	18	98	3 514	3 630
	11:00	11:20	4	23	1 587	15	66	1 636	19	89	3 223	3 331
	11:25	11:45	1	18	1 418	16	50	1 462	17	68	2 880	2 965
	13:40	14:00	21	50	1 418	11	81	1 462	32	131	2 880	3 043
	14:05	14:25	22	68	1 544	14	74	1 592	36	142	3 136	3 314
	14:30	14:50	21	45	1 599	13	63	1 649	34	108	3 248	3 390
	15:00	15:20	21	47	1 608	18	90	1 657	39	137	3 265	3 441
	15:25	15:45	14	107	1 890	12	77	1 949	26	184	3 839	4 049
	均值								25	112	3 435	3 572

表 8-10　首都机场高速混合车流噪声测试结果

日期	起始时间	终止时间	声压级/dB					平均车速/（km/h）		
			25 m	40 m	60 m	75 m	85 m	大车	中车	小车
19 日	10:50	11:10	68.0	63.8	60.0	60.2	71.7	70	63	101
	11:20	11:40	68.2	64.0	61.2	60.3	57.7	59	78	76
	14:25	14:45	68.4	64.0	61.8	59.7	58.4	86	82	73
	14:50	15:10	68.2	63.9	61.6	60.5	58.3	54	74	88
	15:20	15:40	68.4	64.0	62.1	60.1	58	73	73	83
	15:45	16:05	68.5	64.4	61.4	60.6	58.6	62	70	97
	16:10	16:30	67.8	63.6	60.7	59.8	57.8	75	76	90
	平均值		68.2	64.0	61.3	60.2	60.1	68.4	73.7	86.9
20 日	9:30	9:50	69	64.1	62.9	58.7	56.9	50	65	107
	9:55	10:15	68.9	63.9	62.6	58.8	57.6	74	85	104
	10:25	10:45	69.2	64.4	63.2	59.1	57.6	53	109	105
	10:55	11:15	69.7	64.4	63.1	59.2	57.8	85	73	113
	11:20	11:40	69.3	64.2	62.9	58.9	57.5	44	59	90
	13:35	13:55	69.5	65	64.2	58.8	57.9	73	55	58
	14:05	14:25	69.6	65	63.6	59.1	58.2	74	60	114
	14:30	14:50	69.4	64.6	63.1	58.7	57.8	58	54	88
	14:55	15:15	69.4	64.6	63.3	58.7	57.8	52	67	107
	平均值		69.3	64.5	63.2	58.9	57.7	62.6	69.7	98.4
21 日	9:40	10:00	68.2	63.4	64.0	58.8	58.1	70	63	101
	10:05	10:25	68.6	63.6	62.8	58.9	58.2	59	78	76
	10:35	10:55	68.4	63.3	62.5	58.6	57.8	86	82	73
	11:00	11:20	68.7	63.6	62.7	58.5	58.1	54	74	88
	11:25	11:45	68.7	63.6	62.4	59.3	58.3	73	73	83
	13:40	14:00	68.3	63.5	63.0	59.0	58.1	62	70	97
	14:05	14:25	68.2	64.5	63.2	59.5	57.9	75	76	90
	14:30	14:50	67.6	64.4	63.6	59.6	57.6	58	88	102
	15:00	15:20	69.7	65.7	63.2	59.3	57.9	59	68	92
	15:25	15:45	67.4	64.3	62.0	58.2	56.9	79	64	80
	平均值		68.4	64.0	62.9	59.0	57.9	67.5	73.6	88.2

17 日车型比（总车流量 4 029 辆/h）　　　　18 日车型比（总车流量 3 271 辆/h）

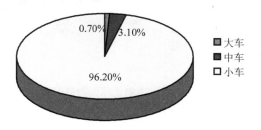

19 日车型比（总车流量 3 572 辆/h）

图 8-16　监测期车流量与车型比

首都机场高速 K52+500 处的路段车流量大，以小车为主，车速较低，大中小型车车速分别平均分布在 60～70 km/h、70～75 km/h、85～100 km/h。与京港澳高速相比，由于小型车较多、车速较小，交通噪声也相对较小。

8.3.2 营运期城市高架道路交通噪声测试与特性分析

随着城市的建设和发展，城市规模不断扩大，交通运输迅速发展，作为新型交通手段之一的高架桥，在路网加密、道路拓宽难以实现的情况下，通过空间拓展的方式，高效率、低成本地提高了通行能力，使交通状况得到了极大的改善，因而在我国各大城市中备受青睐，特别是城市路段中，为了节约用地，高架桥可架设于原有普通道路之上，二者共用一条"走廊"，这种现象甚至成为现代化城市建设的标志之一。然而，在满足速度和效率的同时，也出现了一些新的问题，特别是噪声问题，已经严重影响附近居民的生活和休息。

高架桥和普通道路相比，由于与敏感建筑物有一定的高差，因此其噪声分布特性也有所改变，特别是对于"共用走廊带"高架桥，不同于一般的高架桥和交通干道，其噪声具有"复合性"。因此，需要针对高架道路开展实地噪声监测，进一步分析高架道路交通噪声特性。

8.3.2.1 路段选择

选择对济南市北园大街高架桥进行为期一周的高架道路噪声监测。济南市北园大街高架桥（见图片 8-1）是济南"三横五纵"快速路系统的重要一"横"，包括快速公交和快速路，上部高架桥梁是快速路，桥下是快速公交。北园大街高架桥西起二环西路，东至二环东路，全长 11.55 km。其中，高架桥设计车速 60 km/h，双向六车道，桥宽 24 m，桥面为沥青混凝土桥面；地面道路为双向 6 车道，沥青混凝土路面，中间两车道为 BRT 快速公交专用车道，另外 4 条为社会机动车道，机动车道与非机动车道之间设置 3 m 绿化带，自行车、行人考虑慢行一体化，宽 10 m，设计车速 40 km/h。现场实测高峰车流量 8 000 辆/h左右，折算为标准小客车约为 8 500 pcu/h。

图片 8-1　济南北园大街高架桥

8.3.2.2 测点布置

测试选择了邻路几种类型的代表性建筑物各 1 处，在水平方向和垂直方向布设监测点进行同步观测，测试时段选择了昼间和夜间的代表性时段（见表 8-11 和图片 8-2）。

表 8-11　试验方案布设情况

监测地点	监测时段	同步监测点位置		监测点情况说明
		距离	楼层	
某商业大厦	昼间	至路中心线 67 m	1 层	商业大厦正对公路； 此处高架桥高约 10 m，正对建筑物 4 层； 监测时段包括上午、下午车流量高峰期； 上层车辆车速较高、行驶顺畅，地面有交叉路口、红绿灯，上下班时段车辆行驶较为混乱，并有不少车辆鸣笛
			4 层	
			8 层	
			9 层	
			11 层	
			13 层	
			14 层	
某宾馆	夜间 22:00—23:00 夜间 0:00—1:00	至路中心线 36 m	1 层	宾馆正对公路； 监测时段包括上午、下午车流量高峰期； 此处高架桥高约 8 m，正对建筑物 3 层； 车流特征同上
			2 层	
			4 层	
			6 层	
			7 层	
某机关单位	昼间	至路中心线 36 m	1 层	办公楼户外楼梯正对公路； 此处高架桥高约 8 m，正对建筑物 3 层； 接近高架桥终点，前方尚未完全连通，车流量相对较小
			2 层	
			3 层	
			4 层	
			5 层	
某学校	昼间	至路中心线 96 m	1 层	学校教学楼正对公路； 此处高架桥高约 7 m，正对建筑物 3 层； 接近高架桥终点，前方尚未完全连通，车流量相对较小
			2 层	
			3 层	
			4 层	
			5 层	
		地面	27 m	
			37 m	
			47 m	
			57 m	
			67 m	
某商务酒店	昼间	32 m	地面	酒店正对公路； 此处高架桥高约 10 m； 院内有一幢 10 m 高楼房，楼顶正对高架桥
		37 m		
		42 m		
		47 m		
		52 m		
		32 m	10 m 高楼顶	

商业大厦   学校

商务酒店   商务酒店楼顶

图片 8-2　监测点照片

8.3.2.3　测试结果分析

监测共取得 31 组有效数据，其中测试结果统计取多次监测值的平均值，见表 8-12。根据监测结果统计绘制的各处监测点噪声垂直方向、水平方向变化如图 8-17 所示。

表 8-12　北园大街高架桥监测数据统计

监测地点	监测时段	监测位置		监测值/dB	同步车流量/（辆/h）
		距离/m	楼层		
某商业大厦	昼间	至路中心线 67	1 层	69.7	7 008～8 028 辆/h，其中上部高架桥 4 764～5 262 辆/h，约占全部车流量的 2/3，各时段车流量基本稳定；高架桥车流以小车为主，有部分中型车，地面车流有大量摩托车、电动三轮车及部分公交车、大客车
			4 层	71.2	
			8 层	71.7	
			9 层	71.9	
			11 层	71.8	
			13 层	72.0	
			14 层	72.7	
某宾馆	昼间	至路中心线 36	1 层	71.5	7 320～7 821 辆/h，其中上部高架桥 4 752～5 250 辆/h，约占全部车流量的 2/3，各时段车流量基本稳定；车流特征同上
			2 层	69.1	
			4 层	72.0	
			6 层	72.7	
			7 层	72.5	

监测地点	监测时段	监测位置		监测值/dB	同步车流量/（辆/h）
		距离/m	楼层		
某宾馆	夜间 22:00—23:00	至路中心线 36	1 层	69.8	1 995～2 415 辆/h，其中上部高架桥 972～1 380 辆/h，约占全部车流量的 1/2；高架桥车流以小车为主，有部分中型车，地面车流中有大型运输建筑材料的车辆
			2 层	65.6	
			4 层	68.3	
			6 层	68.9	
			7 层	68.8	
	夜间 0:00—1:00	至路中心线 36	1 层	66.2	900～990 辆/h，其中上部高架桥 465～501 辆/h，约占全部车流量的 1/2；车流特征同上
			2 层	62.6	
			4 层	65.9	
			6 层	67.5	
			7 层	67.3	
某机关单位	昼间	至路中心线 36	1 层	68.8	3 948～4 242 辆/h，其中上部高架桥 2 262～2 520 辆/h，约占全部车流量的 60%；高架桥车流以小车为主，有部分中型车，地面车流有大量摩托车、电动三轮车及部分公交车、大客车
			2 层	67.1	
			3 层	68.9	
			4 层	69.3	
			5 层	69.1	
某学校	昼间	至路中心线 96	1 层	62.9	4 494～4 506 辆/h，其中上部高架桥 2 742～2 670 辆/h，约占全部车流量的 3/5；车流特征同上
			2 层	61.4	
			3 层	61.4	
			4 层	62.2	
			5 层	61.1	
	昼间	27	地面	71.4	
		37		68.1	
		47		68.5	
		57		65.1	
		67		64.0	
某商务酒店	昼间	32	地面	72.3	5 478～5 841 辆/h，其中上部高架桥 2 541～2 574 辆/h，约占全部车流量的 45%；车流特征同上
		37		70.8	
		42		68.8	
		47		68.6	
		52		67.2	
	昼间	32	10 m 高楼顶	70.1	3 738～4 059 辆/h，其中上部高架桥 1 509～1 860 辆/h，约占全部车流量的 45%；车流特征同上
		37		67.5	
		42		66.5	
		47		66.4	
		52		66.3	

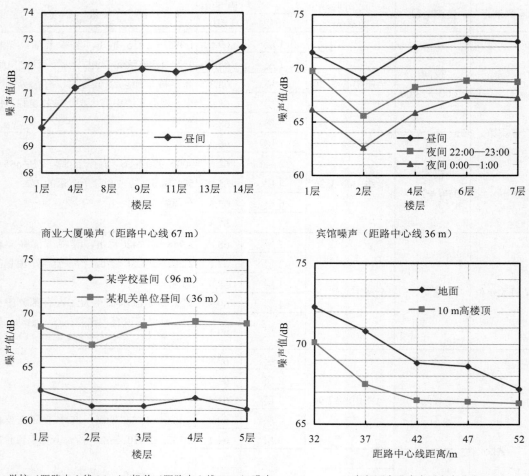

商业大厦噪声（距路中心线 67 m）

宾馆噪声（距路中心线 36 m）

学校（距路中心线 96 m）/机关（距路中心线 36 m）噪声

商务酒店噪声水平方向分布

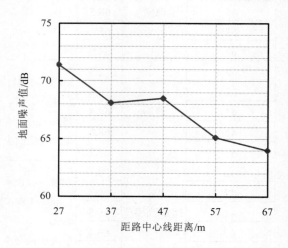

学校噪声水平方向分布

图 8-17　各处监测点噪声垂直方向、水平方向变化

由高架道路噪声监测结果可见，高架道路对高层建筑的影响较大，随着楼层的增高，噪声影响有一定的上升趋势，同时由于高架道路和原有道路交通的复合影响，交通噪声在低层一定区域会有一段声影区出现，可见，高架道路的交通噪声在纵向影响范围较广，需要采取降噪措施加以控制。

从噪声监测结果的水平分布特征来看，噪声随着与公路水平距离的增大而呈递减趋势，噪声在距路中心线 25～40 m 时基本呈线性降低，距离增加 10 m，噪声值降低 3.5 dB 左右，距离路中心线 40～50 m 时噪声基本稳定，相差不大，距离路中心线 50 m 之外时继续呈线性降低。

8.3.2.4　噪声特点分析

从高架道路的噪声测试结果及其结构特点分析，高架道路交通噪声具有以下一些特点：

（1）原有道路噪声的贡献重大

对于"共用走廊带"的高架道路，由于高架桥声源高度相对较高，而原有地面道路的背景噪声的声源高度相对较低，其声场分布为二者的叠加，而地面道路和高架路交通噪声对不同楼层的影响又有很大差别。因此，在高架道路交通噪声治理过程中应特别注意。

（2）高架桥的所谓"屏障"作用

一方面，由于高架桥声源高度较高，对距离较近的楼层较低的敏感目标，存在一定的声影区范围，如图 8-18 所示，因此，在预测分析和噪声治理过程中需要同时计算不同楼层的等效声屏障高度及菲涅尔数，进而考虑由此引起的不同楼层的噪声衰减。

另一方面，出于安全考虑，高速公路高架桥一般都会在两侧设有一定高度的防护栏，同时也可视为天然的声屏障，若声波从各行车道中心点传出，则高架桥的立体结构会对声波传递形成一定的影响，对高架桥两侧的敏感目标起到保护作用。因此，应特别注重考虑由护栏高度形成的等效声屏障高度及其对不同楼层的噪声衰减。

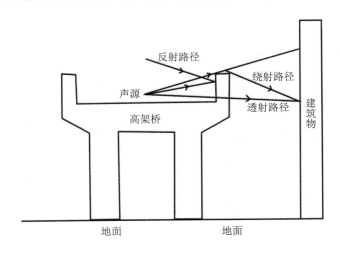

图 8-18　高架桥的"屏障"作用

（3）地面反射作用

共用走廊带时，地面道路交通噪声在传播过程中遇到高架桥下桥面时，由于声波的反射作用，会发生多次反射，桥下的交通噪声是反射声与衍射声的叠加，从而使得桥面与路面之间的噪声增强，甚至形成一定的混响效果，如图 8-19 所示。因此，在预测分析和噪声控制时需要适当考虑高架桥两侧较低楼层受反射声的影响。

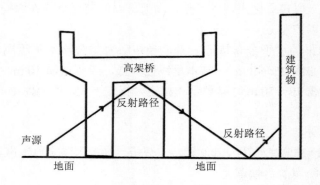

图 8-19　高架桥下的地面反射

（4）噪声的垂直分布特性

由于受地面车流与高架桥车流分布特征不同的影响，各测试、研究结果反映的规律不尽一致。总体而言，声场上移，且影响增大。由于声源为立体声源，因此在垂直方向上的影响增大。高架桥建设后道路两侧高层建筑交通噪声垂直声场一般会上移，高层建筑较建桥前声级升高。同时，由于高架桥本身对上层、下层交通噪声的遮挡会使其高度以下楼层或以上楼层出现一噪声低值。就高架桥上的车流引起的噪声影响而言，随着邻路建筑物高度的增加，噪声级逐渐增大，在某一高度上达到最大值后，噪声值随高度增加而减小。

8.3.3　营运期不同交通量背景下噪声特性分析

通过对高速公路营运期第一年的交通量及交通噪声进行测试分析，由监测结果中车流量的情况，对各敏感点试运营期的交通量与所属路段的预测交通量进行分析对比，实际监测交通量与预测交通量对比见表 8-13 和图 8-20。

表 8-13　公路沿线声环境敏感点监测交通量结果（标准小客车）　　　　　单位：辆/d

序号	桩号	监测交通量	预测交通量
1	K0+850	7 743	5 138
2	K1+050	7 698	5 138
3	K5+350～K5+500	6 833	7 304
4	K15+950～K16+100	5 576	7 304
5	K19+150	7 387	7 304
6	K29+000～K28+150	9 048	7 304
7	K33+200～K33+300	9 391	7 987
8	K41+330～K41+540	7 830	9 231
9	K48+900～K49+050	9 439	9 231
10	K63+950～K64+120	10 245	10 196
敏感点监测全线平均		8 119	8 607

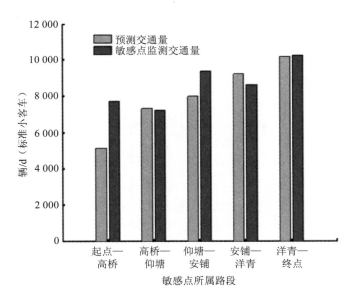

图 8-20　各路段敏感点交通量监测结果与预测结果对比

8.3.3.1　噪声随距离衰减情况分析

噪声监测时，在公路沿线选择开阔平坦、高差相对小的地段作为噪声监测衰减断面。根据噪声衰减断面监测值得出噪声随距离衰减曲线图（见表 8-14 和图 8-21）。

表 8-14　噪声衰减断面监测结果

日期	时间	距路肩距离/m	车流量/（辆/h）			测量值/dB（A）			
			大型	中型	小型	L_{Aeq}	L_{10}	L_{50}	L_{90}
8-15	11:00	20				58.4	59.2	49.8	37.9
8-15	11:00	40				54.8	58.8	48.4	36.4
8-15	11:00	60	30	42	114	52.5	57.0	47.6	37.3
8-15	11:00	80				51.1	55.7	45.6	34.1
8-15	11:00	120				47.5	52.3	40.5	32.5
8-15	16:00	20				57.8	60.6	50.6	41.7
8-15	16:00	40				54.7	58.4	49.3	41.6
8-15	16:00	60	42	75	12	53.2	57.6	46.2	40.8
8-15	16:00	80				52.1	57.2	47.9	38.4
8-15	16:00	120				48.5	54.0	40.7	34.5
8-15	23:00	20				56.1	58.8	50.7	43.0
8-15	23:00	40				53.0	55.6	48.3	42.8
8-15	23:00	60	84	60	18	51.4	54.7	46.7	39.6
8-15	23:00	80				50.3	53.8	44.2	38.1
8-15	23:00	120				48.8	52.7	42.3	35.7
8-16	05:00	20				54.8	58.6	49.2	42.7
8-16	05:00	40				53.2	57.7	48.3	42.1
8-16	05:00	60	63	36	12	51.1	56.4	45.0	38.1
8-16	05:00	80				50.7	55.8	42.3	34.6
8-16	05:00	120				46.9	53.7	41.8	34.2

日期	时间	距路肩距离/m	车流量/（辆/h）			测量值/dB（A）			
			大型	中型	小型	L_{Aeq}	L_{10}	L_{50}	L_{90}
8-16	10:00	20				56.3	59.2	50.7	42.7
8-16	10:00	40				55.8	58.4	50.1	42.6
8-16	10:00	60	51	36	90	53.2	57.3	49.8	41.3
8-16	10:00	80				51.6	55.8	49.0	40.1
8-16	10:00	120				48.8	51.7	47.1	38.8
8-16	17:00	20				57.6	60.1	51.4	41.6
8-16	17:00	40				55.4	58.3	50.7	38.8
8-16	17:00	60	48	87	93	53.5	57.2	48.6	38.7
8-16	17:00	80				51.2	55.0	45.7	35.1
8-16	17:00	120				49.8	53.3	43.2	36.5
8-16	22:00	20				56.8	59.4	50.3	46.1
8-16	22:00	40				54.4	57.8	49.6	42.7
8-16	22:00	60	75	75	33	53.0	56.2	48.8	43.2
8-16	22:00	80				51.7	55.7	46.7	37.6
8-16	22:00	120				50.2	54.0	44.9	37.6
8-17	04:00	20				54.0	57.6	49.2	41.8
8-17	04:00	40				52.6	56.0	48.1	40.9
8-17	04:00	60	45	21	27	51.1	55.4	47.5	38.6
8-17	04:00	80				50.5	54.3	46.2	37.7
8-17	04:00	120				48.3	52.1	44.7	37.8

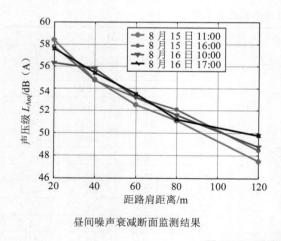

昼间噪声衰减断面监测结果

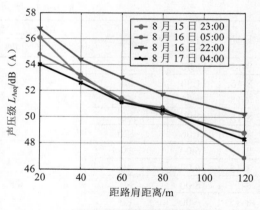

夜间噪声衰减断面监测结果

图 8-21　噪声衰减监测结果

对噪声断面衰减监测结果进行分析可知：随着监测点距路中心线距离由近至远，噪声监测值呈衰减规律。该断面昼间最远测点较最近测点噪声衰减 7.5～10.9 dB，夜间噪声衰减 5.7～7.9 dB，昼间距离公路路肩 20 m 即可达到 4 类标准，夜间距离公路路肩 34 m 可以达到 4 类标准。昼间距离公路路肩 120 m 即可达到 2 类标准，夜间距离公路路肩 90～120 m 可达到 2 类标准。

8.3.3.2　24 h 连续监测噪声分析

噪声监测时，在公路沿线选择开阔平坦、高差相对小的地段距路肩 40 m 处设置 24 h 连续监测，监测结果见表 8-15 和图 8-22。

表 8-15　噪声 24 h 监测结果

日期	时间	车流量/（辆/h）			测量值/dB（A）			
		大型	中型	小型	L_{Aeq}	L_{10}	L_{50}	L_{90}
8-15	11:00	30	42	114	54.8	58.8	44.2	34.3
8-15	12:00	21	48	96	53.9	58.9	43.9	31.7
8-15	13:00	24	45	90	55.4	60.1	48.0	35.3
8-15	14:00	30	39	126	54.9	58.7	45.3	41.1
8-15	15:00	39	60	117	56.4	60.3	46.3	33.3
8-15	16:00	42	75	126	54.7	58.5	45.1	41.6
8-15	17:00	48	87	93	55.9	60.5	50.2	36.5
8-15	18:00	45	72	84	56.5	60.7	50.6	37.4
8-15	19:00	51	69	75	58.0	58.5	47.3	38.5
8-15	20:00	57	75	78	56.8	60.9	52.2	44.8
8-15	21:00	63	69	60	55.7	60.9	48.1	41.8
8-15	22:00	75	75	33	56.8	61.6	50.4	42.7
8-15	23:00	84	60	18	53.0	56.3	47.4	42.8
8-15	24:00	57	36	9	50.7	54.2	46.0	40.0
8-16	01:00	54	33	12	54.5	57.2	48.2	40.3
8-16	02:00	48	21	18	53.2	56.1	47.7	39.7
8-16	03:00	57	21	15	54.1	56.8	48.0	40.0
8-16	04:00	51	18	30	54.4	56.9	47.9	41.0
8-16	05:00	63	42	9	53.2	55.7	47.3	40.7
8-16	06:00	39	39	24	54.3	56.5	47.1	39.1
8-16	07:00	63	21	12	53.2	55.9	46.6	37.9
8-16	08:00	60	24	30	53.5	56.3	46.5	36.1
8-16	09:00	54	27	75	55.6	57.8	48.7	39.5
8-16	10:00	51	36	90	55.6	58.4	49.1	42.6
8-16	11:00	24	39	105	55.7	57.8	48.3	37.4
8-16	12:00	15	54	105	53.8	58.4	42.9	32.7
8-16	13:00	21	48	78	55.9	60.8	49.2	35.7
8-16	14:00	36	33	117	56.7	60.1	50.8	40.1
8-16	15:00	27	54	105	55.7	60.7	46.8	35.3
8-16	16:00	45	78	111	55.8	60.7	50.9	40.6
8-16	17:00	48	57	93	55.4	60.2	49.3	38.8
8-16	18:00	57	60	75	54.5	60.9	50.6	35.4
8-16	19:00	54	63	78	55.8	56.5	46.3	35.5
8-16	20:00	60	63	87	56.4	61.2	51.2	45.8
8-16	21:00	69	60	75	55.3	60.4	48.3	40.8
8-16	22:00	75	75	33	54.4	59.5	48.5	42.7

日期	时间	车流量/（辆/h）			测量值/dB（A）			
		大型	中型	小型	L_{Aeq}	L_{10}	L_{50}	L_{90}
8-16	23:00	75	60	27	52.9	56.7	46.3	40.9
8-16	24:00	51	39	6	51.5	56.0	45.8	40.8
8-17	01:00	57	42	6	55.1	60.4	49.6	39.2
8-17	02:00	60	33	6	54.7	59.8	45.5	39.8
8-17	03:00	54	27	18	53.2	58.3	46.4	41.2
8-17	04:00	45	21	27	52.6	56.7	45.3	40.9
8-17	05:00	60	33	12	53.3	59.2	46.8	41.8
8-17	06:00	69	24	15	53.8	57.4	46.9	39.9
8-17	07:00	60	27	24	53.9	57.6	47.1	38.3
8-17	08:00	57	21	36	53.6	56.9	46.2	37.0
8-17	09:00	57	30	21	53.7	57.1	42.0	40.5
8-17	10:00	45	42	63	54.9	58.8	48.6	40.6

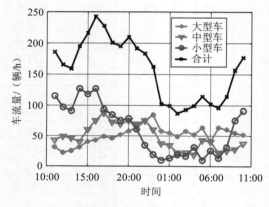

第一天 24 h 连续监测的车流量变化

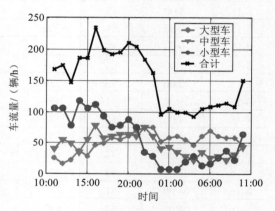

第二天 24 h 连续监测的车流量变化

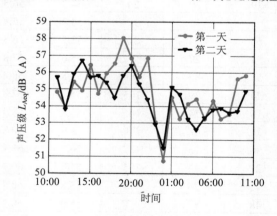

24 h 连续监测的噪声变化

图 8-22　24 h 监测的车流量和噪声的变化曲线

对以上图表进行分析可见：

1）该路段白天 16 个小时内噪声值为 53.2～58.0 dB，平均值为 55.3 dB。夜间 8 个小时内噪声为 50.7~55.1 dB，平均值为 53.4 dB。昼间满足《城市区域环境交通噪声标准》2 类标准，夜间满足《城市区域环境交通噪声标准》4 类标准，超出《城市区域环境交通噪声标准》2 类标准，超标 0.7~5.1 dB。

2）该断面 24 h 连续监测车流量为 3 686 辆/d（绝对数），折算标准小客车 6 482 辆，目前交通量达到该监测点对应路段预测交通量的 88.7%。在一天的不同时段内最大车流量与最小车流量之比为 2.52~2.79。从车型比来看，昼间和夜间大型车所占比例较大，K16+100 断面大型车所占比例平均为 36.9%。

3）从上述监测结果可见，噪声值高低与交通量有较大关系，该路段监测中大型车所占比重较大，噪声超标，昼间噪声值略高于夜间噪声值。

8.4　水环境影响后评价

8.4.1　水环境现状评价

湘耒高速公路所经地区属湘江流域，地表水系发达，水资源丰富。主要河流有湘江、洣水、耒水、沙河及敖山河等。湘江、洣水、耒水均可通航，也用做农田灌溉。沿线有水库两座，其中杨柳水库为中型水库，太高水库为小型水库，均属农田灌溉水库。另外，本区域还有比较完善的灌溉水系：有人工主干渠、斗渠、支渠（本路线进入衡阳境内后两次跨越欧阳海东支干渠）、毛渠以及保证灌溉用的两座小型抽水站。

湘耒高速公路在马家河与朱亭两处架设两座特大桥跨越湘江，在潭泊架设洣水大桥。

根据竣工验收报告，沿线河流、水库、水塘等水环境其功能主要用于水产养殖、工农业用水及城镇饮用水水源。

根据竣工验收调查报告，对湘江的站门前段水质的 3 次监测结果表明：亚硝酸盐的超标率为 22.2%，最大一次浓度为 0.192 mg/L，超标 0.28 倍；总锰的超标率为 44.4%，最大一次浓度为 0.52 mg/L，超标 4.2 倍；总砷的超标率为 11.1%，最大一次浓度为 0.052 mg/L，超标 0.04 倍。

耒水的入湘江口断面水质 3 次监测结果表明：总锰的超标率为 66.7%，最大一次浓度为 0.21 mg/L，超标 1.1 倍；总磷的超标率为 33.3%，最大一次浓度为 0.104 mg/L，超标 0.04 倍。

根据 2001 年 5 月对洣水的洣水大桥断面水质监测结果：20 个监测项目无超标现象，超标率为 0%。

2011 年研究小组又对公路沿线湘江洣水水质进行了取样分析，监测了 pH、COD、BOD_5、石油类、氨氮、SS。参考水利部《地表水资源质量标准》（SL 63—94）的相应的限值标准，所有监测因子均达标，水质质量较好。

8.4.2　水环境影响后评价

8.4.2.1　地表水系阻隔度评价

（1）路线长度与影像区内水系长度比值

应用 GIS 中 hydrology 模块，以高精度数字高程（DEM）数据为基础，经过洼地填充、流向生成、累积流量生成、径流形成、径流分级等步骤后生成水系，此水系为区域内实际水系与潜在水系的总和。应用 GIS 空间分析模块计算水系长度，并与矢量化的公路路线图叠加，分析评价范围内公路长度与水系长度的比值。

经计算，公路两侧 3 km 范围内共有水系长度 251.28 km，公路总长度 168.848 km，路线长度与水系长度比值为 0.67。

（2）公路与地表水系交叉点数量

根据前面生成的公路评价范围内水系图与公路路线图叠加，通过 GIS 空间叠加功能，分析叠加结点数量。

经空间分析叠加计算，公路沿线与水系交叉点数量为 16 个。

8.4.2.2　路桥面径流处理度

（1）路桥面径流收集装置管线长度占路线总长度比例

通过现场调查方法获取沿线路桥面径流收集装置的数量以及桥面径流管线的长度，与公路长度相比得出比例。

根据调查，本案例沿线无路桥面径流收集管线和装置，此数值为 0。

（2）路桥面径流收集装置处理效率

通过现场调查方法，在路桥面径流收集装置出入口分别取水样，分析水样中主要污染物 SS、石油类、COD_{Cr} 浓度，计算处理效率。

根据调查，本案例沿线无路桥面径流收集装置，此数值为 0。

8.4.2.3　附属设施污水处理度

附属设施主要指公路沿线服务区、停车区等，研究小组针对国家高速 G4 全线的 51 处服务区进行了现场调查，调查方法包括问卷调查、访谈以及实地取样分析，对各服务区状况进行了统计。

（1）服务区日均客流量

通过实地调查、访谈等方式，调查公路沿线服务区日均客流量数据。车流量与客流量呈对数关系，随车流量增加，客流量增加率呈先快后慢的趋势，转折点在 2 000 辆/d 车流量（见图 8-23）。根据实际调查的服务区客流量，G4 长江以北服务区平均客流量为 6 954 人/d，长江以南服务区平均客流量为 8 095 人/d。

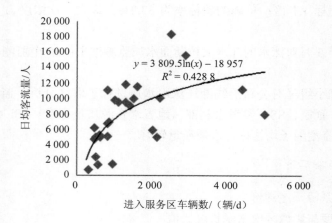

图 8-23　服务区车流量与客流量的关系

（2）沿线服务区污水处理能力统计

绝大多数服务区日均污水处理能力在 300 t 以下，平均处理能力为 245.43 t/d，以武汉服务区为界，对南北方服务区情况进行分析得出，北方服务区平均处理能力为 303.33 t/d，南方服务区平均污水处理能力为 183.52 t/d（见图 8-24）。

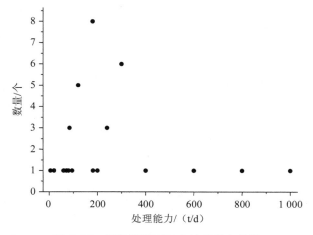

图 8-24　沿线服务区污水处理能力分析

（3）服务区污水处理方式统计

据统计，有 67.5% 的服务区采用生物法处理污水，有 20% 的服务区采用简单的沉淀法处理污水，有 10% 的服务区采用 A/O 法处理污水，有 1 个服务区采用人工湿地的方法处理污水，处理效果较好。北方服务区多采用较简单的沉淀法或生物法，南方服务区主要采用生物法和 A/O 法处理工艺（见图 8-25）。

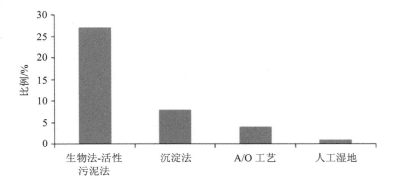

图 8-25　服务区污水处理方式

（4）污水排放去向统计

根据对调查的服务区污水排放去向统计，共有 66.67% 的服务区污水排至边沟，有 7.14% 的污水直接排入地表水体，有 7.14% 的服务区对污水进行了回用，有 21.42% 的服务区污水排入农灌沟渠。南方服务区污水直接排入边沟的比例略大于北方。绝大多数服务区的污水处理设施排出的污泥采用绿化、施肥、填埋、外运等处理方式处理，只有极个别服务区将污水处理设施排出的污泥直接排入边沟或进入周边城市管网（见图 8-26）。

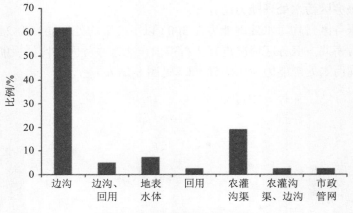

图 8-26　污水排放方式分析

（5）服务区日均污水排放量

通过调查、访谈，结合服务区客流量数据，估算日均污水排放量（见图 8-27 和图 8-28）。综合统计沿线各服务区日均污水排放量数据，绝大多数服务区日均污水排放量均在 400 t/d 以下，各服务区平均日排水量为 288.48 t/d。南北方服务区日均污水排放量相近。

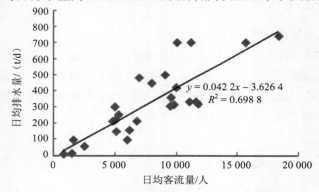

$$y = 0.042\,2x - 3.626\,4$$
$$R^2 = 0.698\,8$$

图 8-27　服务区客流量与排水量的关系

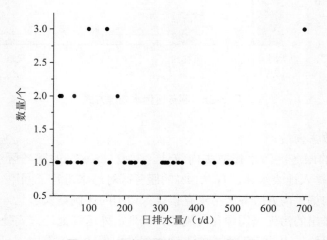

图 8-28　服务区日均污水排放量分析

（6）附属设施污水处理设施装配率

通过实地调查、访谈等方式，调查公路沿线服务区污水处理设备型号、处理能力，实地调查使用状况。

51 个服务区当中，均配有污水处理设施，但是有 5 个服务区的污水处理设施未投入运行，有 3 个服务区由于运营费用过高未能全天候地投入使用，因此，G4 沿线服务区污水处理设施使用率为 84.31%。

（7）附属设施污水处理设施处理效率

通过实地调查、访谈等方式，调查公路沿线服务区污水处理设施状况，在污水处理设施进水口、出水口采样，分析氨氮、COD、石油类等的处理效率。

根据计算，各服务区污水处理设施对氨氮、COD、石油类的处理效率分别平均达到 22.42%、34.76%、22.30%。

通过以上分析，公路沿线服务区污水处理设施整体装备率较高，但是由于缺乏管护、经费开支过大等原因，服务区污水处理设施真正起到作用的比例较小，建议在今后管理中加强对服务区管理人员培训，或设立专业环保公司统一管理，以提高服务区污水处理设施的利用效率，使服务区污水处理设施能够满足不断增长的客流、车流的需要。

8.4.2.4　化学品事故率

2012 年项目组对湘耒路不同路段交通量做了实地调查，得出各路段分段交通量和全路段平均交通量（见表 8-16）。

表 8-16　现状交通量调查结果

路段	里程/km	现状交通量调查/（辆/a）
		2012 年
起点—株洲西互通	5.48	20 839
株洲西互通—伞铺互通	16.67	20 110
伞铺互通—竹霞枢纽互通	5.00	19 232
竹霞枢纽互通—王拾万互通	13.26	19 232
王拾万互通—朱亭互通	14.99	18 652
朱亭互通—新塘互通	21.17	17 221
新塘互通—新塘枢纽互通	10.20	16 425
新塘枢纽互通—大浦互通	13.34	16 425
大浦互通—大浦枢纽互通	2.29	17 094
大浦枢纽互通—洪市枢纽互通	15.55	15 894
洪市枢纽互通—冠市互通	14.39	38 765
冠市互通—新市互通	15.40	37 779
新市互通—大市枢纽互通	15.56	39 035
大市枢纽互通—耒阳互通	4.00	39 035
耒阳互通—终点	1.55	36 811
路线平均		24 151

（1）年均化学品运输车辆数量占总交通量比例

通过实地调查公路管理部门以及收集资料，调查公路车流量及其中化学品运输车辆的数量，计算其占总车流量的比例。车流量统计中危险品运输车辆为 1 032 辆/a，占总车流量的比例为 4.27%。

（2）单位公路长度运送化学品量

通过实地调查公路管理部门，收集年均化学品运送车辆数量以及平均每车运送化学品数量，结合公路路线长度，计算单位公路长度运送化学品量。由于此次调查尚未收集到公路运送化学品量的数据，因此，该指标值尚无法计算。

（3）年均化学品运输事故占总事故比例

通过实地调查、收集相关资料，统计路线长度内自然年内交通事故的总数，分析其中危化品运输车辆事故的比例，反映公路沿线化学品运输事故风险。

根据交通部门提供的相关数据，得出高速公路自通车运营以来发生危险品运输事故统计结果，计算基年事故率，$A = 0.007\ 54 \times 10^{-6}$ 次/（辆·km）。

通过计算，年均危险品运输事故为 0.03 次。按相关路段车辆事故数量约为 100 次计算，年均化学品运输事故占总事故比例约为 0.03%。

8.4.2.5 公路水环境敏感度

（1）沿线水环境敏感区面积占总面积比例

通过收集资料，结合遥感监测方法，分析不同时期内公路两侧水环境敏感区数量和面积，及其占评价范围总面积的比例。

本案例沿线无水环境敏感区，该指标为 0。

（2）穿越水环境敏感区路段长度占路线总长度比例

结合实地调查数据与公路设计资料，分析公路穿越水环境敏感区路线长度，并与总线路长度比较。

本案例沿线无水环境敏感区，该指标为 0。

8.5　环境影响综合评价

通过前述分析，采用层次分析法作为后评价综合评价确定指标权重基本方法。将评价指标体系分为 3 个层次，第 1 层以自然环境影响程度作为目标层，其下一层为准则层，分为生态环境、声环境、水环境 3 项功能指标；准则层下为指标层，即每一功能指标又可分为若干个指标。而每一层指标与其下属层次的指标属于完全的包含与被包含的关系，这样也便于下一级层次指标向上一级层次的整合。运用专家咨询打分的方法，通过统计分析，得出评价指标及其权重体系。

8.5.1　评价指标层次分析模型构建

综合后评价阶段公路建设项目声环境影响、生态环境影响、水环境影响指标体系，构建公路建设项目环境影响后评价指标体系。

表 8-17　环境影响后评价总体评价层次分析模型

一级指标	二级指标	三级指标
A_1 公路建设项目声环境影响	B_{11} 敏感点声环境达标率	C_{111} 每公里敏感目标数量
		C_{112} 营运期敏感目标变化率
		C_{113} 敏感目标达标率
	B_{12} 声环境保护工程有效率	C_{121} 环评报告要求的声环境保护工程执行率
		C_{122} 声环境保护工程有效率
A_2 公路建设项目生态影响	B_{21} 植被影响度	C_{211} 扰动植被总面积
		C_{212} 植被覆盖变化率
		C_{213} 建设用地面积变化率
		C_{214} 裸地变化率
		C_{215} 临时用地植被存活率
	B_{22} 生态系统结构干扰度	C_{221} 景观多样性指数变化率
		C_{222} 景观优势度变化率
		C_{223} 景观聚集度指数变化率
		C_{224} 景观连接度指数变化率
	B_{23} 生态系统功能影响度	C_{231} 平均 NDVI 减少率
		C_{232} 公路影响区生境维持功能变化率
A_3 公路建设项目水环境影响	B_{31} 地表水系阻隔度	C_{311} 公路影响域内水系长度与路线长度比值
		C_{312} 公路与地表水系交叉点数量
	B_{32} 路桥面径流处理度	C_{321} 路桥面径流收集装置管线长度占路线总长度比例
		C_{322} 路桥面径流收集装置处理效率
	B_{33} 附属设施污水处理度	C_{331} 服务区日均客流量
		C_{332} 服务区日均污水排放量
		C_{333} 附属设施污水处理设施装配率
		C_{334} 附属设施污水处理设施处理效率
	B_{34} 化学品事故率	C_{341} 年均化学品运输车辆占总车流量比例
		C_{342} 单位公路长度运送化学品量
		C_{343} 年均化学品运输事故占总事故比例
	B_{35} 公路水环境敏感度	C_{351} 沿线水环境敏感区面积占总面积比例
		C_{352} 穿越水环境敏感区路段长度占路线总长度比例

8.5.2　确定评价指标权重

评标指标的权重是比较评价指标相对重要性的定量表示，其确定的具体过程如下：

（1）构造判断矩阵

通过综合评价专家调查问卷及因子权重评分表，构建了各层次评价因子的比较判断矩阵：

$$A_1 = \begin{pmatrix} 1 & 1/3 \\ 3 & 1 \end{pmatrix} \qquad A_2 = \begin{pmatrix} 1 & 1/3 & 1/3 \\ 3 & 1 & 1 \\ 3 & 1 & 1 \end{pmatrix} \qquad A_3 = \begin{pmatrix} 1 & 1/2 & 1/2 & 3 & 1/3 \\ 2 & 1 & 1 & 6 & 2/3 \\ 2 & 1 & 1 & 6 & 2/3 \\ 1/3 & 1/6 & 1/6 & 1 & 1/9 \\ 3 & 3/2 & 3/2 & 9 & 1 \end{pmatrix}$$

$$\boldsymbol{B}_{11} = \begin{pmatrix} 1 & 1/3 & 1/3 \\ 3 & 1 & 1 \\ 3 & 1 & 1 \end{pmatrix} \qquad \boldsymbol{B}_{12} = \begin{pmatrix} 1 & 1/3 \\ 3 & 1 \end{pmatrix}$$

$$\boldsymbol{B}_{21} = \begin{pmatrix} 1 & 3 & 6 & 6 & 8 \\ 1/3 & 1 & 2 & 2 & 8/3 \\ 1/6 & 1/2 & 1 & 1 & 4/3 \\ 1/6 & 1/2 & 1 & 1 & 4/3 \\ 1/8 & 3/8 & 3/4 & 3/4 & 1 \end{pmatrix} \qquad \boldsymbol{B}_{22} = \begin{pmatrix} 1 & 3 & 3 & 1 \\ 1/3 & 1 & 1 & 1/3 \\ 1/3 & 1 & 1 & 1/3 \\ 1 & 3 & 3 & 1 \end{pmatrix} \qquad \boldsymbol{B}_{23} = \begin{pmatrix} 1 & 1/3 \\ 3 & 1 \end{pmatrix}$$

$$\boldsymbol{B}_{31} = \begin{pmatrix} 1 & 1/3 \\ 3 & 1 \end{pmatrix} \qquad \boldsymbol{B}_{32} = \begin{pmatrix} 1 & 1/2 \\ 2 & 1 \end{pmatrix}$$

$$\boldsymbol{B}_{33} = \begin{pmatrix} 1 & 1/3 & 1/5 & 1/5 \\ 3 & 1 & 3/5 & 3/5 \\ 5 & 5/3 & 1 & 1 \\ 5 & 5/3 & 1 & 1 \end{pmatrix} \qquad \boldsymbol{B}_{34} = \begin{pmatrix} 1 & 3 & 1/2 \\ 1/3 & 1 & 1/6 \\ 2 & 6 & 1 \end{pmatrix} \qquad \boldsymbol{B}_{35} = \begin{pmatrix} 1 & 1/3 \\ 3 & 1 \end{pmatrix}$$

（2）求解判断矩阵

以 $\boldsymbol{A}_1$ 为例计算判断矩阵每行所有元素积的方根：

$$\overline{w_i} = \sqrt[n]{\prod_{j=1}^{n} a_{ij}} \tag{8-1}$$

式中，a_{ij} 为因子比较值；$\overline{w_1}$ =0.76，$\overline{w_2}$ =1.52，$\overline{w_3}$ =1.52，$\overline{w_4}$ =0.25，$\overline{w_5}$ =2.27，得到 $\overline{W}$ =（0.76, 1.52, 1.52, 0.25, 2.27）^{T}，

按照公式 $w_j = \dfrac{\overline{w_i}}{\sum\limits^{n} \overline{w_j}}$（$w_j$ 为归一化的权重值）对 $\overline{W_i}$ 进行归一化处理，

得到 $\boldsymbol{W}$ =（0.12, 0.24, 0.24, 0.04, 0.36）。

同理可求解 $\boldsymbol{A}_1$、$\boldsymbol{A}_2$、$\boldsymbol{B}_{11}$、$\boldsymbol{B}_{12}$、$\boldsymbol{B}_{21}$、$\boldsymbol{B}_{22}$、$\boldsymbol{B}_{23}$、$\boldsymbol{B}_{31}$、$\boldsymbol{B}_{32}$、$\boldsymbol{B}_{33}$、$\boldsymbol{B}_{34}$、$\boldsymbol{B}_{35}$ 矩阵，按照公式 $w_j = \dfrac{\overline{w_i}}{\sum\limits^{n} \overline{w_j}}$ 对 $\overline{W_i}$ 进行归一化处理，分别得到归一化值（见表 8-18）。

表 8-18　归一化处理结果

指标	权重值	归一化权重值 $\boldsymbol{W}$
A_1	$\overline{W}$ =（0.577 4, 1.732 1）^{T}	$\boldsymbol{W}$=（0.25, 0.75）
A_2	$\overline{W}$ =（0.480 7, 1.442 2, 1.442 2）^{T}	$\boldsymbol{W}$=（0.142 9, 0.428 6, 0.428 6）
A_3	$\overline{W}$ =（0.76, 1.52, 1.52, 0.25, 2.27）^{T}	$\boldsymbol{W}$=（0.12, 0.24, 0.24, 0.04, 0.36）

指标	权重值	归一化权重值 W
B_{11}	$\overline{W} = (0.480\,75,\ 1.442\,25,\ 1.442\,25)^T$	$W = (0.14,\ 0.43,\ 0.43)$
B_{12}	$\overline{W} = (0.58,\ 1.73)^T$	$W = (0.25,\ 0.75)$
B_{21}	$\overline{W} = (3.87,\ 1.29,\ 0.64,\ 0.45,\ 0.48)^T$	$W = (0.57,\ 0.19,\ 0.10,\ 0.07,\ 0.07)$
B_{22}	$\overline{W} = (1.73,\ 0.58,\ 0.58,\ 1.73)^T$	$W = (0.38,\ 0.13,\ 0.13,\ 0.38)$
B_{23}	$\overline{W} = (0.58,\ 1.73)^T$	$W = (0.25,\ 0.75)$
B_{31}	$\overline{W} = (0.58,\ 1.73)^T$	$W = (0.25,\ 0.75)$
B_{32}	$\overline{W} = (0.71,\ 1.41)^T$	$W = (0.33,\ 0.67)$
B_{33}	$\overline{W} = (0.34,\ 1.02,\ 1.70,\ 1.70)^T$	$W = (0.07,\ 0.21,\ 0.36,\ 0.36)$
B_{34}	$\overline{W} = (1.14,\ 0.38,\ 2.29)^T$	$W = (0.30,\ 0.10,\ 0.60)$
B_{35}	$\overline{W} = (0.58,\ 1.73)^T$	$W = (0.25,\ 0.75)$

经一致性检验，层次单排序及层次总排序两项 CR 值均小于 0.01（见表 8-19）。

表 8-19　环境影响后评价指标体系结构及权重值统计结果

一级指标	二级指标	权重	归一化权重	三级指标	权重	归一化权重
A_1 公路建设项目声环境影响	B_{11} 敏感点声环境达标率	0.58	0.25	C_{111} 每公里敏感目标数量	0.48	0.14
				C_{112} 营运期敏感目标变化率	1.44	0.43
				C_{113} 敏感目标达标率	1.44	0.43
	B_{12} 声环境保护工程有效率	1.73	0.75	C_{121} 环评报告要求的声环境保护工程执行率	0.58	0.25
				C_{122} 声环境保护工程有效率	1.73	0.75
A_2 公路建设项目生态影响	B_{21} 植被影响度	0.48	0.14	C_{211} 扰动植被总面积	3.87	0.57
				C_{212} 植被覆盖变化率	1.29	0.19
				C_{213} 建设用地面积变化率	0.64	0.10
				C_{214} 裸地变化率	0.45	0.07
				C_{215} 临时用地植被存活率	0.48	0.07
	B_{22} 生态系统结构干扰度	1.44	0.43	C_{221} 景观多样性指数变化率	1.73	0.38
				C_{222} 景观优势度变化率	0.58	0.13
				C_{223} 景观聚集度指数变化率	0.58	0.13
				C_{224} 景观连接度指数变化率	1.73	0.38
	B_{23} 生态系统功能影响度	1.44	0.43	C_{231} 平均 NDVI 减少率	0.58	0.25
				C_{232} 公路影响区生境维持功能变化率	1.73	0.75
A_3 公路建设项目水环境影响	B_{31} 地表水系阻隔度	0.76	0.12	C_{311} 公路影响域内水系长度与路线长度比值	0.58	0.25
				C_{312} 公路与地表水系交叉点数量	1.73	0.75
	B_{32} 路桥面径流处理度	1.52	0.24	C_{321} 路桥面径流收集装置管线长度占路线总长度比例	0.71	0.33
				C_{322} 路桥面径流收集装置处理效率	1.41	0.67

一级指标	二级指标	权重	归一化权重	三级指标	权重	归一化权重
A₃ 公路建设项目水环境影响	B₃₃ 附属设施污水处理度	1.52	0.24	C_{331} 服务区日均客流量	0.34	0.07
				C_{332} 服务区日均污水排放量	1.02	0.21
				C_{333} 附属设施污水处理设施装配率	1.70	0.36
				C_{334} 附属设施污水处理设施处理效率	1.70	0.36
	B₃₄ 化学品事故率	0.25	0.04	C_{341} 年均化学品运输车辆占总车流量比例	1.14	0.30
				C_{342} 单位公路长度运送化学品量	0.38	0.10
				C_{343} 年均化学品运输事故占总事故比例	2.29	0.60
	B₃₅ 公路水环境敏感度	2.27	0.36	C_{351} 沿线水环境敏感区面积占总面积比例	0.58	0.25
				C_{352} 穿越水环境敏感区路段长度占路线总长度比例	1.73	0.75

8.5.3 综合评价模型构建及评价

根据各评价指标的调查结果，参照等级标准，对各评价指标进行定量评价，然后按表 8-19 中所列各项评价指标的初始加权值加权综合。

计算评价指标体系内各指标数值，并对数值进行归一化处理，对于本案例来说，部分指标如公路水环境敏感度指标并未涉及，因此在构建综合评价指标体系时予以剔除。

将评价指标权重及评价指标归一化值代入综合评价模型中，得出 G4 高速公路湘潭至耒阳段环境影响后评价综合评价结果（见表 8-20）。就公路声环境影响来看，在环境影响后评价的三个阶段，即竣工验收后、验收后 3～5 年、验收后 5～7 年的时间段内，声环境评价指数先上升后稳定，随着公路运营时间增加，公路沿线声环境指数又下降，与之前公路建设前后评价结果相似，2001—2007 年与 2007—2009 年相比，由于敏感目标的增加，声环境综合评价指数出现下降。

公路建设项目生态影响主要体现为生态系统功能与结构的变率，而变率越大，说明系统趋于不稳定，变率越小，系统越趋于稳定。从综合评价结果来看，随着公路运营时间的增加，公路对植被、生态系统结构、生态系统功能的影响度逐渐下降，这也表明，随着公路运营年限增加，沿线生态系统趋于稳定。

公路建设项目水环境影响体现在公路影响域内水系长度与路线长度比值、公路与地表水系交叉点数量、年均化学品运输车辆占总车流量比例、年均化学品运输事故占总事故比例等方面，对于本评价案例来说，对水环境的影响在公路建设通车后已经产生，并且随着时间的推移，影响并未发生改变，因此，公路水环境影响综合评价结果表现为随着公路运营通车时间的增加，公路对水环境的影响未发生明显变化。

表 8-20　G4 湘潭至耒阳段环境影响后评价综合评价结果

目标层	准则层	权重	指标层	权重	1993—2001 年 指标值	归一化数值	2001—2007 年 指标值	归一化数值	2007—2009 年 指标值	归一化数值	评价结果 1993—2001 年	2001—2007 年	2007—2009 年
A₁ 公路建设项目声环境影响	B₁₁ 敏感点声环境达标率	0.25	C₁₁₁ 每公里敏感目标数量	0.140	0.153	0.252	0.076	0.126	0.376	0.621	-0.035	-0.018	-0.087
			C₁₁₂ 营运期敏感目标变化率	0.430	50.000	0.113	—	0.000	392.308	0.887	000	0.000	0.00
			C₁₁₃ 敏感目标达标率	0.430	0.115	0.233	0.231	0.465	0.150	0.302	0.100	0.200	0.130
	B₁₂ 声环境保护工程有效率	0.75	C₁₂₁ 环评报告要求的声环境保护工程执行率	0.250	100.000	0.333	100.000	0.333	100.000	0.333	0.083	0.083	0.083
			C₁₂₂ 声环境保护工程有效率	0.750	0.002	0.333	0.002	0.333	0.002	0.333	0.250	0.250	0.250
声环境综合评价结果											0.398	0.515	0.376
A₂ 公路建设项目生态影响	B₂₁ 植被影响度	0.14	C₂₁₁ 扰动植被总面积	0.570	22051	0.333	22051	0.333	22051	0.333	0.190	0.190	0.190
			C₂₁₂ 植被覆盖度变化率	0.190	38.678	0.598	19.963	0.308	6.078	0.094	0.114	0.059	0.018
			C₂₁₃ 建设用地面积变化率	0.100	7.410	0.186	19.010	0.477	13.460	0.338	0.019	0.048	0.034
			C₂₁₄ 裸地变化率	0.070	95.000	0.330	98.759	0.343	94.222	0.327	0.023	0.024	0.023
	B₂₂ 生态系统结构干扰度	0.43	C₂₂₁ 景观多样性指数变化率	0.380	0.072	0.453	0.068	0.429	0.019	0.118	0.172	0.163	0.045
			C₂₂₂ 景观优势度变化率	0.130	0.003	0.035	0.068	0.756	0.019	0.209	0.005	0.098	0.027
			C₂₂₃ 景观聚集度指数变化率	0.130	0.067	0.293	0.097	0.421	0.066	0.286	0.038	0.055	0.037
			C₂₂₄ 景观连接度指数变化率	0.380	0.007	0.406	0.008	0.486	0.002	0.108	0.154	0.185	0.041
	B₂₃ 生态系统功能影响度	0.43	C₂₃₁ 平均 NDVI 减少率	0.250	21.570	1.000	—	0.000	—	0.000	0.250	0.000	0.000
			C₂₃₂ 公路影响区生境维持功能变化率	0.750	13.560	0.425	10.270	0.322	8.070	0.253	0.319	0.241	0.190
生态环境综合评价结果											1.283	1.063	0.604
A₃ 公路建设项目水环境影响	B₃₁ 地表水系阻隔度	0.12	C₃₁₁ 公路影响域内水系长度与路线长度比值	0.250	0.670	0.333	0.670	0.333	0.670	0.333	0.083	0.083	0.083
			C₃₁₂ 公路与地表水系交叉点数量	0.750	16.000	0.333	16.000	0.333	16.000	0.333	0.250	0.250	0.250
	B₃₄ 化学品事故率	0.04	C₃₄₁ 年均化学品运输车辆占总车流量比例	0.300	4.270	0.333	4.270	0.333	4.270	0.333	0.100	0.100	0.100
			C₃₄₃ 年均化学品运输事故占事故比例	0.600	0.000	0.333	0.000	0.333	0.000	0.333	0.200	0.200	0.200
水环境综合评价结果											0.633	0.633	0.633

8.6 生态损益评估（环境经济损益评估）

根据公路工程对生态系统影响的特点，拟按照生态系统类型分别开展公路对水生生态系统、陆生生态系统的生态损益评估。G4 湘耒段工程环境影响经济损益评估工作首先将沿线生态系统类型划分为水生生态系统和陆生生态系统，对公路建设前后及运营期不同时期的生态服务功能进行评估，通过对比不同时期的差异，评价项目的生态损益。

8.6.1 水生生态系统生态损益评估

水生生态系统生态服务功能包括直接使用价值、间接使用价值、非使用价值。直接使用价值是指水生生态系统可直接被利用的资源，间接使用价值指具备潜在或实际维持并保护人类活动以及人类未被直接利用的资源，以及维持或保护自然生态系统过程的能力。非使用价值是指水库所具有的非功能、非用途性质的特征，它既不产生完全性的服务，也不提供产品，只满足人类心理上的某种需求。本案例中涉及的水生生态系统服务功能较单一，涉及的大部分水生生态系统主要的生态服务功能应为水文调节、调节气候、净化水质、生物多样性维持，而次要功能则为渔业生产和教学科研休闲娱乐功能（见表 8-21）。

表 8-21　水生生态系统生态服务功能辨识

功能类型	理论功能	主导功能判断规则	效益性质
提供产品	渔业生产	占用渔业水面面积 × 单位面积水产品产量	正效应
调节功能	水文调节	切断水系量 × 径流量	正效应
	调节气候	减少的湿地面积 × 氧气释放量 + 减少的湿地面积 × 二氧化碳吸收量	正效应
	水质净化	路桥面径流收集装置容量	正效应
文化功能	教学科研休闲娱乐	通达水上景点数量 × 门票价格	正效应

（1）渔业生产功能

$$F_p = \sum_{i=1}^{n} P_i \cdot A_i \times 10^{-6} \tag{8-2}$$

式中：F_p —— 渔业生产功能，t/a；

　　P_i —— 单位面积渔业产量，由文献资料获得，为 47.89 g/（m²·a）；

　　A_i —— 每个斑块的面积，m²。

（2）水文调节功能

切断水系的径流量为 152 亿 m³，平均径流量为 152 亿 m³/251.28 km²=0.60 亿 m³，切断水系数量为 16 个，最终水文调节量为 16 × 0.6=9.6 亿 m³/a。

（3）调节气候功能

流域内单位面积吸收 CO_2 的量为 41.93 t/km²、可释放 O_2 30.87 t/km²，再乘以评价范围内的湿地面积。

$$E_{O_2} = \sum_{i=1}^{n} e_i \cdot A_i \times 10^{-4} \tag{8-3}$$

$$A_{CO_2} = \sum_{i=1}^{n} a_i \cdot A_i \times 10^{-4} \qquad (8\text{-}4)$$

式中：A_{CO_2} —— 水面吸收 CO_2 的量，t/a；

　　　E_{O_2} —— 水面释放 O_2 的量，t/a；

　　　e_i —— 单位面积释放 O_2 的量，由查阅文献资料获得，为 30.87 t/（$km^2\cdot a$）；

　　　a_i —— 单位面积吸收 CO_2 的量，由查阅文献资料获得，为 41.93 t/（$km^2\cdot a$）；

　　　A_i —— 每个斑块的面积，m^2。

（4）水质净化

无径流收集装置，此数值为 0。

（5）教学科研休闲娱乐

无此功能，此数值为 0。

8.6.2　陆生生态系统生态损益评估

基于典型案例所在区域陆地生态系统结构、功能和生态过程，构建了一套符合典型案例的陆地生态系统服务功能评估指标体系框架。指标体系框架分供给服务、调节服务、支持服务和文化服务等 3 个方面 8 个指标（见表 8-22）。确定了各服务指标的计算方法，通过查阅文献、统计年鉴等方法确定各项指标计算参数，采用价值量评估结合物质量评估方法，对典型案例陆生生态系统服务功能指标进行了综合评估。

表 8-22　陆生生态系统生态服务功能辨识

功能类型	理论功能	主导功能判断规则	效益性质
提供产品	农业生产	耕地面积 × 农产品产量	正效应
	林业生产	林地面积 × 林地蓄积量	正效应
调节功能	调节气候	单位面积林地释放氧气量 × 林地面积；单位面积林地吸收二氧化碳 × 林地面积	正效应
	净化空气、美化环境	单位面积林地滞尘量 × 林地面积；单位面积农田滞尘量 × 林地面积；恢复的植被面积 × 滞尘量	正效应
	降噪	沿线防护林带长度、厚度、隔声效果	正效应
	侵蚀控制	裸地减少面积	正效应
	尾气净化	单车平均尾气排放量 × 车流量	正效应
文化功能	教学科研休闲娱乐	连接的景点数 × 景点门票价格	正效应

（1）农业生产功能

指的是公路两侧一定距离内农产品总产量，通过比较各个时期内农产品产量，分析该生态价值量变化情况。

$$A_p = \sum_{i=1}^{n} p_i \cdot A_i \qquad (8\text{-}5)$$

式中：A_p —— 农业生产功能，kg/a；

　　　p_i —— 农产品单位面积产量，根据文献资料，湘潭至耒阳段平均值为 0.72 kg/（$m^2\cdot a$）；

　　　A_i —— 每个斑块的面积，m^2。

（2）林业生产功能

指的是公路两侧一定距离内木材总产量，通过比较各个时期内木材产量，分析该生态价值量变化情况。

$$F_p = \sum_{i=1}^{n} p_i \cdot A_i \qquad (8\text{-}6)$$

式中：F_p —— 林业生产功能，m^3/a；

p_i —— 单位面积木材产量，根据文献资料，湘潭至耒阳段平均值为 $2.82 \times 10^{-3}\, m^3/m^2$；

A_i —— 每个斑块的面积，m^2。

（3）林地调节气候、净化空气功能

指公路两侧一定范围内林地年均吸收 CO_2 的量以及滞尘量。

$$F_{A_{CO_2}} = \sum_{i=1}^{n} c_i \cdot A_i \qquad (8\text{-}7)$$

式中：$F_{A_{CO_2}}$ —— 调节气候功能中吸收 CO_2 的量，g/a；

c_i —— 单位面积林地吸收 CO_2 的量，根据文献资料，阔叶树和针叶树年均吸收 CO_2 分别为 8.865 0、21.560 g/（$m^2 \cdot a$）；

A_i —— 每个斑块的面积，m^2。

$$D_{\text{ctrl}} = \sum_{i=1}^{n} d_i \cdot A_i \qquad (8\text{-}8)$$

式中：D_{ctrl} —— 净化空气功能量中林地总滞尘量，g/a；

d_i —— 单位面积林地滞尘量，根据文献资料，阔叶树和针叶树年均滞尘量分别为 1 011 g/（$m^2 \cdot a$）、3 320 g/（$m^2 \cdot a$）；

A_i —— 每个斑块的面积，m^2。

（4）侵蚀控制功能

指的是林地因固土而产生的减少水土流失治理费用的价值。

$$E_{\text{ctrl}} = \sum_{i=1}^{n} e_i \cdot A_i \qquad (8\text{-}9)$$

式中：E_{ctrl} —— 侵蚀控制功能；

e_i —— 单位面积林地固土价值，阔叶林固土价值 0.032 8 元/m^2，针叶林固土价值 0.111 元/m^2；

A_i —— 每个斑块的面积，m^2。

（5）降噪功能

通过分析 100 m 缓冲区内林地面积得出：防护林平均降噪效果为 6～7 dB（A）。

根据分析，1993 年公路两侧 100 m 缓冲区内林地面积为 575.1 hm^2；

2001 年公路两侧 100 m 缓冲区内林地面积为 443.07 hm^2；

2007 年公路两侧 100 m 缓冲区内林地面积为 1 123.74 hm^2；

2009 年公路两侧 100 m 缓冲区内林地面积为 1 102.756 hm^2。

1993 年，由于公路尚未建设，因此作为本底值，说明这一时期公路两侧防护效果一般，至 2001 年，公路两侧林地由于公路建设出现下降，但降幅不大，至 2007 年、2009 年公路两侧 100 m 范围内的林地面积出现显著上升，说明这一段时期内公路两侧林地降噪功能有所增加，可以较好地起到噪声防护的作用。

（6）尾气净化功能

通过分析 100 m 缓冲区内林地面积得出：单位面积林地铅吸附量为 0.353 kg/（hm^2·a）。

根据计算，公路两侧 100 m 范围内林地铅吸附量在 1993 年、2001 年、2007 年、2009 年分别为 203.010 kg/a、156.404 kg/a、396.680 kg/a、389.273 kg/a，随着公路建成及运营，公路两侧林地面积增加，其尾气净化量也逐渐增加。

（7）教学科研娱乐功能

无此功能，此数值为 0。

8.6.3　典型案例各年度生态系统服务功能比较

计算各年度各生态系统的生态服务功能量。从水生生态系统来看，渔业生产功能、吸收 CO_2、释放 O_2 等功能在 1993—2009 年均呈逐年增加趋势。陆生生态系统中的农业生产功能在 2001 年出现明显下降，随后在 2007 年、2009 年又重新恢复，接近 1993 年的产量，林业生产功能、林地吸收 CO_2、滞尘以及侵蚀控制功能均呈逐年下降趋势，但降幅不大（见表 8-23）。

由各项生态服务功能变化可以看出，湘耒高速公路的建设并未改变区域生态服务功能的变化趋势，各项生态服务功能的变化趋势具有一致性，并未因公路的建设而发生较大改变。

表 8-23　典型案例评价区内各年度生态服务功能量变化

年份	水生生态系统				陆地生态系统			
	渔业生产功能/（t/a）	吸收 CO_2/（t/a）	释放 O_2/（t/a）	农业生产功能/（t/a）	林业生产功能/（m^3/a）	吸收 CO_2/（t/a）	滞尘/（t/a）	侵蚀控制/万元
1993	1 811.68	1 586.21	1 167.81	193 741.76	1 544 193	5 655.86	763 790.64	2 523.33
2001	1 889.75	1 654.56	1 218.13	53 397.61	1 467 019	7 682.10	1 084 386.2	3 597.62
2007	2 004.41	1 754.96	1 292.05	173 012.34	1 147 166	4 103.65	501 740.33	1 640.68
2009	2 289.72	2 004.76	1 475.95	187 507.56	905 845	3 135.81	377 170.21	1 231.12

8.7　环境保护措施有效性评估

8.7.1　湘耒高速环保措施有效性评估

8.7.1.1　相比环评阶段的环保措施有效性评估

（1）环境影响报告书批复文件意见概述

原国家环境保护总局对《湘潭至耒阳高速公路环境影响报告书》批复的主要意见是：

一是要求建设单位将施工期的环境保护条款纳入工程招标合同，对工程取土点及时平整，实行休田植草，合理施用绿肥和种植豆科植物，以便恢复和提高土壤肥力。二是妥善做好公路建设的居民搬迁安置工作。

（2）主要环保措施与建议小结

在环境影响报告书及其批复文件中针对可能产生的影响，提出了部分环保措施和建议，可以总结归纳为表 8-24。

表 8-24　环境影响报告书环保措施建议总结

项目	所提措施与建议
生态环境	1．施工避免对地表径流造成影响； 2．公路取土集中在丘陵区，取土采取有效的恢复措施； 3．边坡防护应注意采取浆砌片石护坡与植物养护结合的措施，加强对公路附近林带的管理，加强路界生态系统的维护； 4．在公路两侧大力植树，使之同时取得美化和降低空气污染的效果
水环境	必须注意排水系统的维护，定期清理边沟
声环境	1．云河大队小学、冲头学校和洪市小学邻近公路一侧建造声屏障，高 4.0 m，长 300 m； 2．太高学校、乙田学校和大平学校在邻近公路一侧加建围墙或加高围墙，高 3.0 m； 3．公路穿校的长源学校必须搬迁； 4．公路穿村的或离公路很近的居民点，路侧 25 m 内的住房予以拆迁，并建隔声墙，其他敏感点在加高围墙后，种植隔声林带； 5．禁止路边 200 m 以内新建学校和医院，其他建筑物应建在路边 50 m 以外
其他	制定运输管理计划，防止事故发生，保证道路畅通
	加强危险品运输管理，实施化学危险货物运输"准运证""押运证""驾驶员证"制度；对运输危险品车辆实行申报制度，成立小型消防队
	配备必要的医疗急救人员，及时救治交通事故的受伤者

8.7.1.2　相比竣工验收阶段的环保措施有效性评估

通过调查公路设计建设过程中采用的环境保护措施，分析现有环境保护措施的有效性，为提出环境保护改进、补救措施提供基础。

（1）生态影响环境保护措施调查及有效性分析

按环评要求，公路在建设施工期应当采取必要的措施减少对农业灌溉系统的影响，并与当地规划相适应。根据现场调查，湘耒高速公路设计和建设部门采取了有针对性的措施以保护自然和农业生态环境，具体措施有如下两方面：

① 通过桥涵和通道工程，以保持和恢复原有农业水利设施。针对公路建设可能带来的生态影响，设计和建设部门根据沿线水系和地质情况，设计了数量较多的桥涵和通道，维护了公路沿线原有的农业灌溉和泄洪条件。根据竣工期现场调查，发现极个别地段由于设计或施工原因农田水利设施存在泄洪不畅等问题，影响了泄洪和农灌，对当地的生产和生活造成了一定的影响。

② 通过改变沿线土地利用方式和采取绿化措施，补偿农林业经济损失。根据现场调查，在公路建设取弃土场临时占用土地中，以荒地和林地为主，旱地和水塘等很少。施工结束后，公路部门集中力量进行了取弃土场生态恢复工作，沿线取弃土场已平整绿化或平整后交相关村镇做建筑用地、造塘还塘。尽管沿线取弃土场土地利用功能发生了很大变化，但通过生态恢复工作使大多数场地得以重新利用。在进行绿化后，条件合适的地方可以通过复耕还田，进一步补偿施工临时占地造成的农业和林业经济损失。

（2）水土保持措施调查及有效性分析

按工程设计要求，公路排水系统由截水沟、边沟、排水沟通过沿线桥涵直接排入天然沟渠中，基本上没有随处漫流，没有排入饮用水水源或养殖水域。

根据公路环评和施工设计文件中有关环保要求，结合公路工程水土流失特点进行分析，公路建设水土保持措施主要应包括临时施工场所、取弃土场、路基及路堑的生态恢复和水土流失防护措施。竣工环境保护验收调查阶段，水土保持措施调查重点为以下四方面，并对防护措施的有效性进行分析。

1）临时施工场所恢复措施有效性

根据环评和施工设计要求，临时施工场所施工完成后要立即采取恢复植被措施。

现场调查发现临时场所都已经采取平整等措施，准备用做宅基地或复耕，部分临时施工用地存在土层裸露的问题，对周围的空气环境有一定的影响。但从全线情况看，存在遗留问题的临时施工场所数量很少，总的来说环境影响不大。

2）取弃土场生态恢复与水土保持措施调查

公路沿线取弃土场的绝大多数选择在荒地、山地。按环评要求，工程取弃土应优先选择荒地及植被稀疏的地方作为集中取土点，适量取土。施工单位应负责植树造林和修造拦水坝。对弃土场需设置排水沟与拦水坝，部分路段可利用弃土沿路线两侧设置环境设施带。

据现场调查和公路沿线走访，工程取弃土场地点的选择与当地的农业生产和村镇规划相协调，取得了当地村镇的同意。

沿线 63 个取弃土场中，荒地有 36 处，通过生态恢复后绿化的有 32 处，1 处做建筑用地，1 处做鱼塘，防护或利用率占总数的 94.4%；林地 12 处，生态绿化 11 处，1 处做建筑用地，占总数的 100%；山地及其他类型土地 15 处，防护或利用 13 处，占总数的 86.7%。因此，从土地利用上看，沿线取弃土场的恢复措施十分完善。

从生态环境效益特别是水土保持方面分析，沿线取弃土场水土保持措施比较完善，但是在个别问题上还存在一定的不足，主要表现在对取弃土场边坡防护方面措施不完善，取土场无论是改为建筑用地还是生态恢复，取土场边坡如果防护不够，坡面直立、土质裸露而没有采取应有的水保措施，将会形成水土流失的隐患，对周围的景观也存在不良影响。

3）路基稳定性防护措施调查

根据施工设计要求，湘耒高速公路填方路基边坡采用的坡比是 1∶1.5 和 1∶1.75 两种。路基边坡防护措施根据所处地段地质水文不同而异。按环评要求，在保证路基稳定性的基础上，路基防护采取以生态防护为主、结合路基排水等工程措施的原则。

据公路部门提供资料和现场调查核实，公路填方路段路基符合施工设计要求，并且公路路基两侧已经采取了植树绿化等措施，公路中央隔离带全部实施绿化。

公路建设部门对路基稳定性防护比较重视，投入了大量的人力、物力和财力，取得了比较明显的效果。如中央分隔带按设计要求，通过植草和种树措施全部实施了绿化，对服务区、互通立交等进行了植草绿化，实际效果很好。

从调查情况看，针对路基边坡所处路段地质情况，建设部门采取了浆砌片石护坡和护脚方式进行防护，并根据边坡高度对护坡以上边坡进行方格骨架中央植草或不做骨架而直接植草措施，同时在路基两侧植树进行绿化。

通过现场调查和分析，可以说公路沿线路基防护措施完全符合施工设计的要求，工程量也达到预期的数量，总体防护效果很好。

4）路堑边坡防护措施调查

根据施工设计环境保护设计要求，公路沿线土质路堑边坡设置浆砌片石骨架并中间植草或直接植草防护，易风化岩石边坡设浆砌片石护面。针对风化碎落岩体的路堑边坡，设计部门采取护面墙措施予以防护。

公路沿线两侧高度在 10 m 以下的路堑边坡绝大部分均采取了防护措施，其主要措施是喷草绿化，其次为浆砌石骨架喷草防护。整体上看，10 m 以下路堑边坡水土流失隐患很小，防护效果比较好。

对较大路堑边坡进行重点调查发现，全部路堑边坡均已建 2～3 m 坡脚挡墙，挡墙以上坡面采取了不同的防护措施。挡墙以上坡面防护措施主要有植草绿化、浆砌石骨架植草、浆砌石护面墙等。

在水土保持方面，沿线路堑边坡防护措施比较完善；在景观影响方面，除去有待改进的两处外，其他边坡总体防护效果良好。

5）水土保持措施有效性分析

通过上述调查分析可以发现，在本案例的设计和施工中，对有关防护措施作了必要的考虑，并进行了大量的针对路基的防护工程建设，但由于公路建设所经区域的地形、地质条件限制，公路沿线不可避免地产生数量较多的取弃土场及一定数量的路堑边坡，决定了目前所采取的生态恢复和水土保持措施仍有可完善之处。

① 取弃土（石）场防护措施。根据调查分析可知，湘耒高速目前在公路两侧遗留少量的取土场和较多的弃土场，个别的取弃土场还存在一些问题，如不采取进一步的防护措施，将有可能产生水土流失。要有效地彻底防治其发生水土流失，还必须采取必要的工程措施，并配合以植被恢复措施。具体来说，主要是那些边坡高度比较大、坡度比较陡的取弃土场，必须在坡脚处建立有一定高度的挡土墙，并适当放缓边坡，在有条件的情况下还应配合以植被恢复措施，比如种植爬壁藤等植物对取弃土场边坡进行防护。同时针对少量已经改为建筑用地的取弃土场，需做重点整改，强化边坡水土保持措施。

② 路基、路堑防护措施。湘耒高速公路全线处于平原区和平原微丘区，一般情况下，路基土石方量不大，但在平原微丘区特别是个别山岭重丘区进行施工，由于地形复杂、地质差异较大，路基开挖工程量较大，形成较多的高路基和高路堑且坡度较大，路基和路堑的稳定性防护和坡面水土保持是一个突出的问题。在公路设计中，已注意到路堑和路基的稳定性和边坡水土流失的防治，并提出了相应施工要求。公路沿线边坡设计依地质情况不同而有所差异。公路路基防护措施总体上比较完善，防护效果很好，能够满足公路设计的要求。同时，公路沿线路基边坡坡度大多符合公路设计对边坡的要求，而且采取了相应的防护措施。调查发现，公路沿线路堑边坡防护的有效性相对来说比路基边坡防护好，仅个别路堑边坡防护需要加强绿化植被保护。

（3）水环境保护措施调查与有效性分析

针对服务区污水处理问题，公路部门在沿线各个服务区已安装地埋式污水处理设施，以便全面实现服务区污水达标排放。在现阶段，污水总量比较小，而污水处理设施没有投入使用的情况下，各个服务区的污水水质监测值能够达标。污水处理设施投入使用后，在加强管理和正常运行的条件下，此项措施能保证污水排放符合要求。

（4）声环境保护措施调查与有效性分析

工程基本上落实了环境影响报告书中所提的建议，主要体现在以下两点：

① 根据环境影响报告书的建议，在公路两侧加种了大量路侧防护林，特别是在村庄附近路段，加密种植，长成后可有效改善声环境状况，现在有部分路段的防护林没有成活，对降噪效果有一定的影响。

② 在环境影响报告书中预测超标较严重的部分村庄附近，按环境影响报告书的要求在公路两侧建有隔离墙，能起到部分降噪效果，一般情况下可降噪 3～6 dB，根据现场调查和资料核实，在公路沿线部分居民区前设置隔离墙，能起到部分降噪效果。据现场调查统计，公路沿线实际有隔声效果的隔离墙长度为 330 m，降噪效果为 2.5～7.2 dB。

（5）相比环评文件的环境保护措施有效性综合分析

根据前述的调查结果进行核实，公路项目修建运行过程中仍存在的环境影响问题见表 8-25。

表 8-25　有关环保措施落实情况调查与分析

	设计、环评及批复要求	调查结果	影响分析
生态保护措施	临时性用地应及时恢复	基本上采取了相应的措施	问题较少
	取土优先选择荒地、疏林地，集中取土	满足要求	水土保持和土地资源化较好
	边坡防护在水土保持的基础上，尽量采取生态绿化措施	以生态防护为主，有少量喷射砼工程	稳定性、水土保持和景观要求都很好
声环境保护措施	居民区附近 22:00—次日 6:00 禁止强噪声施工	70.9%的受访居民反映存在夜间施工现象	有影响，但影响不是很大
	精心养护施工机械，维持最佳工作状态和最低声级水平	施工机械一般保养较好	对周围环境没有影响
	在云河大队小学、冲头小学和洪市小学邻近公路一侧建造声屏障，高 4.0 m，长 300 m	由于线位偏移，已在影响区以外	无影响
	对噪声超标的太高学校、乙田学校和大平学校，在邻近公路一侧加建围墙或加高围墙，高 3.0 m	无	噪声监测值超标，对学校的正常教学活动有一定的影响
	对饶家、无名村等居民点加高院墙	无	超标，有一定的影响
	对荷家湾、长源村、坝头村等穿村的村庄离公路 25 m 以内的住房予以拆迁，25 m 外砌墙降低噪声污染	荷家湾设置有隔离墙，长源村住房均在 50 m 以外，坝头村已偏移至 100 m 以外，新屋、刘步孔和 K307+600 村庄尚有部分住房在拆迁范围内	隔离墙有一定的降噪效果，拆迁范围内的住房受交通噪声影响较大
其他环境保护措施	加强对车辆的运行管理，降低大气污染	有一定的规章制度	对大气环境无影响
	加强对施工材料的管理，严禁污染水体	已经落实	对沿线的水环境没有影响
	设置必要的临时排水系统，防止临时施工排水对周围水环境的污染	已经落实	没有影响
	服务区建造污水处理设备，并设置固体垃圾收集系统和卫生处理设施	各个服务区都建有污水处理系统和相应设施	不会对周围环境造成影响
	服务区生活垃圾集中处理	已建立垃圾收集站	对周围环境无影响
	建立危险品运输申报制度，加强对危险品运输的管理	正在筹备中	应尽快建立

8.7.1.3 后评价阶段环境保护措施有效性评估

（1）环境管理制度执行情况

1）环境影响评价制度

1995年12月，湘潭至耒阳高速公路启动环境影响评价工作；1996年3月5日，国家环境保护局对湘潭至耒阳高速公路环境影响报告书进行了批复。

2）竣工环境保护验收制度

潭耒路全长168.847 km，1996年开始施工，1999年12月底完工，2000年12月通车，施工期3年。2001年12月，编制完成了《京珠高速公路湘潭至耒阳段竣工验收环境影响调查报告》。国家环境保护总局于2002年1月组织了该段公路现场验收工作。

项目在建设期间较好地执行了建设项目环境影响评价制度、环境保护"三同时"制度和竣工环境保护验收制度。

（2）生态影响环境保护措施有效性评估

公路建设水土保持措施主要应包括路基排水、路基稳定性及路堑边坡防护、临时施工场所、取弃土场的生态恢复和水土流失防护措施。

1）路基排水

潭耒公路在设计和施工时，对路基、路面的排水系统和路基、路堑、边坡的防护有统一的综合考虑。路基、路面的排水主要由沿线的边沟、排水沟、截水沟、急流槽以及超高路段的中央分隔带排水沟，结合沿线的桥涵和自然沟渠进行综合设计，使全线形成了一个完整的排水系统。

按工程设计要求，公路排水系统由截水沟、边沟、排水沟通过沿线桥涵直接排入天然沟渠中，基本上没有随处漫流，没有排入饮用水水源或养殖水域。

2）路基稳定性及路堑边坡防护

① 路基稳定性防护措施调查。

据公路建设部门提供的资料和现场调查核实，公路填方路段路基符合施工设计要求，并且公路路基两侧已经采取了植树绿化等措施，公路中央隔离带全部实施绿化。

公路建设部门对路基稳定性防护比较重视，投入了大量的人力、物力和财力，取得了比较明显的效果。如中央分隔带按设计要求，通过植草和种树措施全部实施了绿化，对服务区、互通立交等进行了植草绿化，实际效果很好。

从现场调查情况看，针对路基边坡所处路段地质情况，建设部门采取了浆砌片石护坡和护脚方式进行防护，并根据边坡高度对护坡以上边坡进行方格骨架中央植草或不做骨架而直接植草措施，同时在路基两侧植树进行绿化。

通过现场调查和分析，可以说公路沿线路基防护措施完全符合施工设计的要求，工程量也达到预期的数量，总体防护效果很好。

② 路堑边坡防护措施调查。

本公路大部分路段处于平原微丘区，部分路段切割山体，所以公路沿线产生了一定数量的路堑边坡。

根据沿线路堑边坡现场调查发现，公路沿线两侧高度在10 m以下的路堑边坡绝大部分均采取了防护措施，其主要措施是喷草绿化，其次为浆砌石骨架喷草防护。整体上看，10 m以下路堑边坡水土流失隐患很小，防护效果比较好，与环保验收时情况相差不大。

根据以上调查结果分析,在水土保持方面,沿线路堑边坡防护措施比较完善;在景观影响方面有待改进,总体防护效果良好。

3)取弃土场调查

从生态环境效益特别是水土保持方面分析,沿线取弃土场水土保持措施比较完善,但是在个别问题上还存在一定的不足。不足之处主要表现在取弃土场边坡防护方面措施不完善,取土场无论是改为建筑用地还是生态恢复,如果取土场边坡防护不够,坡面直立、土质裸露而没有采取应有的水保措施,将会形成水土流失的隐患,对周围的景观也存在不良影响。

4)生态保护措施存在的不足

通过现场调查和分析,公路沿线生态防护措施整体比较完善,恢复效果较好,但在景观效果方面还存在不足,另外,个别取弃土场的恢复效果欠佳,部分边坡上植被出现枯萎现象,需加强管护。

(3)水环境保护措施有效性分析

1)服务设施污水排放调查

① 沿线服务设施污水处理及排放调查与分析。本案例涉及废水排放的服务设施主要为 3 处服务区、3 处停车区以及收费站等。除伞铺收费站采用改进性生物膜法污水处理工艺(DFBR)新处理技术外,其余服务设施均采用生态-人工快速渗滤系统(ECRI)。所有服务设施均设有化粪池、隔油池。废水经处理后排入就近的排水沟,用于灌溉等。服务设施污水处理的具体情况见表 8-26。

表 8-26 既有公路沿线设施污水处理设施情况及处理效果

桩号	名称	编制人员/人	用水量/(t/d)	污水量/(t/d)	污水处理设施	处理规模/(t/d)	污水处理设施运行情况
K1589	朱亭服务区	80	50	45	化粪池、隔油池、ECRI 系统	190	正常运行
K1645	大浦服务区	80	50	45	化粪池、隔油池、ECRI 系统	190	正常运行
K1699	耒阳服务区	80	50	45	化粪池、隔油池、ECRI 系统	190	正常运行
K1615	新塘停车区	60	30	27	化粪池、隔油池、ECRI 系统	240	正常运行
K1675	冠市停车区	60	30	27	化粪池、隔油池、ECRI 系统	190	正常运行
K1555	建宁停车区	60	30	27	化粪池、隔油池、DFBR 系统	240	正常运行
K1537+548	马家河收费站	20	10	9	化粪池	20	正常运行
K1543	株洲西收费站(天易养护所)	20	10	9	化粪池	20	正常运行
K1559+748	伞铺收费站(株洲养护所)	20	10	9	DFBR	20	正常运行
K1577+915	王十万收费站	20	10	9	化粪池	20	正常运行
K1592+950	朱亭收费站	20	10	9	化粪池	20	正常运行

桩号	名称	编制人员/人	用水量/(t/d)	污水量/(t/d)	污水处理设施	处理规模/(t/d)	污水处理设施运行情况
K1615+470	新塘收费站（衡阳养护所）	20	10	9	化粪池	20	正常运行
K1639	大浦收费站	20	10	9	化粪池	20	正常运行
K1670+850	冠市收费站（耒阳养护所）	20	10	9	化粪池	20	正常运行
K1686+250	新市收费站	20	10	9	化粪池	20	正常运行
K1705+850	耒阳收费站	20	10	9	化粪池	20	正常运行

② 污水处理设施污水现状监测。根据 2011 年 8 月 27—28 日对高速沿线污水处理设施出水水质的监测，建宁停车区和耒阳服务区污水各项监测因子均达标，污水出水水质较好。

2）水环境保护措施存在的不足

马家河湘江大桥、朱亭湘江大桥以及潭泊洣水大桥桥面径流现为直排式，在车载危险品车辆发生事故时，危险品可能直接进入湘江及洣水，对水质产生一定影响。此外，既有石湾大桥跨越的贺交坝河最终汇入湘江，也需对桥面径流进行收集，防止危险品进入贺交坝河进而对湘江水质产生影响。

（4）声环境保护措施有效性评估

1）声环境调查

环境影响报告书列出的噪声敏感点共有 26 个，因公路线路偏移或敏感点的搬迁，敏感点的数量和点位均有可能发生变化。竣工验收调查阶段，沿线声环境敏感点实地调查结果显示，仍在评价区内的有 9 个，同时新增敏感点 4 个。根据受影响户数确定，共计敏感点 13 个。靠近公路的 7 处居民区大多没有隔离墙，有隔离墙处降噪效果有限；6 处学校周围均有围墙，但均没有降噪效果。

2）环境保护措施存在的不足

后评价阶段沿线有 64 个声环境敏感点，根据声环境监测，由于受本案例及沿线其他相关公路交通噪声的影响，监测的 17 个敏感点处环境噪声均出现超标现象，4a 类区昼间超标 0.1～7.3 dB，夜间超标 0.2～17.9 dB；2 类区昼间超标 1.2～11.4 dB，夜间超标 0.1～16.1 dB。项目沿线两处现有隔声墙的降噪效果监测表明，庞家山敏感点处地面与现有路面高差为 0，昼间降噪 1.3～8.2 dB、夜间降噪 3.0～18.6 dB；道子坪敏感点处地面与现有路面高差为 2 m，昼间降噪 1.4～5.6 dB、夜间降噪 1.3～7.7 dB。

对比敏感点超标及隔声墙降噪效果监测，在后评价阶段，公路两侧声环境敏感点仍然出现超标现象，隔声墙的降噪效果欠佳，并且针对现状噪声超标现象来看，两侧隔声墙也无法满足 17 处声环境敏感点噪声防护要求。

8.8 小结

8.8.1 项目环境影响后评价时空尺度确定

根据各期土地利用数据变化检测结果，在公路竣工后的 1～3 年、5～6 年、7～9 年几个时期开展后评价较合适；根据植被覆盖比例变化分析结果，区域生态系统随着时间增加趋于稳定；根据建设用地及裸地变化分析结果，在公路竣工后的 5~6 年开展后评价比较适宜；根据景观指数分析结果，公路对周边生态系统结构最大影响产生的可能时间区间是公路建成后的 3~5 年。竣工验收之后 3~5 年、5~7 年的时间段内，声环境评价指数先上升后稳定，随着公路运营时间增加，公路沿线声环境状况趋于稳定，综合分析结果，环境影响后评价开展的较适宜的时间区间应当在公路竣工后的 3~5 年开展第一次环境影响后评价。

根据土地利用变化、景观格局变化分析，确定环境影响后评价工作范围。根据不同缓冲区内景观格局变化分析结果，生态环境影响后评价的空间尺度宜在公路两侧 200 m 范围内；建议公路声环境、水环境的后评价空间尺度参照公路中心线 200 m 范围开展。

8.8.2　生态影响后评价

选择工程通车后 3 年、6 年、9 年以上的遥感资料作为各期变化对比数据。数据源采用目前较为广泛使用的 TM、SPOT、ALOS、Quick Bird、World View 数据。

随着公路运营通车，植被影响度、裸地变化率、建设用地变化率逐年下降。公路建设前后，公路沿线主要景观类型组成，由农田+灌草丛类型转变为农田+阔叶林结构。距公路越近，景观组成破碎化越严重，多样性降低，分离度也增加。

8.8.3　声环境影响后评价

大型、中型、小型车辆在车流量基本接近饱和的情况下，混合车流的交通噪声与大型车比例关系密切，大车车速及车流量对交通噪声影响最大。

高架道路的交通噪声在纵向影响范围较广，随着楼层的增高，噪声影响有一定的上升趋势，需要采取和降噪措施加以控制。

噪声随着与公路水平距离的增大而呈递减趋势，噪声在距路中心线 25~40 m 时基本呈线性降低，距离路中心线 40~50 m 时噪声基本稳定，相差不大，距离路中心线 50 m 之外时继续呈线性降低。

8.8.4　水环境影响后评价

通过对国家高速 G4 全线 51 处服务区现场调查，沿线服务区污水处理设施使用率为84.31%，绝大多数服务区日均污水排放量均在 400 t/d 以下，各服务区平均日排水量为288.48 t/d。绝大多数服务区日均污水处理能力在 300 t 以下，平均处理能力为 245.43 t/d。生物法是使用最多的处理污水技术，66.67%的服务区污水排至边沟。绝大多数服务区污水处理设施污泥采用绿化、施肥、填埋、外运等处理方式处理。

8.8.5　环境影响经济损益评估

本案例环境影响经济损益评估以物质量评估为主，无法用物质量评估的个别指标应用价值量评估方法。

从水生生态系统来看，渔业生产功能、吸收 CO_2、释放 O_2 等功能在 1993—2009 年均呈逐年增加趋势。陆生生态系统中的农业生产功能在 2001 年出现明显下降，随后在 2007 年、

2009 年又重新恢复。林业生产功能、林地吸收 CO_2、滞尘以及侵蚀控制功能均呈逐年下降趋势，但降幅不大。

8.8.6　环境保护措施有效性评估

典型案例建设期间较好地执行了建设项目环境影响评价制度、环境保护"三同时"制度和竣工环境保护验收制度。

通过后评价现场调查和分析，公路沿线生态防护措施整体比较完善，恢复效果较好，但在景观效果方面还存在不足。个别取弃土场的恢复效果欠佳，部分边坡上植被出现枯萎现象，需加强管护。根据沿线污水处理设施出水水质的监测，建宁停车区和耒阳服务区污水各项监测因子均达标，污水出水水质较好。

第9章　环境影响后评价实践的总结与思考

9.1　行业实践的总结与思考

　　环境保护部环境工程评估中心自 1997 年开始陆续开展了有关建设项目环境影响后评价研究工作。如首次开展的广东沙角电厂环境影响后评价工作，编制了沙角电厂环境影响后评价研究报告书。报告书重点研究了建设项目规模与大气环境承载力相匹配关系以及环保措施的有效性，其特点是污染气象观测与大气现状监测、锅炉源强测试、煤质成分测试、最大落地浓度跟踪测试同时进行，电厂 10 台机组大于 95%运行负荷。

　　为完善环境保护监督管理的制度，提高建设项目环境保护监督管理的全面性、科学性、持久性，环境保护部自 2008 年开始即着手推进环境影响后评价制度建设工作。在建设项目环境影响评价审批文件、竣工环境保护验收批复意见中明确要求部分具有代表性的建设项目开展环境影响后评价。如 2008 年 4 月，环境保护部在批复南海石油化工项目及码头、海底管输工程的验收申请时，明确要求中海壳牌石化化工有限公司"做好排污口附近海域海水水质及海洋生态跟踪监测和调查，并开展环境影响后评估"。环境保护部环境工程评估中心于 2010 年 6 月承担了"环境影响后评价支持技术与制度建设研究"国家环境保护行业专项公益性课题，对环境影响后评价的整体思路、技术方法和管理制度等方面进行了深入的研究。

　　为推动环境影响后评价工作，环境保护部先后两次以环评批复函的形式要求 17 个建设项目开展环境影响后评价工作。与此同时，随着国家对环境保护工作要求的不断提高以及公民环保意识的增强，部分行业特别是生态影响类行业的建设单位、环境影响研究机构和环境影响评价机构也逐渐意识到进行环境影响后评价的必要性，有近 10 个建设项目主动开展了环境影响后评价工作，并向环境保护部提交了环境影响后评价报告书。

　　通过对近年来国家审批项目开展的环境影响后评价进行梳理，归纳出一些规律性的特征。

9.1.1　开展环境影响后评价的项目行业类别

　　从开展环境影响后评价的项目行业类别上讲，生态影响类建设项目有煤炭、公路交通、水利水电等行业；工程污染类建设项目有石油化工、火电等行业，其中火电行业先后有广东沙角电厂环境影响后评价、浙江国华宁海发电厂工程等项目。近年来，流域性开发项目也开展了环境影响后评价，如乌江干流中上游水电梯级开发环境影响后评价等。

目前越来越多的环境影响后评价的试点项目已经开展，其中包括：生态影响类项目如湖南省江垭水利枢纽工程、黄河小浪底水利枢纽工程、上海国际航运中心洋山深水港区工程、广东省潮州供水枢纽工程、新建铁路青藏线格尔木至拉萨段工程等；工程污染类项目，如山西晋城煤化工有限责任公司年产 18 万 t 合成氨、30 万 t 尿素工程、广东壳牌南海石油化工项目及码头和海底管输工程、四川永丰纸业 10 万 t/a 漂白竹浆技改工程、松原吉安生化年产 21 万 t 冰醋酸及 5 万 t 乙酸乙酯工程、华能日照电厂二期扩建工程等。

从行业来看，煤矿、水利水电、管道工程等生态影响类行业环境影响后评价工作开展得比较好。其中，陕西彬长矿区大佛寺矿井一期、安徽淮南矿业潘三矿井及选煤厂的环境影响后评价报告分别于 2008 年 3 月和 2009 年 3 月得到了环境保护部的审查意见，贵州乌江水电开发、黄河上游龙羊峡至刘家峡河段水电梯级开发也于 2009 年 3 月得到了环境保护部的审查意见。

9.1.2 开展环境影响后评价的项目类型

一般来讲，开展了环境影响后评价的项目主要分为以下 5 种类型。

（1）项目施工或运营过程中发生了变更

一些建设项目，特别是工业污染类项目，进行环境影响后评价的主要原因是在项目施工或运营过程中发生了生产工艺或环保措施的重大变更。依照《环境影响评价法》第 27 条，环保主管部门要求其进行环境影响后评价。例如，洛阳香江万基铝业有限公司 120 万 t/a 氧化铝项目一期 40 万 t/a 新建工程和二期一阶段 40 万 t/a 氧化铝工程，在项目建设过程中，发生锅炉烟气、煤气脱硫工艺和酚水处理方式变化、赤泥堆场卫生防护距离内居民未搬迁等情况；贵州赤天化纸业股份有限公司的黔北 20 万 t 竹浆林纸一体化工程，其工程的竹林基地建设地点由环评阶段的赤水市、习水县、仁怀县调整为赤水市、习水县、仁怀县及四川省泸州市纳溪区、合江县等地，漂白制浆工艺由环评阶段的 TCF 漂白（全无氯）变更为 ECF 漂白（无元素氯）和 TCF 漂白兼容，部分产尘工段的除尘方式发生变化。

（2）竣工验收时发现前期环评出现重大遗漏或者预测结果存在较大问题

一些建设项目由于在竣工验收时发现前期环评出现重大遗漏或者预测结果存在较大问题时，环保主管部门依法责令其进行环境影响后评价。例如，四川永丰纸业股份有限公司 10 万 t/a 漂白竹浆技改工程的环境影响报告书中对项目配套建设的竹浆原料林基地的环境影响分析不够深入，不能较好地指导林基地建设的环境保护工作；中国石化齐鲁—宿州成品油管道工程委托编制的环境影响报告书存在重大遗漏问题，未提及工程穿越大武、锦绣川水库、卧虎山水库等水源保护区，工程济宁段未按环评要求避绕煤矿塌陷区等。

（3）建设项目对周围环境具有长期性、潜在性以及累积性的环境影响

由于建设项目投入正式运营一段时间后，对于生态、水、气等环境要素具有长期及其他潜在的、累积性的环境影响，需要通过开展环境影响后评价进行全面客观评估，同时论证工程原有防治措施的有效性，进而提出环境保护完善或补救措施，确保工程运营中的环境安全，进而达到提高环境影响评价认知水平和管理决策能力。基于这一目标，环保管理

部门按照《环境影响评价法》第 27 条规定"原环境影响评价文件审批部门也可以责成建设单位进行环境影响的后评价，采取改进措施"，要求相关项目的建设单位开展环境影响后评价。例如，湖南省江垭水利枢纽工程、黄河小浪底水利枢纽工程、上海国际航运中心洋山深水港区（一期、二期、三期）工程、新建铁路青藏线格尔木至拉萨段工程、南海石油化工项目及码头和海底管输工程、华能日照电厂二期扩建工程等。

（4）建设项目对区域、流域环境或生态系统产生重大环境影响

一些对区域、流域环境或生态系统产生重大环境影响的建设项目，需进行环境影响后评价。以黄河流域为例，为评价建设项目对黄河流域的累积环境影响，完善生态保护对策措施，环保部组织有关单位分别就我国西北地区的黄河上游龙羊峡至刘家峡河段和西南地区的贵州乌江开展流域性河流梯级水电开发环境影响后评价，为进一步完善梯级电站运行期生态保护提供了重要依据，对流域水电环境影响后评价具有借鉴作用。

（5）公众较为关注的建设项目

公众较为关注的建设项目也需要进行环境影响后评价，例如，浙能浙江 500 kV 乐清电厂送出工程被周边相关群众信访投诉，环保部责令其编制了"浙能浙江 500 kV 乐清电厂送出工程环境影响后评价报告书"。

9.1.3　环境影响后评价报告结构与内容

目前完成的环境影响后评价报告书，主要结构和内容根据项目所属类型稍有差别：

（1）发生变更情形、在竣工验收时发现环评出现重大遗漏或环评预测结果存在较大问题情形的建设项目

在项目施工或运营过程中发生变更情形、在竣工验收时发现前期环评出现重大遗漏或预测结果存在较大问题情形的建设项目依法需进行环境影响后评价，其环境影响后评价报告书结构和内容与环评报告书类似。对于此类情形的建设项目，目前在编写环境影响后评价报告时，一般均增加了变更部分的内容概况，以及相应的环境影响预测与分析，其余内容基本与环境影响评价报告书的框架结构保持一致。

（2）具有长期性、潜在性以及累积性环境影响或者对区域、流域环境或生态系统产生重大环境影响的建设项目

对于对生态、水、气等环境要素具有长期性、潜在性以及累积性影响或者对区域、流域环境或生态系统产生重大环境影响的建设项目，环保主管部门出于提高环评管理体系的认知、了解对某些建设项目环评阶段不可预测的潜在性环境影响、研究区域和流域性项目或者分期建设项目对周围环境的累积环境影响的需要，组织或责令相关单位开展环境影响后评价工作。这类报告更多地关注对某一要素环境影响的深入分析论证，报告书的框架及内容与环境影响报告书有较大差别。

大部分的环境影响后评价报告都把建设项目实施后的环境影响、防范措施的有效性进行跟踪监测和验证性评价，提出补救方案或措施作为主要内容，并适度对前期环评中的成功经验和教训进行总结。例如，2003 年由原交通部环境保护办公室与长安大学联合编制的"深汕高速公路（龙岗—潭西段）建设项目环境后评价研究报告"，其进行环境影响后评价的目的就是研究总结 20 多年交通建设项目环境影响评价和环保"三同时"的经验，以改进新建项目环境保护工作、促进交通运输行业的环境保护工作的开展。对于一个在 2003

年开展的环境影响后评价来说，其后评价研究报告重点十分突出，在以下方面值得借鉴：

① 该后评价报告尝试性地提出了开展环境影响后评价的原则：实事求是、公正科学的原则；深入实际、调查监测和收集已有历史资料综合分析的原则；突出重点、兼顾一般的原则。

② 该后评价报告体现出开展环境影响后评价应突出环境影响后评价的特点与重点，从本项目实际出发，主要对工程项目生态环境保护、噪声和污水防治等方面的环境保护工作和效果进行评价。其他方面则简化处理，而不是普遍认为的要面面俱到。

③ 该后评价报告总结了公路环保工作中值得推广的成功经验以及环评预测和环保工程中出现的问题，对环评工作进行了很好的反馈。

9.1.4 不同行业开展环境影响后评价的侧重点不同

根据已开展的环境影响后评价报告可以看出，各个行业的建设项目由于行业特性对各个环境要素的影响各不相同，因此在环境影响后评价过程中，各个行业的侧重点也各不相同。

（1）交通运输行业（公路行业）

对于公路建设项目来说，主要的环境影响有声环境、生态景观、重要生态敏感区的影响，生活服务站污水处理措施有效性等。因此，公路项目在开展环境影响后评价时，一般都重点关注上述环境问题。

声环境：主要是道路交通产生的噪声，这种环境影响是随项目运行一直存在的。在环境影响后评价工作中，要监测道路交通产生的噪声对敏感点的影响，验证环评预测结果和降噪措施的有效性。如在"深汕高速公路（龙岗—潭西段）建设项目环境后评价研究报告"中，通过监测，对环评中采用的声环境预测模式和降噪措施的有效性进行了总结，并得出结论。

生态环境：公路项目运行后容易对所穿越的区域生态环境产生切割影响。对公路项目的生态环境进行影响后评价时，主要考虑其对生态景观、土地利用类型、重要生态敏感区的破碎化影响以及动物通道等环保措施有效性的分析。如在"上海至瑞丽国道主干线大理至保山段高速公路工程生态环境影响后评价报告"中，就以建设公路前后土地利用类型图为依据，以 ArcGIS 软件为平台，研究公路建设前后各土地利用类型的面积变化情况。

（2）水利水电行业

对于水利水电行业来说，主要的环境影响就是建设项目建设及运营后对生态环境、流域水环境、水文情势的影响，以及对过鱼设施、鱼类增殖措施的有效性分析。如"黄河上游龙羊峡至刘家峡河段水电梯级开发环境影响后评价报告书"，就在分析各梯级电站项目环评和环保"三同时"验收资料的基础上，开展了流域环境回顾性调查、现状监测和专题研究工作，从系统、动态的角度，分析了梯级水电站建设对流域的水文情势、水温、水质等水环境变化，评价了水环境与生态影响、社会环境等环境要素的关联效应、累积效应及发展趋势，明确了龙羊峡—刘家峡河段梯级开发的生态影响结论。"贵州乌江水电开发环境影响后评价报告"也做了类似的工作。

（3）矿产开采行业

矿产开采行业以开采方式来分，可分为露天矿和井工矿两种，因而在进行环境影响后评价时所考虑的侧重点也有所不同。

露天矿的环境影响后评价重点考虑凹陷开采对地表水、地下水的长期性累积影响，工程开采中爆破噪声和震动对敏感点的影响以及矿区生态恢复和大气粉尘防治等环保措施的实施情况和有效性。在"华润水泥（平南）有限公司河景石灰石矿开采工程环境影响后评价报告"中，就石灰石凹陷开采引起的一系列环境影响进行了评价，重点考察地下水、地表水、地质灾害以及水土保持等方面问题。重点分析已有环保措施的效果，确定原有分析预测结果的不利之处，提出需新增的环保措施，并进行可行性分析。对新增环保措施——帷幕注浆止水方案进行了可行性分析。与此相类似的后评价报告还有"安太堡露天煤矿环境影响报告书事后验证报告"等。

井工矿的环境影响后评价重点考虑的是开采后造成的地面沉降问题以及对区域生态环境的长期性累积影响。潘三矿井是国家规划的大型煤炭基地——淮南潘谢矿区的主力井工矿井之一。中煤北京华宇工程有限公司于 2008 年组织编写的"安徽省淮南矿业（集团）有限责任公司潘三矿井及选煤厂环境影响后评价报告书"，从系统、动态的角度，分析了潘三矿井对区域生态的相互关联作用和累积性影响。在区域环境现状调查的基础上，充分利用潘三矿井地面观测站监测的岩移数据，建立了采煤沉陷基础数据库和环评指标体系，研究了适用于潘谢矿区环评的地表沉陷模型、土地变化模型、生态评价模型和移民搬迁模式。报告还分析了煤炭开发对地下水和土壤的影响，对做好区域地下水保护和土壤污染防治、减缓对环境的影响发挥了作用。

对于矿业开采行业来说，矿业开采对地下水的环境影响是重点，也是难点，需要通过继续研究和开展后评价解决现阶段环境影响评价中无法准确判断的问题。

9.2　管理实践的总结与思考

9.2.1　管理制度实践

自《环境影响评价法》颁布实施以来，我国部分省、市陆续成立了落实环境影响评价法的部门、出台了环境影响评价法的地方规章，其中明确了环境影响后评价要求的有国家海洋局、中国人民解放军全军环办以及山东省、陕西省、浙江省、宁夏回族自治区、上海市、天津市、重庆市等地区和单位。

环境影响后评价的管理规定，对于推动环境影响后评价的开展，进一步提高环境影响评价的有效性，都起到了十分重要的作用。但是，由于《环境影响评价法》中关于环境影响后评价内涵论述的不确定性，以及我国环境影响后评价管理思路的模糊、技术导则的空白，实际工作中产生了许多问题。例如，各地各行业对《环境影响评价法》中环境影响后评价的理解程度参差不齐，制定的管理内容也不尽相同；后评价工作，包括工作程序、范围、技术方法等均无规范可循。这些问题极大地制约了环境影响后评价工作的健康有序推进。

概括来看，现阶段我国环境影响后评价管理制度方面主要存在以下四方面问题：

（1）未形成法规与技术体系，环境影响后评价工作无章可循

虽然在《环境影响评价法》第 27 条的指导下，部分行业陆续开展了一些项目的环境

影响后评价试点工作，并在此基础上进行了经验总结，但是在国家层面上，作为一项国家法律明文规定的制度，环境影响后评价没有得到应有的重视。法规制度建设、技术支持体系严重滞后，至今未形成一套系统的、完整的、思路清晰的环境影响后评价的管理制度；相关支持技术体系也未建立起来，没有一套规范化和制度化的环境影响后评价工作程序，不能系统性地从理论和实践的角度指导环境影响后评价工作的开展。这些导致开展环境影响后评价具体工作没有"立足点"，根本无法满足全面加快推进建设项目环境影响后评价工作的总体要求。

（2）认识不一，环境影响后评价的内涵作用模糊

《环境影响评价法》第 27 条对环境影响后评价的概念和内容进行了定义。但这条关于环境影响后评价的规定仅仅是原则性的，对环境影响后评价的启动、实施范围界定、实施主体、资金来源、开展时机、后评价内容、后评价作用体现、后评价结论应用等相关内容却均未予以明确，环境影响后评价的管理程序仍处于相对空白阶段。在实际环境影响后评价的实践中，各地对环境影响后评价的认识不统一；评价推进的方向、后评价内容、管理方式等存在较大差异；管理规定中对于环境影响后评价的作用、定位也各不相同，归纳起来主要分为两类：一类是将环境影响后评价用于监督、管理前期环境影响评价的行政手段；另一类则主要用于重新认识和总结前期环境影响评价工作，进而完善环境影响评价管理的法规体系和技术导则，以提高环境影响评价的管理认识水平和决策能力。无论是第一类还是第二类情况，其在管理过程中均未对前期环境影响评价中可能出现的失误实行责任追究。总体来说，在环境影响后评价制度的规范化方面，自《环境影响评价法》颁布后相当长的时期内未有大的起色，处于相对停滞状态。

此外，《环境影响评价法》中对于环境影响后评价和工程变更环评的适用情形的论述有相近之处，更导致各地环保主管部门对《环境影响评价法》第 27 条中环境影响后评价定义的解读各不相同。大部分地方在实际工作中，将环境影响后评价与工程变更环评混淆。因此，近些年来地方环保部门以环境影响后评价为名开展的许多工作，严格来讲，应该归类到工程变更环评范畴。

（3）基础理论与技术研究薄弱，各行业开展进度参差不齐

通过对各地方和各行业已完成的环境影响后评价理论研究与实践工作的深入分析，可以发现部分行业，特别是具有生态累积效应的行业，由于自身的发展需求和环保部的管理要求，已陆续开展了对环境影响后评价管理与技术方法的研究，并取得了很大的进展。例如，水利水电行业中，贵州乌江、黄河上游龙羊峡至刘家峡河段等均开展了水电开发环境影响后评价研究；煤炭行业中，内蒙古环科院结合实际案例建立了露天矿开采的环境影响后评价管理方法和技术导则。相对于生态影响类行业，以工业污染物排放为主的污染类行业的环境影响后评价理论研究和实践工作则较少。只有少量在建设及运营时社会影响较大，或在建设过程中有重大变更的项目进行过环境影响回顾性评价，如"广东沙角电厂环境影响后评估报告"和"宝山钢铁股份有限公司上海地区企业环境影响后评价报告书"。

此外，因《环境影响评价法》对需要开展环境影响后评价的项目类型没有后续的具体细则规定，各地方环保管理部门在开展环境影响后评价管理时因此无法准确把握尺度。

总体而言，各行业开展环境影响后评价的进度参差不齐，质量也千差万别。整体上不利于环境影响后评价完整体系的构建。

（4）对环境影响后评价的重要性认识不足

在当前的环境管理体系中，环境影响评价的作用已经得到了充分认识。但是由于环境影响评价作为事前预测的局限性，虽然现在的建设项目环评执行率很高，但建设项目的环境影响程度、范围仍有一定的不确定性，为后续的环境管理带来了难题。对其进行环境影响后评价是解决这一难题的有效手段，它是对于环境影响评价制度的有效延伸、有益补充和完善。要检验建设项目环境影响评价预测方法和结论的准确性，提高预防和减缓措施的有效性，以及提出建设项目累积性影响的重要政策措施，必须建立健全建设项目全过程管理体系，完善"规划环评—建设项目环评—环境监理—竣工环保验收—环境影响后评价"为一体的环评管理体制。但是许多地方环保主管部门，包括项目建设单位并没有全面理解环境影响后评价的真正内涵和可能发挥的巨大作用，没有能够积极主动地去推动环境影响后评价的发展。

9.2.2　实施保障体系实践

环境影响后评价对于降低建设项目建设、运营中可能产生的环境影响，提高环境影响评价有效性的作用，只有通过合理的制度、完善的措施、充足的资金和先进的技术手段等才能够得到保障。作为环境影响评价制度重要一环的环境影响后评价，目前在我国仍处于试点阶段，尚未全面推广实施。形成这一局面的原因之一，就是缺乏有效的保障体系。

（1）制度方面

第一，现有的环境保护法规和规章体系中，对建设项目环境影响后评价的规定仍不够清晰。什么项目应该开展环境影响后评价、何时开展、环境影响后评价的管理与技术保障等内容均不明确，且对如何开展环境影响后评价及如何管理的规范性文件缺乏约束和管理。

第二，目前尚缺乏能够科学指导环境影响后评价有效进行的相关技术导则，导致已开展的环境影响后评价试点的后评价报告不规范，内容具有一定的盲目性和随意性，降低了环境影响后评价的实施效果。

第三，建设项目的环境保护投资尚不够独立。在很多建设项目的投资预算中环境保护投资并没有作为一个独立的部分存在，而是按照一定的比例分摊在各分项工程中，这就给竣工验收时环境保护投资的核算带来了困难。同时，开展环境影响后评价的相应调研、监测等费用也无法得到保障。

为了解决以上问题，需要对现有法律法规和规章进行梳理，对于一些确实未进行规定但又不得不解决的问题，可发布一些新的法规条例或部门规章。从目前来看，为了保证环境影响后评价顺利有效开展，应尽快明确以下问题：

① 在现有环境影响评价内容的基础上，增补对环境影响评价跟踪检查和后评价的要求。在建设项目环境影响评价阶段，依据项目的影响类型和影响的严重程度，确定该项目需要跟进的环境保护工作类型，包括环境监理、环境监测、生态监测以及环境影响后评价，并初步制定各项环境保护工作的实施方案，在各项环境保护工作实施前、对已有方案进行复核后进入实施阶段。明确应进行环境影响后评价的建设项目类型，规范环境影响后评价的管理要求。

② 要求在环境影响评价和环境保护设计中对建设项目环境保护投资进行独立预算；规

范管理要求，在项目投入运营后，有环境影响后评价要求的要有专项资金保证。在工程的建设运行过程中始终保持其专款专用，严格执行预算。

③ 确定承担环境影响后评价单位的技术能力要求，明确环境影响后评价报告应包含的内容和必须达到的技术要求，明确相应的法律责任。

④ 建立环境影响后评价过程中的公众参与制度，在环境影响后评价过程中征求建设项目所在地有关单位、居民，尤其是相关领域专家、学者和民间团体的意见。

（2）资金方面

根据资料统计，现阶段我国大部分项目的环保投资占工程总投资的1%～3%，实际落实下来的环保投资由于各种原因还可能小于统计和估算值。另外，有限的环保投资使用结构并不太合理。据调查资料显示，生态绿化和水土保持投资是现阶段生态影响类项目环保投资的主要组成部分，这两项的比例占环保投资总额的70%以上，而其他方面的投资所占比例则偏低，环保投资使用结构还有待进一步优化，且我国建设项目环保投资的实际效益并不高。究其原因，主要是我国建设项目的投融资体制还较为单一，尚未形成较大规模、较为完善的投融资体系，且缺乏加大环保投资的动力。在现行环境下，没有经济奖赏，有限的法律制约也难以有效发挥作用，很难激发环保投入的积极性。此外，在项目立项和建设中，建设各方尚未真正将"建设与环保并重"的原则体现在建设项目的规划、设计、施工、管理、运营全过程。往往是为了项目能够最终顺利审批通过而不得不完成一定的环保工作，没有真正认识到环保工作的重要性，碰到资金不足时往往首先要压缩的就是环保投资。

由于存在以上种种原因，开展环境影响后评价的资金往往也难于落实，制约了工作的顺利进行。为了推进环境影响后评价工作，一方面，可尝试建立多元化、社会化的环境保护投融资机制，实现环保投资来源的多元化；另一方面，国家可以通过各种途径增加环保投资力度，参照住房公积金制度，组织有环境影响的建设单位建立环境管理互助基金，或者采用征收燃油税、生态补偿税等，建立项目环保基金，用于推进环境影响后评价的有关技术、规范、政策的工作，以及资助重大项目的环境影响后评价工作。

（3）技术保障方面

除制度和资金保障外，建设项目环境影响后评价体系还涉及一些具体的技术手段。由于环境影响后评价自身的特点，对这些技术手段也提出了不同的要求，以保障后评价工作的准确与有效。

现有的环境监测及信息技术等都为建设项目环境影响后评价体系的顺利实施提供了必要的技术支持和保障，但是仍存在一些不足，尚不能完全适应完成环境影响后评价工作的需要，其中最主要的就是要建立动态、连续的环境监测制度。

为了准确评价项目运营后的环境影响，在环境影响后评价中要采用大量的数据进行分析。如果仅仅用一两次的监测数据，根本无法客观地反映项目的实际环境影响。而目前在开展环境影响后评价工作中，技术方面最大的制约因素，往往就是缺乏项目运行后连续、动态的系列监测结果。因此，要逐步建立建设项目环境影响的动态环境监测制度，在环境影响评价阶段就应制订详细的监测计划，在可能对环境造成重大影响的项目建设和运营后，按计划有序地进行包括生态影响监测在内的环境监测，为环境影响后评价提供数据支撑，提高环境影响后评价的有效性。

9.3　关于完善环境影响后评价体制的思考

环境影响后评价不仅仅是一个为建设项目提供自我纠错机会的手段，还是对环评的执行过程、效益、作用和影响进行系统的、客观的分析和总结的一项技术活动，其目的在于客观公正地评价项目建设运行所取得的效益和影响的主客观原因，以查找环评管理、技术手段存在的问题，从而提高环境管理水平，为科学决策提供技术支撑。为了有力地推进环境影响后评价工作的进展，应从以下几方面开展工作，进一步建立和完善我国的环境影响后评价制度，令环境影响后评价工作的开展有法可依、有章可循。

（1）完善环境影响后评价的法律法规体系

为了落实《环境影响评价法》中有关环境影响后评价的规定，要正确认识环境影响后评价和环境影响评价之间相辅相成、互相促进的关系，从环境管理的整体性出发，构建从环境影响评价、"三同时"、环境监理、竣工验收到环境影响后评价的全过程环境管理体系并满足建设项目环境管理的需要，可借鉴《建设项目竣工环境保护验收管理办法》，针对建设项目制定、颁布有关环境影响后评价的管理规定，如《环境影响后评价管理办法》。明确环境影响后评价的管理思路、清晰定位环境影响后评价的内涵，建立健全环境影响后评价管理制度。在其中着力解决以下问题：

① 明确建设项目环境影响后评价的主体。应该明确建设项目的建设投资机构为建设项目后评价的实施主体，应该设有相关部门来具体负责本单位项目的环境影响后评价组织实施工作。

② 明确建设项目投产运行后进行环境影响后评价的内容和范围，可依据环境影响评价结论及其审批意见、建设项目竣工验收的结论及其审批意见，并按照建设项目可能造成的环境影响程度和范围来确定。

③ 明确国家、省（自治区、直辖市）级环境保护主管部门对于建设项目环境影响后评价的管理职责和分级管理的原则，建立保障环境影响后评价顺利实施的健全的组织机构，以利于组织、推进、监督、管理环境影响后评价工作。

④ 依据建设项目环境影响的不同类别、规模和程度，明确其应开展环境影响后评价的时限，如重大生态环境影响类建设项目可在投产运行后 10～15 年的时点开展环境影响后评价，一般的建设项目可在投产运行后 3～5 年的时点开展环境影响后评价。

⑤ 明确环境影响后评价工作中公众参与的相关要求。环境影响后评价的公众参与工作与环境影响评价时的公众参与工作侧重点不同，更多的是需要专业人士对项目建设运行的环境影响提出建议。

⑥ 明确对违反环境影响后评价有关规定的建设单位和后评价承担单位的具体处罚措施。

（2）明确环境影响后评价的作用，解决环境影响后评价资金来源

在各地陆续开展的环境影响后评价管理中，对环境影响后评价作用的定位各不相同。归纳起来主要分为两大类：一类是作为监督、管理前期环评的行政手段；另一类主要用于重新认识和总结前期环评工作，进而改进环评管理思路和提高技术导则科学性，以促进环评的管理认识水平和决策能力。

从上述环境影响后评价两种不同的定位出发，制定出的管理办法和技术导则会有很大差异。考虑到前期环境影响评价的法律效力和环境影响后评价工作的开展、推动，现阶段不宜将环境影响后评价定位成监督、管理前期的环境影响评价工作的行政手段，而应以持续改进环境影响评价有效性、提高环评管理认识水平和决策能力为首要目的。在明确了环境影响后评价的作用以后，才能为管理方法和技术导则的制定确定基本的原则和大方向，最终有利于环境影响后评价法律法规制定工作的开展。

另外，可明确环保行政管理部门作为环境影响后评价的监督管理者，对于以科学研究为主要目的、旨在完善环评技术体系的典型案例环境影响后评价，可明确环保行政管理部门为组织者。环境影响后评价的资金来源方面，除了以科学研究为目的的典型案例后评价可由政府出资外，其余建设项目的环境影响后评价资金应由建设单位和企业承担。

（3）开展环境影响后评价技术支撑体系研究

为了有力地推动环境影响后评价工作，必须尽快开展环境影响后评价技术支撑体系研究。建立科学、实用的环境影响后评价技术导则体系，以环境影响后评价导则总纲的制定为突破点，进而开展重要行业、重点要素、突出领域环境影响后评价导则和技术规范的研究和制定工作，建立科学的环境影响后评价技术支撑体系。在环境影响后评价系列技术导则中，应针对不同类型的建设项目，分别就其环境影响后评价的程序步骤、时空范围、时限要求等内容做出相应规定，并推荐适宜的评价方法。

（4）明确环境影响后评价的适用对象

要明确环境影响后评价的适用对象，必须明确区分环境影响后评价与其他环境影响评价类型的区别，尤其是《环境影响评价法》第 24 条所规定的变更环评和第 27 条规定的环境影响后评价。从国家和地方的环境影响后评价管理工作实践看，在管理工作中不能正确区分变更环评和环境影响后评价，并在管理中将两者混淆的情况很常见。

关于对《环境影响评价法》第 27 条内容的理解，在实际管理中也遇到了实际问题。目前环境影响后评价的适用对象主要有两类：一类是在建设、运行过程中产生不符合经批准的环境影响评价文件情形的建设项目；另一类是环境影响评价文件审批意见中规定应当进行环境影响后评价的项目以及其他可能造成重大环境影响的建设项目。第一类项目不符合后评价的内在要求，容易和环境影响评价制度相冲突，而从立法技术而言，这两类项目也存在外延重合的问题。考虑到我们目前在建设项目监督管理方面已经有环境影响评价制度、"三同时"制度、竣工环保验收制度等，从管理目的出发，环境影响后评价的适用对象首先必须满足后评价的原则要求，即项目应该是已建成并投入生产使用的，同时其范围应该确定为"对环境有重大影响"，即在环境影响评价阶段需要做环境影响报告书的项目。由于项目对环境的影响往往在投入运营后一段时期方会显现，开展环境影响后评价工作也应该在项目正式投入生产使用后一定期限内进行。

（5）明确开展环境影响后评价的项目范围

需要明确的是，不是所有的建设项目都需要进行环境影响后评价。要明确给出应开展环境影响后评价工作的项目范围。这个范围应以《环境影响评价法》第 27 条所规定的内容为基础，适当对后评价定义进行扩展说明，明确后评价的作用是对项目建成后已经产生的环境影响的评估，并使其法律条款化。

可对应进行环境影响后评价的项目或区域进行如下分类：

① 对流域、区域产生重大环境影响的；

② 对资源、环境和生物多样性有重大影响的；

③ 对环境产生长期性、累积性影响的；

④ 环境影响复杂、不确定因素较多的；

⑤ 环境影响已引起社会较大关注的；

⑥ 环境保护主管部门认为有必要开展的。

需要明确的是，现阶段实行环境影响后评价是以改进环境影响评价技术体系、提高环评管理认识水平和决策能力为首要目的，因此要以重点行业典型项目为试点开展环境影响后评价工作，而在大部分的项目中全面开展环境影响后评价会造成巨大的社会经济负担，在现阶段是没有必要的。另外，可将针对规划环评的跟踪评价纳入环境影响后评价体系。

（6）明确环境影响后评价的主要内容

一般认为，项目后评价的主要内容包括目标评价、项目实施过程评价、项目影响评价、项目持续性评价等方面。作为项目后评价的一种类型，环境影响后评价应是在原环境影响报告书的基础上，重点对以下方面进行评价。

① 项目环境影响评价文件、竣工环境保护验收调查/监测文件及批复文件回顾。

② 工程变化及运营情况分析，环境影响因子和要素的变化分析。

③ 环境状况、区域污染源及评价区域环境质量变化的分析。

④ 根据项目环境影响复杂程度、存在的不确定因素等来进行环境影响变化情况分析，特别关注长期性、累积性环境影响，流域、区域的环境影响，以及对资源、环境和生物多样性的影响。

⑤ 对环境影响报告书主要预测结果的验证性评价。

⑥ 对环境保护措施、环境管理与监测计划的有效性进行评价，总结环境保护的成功经验，查找存在的主要环境问题及环保措施的不足，并提出环境保护改进措施及完成时限要求。

⑦ 开展公众参与调查，特别关注已引起社会纷争的环境问题。

⑧ 环境影响后评价结论。即根据调查的真实情况认真总结经验教训，并在此基础上进行分析，得出启示和对策建议，同时应对项目环境保护出现的问题进行认真分析，分清责任。

（7）强化环境影响后评价的法律效力

对于项目后评价来说，它并不仅仅是一个自我纠错的过程，也是对项目的执行过程、效益、作用和影响进行系统的、客观的分析和总结的一项技术经济活动，是对原决策的一个全面的评价，其目的在于客观、公正地评价项目活动成绩和失误的主客观原因，以确定项目决策者、管理者和建设者的工作业绩和存在的问题，从而提高未来的决策水平和管理水平。对于环境影响后评价而言，我们首先应将其制度化，赋予其相应的法律地位，明确环境影响后评价结论应作为建设项目环境管理的重要依据。在评价成果的应用方面，现阶段主要是对项目的环境影响评价进行校正、改进环境管理工作、总结经验教训。在实施一段时期后，环境影响后评价制度已经相对健全并运行良好，则可以适当引入完善环境管理的责任追究机制，即通过环境影响后评价，检讨原评价和项目建设、管理的不足，并明确相关责任：一是原环评单位的责任，二是项目建设单位的责任，三是决策单位即环保部门及相关责任人员的责任。这样既能加强对建设项目环境影响评价工作的监管，也可加强环境影响后评价工作成果的应用。

（8）明确承担环境影响后评价单位的技术能力要求

环境影响后评价不同于环境影响评价和竣工环境保护验收，更多地带有科研性质，因此应选择具有一定科研、技术能力的单位承担，而不应仅仅局限于环境影响评价编制单位的资质范围。目前有一种看法，认为为了保证环境影响后评价结论的客观性和公正性，环境影响评价编制单位不应承担同一个建设项目的环境影响后评价工作。这一观点也有待商榷。因为建设项目的环境影响评价单位，往往掌握了大量的建设项目可研、初设时与环境有关的资料、数据，而环境影响后评价又是一个对工程建设和运行过程影响的评价，项目建设前、运行后的资料、数据缺一不可。因此不允许建设项目环境影响评价编制单位承担其环境影响后评价工作，也就无法充分发挥通过环境影响后评价来反映项目建设和运行所造成的环境影响变化规律的作用。而保证环境影响后评价客观性、公正性的问题，完全可以通过健全的管理考核制度加以解决。

（9）积极组织开展环境影响后评价的试点工作

借鉴环境监理工作开展经验，在重点行业、国家重大建设项目中尽快启动环境影响后评价试点工作，通过一批有影响力的试点工程，探索环境影响后评价技术创新和理论运用，推动环境影响后评价技术规范和政策法规出台，引起全社会对环境影响后评价工作的重视。

第10章 结论与展望

由于高强度人类活动的干扰、建设项目的修建运行，区域/流域生态环境问题不断凸显，但由于区域/流域生态系统自身的复杂性、管理过程的不确定性以及人类认知的局限性使得环境影响后评价在发展过程中存在一定的管理瓶颈。针对上述特点，本书从理论、实践应用及管理建设方面探讨与研究环境影响后评价，促使核实建设项目的环境可行性与时效性，应对未预期的变化和条件，减缓工程对环境的影响为后续工作提供更好的开端，改进环境影响评价程序及方法和项目规划，学习并吸取经验。

10.1 主要结论

10.1.1 理论研究

10.1.1.1 构建了环境影响后评价理论与技术方法体系

在生态学、管理学、经济学等相关理论基础上，一是构建了环境影响后评价理论体系，包括：提出了环境影响后评价概念，即"对建设、运行过程中产生不符合经审批的环境影响评价文件的情形的，项目实施后对环境产生持久性、累积性和无法准确预测的环境影响的建设项目进行环境影响调查与评价，提出补救方案或措施，为完善环境管理技术手段和项目审批决策提供科学依据的方法与制度"；阐释了环境影响后评价的内涵与特征；提出了环境影响后评价的原则、评价范围和评价内容。二是构建了建设项目环境影响后评价技术方法体系，包括：明确了工程分析内容、现状调查与监测的一般要求、内容和方法；凝练了环境影响后评价基本评价方法；提出了环境影响后评价的三大特色评价方法体系，即生态损益评估技术方法、环境保护措施有效性评估技术方法、环境影响后评价适应性管理。

10.1.1.2 构建了三大典型行业的环境影响后评价理论与技术方法体系

（1）水库工程

一是提出了水库生态系统环境影响后评价理论框架，阐释了水库生态系统的概念、结构和演替阶段，从水生生态、消落带生态和陆生生态角度出发构建了水库生态系统环境影响后评价指标集；二是基于工程运行对下游河流廊道生态和非生态要素的影响机制分析结果，从物理、化学与生物因子出发提出了水库下游的影响效应分析方法；三是以河流生态系统健康理论及方法为基础，建立了水库工程生态损益评估技术方法；四是基于国内外环境保护措施的有效性分析成果，构建了适用于国内的环境保护措施有效性评估方法；五是借鉴国外先进经验，建立了适合我国国情的水库工程生态适应性管理理论及技术方法。

（2）煤炭开采工程

一是根据井工煤矿生态环境影响特征，建立了以地表沉陷和累积影响为核心内容的井工煤矿环境影响后评价技术方法；二是提出了以土壤为基础、以土地利用结构变化为过程、以生态系统可持续评价为最终目标的露天煤矿项目环境影响后评价技术方法；三是尝试性地构建了地下水Ⅰ类区和Ⅱ类区环境影响后评价技术，并从评价范围、评价对象、评价内容和方法等方面，分析了地下水环境影响后评价与环境影响评价技术的区别；四是根据井工煤矿特点，对生态系统服务功能价值当量进行了修正，以此为基础提出了井工煤矿生态损益评估技术方法；五是基于采用的环境保护措施特点，提出了煤炭工程的环境保护措施有效性评估方法。

（3）公路工程

一是提出了以"3S"技术为基础的公路建设项目环境影响后评价时空尺度确定原则及方法，明确了公路建设项目环境影响后评价的适宜时空尺度，即公路竣工后的 3～5 年，公路两侧 200～300 m 范围内；二是以环境影响机理分析为基础，构建了工程组成内容环境影响后评价指标体系、陆生生态影响后评价指标体系、声环境影响后评价指标体系、水环境影响后评价指标体系、后评价综合指标体系，并提出了各指标体系量化方法；三是构建了公路工程典型行业的生态损益评估技术方法，提出了生态损益评估量化模型；四是基于采用的环境保护措施特性，构建了公路工程的环境保护措施有效性评估方法。

10.1.2　应用研究

基于构建的环境影响后评价理论方法体系及典型行业的环境影响后评价理论方法体系实践应用于黄河小浪底水库工程、潘三井工煤矿工程、G4 湘潭至耒阳高速公路工程，主要应用研究成果如下。

10.1.2.1　小浪底水库工程环境影响后评价应用实践

（1）水库生态系统环境要素变化

基于水库生态系统的评价方法，依水沙情势、水环境、水温、水生生态、陆生生态、地质灾害等环境要素分析影响：小浪底水库实际调度运用方式变为伏汛、蓄水、凌汛、供水四期，建库后月平均流量变化趋于平缓，径流高峰提前到 6 月，同时水库运行水位对库区中段消落带库岸稳定的影响相对较大；上游来水是小浪底库区污染物的主要来源，库区水质逐步趋于稳定，基本满足Ⅲ类水质要求，其中库区网箱养鱼是水体富营养化的一个重要原因；由于库区水深、水域面积的增加及流速的下降，底栖动物、产漂流性卵鱼类种类及数量减少，小型鱼类及产沉黏性卵鱼类种类及数量明显增加；2010 年相比 1990 年，库区景观类型及斑块数增多，库周植被明显改善，然而在一定程度上对鸟类的栖息地生境产生了负面影响，林鸟有向周边山地转移的趋势。

（2）下游生态水文过程及河道演变变化

① 鉴于水文过程作为最根本的驱动要素，采用 IHA 指标法与 RVA 评价法综合分析长系列生态水文过程的水文节律特征。基于现行管理模式，低流量特别是极端低流量的持续时间减少；高流量发生频率几近自然状态，持续时间增加，峰值流量减少，尚不能充分实现高流量组分的生态学功能；年度小洪水脉冲可以改善下游输沙功能，但尚不能通过小洪

水在洪泛平原上沉积营养物质，同时漫滩洪水的发生概率大大减少。

② 基于河道演变影响分析，小浪底水库调水调沙使黄河下游河道主河槽过流能力由 2002 年试验前的 1 800 m³/s 提高到 4 000 m³/s，小浪底水库修建前所面临的"二级悬河"恶劣形势得到极大的缓解，水库下游河床不断下切，主槽刷深过流能力不断提高。

（3）以生物为目标的水生与陆生生态变化

1）水生生态（鱼类）

鱼类作为水生态系统食物链的顶端生物，结合研究区郑州黄河鲤、鲁豫交界种质资源保护区，确定鱼类生长、繁殖与水文要素间的联系，分析影响。研究发现：20 世纪五六十年代至今，鱼类资源量呈现持续衰减趋势，分析表明泥沙与水质要素制约了鱼类的生长与繁殖，但水文要素是最重要的约束条件；同时调水调沙期间，高含沙水流（泥沙含量急剧增加、水质下降、溶解氧减少）导致鱼类种类减少，可捕获资源量减少。综合分析，水资源量的衰减是制约鱼类生长的关键要素，稳定的河道自然径流量最适宜鱼类的生长与繁殖需求。

2）陆生生态（鸟类）

下游河流湿地：据 2012—2013 年及近几年实地调查，结合查阅文献记载，鸟类数量有所增加，种类数达到 229 种隶属于 16 目 52 科。现阶段下，流量大于 7 014 m³/s，对沿岸湿地进行漫滩补水难以实现，因此，天然降水与地下水侧渗是沿岸湿地补水的主要方式。

黄河三角洲湿地：依据 2012—2013 年越冬季实地调查，结合查阅文献记载，黄河三角洲自然保护区鸟类达 296 种，隶属于 19 目 59 科。现阶段下，初步遏制了三角洲退化湿地区域植被逆向演替趋势；利津站年径流量不能稳定满足《黄河流域综合规划》中生态流量的要求；2008—2011 年累计补水量为 1.3 亿 m³，远远低于《黄河流域综合规划》提出的年度 3.5 亿 m³ 补水要求。

（4）生态损益评估

基于构建的水库工程生态损益评估指标体系，从正效益、负效益两个角度进行损益分析，计算研究结果表明：自建库至 2012 年，小浪底工程带来了巨大的生态效益，同时由于水库淹没、水土流失、水库淤积及移民问题又对生态造成了一定程度的损失。总体上来看，小浪底工程的生态效益大于生态成本。

（5）环境保护措施有效性评估

基于小浪底水库调度目标的评估，小浪底水库创造了较好的防洪、防凌、减淤、供水与灌溉条件，发挥了重要的作用。基于下游敏感保护目标，调水调沙对鱼类种类及数量产生了负面影响，现阶段尚不能满足下游河流湿地与三角洲湿地的生境需求。

（6）大坝下游生态适应性管理

基于构建的水库工程生态适应性管理理论方法体系，制定关键生态-水文联系及关键时期调整管理目标，制定相应的生态-水文过程管理方案，其中花园口、高村与利津断面适宜年最小生态径流总量分别是 265.7 亿 m³、219.9 亿 m³、115.6 亿 m³；调水调沙期间 6 月花园口、高村、利津断面适宜最小生态流量分别是 1 743 m³/s、1 389 m³/s、1 231 m³/s；调水调沙期间 7 月花园口、高村、利津断面适宜最小生态流量分别是 1 093 m³/s、1 071 m³/s、1 376 m³/s。基于计算研究建议：适度提高供水灌溉期与凌汛期的下泄流量；适度调整调水调沙洪峰的上升与回落速度，减缓冲击对水生生物带来的负面影响；改善黄河三角洲工程性补水设施。

10.1.2.2 潘三井工煤矿工程环境影响后评价应用实践

（1）地表沉陷及累积影响评价

采用新技术进行遥感的采集与处理，结合实地调查，对潘三矿井及影响区 1987 年、1991 年、1996 年、2001 年、2006 年（雨季）和 2007 年土地利用覆被进行计算分析，结果表明：① 由于煤矿开采的沉陷及工程建设运行占地影响，1987—2007 年，耕地、有林地和水利设施占地减少，基本向水面、居民与工矿用地、交通道路用地和未利用地等转化。② 耕地面积的变化比较明显，从开发前的 106.28 km² 减少到目前的 88.50 km²。③ 水面面积有明显增加，河流、坑塘等永久水面增加了 5.82 km²，季节性水面（可用未利用地表示）增加了 8.99 km²，经过分析计算开采万吨煤造成永久积水 1.75 亩。

（2）地下水环境影响后评价

根据潘三矿 2003—2007 年地面水文钻孔动态观测结果，结合 1984—2007 年潘三矿矿井涌水量资料，分析潘三矿煤炭开采对地下水水位和水量的影响。经研究表明：

① 随着煤炭开采水位的持续下降，同时伴随井下疏干排水，会造成地下水资源的直接损失，矿井涌水量呈现年度衰减趋势。然而由于工农业生产和生活主要源于地表水，因此矿井水的疏干排放和煤系地层地下水位的局部下降并没有给当地的经济社会发展造成太大的影响。

② 由于潘三矿井处于亚热带与暖温带过渡带，降雨量丰富、水系发达，浅层地下水受河流补给作用强，因此潘三矿井的局部区域内水井水位、水量并未发生明显变化。

③ 由于区域沉陷裂缝的原因导致地表泥浆水渗入浅层地下水，对局部村庄居民的水质产生一定的负面影响；同时排矸场周围浅层地下水水质也并没有明显受到矸石淋溶水的影响，基本满足饮用水卫生标准要求。

（3）生态损益评估

鉴于数据的限制，选定 1987—2007 年数据进行分析。2006 年交通用地几乎是 1987 年的 2 倍。1987—1991 年的增长率为 27.5%，1991—1996 年的增长率为 9.6%，1996—2001 年的增长率为 25.3%，2001—2006 年的增长率为 2.3%。在土地利用结构变化分析的基础上对生态服务功能价值进行评价，结果表明，1987—2007 年，潘三煤矿的开采造成 150 431.71 万元的生态损失。

（4）环境保护措施有效性评估

基于潘三矿井 1990 年环评，环境保护措施主要从扬尘、废水排放与噪声污染方面来阐释：① 矸石周转场和储煤场的扬尘治理效果有限，且下风向粉尘超标仍比较严重，洒水降尘措施的效果远远不可能达到全封闭或设防风抑尘网的刚性措施。② 废水处理方面完全落实了 1990 年环评提出措施，建成了矿井水一级沉淀和二级过滤两级处理设施，但实际运行中因二级过滤系统的设备存在问题停用，经监测矿井水出水 SS 和 COD 指标不能满足《煤炭工业污染物排放标准》（GB 20426—2006）中的生产线排放限值要求，2004 年改扩建环评中针对矿井水处理站提出更换部分设备的建议。③ 基于 1990 年环评，基本落实了消声措施和隔振措施，但吸声处理措施基本没有实施，隔声措施也仅采取一般的房屋建筑隔声措施；环评中提出的噪声控制措施可操作性差、加之企业的重视程度低，导致噪声的落实情况差。基于实际监测数据，综合来看矿井运行产生的噪声对周围的环境影响甚小。

10.1.2.3　G4 湘潭至耒阳高速公路环境影响后评价应用实践

（1）环境要素（水、声、气等）后评价

① 评价尺度：基于景观、声环境评价指数等分析，确定 G4 湘潭至耒阳高速公路在公路竣工后 3～5 年开展环境后评价，景观要素的评价尺度以公路两侧 200 m 范围为宜，声环境、水环境评价尺度以公路中心线 200 m 范围为宜。

② 声环境：在工程竣工验收后、验收后 3～5 年、验收后 5～7 年的三个时间段内，声环境评价指数先上升后稳定，伴随公路运营时间的增加沿线声环境状况趋于稳定。

③ 生态系统结构与功能：随着公路运营时间的增加，公路对植被、生态系统结构、生态系统功能的影响度逐渐下降，沿线生态系统趋于稳定。

④ 水环境：公路建设通车后水环境影响已经产生，并且随着时间的推移，影响并未发生明显的变化。

（2）环境影响经济损益评估

环境影响经济损益评估中采用物质量与价值量评估相结合的方法。从水生生态系统来看，渔业生产功能、吸收 CO_2、释放 O_2 等功能在 1993—2009 年间均呈逐年增加趋势。从陆生生态系统中来看，农业生产功能在 2001 年出现明显下降，2007 年、2009 年开始恢复；林业生产功能、林地吸收 CO_2、滞尘以及侵蚀控制功能均呈逐年下降趋势，但降幅不大。

（3）环境保护措施有效性评估

基于现状现场调查和分析，公路沿线生态防护措施整体比较完善，恢复效果较好，但在景观效果方面仍存在不足；个别取弃土场的恢复效果欠佳，部分边坡上植被出现枯萎现象；根据沿线污水处理设施运行效果良好，建宁停车区和耒阳服务区污水各项监测因子均达标。

10.1.3　管理建设

对建设项目进行环境管理的目的是实现项目的建设、运行与环境保护的协调统一。要实现这一目的，就要在建设项目的决策、建设、竣工、投入使用的各个环节和时期充分有效地运用环境管理的各种手段，在发挥建设项目在国家社会和经济建设中作用的同时，降低、减缓其对环境的影响，实现建设项目运行中经济、社会与环境保护协调发展的目标。

建立并完善建设项目环境影响后评价工作是建设项目环境管理内容的重要延伸，是实现对建设项目全过程环境管理不可或缺的重要步骤。通过进行环境影响后评价，一是核查其实际对环境造成的影响，检查评价其相应的环境管理工作水平，如环境管理的体系、机制、机构、规章制度、运行状况，实际效果等；二是提出进一步加强建设项目运营期环境管理的措施要求，弥补环评阶段的不足，不断完善环境管理工作。

党的十八大明确提出了建设生态文明新要求。这一要求，紧密结合了我国当前经济社会发展面临的客观形势，具有强烈的历史纵深感。习近平总书记强调，绝不以牺牲环境为代价去换取一时的经济增长，绝不走"先污染后治理"的路子。建立、健全环境影响后评价制度，进一步完善我国的环境管理理论与方法，充分发挥环境影响后评价在环境管理中的作用，正是落实这一要求的重要举措。

随着环境影响后评价工作的不断推进，环境影响后评价必将更加制度化和规范化，我国环境影响评价体系将更加完善，并在环境保护工作中发挥更加积极的作用。

10.2 展望

① 尽快推进环境影响后评价管理制度的建立，促进环境影响后评价在环境管理中的作用。随着环境影响评价工作的深入，针对建设项目的环境影响回顾评价、环境影响后评价也逐步得到开展，在评价技术方法、制度建设方面都进行了积极探索。本次研究进一步完成了环境影响后评价管理办法（初稿），并对环境影响后评价制度进行了有益积极探讨，对推进环境影响后评价提出了建议。适时推出环境影响后评价管理制度，规范环境影响后评价，对于促进建设项目运行期环境管理，具有重要的意义。

② 建立环境影响后评价技术标准，完善环境影响评价技术标准体系。环境影响后评价作为环境影响评价的组成部分，建立环境影响后评价技术总体技术规范和分行业技术规范，不仅可以指导环境影响后评价的开展，而且对丰富和形成环影响评价技术标准体系具有非常重要的意义。

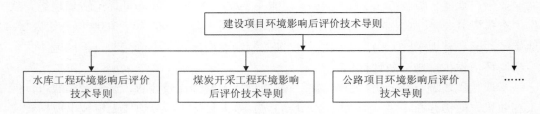

环境影响评价技术标准体系示例

③ 加强建设项目运行期环境监测体系建设，为环境影响后评价建立科学数据基础。科学的生态环境监测数据是开展环境影响后评价工作的基础，特别是对长期性、累积性生态影响的项目，长期、系统覆盖影响区域或流域的环境监测数据，是评价工程作用下生态环境系统演化的依据。以美国、加拿大等发达国家为代表的环境影响后评价工作，主要内容均为项目实施前后长序列持续环境及生态监测数据的对比分析。而我国建设项目运行期普遍存在生态环境监测资料的不足或缺失，主要表现在项目竣工验收完成一段时间后，针对工程影响范围内系统、完整、全要素的监测基本上没有开展，特别是对一些具有区域性、流域性影响的控制性工程，科学数据的缺失，使得工程建设前后生态环境影响演变的对比实证研究难以开展。因此，建议在环境影响评价阶段、工程竣工环境保护验收阶段等环境保护技术文件中要明确不同阶段、可操作的环境监测与管理计划，特别是对运行期的生态环境监测要素、监测空间范围、监测频率、监测期等予以明确。

④ 加大开展环境保护措施的生态保护效果的评价工作。在系统积累环境监测数据的基础上，加大开展生态环境保护措施有效性的评价，并开展适应管理研究，对生态环境保护措施进行纠偏，以达到保护生态和促进工程效益的"双赢"。环境影响评价中环境保护措施为建设项目防治环境污染、生态破坏提供了重要技术支持，这些措施在流域、区域生态保护中的作用与效果是环境影响后评价中的内容，这些评价是改善环境保护措施效果的基础、生态环境保护的适应性管理的依据。但目前关于生态、环境保护措施效果的评估主要

集中在施工期，而对运行期中涉及长期生态影响的保护措施的评价，在技术方法上亟待完善，应针对在生态环境影响中提出的野生动植物物种多样性保护、栖息地多样性保护等生态影响缓减、补偿等措施效果的评价技术、方法开展研究。开展生物通道的设置、生境影响缓减补偿、生物迁地保护、河流生态流量、水陆生态修复等措施效果评价的专项研究，为促进环境影响评价技术提供技术支持。

⑤ 应用新理论、新技术、新方法，丰富和提高环境影响后评价技术与方法。技术的发展为环境影响评价提供了重要的技术手段和方法，如卫星遥感和无人机遥感技术在生态环境调查中的应用，生物（鱼类）行为标记等技术的应用，生态水文学等理论的发展与应用。这些理论技术方法的应用，将为生态环境演化的评价、生态保护措施的效果评估提供重要的工具，对于认识工程的真实影响具有重要的作用。

⑥ 进一步深化生态损益评价理论与方法研究。国家正在推进生态环境损害成本和修复效益的工作，完善对重点生态功能区的生态补偿机制，推动地区间建立横向生态补偿制度。因此，深化生态损益评价理论与方法研究，开展建设项目全生命周期的生态损益评价，不仅是环境影响后评价内容与技术的需求，也是实现建设项目生态补偿的需求。未来对生态产品价值的评估技术与方法，特别是对生物多样性价值的评估，生态系统及功能的变化的损益评估等方面需要深化研究。

⑦ 推动流域尺度、区域尺度的累积影响后评价。相同或不同类型的开发建设活动对流域或区域环境的累积影响一直是环境影响评价关注的热点，近年来复合型环境污染、生态破坏带来的环境问题不断暴发，在开展单一项目环境影响后评价的同时，也应积极探索区域和流域开发活动的累积影响，对于开展梯级水电开发环境影响评价工作可以从流域的层面，统筹区域发展，协调人与自然发展关系，识别开发带来的真实环境问题，总结经验教训，提出合理的防治对策措施，从而可以为流域开发和环境保护协调发展提供科学的理论依据。

参考文献

[1] 梁鹏，陈凯麒，苏艺，等．2013．我国环境影响后评价现状及其发展策略[J]．环境保护，41（1）：35-37.

[2] 张三力．1998．项目后评价[M]．北京：清华大学出版社．

[3] 辛侨．2007．建设项目后评价研究[D]．广州：广东工业大学．

[4] Olsson N O E，Krane H P，Rolstadås A，et al. 2010. Influence of reference points in expost evaluations of rail infrastructure projects[J]. 17（4）：251-258.

[5] Pilavachi P A，Dalamaga T，Rossetti Di Valdalbero D，et al. 2008. Ex-post evaluation of European energy models[J]. Energy Policy，36（5）：1726-1735.

[6] Choudhary A K，Oluikpe P I，Harding J A，et al. 2009. The needs benefits of Text Mining applications on Post-Project Reviews[J]. Computers in Industry，60（9）：728-740.

[7] Anbari F T，Carayannis E G，Voetsch R J. 2008. Post-project reviews as a key project management competence[J]. Technovation，28（10）：633-643.

[8] Van den Broek R，Lemmens L. 1997. Rural electrification in Tanzania: Constructive use of project appraisal[J]. Energy Policy，25（1）：43-54.

[9] O'Faircheallaigh C. 2007. Environmental agreements，EIA follow-up aboriginal participation in environmental management：The Canadian experience[J]. Environmental Impact Assessment Review，27（4）：319-342.

[10] Tetteh I，Awuah E，Frempong E. 2006. Post-project analysis：The use of a network diagram for environmental evaluation of the Barekese Dam，Kumasi，Ghana[J]. Environmental Modeling Assessment，11（3）：235.

[11] Becker V，Caputo L，Ordóñez J，et al. 2010. Driving factors of the phytoplankton functional groups in a deep mediterranean reservoir[J]. Water Research，44（11）：3345-3354.

[12] 吴照浩．2003．环境影响后评价的作用及实施[J]．污染防治技术，（3）：27-30.

[13] 吴丽娜，沈毅，王红瑞，等．2004．公路建设项目环境影响后评价初探[J]．交通环保，（1）：1-5.

[14] 沈毅，吴丽娜，王红瑞，等．2005．环境影响后评价的进展及主要问题[J]．长安大学学报：自然科学版，25（1）：56-59.

[15] 袁富琼．2012．铁路生态环境影响后评价指标体系及量化模型的研究[D]．成都：西南交通大学．

[16] 陈若缇．2006．水坝工程环境影响后评价与环境资源价值损失核算[D]．杨凌：西北农林科技大学．

[17] 李蓉．2005．日本大坝工程评价[J]．水利水电快报，26（11）.

[18] Hardiman N，Burgin S. 2010. Recreational impacts on the fauna of Australian coastal marine ecosystems[J]. Journal of Environmental Management，91（11）：2096-2108.

[19] Oblinger J A，Moysey S M J，Ravindrinath R，et al. 2010. A pragmatic method for estimating seepage losses for small reservoirs with application in rural India[J]. Journal of Hydrology，385（1-4）：230-237.

[20] 高淑慧，张树礼，贾志斌，等．2011．煤炭开发建设项目环境影响后评价初步研究[J]．北方环境，23：161-163.

[21] 王丽．2011．矿山采选类项目环境影响后评价研究[D]．开封：河南大学．

[22] 邱戈冰．2006．海洋石油开发工程环境影响后评价研究[D]．青岛：中国海洋大学．

[23] 白鸿莉．2004．开展水利工程建设项目后评价的意义[J]．山西水利科技，（1）：72-74.

[24] 蔡文祥，朱剑秋，周树勋．2007．环境影响后评价的最新进展与建议[J]．环境污染与防治，29（7）：548-551.

[25] 沈毅，吴丽娜，王红瑞，等．2005．环境影响后评价的进展及主要问题[J]．长安大学学报：自然科学版，25（1）：56-59.

[26] 刘华．2006．水电工程项目环境影响后评价探讨[J]．科教文汇，（11）：112-113.

[27] 张飞涟．2004．铁路建设项目后评价理论与方法的研究[D]．长沙：中南大学．

[28] Anbari F T，Carayannis E G，Voetsch R J. 2008. Post-project reviews as a key project management competence[J]. Technovation，28（10）：633-643.

[29] Angela T B，David D H. 2005. Modifying dam operations to restore rivers：Ecological responses to Tennessee river dam mitigation[J]. Ecological Applications，15（3）：997-1008.

[30] Ashraf M，Kahlown M A，Ashfaq A. 2007. Impact of small dams on agriculture groundwater development：A case study from pakistan. Agr Water Manage，92（1-2）：90-98.

[31] Backman T W H，Evans A F，Robertson M S，et al. 2002a. Gas bubble trauma incidence in juvenile salmonids in the lower Columbia and Snake Rivers[J]. North American Journal of Fisheries Management，22，965-972.

[32] Backman T W H，Evans A F. 2002b. Gas bubble trauma incidence in adult salmonids in the Columbia River Basin[J]. North American Journal of Fisheries Management，22：579-584.

[33] Barry W M. 1990. Fishways for Queensland coastal streams：An urgent review[A]//Proceedings of the International Symposium on Fishways'90，Gifu，Japan.

[34] Bechara J A，Domitrovic C F，Quintana J P，et al. 1996. The effect of gas supersaturation on fish health below Yacyreta Dam（Parana River，Argentina）[A]//Leclerc M，Capra H，Valentin S，et al. Second International Symposium on Habitat Hydraulics. Québec，Canada. INRS Publisher.

[35] Becker V，Caputo L，Ordóñez J，et al. 2010. Driving factors of the phytoplankton functional groups in a deep mediterranean reservoir[J]. Water Res，44（11）：3345-3354.

[36] Bednarek A T. 2001. Undamming rivers：A review of the ecological impacts of dam removal[J]. Environmental Management，27：803-814.

[37] Bell M C，Delacy A C. 1972. A compendium on the survival of fish passing through spillways and conduits[J]. Report Fish. Res. Prog.，U. S. Army Corps of Eng.，North Pacific Div.，Portland，Oregon，USA.

[38] Benson J F，Willis K G. 1993. Valuing informal recreation on the forestry commission estate[J]. Quarterly

Journal of Forestry，16（3）：63-65.

[39] Bjorklund J，Limburg K，Rydberg T. 1999. Impact of production intensity on the ability of the agricultural landscape to generate ecosystem services：An example from Sweden[J]. Ecological Economics，29：269-291.

[40] Block W M，Brennan L A. 1993. The habitat concept in ornithology：Theory applications[J]. Current Ornithology，11：35-91.

[41] Bohlen C，Lewis L Y. 2009. Examining the economic impacts of hydropower dams on property values using GIS[J]. J Environ Manage，Supplement 3：S258-S269.

[42] Bolund P，Hunhammar S. 1999. Ecosystem services in urban areas[J]. Ecological Economics，29：293-301.

[43] Cairns J Jr. 1991. The status of the theoretical and applied science of restoration ecology[J]. The Environmental Professional，13：186-194.

[44] Carins J. 1997. Protecting the delivery of ecosystem services[J]. Ecosystem Health，3（3）：185-194.

[45] Charles G，Kurt S，Leonard S. 2006. The role of ecosystem valuation in environmental decision making：Hydropower relicensing dam removal on the Elwha River[J]. Ecological Economics，56：508-523.

[46] Chen R. 2009. RFM-based eco-efficiency analysis using Takagi-Sugeno fuzzy AHP approach[J]. Environmental Impact Assessment Review，29（3）：157-164.

[47] Costanza R. 1997. The value of the world ecosystem services natural capital[J]. Nature，389：253-260.

[48] Daily G C. 1997. Nature's services：Societal dependence on natural ecosystems[M]. Washington D C：Island Press.

[49] DellaNoce D. 2010. Three gorges dam conflict views analysis. 28.

[50] Hovhanissian R，Gabrielyan B. 2000. Ecological problems associated with the biological resource use of lake sevan，armenia[J]. Ecological Engineering，16（1）：175-180.

[51] Ebel W J. 1977. Major passage problems and solutions//Schwiebert E. Columbia River Salmon and Steelhead. Proceedings of the AFS Symposium held in Vancoucer，Special Publication N010. American Fisheries Society，Washington D C，USA.

[52] Faircheallaigh C. 2007. Environmental agreements，EIA follow-up aboriginal participation in environmental management：The Canadian experience[J]. Environmental Impact Assessment Review，27（4）：319-342.

[53] Garric J，Migeon B，Vindimian E. 1990. Lethal effects of draining on brown trout：A predictive model based on field and laboratory studies[J]. Water Research，24（1）：59-65.

[54] H T Odum. 1981. Energy basis for man nature[M]. New York：McGraw-Hill.

[55] Hardiman N，Burgin S. 2010. Recreational impacts on the fauna of Australian coastal marine ecosystems[J]. Journal of Environmental Management，91（11）：2096-2108.

[56] He T，Feng X，Guo Y，et al. 2008. The impact of eutrophication on the biogeochemical cycling of mercury species in a reservoir：A case study from hongfeng reservoir，Guizhou，China. Environ Pollut，154（1）：56-67.

[57] Holder J，Ehrlich P R. 1974. Human population and global environment[J]. American Scientist，62：282-297.

[58] Holling C. 1978. Adaptive Environmental Assessment Management[M]. New York：John Wiley Sons.

[59]　Holmund C，Hammer M. 1999. Ecosystem services generated by fish populations[J]. Ecological Economics，29：253-268.

[60]　Hutto R L. 1985. Habitat selection by nonbreeding，migratory lbirds[A]//Cody M L. Habitat selection in birds[M]. Orlando，Florida：Academic Press Inc：455-476.

[61]　Jianguo W，Jianhui H，Xingguo H，et al. 2004. The Three Gorges Dam: An ecological perspective[J]. Front Ecol. Environ.，2（5）：241-248.

[62]　Johnson W. 1992. Dams riparian forests：Case study from the upper Missouri River[J]. Rivers，3（4）：229-242.

[63]　Koutsos T M，Dimopoulos G C，Mamolos A P. 2010. Spatial evaluation model for assessing mapping impacts on threatened species in regions adjacent to natura 2 000 sites due to dam construction[J]. Ecol Eng，36（8）：1017-1027.

[64]　Lauterbach D，Leder A. 1969. The influence of reservoir storage on statistical peak flows[M]. IASH Pub. 85：821-826.

[65]　Ligon F，Dietrich W，Trush W. 1995. Downstream ecological effects of dams[J]. Bioscience，45：183-192.

[66]　Lutz D S. 1995. Gas supersaturation and gas bubble trauma in fish downstream of a Midwestern reservoir[J]. Trans. Am. Fish. Soc.，124：423-436.

[67]　Magilligana F J，Nislow K H. 2005. Changes in hydrologic regime by dams[J]. Geomorphology，71：61-78.

[68]　Mallen-Cooper M，Harris J. 1990. Fishways in Mainland South-Eastern Australia[J]//Proceedings of the International Symposium on Fishways'90. 221-230.

[69]　Mallik A U，Richardson J S. 2009. Riparian vegetation change in upstream downstream reaches of three temperate rivers dammed for hydroelectric generation in British Columbia，Canada[J]. Ecol Eng，35（5）：810-819.

[70]　March P A，Fisher R K. 1999. It's not easy being green: Environmental technologies enhance conventional hydropower's role in sustainable development[J]. Annual Review of Energy and the Environment，24：173-188.

[71]　Mathews R，Richter B D. 2007. Application of the Indicators of Hydrologic Alteration Software in Environmental Flow Setting[J]. Journal of the American Water resources Association，43（6）：1400-1413.

[72]　Mccully P. 1996. Silenced River[M]. London：Zed Books Ltd：100-130.

[73]　Morawitz D F，Blewett T M，Cohen A，et al. 2006. Using NDVI to assess vegetative land cover change in central Puget Sound[J]. Environmental Monitoring and Assessment，114：85-106.

[74]　Nichols S，Norris R，Maher W，et al. 2006. Ecological effects of serial impoundment on the Cotter River，Australia[J]. Hydrobiologia，572（1）：255-273.

[75]　Oblinger J A，Moysey S M J，Ravindrinath R，et al. 2010. A pragmatic method for estimating seepage losses for small reservoirs with application in rural India[J]. Journal of Hydrology，385（1-4）：230-237.

[76]　O'Faircheallaigh C. 2007. Environmental agreements，EIA follow-up aboriginal participation in environmental management：The Canadian experience[J]. Environmental Impact Assessment Review，27（4）：319-342.

[77]　Pearce D. 1998. Auditing the Earth[J]. Environment，40（2）：23-28.

[78]　Pérez-Díaz J I，Wilhelmi J R. 2010. Assessment of the economic impact of environmental constraints on

short-term hydropower plant operation[J]. Energy Policy，38（12）：7960-7970.

[79] Piao S L，Fang J Y，Ji W，et al. 2004. Variation in a satellite-based vegetation index in relation to climate in China[J]. Journal of Vegetation Science，15：219-226.

[80] Pilavachi P A，Dalamaga T，Rossetti Di Valdalbero D，et al. 2008. Ex-post evaluation of European energy models[J]. Energy Policy，36（5）：1726-1735.

[81] Pimentel D. 1995. Environmental economic costs of soil erosion conservation benefits[J]. Science，267：1117-1123.

[82] R Costanza. 1981. Integrating economics ecology for improved evaluation of alternative technologies[A]//M T Brown，H T Odum. Research needs for a basic science of the system of humanity nature appropriate technology for the future[C]. Energy Analysis Workshop，Center for Wetlands of Florida at Gainesville：62-63.

[83] Raush D L，Heinemann H G. 1975. Controlling trap efficiency[J]. Trans. Am. Soc. Agric. Eng.，18：1105-1113.

[84] Richter B D. 1997. How much water does a river need[J]. Freshwater Biology，37：231-249.

[85] Richter B D，Baumgartner J V，Powell J，et al. 1996. A method for assessing hydrologic alteration within ecosystems[J]. Conservation Biology，10（4）：1163-1174.

[86] Sampson R N. 1992. Forestry opportunities in the United States to mitigate the effects of global warming[J]. Water，Air Soil Pollction，64：83-120.

[87] Sauls H B，Sauls M，Fischer T. 2003. Justifying your textile or apparel digital asset management（dam）system investment[J]. Aatcc Review，3（5）：39-40.

[88] Scheifhacken N，Horn H，Paul L. 2010. Comparing in situ particle monitoring to microscopic counts of plankton in a drinking water reservoir[J]. Water Res，44（11）：3496-3510.

[89] Schilt C R. 2007. Developing fish passage and protection at hydropower dams[J]. Applied Animal Behaviour Science，104：295-325.

[90] Sciewe M H. 1974. Influence of dissolved atmospheric gas on swimming performance of juvenile chinook salmon[J]. Trans. Am. Fish. Soc.，103：717-721.

[91] Shiau J T，Wu F C. 2006. Compromise programming methodology for determining instream flow under multi-objective water allocation criteria[J] Journal of the American Water Resources Association，42（5）：1179-1191.

[92] Straskraba M，Tundisi J G，et al. 1999. Guidelines of lake management：Reservoir water quality management[M]. International Lake Environment Committee.

[93] Tetteh I，Awuah E，Frempong E. 2006. Post-project analysis：The use of a network diagram for environmental evaluation of the Barekese Dam，Kumasi，Ghana[J]. Environmental Modeling Assessment，11（3）：235.

[94] Tullos D. 2009. Assessing the influence of environmental impact assessments on science policy：An analysis of the three gorges project[J]. J Environ Manage，90（Supplement 3）：S208-S223.

[95] Xiaoyan L，Shikui D，Qinghe Z，et al. 2010. Impacts of manwan dam construction on aquatic habitat community in middle reach of lancang river[J]. Procedia Environmental Sciences，2：706-712.

[96] UNEP. 1991. Guidelines for the preparations of country studies on costs，benefits and unmet needs of

biological diversity conservation within the framework of the planned convention on biological diversity, Niobe, United National Environmental Program.

[97] Veltrop J A. 1998. 三峡工程和环境——以国际大坝委员会的环境经验和指南论三峡工程[J]. 水利水电快报, 19 (12): 26-31.

[98] W E Rees. 1992. Ecological footprints appropriated carrying capacity: What urban economics leaves out[J]. Environment Urbanization, 4 (2): 121-130.

[99] Walters C J. 1986. Adaptive management of renewable resources[M]. New York: Macmillan.

[100] Weiland L K, Mesa M G, Maule A G. 1999. Influence of infection with Renibacterium salmoninarum on susceptibility of juvenile spring chinook salmon to gas bubble trauma[J]. J. Aquat. Anim. Health, 11: 123-129.

[101] Westman W E. 1977. How much are nature's services worth? [M]. Science: 960-964.

[102] Williams W D. 1998. Guidelines of lake management: Management of inland saline waters[M]. International Lake Environment Committee.

[103] WRDMAP. 2010. Other climate change adaptation requirements in the Water Sector. 15 th April 2010.

[104] Xu Z, Sun Y, Dong Q, et al. 2010. Predicting the height of water-flow fractured zone during coal mining under the Xiaolangdi reservoir[J]. Mining Science Technology (China), 20 (3): 434-438.

[105] Yanmaz A M, Gunindi M E. 2003. Capacity benefit-cost relation for concrete gravity RCC Dams[R]. World Water Environmental Resources Congress: 88-96.

[106] Yi Y, Wang Z, Yang Z. 2010a. Impact of the gezhouba three gorges dams on habitat suitability of carps in the Yangtze River[J]. J Hydrol, 387 (3-4): 283-291.

[107] Yi Y, Yang Z, Zhang S. 2010b. Ecological influence of dam construction river-lake connectivity on migration fish habitat in the Yangtze River basin, China[J]. Procedia Environmental Sciences, 2: 1942-1954.

[108] Zeng H, Song L, Yu Z, et al. 2006. Distribution of phytoplankton in the three-gorge reservoir during rainy dry seasons[J]. Sci Total Environ, 367 (2-3): 999-1009.

[109] Zhai S, Hu W, Zhu Z. 2010. Ecological impacts of water transfers on lake Taihu from the Yangtze River, China[J]. Ecol Eng, 36 (4): 406-420.

[110] Zhang J, Feng X, Yan H, et al. 2009. Seasonal distributions of mercury species their relationship to some physicochemical factors in puding reservoir, Guizhou, China[J]. Sci Total Environ, 408 (1): 122-129.

[111] Zhengjun W, Jianming H, Guisen D. 2008. Use of satellite imagery to assess the trophic state of miyun reservoir, Beijing, China[J]. Environ Pollut, 155 (1): 13-19.

[112] 白音包力皋, 许凤冉, 陈兴茹, 等. 2012. 小浪底水库排沙对下游鱼类的影响研究[J]. 水利学报, 43 (10): 1146-1153.

[113] 毕绪岱, 杨永辉, 许振华. 1998. 河北省森林生态经济效益研究[J]. 河北林业科技, (1): 1-5.

[114] 蔡大应, 郑利民, 何宏谋, 等. 2007. 黄河下游引黄涵闸引水能力分析.

[115] 蔡晓明. 2000. 生态系统生态学[M]. 北京: 科学出版社.

[116] 曹红军. 2006. 建设项目环境影响经济损益分析研究[J]. 电力环境保护, 22 (2): 45-47.

[117] 曾贤刚. 2003. 环境竞争力: 我国出口企业面临的新挑战[J]. 开放导报, 12.

[118] 陈安安, 孙林, 胡北, 等. 2011. 近 10 年黄土高原地区 NDVI 变化及其对水热因子响应分析[J]. 水土保持通报, 31 (5): 215-219.

[119] 陈建国, 周文浩, 陈强. 2012. 小浪底水库运用十年黄河下游河道的再造床[J]. 水利学报, 43 (2): 127-135.

[120] 陈建国, 周文浩, 等. 2010. 黄河下游河道萎缩的水力学背景[R]. 北京: 中国水利水电科学研究院.

[121] 陈晓年, 李颖, 张威奕. 2010. 大型水电工程的社会经济影响及生态环境影响分析[J]. 中国农村水利水电, (11): 161-163.

[122] 陈煦江, 秦冬梅. 2003. 环境损失的计量方法构架初探[J]. 财会月刊, (A8): 10-11.

[123] 陈仲新, 张新时. 2000. 中国生态系统效益的价值[J]. 科学通报, 45 (1): 17-22.

[124] 程进豪, 王静. 2005. 黄河下游河道水温变化对凌汛影响分析[J]. 水利建设与管理, (4): 81-82.

[125] 董全. 1999. 生态功益: 自然生态过程对人类的贡献[J]. 应用生态学报, 10 (2): 66-73.

[126] 董哲仁. 2009. 河流生态系统研究的理论框架[J]. 水利学报, (2): 129-137.

[127] 杜蕴慧, 吴赛男, 隋欣, 等. 2012. 水电工程生态损益评估技术方法初探[J]. 中国水能及电气化, 7: 8-14.

[128] 付健, 安催花, 万占伟, 等. 2011. 小浪底水库 2000—2006 年运用效果分析[J]. 人民黄河, 33 (9): 11-13.

[129] 傅伯杰, 周国逸, 白永飞, 等. 2009. 中国主要陆地生态系统服务功能与生态安全[J]. 地球科学进展, 6: 571-576.

[130] 傅小城, 叶麟, 徐耀阳, 等. 2010. 黄河主要水系水环境与底栖动物调查研究[J]. 生态科学, (1): 1-7.

[131] 高俊杰, 杨勋兰, 穆伊舟, 等. 2011. 小浪底水库富营养化预防对策[J]. 人民黄河, 12: 42-44.

[132] 郭铌. 2003. 植被指数及其研究进展[J]. 干旱气象, (4): 71-75.

[133] 郭乔羽. 2003. 大型水库工程生态影响后评价[D]. 北京: 北京师范大学.

[134] 韩博平. 2010. 中国水库生态学研究的回顾与展望[J]. 湖泊科学, (2): 151-160.

[135] 韩其为. 2008. 小浪底水库初期运用及黄河调水调沙研究[J]. 泥沙研究, (3): 1-18.

[136] 韩其为. 2009. 小浪底水库淤积与下游河道冲刷的关系——"黄河调水调沙的根据、效益和巨大潜力"之六[J]. 人民黄河, (4): 1-3.

[137] 郝芳华, 杨志峰. 2002. 黄河小浪底水利枢纽工程竣工验收环境影响调查报告[R]. 北京师范大学环境科学研究所.

[138] 何敦煌. 2001. 谈生态价值及相关问题[J]. 未来与发展, (4): 29-33.

[139] 何毅. 2011. 黄河干流径流量和输沙量阶段性分析[J]. 地下水, (6): 142-144.

[140] 贺庆棠, Baumqartner A. 1986. 中国植被的可能生产力: 农业和林业的气候产量[J]. 北京林业大学学报, (2): 84-98.

[141] 侯锐. 2006. 水电工程生态效应评价研究[D]. 南京: 南京水利科学研究院.

[142] 黄河勘测规划设计有限公司. 2009. 小浪底水库拦沙初期运用分析评估报告[R].

[143] 黄河流域水资源保护局. 2010. 黄河小浪底、西霞院水库富营养化趋势分析及预防对策研究.

[144] 黄河水利科学研究院. 2006. 黄河下游引黄涵闸引水能力分析调研资料.

[145] 黄河水利科学研究院. 2007. 2006—2007 年度咨询及跟踪研究[R]. 郑州: 黄河水利科学研究院.

[146] 黄河水利科学研究院. 2011. 2008 黄河河情咨询报告[M]. 郑州: 黄河水利出版社.

[147] 黄河水利科学研究院. 2010. 2009—2010 年度咨询报告[R]. 郑州: 黄河水利科学研究院.

[148] 黄河水利委员会黄河水利科学研究院, 水利部黄河泥沙重点实验室. 2008. 黄河调水调沙对河口生

态系统的影响.

[149] 黄河水文水资源科学研究院. 2008. 小浪底库区年度冲淤规律分析入库径流预报和优化调度建议[R].

[150] 黄永坚. 1986. 水库分层取水[M]. 北京：水利电力出版社.

[151] 江恩惠，杨勇，耿明全，等. 2010. 小浪底水库汛前调水调沙出库水流加沙方案初步研究. 黄河水利科学研究院；河南黄河河务局；水利部黄河泥沙重点实验室；水利部堤防安全与病害防治工程技术研究中心：1.

[152] 蒋晓辉，何宏谋，曲少军，等. 2012. 黄河干流生态系统对河道生态系统的影响及生态调度[M]. 郑州：黄河水利出版社.

[153] 康玲，黄云燕，杨正祥，等. 2010. 水库生态调度模型及其应用[J]. 水利学报，41（2）：134-141.

[154] 康文星，田大伦. 2001. 湖南省森林公益效能的经济评价 II 森林的固土保肥、改良土壤和净化大气效益[J]. 中南林学院学报，21（4）：1-4.

[155] 李晨，陈松寿，解新芳，等. 1986. 黄河小浪底水利枢纽工程环境影响报告书. 水利部黄委会勘测规划设计院.

[156] 李国英. 2005. 维持黄河健康生命[M]. 郑州：黄河水利出版社.

[157] 李海棠. 2005a. 新安县硫磺矿集中区河段 2005 年第一季度水质监测评价报告[R]. 小浪底工程咨询有限公司.

[158] 李海棠. 2005b. 新安县硫磺矿集中区河段 2005 年第二季度水质监测评价报告[R]. 小浪底工程咨询有限公司.

[159] 李海棠. 2005c. 新安县硫磺矿集中区河段 2005 年第四季度水质监测评价报告[R]. 小浪底工程咨询有限公司.

[160] 李海棠. 2006. 新安县硫磺矿集中区河段 2006 年第二季度水质监测评价报告[R]. 小浪底工程咨询有限公司.

[161] 李海棠，李小丽，周哲，等. 2010. 小浪底区域水质自动监测系统的布设[J]. 黄河水利职业技术学院学报：1-3.

[162] 李海棠，骆贵平. 2006. 新安县硫磺矿集中区河段 2006 年第一季度水质监测评价报告[R]. 小浪底工程咨询有限公司.

[163] 李海棠，邢明星. 2005. 新安县硫磺矿集中区河段 2005 年第三季度水质监测评价报告[R]. 小浪底工程咨询有限公司.

[164] 李海棠，薛丽朵. 2007a. 新安县硫磺矿集中区河段 2007 年第一季度水质监测评价报告[R]. 小浪底工程咨询有限公司.

[165] 李海棠，薛丽朵. 2007b. 新安县硫磺矿集中区河段 2007 年第二季度水质监测评价报告[R]. 小浪底工程咨询有限公司.

[166] 李海棠，薛丽朵. 2007c. 新安县硫磺矿集中区河段 2007 年第三季度水质监测评价报告[R]. 小浪底工程咨询有限公司.

[167] 李海棠，薛丽朵. 2007d. 新安县硫磺矿集中区河段 2007 年第四季度水质监测评价报告[R]. 小浪底工程咨询有限公司.

[168] 李海棠，袁晶. 2006a. 新安县硫磺矿集中区河段 2006 年第三季度水质监测评价报告[R]. 小浪底工程咨询有限公司.

[169] 李海棠，袁晶，2006b，新安县硫磺矿集中区河段 2006 年第四季度水质监测评价报告[R]. 小浪底工

程咨询有限公司.

[170] 李红娟，袁永锋，李引娣，等．2009．黄河流域水生生物资源研究进展[J]．河北渔业，（10）：1-3.

[171] 李慧敏．2006a．2006 年二季度小浪底水库水质监测报告[R]．洛阳市环境监测站.

[172] 李慧敏．2006b．2006 年三季度小浪底水库水质监测报告[R]．洛阳市环境监测站.

[173] 李慧敏．2006c．2006 年四季度小浪底水库水质监测报告[R]．洛阳市环境监测站.

[174] 李慧敏．2006d．2006 年度小浪底水库水质监测报告[R]．洛阳市环境监测站.

[175] 李慧敏，张晓燕．2006．2006 年一季度小浪底水库水质监测报告[R]．洛阳市环境监测站.

[176] 李金昌，姜文来，靳乐山，等．1999．生态价值论[M]．重庆：重庆大学出版社.

[177] 李庆国，安催花．2009．西霞院水库 2007 年运用方案研究[J]．吉林水利，9：27-31.

[178] 李文家．1993．小浪底水库的防洪作用[J]．人民黄河，（3）：17-22.

[179] 林秋奇，韩博平．2001．水库生态系统特征研究及其在水库水质管理中的应用[J]．生态学报，（6）：1034-1040.

[180] 刘芳．2009．山东省水资源适应性管理及其评价研究[D]．济南：山东大学.

[181] 刘海龙，李迪华，黄刚．2006．峡谷区域水电开发景观影响评价：以怒江为例[J]．地理科学进展，25（5）：21-30.

[182] 刘金梅，王士强，王光谦．2002．冲积河流长距离冲刷不平衡输沙过程初步研究[J]．水利学报，（2）：47-53.

[183] 刘顺会，谢涤非，付翔，等．2001．水库生态学特征与水库水质可持续管理方法[J]．华南师范大学学报：自然科学版，（2）：121-126.

[184] 刘燕．2004．小浪底水库运用后下游游荡性河道演变趋势研究[D]．西安：西安理工大学.

[185] 柳劲松，王丽华，宋秀娟．2004．环境生态学基础[M]．北京：化学工业出版社.

[186] 鲁春霞，谢高地，成升魁，等．2003．水利工程对河流生态系统服务功能的影响评价方法初探[J]．应用生态学报，14（5）：803-807.

[187] 马铁民，曾容，徐菲．2008．辽河流域典型水库生态效应评价[J]．东北水利水电，10：37-40，72.

[188] 马中．1999．环境与资源经济学概论[M]．北京：高等教育出版社.

[189] 毛德华，王宗明，罗玲，等．2012．基于 MODIS 和 AVHRR 数据源的东北地区植被 NDVI 变化及其与气温和降水间的相关分析[J]．遥感技术与应用，27（1）：77-85.

[190] 毛德华，王宗明，宋开山，等，2011．东北多年冻土区植被 NDVI 变化及其对气候变化和土地覆被变化的响应[J]．中国环境科学，31（2）：283-292.

[191] 米锋，李吉跃，杨家伟．2003．森林生态效益评价的研究进展[J]．北京林业大学学报：6.

[192] 莫创荣，孙艳军，高长波，等．2006．生态价值评估方法在水电开发环境评价中的应用研究[J]．水资源保护，22（5）：18-21.

[193] 木下篤彦，藤田正治，田川正朋，等．2005．排砂に伴う濁りが魚類に与える生理的影響とその評価法[J]．砂防学会誌，58（3）：34-43.

[194] 聂华．2002．森林资源货币计量中的价值论基础[J]．北京林业大学学报，24（1）：69-73.

[195] 欧阳志云，王如松，赵景柱．1999．生态系统服务功能及其生态经济价值评价[J]．应用生态学报，10（5）：635-640.

[196] 欧阳志云，王如松．2000．生态系统服务功能、生态价值与可持续发展[J]．世界科技研究与发展，20（5）：45-50.

[197] 欧阳志云，赵同谦，王效科，等．2004．水生态服务功能分析及其间接价值评价[J]．生态学报，24（10）：2091-2099．

[198] 祁继英，阮晓红．2005．大坝对河流生态系统的环境影响分析[J]．河海大学学报：自然科学版，33（1）：37-40．

[199] 祁志峰．2011．小浪底水库调度运用对周边环境的影响[J]．人民黄河：97-98．

[200] 秦伟．2004．水利水电工程建设项目对生物资源的影响与评价[D]．武汉：华中师范大学．

[201] 邱颖，张晓燕．2005a．2005 年一季度小浪底水库水质监测报告[R]．洛阳市环境监测站．

[202] 邱颖，张晓燕．2005b．2005 年二季度小浪底水库水质监测报告[R]．洛阳市环境监测站．

[203] 邱颖，张晓燕．2005c．2005 年上半年小浪底水库水质监测报告[R]．洛阳市环境监测站．

[204] 邱颖，张晓燕．2005d．2005 年三季度小浪底水库水质监测报告[R]．洛阳市环境监测站．

[205] 邱颖，张晓燕．2005e．2005 年四季度小浪底水库水质监测报告[R]．洛阳市环境监测站．

[206] 邱颖，张晓燕．2005f．2005 年度小浪底水库水质监测报告[R]．洛阳市环境监测站．

[207] 全国科学技术名词审定委员会．2012．适应性．http://baike.baidu.com/view/89672.htm．

[208] 饶清华，邱宇，王菲凤，等．2011．福建省山仔水库生态安全评价[J]．水土保持研究，（5）：221-225．

[209] 尚锋，吕占彪，王和平，等．1998．小浪底水库环境工程地质问题综合分析[J]．人民黄河：40-42，46．

[210] 盛连喜．2005．环境生态学导论[M]．北京：高等教育出版社．

[211] 水利部黄河水利委员会．2003．黄河首次调水调沙试验[M]．郑州：黄河水利出版社．

[212] 水利部小浪底水利枢纽建设管理局．2005．小浪底水利枢纽初期运用综合报告[R]．水利部小浪底水利枢纽建设管理局．

[213] 苏茂林，安新代，水利部，等．2008．黄河水资源管理与调度[M]．郑州：黄河水利出版社：243．

[214] 苏运启，尚红霞，李勇，等．2006．小浪底水库对水沙的调控及下游河道响应[J]．泥沙研究，5：28-32．

[215] 孙姝丽，燕子林．2011．小浪底工程建设环境影响分析、评价与修复[J]．水资源保护：101-105．

[216] 孙晓鹏，王天明，寇晓军，等．2012．黄土高原泾河流域长时间序列的归一化植被指数动态变化及其驱动因素分析[J]．植物生态学报，36（6）：511-521．

[217] 滕翔，魏向阳．2010．2009—2010 年度黄河防凌工作回顾[J]．中国防汛抗旱，（5）：28-31．

[218] 万占伟，付健，张厚军，等．2010．小浪底水库拦沙初期运用分析评估报告[R]．黄河勘测规划设计有限公司．

[219] 万占伟，薛喜文．2009．小浪底水库拦沙初期运用分析评估报告[R]．黄河勘测规划设计有限公司：1．

[220] 王超．1994．水利建设项目环境影响经济损益分析[J]．水利经济，（1）：29-33．

[221] 王金南．1994．环境经济学[M]．北京：清华大学出版社．

[222] 王晶晶，白雪，等．2008．基于 NDVI 的三峡大坝岸边植被时空特征分析[J]．地球信息科学，10（6）：809-815．

[223] 王敬．2007．水利生态系统可持续发展研究[D]．北京：华北电力大学．

[224] 王磊，丁晶晶，季永华，等．2009．1981—2000 年中国陆地生态系统 NPP 时空变化特征分析[J]．江苏林业科技，36（6）：1-5．

[225] 王磊，尚峰，牛书安，等．1997．山西省垣曲县部分移民工程环境地质研究报告[R]．水利部黄河水利委员会勘测规划设计研究院地质总队．

[226] 王丽婧，郑丙辉．2010．水库生态安全评估方法（Ⅰ）：IROW 框架[J]．湖泊科学，22（2）：169-175.

[227] 王丽伟，曾永，渠康．2007．小浪底水库水质变化特点及影响分析[J]．水资源与水工程学报，（3）：63-65.

[228] 王玲，潘启民，张永平，等．2008a．小浪底库区年度冲淤规律分析入库径流预报和优化调度建议[R]．黄河水文水资源科学研究院.

[229] 王玲，潘启民，张永平，等．2008b．小浪底库区年度冲淤规律分析入库径流预报和优化调度建议[R]．黄河水文水资源科学研究院.

[230] 王玲玲，佐仲国，马安利，等．2010．黄河小浪底水利枢纽配套工程西霞院反调节水库水土保持监测报告（植被恢复期）[R]．黄河水土保持生态环境监测中心，黄河水利委员会黄河水利科学研究院.

[231] 王万祥，骆良孟，马红，等．2008．小浪底水库水质变化趋势分析评价[J]．人民黄河：47，49.

[232] 王文杰，潘英姿，王明翠，等．2007．区域生态系统适应性管理概念、理论框架及其应用研究[J]．中国环境监测，23（2）：1-7.

[233] 王英．2007．水电工程陆生生态环境影响评价与生态管理研究[D]．西安：西北大学.

[234] 王雨春，朱俊，马梅，等．2005．西南峡谷型水库的季节性分层与水质的突发性恶化[J]．湖泊科学，（1）：54-60.

[235] 韦诗涛，付键，李州英，等．2005．小浪底水库遇控制性高含沙洪水运用初步研究报告[R]．黄河勘测规划设计有限公司.

[236] 魏军，任伟，张乐天．2012．2011 年黄河秋汛洪水防御工作回顾[J]．中国防汛抗旱，22（3）：62-64.

[237] 魏翔，缪幸福．2011．适应性管理法在湿地恢复计划中的应用[J]．安徽工程大学学报，26（2）：28-31.

[238] 沃科特 K A，J C 戈尔登，J P 瓦尔格，等．2002．生态系统——平衡与管理的科学[M]．欧阳华，等译．北京：科学出版社.

[239] 邬红娟，郭生练．2001．水库水文情势与浮游植物群落结构[J]．水科学进展，（1）：51-55.

[240] 吴昌广，周志翔，肖文发，等．2012．基于 MODISNDVI 的三峡库区植被覆盖度动态监测[J]．林业科学，48（1）：21-28.

[241] 吴丽娜，沈毅，王红瑞，等．2004．公路建设项目环境影响后评价初探[J]．交通环保，（1）：1-5.

[242] 吴琦，陈东亮．2003．黄河小浪底水库环境工程地质评价[J]．土工基础：69-71.

[243] 吴照浩．2003．环境影响后评价的作用及实施[J]．污染防治技术，（3）：27-30.

[244] 肖建红，施国庆，毛春梅，等．2006．河流生态系统服务功能及水坝对其影响[J]．生态学杂志，8：969-973.

[245] 肖建红，施国庆，毛春梅，等．2008．河流生态系统服务功能经济价值评价[J]．水利经济，1：9-11，25，75.

[246] 肖建红，施国庆，毛春梅，等．2006．三峡工程对河流生态系统服务功能影响预评价[J]．自然资源学报，21（3）：424-431.

[247] 肖建红，施国庆，毛春梅，等．2007．水坝对河流生态系统服务功能影响评价[J]．生态学报，27（2）：526-537.

[248] 小浪底水库生态安全评估技术组．2009．小浪底水库生态安全调查与评估：1.

[249] 谢高地，鲁春霞，成升魁．2001．全球生态系统服务价值评估研究进展[J]．资源科学，6：5-9.

[250] 徐茜，任志远，杨忍．2012．黄土高原地区归一化植被指数时空动态变化及其与气候因子的关系[J]．陕西师范大学学报：自然科学版，40（1）：82-86.

[251] 徐庆伟，赵秀娟，李玉文，等．2007．水库生态系统的主要特征[J]．黑龙江水利科技，（4）：36．

[252] 徐嵩龄．1998．灾害经济损失概念及产业关联型间接经济损失计量[J]．自然灾害学报，4．

[253] 徐嵩龄．1997．中国环境破坏的经济损失计量[M]．北京：中国环境科学出版社．

[254] 徐中民，程国栋，王根绪．1999．生态环境损失价值计算初步研究[J]．地球科学进展，（5）：498-504．

[255] 薛庆国，张金龙．2005．黄河小浪底水库渔业发展现状与对策[J]．河南水产：41-42．

[256] 闫桂云，崔鸿强，殷维琳，等．2004．小浪底库区水污染现状分析及对策[J]．水资源保护：39-40，43．

[257] 日本林野厅．1982．森林公益效能计量调查——绿色效益调查[M]．杨惠民，译．北京：中国林业出版社．

[258] 杨丽莉，马细霞，焦瑞峰，等．2012．小浪底水库运行对下游河道水文情势的影响评价[J]．水电能源科学，30（11）：34-37．

[259] 杨涛．2007．小浪底水利枢纽建设管理局管理体制研究[D]．南京：河海大学．

[260] 杨艳春，徐志修，何智娟，等．2007．小浪底水库对其以下河段有机污染的影响[J]．人民黄河，（9）：48-49．

[261] 叶平．2010．生物多样性保护的环境理论解析[J]．鄱阳湖学刊，（4）．

[262] 尹晓煜．2007．景观生态学在水库生态环境影响评价中的应用——以石膏山水库为例[J]．山西科技，（4）：128-129．

[263] 袁超，陈永柏．2010．三峡水库生态调度的适应性管理研究[J]．长江流域资源与环境，20（3）：269-275．

[264] 袁永锋，李引娣，张林林，等．2009．黄河干流中上游水生生物资源调查研究[J]．水生态学杂志，（6）：15-19．

[265] 翟家瑞．2011．西霞院水库汛期的优化调度[J]．人民黄河，33（7）：1-2．

[266] 张爱静，张弛，王本德．2009．碧流河水库对下游径流情势的影响分析[J]．水文，29（6）：28-32．

[267] 张丙夺，张兴红，尚冠华．2011．2010—2011 年度黄河凌情特点与防凌措施[J]．人民黄河，33（12）：6-8．

[268] 张宏安，梁丽桥，姚同山，等．2004．黄河小浪底水利枢纽工程环境整治、水保工程遗留问题实施方案[R]．黄河勘测规划设计有限公司．

[269] 张宏安．2008．环境保护研究与实践[M]．郑州：黄河水利出版社．

[270] 张厚军，钱胜，陈玉，等．2008．2 600 m³/s 以下流量对黄河下游影响分析[R]．黄河勘测规划设计有限公司．

[271] 张为．2006．水库下游水沙过程调整及对河流生态系统影响初步研究[D]．武汉：武汉大学．

[272] 张笑鹤．2011．西南地区 NDVI 和 NPP 时空动态及其与气候因子相关性分析[D]．北京：中国林业科学研究院．

[273] 张学成，李勇．2012．黄河下游中常洪水变化及小浪底水库风险调控关键技术研究[R]．黄河水利委员会水文局，黄河水利科学研究院．

[274] 张艳玲，张姣姣，胡玉梅，等．2009．小浪底水库蓄水前后库区雾日变化特征[J]．气象与环境科学，（S1）：268-271．

[275] 张耀启．1997．森林生态效益经济补偿问题初探[J]．林业经济，（2）：70-76．

[276] 张叶．1987．试论森林生态效益经济计量的若干理论和方法[J]．林业经济，（4）：30-32．

[277] 赵庆建，温作民．2009．森林生态系统适应性管理的理论概念框架与模型[J]．林业资源管理，（5）：

34-38.

[278] 赵同谦，欧阳志云，郑华，等. 2006. 水电开发的生态环境影响经济损益分析[J]. 生态学报，26（9）：2979-2988.

[279] 赵小杰，郑华，赵同谦，等. 2009. 雅砻江下游梯级水电开发生态环境影响的经济损益评价[J]. 自然资源学报，24（10）：1729-1739.

[280] 中华人民共和国国家发展和改革委员会. 2010. 小浪底后评估研究报告[R].

[281] 中华人民共和国计划委员会，中华人民共和国水利部. 1998. 黄河可供水量年度分配及干流水量调度方案.

[282] 中华人民共和国水利部. 2009. 黄河流域水资源综合规划报告[R].

[283] 周艳丽，穆伊舟，宋庆国. 2010. 黄河小浪底、西霞院水库富营养化趋势分析及预防对策研究[R]. 黄河流域水资源保护局.

[284] 周毅，苏志尧. 1998. 公益林生态效益计量研究进展[J]. 世界林业研究，（2）：13-17.

[285] 朱文泉，潘耀忠，龙中华，等. 2005. 基于 GIS 和 RS 的区域陆地植被 NPP 估算——以中国内蒙古为例[J]. 遥感学报，（3）：300-307.

[286] 刘文荣，等. 2011. 安徽淮南矿业有限公司潘三矿井及选煤厂环境影响后评价报告[R]. 北京华宇工程有限公司.

[287] 刘文荣，等. 2012. 神华能源股份有限公司神东煤炭分公司大柳塔煤矿变更生产规模竣工验收调查报告[R]. 北京华宇工程有限公司.

[288] 李慧峰. 2007. 大型露天煤矿排土场土壤质量演变研究——以山西平朔露天矿为例[D]. 晋中：山西农业大学.

[289] 韩丽君. 2006. 大型露天煤矿排土场植被及种子库研究——以山西平朔露天矿为例[D]. 晋中：山西农山业大学.

[290] Amigues J P，Boulatoff C，Desigues B，et al. 2002. The benefits and costs of riparian analysis habitat preservation：A willingness to accept/Willingness to pay using contingent valuation approach[J]. Ecol. Econ.，43：17-31.

[291] Anbari F T，Carayannis E G，Voetsch R J. Post-project reviews as a key project management competence[J]. Technovation，2008，28（10）：633-643.

[292] Ashraf M，Kahlown M A，Ashfaq A. 2007. Impact of small dams on agriculture groundwater development：A case study from Pakistan[J]. Agr Water Manage，92（1-2）：90-98.

[293] Becker V，Caputo L，Ordóñez J，et al. 2010. Driving factors of the phytoplankton functional groups in a deep mediterranean reservoir[J]. Water Res，44（11）：3345-3354.

[294] Bjorklund J，Limburg K，Rydberg T. 1999. Impact of production intensity on the ability of the agricultural landscape to generate ecosystem services：An example from Sweden[J]. Ecological Economics，29：269-291.

[295] Block W M，Brennan L A. 1993. The habitat concept in ornithology：Theory applications[J]. Current Ornithology，11：35-91.

[296] Bohlen C，Lewis L Y. 2009. Examining the economic impacts of hydropower dams on property values using GIS[J]. J Environ Manage，90（Supplement 3）：S258-S269.

[297] Bolund P，Hunhammar S. 1999. Ecosystem services in urban areas[J]. Ecological Economics，29：293-301.

[298] Cairns J. 1991. The status of the theoretical and applied science of restoration ecology[J]. The Environmental Professional，13：186-194.

[299] Carins J. 1997. Protecting the delivery of ecosystem services[J]. Ecosystem Health，3（3）：185-194.

[300] Chen R. 2009. Rfm-based eco-efficiency analysis using takagi-sugeno fuzzy ahp approach[J]. Environmental Impact Assessment Review，29（3）：157-164.

[301] Costanza R. 1997. The value of the world ecosystem services natural capital[J]. Nature，389：253-260.

[302] Daily G C. 1997. Nature's services：Societal dependence on natural ecosystems[M]. Washington D C：Island Press.

[303] Faircheallaigh C. 2007. Environmental agreements，EIA follow-up aboriginal participation in environmental management：The Canadian experience[J]. Environmental Impact Assessment Review，27（4）：319-342.

[304] Hanley N，Schlpfer F，Spurgeon J. 1997. Aggregating the benefits of environmental improvements：Distance-decay functions for use and non-use values[J]. Environ. Manage.，68：297-304.

[305] Hardiman N，Burgin S. 2010. Recreational impacts on the fauna of Australian coastal marine ecosystems[J]. Journal of Environmental Management，91（11）：2096-2108.

[306] He T，Feng X，Guo Y，et al. 2008. The impact of eutrophication on the biogeochemical cycling of mercury species in a reservoir：A case study from hongfeng reservoir，Guizhou，China[J]. Environ Pollut，154（1）：56-67.

[307] Holling C. 1978. Adaptive environmental assessment management[M]. New York：John Wiley Sons.

[308] Holmund C，Hammer M. 1999. Ecosystem services generated by fish populations[J]. Ecological Economics，29：253-268.

[309] Hutto R L. 1985. Habitat selection by nonbreeding，migratory lbirds[A]//Cody M L. Habitat selection in birds[M]. Orlando，Florida：Academic Press Inc：455-476.

[310] Lauterbach D，Leder A. 1969. The influence of reservoir storage on statistical peak flows[M]. IASH Pub：85，821-826.

[311] Loomis J，Kent P，Strange L，et al. 2000. Measuring the economic value of restoring ecosystem services in an impaired riverbasin：Results from a contingent valuation survey[J]. Ecol. Econ.，33：103-117.

[312] Mageau M T，Costanza R，Ulanouicz R E. 1998. Quantifying the trends expected in developing ecosystems[J]. Ecological Modeling，112：1-22.

[313] Mccully P. 1996. Silenced River[M]. London：Zed Books Ltd：100-130.

[314] Oblinger J A，Moysey S M J，Ravindrinath R，et al. 2010. A pragmatic method for estimating seepage losses for small reservoirs with application in rural India[J]. Journal of Hydrology，385（1-4）：230-237.

[315] O'Faircheallaigh C. 2007. Environmental agreements，EIA follow-up aboriginal participation in environmental management：The Canadian experience[J]. Environmental Impact Assessment Review，27（4）：319-342.

[316] Olsson N O E，Krane H P，Rolstadås A，et al. 2010. Influence of reference points in expost evaluations of rail infrastructure projects[J]. 17（4）：251-258.

[317] Pérez-Díaz J I，Wilhelmi J R. 2010. Assessment of the economic impact of environmental constraints on short-term hydropower plant operation[J]. Energy Policy，38（12）：7960-7970.

[318] Pilavachi P A，Dalamaga T，Rossetti Di Valdalbero D，et al. 2008. Ex-post evaluation of European energy models[J]. 36（5）：1726-1735.

[319] Rapport D J. 1995. Ecosystem health：Exploring territory[J]. Ecosystem Health，1：5-13.

[320] Tetteh I，Awuah E，Frempong E. 2006. Post-project analysis：The use of a network diagram for environmental evaluation of the Barekese Dam，Kumasi，Ghana[J]. Environmental Modeling Assessment，11（3）：235.

[321] Ticky G. 1998. Clusters：Less dispensable and more risky than ever clusters and regional specialisationp[M]. London：Pion Limited.

[322] Tullos D. 2009. Assessing the influence of environmental impact assessments on science policy：An analysis of the three gorges project[J]. J Environ Manage，90（Supplement 3）：S208-S223.

[323] Ward F A，Roach B A，Henderson J E. 1996. The economic value of water in recreation：Evidences from the California drought[J]. Water Resour. Res.，32（4）：1075-1081.

[324] Wilson M A，Carpenter S R. 1999. Economic valuation of fresh-water ecosystem services in the United States：1971—1997 [J]. Ecol. Appl.，9（3）：772-783.

[325] Xiaoyan L，Shikui D，Qinghe Z，et al. 2010. Impacts of manwan dam construction on aquatic habitat community in middle reach of lancang river[J]. Procedia Environmental Sciences，2：706-712.

[326] Xu F，Tao S，Dawson R W. 2001. Lake ecosystem health assessment：Indicators and methods[J]. Water Resources，35：3157-3167.

[327] Yi Y，Yang Z，Zhang S. 2010. Ecological influence of dam construction river-lake connectivity on migration fish habitat in the Yangtze River Basin，China[J]. Procedia Environmental Sciences，2：1942-1954.

[328] Zhang J，Feng X，Yan H，et al. 2009. Seasonal distributions of mercury species their relationship to some physicochemical factors in puding reservoir，Guizhou，China[J]. Sci Total Environ，408（1）：122-129.

[329] 卞正富. 2001. 矿区土地复垦界面要素的演替规律及调控研究[M]. 北京：高等教育出版社.

[330] 蔡晓明. 2000. 生态系统生态学[M]. 北京：科学出版社.

[331] 陈仲新，张新时. 2000. 中国生态系统效益的价值[J]. 科学通报，45（1）：17-22.

[332] 崔艳. 2009. 生态脆弱矿区土地利用调控机制与对策[D]. 北京：中国地质大学.

[333] 董全. 1999. 生态功益：自然生态过程对人类的贡献[J]. 应用生态学报，10（2）：66-73.

[334] 杜蕴慧，吴赛男，隋欣，等. 2012. 水电工程生态损益评估技术方法初探[J]. 中国水能及电气化，7：8-14.

[335] 高吉喜. 2001. 可持续发展理论探索——生态承载力理论，方法与应用[M]. 北京：中国环境科学出版社.

[336] 郭铌. 2003. 植被指数及其研究进展[J]. 干旱气象，（4）：71-75.

[337] 韩博平. 2010. 中国水库生态学研究的回顾与展望[J]. 湖泊科学，（2）：151-160.

[338] 何敦煌. 2001. 谈生态价值及相关问题[J]. 未来与发展，（4）：29-33.

[339] 何毅. 2011. 黄河干流径流量和输沙量阶段性分析[J]. 地下水，（6）：142-144.

[340] 李金昌，姜文来，靳乐山，等. 1999. 生态价值论[M]. 重庆：重庆大学出版社.

[341] 李瑾，安树青，程小莉，等. 2001. 生态系统健康评价的研究进展[J]. 植物生态学报，25（6）：641-647.

[342] 李卫国，杨松林，刘志春. 2000. GIS 在交通建设项目环境影响后评价中的应用[J]. 石家庄铁道学

院学报，13：1-7.

[343] 林秋奇，韩博平．2001．水库生态系统特征研究及其在水库水质管理中的应用[J]．生态学报，（6）：1034-1040.

[344] 刘建军，王文杰，李春来．2002．生态系统健康研究进展[J]．环境科学研究，15（1）：41-44.

[345] 刘金梅，王士强，王光谦．2002．冲积河流长距离冲刷不平衡输沙过程初步研究[J]．水利学报，（2）：47-53.

[346] 刘顺会，谢涤非，付翔，等．2001．水库生态学特征与水库水质可持续管理方法[J]．华南师范大学学报：自然科学版，（2）：121-126.

[347] 鲁春霞，谢高地，成升魁．2001．河流生态系统的休闲娱乐功能及其价值评估[J]．资源科学，23（5）：77-81.

[348] 栾建国，陈文祥．2004．河流生态系统的典型特征和服务功能[J]．人民长江，35（9）：41-43.

[349] 马克明，孔红梅，关文彬，等．2001．生态系统健康评价方法与方向[J]．生态学报，21（12）：2106-2116.

[350] 莫创荣．2006．水电开发对河流生态系统服务功能影响的价值评估初探[J]．生态环境，1：89-93.

[351] 欧阳志云，王如松，赵景柱．1999．生态系统服务功能及其生态经济价值评价[J]．应用生态学报，5：635-640.

[352] 欧阳志云，赵同谦，王效科，等．2004．水生态服务功能分析及其间接价值评价[J]．生态学报，24（10）：2091-2099.

[353] 祁继英，阮晓红．2005．大坝对河流生态系统的环境影响分析[J]．河海大学学报：自然科学版，33（1）：37-40.

[354] 饶清华，邱宇，王菲凤，等．2011．福建省山仔水库生态安全评价[J]．水土保持研究，（5）：221-225.

[355] 任海，邬建国，彭少麟．2000．生态系统健康的评估[J]．热带地理，20（4）：310-316.

[356] 石垚，王如松，黄锦楼，等．2012．中国陆地生态系统服务功能的时空变化分析[J]．科学通报，（09）：42-53.

[357] 唐弢，徐鹤，王喆，等．2007．基于生态系统服务功能价值评估的土地利用总体规划环境影响评价研究[J]．中国人口·资源与环境，（03）：49-53.

[358] 魏翔，缪幸福．2011．适应性管理法在湿地恢复计划中的应用[J]．安徽工程大学学报，26（2）：28-31.

[359] 邬红娟，郭生练．2001．水库水文情势与浮游植物群落结构[J]．水科学进展，（1）：51-55.

[360] 邬建国．2000．景观生态学——格局、过程、尺度与等级[M]．北京：高等教育出版社.

[361] 吴丽娜，沈毅，王红瑞，等．2004．公路建设项目环境影响后评价初探[J]．交通环保，（1）：1-5.

[362] 吴照浩．2003．环境影响后评价的作用及实施[J]．污染防治技术，（3）：27-30.

[363] 肖建红，施国庆，毛春梅，等．2006．三峡工程对河流生态系统服务功能影响预评价[J]．自然资源学报，21（3）：424-431.

[364] 谢高地，鲁春霞，成升魁．2001．全球生态系统服务价值评估研究进展[J]．资源科学，6：5-9.

[365] 徐庆伟，赵秀娟，李玉文，等．2007．水库生态系统的主要特征[J]．黑龙江水利科技，（4）：36.

[366] 徐嵩龄．中国环境破坏的经济损失计量[M]．北京：中国环境科学出版社，1997.

[367] 徐中民，程国栋，王根绪．1999．生态环境损失价值计算初步研究[J]．地球科学进展，（5）：498-504.

[368] 徐中民，张志强，程国栋．2003．生态经济学理论方法与应用[M]．郑州：黄河水利出版社：16-20.

[369] 杨宝宏，杜红平．2006．管理学原理[M]．北京：科学出版社.

[370] 杨凯，赵军．2005．城市河流生态系统服务的 CVM 估值及其偏差分析[J]．生态学，25（6）：1391-1396.

[371] 叶平. 2010. 生物多样性保护的环境理论解析[J]. 鄱阳湖学刊,（4）.

[372] 尹晓煜. 2007. 景观生态学在水库生态环境影响评价中的应用——以石膏山水库为例[J]. 山西科技,（4）：128-129.

[373] 于贵瑞. 2001. 生态系统管理学的概念框架及其生态学基础[J]. 应用生态学报, 12（5）：787-794.

[374] 袁兴中, 刘红. 2000. 景观健康及其评价初探[J]. 环境导报,（5）：35-37.

[375] 赵东风, 赵朝成, 冯成武. 1997. 模糊数学法在回顾性环境影响评价中的应用研究[J]. 干旱环境监测, 11（4）：234-238.

[376] 刘华. 2006. 水电工程项目环境影响后评价探讨[J]. 科教文汇：112-113.

[377] 郑艳红, 付海峰. 2009. 水电开发项目环境影响后评价及评价指标初探[J]. 水力发电, 35（10）：61-63.

[378] 王欢欢. 2007. 环境影响后评价制度研究[D]. 武汉：武汉大学.

[379] 孟凤鸣. 2010. 建设项目环境影响后评价[J]. 环境科学与管理, 35（7）：181-187.

[380] 吴照浩. 2003. 环境影响后评价的作用及实施[J]. 污染防治技术, 16（3）：27-30.

[381] 沈毅, 吴丽娜, 王红瑞, 等. 2005. 环境影响后评价的进展及主要问题[J]. 长安大学学报：自然科学版, 25（1）：56-59.

[382] 王宝林. 2009. 注汽锅炉更新改造项目后评价研究[D]. 大连：大连理工大学.

[383] 郑燕. 2006. 电力投资项目后评价研究及应用[D]. 北京：华北电力大学.

[384] 马明芳. 2007. 公路建设项目环境后评价研究[D]. 西安：长安大学.

[385] 袁富琼. 2012. 铁路生态环境影响后评价指标体系及量化模型的研究[D]. 成都：西南交通大学.

[386] 魏勇. 2011. 衡水东 220 kV 变电站建设项目后评价研究[D]. 北京：华北电力大学.

[387] 张飘石. 2009. 燃煤炉一炉三注项目后评价研究[D]. 大连：大连理工大学.

[388] 刘小枫. 1998. 现代性社会绪论[M]. 上海：三联书店.

[389] [德]乌尔里希•贝克. 2005. 风险社会政治学[J]. 马克思主义与现实,（5）.

[390] 陈庆伟, 陈凯麒, 梁鹏. 2003. 流域开发对水环境累积影响的初步研究[J]. 中国水利水电科学研究院学报,（4）：56-61.

[391] 付雅琴, 张秋文. 2007. 梯级与单项水电工程生态环境影响的类比分析[J]. 水力发电,（12）：5-9.

[392] Environmental Protection Agency. 1999. Consideration of cumulative impacts in EPA review of NEPA documents. EPA 315-R-99-002/May.

[393] 中华人民共和国国家环境保护总局. 1998. HJ/T 19—1997 环境影响评价技术导则—非污染生态影响[Z].

[394] 中华人民共和国环境保护部. 2012. HJ 2.1—2011 环境影响评价技术导则—总纲[Z].

[395] 潘永祥. 2002. 自然科学发展史纲要[M]. 北京：首都师范大学出版社.

[396] 陈一壮. 2007. 论贝塔朗菲的"一般系统论"与圣菲研究所的"复杂适应系统理论"的区别[J]. 山东科技大学学报：社科版,（2）：5-8.

[397] Gunderson L H, Holling C S, Light S S. 1995. Barriers and bridges to the renewal of ecosystems and institutions[M]. New York: Columbia University Press.

[398] 孙东亚, 董哲仁, 赵进勇. 2007. 河流生态修复的适应性管理方法[J]. 水利水电技术, 38（2）：57-59.

[399] 王西琴. 2007. 河流生态需水量理论、方法与应用[M]. 北京：中国水利水电出版社.

[400] 荣玫. 2009. 适应性管理在我国应急管理中的应用[J]. 管理天地,（8）：78-81.

[401] Lee K. 1999. Appraising adaptive management[J]. Conservation Ecology，3（2）：3.

[402] Holling C. 1978. Adaptive environmental assessment and management[M]. NewYork：John Wiley and Sons.

[403] Lee K N. 1993. Compass and gyroscope integrating science and polities for the Environment Island Press[Z]. Washington D C.

[404] Gene Lessard. 1998. An adaptive approach to planning and decision-making[J]. Landscape and Urban Planning，40：81-87.

[405] Vogt K A，Gordon J C，Wargo J P，et al. 1997. Ecosystems：Balancing science with management[M]. New York：Springer.

[406] Daniel P Loucks，et al. 2003. 水资源系统的可持续性标准[M]. 王建龙，译. 北京：清华大学出版社.

[407] 郑景明，罗菊春，等. 2002. 森林生态系统管理的研究进展[J]. 北京林业大学学报，24（5）：103-109.

[408] 杨荣金，傅伯杰，等. 2004. 生态系统可持续管理的原理和方法[J]. 生态学杂志，23（3）：103-108.

[409] 佟金萍，王慧敏. 2006. 流域水资源适应性管理研究[J]. 软科学，20（2）：59-61.

[410] Anderson J L，R W Hilborn，R T Lackey，et al. 2003. Watershed restoration：Adaptive decision making in the face of uncertainty[A]//Wissmar R C，P A Bisson. Strategies for restoring river ecosystems：Sources of variability and uncertainty in natural and managed systems[C]. Bethesda，MD：American Fisheries Society.

[411] U. S. Bureau of Reclamation. 1995. Operation of Glen Canyon Dam：Final environmental impact statement. Washington D C：U. S. Government Printing Office.

[412] Committee on Grand Canyon Monitoring and Research，National Research Council. 1999. Downstream：Adaptive management of Glen Canyon Dam and the Colorado River Ecosystem[M]. Washington D C：National Academy Press.

[413] Panel on Adaptive Management for Resource Stewardship，Committee to Assess the U. S. Army Corps of Engineers Methods of Analysis and Peer Review for Water Resources Project Planning，National Research Council. 2004. Adaptive management for Water Resources Project Planning[M]. Washington D C：The National Academies Press.

[414] 李福林，范明元，卜庆伟，等. 2007. 黄河三角洲水资源优化配置与适应性管理模式探讨[A]//山东省水资源生态调度学术研讨会论文集：167-173.

[415] 覃永良. 2008. 平原河网地区环境流量概念、方法及适应性管理研究[D]. 上海：华东师范大学.

[416] 唐小平. 2011. 生物类自然保护区适应性管理关键问题的研究[D]. 北京：北京林业大学.

[417] 孙海清，许学工. 2008. 北京绿色空间梯度分析及适应性管理研究[J]. 北京大学学报：自然科学版，44（4）：632-638.

[418] 陈凯麒，常仲农，曹晓红，等. 2012. 我国鱼道的建设现状与展望[J]. 水利学报，43（2）：182-188.

[419] 陈凯麒，葛怀凤. 2012. 环境影响后评价适应性管理研究的现状与发展[J]. 三峡环境与生态，34（6）：1-4.

[420] 杨少俊，刘孝富，舒俭民. 2009. 城市土地生态适宜性评价理论与方法[J]. 生态环境学报，18（1）：380-385.

[421] 张录强. 2005. 生态位理论及其综合利用[J]. 中学生物学，21（7）：3-4.

[422] Hayeur，Gaëtan. 2001. Summary of knowledge acquired in Northern Environments from 1970 to 2000[M].

Montréal：Hydro-Québec.

[423] 李金昌．1991．资源核算论[M]．北京：海洋出版社．

[424] 过孝民，王金南，於方，等．2004．生态环境损失计量的问题与前景[J]．环境经济，（8）：34-40.

[425] 胡乔木．2002．中国大百科全书·环境科学[M]．北京：中国大百科全书出版社．

[426] 张俊华，陈书奎，李书霞，等．2005．黄河小浪底水库运用方式研究综述[A]//第六届全国泥沙基本理论研究学术讨论会论文集．

[427] 国家发展和改革委员会．2010．小浪底水利枢纽后评价报告[R]．

后　记

基于我国环境影响后评价的发展背景及作用，受环境保护部委托，环境工程评估中心于 2010 年 6 月开展了环保公益性行业科研专项"环境影响后评价支持技术与制度建设"的研究工作，周期 3 年。课题总体目标是以生态影响类建设项目环境影响后评价中的共性技术为突破，查找目前环境影响后评价在实施中存在的普遍问题，形成生态影响类建设项目环境影响后评价的技术方法、探索环境影响后评价的配套政策与制度，促进全过程环境管理制度的完善。根据内容需要，中国水利水电科学研究院、中煤国际工程集团北京华宇工程有限公司、交通运输部公路科学研究所分别承担了水库工程、煤炭开采工程、公路工程专题研究工作。

一、研究背景及作用

环境影响后评价是环境影响评价的一个新分支，它是原环境影响预测性评价方法体系的重要补充和开展验证、提高制度有效性的必需手段，对于实现项目环境影响的全过程评估和管理，深化建设项目全过程环境管理具有重要意义，并可为未来建设项目的环境决策提供重要的技术支持。我国环境影响后评价的研究起步于 20 世纪 90 年代，2003 年 9 月 1 日起施行的《中华人民共和国环境影响评价法》第二十七条对环境影响后评价的定义做出规定。但是由于缺乏配套的环境影响后评价管理机制与政策，目前我国环境影响后评价工作还停留在试点阶段，尚未形成一套科学有效的后评价技术方法体系和技术规范，环境影响后评价作用难以充分发挥。

环境影响后评价的作用主要体现在以下几个方面：

（1）开展环境影响后评价是适应环境管理的需求。组织和实施环境影响后评价是环保部的职责之一。传统建设项目环境管理由环境影响评价、"三同时"和竣工环境保护验收管理制度构成。环境影响评价是对规划和建设项目实施后可能造成的环境影响进行分析、预测和评估，提出预防或者减轻不良影响的对策和措施，属事前评价；而"三同时"和竣工环境保护验收则是项目有效落实环评提出的污染防治和生态保护措施的管理手段和法律保障。《环境影响评价法》的颁布实施，进一步丰富了建设项目环境管理的内涵，其中环境影响后评价的提出是对现行环境影响评价的弥补和延伸。通过开展后评价，对项目建设、运行造成的实际环境影响进行分析，对环评预测结论及环境保护对策措施的有效性进行检验和印证，针对新出现的问题提出补救和改进措施，属事后评价。开展建设项目的环境影响后评价，对于运行期工程开发目标与生态、环境保护目标的协调，环境保护工程的有效发挥，未来建设项目环境保护措施的针对性等方面均具有重要作用。环境影响后评价技术与制度体系的形成有助于进一步完善建设项目在规划—建设—竣工—运行等不同阶段完整的环境管理体系，对于我国深化建设项目环境管理具有重要意义。

（2）适应宏观经济政策和环境保护法律法规快速发展的要求。环境影响评价制度是国家宏观调控的重要手段之一，国家在建设项目环境决策方面赋予环境影响评价"一票否决"的权力。现阶段环境保护形势日新月异，为适应市场经济形势需要，投资体制作了重大调整，大多数项目前期工作简化，且我国经济发展已进入资源环境约束期，经济发展与环境保护的矛盾日益突出，因此，对一些由于建设方案出现了不符合经审批的环境影响评价文件的情形、导致实际影响与预测影响不符的建设项目，环境影响相对比较复杂、不确定因素较多、建成后实际环境影响与原环评预测可能存在出入的建设项目，以及开发程度较高的流域或建设周期较长、环境影响逐步积累显露的建设项目，有必要通过对典型行业典型项目的环境影响后评价进行研究，总结经验教训，研究建立后评价机制，完善管理制度，形成后评价技术方法和规范框架，进一步加强环境影响后评价在建设项目环境管理中的地位和作用。

（3）环境影响后评价的开展与深化需要技术与政策支持。20 世纪 90 年代以来，我国逐步开展了一些建设项目的环境影响回顾评价、环境影响后评价、验证评价等工作，但在环境影响后评价内容、技术、方法等方面均没有明确的界定，陆续开展的一些尝试性的后评价工作并不能满足国家对于投资项目后评价的总体要求。建设项目在建设、尤其是运行一段时期后引起的生态环境演变、生态环境效益评估、可持续评价等方面的相关评估支持技术缺乏，尚未形成一套科学有效的评价体系及技术路线，难以适应投资项目后评价的需求。《环境影响评价法》中仅对后评价的法律适用情形和责任主体作了一般原则性表述，尚未形成系统全面、可操作的法律制度，在一定程度上影响了后评价工作的全面推开。由于目前缺乏配套的管理规定和技术规范，后评价工作还停留在试点阶段，理论探索和实践积累都远远不够，后评价的作用还未充分发挥出来。支持环境影响后评价的管理机制与政策尚不完善，在很大程度上影响了环境影响后评价的实施，使得对已出现的环境问题或潜在的环境风险缺乏有效识别、判断，从而制约了环保主管部门进行有效的环境管理。因此，现阶段亟待从技术规范和政策体系上对环境影响后评价进行深化研究，推动环境影响后评价的规范化、制度化，以进一步完善我国的环境管理制度。

（4）国家中长期科学和技术发展的需求。环境影响后评价技术支持与制度建设研究，符合《国家中长期科学和技术发展规划纲要（2006—2020 年）》总体部署中提出的"把发展能源、水资源和环境保护技术放在优先位置"的要求；符合环境领域中生态脆弱区域生态系统功能的恢复重建优先主题的"建立不同类型生态系统功能恢复和持续改善的技术支持模式，构建生态系统功能综合评估及技术评价体系"的相关内容。

二、主要研究内容

针对我国建设项目环境影响后评价的实际需求，本课题从建立我国环境影响后评价的技术、方法、管理体系等方面开展创新研究，形成了适合国家宏观经济政策与环境保护要求的，完善环境管理体系的环境影响后评价技术与管理支持技术。研究内容分为以下四个方面。

（1）环境影响后评价技术方法体系研究

构建了生态影响类环境影响后评价的总体技术方法体系，通过调研代表性行业系统，深化分析典型案例，总结了开发建设活动或代表性行业环境影响后评价的技术。针对具有长期生态效应的工程开展相关研究，对水利水电、交通运输（包括公路、铁路、轨道交通）、石油天然气输油管线、有色金属矿山开采、煤矿开采等代表性行业开展资料调研与分析，并以水利水电工程、煤矿开采工程和公路工程为典型案例开展研究。主要研究内容包括：

➢ 生态影响类项目环境影响后评价研究现状调查

以煤矿、有色金属矿山开采为对象，收集调查已有环境回顾或后评价成果，总结面状项目的生态影响特点；以公路、铁路、轨道交通和石油天然气管线等具有"线"状特点的工程为对象，调研不同线性工程的环境影响后评价成果；以水利水电工程为对象，调研已有环境影响后评价成果，分析河流生态影响相关问题。最后总结了生态影响类建设项目环境影响后评价现有评估内容、技术方法，提炼出共性问题、技术、方法。

➢ 水库工程环境影响后评价技术方法体系研究

水利水电项目是一类对河流生态具有长期影响的工程，研究以工程建设和运行后对河流生态的影响为重点。结合环境影响评价的重点，开展了相关水生生态后评价的调查研究，并以黄河干流小浪底水库工程为典型案例，评估了水库运行前后以及水文情势变化对河流生态的影响，揭示了水利水电工程对河流生态的实际影响。结合水文、水质、陆生生态变化等要素，系统总结了水利水电工程环境影响后评价的内容、技术、方法。

小浪底工程是黄河中下游的控制性工程，在20世纪晚期黄河断流的大背景下，小浪底水库建设运行对改善下游生态环境起到了重要作用。水库运行10年来，积累了大量的资料，以小浪底工程为典型开展环境影响后评价具有一定的示范性，对认识工程生态影响，生态效益的评估，促进环境保护与工程运行的长远协调具有借鉴意义。水利水电工程的环境影响评价是多方面的，本研究重点开展了水库运行对河道及黄河三角洲湿地生态系统的影响研究，总结出水利水电工程环境影响后评价技术方法。

➢ 煤炭开采工程环境影响后评价技术方法体系研究

通过开展项目建成运行前后生态环境和水文环境演变分析，探索了开发活动对相关环境、生态要素影响的评估技术与方法，重点建立了对生态环境长期累积影响的评估技术与方法，同时探索了煤炭开发活动对水文环境影响的评估方法。并以我国淮南矿业集团潘三煤矿和山西平朔安太堡露天矿为例，开展了井采和露天开采的环境影响后评价技术研究。

潘三矿井地处我国华东平原，经过近 30 年的煤炭开采，存在典型的采煤沉陷区积水及村庄搬迁等问题；同时煤矿在开展沉陷区治理与生态恢复工作中，积累了较为丰富的地表沉陷岩移观测资料和地下水变化观测数据，并较好地开展了矿井水、煤矸石以及矿井瓦斯的综合利用。安太堡露天矿是我国比较有代表性的现代化露天矿，在露天矿生态恢复方面开展了大量的工作，积累了较为丰富的生态复垦经验，此外，也较好地开展了矿坑水、生活污水、煤矸石的综合利用。因此，潘三矿井和安太堡露天矿分别作为我国东部平原地区井工煤炭开采、西部低山丘陵地区露天煤炭开采的后评价示范工程，具有较好的典型性和代表性。

➢ 公路工程环境影响后评价技术方法体系研究

作为以生态影响为主，兼有水、气、声等环境污染的行业，通过现场调查与监测、遥感卫星影像动态变化分析等方法，探索了公路建成运行前后的水、气、声以及生态环境（土壤、植被及动物等）的演变规律，识别出公路建设影响下发生重大变化的环境因子，在此基础上构建了公路工程环境影响后评价指标体系；根据确立的指标体系，结合公路的线性工程特点，建立了各指标的评估方法，重点建立了"3S"技术支持下的公路建设对生态环境长期演变的评估技术与方法和对水生、陆生生态影响变化评估技术。

选择京港澳国家高速公路作为典型工程开展案例研究。京港澳国家高速公路经北京、河北、河南、湖北、湖南、广东等 6 省市，全长约 2 285 公里，已全部建成并运营多年。京港澳国家高速公路途经不同的地理地形区域和温带、亚热带及热带气候带，沿线众多类型生态系统，在开展公路环境影响后评价方面具有很好的典型性。研究选取了京港澳高速公路的两段典型路线的局部路段作为研究案例，路段如下表：

名称	地区	里程/km	车道	特点	研究重点
阎村—窦店	北京	8	6	6 车道，平原城镇区，交通量大，暖温带气候	噪声，社会经济损益分析
湘潭—耒阳	湖南	168.85	4	山地丘陵区，亚热带气候	生态环境，服务区污水处理

（2）生态环境效益评估技术与方法

效益评估构成我国投资项目的核心内容，而生态效益评估一直是评价中的难点，在充分认识生态结构、功能及开发建设活动导致其变化的基础上，准确评价项目建设的生态环境效益，是建设项目环境决策和项目后评价的核心内容，主要研究内容包括：

➢ 开发活动影响下的生态价值评价技术

开发活动导致生态系统要素变化与功能变化，进而对生态价值造成影响。研究界定了生态价值评估的空间尺度与时间尺度，分析了工程影响区内生态资产的动态变化。

➢ 生态损益评估的技术方法体系研究

结合案例工程，开展了生态损益评估技术方法研究，系统分析了开发条件下生态系统保护方案对生态系统功能的补偿与生态价值的实现。

（3）环境影响后评价政策与管理机制体系研究

➢ 国内外环境影响后评价制度分析

研究基于充分的调研结果，梳理了国外项目后评价及环境影响后评价制度、技术方法，掌握了国际上环境影响后评价的最新进展。主要调查内容包括：发达国家环境影响后评价制度建设，国外环境影响后评价的内容和技术方法，我国建设项目后评价对环境影响评估的要求，我国环境影响后评价的现状与不足分析。

> ➤ 建立环境影响后评价体系

通过开展环境影响后评价法规政策基础分析，初步建立了环境影响后评价的管理与制度框架，界定了环境影响后评价的内容范畴，建立了环境影响后评价管理机制体系。对接国际和国家投资项目后评价的总体需求，为我国开展环境影响后评价在管理制度上提出了建议。

（4）环境影响后评价技术导则框架

在系统总结典型案例、生态影响类建设项目现有评估成果，吸收国外环境影响后评价等成果的基础上，明晰我国实施环境影响后评价的目标要求、基本任务、基本步骤及关键支撑技术；广泛调研了国内外相关研究，结合专家咨询意见，形成了生态影响类建设项目"环境影响后评价技术导则"框架。

三、技术路线和关键技术问题

课题充分吸收了我国已开展的环境影响回顾评价、环境影响后评价、发达国家环境影响后评价的理论与技术方法，以典型案例为重点研究对象，开展相关内容的研究。

技术开发以典型工程为依托，总结共性技术。水库工程环境影响后评价通过收集长系列的历史资料，以小浪底水利枢纽为典型案例，开展水库生物调查与监测，综合分析水情、生境等要素，揭示工程建设及运行对水生生态的影响。煤炭开采工程环境影响后评价针对井采和露天开采两类矿区，对长期开采下的生态环境演变趋势进行系统分析，通过环境科学、采矿工程、地球空间信息科学等多学科协同与交叉，建立矿区生态环境长期累积影响评价模型，采用现场调查实测、遥感数据分析、统计分析和数学建模等方法，充分利用"3S"技术，综合运用大地测量、遥感、开采沉陷及数据处理、现场调查等理论和方法进行研究。公路工程生态影响因（纵向）尺度范围较大，研究中利用遥感（RS）与地理信息系统（GIS）等有效的技术以获取、处理和分析评价所需要的信息。

研究中充分采用遥感等技术手段，吸收了国内外最新研究成果，应用环境经济学的理论方法，开展相关生态价值和生态损益评估的理论与方法，并应用于典型案例中。

（1）技术路线图

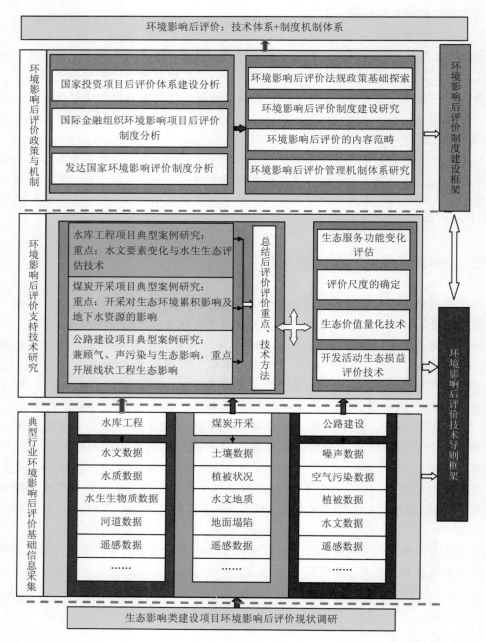

环境影响后评价技术路线图

（2）关键技术问题

➤ 多时空尺度要素对生态环境变化影响的评估技术

➤ 变化条件下生态系统服务功能的评估及其价值变化的量化评估技术，不确定性对评估结果的影响

➤ 提取生态影响类建设项目环境影响后评价共性技术

> 系统化的后评价体系的建立

四、课题的组织领导和协调

课题由环境保护部环境工程评估中心作为项目主要承担单位，中国水利水电科学研究院、中煤国际工程集团北京华宇工程有限公司、交通运输部公路科学研究所为协作单位，本课题结合四个单位的优势力量，强强合作，共同攻关，具有很强的综合研究实力和坚实的研究基础。

课题参与单位承担任务明细

单位	承担任务明细
环境保护部环境工程评估中心	负责总课题，主持完成"环境影响评价制度和管理体系建设研究报告""生态影响类建设项目环境影响后评价技术方法研究报告"和"环境影响后评价技术导则框架"编制，负责总报告汇总，负责不同行业环境影响后评价现场调研，参与"煤炭开采环境影响后评价技术方法研究""水库工程环境影响后评价技术方法研究""交通工程环境影响后评价技术方法研究"
中国水利水电科学研究院	主持完成"水库工程环境影响后评价技术方法研究""生态效益评估技术方法研究"课题。参与"环境影响后评价技术导则框架"研究，参与总报告汇总
中煤国际工程集团北京华宇工程有限公司	主持完成"煤炭开采环境影响后评价技术方法"课题，完成煤炭开采生态损益评估，参与"环境影响后评价技术导则框架"研究，参与总报告汇总
交通运输部公路科学研究所	主持"公路工程环境影响后评价技术方法研究"课题，完成公路工程生态损益评估研究，参与"环境影响后评价技术导则框架"研究，参与总报告汇总

由于课题涉及专业面广、人员较多、工作量大，为保证课题按时高质量完成，课题组采取了课题负责制、任务合同制、专家咨询制、会议交流制、项目运行机制等多种组织和管理措施。

五、课题主要成果

课题组在项目研究期间严格按照项目实施方案、阶段目标和总体目标，按时并超额完成了阶段考核指标和总体考核指标，研究成果可为推动生态影响类建设项目环境影响后评价制度的建立奠定基础。

（1）技术研究成果

基于课题研究，形成了课题总技术报告（支持技术篇、制度建设篇、实践应用篇）、三本专题技术报告。

> 《环境影响后评价支持技术与制度建设研究》总报告

支持技术篇——生态影响类建设项目环境影响后评价技术方法研究，水库工程、煤炭工程、公路工程环境影响后评价技术方法研究；

制度建设篇——生态影响类建设项目环境影响后评价制度和管理体系研究、建设项目环境影响后评价管理办法、生态影响类建设项目环境影响后评价技术导则框架；

实践应用篇（黄河小浪底水利枢纽工程案例研究、典型煤矿案例研究、G4 湘潭至未阳高速公路案例研究）。

> 三本专题报告

水库工程环境影响后评价技术方法研究报告；

煤炭开采环境影响后评价技术方法研究报告；

公路工程环境影响后评价技术方法研究报告。

（2）技术成果应用

制度建设研究成果中的管理办法及技术导则（框架）得到了不同程度的实践应用。

> 环境影响后评价制度和管理体系政策建议。

环保部在课题组上报的《建设项目环境影响后评价管理办法》（送审稿）的基础上编制的《环境影响后评价管理办法》已通过环保部环境影响评价司司务会讨论，并已征求各业务司局意见，拟以环保部部长令形式颁布。

> 编制完成"建设项目环境影响后评价技术导则"框架，即《生态影响类建设项目环境影响后评价技术导则》（框架），以及 3 个典型行业《水库工程环境影响后评价技术导则》（框架）、《煤炭开采工程环境影响后评价技术导则》（框架）和《公路项目环境影响后评价技术导则》（框架）。

在此工作基础上，《水利水电工程环境影响后评价技术导则》《煤炭采选工程环境影响后评价技术导则》《建设项目环境影响后评价技术导则—总纲》已获 2013 年环保部科技标准司支持立项，开展正式编写工作。《公路工程环境影响后评价技术导则》也列入立项计划安排，《重金属后评价导则》拟列入 2014 年立项计划。

> 验证校核了《公路建设项目环境影响评价规范》（JTG B03—2006）交通噪声预测模式。

课题支持的国家高速公路 G4 阎村至窦店噪声实测结果对《公路建设项目环境影响评价规范》（JTG B03—2006）交通噪声预测模型进行了验证校核。研究结果应用于《建设项目环境影响评价技术导则—公路》制定项目中。

形成的技术标准、规范及政策建议一览表

成果名称	标准类别[①]、规范或政策建议的采用范围
建设项目环境影响后评价管理办法（送审稿）	部门规章建议稿
生态影响类建设项目环境影响后评价技术导则（框架）	国家标准建议稿
水库工程环境影响后评价技术导则（框架）	国家标准建议稿
煤炭开采工程环境影响后评价技术导则（框架）	国家标准建议稿
公路项目环境影响后评价技术导则（框架）	国家标准建议稿
《建设项目环境影响评价技术导则—公路》交通噪声预测模式	行业标准

注①：指国际标准、国家标准或行业标准。

（3）书著、论文及专利

> 形成 5 本书著

《环境影响后评价理论、技术与实践》，中国环境出版社出版，已签合同；

《建设项目环境影响评价鱼类保护（鱼道专题）技术研究与实践》，中国环境科学出版社，2012 年；

《建设项目环境影响后评价案例汇编》，中国环境出版社，已签合同；

《水库工程环境影响后评价理论、方法与实践》拟出版；

《基于生态-水文响应关系的大坝下游生态保护适应性管理研究》拟出版。

➢ 发表 2 项专利及软件著作权

永武高速弃土场管理三维系统 V1.0（登记号：2012SR082552）；

水电站库周边坡径流生态渗滤装置（专利号：ZL201120475542.6）。

➢ 发表 24 篇学术论文

截至 2013 年 6 月，完成并已发表学术论文 24 篇（其中 EI 检索 11 篇）。

（4）人才培养

课题研究期间（2010—2013 年），课题组培养了学术带头人 5 名，学术骨干 12 名，硕博士研究生 12 名。

本书是在《环境影响后评价支持技术与制度建设研究》总报告和三本专题报告的基础上整编加工而成的。

编著者

2013 年 10 月